本书为国家社科基金重大项目“《地图学史》翻译工程”（14ZDB040）研究成果之一

# 地图学史研究的新视野

“《地图学史》翻译工程”国际研讨会论文集

卜宪群 成一农 主编

# A New Perspective on the History of Cartography

Proceedings of the International Symposium
on the Translation Project of “The History of Cartography”

中国社会科学出版社

**图书在版编目（CIP）数据**

地图学史研究的新视野："《地图学史》翻译工程"国际研讨会论文集／卜宪群，成一农主编．—北京：中国社会科学出版社，2024.10

ISBN 978－7－5227－2737－0

Ⅰ.①地…　Ⅱ.①卜…②成…　Ⅲ.①地图—地理学史—世界—学术会议—文集　Ⅳ.①P28－091

中国国家版本馆 CIP 数据核字（2023）第 213985 号

出 版 人　赵剑英
选题策划　宋燕鹏
责任编辑　金　燕　宋燕鹏
责任校对　刘　娟
责任印制　李寡寡

出　　版　中国社会科学出版社
社　　址　北京鼓楼西大街甲 158 号
邮　　编　100720
网　　址　http://www.csspw.cn
发 行 部　010－84083685
门 市 部　010－84029450
经　　销　新华书店及其他书店

印　　刷　北京明恒达印务有限公司
装　　订　廊坊市广阳区广增装订厂
版　　次　2024 年 10 月第 1 版
印　　次　2024 年 10 月第 1 次印刷

开　　本　710×1000　1/16
印　　张　36.25
字　　数　625 千字
定　　价　208.00 元

凡购买中国社会科学出版社图书，如有质量问题请与本社营销中心联系调换
电话：010－84083683

# 序

我负责的国家社科基金重大项目“《地图学史》翻译工程”于2014年年底立项后，经过4年多的不懈努力，到2019年年初已经大致完成了前三卷的翻译工作。不过，由于这套丛书涉及的领域、语言、文化和地理空间非常广泛①，远远超出了译者的知识范畴，虽然通过查阅各方面的资料以及通过email与原作者进行了一些交流，但需要解决的问题依然众多。不仅如此，近年来国内举办过一些地图学史的会议，但议题主要集中在中国古代地图，与会者基本也是国内的学者，这不仅导致国内古地图的研究缺乏对世界古代其他文化所绘地图的了解，而且也缺乏与世界其他地区相关研究者的学术交流，即缺乏“世界的眼光”。我所主持的《地图学史》翻译项目，其主要目的就是希望不仅让国内古地图的研究者能了解世界古地图研究的前沿，而且更希望通过这种了解，使得国内古地图的研究能与世界接轨，推进国内古地图的研究。基于上述两点，我考虑是否可以通过召开国际学术会议的形式，邀请《地图学史》前三卷的作者以及世界各国的古地图研究者前来参会，与我们的译者见面，一方面交流学术成果，另一方面可以通过面谈的形式解决翻译中遇到的问题。

由于经费的问题，我无法独立实现这个愿望。偶然的机会，我向时任云南大学校长的林文勋教授提出这一想法，文勋校长当即表示大力支持。此后经过多方努力，2019年8月23日至27日，由中国社会科学院古代史研究所、云南大学主办，云南大学历史地理研究所承办的“地图学史前沿

① 对于这套丛书各卷的内容、学术价值以及翻译过程可以参见已经出版的《地图学史》中文译本的“总译序”以及各卷的“译者序”。

论坛暨‘《地图学史》翻译工程’国际研讨会”在云南大学召开。

参加此次会议的中外学者共有50余人，其中国外学者主要是参与了由约翰·布莱恩·哈利（John Brian Harley，1932—1991）、戴维·伍德沃德（David Woodward，1942—2004）和马修·埃德尼（Matthew Edney）主编，芝加哥大学出版社出版的国际地图学史领域的鸿篇巨著《地图学史》（*The History of Cartography*）丛书前三卷撰写工作的学者，以及英国、美国、意大利和比利时等国在当前国际地图学史领域有影响力的研究者；与会的国内学者，除社科基金重大项目“《地图学史》翻译工程”的主要成员云南大学的成一农研究员、中央民族大学的黄义军教授和中国社会科学院古代史研究所的孙靖国副研究员等之外，还有北京大学中国古代史研究中心的李孝聪教授、中国科学院大学人文学院的汪前进研究员、新竹清华大学的徐光台教授、复旦大学历史地理研究中心的韩昭庆教授和上海师范大学的钟翀教授等目前国内地图学史领域的领军人物以及有影响力的中青年学者。

在会议上，中外学者围绕“地图与文化交流”“地图、历史与文化”“研究评述”“地图学史”开展圆桌研讨会4场，就世界地图学史研究的前沿问题进行了讨论，对地图学史领域近年取得的成果进行了介绍，并就《地图学史》前三卷的撰写思路、过程以及翻译中遇到的问题进行了深入交流。

总体而言，此次研讨会是迄今为止国内举办的水平最高的地图学史领域真正意义上的国际会议之一，对于在全球化视野下促进国内与国际学术界的交流、对话和互鉴有着重大意义。本论文集即是这次国际学术会议的成果，在“地图与文化交流”“地图、历史与文化”和“研究评述”三个标题下收录了经过挑选的论文26篇。其中“地图与文化交流”中收录的论文关注的不仅仅是通过地图达成的文化交流，而且还关注地图所反映的跨文化的现象；“地图、历史与文化”中收录的论文关注于以地图为史料来分析到一些历史和文化的问题；而“研究评述”中收录的论文则主要对地图学史关注的重要问题进行了分析，但其核心并不在于对过往研究成果的评价，而在于希望通过评价过往指出未来的发展方向。总体而言，这一论文集与国内长期以来聚焦于分析地图本身的研究存在本质性的区别，主要是希望以地图为媒介来探讨历史的方方面面，而这正符合我们翻译的《地图学史》丛书的主旨，而且我们也希望通过这次会议以及这一论文集的出版能引领国内古地图研究的适当转向。因为众所周知的原因，本书不附地图。

最后，我要对现任云南大学党委书记的林文勋教授、云南大学的相关职能部门和历史与档案学院以及中国社会科学出版社对本次会议的召开和论文集的出版给予的大力支持致以诚挚的感谢！

卜宪群

（中国社会科学院古代史研究所所长，国家社科基金重大项目“《地图学史》翻译工程”首席专家，研究员）

2023 年 1 月

# 目　录

## 一　地图与文化交流



## 二　地图、历史与文化

## 三　研究评述

# 一 地图与文化交流

# 地图的实现、遥远的关系和关键带：地图学史的下一步

罗伯特·巴彻勒（Robert Batchelor）*

## 一　方法问题

地图学史上的一些事物激励了关于地图与领土的二元对立思考。威廉·兰金（William Rankin）的《地图之后：地图学、导航与领土转变》（*After the Map: Cartography, Navigation and the Transformation of Territory*, 2016）将此归咎于"领土"概念的不断变化，而在这个过程中产生了制图效应。① J. B. 哈利（J. B. Harley）的《近代欧洲地图学的隐藏议题》（*The Hidden Agenda of Cartography in Early Modern Europe*）将这种对立更多地视

* 罗伯特·巴彻勒（Robert Batchelor），佐治亚南方大学历史系教授，数字人文学系主任。

① William Rankin, *After the Map: Cartography, Navigation and the Transformation of Territory* (Chicago: University of Chicago Press, 2016), 5。地图和领土之间的差异是由阿尔弗雷德·科日布斯基（Alfred Korzybski）提出的，参见 Alfred Korzybski, *Science and Sanity*, 5th edition, New York: Institute of General Semantics, 1994, orig. 1933, 58, 61："地图不是它所表现的领土，但是如果这种说法是正确的话，地图与领土具有类似的结构，这种说法反映了地图的实用性""地图不是实际的领土"。科日布斯基将这种差异称为"结构差异"（structural differential）。二元论可以追溯到埃德蒙·胡塞尔（Edmund Husserl）的《欧洲科学危机》（*Die Krisis der europäischen Wissenschaften*, 1936）："但我们必须注意到，甚至早在伽利略时期就发生过的一些最重要的事情：偷偷地用数学子结构的理想世界替代了唯一的真实世界，那个通过感知给予的，甚至是体验过且可体验的……我们日常生活的世界。"参见 *The Crisis of European Sciences and Transcendental Phenomenology: An Introduction to Phenomenological Philosophy*, trans. David Carr (Evanston: Northwestern University Press, 1970), 48－9。

为一条连接地图工作坊和制图委托人的双向通道。哈利认为地图绘制者由于工艺和媒介产生了无心的沉默，而赞助人则产生有意的或意识形态上的沉默，[①] 这一概念深深影响了《地图学史》（*The History of Cartography*，1987 年及以后）各卷。马修·埃德尼（Mathew Edney）的《地图学：理想及其历史》（*Cartography*：*The Ideal and Its History*，2019 年）以“没有地图学这种东西”开头，但是很快就转向这样一种观点：地图学是一种理想，人们实际做的事是绘制地图。马修·埃德尼详述了由这一理想引起的问题二元论。[②] 最初，静止不变的地图似乎是我们探索复杂空间的大门。列维—斯特劳斯（Levi-Strauss）在谈到卡都维欧（Caduveo）艺术或图案时写道：“首先是一种二元论，它投射到连续的平面上，就像在装满镜子的大厅里一样。”这是一种与近代姆巴亚族（Mbayá）消失相呼应的艺术，姆巴亚族曾在西属巴拉圭、葡属巴西和耶稣会集合化传教村之间的领土交会处战斗过。地图，就像卡都维欧复杂的线性图案，表达了一个梦想。点和线的交织，圆规和直尺的使用，绘制地图意味着做结构关系之梦。[③]

阿尔弗雷德·科日布斯基（Alfred Korzybski）通常被认为是提出地图和领土之间的区别的人，他认为走出这种二元论问题的途径，是把关系的多维秩序和地图的自反性看作思考的空间。笔者个人认为最有趣的“地图”就像卡都维欧的人体绘画图案，或者像《东西洋航海图》（*Selden*

---

① 参见 J. B. 哈利的遗著，J. B. Harley，*The New Nature of Maps*（Baltimore：Johns Hopkins，2001），其中收录的文章大部分写于 20 世纪 80 年代。丹尼斯·伍德（Denis Wood）认为这些文章反映了哈利不完全的后现代主义，体现在地图作为一种工作坊和赞助人之间的“社会建构”（social construction）的思想中。伍德本人倾向于更广义的“话语功能”（discourse function）或“传播情境”（communication situation）。参见 Denis Wood，“The map as a kind of talk：Brian Harley and the confabulation of the inner and outer voice”，*Visual Communication* 1：2（2002），139 – 161。

② Mathew Edney，*Cartography*：*The Ideal and Its History*（Chicago：University of Chicago Press，2019），特别参见其“Checklist of Wrong Convictions Sustained by the Ideal，Grouped by Preconception”，52 – 55. 埃德尼的结论是“地图学者应该停止说‘地图是’（maps are），而应说‘某地图绘制是’（X mapping is）”（236），这一结论仍然极度依赖于存在［being（to be）］。

③ “首先是一种二元论，它投射到连续的平面上，就像在装满镜子的大厅里一样。”Claude Lévi-Strauss，*Tristes Tropiques*（Paris：Plon，1955），220。凯文·林奇（Kevin Lynch）在阐述“环境意象”（environmental images）的概念时，将其用在个人与现实形态的想象关系上。参见 *The Image of the City*（Cambridge：MIT Press，1960）。

*Map*）上覆在环境景观上的商路，因为它们既表现出关系，又表现出时间性。① 因为这些地图与时间和空间都有关系，所以它们往往都是奇点。《东西洋航海图》自然也是如此。利玛窦（Matteo Ricci）的1602年地图在20世纪70年代被称为“不可能的黑郁金香”（impossible black tulip）。还有些地图容易被历史遗漏，起码一开始是这样。它们不能很好地融入最基本的分类和叙述中。然后，在历史的某个时刻，也许是几个世纪之后，人们开始明白为什么旧的分类和叙述是不正确的。

这些奇点实际上揭示了一种不同的制图逻辑，一种也许更适合海洋或领土边界等外围问题的逻辑。哈利提出的基本社会学前提一开始似乎是合理的。我们看待地图的实现，与其说它与领土有关，不如说与地图绘制者和赞助人双方有关。但正如丹尼斯·伍德（Denis Wood）所说，随着时间的推移，这更像是众多其他行为者围绕地图进行的表演或对话。地图这个奇点往往揭示了与这场对话有关的生态、媒介和领土等关键带，这在一定程度上是独一无二的，因为它试图捕捉一种原本不为人知的现象。《东西洋航海图》描绘的由海外华商构建的东亚海运世界，或者卡都维欧记忆中关于姆巴亚族的民族形成（ethnogenesis）都是很好的例子。这种地图出现的原因与第三个过程有关。在这些关键带周围，各种遥远的关系以难以理解的方式聚集在一起。因此，我们发现，并非地图绘制者和赞助人这些似乎关系较近的人，而是看起来与之无关的各类其他行为者和关系网最终实现了地图的具体化。地图奇点，也可能所有的地图因此揭示了一种三体逻

① 笔者关于《东西洋航海图》的主要研究可参见“The Selden Map Rediscovered：A Chinese Map of East Asian Shipping Routes，c. 1619”，*Imago Mundi* 65：1（January 2013），37－63；*London*：*The Selden Map and the Making of a Global City*，1549－1689（Chicago：University of Chicago Press，2014）；“从《东西洋航海图》观察东亚群岛（Viewing the East Asian Archipelago through the Selden Map）”，《针路蓝缕：明代海外贸易与牛津大学珍藏〈东西洋航海图〉图录及论文集》（*Mapping Ming China's Maritime World——The Selden Map and Treasures from the University of Oxford*）（Hong Kong：Hong Kong Maritime Museum【香港海事博物馆】，2015），22－63；“Maps，Calendars and Diagrams：Space and Time in Seventeenth-Century Maritime East Asia”，Tonio Andrade and Xing Hang，eds.，*Sea Rovers*，*Silk*，*and Samurai*：*Maritime East Asia in World History*，1500－1750（Honolulu：University of Hawaii Press，2016），86－113；“The Global and the Maritime：Divergent Paradigms for Understanding the Role of Translation in the Emergence of Early Modern Science”，Patrick Manning and Abigail Owen，eds.，*Found in Translation*：*World History of Science*，*1000－1800 CE*（Pittsburgh：University of Pittsburgh Press，2019），75－90。

辑，在这个逻辑中，地图的实现、关键带以及遥远的关系在哈利的制图者和赞助人模式看来并没有一个封闭解。[①] 这些问题涉及多个方向上的相互作用、调节和转变。

在将制图作为反映图形呈现与人类生活世界之间的关系进行组织的过程中，《地图学史》对地图最初的基本定义就抵制了这样的时间性，即“地图是便于人们对人类世界中的事物、概念、环境、过程或事件进行空间认知的图形呈现”。正如埃德尼所指出的那样，似乎有一个“永恒”的假设与地图学理想相伴而生。[②] 但《地图学史》当然还是“历史”。它从史前和古代出发（第1—2卷），然后转向近代欧洲（第3—4卷），最后探讨了21世纪定义的全球现代化（第5—6卷）。因此，埃德尼所谓的“地图学理想”倾向于重现不同文明（地中海、伊斯兰、东亚及东南亚，“原始”文明）之间，以及古代与现代之间的某些区别。

欧洲文艺复兴和启蒙运动在物质和概念上构建了这些时间界限，以界定这个世界以及欧洲在世界上的地位。[③] 因此，《地图学史》中的地图学时间有点像赫尔曼·闵可夫斯基（Hermann Minkowski）的时空图，它形成了一种被称为“地图学”的矢量空间光锥，扭曲了周围的物体、实践和概念。比起一种理想，地图学时间更像是一个惯性参考系。这种模型的力量

---

① “关键带”（critical zone）的概念来自美国生态学家与国家科学基金会关于固体地球与其流体包壳之间界面的合作研究，参见 S. P. Anderson, R. C. Bales, and C. J. Duffy, “Critical Zone Observatories: Building a network to advance interdisciplinary study of Earth surface processes”, *Mineralogical Magazine* 72: 1 (2008), 7 - 10。这个词为布鲁诺·拉图尔（Bruno Latour）所广泛应用，见 “Some Advantages of the Notion of a ‘Critical Zone’ for Geopolitics: Geochemistry of the Earth’s Surface”, *Procedia Earth and Planetary Science* 10 (2014), 3 - 6。在天平的另一端，距离关系可以通过“超物体”（hyperobject）的概念来理解，超物体是相对于人类大量分布在时间和空间中的物体，见 Timothy Morton, *The Ecological Thought* (Cambridge: Harvard University Press, 2010), 130 - 5。超物体严格来说是“非局部的”（nonlocal），尽管有“局部表现”（local manifestations）。地图经常解释如何在关键带和超物体之间建立这种关系的物化。

② J. B. Harley and David Woodward, “Preface”, *The History of Cartography* 1 (Chicago: University of Chicago Press, 1987), xvi; Edney, 1。伍德沃德比哈利对时间问题更为敏感，参见其“Reality, Symbolism, Time, and Space in Medieval World Maps”, *Annals of the Association of American Geographers* 75.4 (Dec. 1985), 510 - 21，其中将中世纪欧洲地图称为“历史集合体”（historical aggregations）和“大事件的累积库存”（cumulative inventories of events）。

③ 一个经典的例子是墨卡托（Mercator）地图投影，它虽然有助于近代关于海洋的思考，但在19世纪成为一个更普遍的地理理想。参见 Mark Monmonier, *Rhumb Lines and Map Wars* (Chicago: University of Chicago Press, 2004)。

与其说是依赖数学或几何技术或者埃德尼提出的理想主义二元性，不如说是因为近代欧洲地图在众多关于时空概念的宇宙学主张中日益根深蒂固，而这些宇宙学主张来自哥白尼、伽利略、牛顿和康德的作品。在 20 世纪，牛顿的抽象时空和绝对同时性概念被关系概念所取代。所有的空间和时间都是相对的，这似乎是 20 世纪 20 年代开始把玩地图的超现实主义者的一个重要观点，若脱离这个观点，将地球质量对时空的影响考虑在内的 GPS 系统就无法工作。①

地图学的发展一直伴随着时间形态的变化和苏源熙（Haun Saussy）所谓的“话语的长城”这种双重性问题，所以在《地图学史》中当然也能看到这些问题。② 凯瑟琳·德拉诺－史密斯（Catherine Delano-Smith）在该书第一卷开头就谈到了这些问题，认为史前地图是“为当时而做”，这就引发了关于持续时间的意义和翻译可能性的疑问。③ 在第二卷中，戴维·伍德沃德（David Woodward）和余定国（Cordell Yee）强调“宇宙世界”以及文本和美学的重要性，因为他们越来越担心，西方地图学范式已经让现代地图学“去人性化”。④ 这里的后人文主义反应与其说是针对近代欧洲地图的空间战略，不如说是针对 19 世纪和 20 世纪地图的时间战略，就像影

---

① Edney, *Cartography*, 161 以及 Alberto Toscano and Jeff Kinkle, *Cartographies of the Absolute* (Winchester: Zero Books, 2015), 5, and passim 都认为超现实主义者在这方面很重要。

② Haun Saussy, *Great Walls of Discourse and Other Adventures in Cultural China* (Cambridge: Harvard University Press, 2001)。苏源熙（Saussy）认为知识是“外围的、互惠的和可调解的”（peripheral, reciprocal and mediated），并不是以对象为中心的（1）。

③ Catherine Delano-Smith, “Cartography in Prehistoric Europe and the Mediterranean”, *History of Cartography* 1, 58。德拉诺－史密斯（Delano-Smith）早期的工作主要依赖于布鲁诺·阿德勒（Bruno Adler）概述的俄罗斯的地图人类学概念，见 *Izvestiya Imperatorskogo Obshchestva Lyubietey Yestestvoznaniya*, *Antropologii I Etnografii*: *Trudy Geograficheskogo Otdeleniya* 119: 2 (1910)，这篇文章主要通过 H. 德胡图维兹（H. de Hotorowicz）和列奥·巴格罗（Leo Bagrow）的摘要而为人所知，见 H. de Hotorowicz, “Maps of Primitive Peoples”, *Bulletin of the American Geographical Society* 43: 9 (1911), 669－79 和 Leo Bagrow, “Istoriya geograficheskoy karty: Ocherk I ukazatel' literatury”, *Vestnik arkheologii I istorii* 23 (Petrograd: 1918)。列奥·巴格罗（Leo Bagrow）之后创办了《世界宝鉴》(*Imago Mundi*)。显示这种对领土的人类学解读的近代地图模型见哈佛大学的列奥·巴格罗西伯利亚地图收藏，MS Russ 72 (1667—1726CE)，作者为塞姆利亚诺维奇·雷米佐（Seml'ianovich Remezov）和伊凡·基里洛维奇·基里洛夫（Ivan Kirillovich Kirilov）等人。

④ David Woodward, “Preface”, J. B. Harley and David Woodward, eds. *The History of Cartography*, vol. 2 book 2, *Cartography in the Traditional East and Southeast Asian Societies* (Chicago: University of Chicago, 1994), xiv。哈利在第二卷第二部分面世之前就去世了，伍德沃德的序言是从引用这个观点开始的。

响哈利自己与地图学关系的英国地形测量局（Ordinance Survey）。

1884年，世界时间大会将本初子午线定在格林尼之后，地图就与时间有了清晰而牢固的关系。哈利自己最满意的英国地形测量局地图就是一例，这些地图是帝国为了终结苏格兰高地的氏族时代（1747）而制作的，然后发展成在空间上定义铁路时代的工具（《1841年地形测量法》）。这类地图试图利用空间（地形的X、Y、Z坐标）来解决时间的问题（t）。亨利·普安卡雷（Henri Poincaré，1905—1906）本身作为一名制图师和地形学家认为，第四坐标（t）实际上是一个类空类时的假想单位。对普安卡雷来说，这种假想的维度并不仅仅是惯例。即使用水下电缆和非常精确的时钟进行测量，全球空间同步也始终是一种虚构之事，一种理想。[①] 科学意义上的相对性，而不是后现代的相对论，已经深深植根于制图实践中。

或许所有地图都试图用物质的方式定义时间的形状，这种方式把遥远的关系聚集在地图界定出的关键带里。我们对“历史”——即笔者之前提到的由文艺复兴和启蒙运动形成的光锥——的定义仍然太有限，可能就是问题所在。因此，工程浩大的《地图学史》是一项具有全球意义的工作，因为它已经描绘出光锥的形状。但是，哈利的论点主要依赖所谓的“后现代”文学理论，为了与他保持一致，我们最好赞成地图的权威不是来源于对作者身份的抹杀，而是来自对时间性的抹杀。对作者的抹杀赋予地图抽象的权威，对时间性的抹杀则产生了地图已经破解了时间问题这种看法。这继而又是地图学的理想状态，它暂停了时间，或者至少限制了时间。然而，隐藏在地图中的根本维度并不是指时序意义上的时间，也就是时间线（或现代的列车线），而是指数学家费利克斯·豪斯多夫（Felix Hausdorff）所谓的“时间平原”（temporal plain）。[②]

---

① 观点出自 Peter Galison, *Einstein's Clocks*, *Poincaré's Maps*: *Empires of Time*（New York: Norton, 2003），182－3，他强调了 Polincaré，“La mesure du temps”，*Revue de métaphysique et de morale* 6（1898），371－384 的重要性。1904年在高等电报学校（Ecole Supérior de Télégraphie）的讲座中，普安卡雷称为“电报方程”（telegrapher's equation）。

② 参见 Peter Fenves, *The Messianic Reduction*: *Walter Benjamin and the Shape of Time*（Stanford: Stanford University Press, 2011）关于豪斯多夫（Haussdorff）的著作和立体主义绘画的讨论（此处参考了第109页），二者影响了1917年格尔肖姆·朔勒姆（Gershom Scholem）和瓦尔特·本雅明（Walter Benjamin）的历史方法的形成。

这种彻底时间意义上的地图更接近中文里所谓的试图限定住一个困难（啚）的问题的图（*tu*，圖）或图示，而不是法语中的“carte”，后者起源于拉丁文，其本义是指作为理想的表现和调解空间的纸或卡片。在中文和日文中，现代的时间和空间概念在19世纪后半叶才作为欧洲科学术语的翻译出现。在此之前，历史学家们经常关注古老道教中“宇宙”的概念，在英语中常翻译成“universe”或“cosmos”，但字面意思是“万古之家”。[①]“图”是一种试图解决宇宙难题的图示，而“地图”是其中的一个子集。现代所谓的“地图学”是一个相对较新的词组，于19世纪90年代出现在日文中，与“地理学”有关。这个词组的含义具有限制性，但可能比“carte”的概念宽泛一点。正如1934年葛兰言（Marcel Granet）在《中国思想》（*La pensée chinoise*）一书中定义的那样，“图”应该被理解为某种永恒的文化或文明思想。我们也没有足够的证据宣称“图”和“carte”之间具有常识性的技术对等性，正如李约瑟（Joseph Needham）在20世纪50年代把中国科学思想定义成道学，但它们其实是一种文明实践，可以被普遍接受，甚至可以通过技术标志得到实践。[②]这就是为什么普安卡雷的时空概念作为在一个相对论宇宙中进行比较的有用的虚构仍然具有重要意义。因为在普安卡雷所谓的流形中，欧几里得几何在邻域、区域，甚至是领地等局部地方起作用，并且只在引入跟尺度有关的问题时才会失效。

对于地图学史学家来说，如何在实践中解决这一切呢？用于研究地图学史的关键带，在某种程度上可以通过与制图有关的奇点（如《东西洋航海图》）的实现或者一系列不仅仅旨在解决领土问题的图示来表示。后者

① 关于中国人是否有现代时间概念的问题，学术界有大量争论，其中大多数都毫无意外地过时了。基本介绍见 Ulrich Libbrecht，“Chinese concepts of time：*yü-chou* as space-time”，Douwe Tiemersma，et. al.，*Time and Temporality in Intercultural Perspective*（Amsterdam：Rodopi，1996），75–92；Joseph Needham，“Le temps et l'homme oriental”，*Tel Quel*（1972），48–9：8–19，50：3–21；以及 Marcel Granet，*La pensée chinoise*。

② 参见对 Joseph Needham and Wang Ling，*Science and Civilization* 1（Cambridge：Cambridge University Press，1965）（无页码）封面图片所绘的道教“雷部”的长页说明。李约瑟提到了对刘天尊手中的刻度尺/矩尺、太阳和月亮（该肖像同样出现在《东西洋航海图》顶部），温元帅手中的手环，高元帅手中的锤子和凿子，毕元帅手中的剑（宇宙学和炼金术）等的描绘，这些象征了所有“被普罗大众赞颂为圣人的人”和部分“中国从古至今工匠和技术人员的伟大经验传统。”

例如章潢（1527—1608）长达7000多页的《图书编》（1613）中的大量图示。[①]《图书编》是一部以独特方式书写而成的地图学史，书中除太极图以及其他与时间相关的抽象的宇宙图示外，还包括从利玛窦、亚伯拉罕·奥特柳斯（Abraham Ortelius）、吉罗拉莫·鲁谢利（Girolamo Ruscelli）等人那里临摹来的地图。章潢的主要目标很保守。他想将人们已经司空见惯并广为接受的古老的佛教和道教符号，与正规的、能够更好（或至少更正统）地理解宇宙的儒家图示分开。[②] 与罗洪先（1561）或亚伯拉罕·奥特柳斯（1570）的地图集相比，章潢的著作起初在地图学史上似乎并没有什么地位，大部分有用的都是利玛窦作品的早期摹本，强调了地球是方的这一古典概念。[③] 但是，从章潢翻译的利玛窦地图可以看出，他是从时间上而不仅仅是从空间上解读这些地图的。利玛窦提供的许多“天球”的图示实际上是在从宇宙或时间角度看待环绕在周围的天空。从根本上讲，它们代表另一种被评价为符合正统儒家品格的图。但它们也可能作为对比实例来加强整个宇宙图的内容。当地图引起像类似与此的可能的对比时，它们试图解决的隐藏的时间复杂性开始显现出来。因此，即使是像章潢编纂的这样一部保守而包罗万象的著作，也突然开始对某个关键带下定义。就章潢这样的个案而言，他所做的可以说是悄无声息却深刻地界定了整个《地图学史》项目。

---

① 笔者依据的是哈佛燕京图书馆的一份藏本（涂镜源等，明万历癸丑［41年，1613］），见https：//listview. lib. harvard. edu/lists/drs－54267880。

② 关于唐宋道教和佛教徒对图的禅修运用，以及章潢和利玛窦利用克拉维乌斯（Clauvius）的几何学方法对其进行的修正，见 François Louis，“The Genesis of an Icon：The ‘Taiji’ Diagram's Early History”，*Harvard Journal of Asiatic Studies* 63：1（June 2003），145－96。关于正弦曲线的后续使用见李仕澂：《论太极图的形成及其与古天文观察的关系》，《东南文化》1991年Z1期，第19—22页。李约瑟首先指出了章潢与创造“现代”太极图方面的联系，见 Joseph Needham，“The Institute's Symbol”，*Biologist：Journal of the Institute of Biology* 24（1977），71－2。正是葛兰言把太极图视为中国思想的古老符号，见 Marcel Granet，*La pensée chinoise*（Paris：La Renaissance du Livre，1934），280。

③ 杰里·布罗顿（Jerry Brotton）在《十二幅地图中的世界史》（*A History of the World in 12 Maps*，London：Penguin，2013）中在不考虑历史背景的情况下使用了章潢所绘的天圆地方图（见于章潢《图书编》卷28，f. 2，图9），以此来解释中国的天圆地方概念与希腊的地圆说的宇宙学差异。“天圆地方”一词可追溯到公元前三世纪的《周髀算经》。章潢文本的关键图像是太极图，而不是天圆地方图。

## 二 “西化”的问题

1994 年，余定国在《地图学史》第二卷第二部分的明末清初地图学中谈到“西化神话”（Myth of Westernization），他不仅批判李约瑟在《中国科学技术史》（*Science and Civilization in China*）第三卷（1959）中对中国地图学的描述，也批判了认为利玛窦标志着中国地图绘制转折点这一传统主张。余定国和哈利都赞同谢和耐（Jacques Gernet）的观点，认为耶稣会士地图学是一项“引诱事业”（enterprise of seduction），以此既强调中国和欧洲独特的“文明”传统，又否认耶稣会士翻译实践的影响。[①] 对余定国来说，利玛窦“引诱”的是章潢。只有在章潢的文本中，还存留着利玛窦于 1584 年绘制的第一幅地图的版本，即《舆地山海全图》，该图将奥特柳斯 1570 年世界地图的中心重新放在了太平洋上。[②] 然而，哈利和余定国对“引诱”的讨论却忽略了关键的一点：耶稣会士地图学有意识地反对哥白尼学说，因而被作为与“欧洲科学”有着不确定关系的地图学而引人关注的。虽然利玛窦促进了中国明朝末年印刷图制作事业的蓬勃发展，但如果就此将其定格为东西方的碰撞，则未免太过狭隘。

虽然利玛窦的地图现在很有名，但我们也要知道它几乎完全被遗忘了长达三百年之久。尽管利玛窦的地图早在 18 世纪就在韩国和日本有了摹本，但这些摹本与利玛窦没有明确的关系，到 18 世纪五六十年代耶稣会士

---

① Jacques Gernet, *China and the Christian Impact*: *A Conflict of Cultures*, trans. Janet Lloyd (Cambridge: Cambridge University Press, 1985), 15，引自 Cordell Yee, “Traditional Chinese Cartography and the Myth of Westernization”, *History of Cartography* 2: 2 (Chicago: University of Chicago Press, 1994), 170。J. B. 哈利在“The Map as Mission: Jesuit Cartography as an Art of Persuasion”, Jane ten Brink Goldsmith, et al., *Jesuit Art in North American Collections* (Milwaukee: Patrick and Beatrice Haggerty Museum of Art, 1991, 29) 中引用了完全相同的话，尽管他试图证明“耶稣会制图”是没有连贯性的，是一个被排除在更广泛的《地图学史》项目之外的类别。笔者对这一点的论述，见“Historiography of Jesuit Cartography”, *Jesuit Historiography Online* (February 2019)，访问日期：2019 年 7 月 3 日：https://referenceworks.brillonline.com/entries/jesuit-historiography-online/historiography-of-jesuit-cartography-COM_212546；以及 special issue of the *Journal of Jesuit Studies* 6: 1 (March 2019) on “Jesuit Cartography”，访问日期：2019 年 7 月 3 日：https://brill.com/view/journals/jjs/6/1/jjs.6.issue-1.xml。

② 章潢：《图书编》卷 29，1613 年，f. 33-4。

被驱逐的时候，利玛窦的地图在欧洲已经为人所淡忘。19 世纪后期重新建立秩序后，耶稣会士地图学得以重现。这要部分归功于 1872 年被俾斯麦（Bismarck）的“文化斗争”（Kulturkampf）驱逐到法国和比利时的德国耶稣会士对地图学的关注，直接原因则是翻译《马可·波罗行记》的著名译者亨利·玉尔（Henry Yule）在《大英百科全书》（*Encyclopedia Britannica*）中所写的利玛窦早年传记，他认为利玛窦的地图绘制对耶稣会传教工作十分关键。[①] 与 19 世纪末的其他人一样，玉尔从来没有见过利玛窦地图的摹本，他做了一个奇怪的尝试，想象该地图是一个以清王朝为中心的半球形投影，因为他相信没有真正的摹本幸存下来。

后来在 1911 年，汾屠立（Pietro Tacchi Venturi）描述了梵蒂冈所藏 1602 年利氏地图的一部分。汾屠立后来成为墨索里尼（Mussolini）和教皇庇护十一世（Pius Ⅺ）以及庇护十二世（Pius Ⅻ）之间的联系人，并因此而出名，而他的这一行为推动了利玛窦完整作品的发表。[②] 位于伦敦的皇家地理学会随后意识到他们也有一份利氏地图，尽管是后来的版本，讽刺的是，他们是在玉尔入会之后才意识到的。在第一次世界大战中期，皇家地理学会、大英图书馆、维多利亚和阿尔伯特博物馆联手修复了这张地图并为其做了裱背。[③] 这也可能启发了 1919 年在博德利图书馆所藏的《东西洋航海图》背面加衬棉布的做法，但这种做法反而造成了地图的损坏，该地图很快被重新贮藏起来，直到 2008 年才重新面世。但利氏地图是一种新

① Matteo Ricci, *Encyclopedia Britannica*, 9th Edition 20 (Edinburgh: A. & C. Black, 1886), 536 – 37.

② Tacchi Venturi, ed., *Opere storiche del P. Matteo Ricci* 1 (Macerata: 1911)。梵蒂冈据称有两份利氏地图，其中一份已遗失，见 John Day, “The Search for the Origins of the Chinese Manuscript of Matteo Ricci's Maps”, *Imago mundi* 47 (1995), 98, table 2。第一次系统地翻译利氏地图的是德礼贤（Pasquale d'Elia），见 Pasquale d'Elia, *Il mappamondo cinese del P. Matteo Ricci S. J.* (Vatican City: Biblioteca Apostolica Vaticana, 1938)。德礼贤是汾屠立的门徒，并受到墨索里尼的资助。

③ John Frederick Baddeley, “Matteo Ricci's Chinese World-Maps, 1584 – 1608”, *Geographical Journal* 50, No. 4 (October 1917), 254 – 70，该文以照片形式再现了皇家地理学会所藏利玛窦地图摹本（1858 年捐赠）；Edward Heawood, “The Relationships of the Ricci Maps”, *Geographical Journal* 50, No. 4 (October 1917): 271 – 76; Lionel Giles, “Translations from the Chinese World Map of Father Ricci”, *Geographical Journal* 52, No. 6, 53, No. 1 (December 1918; January 1919): 367 – 85, 19 – 30。

的珍品，它被展示于皇家地理学会的墙面上。约翰·巴德利（John Baddeley）尤为相信，利氏地图必定“曾经具有无法估算的地理学价值，但是对于我们欧洲人而言，其价值主要是历史价值”，因为它“仅仅是当时欧洲世界地图的中国版本”。

余定国在关于“西化神话”的文章中回应了这种“无法估算的地理学价值”以及20世纪70年代伦敦地图经销商和收藏家创造的话语，他们称利氏地图为“不可能的黑郁金香”。但更深入的是，余定国接触到了三位20世纪30年代非常重要的中国学者，他们认为借助利玛窦可以构建适合脆弱的中华民国的现代化的历史。其中两位学者来自北京新燕京大学，即1928年协助创建了哈佛燕京学社并在燕京大学任教的洪业以及他的学生陈观胜。第三位学者王庸当时正在对国立北平图书馆（1912年开放）收藏的地图进行编目，该图书馆当时并没有利氏地图的摹本。王庸对形成独特的中国地图学史的思想功不可没。[①] 对这些学者来说，研究利玛窦让他们得以了解中国1912年以前的现代化思想。

鉴于所有这些情况，余定国的立场是说得通的，可以看作对20世纪早期夸大“基督教对中国的影响”（在近代早期是天主教的影响）的批判。利玛窦的努力最终引起了人们对“欧洲科学”的关注，而有意思的是，众所周知，耶稣会士们仍然与哥白尼和伽利略之前的宇宙学说联系在一起。利玛窦去世于1610年，章潢去世于1608年。传统上被视为“伽利略事件”起点的《星空使者》（*Sidereus Nuncius*）在1610年3月才问世。金尼阁（Nicholas Trigault）的利玛窦传记《基督教远征中国史》（*De Christiana expeditione apud sinas suscepta ab Societate Jesu*，Augsburg：1615）是欧洲首部关于天主教和宋明理学思想兼容的重要文献。章潢《图书编》的大部分工作是在1562年至1585年完成的，但直到他去世五年后，也就是1613

① 洪业：《考利玛窦的世界地图》、陈观胜：《利玛窦对中国地理学之贡献及其影响》，《禹贡》第5卷第3、4期合刊，1936年4月，第1—50、51—72页；Kenneth Ch'en，“A Possible Source for Ricci's Notices on Regions Near China”，*T'oung pao* 34（1938）：179－90；Kenneth Ch'en，“Matteo Ricci's Contribution to，and Influence on，Geographical Knowledge in China”，*Journal of the American Oriental Society* 59，No. 3（1939）：325－59；王庸：《中国地理学史》，商务印书馆1938年版，特别是第二章“地图史”。

年，他的追随者才得以出版这部巨作。

当用地图学、基督教和科学等过于宽泛的概念从文明角度构建故事时，我们会忽略许多重要的事情，包括这一时期海洋经济发展的重要性，而海洋经济的发展从根本上改变了人们对距离和时间的认知。16 世纪 80 年代，利玛窦与罗明坚（Ruggieri）入居肇庆，早在那时候他在中国的地图绘制活动就开始了。自从 1564 年，也就是 1557 年澳门开埠后的第七年，肇庆成为管辖广东广西的两广总督在西江南岸的新驻地，这一转变与珠江三角洲在海上贸易的地位日益重要有关，从一定程度上促进了利玛窦在中国的制图活动。尽管肇庆远离长三角地区的主要印刷中心，不过知府王泮仍渴望制作地图，但那时对澳门和广阔的海洋世界还存有怀疑的暗流。1588 年王泮升官时，耶稣会士被驱逐，利玛窦不得不移居到北江上的韶州。1593 年，他放弃佛教僧侣的装扮，在翻译完“四书”之后，开始研究新的精英化策略。①

1595 年，利玛窦在南昌尝试了这种新策略。他在南昌遇见了好友瞿汝夔的老师——章潢。利玛窦与瞿汝夔于 1589 年在肇庆相遇，他们一起在韶州度过了两年，之后再次在南华寺相遇。两人讨论了邵雍（1011—1077）的“象数之学”理论和章潢自己对利玛窦的老师——克里斯托弗·克拉维乌斯（Christopher Clavius）——的著作的理解。② 瞿汝夔是利玛窦离开王泮和珠江三角洲以后进入一个截然不同的世界进行探索的关键。

南昌靠近鄱阳湖和长江，利玛窦在这里认识了许多被流放的皇室成员，他们对贵族的友谊观和关于占卜的宇宙学问题很感兴趣。这些皇室成员中有皇帝的远亲建安王朱多节，他曾与利玛窦谈论过友情的本质，利玛窦则向他展示了一幅现已丢失的地图，该地图展示了九个天球和其他数学

---

① R. Po-chia Hsia, *A Jesuit in the Forbidden City* (Oxford: Oxford University Press, 2010), 112 -5, 135.

② 关于瞿汝夔，见 Yu Liu, *Harmonious Disagreement: Matteo Ricci and his Closest Chinese Friends* (New York: Peter Lang, 2015)。瞿汝夔在其为利玛窦的《友论》所作的序言（1599 年 2 月）中记述了他与利玛窦的友情，该文章被重刊于朱维铮：《利玛窦中文著译集》，复旦大学出版社 2001 年版，第 117 页。1599 年南京版《友论》现已丢失，但序言于 1601 年重印，题为《大西域利公友论序》。

论证。[①] 大约80年前，王阳明在南昌平定了宁王朱宸濠1519年8月的叛乱，当时朱宸濠威胁要夺取位于南方的首都南京。叛乱之后，还是在南昌，王阳明开展了著名的改革，重新聚集了宋明理学“心学”（school of heart-mind）的精英们。这导致了江西学派的诞生以及明朝时这里私人书院的高度集中（约占所有书院的15%）。由此出现了地图集制作者罗洪先，他的地图集试图塑造一个连贯的王朝形象，再后来就出现了章潢。1592年，在利玛窦到来之前，章潢成了庐山附近著名的“白鹿洞书院”（Academy of the White Deer Cavern）的院长，而该书院可能是宋明理学最重要的教育机构。利玛窦在广东制作的地图，作为海洋世界的插图，并不是非常有趣或有用，而且根据余定国的观点，这些地图似乎没有什么影响。空间、时间和数字与王朝本身的稳定和更迭有关，在与之相关的争论中，利玛窦在南昌展示的地图，作为宇宙图示，成了其中的重要元素。

章潢见到利玛窦时已经年近70岁。此前，他一生都致力于对邵雍的遗著进行重新评价。带有其子邵伯温评注的邵氏书籍《皇极经世》将《易经》研究中的象数学和图像学混为一谈。“图”是这类学习的关键。但佛教和道教也有明显影响，尤其表现在邵雍将时间理解为前后相继的世界（形成、存在、毁灭、消失），而不是理解为中国人的周期性模式（兴衰）。在一个世界之中，存在64种状态（卦），为阴阳之气所支配。阴阳又相应创造出四象，即水、土、火、石，而不是传统的具有衍生功能的五行。[②]

① 利玛窦的《交友论》（1595）于1596年出版，据推测，他不知道出版需要得到罗马的许可。1599年和1601年又出版了两个版本，基本上使利玛窦在长三角尤其是江西精英人士中享有盛誉。见 Timothy Billings, Introduction, *On Friendship*: *One Hundred Maxims for a Chinese Prince* (New York: Columbia University Press, 2009), 2, 9。关于朱宸濠的地位，见 Craig Clunas, *Screen of Kings* (London: Reaktion, 2013), 7－14。苏源熙将利玛窦的这段经历归因于他与日俱增的保守主义，这份保守主义吸引了像章潢这样的文人和皈依者杨廷云，他们担心佛教和道教这些异端的传播以及儒家传统的堕落。（“In the Workshop of Equivalences”, Great Walls of Discourse, 15－34.）

② 五行是指木、火、土、金和水。有人认为木生于土，金生于石，因此它们是衍生物，参见 Fung Yulan（冯友兰），*A History of Chinese Philosophy*, trans. Derk Bodde, 2 (Princeton: Princeton University Press, 1952), 434, 452－453 and passim; Don Wyatt, *The Recluse of Loyang*: *Shao Yung and the Moral Evolution of Early Sung Thought* (Honolulu: University of Hawaii Press, 1999), 56－62; 徐光台：《“四元为体”与“五行为用”——从邵雍〈皇极经世〉到利玛窦〈乾坤体义〉的历史转折》，*EASTM*，第27期，2007年，第13—62页。复兴邵雍的学说始于元末明初，书籍有朱隐老的《皇极经世书说》（14世纪中叶）和胡广的《性理大全书》（1415年，多种版本），后者是翰林院为帮助永乐皇帝在考试中重建正统观念而创作的大量宋元作品集。徐光台指出，邵雍特地将“象”与“体”和“源”联系在一起，认为它们是原始的基本形式而非衍生的行或流。

这类问题引起了利玛窦的兴趣。1595 年，他写了一篇现已失传的作品《四行论略》。该作品的部分内容出现在利玛窦、李之藻和印刷商张文焘的《坤舆万国全图》（北京：1602）和李应试的《两仪玄览图》（北京：1603）的图注中，但是利玛窦没有批评这五行是衍生的。[①]

在世界地图的层面上，利玛窦试图提出的主张非常有限，且不是关于中欧科学差异这种引人注目的主张。孟瀚良（Florin Stefan Morar）近期表示，在章潢临摹的《舆地山海全图》以及利玛窦的《交友论》（1595）中，利玛窦将一开始生活在南昌的自己描绘成一位来自太西国的准佛教“隐士”（山人），而不是他后来（1601 年之前）所成为的来自大西洋的修士。[②]《舆地山海全图》刻意没有标出欧洲，这片地区成为中国和亚洲的最西缘，大西洋也是如此。这就使得利玛窦和章潢都留下了一个问题：在这张特殊的“图”中，有四个还是五个主要的区域是模糊不清的。[③] 但是，这张特殊的图最初是用来吸引皇族朱多节而不是用来吸引学者章潢的。利玛窦在南昌的三重转变表明了地位的改变（从常人到学者），“宗教”或仪式的改变（从佛教到宋明理学），以及地理学的改变（从领土到海洋，或国到洋）。

《舆地山海全图》上的海洋仍被清晰地分为四个基本方位，即《山海经》中的四海以及其他区域。然而，北海和南海是海，东西的海洋是洋，并且理论上分为大小两个部分（小东洋；大东洋，小西洋）。与欧洲被排除在外一样，大西洋被排除在外，只留下一个较小的西洋（印度洋）。总的来说，该地图的目标是与传统佛教和波斯理论中的四大洲以及中国古典理论（《山海经》）中的四大海建立关系，与此同时，强调当时的航海策略（特别是西班牙的航海策略），这些策略与作为能量来源的赤道洋流和赤道

---

① 徐光台：《“四元为体”与“五行为用”》，第 45 页。

② 见 Florin Stefan-Morar，“The Westerner：Matteo Ricci's World Map and the Quandaries of European Identity in the Late Ming Dynasty”，*Journal of Jesuit Studies* 6：1（March 2019），14－30；和 Billings，*On Friendship*，13。

③ 亚细亚（Asia）和亚利未亚（Libya）是不同的实体。北亚默利加和南亚默利加（North and South America）是一个实体，遵循欧洲“地球由四部分构成”的概念。中国看起来似乎是构成东亚的一组河岸和近海岛屿群，墨瓦蜡（Magellania）是一个岛屿群而不是奥特柳斯地图上的南方大陆，二者的地位没有明确界定。

风密切相关。

接下来的地图出现在五页之后，即《四海华夷总图》，明显具有比较性，其遵循更传统的同心圆模式。① 该地图的概念来源于《山海经》和佛教地图，但是使用了“大秦国”或“罗马”这样的地名，这表明存在一个与长期的地理学知识交流有关的更为复杂的传统。② 它与利玛窦的以太平洋为中心的奥特柳斯版地图差不多，以一种并无根本区别的方式描绘了群岛的外环，同时四条河流大致将中央陆块划分成四个区域。

无论是《舆地山海全图》还是《四海华夷总图》，都不完全符合地球结构的传统范式。除了美洲和《舆地山海全图》上不甚为人所知的麦哲伦洲（这两者都可以被想象成岛屿）外，几乎没有迹象表明章潢和利玛窦的宇宙学观点发生了巨大的变化。显而易见的是，对他们二人来说，海图已经开始变得比领土地图更重要，这种转变也体现在《东西洋航海图》中。这种转变似乎是来自章潢和利玛窦关于海洋的比较性讨论，而不是来自利氏地图本身。

章潢还一视同仁地发表了他从利玛窦那里获得的其余一些地图。章潢并没有用这些地图展示地球的不同面貌，而是别出心裁地令它们与宇宙学产生联系。《昊天浑元图》（第 16 卷，f. 47r）就是试图临摹吉罗拉莫·鲁谢利的《世界地图》（“Orbis Descriptio”，威尼斯：1574），但是大多数地名都消失不见，只剩下少数几个抄写过来的古怪地名，像是用日文假名表示的罗马字母。只有一样东西是用中文标识的，那就是“天度”，即能让人确定日月之行的天空度数。这里的地图，尤其是赤道，被想象成一个浑天仪，是用来理解太阳和月亮在圆形天空中运动的工具，而不是被当成地

① 章潢：《图书编》卷 29，f. 39 - 40。

② 有关佛教地图见 Hirosi Nakamura，“Old Chinese World Maps Preserved by the Koreans”，*Imago Mundi* 4（1947），3 - 22。有关与此的较为复杂的反传统在韩国别具吸引力，参见 Vera Dorofeeva-Lichtmann，“Inversed Cosmographs’ in Late East Asian Cartography and the Atlas Production Trend”，Takeda Tokimasa and Bill Mak，*East-West Encounter in the Science of Heaven and Earth*（Kyoto：Institute for Research in Humanities，2019），144 - 174；Jung Dae-Young “콜레주 드 프랑스（Collège de France）소장‘天下諸國圖’연 구” *Han’guk Kojido Yon’gu* 5：2（2013），53 - 72；杨雨蕾：《〈天地全图〉和 18 世纪东亚社会的世界地理知识：中国和朝鲜的境遇》，《社会科学战线》2013 年第 10 期，第 89—101 页。

球本身的形状为球体的象征。这幅地图似乎与彼得·阿皮安（Peter Apian）《宇宙志》（*Cosmographia*，1524）的标题页相类似，该页显示了一个地球仪，且作为球仪的一部分，有一根清晰标记着“地平线”字样且能与赤道对齐的箍条。此外，这幅地图也类似于克拉维乌斯《沙氏天球论评释》（*In Sphaeram*，1585）中出现的更抽象但是很相似的图示。[①]

章潢从利玛窦那里得到的另外四幅地图后来出现在1602年《坤舆万国全图》和1603年《两仪玄览图》的角落，即也收录在《图书编》卷29（36r－37f和37r－38f）中的两幅地球的极投影图，以及卷16（f. 48r和f. 48f）中的一幅浑天仪和一幅同心球状的宇宙图示。地球的地图与《舆地山海全图》和《四海华夷总图》一起出现在卷29。与以太平洋为中心的奥特柳斯版地图不同，在章潢版本的这两幅球极视角的地图中，标注了大东洋和大西洋，而这些标签没有出现在1602年的地图中。两幅图的细节都比1602年或1603年的地图要详细得多。欧洲（Europa）也出现了，却不是冯应京《山海舆地全图》（1602）中利玛窦迁居南京后用到的术语“欧罗巴”，而是“欧罗峡”。[②]“欧洲”很难从所有细节中解读出来，这加剧了利玛窦和章潢都有的模糊感和焦虑感，因为他们都认为不应该提出任何看似会削弱中国的伟大及其承自元朝的在亚洲朝贡体系中占据主导的主张。

卷16中的两幅宇宙图和原本在彼得·阿皮安《宇宙志》中的图示非常相似，利玛窦的老师克拉维乌斯为《沙氏天球论评释》对其做过重新加工。这两张宇宙图出现在卷16中吉罗拉莫·鲁谢利的地球图旁边。阿皮安和克拉维乌斯都严格遵循萨克罗博斯科（Joannes de Sacrobosco）的《天球论》（*De sphaera*，1220），而《天球论》将成为新耶稣会课程的主要内容，该课程通过克拉维乌斯的理论和后来的《教学大全》（*Ratio studiorum*，Naples：Tarquinio Longo，1598）确立。与可追溯到19世纪50年代英语中

---

① 利玛窦的老师克里斯托弗·克拉维乌斯所作的三幅完全相同的插画看起来更加抽象，这三幅插画出自 *In Sphaeram Ioannis de Sacro Bosco Commentarius*（Rome：Dominici Basae，1585），137，144，296。

② 《山海舆地全图》出自冯应京的《月令广义》（1602），并重刊于明代百科全书《三才图会》（1609）。该图被视为是利玛窦1600年离开南昌后在南京制作的地图的缩略版。

（法语中是19世纪40年代）的“地图学”一词不同，阿皮安对宇宙志的定义与章潢的专题研究更为接近，“宇宙志（从该词部分词源可以看出）描述了由土、水、气、火四元素以及太阳、月亮、星辰和天空穹窿覆盖的一切组成的世界。”① 具有争议的是，因为利玛窦依据的是克拉维乌斯而不是阿皮安的理论，所以他自身的方法更具几何性和抽象性，却不是宇宙论的。几何学的抽象，在罗马曾一直是解决哥白尼主义的问题的一种方式，在南昌却迅速变成了如何绘制与宇宙有数字对应关系的图示的问题。阿皮安的定义中缺少的是等价于“阴”“阳”之“气”的力量，阴阳之气在基督教和古希腊语境中是指不动的推动者（unmoved-mover）或原动者（prime mover，ὃ οὐκινούμενον κινεῖ，primum movens）以及之后的原动力（first moved，primum mobile）。而这一点是利玛窦和章潢无法达成一致的。

通过比较章潢和利玛窦（1602）版本的《九重天图》（*Nine Heavens Chart*）可以清晰地看出这一点，这两幅图的位置靠近卷16中鲁谢利的图。《九重天图》从根本上源于阿皮安的“天球划分图式”（Schema praemissae divisionis），该图表显示了位于中心位置的水陆球体（土和水），周围环绕着气球和火球、七大行星（月球、水星、金星、太阳、火星、木星、土星）、恒星组成的第八层（firmamentum）、天使所在的第九层（coelum coestallinum）、原动力所在的第十层（coelom primum mobile）和上帝之境的边界（coelom empyreum habitaculum dei）。章潢和利玛窦直接取用克拉维乌斯的图，将上帝所在的至高天（coelom empyreum）画成一个实实在在的圆，简化了阿皮安的图示，但实质变化不大。② 章潢和利玛窦都排除了天使之域（coelom coestallinum），也就是在克拉维乌斯的图中被模糊地称为

① 原文“Cosmographia（ut ex etymo vocabuli partet）est mundi，qui ex quatuor elementis，Terra，Aqua，Aëre，et Igne，Sole quoque，Luna，et omnibus stellis constat，et quicquid coeli circumflexu tegitur，descriptio”. Peter Apian，*Cosmographia*，2nd edition（Antwerp：Gregorio Bonito，1545），1，original edition 1524。

② 关于引入水陆球体概念的长期影响，见 Qiong Zhang，*Making the New World Their Own：Chinese Encounters with Jesuit Science*（Leiden：Brill，2015），148－202。与外部天球有关的后续问题见 Ad Dudnik，“Opposition to the Introduction of Western Science and the Nanjing Persecution（1616－1617）”，in Catherine Jami，et. al.，eds.，*Statecraft and Intellectual Renewal in Late Ming China：The Cross-Cultural Synthesis of Xu Guangqi*（Leiden：Brill，2001），191－224。

“nonum coelom”（第九层）的部分。他们也没有直接提到第十一层，即上帝的居所。他们给九大球体的排序相同：月球（月轮）、水星（辰星）、金星（太白）、太阳（日轮）、火星（荧惑）、木星（岁星）、土星（镇星）、二十八宿以及天无星。天无星似乎是一个奇怪的折中词汇，既运用了道教里“无”的概念，同时也翻译了“不动的推动者”和“原动力”这两个词的意思。①

另一个分歧点与元素和气有关，这个问题可能甚至比是否应包括上帝和天使之域这种政治宗教问题更深刻。在1602年的图示中，利玛窦把水陆球体周围的另外三个球形区域——即周围环绕火焰的热域上气、冷域中气以及暖域下气②——放在了克拉维乌斯插画的中心。在这幅图中，气被翻译成“空气”，在天力、环绕地球的火圈和地球本身之间起着媒介作用，而地球被定义由水土构成的球体。利玛窦曾惊讶于中国人的思想中竟然没有“空气”这个元素，而这可能导致无圣灵存在的空虚，所以他的这个做法让问题迎刃而解了。这在章潢的地图中是未完成的，他的地图中心标示有水气，并带有一条弯曲的线，可能是用来表示土和石头。不管怎样，在章潢的版本中，气是所有事物的中心，为了强调这一点，球形区域的编号是颠倒的。在章潢的地图中，气是万物的中心，所有的力量都从气向外辐射，而不是从作为神域的第九层中发出来的。

利玛窦和章潢都试图回避基督教上帝和神圣的明朝皇帝这种政治问题，章潢的文章表达了一个概念，即宇宙是由气驱动的，而气是与海洋或水性行星紧密相连的具有辐射性的能量。虽然马丁·瓦尔德泽米勒（Martin Waldseemüller）的著作《宇宙志》（*Universalis Cosmographia*，1507）揭示了美洲领土的发现，并且由于哥伦布航行的效应而显得影响巨大，但是

---

① 尚不清楚利玛窦是有意还是无意地误解了道教中的“无”（虚无、否定、没有）、佛教中的“空”（空气、天空、空虚）以及新儒教中的“太极”和“气”（生命力、空气）的概念。中国神学家黄保罗（黄占竹）相信是后者［见 *Confronting Confucian Understandings of the Chrstian Doctrine of Salvation*（Leiden：Brill，2009），178］，尽管他对中国文化的整体设想一直饱受批评［见 Umberto Brescianai，“Paulos Huang on Confucian-Christian Dialogue”，*Journal of Ecumenical Studies* 50：4（Fall 2015），606 - 611］。根据丹尼斯·伍德的观点，可以说“图”引起了关于复杂概念和不可能的翻译的讨论，见 Wood，“The map as a kind of talk”。

② Clavius，*Sphaerae*，38.

在章潢和利玛窦的地图中，人们才得见以太平洋为中心的水居于主导的星球。这不仅是因为在16世纪海洋世界驱动了全球贸易，也是因为我们认识到自己生活在一个由水而非土占主导的星球上。这不仅从根本上背离了奥特柳斯重土地的世界地图（land heavy map of the world），也背离了宇宙本身的层级模型，即各种作用源自上帝，而不是通过气来完成。

2009年，詹姆斯·福特·贝尔图书馆从经销商伯纳德·沙佩罗（Bernard Shapero）手中购买了一张1602年的利氏地图，此前这张图在日本私人藏家手中，这是当时第二昂贵的印刷地图，仅次于在2001年以1000万美元的价格售出、目前馆藏于美国国会图书馆的瓦尔德泽米勒地图。我们如何看待在遭受几个世纪的冷落之后，制图师利玛窦在20世纪和21世纪初重新受到关注呢？我们该如何看待章潢的普遍性但相对的模糊性？余定国是正确的，在某些方面，这是一个被高估的例子，一个神话。然而，要接受这一点就要淡化16世纪和17世纪历史上发生的根本性变化，那些海上的而不是“全球”或东西方的变化。章潢回到了邵雍的象数学思想，试图理解在最基本的能量“气”这个层面上发生的变化，以及如何进行相关知识的处理。

在《东西洋航海图》中，关键带显然是东海的水域。与《东西洋航海图》的绘制者不同，章潢是一位内陆学者，远离北京的政治中心，也远离福建和广东繁荣的海洋经济。他和利玛窦结成一个新奇的联盟，两人在其他众人的帮助下完成了具体的地图，不仅探究了“欧洲”和“中国”之间的遥远关系，还探究了时间和宇宙的本质。也许那时，章潢和利玛窦的确对我们有话想说，想要告诉我们地图学史在21世纪所呈现的未来。或许制图及其历史将不再服务于特定文明、宗教和国家试图划定领土和主宰空间的传统，而是面向更广阔的对象，成为询问、构思和讨论地球本身复杂的时间性和能量的工具，成为地图或水图的一种生态实践，以定义“地图的本质”。

# 中世纪以来人体与大地的类比关系研究

卡尔·惠廷顿（Karl Whittington）*

## 引言　人体地图

关于这个问题，笔者将主要集中于文化想象领域，对特定地图学语境之外的地图使用和重制问题进行讨论。在过去三十年中，地图学史的发展对文化研究领域产生了巨大的影响。学者们展示了地图如何深刻地影响人类社会，这种影响既可能是明显的，也可能是潜移默化的；例如，在前现代欧洲，地图绘制者并非内向孤僻的古怪科学家，而都是富有创造力的思想家，他们的工作塑造了宗教、哲学、科学、贸易、政治等人类努力的各个相互关联的领域的文化态度。他们的作品，也就是他们所绘制的地图，经常被其他类型的视觉艺术家所挖掘，创造出具有地图学想象力的作品：即利用地图学知识对众多各类主题进行论证并建立联系的新的方式。本文梳理了这种地图学想象力的一条脉络：文中列举了一系列前现代欧洲（大部分是，但不全是）的例子，这些例子中的地图与人体相结合或被转化为人体，笔者将这一类别称作人体地图（或拟人地图）。人体地图并非一种定义明确或特定的图像类型；现存的很多人体地图都来自很多不同的语境，且目标和用途也大不相同。但笔者希望将这些不同的人体地图看作一个整体，这将会极具启发性；也希望将其视为一项更广泛的实践，使读者看到地图在视觉上转化为其他类型图像的方式，并更深入地思考世界各地

---

* 卡尔·惠廷顿（Karl Whittington），俄亥俄州立大学艺术史系副教授兼本科研究主席。

古往今来的人们在人体和大地之间所寻求建立的视觉联系。

人体与大地、微观与宏观之间的哲学联系，几乎在世界各地的每一种文化传统中都有所体现，在人类与更广阔的宇宙之间建立了有形或隐喻的联系。占星术就是一个具体的例子——它是一系列关于天体（恒星和行星）运动如何影响人体及其健康和行为的信念。其他类型的联系则更为物化：在欧洲，有观念认为气、土、火、水这四种元素既存在于宇宙中，也存在于人体内。还有一些联系是抽象的、哲学性的或概念性的——这些联系是解释事物的方式，但不能具体说明事物的相似性或类似性。但无论在何种例子中，人体和大地之间的联系往往都局限于言语或思想；这是一种思维方式或内在的视觉化方式，而非一种实际的呈现方式。在本文所探讨的例子中，艺术家和制图师属于例外，实际上，他们试图将人体和大地之间通常比较抽象的联系视觉化。

笔者通过研究欧洲人体地图史上最为特殊、奇特的例子——14 世纪意大利教士奥皮奇努斯·德卡尼斯特里斯（Opicinus de Canistris）创作的系列图画、地图和图示——来探讨本文主题。奥皮奇努斯亦是笔者 2014 年出版书籍的研究主题。[①] 奥皮奇努斯的图画将地图与人体结合起来，创造出可见世界和不可见世界的复杂寓言。这些图像与当时的地图和航海图（波特兰航海图［Portolans］）、宗教图像、医学图纸和宇宙图示的联系十分密切，但并不完全属于其中的任一类别。他所创作的地图十分古怪，以至于许多早期的学者（以及现在的一些学者）声称奥皮奇努斯患有精神病；恩斯特·克里斯（Ernst Kris）在其著名作品《艺术中的精神分析探索》（*Psychoanalytic Explorations in Art*）中将奥皮奇努斯描述为“中世纪一位患有精神病的艺术家”，确切地说是将其定性为精神分裂症患者。[②] 在笔者对奥皮奇努斯的研究中，拒绝将其定性为精神疾病患者（或至少对此存疑），事实证明，这种定性在探索这些图像对艺术家和他的目标受众的意义方面毫无作用。相反，笔者对待奥皮奇努斯的作品就如同他对待自己作品的那

① Karl Whittington, *Body-Worlds: Opicinus de Canistris and the Medieval Cartographic Imagination* (Toronto, 2014).

② Ernst Kris, *Psychoanalytic Explorations in Art* (New York, 1952), 118–27.

样，都在寻找一种异象体验的意义，这种体验赋予了他看待世界的一种全新的方式。

14 世纪 30 年代和 40 年代，奥皮奇努斯在阿维尼翁教廷工作时，其创作的图像形式多种多样，但并没有具有代表性的作品。但只需研究其中一幅作品，就能立刻发现这些图画的独特性。这是一幅地中海世界的地图：纸上白色部分绘有欧洲、北非、安纳托利亚（Anatolia）和近东部分地区（这幅图以及奥皮奇努斯所谓的“梵蒂冈”稿本中的所有作品皆绘于纸上，而非羊皮纸上），这些地区周围的海洋则涂以红褐色颜料。在大陆内部、上方或与其共存的地方，开始出现人体。在此例中，欧洲被具象化成人形——他的头部占据伊比利亚半岛，他的胸部和腹部位于法国（在这个位置，某种海兽正试图撕咬他的肩膀），他的手臂向上拱起穿过低地和德国，他的双腿占据意大利半岛和达尔马提亚海岸（Dalmatian Coast）。在地中海对岸，我们还可以看到被描绘成一名女性的非洲。她的脸朝西，以侧身示人，像是在向那位直布罗陀海峡对岸的欧洲人低声耳语。她的手指位于现在的突尼斯，她的双腿和双脚则占据了埃及。

这些人体—世界上的及其周围的文本及标签为这些人物形象赋予了身份，而这些身份会因图而异。此处两个人物之间是暴力和顺从的关系。在欧洲人物形象的旁边，有一段拉丁文图注，其开头是：“看哪，耶和华的圣殿败落了，他的江河已化为腐血。”① 我们看到的欧洲人物形象则是一个被击溃的形象——他眼眸紧闭，嘴唇冰冷，胳膊无力地垂在身旁，且欧洲的主要河流被绘成一个个淌着鲜红血液的伤口。这场暴行的作恶者遍布四面八方——包括撕咬着他肩膀的像狮子般的大型野兽，以及咬着他足跟的小龙，而其中作恶最甚的则在非洲的人物形象之中。② 非洲人物形象旁的文字将她描述为“一个全副武装的女人，代表着堕落世界的后裔，在耶和

① Vatican Library Vat. Lat. 6435，fol. 79v：*Ecce prostratio Templi dominici，cuius flumina conuertuntur in sanguinem corruptibilem.* 除非另外说明，所有翻译均由笔者完成，所有拉丁文本的转录都来自米里埃尔·拉阿里 2008 年版的此稿本文本。参见 Muriel Laharie，*Le Journal Singulier d' Opicinus De Canistris*（Vatican City，2008）。

② 尽管非洲在图中被描绘成侵略者，但不同大陆在不同的图画中呈现出不同的正面和负面特征——非洲并不总是“坏的”，欧洲也不总是“好的”。

华的圣殿里制造分裂”。[①] 她平静地坐在胜利的宝座上，她的宝剑倚在身旁。因此，这两个主要形象是拟人化的，他们上演了一场表面上看起来就很直截了当的相遇。堕落的人（非洲）在教会（欧洲）制造分裂，伤害了教会并使其屈服。然而，我们可以想象，在这一时期，这两个拟人化的形象可以用许多其他更简单的方式表现出来，而无须将它们局限于这种复杂的地图结构中。

接下来，我们所看到的是一幅具身性的地图——一幅地球表面的图像，同时也是对人体的描绘。但是，什么是奥皮奇努斯可以用这种将人体和大地相互叠映的方法表达，而无法用其他方式表达的呢？在下文中，笔者将通过几幅奥皮奇努斯绘制的人体地图的例子，来进一步分析这些地图的模式。但是，即使笔者努力去理解奥皮奇努斯绘图的实际内容，图像周围的说明文字却从未对人体和大地之间的根本联系（为什么奥皮奇努斯使用这种奇怪的地图——人体形式来表达神学观点或寓言）做过真正的说明，而笔者也发现，两者之间的联系十分难以捉摸。当我们试图描述每幅人体地图中的（当然包括奥皮奇努斯的图画中的）人体和大地之间的精确关系时，视觉分析往往会让我们陷入困境。因此，一旦我们试图用文字来表达奥皮奇努斯用这些图画式的地图图示所取得的效果时，我们又几乎马上就会陷入困境。他是不是想说：“大陆就像人体？”“人体就像大陆？”“人体就是大陆？”“世界是由人体组成的？”“人体归属于世界？”“上帝将世界的各个部分看作一系列的人体构造？”我们几乎无法回答关于这些地图的基本问题；身体和大地的叠映所传达的信息根本无法通过简单的语言来表达。当然，这就是艺术家们使用视觉模式来探索这种联系的缘由——它们允许同时存在具体的和实在的主张，但其含义仍充满着暗示性和模糊性。奥皮奇努斯在其所有图像旁边的大量文本和图注中从未充分阐述人体与大地之间的确切关系；他只是将这些信息简单地拼凑在一起，用于对照、对比、协调或相互关联，提供给观看者，而并未进行必要的解释。

---

① Vatican Library Vat. Lat. 6435, fol. 79v: “*Ecce…quelibet corruptibilis progenies mundi, quasi mulier armata que arripiens sagittam Herculis…pro cuius ambitione totum templum Domini point in scismata uel scissuras.*”

这种模糊性将是本文探讨的大部分（并非全部）人体地图的主题。在研究奥皮奇努斯的过程中，笔者查阅到了其他绘制过人体地图的历史人物，这些地图皆绘于前现代欧洲及之后。本文试图将这些地图放在一起进行探讨。本文并不认为它们在历史上有着某种联系，因为许多例子似乎很少参考其他人体地图或从中获得灵感；本文将它们作为一个整体放在一起比较，分析他们的共性，以及它们如何通过富有想象力的地图可视化地将人体和大地联系在一起。正如笔者在下一节中所叙述的，笔者对从更广泛的角度来思考这类人体地图所传递的主张或论点非常感兴趣。

## 隐喻和类比

电影理论家和哲学家卡亚·西尔弗曼（Kaja Silverman）在其 2009 年的著作《吾体之体》（*Flesh of my Flesh*）中提出了隐喻和类比两个概念之间的区别。她写道："类比和隐喻是大不相同的。隐喻意味着用一种事物替代另一种事物。这是一种极不公平的关系，因为前者是后者的临时替代品，也因为它们之间只存在暂时性的联系。而在类比中，这两个主题在本体论及符号学上都是平等的。在深层次上，他们两者之间相互归属。"① 而区分隐喻（用一种事物来描述另一种事物、人、事件或想法的修辞方式）和类比（一种在两件事之间指出真实的、结构上的相似性或同一性的方式）的语境则是西尔弗曼更主要的主张，即当代哲学家和理论家过分强调差异而忽视了相似性；隐喻较类比更具特权。与痴迷差异性的现代不同，西尔弗曼认为中世纪更加崇尚类比。她写道："除非我们与众不同，否则我们不可能做我们自己，这个观念是相对较新的。从柏拉图到十六世纪，宇宙万物的组织原则并不是差异性，而是相似性。"她引用福柯的话写道，在前现代时期，"大地与天空共鸣，星星上映着各类面孔"。对西尔弗曼来说，在中世纪的时代，人们都在寻求并发现事物、人与地方之间，世俗与神圣之间结构上的相似性。

所有研究中世纪的学者都会这样告诉你，通过隐喻和类比等修辞方式

---

① 参见 Kaja Silverman，*Flesh of my Flesh*（Palo Alto，2009）.

来表达某些类型的相似性是中世纪基督教神学的核心。在描述上帝时，类比和隐喻就显得尤为重要，因为上帝被认为是无法形容且无法呈现的；在《圣经》中可以发现大量类比和隐喻，将神圣基督的外表、品质和特征描述为教会的“基石”，将天国描述为“芥菜籽”。翁贝托·埃科（Umberto Eco）写道：符号、隐喻、类比和寓言给诠释这类中世纪内容的人带来了极大的乐趣。他写道，这些诠释者“乐于破译谜题”。结构相似性的认知以及隐喻性修辞的创作在中世纪哲学、神学和文学中起着至关重要的作用，且许多学者已对此进行过卓有成效的探索。然而，当这些中世纪的隐喻和类比是以视觉媒介而非文本媒介来传达时，到底会发生什么，就不那么清楚了。

在尝试对有关隐喻和类比的各种定义（从亚里士多德到维基百科所提供的定义）进行梳理后，笔者发现自己比开始研究时更为困惑——这些术语的定义一直以来都处于不断变化之中。一些学者提出了与西尔弗曼完全相反的主张，认为隐喻比类比更有力、更真实，隐喻意味着更大的差异性而非相似性。另一些学者认为这两个词本质上是一样的，至少在概念上是一样的，并声称它们的区别仅在于表达的语法。有些学者认为隐喻和类比从根本上讲是为了澄清和解释一个概念，而另一些学者则认为隐喻和类比不过是种用来隐藏意义的修辞手段，使文字变得神秘而引人入胜。另一些理论家则在争论隐喻究竟是属于认知范畴还是语言范畴——这种关联性（为理解事物而将一件事物与另一件事物进行比较的行为）是属于人类思维结构的一部分，还是仅仅属于语言结构的一部分？这些问题很少在使用这些术语的诸多学科中得到解决，更不用说它们在日常对话中的各种用途了。

但是在这些术语使用的不稳定性中，笔者发现了一些对处理图像问题特别有用的概念。当代类比和隐喻理论家们经常使用“源”和“目标”这两个词来描述两个有一定联系的概念或事物。因此，许多隐喻将相对熟悉的事物（源）与不太熟悉的事物（目标）进行比较来更好地理解目标事物。这一模型有助于思考许多中世纪表现形式中视觉化的类比和隐喻。15世纪德国圣沃尔堡（St. Walburg）的修女们创作的“心如所居（the heart as a house）”的图像便是一个例证，杰弗里·汉堡（Jeffrey Hamburger）对此进行过令人印象深刻的研究。① 在这幅画中，很明显房子是“源”，心是“目标”；人们对这所房子熟悉的感觉，以及它所暗示的保护、亲密、家庭生活和熟悉感，都用来说明基督如何能使内心安定下来。“心”并非用来说明有关这所房子的新鲜事——而是相反。这也并非说这样的隐喻不复杂；它可以被详细阐述并用来探讨许多更微妙的概念。但是隐喻的核心机制是简单明了的，下面我们马上就要探讨艺术家是如何以及为何将这两种价值观结合在一起的。

当我们开始探索系列的人体地图时，应记住这两个概念：西尔弗曼对隐喻和类比的区分（隐喻是用一个事物来谈论另一个事物，而类比则假定两个事物之间存在着基本的相似性或类似性），以及“源”和“目标”的概念。在我们将人体与大地联系起来的例子中，我们会发现西尔弗曼所说的隐喻和类比同时存在：确有例子证明人体与大地之间存在着真正的相似性，亦有例子说明艺术家赋予其中之一更大的特权。我们将在本文的后半部分回到奥皮奇努斯的问题上，他的有趣之处在于，我们几乎无法在他的作品中找出这些区别。关于中世纪的艺术家们如何构思此类隐喻和类比并将其视觉化，奥皮奇努斯的图画只是将解释变得更加复杂。在这些图画中，人体和大地都不属于“源”或“目标”——当它们结合在一起时，人体和大地就变得同样重要，因此，西尔弗曼理论中的“类比”一词就变得更为贴切。人体与地理的含义因其密切的联系而深化，但从未得到澄清和解释。笔者认为，两者之间的本质联系如此根本因而无须解释，但这样的联系又如此复杂，以至于无法真正解释清楚。

## 中世纪的人体与大地

中世纪科学研究的许多领域都是受人与宇宙关系的微观/宏观理论所影响的。

在整个中世纪，古典宇宙观与基督教神学相结合，创造了世界和宇宙

① Hamburger, *Nuns as Artists: The Visual Culture of a Medieval Convent* (Berkeley, 1997), Chapter 4.

结构的混合概念。占星术的运用在实践中很好的展示了这一这方面。占星术基于的前提是，在尺度迥异的自然物中，特别是在人与宇宙之间，可以找到相同的结构和模式，而这些都可以通过实质和类比的方式表达出来。继塞维利亚的伊西多尔（Isidore of Seville）之后，比德（Bede）描述了构成人和大地的四种元素（土、气、火、水），以及它们的四种特质（干、湿、热、冷）。[①] 虽然人与大地之间的这种物质关系仍然是根本的，但在13世纪和14世纪，宇宙关系开始更多地通过类比来表达，侧重于它们在比例和结构上的相似性，而非物质的本质。在中世纪早期，由于重视微观世界和宏观世界之间的物质相似性，人们通常将人类自己描述为一个微型世界。[②] 但随着中世纪晚期基督教神学家以及科学家对占星术兴趣的增强，这种影响开始越发明显地只朝着一个方向发展，即从高级事物到低级事物。迈克尔·卡米尔（Michael Camille）引用了微观世界和宏观世界表现方式的变化，他指出："如果中世纪早期的作家……在舒展的人体微观图中看到了以人类为中心的辉煌的奥古斯丁式的宇宙秩序的话，那么14世纪的思想家们面对的图景就不那么令人欣慰了……（人类）更像是被困在蜘蛛网中的昆虫。"[③]

13世纪和14世纪发生的转变不仅是从类比的角度理解高级与低级之间的联系，而且是从控制的角度而非仅从影响的角度来思考这种关系，至少就人体而言是这样。有关控制的这个问题几个世纪以来一直备受争议，亚里士多德和奥古斯丁的追随者的意见就大不相同；奥古斯丁学派认为宇宙事件是地球上事件的预兆，而亚里士多德学派则认为宇宙事件引发了地球上的事件。[④] 在13世纪和14世纪时，人们对于这个问题的观念普遍倾向于亚里士多德学派，但在这两极之间还存在着一些中间立场，试图"将

① Bede, *De Temporum Ratione*, XXXV. 参见 Harry Bober, "The Zodiacal Miniature of the Duke de Berry: Its Sources and Meaning", *Journal of the Warburg and Courtauld Institutes* 11 (1948), 8。参见 Kathrin Müller 的更为切近的关于占星术和宇宙志图示的著作，*Visuelle Weltaneignung: Astronomische und kosmologische Diagramme in Handschriften des Mittelalters* (Göttingen, 2008)。

② 特别参见 Fritz Saxl, "Macrocosm and Microcosm in Medieval Pictures", in *Lectures* (London, 1957)。

③ Camille, "The Image and the Self", 68.

④ 参见 Krzysztof Pomian, "Astrology as a Naturalistic Theology of History", in *Astrologi hallucinati: Stars and the End of the World in Luther's Time*, ed. Paola Zambelli (Berlin, 1986), 32。

奥古斯丁学派与亚里士多德学派、神学与物理学和天文学、意义与因果、预言与预测进行调和或综合。”①

在《调解者》(*Conciliator*)一书中，阿巴诺的彼得（Peter of Abano）探讨了占星术和医学之间的联系，认为占星术可以辅助病情诊断和治疗。彼得在其对医学的探讨中，在类比的思考中将微观和宏观并置在一起，用维斯科维尼（Vescovini）的话来说，彼得认为：

> 虽然身体的每一部分都对应于黄道十二宫，每一处体液和身体器官都对应于一颗行星……但这并不意味着人体自身就包含了世界的所有元素，而是说人体只是潜在地包含了这些元素，并通过类比来反映宇宙。[彼得]强调，人与世界是相似的，因为它们的存在是受相同比例的安排和指导的。②

彼得通过强调微观/宏观占星术的相似性而非物质层面，突出了其理论基础：由于占星术基于自然科学原则，因此其可以被认为是哲学和理论科学的一个分支。通过类比，人体和宇宙的概念相互呼应，这是奥皮奇努斯许多宇宙图示的一个关键特征。

托勒密（Ptolemy）在《占星四书》(*Tetrabiblos*)中进一步将这些微观和宏观领域联系起来，描述了不同星座群对有人居住的地球上的不同地理区域可能产生的影响。③ 各个王国、地区和城市开始被星座和行星的组合所支配。阿布·马沙尔（Abu Ma'shar）还就黄道与地理之间的对应问题写过大量文章；他和托勒密都用该理论来解释不同种族人群的不同外表和气质，以

---

① Pomian, “Astrology”, 32.

② Vescovini, “Peter of Abano and Astrology”, in *Astrology*, *Science and Society*, ed. Patrick Curry, (Woodbridge, 1987), 32. 十三世纪和十四世纪的其他作者用类比来解释天体影响，特别是但丁。John North 将但丁的天体影响理论描述为“一种松散的双向因果关系，总是建立在亚里士多德的基本元素上，但［通过类比］总是很人性化”。参见 John North, “Celestial influence-the major premiss of astrology”, in *Astrologi hallucinati*: *Stars and the End of the World in Luther's Time*, ed. Paola Zambelli (Berlin, 1986), 84。

③ 参见 Ptolemy, *Tetrabiblos*, Ⅱ, 3。

及国家和统治者的历史命运。[①] 阿布·马沙尔和阿巴诺的彼得不仅关注占星术对个体的影响，还关注这种影响如何依地理位置的不同而发生变化。

艺术家和制图者采取了许多不同的方式来用视觉传达这些思想，从更为纯粹的科学，到自然哲学，到地图学，再到精神领域。据笔者所知，奥皮奇努斯是中世纪唯一绘制出真正的拟人地图的人，他绘制了一系列艺术品来表达人体和地球之间的联系，在他所绘作品中，鲜活的人物形象完全覆盖了欧洲、非洲和海洋的地貌。这些图像通常采用图示的形式，使用多种形状和格式，以在视觉上体现天体与大地之间各种差异、分离或统一。

在整个中世纪，"天体和谐"的抽象概念主要以圆形和正方形进行传播，通常还会结合（或纳入）十字形。这些简单的形式被细化为更复杂的图式，成了显示对应关系的注释、系谱图和图示。这种图示在12世纪尤为普遍，当时经院哲学的辩证的论证法鼓励人们对精神和自然世界的各个方面都进行分类和排序，并将概念简化为最基本的元素。典型的视觉例子是拉姆西的伯特菲斯（Byrhtferth of Ramsey）在牛津大学圣约翰学院（St John's College）的微观世界和宏观世界图示（MS 17，fol. 7v），其改编自比德的《论时间》（*De Temporibus*）。[②] 这张宇宙关系图协调了所谓的"身体生理四要素"——四元素、品质、人的年龄、基本方位、亚当（Adam）名字的字母以及月份和黄道十二宫。图中所描绘的天文、占星、地理和生理元素之间的实际对应关系并不新鲜，但其图形清晰度却令人震惊。圆形、椭圆形和菱形四边形的各种叠加组合比任何文本都更清楚地揭示了微观和宏观内容之间结构上的相似性和对应性。

其他的宇宙关系图则没有那么明显的几何关系。在以字意解释或以图画诠释人类与宇宙之间的隐喻关系时，很多人都习惯将站立的人像摆在简

---

① Pomian, "Astrology", 34 – 35.

② 关于此图，参见 Caviness, *Images of Divine Order*, 107；Edson, "World Maps and Easter Tables", 37 – 38；Faith Wallis, *Ms. Oxford St John's College 17：A Medieval Manuscript in Its Context*（PhD dissertation, Univ. of Toronto, 1985）；Wallis, "Oxford St John's College Ms. 17", in *Pen and Parchment：The Art of Drawing in the Middle Ages*, ed. Melanie Holcomb, exhibition catalogue, Metropolitan Museum of Art（Yale, 2009）, 105 – 7；Charles Singer, *Early English Magic and Medicine*（London, 1920）, 8；Charles Singer, "Byrhtferth's Diagram", *Bodleian Quarterly Record* Ⅱ（1917）, 47 – 51；以及 Wallis, "What a medieval diagram shows", *Studies in Iconography* 36（2015）, 1 – 40。

单几何图示的中心。两幅此类宇宙图加上亚里士多德《论天》(*De Caelo et Mundo*)的中世纪副本，与莱昂纳多·达芬奇的《维特鲁威人》(*Vitruvian man*)一样，都是将人的形象置于一个大的空圆中。慕尼黑国家图书馆(MS Clm. 13002, fol. 7v)中藏有一幅更为精致的图画，将一个对称的男性身体置于图示中心，该图示包含了很多与伯特菲斯图示相同的信息。在这幅图中，这些关系更具体地体现在所呈现的人体上：人体上的线条表示构成人体的四元素，而人体上的标签则将不同的身体部位与不同的宇宙区域相对应——脚等同于大地，腹部等同于海洋，胸部等同于大气等。类似的基于人体形状的图示也被用来表达“身体政治”的思想。最初基于柏拉图《理想国》(*Republic*)中人体与国家的比较，后由中世纪作家，如奥雷姆(Oresme)和索尔兹伯里的约翰(John of Salisbury)进一步阐述，描绘了身体各个部分与组成社会的各类人和社会群体之间的联系。[①] 在图中，头为王，心为谋士和智者，骑士作手，商人作腿，劳动者作脚。这幅画很显然属于隐喻，而非类比；它旨在告诉我们一些有关社会结构的内容，而非告诉我们与人体相关的内容。这与先前的图像不同，在以前的图像中，人体和元素之间的关系反而更可能具类比性。

人体图示也被用于展示黄道十二宫与人体的关系。传统信仰早已确立身体的哪一部位受哪一星座支配，这些对应关系在不同语境下的几类图示中都有所说明，特别是在医生使用的小型折叠历书和所谓的计算稿本中。最常见的是《星象人》(*homo signorum*)，通常被称为《黄道带人》(*zodiac man*)。[②] 这些图画描绘了一个站立的人的形象，在他身体的适当位置绘有黄道十二宫的符号：一只羊（白羊座）坐在人的头顶上，一对双胞胎（双子座）爬在手臂上等。在一些例子中，这些形象和人体相互结合，而在另一些例子中，它们只是简单地叠加其上。这一传统手法的另一种表现

① 这个例子来自在摩根图书馆 MS M. 456, fol. 5r 找到的“Avis aus roys”副本，是大约于1350年在巴黎创作的。

② 关于黄道带人体图像的最佳来源是 Charles Clark, *The Zodiac Man in Medieval Medical Astrology* (PhD dissertation, Colorado, 1979); Clark, “The Zodiac Man in Medieval Medical Astrology”, *Journal of the Rocky Mountain Medieval and Renaissance Association* 111 (1982); Camille, “The Image and the Self”, 特别参见 Bober, “The Zodiacal Miniature of the Duke de Berry”, 13 – 18. Bober 著作的内容来源广泛，包含了20多幅图像类型的插画。

方式是将人体置于一个圆形图示的中心，并将黄道十二宫的符号绘在外侧，以线条连接人体的各个部分。通常，图的周围都有一段文字来解释这些对应关系。人体和黄道十二宫之间的对应关系几乎总是以图示形式直观表现出来的；它们不仅表明了对应关系，也暗示了一种等级关系，以及人体小宇宙中实际上包含了黄道十二宫的概念。

然而，将人体与大地联系起来的最著名的图像，也许要数中世纪《世界地图》（*mappaemundi*）传统中的，在这类图像中，一个特定的身体，即基督教上帝的身体，被放置于世界地图的后方或内部，它既可以是一个充分呈现的地理图像，也可以是一个示意图。这类图像是戴维·伍德沃德（David Woodward）《地图学史》（*History of Cartography*）丛书中的一个基础性的讨论主题，其存在于各种媒介之中，从大型壁画到羊皮纸挂图，再到稿本上的小图。这种将统治者或重要人物的形象与大地联系起来的图像，很可能是基于罗马帝国时期的图像，当时皇帝的形象被描绘成手持或坐于地球仪上，这种图像很快就被早期的基督教图像学所采用；例如，我们可能会想到这样的画面，在拉文纳（Ravenna）圣维塔莱教堂（Church of San Vitale）的半圆壁龛镶嵌画里，基督坐在地球或宇宙的球体上。在中世纪晚期的一种特定类型的图像中，这种“基督统治世界”的形象有所变化，基督似乎更多地成为世界的一部分，并将其包含在自己的身体中。

最常被复制的中世纪世界地图之一是所谓的“《诗篇》地图”（Psalter Map），这是在大英图书馆（Add. Ms. 28681，fol. 9r）一本典型的13世纪《诗篇》中找到的小例子。[①] 该图像是用彩色颜料绘制的，最初出现于《诗

---

① 关于《诗篇》地图的独立研究很少，也没有已出版的相关研究，但在以下出版物中有稍微详细的讨论：David Woodward，“Medieval Mappaemundi”，in *The History of Cartography* Volume One，ed. Woodward and J. B. Harley（Chicago，1987）；N. Morgan，“Early Gothic Manuscripts（Ⅱ）1250 – 1285”，*Survey of Manuscripts Illuminated in the British Isles*（London，1988），2：82 – 85（No. 114）；Michael Camille，*Image on the Edge*（Cambridge，MA，1992），14；E. Edson，“The Medieval World View. Contemplating the Mappamundi”，in：*History Compass* 8：6（2010），pp. 503 – 17；A. Mittman，*Maps and Monsters in Medieval England*，New York：Routledge，2006；D. Birkholz，*The King's Two Maps. Cartography and Culture in Thirteenth-Century England*，New York：Routledge，2004，pp. 16 – 25，40 – 42；Edson，*Mapping Time and Space. How Medieval Mapmakers Viewed their World*，London：British Library，1997，pp. 135 – 39，以及 Karl Whittington，“The Psalter Map：A Case Study in Forming a Cartographic Canon for Art History”，*Tijdschrift Kunstlicht* 34. 2（2013）。

篇》的首页。页面中央是圆形世界地图，使用T-O划分法定向，这种制图传统起源于西方古代晚期，其中，地球的圆形空间往往东方朝上，被一个由主要河流和海洋组成的T形十字架分成三个部分，如此，亚洲位于上半部分，欧洲位于左下，非洲位于右下。在地图上方，两位天使位于基督两侧。基督的右手称颂上帝，左手握着一个球体，这是世界的微观象征，与下方更大的世界呈现形成对比。地图描绘了城市、王国、山脉、河流、海洋、历史寓言、伊甸园中的亚当和夏娃，以及各类风，所有这一切都围绕着居于中心的耶路撒冷。在地图的右下角，尼罗河将普林尼（Pliny）描述的怪物种族与地球的其他部分隔开，这些怪物种族被拘于自己的彩色隔断中。这幅地图结合了中世纪观者文化资料库中的物体，并在有限的宇宙图式中确定了它们的位置。《诗篇》地图的反面，通常被称为“列表地图”，它没有对物体进行地理定位，只是简单地在适当的陆地象限内列出地名，更具体地强化了基督的身体和地球之间的联系，因为基督的手臂环绕着地球，将其纳入自己的身体，基督的脚则从其底部伸出。《诗篇》地图强调了基督的身体作为一个连接宏观世界和微观世界的结构装置的重要性。基督的身体既构成了地球的圆形画面，又以某种方式与地球结合在了一起。戴维·阿瑞福德（David Areford）在引用了基督徒早期对《以弗所书》（*Ephesians*）第3章18节的解释后写道，《诗篇》地图之类的图像凸显了十字架和方位基点之间的联系，强调“基督的力量，借助十字架……来将其与宇宙结合起来，并维系与宇宙的关系，重现宇宙的全貌。”① 《诗篇》地图上包括环绕在地球边缘的风，但除了认为基督的身体在某种意义上是世界的物理容器，并不包含其他客观的或世俗的宇宙结构。

另一幅中世纪著名的大比例尺“世界地图”，即现在已经失传的13世纪中叶的《埃布斯托夫地图》（*Ebstorf Map*），特点也是将基督的身体置于地图中，在他十字形的身体和地图的T-O布局之间创造出一种韵律，他的

① David Areford, “The Passion Measured: A Late-Medieval Diagram of the Body of Christ”, in *The Broken Body: Passion Devotion in Late-Medieval Culture*, ed. A. A. MacDonald, H. N. B. Ridderbos and R. M. Schlusemann (Groningen, 1998), 228. 在同一篇文章中，阿雷福德讨论了另一种将世界和身体联系起来的地图：中世纪的世界地图，以神圣光轮的形状为框，在那个时期通常与基督身侧的伤口有关。

手、头和脚确立了地球范围内的方位基点。一种相近的传统还会使用类似的构图和概念设置，但显示的是基督拥抱或包含整个宇宙，而不仅是地球；在14世纪晚期比萨的坎波桑托的一幅巨大壁画中，我们看到上帝以相同的形象站在后面，环抱着代表四元素、各行星天球以及九位天使组成的唱诗班的巨大的同心圆图示，其中心是一幅小的地球T-O图［这幅画是《创世记》（*Book of Genesis*）叙事过程中宇宙诞生的场景］。

熟悉中世纪地图学或宇宙学的人可能对这些图像比较了解，笔者在本文中并未针对这些图像提出任何新的论点。以上主要是要证明，虽然像奥皮奇努斯实际绘制的人体地图在那个时期相当罕见，但它们借鉴了将地球或宇宙与人体联系起来的整个视觉表现传统。有时，这只是在视觉上组织一组信息的方式：用像“四要素图”这样较抽象的图示，以身体语言加以呈现。但有时，这些图画或图示昭示了地球与人体之间在形态和物质方面的真实关系或类比关系。中世纪的艺术家们跨越众多媒介，选择了一系列形式，包括树、轮、塔、天使之翼以及阶梯等来可视化地组织信息。人体，特别是基督的十字形身体，提供了一种有着丰富暗示的形式，可以插入从抽象到具体的信息或意象。

在继续下文的研究之前，笔者想强调的是，这些视觉化地组织信息的方式既可以建立有意义的联系，也可以创建视觉上清晰的图像或参考，帮助观看者记住并浏览某种地理、宇宙或占星内容，这些内容的尺度可能很快让人应接不暇。关于这一点的思想实验，我们可以想象人类利用夜空中的星星创造星座的古老而基本的做法。如此多的前现代社会群体都创造了星座，他们这样做往往基于对恒星、众神或行星有能力影响人类事务的信念，同时又需要并渴望将天空中的浩瀚群星划分成有意义的形式，用于导航和参考。用人体作为组织或丰富地图学或宇宙学信息的方式创造地图和图示，同样可以同时达到这两个目的。

## 奥皮奇努斯图画中的人体与地球：三个示例

学者通常认为奥皮奇努斯是已知第一个绘制出真正拟人化人体地图的人：这类地图中的人体和地球不仅概念相近、关系相连或并排放置，而且地图上的实际地貌也被转化为身体部位。作为首例这样的创作者，人们普遍将他视为异类，在某些方面可能的确如此。然而，笔者在 2014 年撰写了一本关于奥皮奇努斯的著作，整本著作基于这样一个前提，即他的与众不同的作品都可以在中世纪的主流意象中追根溯源：无论是稿本还是纪念性艺术中的宗教、科学与哲学图像。笔者的研究和西尔万·皮龙（Sylvain Piron）、居伊·鲁（Guy Roux）、米里埃尔·拉阿里（Muriel Laharie）和维多利亚·莫尔斯（Victoria Morse）等学者最近的研究中都指出，他的意象具有艺术与概念性的根源。因此，笔者想在此进一步探讨人体与地球这一核心类比本身，特别是与后来的拟人地图示例放在一起研究时。①

笔者将通过三个主要的例子，讨论让奥皮奇努斯能够实现将大陆转化为人体部位的三点独特之处。首先，笔者将讨论一幅图画（其是帕拉提诺［Palatinus］稿本的第 5 对页的右页），它与之前讨论的更主流的中世纪宇宙学的联系最为密切。在这幅图像中，他将具身性的大陆的概念与更广泛的历法及黄道十二宫的周期联系在一起。这体现出他的人体与世界的类比与早期传统的联系。在第二个例子（梵蒂冈稿本中第 74 对页的左页）中，我们可以更好地理解奥皮奇努斯如何给欧洲、非洲和地中海分配身份和人物个性，并思考在这种地形的身份创造中产生的各种意义（这一趋势将与后来人体地图的历史例子更相符）。最后一个例子（梵蒂冈稿本中第 53 对页的左页）展示了，奥皮奇努斯如何通过在地图中使用人体来探索性、出生与生殖的概念。通过利用身体的肉体性和生殖性这种无可争议的关联，奥皮奇努斯能够在图像中创造新的意义和新的地图隐喻。奥皮奇努斯稀奇古怪的图画集还能够引出对于很多其他主题的讨论（很多在笔者的书中有研究），但宇宙时间性、个体身份和生殖性行为这三个主题展现了三种使

① 关于奥皮奇努斯，参见 Victoria Morse，*A Complex Terrain*：*Church*，*Society and the Individual in the Works of Opicinus de Canistris*，Ph. D. dissertation，UC Berkeley，（1996）；Catherine Harding，"Opening to God：The Cosmographical Diagrams of Opicinus De Canistris"，*Zeitschrift für Kunstgeschichte* 61（1998）；Michael Camille，"The Image and the Self：Unwriting Late Medieval Bodies，" in *Framing Medieval Bodies*，ed. Sarah Kay and Miri Rubin，（Manchester，1994），62 – 99；Muriel Laharie，*Le Journal Singulier d'Opicinus De Canistris*，（Vatican City，2008）；Guy Roux et Muriel Laharie，*Art et Folie au Moyen Age*：*Aventures et énigmes d'Opicinus de Canistris*，（Paris，1997）；Roux，*Opicinus de Canistris*：*Pretre*，*Pape et Christ Ressuscite*，（Paris，2005）；以及 Sylvain Piron，*Dialectique du monster. Enquete sur Opicino de Canistris*（Brussels，2015）。

用人体来使地图内容变得栩栩如生的方法。笔者将对每个例子进行简要探究，然后在下一节中讲述后来的人体地图的历史实例，再进行对比讨论，最终得出结论。

### （一）宇宙学：帕拉提诺稿本第5对页的右页

帕拉提诺稿本第5对页的右页澄清了一些关于奥皮奇努斯宇宙学的最重要的问题。[①] 乍看之下，这一页是奥皮奇努斯的画中最符合中世纪波特兰航海图的表现手法的。一幅没有体现具身性大陆的巨幅波特兰航海图占据了这幅图像的大部分区域。两个常见的十六点恒向线圆圈建立起构成航海图空间的网格，第三个圆圈与其他圆圈大小相同，叠加在图的中心（波特兰航海图中偶尔会出现这种特点）。海洋被描绘成精致的浅绿色，而陆地则未上色，保留着羊皮纸的颜色。一个椭圆形的框架包围着波特兰航海图的大部分（恒向线覆盖的区域），但并不完全包含——有一些地形越过了边界，如不列颠群岛和摩洛哥。因此，外部的椭圆形似乎不是地图的框架，而是其他类型的结构，被小心地嵌入以与其空间精确对应。既不能说它叠加在地图上，也不能说它位于地图之下；有些地形使它模糊不清，而另一些则被它所掩盖（例如在直布罗陀附近区域，北非海岸似乎在海岸线椭圆形之上，但在椭圆形南部和东部，又被叠加在其之下）。

经过仔细观察，可以发现这个外部椭圆形是一个日历，就像叠加在中间的圆圈一样（这种组合多个日历圆盘的概念让人联想到中世纪的星盘）。[②] 每一个圆盘都包含一年的365天，沿圆周标记，标有相应的礼拜仪式（最重要的部分是用红墨水书写的，其他的部分是用黑墨水书写的）。月份的名称是垂直于日期书写的，它们之间是黄道十二宫图案的小型线条画——两组在内圈，一组在外部椭圆形内。椭圆的外面是行星的名字和小图——太阳、月亮、水星、火星、金星、木星和土星。人类生命周期的各

---

① 关于此稿本，参见 Richard Salomon，*Opicinus De Canistris*：*Weltbild Und Bekenntnisse Eines Avignonesichen Klerikers Des* 14. *Jahrhunderts*（London，1936），173 –74，以及 Catherine Harding，“Opening to God”，30 –32。

② 日历在帕拉提诺图画中无处不在。Salomon 关于日历的部分考察了奥皮奇努斯组织内容的方式，以及将日历与地图和其他类型的内容相联系的历史先例。关于此稿本，参见 Salomon，*Opicinus de Canistris*，81 –6。

个时期都写在地图上——西班牙南部海岸的“婴儿”（Infantia），西西里岛附近的“青少年”（Adolescentia）等，逐渐引出地图中人体的存在（在看过奥皮奇努斯的其他图画后，观者会在脑海中产生这种感觉）。这些日期、月份、生命年龄、黄道十二宫和行星证明了周期性时间的概念。然而，这种宇宙内容与神学的组群和系统交织在一起，强调了基督教时间观是一种末世论的线性过程。四个福音传道者位于椭圆形的外角，展开翅膀，上面写满经文，他们之间写着大小先知的名字。同样，图中央最小的圆包含二十四个小圆牌，将牧首、小先知、使徒和福音传道者的名字团团围住。也就是说，这幅画用波特兰航海图的形式将两类信息——宇宙周期和基督教历史——结合在了一起。

这些系统都是通过中心的幽灵般的女性形象联系在一起的。她双臂张开，头朝东，躺在图纸的正中间。两个十六点恒向线网格的交会点（也是第三个大圆的中心）正好在她的身体的中心，三十二条恒向线从这里伸出。她头两侧的标签将她命名为“异教徒皈依时的有形教会”。[①] 作为教会，她是图像的真正核心。她的身体精确地位于圆圈的小中心，四肢伸出去触摸圆圈边缘的神学圆牌。在外围，恒向线将她与地球的所有空间、日历、福音传道者、行星和黄道十二宫联系起来。无论是地图表面的中点，还是它周围和内部神学图示的中心，这个形象都将图示的文本内容与她周围的地球联系了起来。

像在第5对页的右页等图画中一样，奥皮奇努斯使用了一幅新的地球图（波特兰航海图），将古老的中世纪传统变得丰富且复杂。这种传统被马德琳·卡维内斯（Madeline Caviness）称为“神圣秩序的图像”[②]。地球在帕拉提诺和梵蒂冈稿本中的不同呈现，要么通过类比和结构的方式，要么通过极特定的空间方式，与图示中的宇宙和占星元素联系在了一起。不同的层次和包含的结构赋予地球相对于教会、行星和一年中的日和月的位置，将其置于与宇宙有空间意义但多少有些抽象的关系中。然而，许多图

---

① Palatinus fol. 5r：“*ecclesia corporalis olim de gentilitate conversa*”.

② Madeline Caviness，“Images of Divine Order and the Third Mode of Seeing”，*Gesta* 22（1983），99 – 120.

像建立了更加精确的联系。他展示了地球特定部分与其他部分重叠，或者与特定的日期或时间相对应的方式。在第 5 对页的右页中可以看到一个关于黄道十二宫的特例。奥皮奇努斯没有将黄道十二宫仅仅作为天地之间的抽象桥梁，也没有将它作为连接宇宙和历法的一种方式，而是将各个黄道十二宫的符号放在地球的特定地方。托勒密、阿布·马沙尔和阿巴诺的彼得暗示了特定的黄道十二宫的星座和特定地理位置之间的对应关系；第 5 对页的右页的图像探索了将此概念整合到一个更大的宇宙结构中，且与波特兰航海图联系在一起，并与黄道十二宫和人体之间已经建立的医学联系相结合时，会是什么样子。黄道十二宫控制着人体，但在奥皮奇努斯的图画中，人体现在是地球。因此，这幅图画实际上探索了黄道十二宫是如何控制地球的。

这幅图像的表面是小的半透明的黄道十二宫图案，位于波特兰航海图的不同部分——有十二个图案沿着外椭圆形分布，两组十二个图案位于中心大圆的内外。熟悉奥皮奇努斯宇宙学的观看者会假设这些黄道十二宫符号和下面的地形之间有着某种对应关系；也可以假设，任何一个观看奥皮奇努斯作品的人都会很快熟悉人体—世界的对应形式。笔者认为，观看者会将意大利与欧洲人物形象的腿部联系起来，或者将西班牙与欧洲人物形象的头部联系起来。通过寻找这种对应关系，我们发现在医学占星术中与胸部相对应的狮子座位于外部日历上 7 月和 8 月的标签之间，即德国和法国北部附近的区域，该区域通常与欧洲人物形象的胸部相对应。摩羯座是一种有角的山羊，与腿相关，它位于外部日历上，靠近坐着的非洲人物形象的腿。这样的排列见诸画面，尽管不是每个黄道十二宫符号都与正确的身体部位相对应。

梵蒂冈稿本第59 对页的右页的一个有趣的段落证实了人们十分乐意寻找这种对应关系。在这里，奥皮奇努斯展示了两个星座与两个地点之间重要的相互关系：

> 热那亚和马略卡岛用证据指引我走向真理，因为介于其他能够在这片海面测量的月份之间，热那亚由一月拉动，马略卡岛由五月拉动。它们拥有被赋予了理性的［黄道］十二宫，水瓶座和双子座的符

号具有人的形象（注水者和双胞胎）……由于其他月份的黄道十二宫缺乏理性，一月和五月如同我可以亲眼看到一样，肯定是以空气或天空的符号出现的；因为水瓶座正经过热那亚，非洲腹部的大门，也因为双子座和睦团结的双胞胎即将经过欧洲腹部的主要港口。①

这段话很难理解，因为它没有搭配任何现存的图画。但它可能是指的是这样一幅图像：多幅波特兰航海图与分布在其间的黄道十二宫重叠，类似于帕拉提诺第5对页的右页。奥皮奇努斯根据许多不同的因素指出了黄道十二宫和地点之间的意义：黄道十二宫符号的特性，它在航海图上的位置，以及它在一年内的位置。这里可以看到，奥皮奇努斯不相信这种系统是静态的，即不相信宇宙的某些部分总是统治着世界的某些区域。相反，奥皮奇努斯强调宇宙的周期性；根据特定的年份（以及相应地，历法在陆地上的特定安排），某些黄道十二宫符号可能占据并影响人体—世界的不同部分。因为是历法，因而具有过去和现在日月循环的含义，我们可以假设地球的每一部分将依次被黄道十二宫代表的星群所统治或与之对应，并推断出像上面提到的那些有意义的对应关系。

这里探讨的这幅图像极其复杂，我们只触及了它可能的含义的表面。但是可以看出奥皮奇努斯是如何利用人体和大地的联系来建立一系列宇宙学关联的。这些联系在上面讨论的早期中世纪宇宙学中很常见，但是在奥皮奇努斯的宇宙学中，这些联系得到了逐一呈现，并且更加紧密地交织在一起，其目的是要比他那个时代的任何其他宇宙图包含并视觉化地呈现更多内容。

### （二）身份：梵蒂冈稿本第74对页的左页

在许多图中，奥皮奇努斯使用了人体—世界最基本的形式——大概就

① Vaticanus fol. 59r：“*Certitudinem veritatis significant mihi Ianua et Maiorica, quemadmodum a ianuario Ianua et a maio Maiorica inter ceteros menses mensurabiles huius habent rationalia signa, scilicet Aquarium et Geminos in forma humana*…*Existentibus enim ceteris mensium signis irrationalibus, ianuarius et maius mihi producunt in testes veridicos Aquarium et Geminos aesreos vel celestes, cum Aquarius produxerit usque ad nos Ianiuam pectoris Affricani et Gemini caritate parati sint introire maiorem ianuam pectoris huius Europe.*”

是他在1334年的想象中描述的那种形式。当时他写道："我睁开了内心的双眼，可以分辨大地和海洋的图像。"这些图像描绘了被地中海隔开的非洲和欧洲。[①] 他大约有十几幅这样的图像，但人物形象的身份大不相同。有几页只描绘了标准地中海波特兰航海图的西部，也就是直布罗陀和意大利靴子之间的区域。其他的则包括了从大西洋到黑海和圣地的整个航海图范围。

梵蒂冈稿本的第74对页的左页便是这种类型的示例。这一页的上面三分之二是一幅地图式图画，底部是文字。非洲和欧洲的具身图在页面的顶部相对。所描绘的波特兰航海图的轮廓，其地理范围很窄——只可以看到直布罗陀、突尼斯、法国、西班牙和意大利，但没有显示东地中海（被图的下边缘被截掉了）。小标题和转轮（*rotae*）位于地图上的不同位置；其中一些是专门描述某个地理特征的，而另一些则针对该图及其特点进行了一般性评论。有两个形象位于非洲和欧洲之内（构成非洲和欧洲，或与其共存），它们是奥皮奇努斯人体—世界的经典例子（位于地中海的第三个形象不包括在这幅图中）。非洲的女性形象面朝北方，其特征沿海岸线以侧面呈现。她似乎在冲着欧洲的人物形象耳语，对该形象的描绘部分呈侧面，部分呈正面。欧洲人物形象的头部占据了伊比利亚半岛；胸部和腹部在法国，手臂和肩膀拱起穿过低地和德国；意大利半岛是一条穿着靴子的腿。奥皮奇努斯的图画中，这些人物形象和地貌之间的关系始终很难用语言来描述。根据观看者个人对形式的不同感知，这些人物形象看起来或像是躺在陆地上，或从陆地上生长出来，或者以某种方式位于陆地之下——就好像我们透过窗户看过去，而地貌是窗户的轮廓那样。然而，最重要的是，这些神秘的形式似乎将地球和人体的范围描绘成完全一致的，而且是由同种物质构成的——人体是由土构成的。越是观察这些人体—世界，越会将人体看作图形——他们身体中比较奇怪的部分，也就是地形不那么容易与标准的人体形状对齐的地方，随着他们个性和行为的体现，变得越来越不引人注意。

---

① 梵蒂冈稿本中最基本的图画类型包括53v、69r、74v、85v和87r本以及帕拉提诺稿本20r和22r本。另一个变化类型是一系列的图，在其页面的下半部分有一幅单图，而在页面的上部分通常有一个坐着的非地理的人形（不过，这两个元素总是同一幅图的组成部分）。这类图的例子包括梵蒂冈稿本的54r、71v、73v和79v本。

如同在所有奥皮奇努斯的人体—世界图中一样，每个人物都有一个特定的身份，尽管在此例中这些身份很复杂。非洲的人物形象似乎是一个女人；她前额上方的小标题给她贴上了“被诅咒的巴比伦”的标签。她是具有鲜明种族身份的人物形象的罕见一例；奥皮奇努斯用灰褐色颜料将她的皮肤涂暗，明显是非洲或中东的肤色。① 这个人物形象似乎为裸胸，尽管看不到乳房（也许是被她的长发遮挡了）。她的下半身几乎看不到，但她腰间裹着某种布料。一条蠕虫或蛇从她肚子上原本空空的圆圈中钻了出来，沿着北非海岸蜿蜒而行，它的嘴在迦太基附近啃咬着她的拇指。

欧洲人物形象的身份要复杂得多。图注表明了不同的身份：基督、奥皮奇努斯和谨慎的女性化身。拉阿里赞同的观点是，将这幅图中的欧洲看作一种“基督教”的综合形象。② 但是，这个人物形象头上方的标签似乎表明，它是冠以“神殿”身份的奥皮奇努斯。③ 法国南部海岸的地中海上，另一个标签将这个人物形象标为“谨慎”。然而，这一人物形象身份最显著的标志是伊比利亚半岛面部周围的大转轮，它似乎将其标记为基督。红色大写字母拼出了“C-R-I-S-T-U-S”（基督），同时每个字母又分别是圣灵的七大恩赐的首字母。④ 因此，这个人物形象很可能描绘了一种混合体——它是基督教的化身，基督位于其核心，被宇宙秩序的元素所包围。奥皮奇努斯随后在另一段图注中将这个人物形象和他自己联系起来。然而该人物形象仍然是个谜，它的性别似乎被有意地模糊了。它的脸部被标记为基督，很明显暗示其为男性。它的胸部是裸露的（可以看到斗篷从法国北部海岸处的肩膀上滑落），但下面的圆牌覆盖了奥皮奇努斯作品中女性欧洲形象常常显露乳房的位置。这个人物的脸部光滑，没有胡子（奥

---

① 梵蒂冈稿本中另外唯一一个被种族化的人物形象是一名非洲男性，在 73v 页上，贴有“不忠者”的标签；尽管斗篷覆盖了他大部分身体，但是他的脸、手和脚都为深色以表明其种族。近期一项关于中世纪后期艺术作品中肤色的有趣研究，请参见 Madeline Caviness，“From the Self-Invention of the Whiteman in the Thirteenth Century to The Good，The Bad，and The Ugly”，*Different Visions* 1（2008）。

② Muriel Laharie，*Le Journal Singulier d'Opicinus De Canistris*，（Vatican City，2008），767.

③ 全文如下：“Ego vivifica domus Dei，in qua invocatum est nomen eius，sum a Christo christianitas dicta.”

④ 分别表示：“consilium，robur，intellectus，sapientia，timor，utilis pieta，scientia”，即“忠告，力量，知识，智慧，恐惧，有用的虔诚和知识”。

皮奇努斯作品中的许多男性形象都留着胡子），留着飘逸的长发。最强有力地表明该形象是女性的标志是躺在伦巴第的小孩——这个地方总是与欧洲人物形象的子宫联系在一起。欧洲人物形象似乎怀有身孕。所以，这幅图暗示了男性和女性元素的结合：基督教世界化身为一名怀孕的女性，以基督为首和心。

那么，这幅图像的内容是什么？它的内容主要是两个人物形象之间的对峙：一个是巴比伦的形象（可能代表伊斯兰教），另一个是基督教的形象。尽管图画四周有大量的文本和解释，但这种简单的对比仍然很突出。奥皮奇努斯的人体—世界的形式突出了一种欧洲与非洲的二元对立关系。[①] 这一点在仅包含一幅地图的图画中反复出现。类似图画中的二元主题包括地狱之口和耶和华殿之间的对比（第 79 对页的左页），奥皮奇努斯和教皇本笃十二世的寓言化形象之间的对比（第 69 对页的右页），以及不忠和信仰的拟人化形象的对比（第 73 对页的左页）。然而，它们在地图中的位置，特别是实际用于旅行的经验地图中的位置，强调了这种二元对立的微弱性。在地图上，你可以从一个“地方”或“人体”坐船经海到另一地——每个地方都可以从别处到达。然而，这些最简单的图中只是暗示了这种可能；在奥皮奇努斯更复杂的图像中，可以发现他对二元之间旅行和移动的隐喻（实际上是对二元对立概念的颠覆）做了更充分的处理。

笔者在其他地方（《人体—世界》的第二章）更全面地讨论了奥皮奇努斯图像中的具体寓言；此处有趣的是，可以思考一下奥皮奇努斯如何为这些欧洲和非洲的形象安排不同的身份，以及这揭示了他如何看待自己的制图实践的。对他来说，地图是一种娱乐和实验的方式，尽管他也利用地图，并且对其经验性和科学性非常感兴趣。内部形象身份的转换似乎表明，所谓真实的是地球本身的形式。人类在地球上的所作所为——他们是如何占领地球的，他们在地球上创造了怎样的政府和信仰体系——都会发生变化。这些图画戏剧性地展示了世界的命运会如何随地图中这些形象的身份、意图和动机而变化。例如，在一些图像中，欧洲战胜了非洲；而在

① 莫尔斯率先提出奥皮奇努斯作品中的二元论问题。参见 Victoria Morse，*A Compex Terrain*，200。

另一些中，非洲却伤害了欧洲。这些以欧洲与非洲的对比为特色的地图，似乎意在让奥皮奇努斯能够在脑海中自由发挥对地缘政治的想象。

### （三）性与人体：梵蒂冈稿本第53对页的左页

观看者是否应该把奥皮奇努斯人体—世界中描绘的人物理解为完全的人，仍然是一个模棱两可但至关紧要的问题；在各种图像中，他用人体来描绘拟人化形象、原型、历史人物或同时代的男女。但是这些人体与真实人体共有的一个特征是，他们是有性别的。像图画的许多其他特征一样，他们的性别的含义非常不稳定。在持续寻找大地和人体之间的意义和对应关系的过程中，奥皮奇努斯尝试将性别作为另一个可以操纵的可变因素，以创造他所寻找的对比和联系。

梵蒂冈稿本中的许多图画都包含明确的出生和生殖意象；出生和重生的隐喻似乎是奥皮奇努斯表达他在1334年患病后经历的精神转变的主要方式之一。[①] 梵蒂冈稿本中至少有六幅图表现了出生或怀孕。其中四幅描绘了人体—世界，而生殖总是发生在欧洲人物形象的体内。[②] 通过在欧洲内部表现怀孕和出生，奥皮奇努斯表达出了善恶倾向是如何进入世界的。在梵蒂冈稿本早期的一段文字中，奥皮奇努斯描述了“恶魔之海”如何让已经怀孕的欧洲人物形象再次怀孕，不合自然规律地将孩子分成了两个人物形象——欧洲和非洲。[③] 莫尔斯认为，欧洲人物形象的怀孕也与当地的政治局势有关，在原本神圣的欧洲身体中，伦巴第的（性）腐败被具象化了。在这里，生殖性行为是腐败的标志；在其他地方，它却是生殖精神的标志。

在另外两幅令人难以置信的图画中，欧洲人物形象怀孕的局部后果甚至得到了更深入的探索，图中的欧洲实际上怀上了一幅小地图。在第53对页的左页中，奥皮奇努斯在伦巴第地区画了一幅人体—世界的小图，甚至

---

① 关于中世纪受孕、怀孕和分娩，参见Sylvie Laurent，*Naître au Moyen Âge*：*de la conception à la naissance*（Paris，1989）；Jacquart and Thomasset，*Sexuality and Medicine*，66－72；Cadden，*Meanings of Sex Difference*；Monica Green，“Female Sexuality in the Medieval West”，*Trends in History* 4（1990），以及Peter Murray Jones，*Medieval Medicine in Illuminated Manuscripts*（London，1998）。

② 参见48v、49r、53v、61v、4v和87r页。

③ Morse，*A Compex Terrain*，225.

略微延伸到了热那亚附近的海里。莫尔斯和拉阿里都令人信服地解释了这些微小的人体—世界形象的定位，认为这表现了剖腹产；正如奥皮奇努斯解释的那样，这两个人物是通过欧洲人物形象腹部的“非天然港口”热那亚出生的，而不是通过“天然港口”威尼斯——欧洲人物形象的阴道腔(奥皮奇努斯多次用双关语“腔”来指威尼斯“运河”，英语中皆为“canal”）出生的。[①] 莫尔斯展示了奥皮奇努斯甚至对下方伦巴第上这两个微小的人体—世界的精确位置做了含义解读，从而决定哪些地方城市属于非洲和欧洲。[②] 然后，她将这些形象的“暴力”分娩与第74对页的左页描绘的小婴儿进行了对比，小婴儿的定位是通过威尼斯正常分娩的，头朝下，双臂交叉平静祈祷。[③]

但是，除了这些令人信服的针对具体内容的解释，我们还必须退一步去领会这些图画所暗示的多重含义：其形式可能同时意味着一个世界孕育了另一个世界，一个人体孕育了两个人类的孩子，世界孕育了多个人体，人体孕育了整个世界。这些图画以十分简单又高度复杂的方式将中世纪微观世界和宏观世界的概念视觉化了。人体和世界不仅对应，还可以再创造自己或彼此。这些视觉隐喻比其他任何图画都更清楚地传达了这样一种感觉，即人体—世界的图像是奥皮奇努斯精神重生的证明和动力。[④] 他认为这个世界可以像人类一样繁殖和再造。有性生殖成了所有创造或善或恶的世界与生命的隐喻。

关于出生的隐喻对奥皮奇努斯来说是强大而灵活的；他将其用在他的许多人体—世界图像中，在人物形象和土地之间创造了模糊但充满张力的关系。大的人体—世界形象的性别起着至关重要但又常模糊不清的作用，承载着这种生殖隐喻和意义。例如，上文对第74对页的左页的讨论已经证明了欧洲形象性别的模糊性；它似乎是教会的孕妇化身，又在图注中明确

---

① 参见 Morse, *A Compex Terrain*, 227 – 8 以及 Laharie, *Le Journal Singulier*, 529 – 33. 在 fol. 53v 的标题“*Ecce Ianua resistens Venetiis perdit nomen Ianue naturalis et fit Ianua violenta*, *ut venter noster per vim pariat abortivos.*”中对此进行了解释。

② Morse, *A Compex Terrain*, 227.

③ Morse, *A Compex Terrain*, 227.

④ 参见 Morse, *A Compex Terrain*, 109。

地与奥皮奇努斯自己的身体联系在一起，而基督的名字写在她的脸上，她的上半身画着基督的身体。这个男女混合的形象展示了男性基督和女性教会在帕维亚附近诞下了一个小的人物形象，说明了性别和出生在奥皮奇努斯视觉矩阵中的灵活性。

奥皮奇努斯的许多隐喻都涉及身体部位和生理过程，虽然寓言人物的“身体”可以包含这些部位和系统，但我们在这些图画中发现，关于性别、出生、性和过程的讨论和表达无疑是有一定程度的人性的。上文讨论的例子加重了迈克尔·卡米尔在他有关奥皮奇努斯的文章中对身体的强调；笔者自己对人体—世界的理解基于对地图和人体这两极的探究。在奥皮奇努斯的系统中，人体和世界都给图画带来了经验性的或特定的联系，以及隐喻、寓言或哲学方面的内涵。他对地理和人体这两个领域的完全掌控，强调了这些图画中的人物形象完全占据了他们的两种状态——每个都是完全的大地和完全的人类。通过操控性别和性，奥皮西诺为每一个人物形象赋予了个性，个性是人类的一个重要特征（由于地图形状不同，否则每个人物形象会是相同的）。正是在赋予这些人物形象性别身份的过程中，人体—世界才变成了人。

玩弄人体也是奥皮奇努斯吸引注意力的手段之一——吸引假想的观看者，甚至是他自己的注意力。人体给图画引入了幽默元素，否则这些图画的信息会相当严肃。罪恶、救赎、暴力和背叛与口交、手淫和不当的人际关系密不可分。梵蒂冈稿本的图画是奥皮奇努斯的舞台，在这些图画里他不仅探索了新神学，也展现了自己的幽默、个性和想象力。有一些图注说明了该工作神秘、冒险的一面。第 87 对页的右页（表现为欧洲女人怀上了人体—世界的一个小缩影，此页为多张显示同样内容的页面之一），在卡米尔和所罗门提到的一段话中，奥皮奇努斯写道：“写这些话的时候，仅仅因为一个伦巴第传教士的到来，我不得不用一张纸盖住女人的肚子，以确保他不会感到震惊。”① 他知道这些画有多奇怪；即使他创造这些人体—世界的资料来源（波特兰航海图、壁画、科学图表等）很常见，但他也明白

① Vaticanus fol. 87r：“*Hora qua hoc agebatur, necessa habui operire quodam folio papyri ventrem mulieris propter superventionem Lombardi presbiteri simplicis, ne scandalizaretur ob hoc.*”

他的重新组合是十分震撼的，他似乎从这种富有想象力的幽默中获得了一种狡猾的快乐。就像经典的笑话一样，奥皮奇努斯的画既严肃又幽默。将一个人体—世界中的人物形象描绘成孕育着另一个世界，这是一种视觉隐喻，意在传达真实的意义，但也是一件令人愉快、富有想象的虚构作品。

## 后来的人体地图：简短案例研究

直到近代欧洲，我们才开始发现更持久的实际拟人化人体地图的传统。这些图像超越了中世纪宇宙学中至关重要的微观宇宙与宏观宇宙之间的联系，开始在地图上将单座城市、国家、大陆或人群塑造成地理舞台上的人类的角色。然而，许多这种图像仍然与前面提到的皇权下的视觉语言相联系，这种视觉语言可以追溯到古罗马，为中世纪的基督教艺术家所采用。例如，像 1592 年伊丽莎白女王的《迪奇利肖像》（*Ditchley Portrait*）这样的艺术作品，就沿袭了这一传统：帝王或天神王袍加身，要么坐在他们统治的地球上，要么举着他们统治的地球，进而重塑成一个完整的地球。事实上，奥皮奇努斯之后的第一张真正的人体地图出现在 16 世纪，是对国家和边界产生新一轮关注的时代。

第一幅流行于世的，同时也许还是最著名的近代人体地图，是 1537 年约安内斯·布西乌斯（Joannes Bucius）（有时也叫约翰内斯·普奇［Johannes Putsch］）绘制的《女王欧洲地图》（*Europa Regina*）。这幅地图由塞巴斯蒂安·明斯特（Sebastian Münster）在 1550 年、1588 年和 1589 年重新制作，并在欧洲流行开来。[①] 正如许多学者所展示的，越来越多的地图开始将欧洲描绘成一个单一的实体，并且几乎都将其描绘成一个岛屿，而这个以女王形象来描绘的欧洲是这些地图的巅峰之作。这种文化上独特的欧洲大陆概念，在这里被赋予了女王的身体形态，其实是一个创造政治神话的项目，特别是哈布斯堡王朝创造的政治神话，《女王欧洲地图》的图

① 关于《女王欧洲地图》最新最全面并且附带优秀注解的资料是 Peter Meurer，“Europa Regina. 16th century maps of Europe in the form of a queen”，*Belgeo*：*Belgian Journal of Geography*（2008），355－370。最近还有一篇关于这些图像的很透彻的研究，见 Daniel Brownstein 的博客 *Musings on Maps* 上的博文：https：//dabrownstein. com/2013/04/21/europa-regina/。

像就诞生于他们的政治文化立场。欧洲被描绘成哈布斯堡女王，她的皇冠在西班牙，右手位于西西里岛，握着权力之球，心脏位于波希米亚。它展示了一个基督教化的大陆团结统一的虚构故事，而当时在巴尔干半岛，基督教与穆斯林的冲突仍在继续。

在奥皮奇努斯的人体地图中，欧洲、非洲和地中海的地图并未改变其地貌地形，与它们在波特兰航海图中的原样保持相同，而与之不同的是，绘制《女王欧洲地图》的艺术家们则明显修改了当时已知的欧洲不同地区的海岸轮廓和比例，让整体形象看起来更像是人。这一点在北部和南部海岸上尤为明显，那个部位的裙子变得十分平滑。显然，这一图像作为权力象征或宣言的作用比地理准确性更重要，而地理准确性可在其他地图中体现，且这些地图通常和《女王欧洲地图》收录在同一本书里，例如明斯特的《宇宙志》(*Cosmographia*)（尽管赫恩塞拉斯［Hoenselaars］称，人们仍会参考该地图，这表明人们认为该地图确有实际的用处)。①

许多学者已经表明，这种欧洲作为女王的图像只是更大的话语的一部分，该话语将国家或大陆具化为女人形象：或作为寓言场景中的女性化身(例如1570年亚伯拉罕·奥特里斯［Abraham Ortelius］的《寰宇概观》［*Theatrum Orbis Terrarum*］的卷首图，其中代表欧洲的女性形象统治了其他同样被描绘为女性的大陆)；或作为像《女王欧洲地图》这样的人体地图中的人物形象；还或者，最常见的是，在语言中称大地为女性，且通常是以高度性别化的方式（苏玛蒂·拉马斯瓦米［Sumathi Ramaswamy］在此语境下引用了沃尔特·雷利［Walter Raleigh］的名言“圭亚那是一个还未出嫁的国家［Guiana is a country that hath yet her maidenhead］”)。② 拉马斯瓦米从达比·刘易斯（Darby Lewes）的研究出发，展示了这种“大地是女人”的幻想在整个近代欧洲的文本、图像和言语之间的联系；刘易斯写道：“将欧洲简化为女人，可以让人将诡谲转变中的地理/宗教边缘和门槛简化成令人舒适且熟悉的陈词滥调：例如，土地可以被看作是一位沉静且

① Ton Hoenselaars,“Europe Staged in English Renaissance Drama”, in *Borders and Territories*: *Yearbook of European Studies* 6 (1993), 104.

② Ramaswamy, *The Goddess and the Nation*: *Mapping Mother India* (Durham, 2010), 89.

笃定的家庭女神；一个迷人的等待她爱人的处女；一位受到威胁迫切需要男性保护的母亲；一个被任何想占有她的男人视为财产的妓女；或者一个怪异暴躁但实则外强中干的男人婆。”① 因此，即使是像欧洲哈布斯堡女王或 1598 年被塑造成伊丽莎白一世这样拥有权势的欧洲形象，也只是一个宏大的语言和呈现网络中的一小部分罢了，这个网络将地貌或国家与女性身体匹配在一起，在关注女性形体的近代视觉文化中挖掘其丰富的潜在寓意。即便抛开对于该意象偏女性主义的解读，其他学者也认为，近代将欧洲塑造成为女性的形象，不仅在语言上带来便利，同时还在寓言概念方面有着深远的历史意义，可追溯到希腊神话中代表欧洲的人物形象被宙斯绑架并强奸，以及她后来成为克里特岛第一位女王的故事。岛国开国女王的角色在 16 世纪和 17 世纪的地图中得到了反映，这些地图过分强调了欧洲的孤立，使之从视觉上变成了一座岛屿，被封闭在有形的人体内，且几乎完全被海水包围。沃纳还描述了这种胜利女性欧洲的比喻，是如何在另一种称作“欧洲自怨自艾者”（Europa Deplorans）的传统中被反转的，尽管这个饱受攻击、无助的欧洲只是在文本中进行了讨论，或仅以寓言形式出现，而没有通过人体地图的意象呈现过。②

这种象征性的胜利意象在当时的“比利时雄狮”（Leo Belgicus）传统中表现出了更明确的民族主义脉络——这种地图以坐狮的形式展示了低地国家（今比利时、荷兰和卢森堡）的行省。③ 第一幅《比利时雄狮》地图于 1583 年由奥地利雕刻师米歇尔·艾青格（Michael Eytzinger）（米歇尔·冯·艾青，Michael von Aitzing）绘制。在接下来的几个世纪，一系列艺术家将其复制到许多其他书籍和单幅图中。最著名和广为流传的是克拉斯·

① Ramaswamy, *The Goddess and the Nation*, 89.

② Elke Anna Werner, “Anthropomorphic Maps: On the Aesthetic Form and Political Function of Body Metaphors in Early Modern Europe Discourse”, in *The anthropomrophic lens: anthropomorphism, microcosmism and analogy in early modern thought and the visual arts*, ed. W. Melion, B. Rothstein, and M. Weemans (2015) 251－272.

③ 关于比利时雄狮，特别参见 Werner, “Anthropomorphic Maps”, 260－262; Meurer, “Europa Regina”; Hoenselaars, “Europe staged”, 94－100; Stephen Daniels, “Mapping national identities: the culture of cartography, with particular reference to the ordinance survey”, in *Imagining Nations*, ed, Geoffrey Cubitt (Manchester, 1998), 112－131, 以及 H. A. M. Van der Helden, *Leo Belgicus. An illustrated and annotated carto-bibliography* (Revised second edition, 2006), Alphen aan den Rijn。

扬斯·菲斯海尔（Claes Janszoon Visscher）在1609年出版的版本。这一传统是在所谓的八十年战争（或荷兰独立战争）中发展起来的，该战争是荷兰人对荷兰哈布斯堡统治者菲利普二世的反抗。从政治含义上来说，这是一个相对简单的民族主义的象征，宣告了该区域的统一性和完整性。长期以来，狮子对于荷兰人和比利时人来说都非常重要，尼德兰地区的许多盾徽上都有狮子的形象。狮子还出现在了所谓的“荷兰少女”的意象中，这位少女是荷兰的女性化身，她的身边坐着一只狮子，就像1813年海牙的雕塑纪念碑上那样。

有趣的是，将狮子嵌入该地区的地形轮廓的方式共有两种。在最早的版本中，狮子半坐着，后腿直立，面朝东方，头部在尼德兰，下半部分在比利时。长长的海岸线组成了狮子的弓状背部，身体的另一侧似乎处在内部的陆地上；狮子内部和外部都有欧洲河流和其他地貌的描绘。另一个版本由约道库斯·洪迪厄斯（Jocodus Hondius）于1611年绘制，他将狮子转了方向，面朝左边。但是，在无论哪个版本中，它都比《女王欧洲地图》中的女王形象更小，就宛如庞大背景下弱小的体形或国家。但是，尽管在狮子身体内外都描绘了城市、河流和各种地貌，但在狮子内部有着更多的细节描绘（更多城市以及关于地形的描绘等），暗示着狮子内部的这些国家还拥有着熙熙攘攘的商业、贸易和人口中心。菲斯海尔于1609年创作的版本也是该时期的代表之作，他还沿地图左右两边描绘了该地区20个主要城市的风景画。因此，艺术家们也采用了该时期区域地图的许多常规特征，在不牺牲太多地理准确性或实用性的前提下，以狮子的符号形式定格整个国家，展现权力和力量的崛起。如前所述，该图像的政治含义相对简单明了。尽管如此，赫恩塞拉斯仍然认为，在民族国家的历史中，其真正意义在于，它所展示的这个近代国家四面均无自然边界，所要做的是“试图捕捉并描绘其领土形状”。[①] 这是很有意义的，因为它提出了这种状态，以及通过符号形式让人们记住其领土形状的方式。

更有趣的是，《比利时雄狮》多年来一直是一种政治象征，以至于菲斯海尔在1648年根据最新的政治形势又创作了另一个版本。他的新地图现

① Hoenselaars, “Europe Staged”, 96.

在被命名为《荷兰雄狮》(*Leo Hollandicus*),绘制于八十年战争结束时期,当时荷兰共和国正式独立,但并不包含比利时。因此,新地图保留了狮子形象,但是稍微调整了狮子的形状,大幅改变了其比例,只用之前图像的上半部分绘制出了一头狮子。值得注意的是,狮子的姿势也发生了变化:在菲斯海尔 1609 年的《比利时雄狮》(创作于荷兰和西班牙战争休战期间)中,狮子是坐着休息的,并且放下了剑。在 1648 年的版本中,狮子肩上扛着一把巨剑,后腿伸直站立着,仿佛在庆祝胜利。最早的《比利时雄狮》图像中,地貌延伸到了狮子之外,与之形成对比的是,1648 年的版本中,狮子的形象是完全孤立于地貌的。人们能够通过修改后的地图想象出一个完全独立的胜利之国。

像《女王欧洲地图》和《比利时雄狮》这样的有形象的地图属于一个近代的更大的传统,即用符号形式作为制图框架。另一个虽然并不是人体地图但却很著名的例子是《波希米亚玫瑰》(*Bohemiae Rosa*),该地图于 1688 年由克里斯托弗·费特尔(Christoph Vetter)创作,将波希米亚绘制成了一朵玫瑰。① 布拉格占据花心的位置,各行政区各成花瓣,从中心位置同心向外生长。地图顶部镌刻着“正义和忠诚”的字样,表明如果想要花朵繁荣生长,就必须遵循这些原则。就像《比利时雄狮》一样,这份地图也同样发挥着特定的政治功能。它创作于哈布斯堡皇帝利奥波德一世在奥地利和波希米亚巩固权力之时。花朵的枝条表明其根茎生长在维也纳,也就是利奥波德的帝国中心。因此,它将波希米亚描绘成一朵由皇帝滋养的尊贵繁荣的花,同时也是皇权的象征。很显然,这种制图方式在那个时期颇为流行。

这一时期最后一个例子,是来自海因里希·宾廷(Heinrich Bünting)的作品。在他的著名作品《圣经行程录》(*Itinerarium Sacra Scripturae*,1581)中,描绘了一个三叶草形的世界。在该作品中,他以飞马的形状绘制了一幅想象的亚洲地图,名叫《飞马亚洲地图》(*Asia Secunda Pars Terrae in Forma Pegasir*)。他完全重塑了亚洲的地貌,创造出成比例的、自然的张翼飞奔的天马形象。飞马的前腿挨着非洲,表示“阿拉伯”半岛,头

① 参见 Meurer,“Europa Regina”,11。

部表示“小亚细亚”（两者之前拉长了的马的前身是刻意以艺术性手法夸大了的圣地的范围）。底格里斯河和幼发拉底河宛如缰绳一般顺着马的脖颈流到马身，马身部分写着“波斯”。飞马的臀部以及后腿没有多少具体的命名，只有“东印度”（India Orientalis）和“南印度”（India Meridionalis）的标识；地图中完全没有提到中国。飞马的左右翅膀分别标有“斯基泰”和“鞑靼”。以飞马形象制作亚洲地图的缘由尚不明确；天马传说中是海神波塞冬之子，但与东方并无直接联系。

在我们开始讨论另一类人体地图前（即19世纪和20世纪初欧洲讽刺且有趣的人体地图传统），笔者想最后再谈谈一幅来自不同文化背景的将特定区域具化成人形的例子。这是一幅神秘的《西藏镇魔图》。虽然其意象是基于古代故事，但该地图在视觉上所使用的传统手法似乎只出现在19世纪下半叶。从纽约鲁宾艺术博物馆（Rubin Museum of Art）保存完好的一件实例中，我们可以看到该传统手法的基本特征。西藏的地貌被完全纳入赤身裸体的魔女的仰卧形体中，魔女仰面躺在整张画面上。在魔女体内，人类和地理元素交织：我们可以看到面部特征、胸部、腿和腹部轮廓，也能看到城市、寺庙、山脉、森林与河流。魔女的形象强大且具有攻击性（注意其尖利的手、脚指甲），却受到压制和约束。

其意象来自7世纪的一个古老的传说，当时是松赞干布（卒于649年）在位时期。地图中描绘的神话是从11世纪的文本中流传下来的，文本中详细描述了拉萨大昭寺的修建过程。它与西藏的风水习俗相关，藏学家马丁·米尔斯（Martin Mills）称之为“景观艺术和仪式”，尤其应用于仪式卜算。① 根据传说，松赞干布试图寻找一处建庙佳地，但是当他开始修建寺庙后，每天早上工人返回工地时却发现他们之前的成果在头天晚上被毁。他向其精通风水占卜的妻子文成公主询问，文成公主进行卜算后发现西藏的地形俨如“仰卧的魔女；修建寺庙的卧塘湖是魔女的心脏；拉萨

---

① 参见 Mills，“Re-Assessing the Supine Demoness：Royal Buddhist Geomancy in the Srong btsan sgam po Mythology”，*Journal of the International Association of Tibetan Studies* 3（2007）。米尔斯还在鲁宾博物馆的博客网站上发表了一篇有趣的文章：https：//rubinmuseum. org/blog/demoness-of-tibet-legend-painting-architecture. 关于恶魔的意象，另见 Janet Gyatso，“Down with the Demoness：Reflections on a Feminine Ground in Tibet”，*The Tibet Journal* 12.4（1987），378－53。

的三座大山是魔女的胸部和胸骨；西藏中部则是她的身体；魔女的四肢延伸到高原腹地，从北部的安多和南部的喜马拉雅到西部的克什米尔”。[①] 不过，她透露，在魔女身体之下有着等待被发掘的吉祥之兆。为完全压制魔女，文成公主提议，在西藏建造十二座寺庙来封印魔女的身体：中心地区的四座寺庙用来封印她的肩膀和臀部，边境的四座寺庙用来封印其手肘和膝盖，再造四座寺庙用来封印其手足。这些寺庙，加上位于拉萨的中心寺庙，都能够削弱魔女对土地的法力，我们也能从地图上看到这些寺庙。

因此，这张地图是创始神话的可视化表现，并且具体论证了西藏的地形特征，这些特征对于西藏的历史和未来有着神话意义。尽管有些学者通过女性主义的视角来解读这个传说（男性主导的佛教僧侣精英严格控制着魔女的女性身体），米尔斯却将其解读为西藏悠久的风水传统，并以此来表达这一古代时期西藏“身体”的完整性和统一性。虽然有些人体地图比起身体更注重地图本身（比如，展示出地貌向身体边界以外延伸的特定方式），但这一西藏图像却更强调身体，它将所有地貌和寺庙都包括在这个仰卧的魔女体内，尽管其身体形状有些奇怪，四肢也被拉长，只部分符合该区域的实际形状。目前已研究过的其他人体地图，大多是由艺术家创作而来（虽然他们借鉴了既定的文化观念），与之不同的是，这幅西藏地图是在西藏地貌观念确立很久之后对其的呈现，由于这种人体大地的类比，西藏地貌本身实际上是被修改了（在这些地方建造了十三座寺庙）。[②]

在对人体地图进行整体对比分析前，笔者还想最后再简单介绍出现在19世纪不同背景下的另一类图像：描绘欧洲暴力和冲突的政治漫画。罗德里克·巴伦（Roderick Barron）最近发表了一篇名为“1845—1945年欧洲讽刺地图（European satirical maps from 1845—1945）”的文章，对其有所讨论。[③] 如果说16世纪是民族国家形成的早期阶段，那么巴伦所讨论的这一

---

① 米尔斯，鲁宾博物馆的博客文章。

② 另一个出自欧洲以外的有趣例子，是苏玛蒂·拉马斯瓦米在最近的一本书中讨论过的“印度母亲”的意象传统，该传统通常将印度的女性化身形象与地图结合在一起，往往实际上将她的身体与其地图形状对齐。见 Ramaswamy，*The Goddess and the Nation*，2010。

③ Roderick Barron，“Bringing the map to life：European satirical maps 1845 – 1945”，*Belgeo：Belgian Journal of Geography*（2008），445 – 464. 大英图书馆还有一篇关于讽刺地图的有趣博文：https：//www.bl.uk/maps/articles/satirical-maps，作者是他们的古地图馆馆长汤姆·哈珀（Tom Harper）。

百年时间则见证了这些国家迅速成为现代国家并加快脚步以巩固其民族认同。随着人们在文学、演讲以及绘画作品中越来越多地以拟人化或以寓言形式指涉国家，大量人体地图的政治图像应运而生。巴伦认为，在1848年革命之后，这种图像类型才真正成为潮流；“政治剧变，尤其是革命和战争，为当时的讽刺家提供了现成的素材，为与他们共事的漫画家和艺术家提供了灵感”。① 一般而言，这些地图会将国家之间真实和潜在的冲突描绘成人与人之间的冲突；在这个过程中，他们利用形体表达各种夸张手法，把不同的国家描绘成懦弱、愚蠢、好斗、爱好和平等形象。这些国家的人物形象有时候拔地而起或耸立于地表，大地宛如是展现人类冲突的舞台。（如爱默尔克［Emirk］和宾格［Binger］1859年绘制的地图），而在其他例子中，地貌本身就更为充分地被拟人化，国家的人物形象则被置于一个更精准的轮廓中（如罗斯［Rose］1877年的《庄严又诙谐的战争图》［*Serio-Comic War Map*］，和特里尔［Trier］在1914年绘制的类似地图，《1914年欧洲地图》［*Karte von Europe in 1914*］）。这些类型的地图越来越多地使用种族化的刻板印象和相貌特点，从视觉上呈现了日益具体的欧洲国家的刻板印象，其中许多刻板印象甚至延续到了当代。巴伦认为，直到19世纪末，尤其是到1914年前，这类地图才从幽默讽刺转向更直接的宣传，两次世界大战中许多其他例子便是如此。

## 结　论

大多数从整体上讨论人体地图类别的作者都提到了上述例子，但是没有人讨论过这些人体地图作为一个整体的意义，或者比较人体和地图产生联系的不同方式以及这些不同方式的意义。在最后一节里，笔者想比较一下这些图像，看看它们之间的共同之处。我们需要思考，人体能给地图绘制者提供什么样的隐喻和类比，是地图学所用的其他符号形式无法提供的。从某种意义上说，人体是无处不在、无孔不入的指示符号，以至于似乎不可能提问人体能为地图带来什么样的联想，但事实上，我们讨论过的

① Barron.

例子中有许多共同趋势。

回到我们最初关于隐喻和类比的对比，我们可以发现人体地图属于其中任一类别。隐喻性的人体地图中的比较看起来更具偶然性和趣味性。或者，在使用隐喻的“源”/“目标”模型时，是用人体的形式来表达大地，两者并不处于平等关系。因此，我们可以将近代的《比利时雄狮》和《女王欧洲地图》归为这一类。创造这些地图的艺术家运用人体的隐喻来描述一个特定地方（一个大陆或国家）的整体性、完整性、力量和身份。狮子就是低地国家的符号或隐喻；从哲学或者宗教意义上说，狮子并不是这些国家的组成部分。而将欧洲以女王形式呈现的地图论证了特殊的政治形势，即哈布斯堡王朝已经控制并保护起了欧洲大陆，维护了它的整体性和完整性。因此这些隐喻性的人体地图是用来表明观点的：针对地图上某些事物的特定理解进行劝服、重构或论证。

像《西藏镇魔图》这样的地图则完全不同。这是一种对宗教和文化核心信仰的视觉化表达，即这个人体实际居住在西藏这片土地上，西藏的地貌暗示或反映了女魔的身体轮廓。改变大地（在这个例子中通过在地上修建寺庙）实际上是为了影响女魔的身体。这里提出的人体和大地之间的联系是一种类比：大地和人体彼此相似，甚至是彼此的一部分。虽然在严格意义上并不属于人体地图，但中世纪的宇宙图示，以及表现基督身体叠加在地图上（如《埃布斯托夫地图》）或者基督拥抱地球或宇宙（如《诗篇》地图或比萨的宇宙画）的地图，也提出了两者之间真正的、必要的联系。在这些图像中，人体和地球通过宇宙或者神圣的意志以及行星和恒星的引力等力量联系在一起。将这些图像中的人体和地球联系起来，就是在微观/宏观哲学或神学的基础上，对整个宇宙系统和世界观的视觉化。图像反映或重构文化信仰，而不是提出、介绍或论证文化信仰。

但是，不论人体地图是更偏向隐喻还是类比，这些图像都有一个共同点，那就是旨在通过本质上引人注目、不同寻常甚至常常是滑稽的对比来吸引观者。即使是在图像十分严肃的例子中（如《女王欧洲地图》），人体与地形之间轮廓上的对齐（以及人和地球的比例）也一直吸引着观看者的注意力。它能让人想起巨人的土地，充满活力的以及让人拥有无限幻想的大地。因此，本文提到的所有地图似乎都旨在以一种许多实用地图通常不具备的方式让人印象深刻。这些地图表明，地图绘制者希望地图的功能不局限于实用性，他们将地球之图转化成图像，以不同寻常的比例和形式吸引观者注意，使其久久徘徊于观者的脑海。这种通过新奇事物带来视觉冲击的极大兴趣，将这些或隐喻或类比、严肃或戏谑的例子联系在了一起。

那么人体到底给地图带来了什么样的联想呢？什么样的观点或提议能从人体转移到地图上呢？人体是活的、动态的、运动的，这表明大地的形态不像我们想象中的那么静止，或者说这些形态较易受人类行为的控制（这里我们可以联想到19世纪的讽刺地图或奥皮奇努斯的意象，在这些图中，所有形象都处于运动之中）。身体在很多方面是完整性和整体性的最终意象，即使是张开的四肢，也是统一的整体的一部分（《女王欧洲地图》）。然而，在人体的整体性中，也存在等级制度——重要的部位，如控制整个生命体的头部（西班牙哈布斯堡王朝在《女王欧洲地图》中位于头部，或者中世纪世界地图上，将耶稣的头置于东方的天堂中）。人体可以通过象征性的姿势影响观看者对于政治形势的理解（1648年《比利时雄狮》中举起的剑）。人体的性别和生殖能力也可以被用于暗示世界的重生和更新（奥皮奇努斯）。人体还可以是测量或比较地球不同部分的规模或重要性的工具（奥皮奇努斯）。此外，在全球变化的人类世（anthropocene）时代，这种联系可以表明地球的命运和人类的命运和行为是紧密相连的，这也是奥皮奇努斯表达得最清楚的观点，他认为人体的变化和人类的运动与他们生活的地球密切相关。

最终，尽管很多人体地图的例子都可以归入一类或另一类，但在本文讨论的人体地图中，奥皮奇努斯的图画不仅是开山之作，同时也是最神秘且最难以分类的。正如我们所见，奥皮奇努斯的意象建立在完全严肃和主流的宏观/微观宇宙学基础上，但他令其服从于诙谐和实验（事实上，他的图像在视觉上最接近现代欧洲反映政治冲突的讽刺图）。然而，虽然人体与大地的结盟看似更像是一场关于形式和内容的扩展实验，一种似乎随机的意义的爆发，但笔者认为他的图画最终更偏向于类比而不是隐喻。他创造的含义是双向流动的，既可以从人体流向大地，也可以从大地流回人体。他不断回到他在地中海世界的陆地和海洋形态中发现的同样的人体核心图像，这表明他在这张人体地图中看到了重要的真相，即便是在对其加以玩弄的时候。这些图像的意义因其身体和地理的接触而加深，但从未得到澄清和解释。因此，在过去的一千年里，艺术家和制图师都一直通过人体地图来具体化含义也开放含义。将地图转变成人体本质上是一种游戏，但像所有游戏一样，其深层含义可能隐藏于表面之下。

# 人口和知识的迁移：世界地图学在基督教和伊斯兰文明以及中朝日三国的漫长旅程（14—17世纪）[*]

安杰洛·卡塔内奥（Angelo Cattaneo）[**]

## 引　言

与大多数文化史一样，地图学史一般按地理、政治和宗教划分，沿时间线进行叙事。19世纪以来，蓬勃发展的研究和历史编纂促进了档案的建立，所有的档案几乎都是以国家文献为基础，相辅相成，互为借鉴。档案这种条分缕析的叙事方法，其优点在于它不仅能开展前所未有的档案分析，同时也成为了结果本身，这一点在庞大而又结构分明的历史编纂中得到了具体体现。[①] 然而，虽然这种方法取得的成果对历史编纂和方法论颇具价值，但它主要侧重于图本形式和固定的文化表达（可以理解为沉淀下来的和既定的文献语言）。然而，在凸显和解读知识的演变过程、转化、

---

* 本文属于科技基金会（FCT，Fundação para a Ciência e a Tecnologia）资助的战略项目（UID/HIS/04666/2013），并得到了CHAM－葡萄牙全球历史中心（FCSH/NOVA-Uaç－http：//www.cham.fcsh.unl.pt/）的支持。

** 安杰洛·卡塔内奥（Angelo Cattaneo），意大利国家研究委员会（CNR）准会员，就职于格罗宁根大学新里斯本大学社会科学与人文科学学院（NOVA，FCSH）人文研究中心（CHAM）。

① 20世纪80年代前后，由约翰·布莱恩·哈利和戴维·伍德沃德策划、组织和编订的《地图学史》从1987年开始由芝加哥大学出版社出版，整个系列引入了这套集档案、分析和叙事于一体的体系——http：//www.press.uchicago.edu/books/HOC/index.html。

传播和迁移时，这种方法就不太适合了，因为大规模的地图绘制，特别是世界地图的绘制需要具备广泛的知识。从古至今，世界地图的绘制过程总是动态变化的，在这个动态变化的过程中，人们对世界的看法和认识逐渐形成、积累并得以传播。

世界地图无论采取何种形式，直观可见的图形或文学性描述，稿本或印本，如弗拉·毛罗的《世界地图》、平面天体图、地图集、壁画组图、屏风、通关文牒、天文地理论著，始终是宇宙学知识和图本形式不断积累、传播和适应的动态结果，只是外在形式不同而已。这些要素交会融合，形成一个个网状节点，通过陆路和水路传播，将不同文明与大陆连接起来。这种网络传播靠的是商人、传教士和使节，而不是军事征服和帝国主义扩张。在这些节点中，世界各地在各个时代积累的知识都通过文学的方式在视觉上得到了一致的呈现。

公元 1—2 世纪的埃及亚历山大城和罗马［当时有地理学家普林尼（Pline）、庞波尼乌斯·梅拉（Pomponius Mela）、斯特拉波（Strabon）、托勒密（Ptolémée）］；9 世纪的巴格达［当时有“巴尔希（al-Balkhī）地理学派”］；11 世纪和 12 世纪的巴勒莫［当时有地理学家、制图家和旅行者谢里夫·伊德里西（al-Sharif al-Idrisi）］；14—16 世纪的威尼斯城［当时有地理学家、制图家皮耶罗·维斯孔特（Piero Vesconte）、马里诺·萨努多（Marino Sanudo）、弗拉·毛罗（Fra Mauro）、赖麦锡（Ramusio）、加斯塔尔迪（Gastaldi）］；从 15 世纪初至李氏朝鲜建立和权近（Gwon Geun）地图绘制工程为止的汉城；里斯本和塞维利亚［这两座城市分别在 16 世纪初建立了印度贸易所（*Casa da India*）和西印度交易所（*Casa de Contratación de Indias*）］；16—17 世纪的迪耶普、巴塞尔、安特卫普、科隆［当时有制图家明斯特尔（Münster）、奥特柳斯（Ortelius）、墨卡托（Mercator）］；16 世纪末随着葡萄牙和耶稣传教会扩张而声名鹊起的澳门和长崎；从 17 世纪初出版业蓬勃发展到荷兰东印度公司（VOC）成立期间的阿姆斯特丹……在这些成为政治、经济和文化中心的城市里，人们将各种复杂的空间知识整合起来，绘制成了一幅幅世界地图。

除了内容、背景和绘制目的不同，这些地图都力求实现形式上的完整性、一致性以及语言、文本、图形上的标准化，将来源于不同的文字和可视化素材的地理学知识转化成协调统一的知识单元。尽管标准化的图形和文本令地图更加易读，有利于将世界以一种通俗客观的方式呈现出来，但知识支撑着地图绘制，又通过地图展现出来，标准化让复杂的知识迁移转化过程变得晦涩，甚至完全无法体现。本文的目标之一是让知识再现并在同质的地图空间中展示知识共存和重塑的形式。

为了说明这个过程，我们将着重关注几组地图：第一组包括两幅当代世界地图，这两幅地图表面看起来属于不同类型，一幅是弗拉·毛罗于1450年前后在威尼斯绘制的《世界地图》（*mappa mundi*），另一幅是经证实与前者一致的世界地图（*imago mundi*），即《混一疆理历代国都之图》，绘制于1479年至1485年，以1402年在汉城绘制的原图为基础，在接下来的几十年内不断更新而成。然后，接下来，我们将分析两扇地图屏风（*byōbu*），一扇是世界地图，另一扇是日本地图，成图于16世纪末至17世纪的前几十年，也就是第一批欧洲人到达日本的时候，日本画家通过重新编制和整合欧洲、中国和朝鲜的稿本和印本绘制而成，并添加了标题，最初是由耶稣会的“画家流派”（*schola pictorum*）绘制，后因1614年耶稣会被驱逐出日本，便由日本的画家制图师们独立绘制。

之所以选择这两组世界地图，是因为其呈现的空间融汇了多种文化载体，具体来说，展现了知识的迁移和流动。这些知识来自不同的文明，其形成和聚合的时代也不尽相同，但是以出人意料的方式联系起来。从这个角度看，地方特色（比如“威尼斯世界地图”“朝鲜地图”“日本屏风”）也就可以理解为世界知识和思想的交会地、沉积地和聚合地，虽然这些知识和思想的源头无论是在时间上还是空间上都相距甚远。这个交汇、沉积和聚合的三重过程有赖于识别、分类、组织宇宙空间的能力，这一能力是历史上确定的并短暂存在的，且进而由此通过总结归纳，赋予宇宙空间统领各毗连居住区域之间的关系的意义。因此，地方特色表现的就是绘制世界地图的能力，这些地图将异质的知识积累和空间图像结合起来，并进行转化，又出于特定的时代和历史原因（军事征服、贸易和宗教扩张、散居）而迁移、融合并在特定的地方背景下被吸收重塑。要想实现这些过程，就要掌握并使用交流代码和符号系统，这样才能客观地描绘空间，才能定义什么是相邻和距离，才能产生宇宙观。

# 弗拉·毛罗绘制的《世界地图》和《混一疆理历代国都之图》

弗拉·毛罗的《世界地图》和《混一疆理历代国都之图》[①] 是 15 世纪中叶有关欧洲文明和亚洲文明的两幅最重要的世界地图。虽然从语言、内容、来源、背景和绘制目的以及它们的接受程度来看，它们显然是完全异构的，但通过最近的研究，我们可以对其进行比较分析。如果我们看一下弗拉·毛罗绘制亚洲地图时参考的素材，以及朝鲜地图底部的绘制方法和素材说明，那么不难看出，在彼此互不相识的情况下，位于欧亚大陆两端的两大文明似乎在绘制世界地图时心有灵犀，这两幅图都用自己的形式再现了各自积累的知识，并且这些知识都是关于中亚和中国的，当时正处于中国的元朝时期（1279 年忽必烈称帝建立元朝，1368 年元朝灭亡）。这两幅地图，以及 13 世纪和 14 世纪马可·波罗和方济各会传教士在亚洲的游记、巴格达景寺的蒙古族主教拉班·巴·索马（Raban Bar Sauma，约 1220—1294）的游记以及波斯穆斯林天文学家扎马鲁丁（Jamāl al-Dīn）的科学研究都强调：在亚欧大陆这个多中心世界，不同文明之间存在着巨大的联系，包括地中海、波斯、非洲、印度洋、印度、中国和日本。弗拉·毛罗的《世界地图》和《混一疆理历代国都之图》突出表明了在整个欧亚大陆上存在多个并行和类似的历史进程：建立帝国和远距离的贸易渠道、知识网络；随之出现商业散居者和文化移徙；最后是地理扩张和思想开放，重新认识以前被认为人类无法到达或被排除在文明之外的陆地和海洋空间。元朝蒙古帝国的建立从根本上加快了这些过程。150 年后，在西方的威尼斯和马略卡（如果算上《加泰罗尼亚地图集》的话），在地球另一端东方的李氏朝鲜，均实现了伟大的工程，即世界地图（*imago mundi*）的绘制。

① Silvio Vita, "La mappa del mondo dell'impero mongolo", in Francesco D'Arelli, Pierfrancesco Callieri (eds.), *A Oriente: città, uomini e dei sulle vie della seta*, Milan, Mondadori Electa, 2011, pp. 94 – 95.

弗拉·毛罗的《世界地图》先手绘在羊皮纸上，再黏附在木板上，内容用威尼斯语书写，于15世纪50年代前后在穆拉诺圣米歇尔的卡马尔多利会修道院绘制。通过对这幅地图的素材加以考察，可以肯定，地图的各个部分对应不同的素材来源，显示出不同的文化背景和宗教背景，有些来自人文主义者，有些来自贵族，有些来自“海员”，有些来自修道院，有些来自学校。[①] 以亚洲（包括印度洋）为例，其海岸线显然源自托勒密的《地理学指南》——这证明至少有三位作家的作品是确实存在的：马可·波罗的《马可·波罗游记》（*Livre des merveilles*，成书于1300年前后），鄂多立克（Odéric de Pordenone）的游记（成书于14世纪30年代前后）和尼科洛·德孔蒂（Niccolò de' Conti）的游记［后者见波焦·布拉乔利尼（Poggio Bracciolini）在1440—1444年前后创作的《论命运无常》（*De varietate fortunae*）第四卷］，也许还有来自基奥贾旅商的第一手信息（1444年回到威尼斯）。

在这样的背景下，必须指出，作为素材来源的《马可·波罗游记》和《鄂多立克东游录》，都是在元代（1271—1368）收集的有关亚洲的文学作品和第一手资料，然后将其翻译成欧洲语言。换句话说，当时亚洲地图的大部分及其基本结构已经绘制出来了，并且与弗拉·毛罗的《世界地图》相吻合而且比这幅地图早了150年。弗拉·毛罗当时已经完全意识到了这一点，并在一篇关于古代丝绸之路的评论中公开表示过。这样再把目光转移到整张地图上来就容易得多了，整幅地图囊括了特定的时间：从古代到卡马尔多利会的当代世界，再到世界地图所包含的大部分时间，直到现代伊始。

元代蒙汉文明也为《混一疆理历代国都之图》提供了素材。1392年，在中国明朝统治下的朝鲜，李成桂将军（1335—1408，后被称为太祖）建立了李氏朝鲜（1392—1910），将蒙古人驱逐出了高丽。新立国的李氏朝

① Venise, Biblioteca Nazionale Marciana, inv. 106173. Tullia Gasparrini Leporace, *Il Mappamondo di Fra Mauro camaldolese*, con la presentazione di Roberto Almagià. Rome: Poligrafico della Zecca dello Stato, 1956; Piero Falchetta, *Fra Mauro's World Map*. Turnhout: Brepols 2006; Angelo Cattaneo, *Fra Mauro's* Mappa mundi *and Fifteenth-Century Venice*. Turnhout: Brepols Publishers, 2011.

鲜兴办的第一批文化项目就包括1395年完工的石刻天象图①和1402年夏秋之间向宫廷展示的一幅世界地图②。这两个项目均由儒学大师权近（1352—1409）负责，权近是李氏朝鲜开国功臣，也是朝鲜向儒教王朝转型时期最具影响力的推动者之一③。

1402年的原版地图已经丢失，但在15世纪和16世纪，其他绘本地图以此为模型，在保留整体地理轮廓的基础上做了一些更新。迄今为止，已知的世界地图有4幅，目前全部保存在日本。④ 京都龙谷大学大宫图书馆收藏的世界地图是朝鲜现存最古老的地图，绘制于1479年至1485年，以1402年的⑤稿本为原型，上面标有北方的标记，是在亚洲绘制的最古老的地图之一，地图横跨中国、朝鲜、日本以及中亚、波斯、中东、非洲和欧洲。这也是李氏朝鲜（大体上相当于今天朝鲜与韩国的领土总和）最古老的地图。

这幅地图的地理范围北以雄伟的长城为界，东至朝鲜半岛，南抵印度洋盆地（因空间不足，日本被绘制在东部），西面是呈三角形和环状的非洲、波斯、阿拉伯半岛、里海和欧洲。朝鲜半岛和地图西部之间的海岸线和地名演替被一种垂直的劈理构造断开，这片区域没有河流、城

---

① Francis R. Stephenson, *Celestial cartography in Korea*, in J. B. Harley and D. Woodward (eds.), *The history of cartography*, Vol. 2, Book 2: *Cartography in the traditional East and Southeast Asian societies*, Chicago, University of Chicago Press, 1994, pp. 555 - 568.

② Gari Ledyard, "Cartography in Korea", in John Brian Harley and David Woodward (eds.), *The History of Cartography*, Vol. 2, Book 2: *Cartography in the Traditional East and Southeast Asian Societies*, Chicago, The University of Chicago Press, 1994, pp. 244 - 249, 265 - 267, 284, 289 - 291 (http://www.press.uchicago.edu/books/HOC/HOC_V2_B2/Volume2_Book2.html).

③ Martina Deuchler, *The confucian transformation of Korea: a study of society and ideology*, Cambridge Mass., Harvard University Press, 1992, pp. 3 - 29 e 99 - 102.

④ 京都，龙谷大学学术信息中心，大宫图书馆，*Honil kangni yôktae kukto chi do*, Corea, c. 1479—1485；丝制，手绘，卷轴，有四千四百二十八个字的图文，有权近撰写的图说，尺寸为164×171.8厘米。岛原市（九州岛长崎县），本光寺，*Honil kangni yŏ ktae kukto chido*；丝制，手绘，卷轴，16世纪中叶，有权近撰写的图说；相比龙谷大学《混一疆理历代国都之图（Ryūkoku Kangnido）》，更新了中国和日本的内容，16世纪。熊本（九州熊本县），本妙寺，【*Tae Myŏng-guk chido*】；纸制，手绘，无权近撰写的图说，16世纪后期。天理市（关西地区奈良县），天理大学图书馆【*Tae Myŏng-guk*】；丝制，手绘，卷轴，无权近撰写的图说，16世纪后期。

⑤ Kenneth. R. Robinson, "Choson Korea in the Ryūkoku Kangnido: dating the oldest extant Korean map of the world (15th century)", *Imago mundi*, Vol. 59, No. 2 (2007), pp. 177 - 192.

市和地名，由此划分出东西两部分，南临阿拉伯半岛，北靠里海。在地图的下边缘，有一段很长的儒家大师权近的题跋，记载了地图的起源、原始资料和绘制背景①。这段传奇故事复述起来是很有趣的，哪怕只是一部分：

> 天下至广也，内自中邦，外薄四海，不知其几千万里也。② 约而图之于数尺之幅，其致详难矣……故为图者皆率略。惟吴门李泽民《声教广被图》，颇为详备；而历代帝王国都沿革，则天台僧清浚③《混一疆理图》备载焉。建文四年夏（即 1402 年），左政丞上洛金公（即金士衡），右政丞丹阳李公（即李茂）燮理之暇，参究是图，命检校李荟，更加详校，合为一图……④

从这个故事可以推断出朝鲜地图就是以在中国绘制的两幅地图（俱已遗失）的基础上绘制而成。这两幅地图于 1399 年被外交使团带到朝鲜。日本的两位研究者杉山正明（Sugiyama Masaaki）和宫纪子（Miya Noriko）根据地名研究和中国各省的划分，确定了李泽民的地图是在 1330 年前后在元朝宫廷绘制的⑤。应该指出，《声教广被图》是一幅世界地图，除中国外，还包括了世界的西方地区。《混一疆理历代国都之图》参考的第二幅地图由天台僧人清浚所绘，这幅地图似乎更像是一幅历史族谱示意图，而不像地理图，因为图上列出了中国历史上的各个朝代和首都。据传，权近

---

① Kwŏn Kŭn, *Yŏktae chewang honil kangni to chi*, in *Yangch'on sŏnsaeng munjip* [Opera omnia], Seoul, Kiŏngin Munhwasa, 1993, p. 22: 2° – b. Sur les écrits confucéens de Kwŏn Kŭn, voir M. C. Kalton, *The writings of Kwŏn Kŭn. The context and shape of early Yi dynasty neo-confucianism*, in W. T. de Bary, J. K. Haboush (eds.), *The Rise of Neoconfucianism in Korea*, New York, Columbia University Press, 1985, pp. 89 – 123.

② 里是中国的长度单位，约 500 米。

③ 天台宗（韦得一贾尔斯：T'ien-t'ai tsung）是中国佛教最重要的摩诃衍那学派中的一支。

④ 意大利语是从 G. Ledyard 的英译本韩国地图学（*Cartography in Korea*）第 245 页翻译过来的。

⑤ Fujji Jōji, Sugiyama Masaaki, Kinda Asahiro (eds.), *Daichi no shōzō: ezu, chizu ga kataru sekai*（大地的肖像：通过图像和地图对大地的呈现），Kyoto, Kyoto daigaku gakujutsu shuppan kai, 2007, pp. 54 – 83（即藤井让治、杉山正明和金田章裕编：《大地の肖像絵図・地図が語る世界》，京都大学学术出版会）；Miya Noriko 宫紀子，*Mongoru teikoku ga unda sekaizu*（Una mappa del mondo prodotta dall'Impero Mongolo），モンゴル帝国が生んだ世界図，Tokyo, Nikkei Publishing 2007.

在回忆中说，在 1402 年，官员李荟不仅复制了他提供的素材，而且还根据新的信息重新汇编了这些资料。因此，这幅图依据的组织原则与我们今日在弗拉·毛罗的《世界地图》中发现的基本类似。在毛罗的地图中，元代编订的素材，例如《马可·波罗游记》和《参考》（*Relatio*）已经根据《论命运无常》等最新的原始资料做了更新。

在这方面，笔者想指出，李泽民的地图是 1402 年地图的模型，并间接地成了保存在龙谷大学的 1485 年地图的模型。当时元帝国迁都北京，波斯的穆斯林学者和官员被迫前往北京的穆斯林学院和文化机构，他们推动了中国元朝时期文化和科学的发展，而这幅图就是最重要的见证之一。世界西部的地图显然要得益于根据托勒密的回忆绘制而成的伊斯兰地图：特别是在非洲能看到令人啧啧称奇的尼罗河、月亮山，在中亚能看到整个里海。简言之，这幅地图是最古老的有案可查的证据，它证明了 14 世纪前后，波斯的穆斯林学者来到了北京，让人们对西方有了了解，并根据这些知识在元朝的宫廷绘制了西方的地图。

1259 年，蒙哥汗（约 1208—1259）攻陷（摧毁）了巴格达和阿拔斯王朝，在波斯建立伊儿汗国，20 年后中原地区沦陷，元朝建立。蒙古族在统治亚洲时期，成立了两大汗国——中国元朝和波斯伊儿汗国，两地之间出现了频繁的人口和知识流动。穆斯林（特别是波斯人）前往中国游访或定居，有时还会从朝廷得到巨额经费。为了让波斯学者推动元朝的科学发展，特别是天文学和地理学的发展，元朝在皇宫附近建立了回回国子监和回回司天台。其中最杰出的学者当属来自波斯的穆斯林天文学家扎马鲁丁（约 1255—1291），他编撰了《回回历法》，其本质上是以托勒密《天文学大成》为依据的穆斯林历法的汉译本，可与中国历法《授时历》相提并论[①]。元朝皇家图书馆的《秘书监志》中的几段文字介绍了扎马鲁丁于 1267 年将各类天文器材带到了元朝皇宫，其中包括一个精心绘制的带有地理网格的地球仪和众多关于宇宙学和伊斯兰地理学的论著，从而为这些知

---

① Jamāl al-Dīn：B. van Dalen，*Zhamaluding*：*Jamāl al-Dīn Muhammad ibn Tāhir ibn Muhammad al-Zaydī al-Bukhārī*，in T. Hockey，*The biographical encyclopedia of astronomers*，New York，Springer，pp. 1262 – 1263 – http：//islamsci. mcgill. ca/RASI/BEA/Zhamaluding_BEA. htm.

识在元朝的发展做出了重要贡献[①]。1286 年，扎马鲁丁成为皇家图书馆大学士兼馆长（行秘书监事），向元世祖提议对整个元朝进行地理测绘。在扎马鲁丁统领下，此次测绘完成了《大元大一统志》的编撰，共 755 卷，1300 章。1291 年这部图志初稿完成，呈给元朝宫廷，1303 年全书完成，1347 年印刷。虽然这部图志已经遗失，但根据《秘书监志》中的介绍和描述，论著中还包含对多个国家的描述和地图[②]。

波斯天文学家扎马鲁丁所绘制的蒙元地理图和行政图，以及展示了世界西部地区的伊斯兰地图共同构成了“蒙古治世”（pax mongolica），并在 15 世纪末，据此绘出了涵盖全世界的最复杂的世界的图像（*imago mundi*）[③]。值得注意的是，利玛窦、尼科洛、马可·波罗以及道明会修士鄂多立克等人都曾到访过中国以及当时的元帝国首都北京。正是从北京，景教徒拉班·扫马（Rabban Sawma，约 1220—1294）踏上了前往西方的漫长旅途，在此期间，他作为蒙古使臣访问了 13 世纪欧洲的主要宫廷，包括教皇宫廷，后来成为巴格达景寺的主教[④]。正是在这些复杂的过程中，才能找到《混一疆理历代国都之图》以及弗拉·毛罗的《世界地图》的源头，这些地图就是植根于蒙古帝国历史中的人口和知识大规模迁移的视觉呈现。

## 日本的地图屏风——*byōbu*

在本文结束时，我们将重点介绍对日本地图学和绘画作品有着特殊意义的南蛮世界地图屏风。1592 年至 1598 年，丰臣秀吉（Ideyoshi Toyotomi）蓄意发动了朝鲜战争，自此欧洲的地图和图像学制模型（主要是在荷兰印

---

① Kiyosi Yabuuti，“The influence of Islamic astronomy in China”，in D. A. King，G. Saliba (eds)，*From deferent to equant*：*a volume of studies in the history of science in the ancient and Medieval Near East in honor of E. S. Kennedy*，New York Academy of Sciences，1987，pp. 547 – 559.

② Hyunhee Park，*Mapping the Chinese and Islamic worlds*：*cross-cultural exchange in pre-modern Asia*. Cambridge，New York：Cambridge University Press，2012，pp. 94 – 123.

③ Nicola Di Cosmo，“Black Sea Emporia and the Mongol Empire：A Reassessment of the *Pax Mongolica*”，*Journal of the Economic and Social History of the Orient*，53，1 – 2，83 – 108.

④ [Rabban Sawma]，*Monks of Kublai Khan*，*emperor of China*：*medieval travels from China through Central Asia to Persia and beyond*；translated by Sir E. A. Wallis Budge；introduction by David Morgan (new ed.). London，New York：I. B. Tauris，2014.

刷的平面球形图和图像）、利玛窦（1553—1610）的中国耶稣会传教士团和数学家李之藻（1565—1630）组织中国雕刻工和印刷工用中文印制的世界地图，以及绘本和印本的中朝亚洲地图流入了日本，日本人在此基础之上进行修改和加工，将世界地图手绘在巨大的屏风上，每扇屏风可高达4米，宽2.5米。地图屏风通常有两扇，每扇屏风由多块木板组成（不超过四块）。在世界地图屏风中，第一扇是世界地图，根据欧洲模型或利玛窦和李之藻的中文版平面球形图绘制而成，并结合了日本、欧洲和世界很多大城市的地图以及欧洲许多国王和皇帝的肖像模型，不同的是还加入了著名的莱潘托战役（Lépante，1571）的图像①。

葡萄牙早期在南中国海域的扩张，最初只是商人跟随马来西亚人和中国人的帆船来到东方谋取利益。1543年前后，一艘中国帆船在九州以南的种子岛附近沉没，几个葡萄牙人首次踏入了日本领土。几年后，在1549年的夏天，还是乘坐中国帆船，西班牙耶稣会会士方济各·沙勿略（François-Xavier，1506—1552）抵达了九州西南端的鹿儿岛。葡萄牙人与九州的封建领主（大名）之间的贸易就此开始，日本和印度的耶稣会传教团在几十年内成为亚洲皈依人数最多的教会②。阿德里安娜·博斯卡罗（Adriana Boscaro）写道："从那一刻起，外国人（无论是葡萄牙人、西班牙人还是意大利人）都被贴上了'*nanbanjin*'的标签，即南（*nan*）蛮（*ban*）人（*jin*），按照中国的说法，所有外国人都是'野蛮的'；'南'表示他们是从一条南边的道路来到日本的。后来的南蛮（*Nanban*）具有非常广泛的定义：*nanban bijutsu*（南蛮美术），*nanban bunka*（南蛮文化），*nanban bungaku*（南蛮文学），*nanban bōeki*（南蛮贸易）。"③ 在日本的历史

① 例如1994年出版的英文资料中的地图屏风，参见Unno Kazukata，"Cartography in Japan"，in John Brian Harley and David Woodward（eds.），*The History of Cartography*，Vol. 2，Book 2：*Cartography in the Traditional East and Southeast Asian Societies*，Chicago，The University of Chicago Press，1994，pp. 346－477（特别是第461—463页）。

② Léon Bourdon，*La Compagnie de Jésus et le Japon. La fondation de la mission japonaise par François-Xavier*（1547－1551）*et les premiers résultats de la prédication chrétienne sous le supériorat de Cosme de Torres*（1551－1570），Lisbonne，Fondation Calouste Gulbenkian，1993.

③ Adriana Boscaro，"L'Altro visto attraverso le immagini"，in Tanaka Kuniko（ed.），*Geografia e cosmografia dell'altro fra Asia ed Europa*，Rome，Bulzoni，2011，p. 62.

学中，从明治时期（1868）开始，“南蛮（Nanban）”一词开始表明日本的视野首次超越了中国和朝鲜，开始向国际开放。而直到1650年前后，耶稣会和其他宗教团体（1614）以及葡萄牙商人（1639）都被驱逐出境，葡萄牙王室想通过外交和解的尝试失败，这些均标志着欧洲天主教与日本的交流和互动结束，他们不能再踏入日本。而从1641年开始，日本允许被他们称为 *kōmōji*（“红发人”）的荷兰人留在长崎的人工岛德岛上，但是只能进行贸易①。

在织田信长（1534—1582）、丰臣秀吉（1536—1598）和德川家康（1543—1616）进行日本政治统一的进程中，南蛮人进入日本，开展了多层次的互动，其中一个结果就是将日本重新绘入了世界地图中——无论是根据日本古代地图绘制传统绘制的欧洲地图，还是由日本人根据耶稣会1583年创立的画家流派绘制的平面球形图。经范礼安神父（Alessandro Valignano，1539—1606）允许，由耶稣会画家乔瓦尼·尼科洛（Giovanni Niccolò）组织成立的神学院活动在各个城市和岛屿，特别是九州，一直到1614年耶稣会被驱逐出日本。②

目前已知的地图屏风约有30幅，其中有名的一幅是绘有莱潘特战役的平面球形图，保存在神户附近的香雪美术馆中，尺寸巨大，每幅153.5×370厘米，尤为引人注目③。两幅屏风归大久保家族所有，大久保家族很可能是皈依基督教的诸多大名中的一位大名的封臣，曾在丰臣秀吉的指挥下

---

① 除了查尔斯·R·博瑟的经典研究之外，最新的研究参见，Adam Clulow，*The Company and the Shogun：the Dutch Encounter with Tokugawa Japan*. New York：Columbia University Press，2014。

② Grace Vlam，*Western-Style Secular Painting in Momoyama Japan*，2 vols. PhD Dissertation，Ann Arbor，University of Michigan，1976，I，p. 130 – 164；Marcia Yonemoto，*Mapping Early Modern Japan. Space*，*Place and Culture in the Tokugawa Period*（1603 – 1868），Berkeley，University of California Press，2003；Alexandra Curvelo，*Nuvens douradas e paisagens habitadas. A arte nanban e a sua circulação entre a Ásia e a América*：*Japão*，*China e Nova – Espanha*（c. 1550 – c. 1700），Ph. D. Dissertation，Lisbon，Faculdade de Ciências Sociais e Humanas，Universidade Nova de Lisboa，2008；Alexandra Curvelo，Angelo Cattaneo，“Le arti visuali e l'evangelizzazione del Giappone. L'apporto del seminario di pittura dei gesuiti”，in Tanaka Kuniko（ed.），*Geografia e cosmografia dell'altro fra Asia ed Europa*，Rome，Bulzoni，2011 p. 31 – 60；Jason C. Hubbard，*Japoniæ insulæ. The Mapping of Japan*：*Historical Introduction and Cartobibliography of European Printed Maps of Japan to* 1800，Houten，HES & De Graaf Publishers BV，2012.

③ http：//www. kosetsu-museum. or. jp/en/.

参与过朝鲜战争①。绘有平面球形图的屏风尺寸极大，比其参照的模型还要大，再现了彼得鲁斯·普兰修斯（Petrus Plancius，1552—1622）、威廉·扬斯·布劳（Willem Jansz Blaeu，1571—1638）和彼得·范登基尔（Peter van den Keere，1571—1646）于1592 年至1607 年在阿姆斯特丹印刷的整套平面球形图上的地理信息。16 世纪 90 年代前后，荷兰首位绘制世界地图的制图师和图像志专家普兰修斯根据巴托洛梅乌·拉索（Bartolomeu Lasso，活跃于16 世纪下半叶）的葡萄牙航海图，对印度洋盆地的地图和亚洲的海岸线图进行了修正②。此次修正的结果就是产生了著名的平面球形图《全新且确切的寰宇地理水文图》（*Nova et exacta terrarum orbis tabula geographica ac hydrographica*），1592 年在阿姆斯特丹印刷，后于1604 年由约苏亚·范登恩德（Josua van den Ende）重印成小版本③。普兰修斯修订的平面球形图中加入了葡萄牙图像志专家路易斯·特谢拉（Luís Teixeira，活跃于16 世纪下半叶）于1592—1595 年呈给亚伯拉罕·奥特柳斯的新版朝鲜和中国地图，威廉·扬斯·布劳以此为模型绘制了新的平面图《新寰宇地理水文图》（*Nova orbis terrarum*，*geographica ac hydrographica tabula*）并于1606—1607 年在阿姆斯特丹印刷，加入了一些带装饰的留白，绘制了布劳恩（Braun）和霍亨贝格（Hogenberg）的《寰宇城市》（*Civitates orbis terrarum*）中的28 个城市和30 个民族，1609 年，彼得·范登基尔对其进行了修正④。普兰修斯、布劳和范登基尔的平面图（后面两幅已经在第二次世界大战期间遗失，但是因照片副本和连续出版而出名，反映了很多地理信息）是香雪美术馆、神户市博物馆和东京宫内厅的屏风的模型。在香雪美术馆屏风的中下部是在巴西人类相食的残酷景象，这样的景

---

① Vlam，*Western-style secular painting in Momoyama Japan*，pp. 120 – 130.

② Cortesão，Armando；Mota，A. Teixeira da. *Portugaliae Monumenta Cartographica*（V. Ⅲ）. Lisbona：INCM，1987，pp. 87 – 100.

③ Valencia，Colegio del Corpus Christi，146 × 233 cm（18 fogli）. Paris，Bibliothèque Nationale，Res. Ge DD 2974，108 × 231 cm（12 fogli）. Destombes，Marcel，*La mappemonde de Petrus Plancius gravée par Joshua van den Ende*，1604 ：*d'après l'unique exemplaire de la Bibliothèque Nationale de Paris.* Hanoi，Soc. de géographie de Hanoi，1944.

④ Günter Schilder，"Willem Jansz. Blaeu's Wall Map of the World，on Mercator's Projection，1606 – 1607 and Its Influence"，*Imago Mundi* 31（1979），pp. 36 – 54.

象没有出现在普兰修斯、布劳和范登基尔的平面图中，却出现在荷兰人林斯霍滕（Linschoten）的航海日记《葡属东印度航行记》中（*Itinerario voyage ofte schipvaert van Jan Huyghen van Linschoten near oost ofte Portugaels Indien*，1579－1592）。林斯霍滕在印度果阿为葡萄牙大主教若昂·维森特·达丰塞卡（João Vicente da Fonseca）工作了六年，1595 年返回荷兰，其航海日记于当年在阿姆斯特丹印刷。在日记中，他向荷兰商人透露了葡萄牙在印度洋的航海路线和贸易体系[①]。

要想理解知识是如何在欧洲和亚洲之间进行复杂流动的，除了地图模型，还要了解地名和文字注释。近 300 个用日语音节字母表——平假名书写的文字注释的读音，例如在非洲南部：Kauhosuheranza = Cap de Bonne Espérance（好望角）；在亚速尔群岛：Tarseira = Terçeira（特塞拉）；在欧洲：Itariya = Italie（意大利）；Rouma = Rome（罗马）；Shishiiriya = Sicile（西西里岛）；Saruteniya = Sardaigne（撒丁岛）Korushiika = Corse（科西嘉岛）；Zeniha = Gênes（热那亚）；Benehisa = Venise（威尼斯）；Isu-niya = Espagne（西班牙），葡萄牙语是 Espanha；Minoruka = Minorque（梅诺卡岛）；Mayoruka = Majorque（马略卡岛）；Burutogaaru = Portugal（葡萄牙）；A-wi-fu-ri-ya = Evora（埃武拉）；Te-ji-hu-o gawa = Tage（特茹河），只有它被命名为"gawa"，日语中意为"河"——这说明无论使用哪个地理模型（很可能是布劳 1606 年的平面球形图），在传播过程中或东京宫内厅在给平面球形图撰写注释时可能用的是葡萄牙语。有两点可以印证。首先，普兰修斯、布劳和范登基尔的荷兰地图是基于葡萄牙地图绘制的，沿用的是其中的地名。另外，香雪美术馆的屏风在制作时使用的这三幅地图似乎来自耶稣会的画家流派，所以，会优先使用葡萄牙语作为交流语言和日语的翻译语言，如巨作《罗葡日对译辞书》（*Dictionarium Latino-Lusitanicum ac Japonicum*）中（有将近 27000 个词条，1595 年在九州岛天草印刷），再如《日葡辞书》（*Vocabulário da Lingoa de Iapam*，有 32000 多个词条从葡萄牙语译成日语，于 1603 年在长崎印刷，1608 年又增印）。两部辞书都是耶稣

① Leca, Radu, "Brazilian Cannibals in Sixteenth-Century Europe and Seventeenth-Century Japan", *Comparative Critical Studies* 11 (Supplement) (2014), pp. 109－130.

会传教团和日本“兄弟”合作创作的作品①。

在第二扇屏风上，有著名的莱潘特战役的图像，其创作依据是各种欧洲图像学资料：具体来说包括科内利斯·科特（Cornelis Cort）根据朱利奥·罗马诺（Giulio Romano）在梵蒂冈所绘的一幅壁画雕刻的“西庇阿对汉尼拔之战”（Bataille de Scipion contre Hannibal），以及阿德里安·科拉特（Adriaen Collaert）根据扬·范德斯特拉特（Jan van der Straet）（又名乔瓦尼·斯特拉达诺，Giovanni Stradano）的绘画作品雕刻而成的“十二罗马皇帝”（Douze Empereurs romains）②。据推测，这场战役由一位似乎不为人知的日本艺术家绘制，描绘的场景是陆地战，而非海上对峙，可见日本人对海战实际上并不了解。旗帜和横幅上印有罗马字母 SPQR（Senatus Populusque Romanus，即罗马元老院与人民）；西班牙的菲利普二世和葡萄牙的菲利普一世似乎身着罗马皇帝的服装，反映了哈布斯堡家族从查理五世开始就试图以世界君主的身份建立自己的传教会并进行宣传，展现了罗马的历史和罗马皇帝们典型的华丽服装③。

我们分析的第二组屏风地图极具美学影响和历史文化价值，现保存在大阪的南蛮文化馆。这就是 17 世纪初在日本绘制的两扇屏风：一扇是巨大的日本地图，上面标记了日本的各省份（169.5 × 370 厘米），另一扇是同样壮观的根据利玛窦和李之藻的印刷版平面球形图（《坤舆万国全图》，1602 年或 1603 年在北京出版④）绘制的世界地图。其名称“世界剧场”（Typus orbis terrarum）明显参考了欧洲的世界地图，例如奥特柳斯绘制的赫赫有名的地图集《寰宇概观》（*Theatrum orbis terrarum*）以及普兰修斯绘制的地图集，但很奇怪的是，这个名称出自一部完全由中文书写的资料。

① Toyoshima Masayuki（ed.），*Latin Glossaries with vernacular sources* 対訳ラテン語語彙集 - 2016/01/08 19：58：56 JST-http：//joao-roiz. jp/LGR/；Kishimoto Emi. 2006. “The Process of Translation in Dictionarium Latino Lusitanicum，ac Iaponicum，” *Journal of Asian and African Studies* 72，Tokyo University of Foreign Studies：17 - 26. http：//repository. tufs. ac. jp/handle/10108/28712.

② *Japan's golden age Momoyama*. New Haven；Londra，Yale University Press，1996，pp. 144 - 148.

③ Diogo Ramada Curto，*O discurso político em Portugal*（1600 - 1650）. Lisbona，Centro de Estudos de História e Cultura Portuguesa，1988，p. 23.

④ 参见再版 Filippo Mignini（ed.），*La cartografia di Matteo Ricci*. Rome，Libreria dello Stato，Istituto poligrafico e Zecca dello Stato，2013。

这个细节表明，在绘制地图屏风时，人们遵循的原则依然是“以中国为中心的世界地图”——可能更好的表达是“将欧洲放在中心以外”；在利玛窦的平面球形图中，位于“中心”位置的实际上是太平洋（用中文书写和印刷），在日本接受的过程中，可能将之和西方的平面球形图作了比较。

整体来看，香雪美术馆和南蛮文化馆的屏风上所显示的细节让我们深入地了解了知识和图本形式是怎样传播的。在16世纪末和17世纪初的日本，我们可以观察到当时的人们试图以全新的、原创的方式重新编订那些良莠不齐、卷帙浩繁的素材，其中所承载的含义和内容与原始资料已有所不同。日本的画家和制图师，最初是在耶稣教徒乔瓦尼·尼科洛及其日本学生开办的绘画班上接受培训，然后受到启发成为真正的创作者，而不是单纯地照抄照搬欧洲或中国的绘画传统或制图技术。

对文本、形状、图像和故事进行重新解读和加工是人类迎接、创造世界并赋予其意义的基本机制。这些行为打破并跨越文化、语言、地理和时间的界限，超越媒介，改造、摒弃旧符号，创造新符号。上文所述的一幅幅地图表明，撇开文明和历史时代因素，从古代至现代伊始，世界地图的绘制一直在发展，而且必然要经历一系列辩证的过程。这个过程也是一个自我认知的过程，在这个过程中，人们通过在国内外遇到的形形色色的人不断充实自己的知识，培养自己的创造力。这些过程大多数难以为地图学史所认识，它们或含蓄或公然地受国家或民族主义观点的驱动。

# 对话翻译的载体：莱顿大学图书馆东亚地图

拉杜·莱卡（Radu Leca）*

在本文中，笔者试图通过讨论近代日本绘制的几幅东亚地图，思考探究翻译在地图学史上的意义。笔者所选取的实例主要来自莱顿大学图书馆（Leiden University Library）的馆藏，其中关于地理知识跨文化交流的大量实例独具特色。这些实例简述了16世纪至19世纪东亚与西方之间的地图学对话。它们有助于帮助我们理解以下问题：关于东亚地理的地图学对话是如何在近代的东亚成形的？西方施为者在这一过程中发挥了怎样的作用？

## 方法论考量

直到几十年前，对东亚地图学知识的讨论，还针对的是西方先进的技术和知识传播至亚洲文化圈后，在那里引发的本土传统的变革。然而，近几十年来，地图学史上出现了一系列的创新，通过扩大对地图的定义，强调地图的用途和物质性，摆脱唯美的地图和对进步与精英的强调，地图研究的范围得到了进一步拓展。① 这些都导致了史学叙事的相对化，可以用"没有进步的地图学"（cartography without progress）② 这个术语加以概括。将地图作为离散项，而制图作为一种实践或过程，对二者进行区分对相关

* 拉杜·莱卡（Radu Leca），海德堡大学东亚艺术史研究所博士后研究员。

① Edney 2007.

② Harley 1989, Edney 1993, 2007.

研究大有裨益。[①] 强调地图的过程性和施为性，可以恢复地图在知识探讨过程中的中介作用。[②] 与此同时，研究者开始通过“地图制品”（carti-fact）[③] 等概念研究知识转移过程在多大程度上依赖于地图所发挥的实物媒介作用。

另外，有学者已从“不变的流动体”（immutable mobiles）的角度分析了地图在知识转移中的作用，这一角度认为一幅幅地图正是欧洲探险者收集知识并将其转化为成品的一个又一个例证。[④] 持这种观点的欧洲中心主义招致了质疑。[⑤] 然而，即使在这些批评中，仍有一个更深层次的基本假设在起作用，即知识通过官方机构和公共任务向中心累积，在这个过程中，知识是对非客观因素的过滤和提炼。如要反驳这种实证主义假设，则可以更深入地聚焦地图的话语语境，即其社会和文化背景，换句话说，就是更深入地研究与社交规范和个人遭遇有着依赖关系的“地图世界”。[⑥]

因此，地图被重新评定为“一种话语功能，即人们在交际情境中可用于影响他人行为的一种方式”。[⑦] 这与巴赫金（Bakhtin）关于世界的对话性的概念相呼应，这种对话性在我们每次进行对话时都会再现。对地图方面的这种再现模式进行分析可称为“过程地图学”（process cartography），这种学说认为“作为人工制品的地图与作为过程的制图是不可分离的，而反过来，只有在更广阔的文化过程的背景中展开制图，制图过程才显得必要且重要”[⑧]，近期这又被称为“过程地图史”（processual map history）[⑨]。因此，以地图制品的形式开展地图学知识的交流是一个涉及语境重构和本

① Kitchin and Dodge 2007.

② Wood 2002.

③ Brückner 2011.

④ Latour 1986.

⑤ Bravo 1994，Morris-Suzuki 2014.

⑥ Edney，2018：78；“地图世界”源于贝克尔（Becker）1982 年的《艺术世界》（*Art World*），类似于麦克德莫特与伯克（McDermott and Burke，2015：9）对东亚与欧洲之间近代交流中“书籍世界”（book world）的讨论。

⑦ Wood 2002：142.

⑧ Rundstrom 1993：21. 其他学者的研究重新激活了这种方法，例如 Kitchin and Dodge（2007）等。

⑨ Edney 2014.

地化调整的积极的翻译过程，这一事实变得愈加明显。这是一个复调、杂语的过程，是欧洲和亚洲之间在机构层面与个人层面上的“交叉历史”（crossed history）的一部分。①

## 已有的世界观和早期的调整

为了说明上述理论分析，笔者将从16世纪着手探讨，当时的葡萄牙及之后的荷兰商人、传教士，二者当时已成为东亚地区政治、经济和文化领域活跃的施为者。尽管如此，在明朝灭亡、日本统一政体的建立、贸易网络加强的东亚动荡时期，西方人只扮演了一个次要的角色。这导致他们对亚洲地区是如何相互联系的，以及应如何统治亚洲的各种区域的想象出现了多样化重构。其中一种重构记录在与16世纪晚期日本列岛统治者丰臣秀吉（Toyotomi Hideyoshi）有关的一把扇子上。② 扇子的一面是一幅东亚地图，结合了中国的惯例和一幅关于日本列岛的本地地图。扇子的另一面则列出了一些日文用语及其中文翻译——这实际上是一份对话指南，可能是丰臣秀吉在他的大阪城（Osaka castle）接待明朝特使时所使用的。③ 这些用语首先在风格上是土话：信息提供者可能是想标注其官方外交语言的发音，却无法避免地方方言的影响。④ 其次，就内容而言，礼貌用语与“将茶递给我”或“我很难过”等常用习语混在一起。由于指南中有些内容符合巴赫金的定义“以他人语言讲出的他人的话，用折射的方式表达作者的意图”，因而这份对话指南中存在杂语现象。⑤ 这把扇子的地理内容也是如此：扇子通过融合两种地图语言，重新定义了关于“中国/中央王国”（Middle Kingdom）的地理构想。在理论层面上，这并不令人惊讶：在最近的学术研究中，人们经常从对话的角度讨论地图。⑥ 这把扇子的特别之处

① Bakhtin 1981，259－422；Werner and Zimmerman 2003，16－19.

② Nanba et al. 1975 cat. 4，Leca 2019.

③ Nanba et al. 1975：148.

④ Nanba et al. 1975：148.

⑤ Bakhtin 1981：324.

⑥ Wood 2002.

在于，它发出了一个潜意识的信号，即通过其中的地图/对话指南的整体性来克服空间和语言障碍。这把扇子展现了丰臣秀吉正试图与一位不在场的对话者展开对话的场景。扇子的目的是促成一场关于权威、等级制度和领土策略的对话。

然而，这样的对话指南是有问题的，因为它们往往更多地谈及东道国文化对目标文化的看法。虽然丰臣秀吉的扇子涉及的是一个对话环境，但它上面的中文习语还是用日语方言文字书写的。因此，这把扇子表现的是在日本的统治下统一东亚的愿景。尽管这把扇子发出了对话邀请，但它更倾向于对话的其中一方——起到了类似独白的作用。这提醒我们：作为相互冲突的观点以及误解的集合体，杂语现象也可能令人感到困惑。

研究日本地理知识的一个重要前提是，事实上，在日本历史的大部分时间里，日本文化和思想的主要参照点是以儒家、道家经典和汉译佛经为代表的大陆文明。直到 16 世纪，日本的这些参照大多与理想化的唐朝有关。唐朝的世界观是一个中央王国的世界观，这个中央王国被各个未开化的国家所包围：空间根据其居民的文明水平被集中定义。16 世纪末，耶稣会传教士以地理知识为依据的传教，更新了这种世界观。最值得注意的是耶稣会传教士利玛窦（Matteo Ricci，1552—1610）制作的各种世界地图，如 1602 年《坤舆万国全图》（*Complete Map of the Myriad Countries of the World*）。利玛窦将西方的地图资料与当地的认识论相结合，以中国大陆作为其世界地图的中心。① 在日本，耶稣会“绘画学校”（*schola pictorum*）的画师们使用这些地图制作了大量的地图屏风，这最初是耶稣会宗教活动的一个组成部分。② 在评估这一现象的影响时，早期的学术研究倾向于关注欧洲知识的流入和谱系。③ 耶稣会的出现确实引发了世界观的重新调整，这被认为是从包括印度、中国和日本在内的三国佛教思想体系向万国体系（myriad countries）的转变，而后者的推广普及则得益于欧洲风格的世界

① Reichle 2016.

② Curvelo 2008.

③ Unno（1994，377－79）和 Ayusawa（1953：126）从欧洲数学预测的角度对这些屏风进行了分析。

地图。[①]

但这一过程极其复杂：第一，日本和欧洲在对方的资料中存在“相互侵位”（mutual emplacement）。[②] 第二，所使用的大部分资料并不是直接来自欧洲：它们要么来自中文资料，如多个版本的利玛窦地图[③]，要么是其他不同来源的资料。其中，最值得注意的是朝鲜绘制的世界地图，这些地图是1592年至1598年丰臣秀吉入侵朝鲜半岛的战利品，后来被他带回了日本。[④] 第三，视觉性和物质性发挥了重要作用：根据屏风的大尺寸以及屏风的展示价值（即帮助其所有者提升声誉），日本制作者对不同来源的各个要素进行了重新安排。[⑤]

## 日本知识分子之间的地图学对话

由利玛窦地图衍生出来的“万国”类型的地图也成了近代日本的主导思想传统——新儒家思想的一部分。[⑥] 由于利玛窦地图被认为是由一位学识渊博的汉学学者（他的名字“利氏”经常在世界地图的版权页中出现）制作的，因此，他的以大陆为中心的地图也作为大陆知识传统的一部分被接纳。例如，1788年，一位来自水户藩的儒学者长久保赤水（Nagakubo Sekisui）就出版了一幅利玛窦系的世界地图。[⑦] 不过，在这种神学地图格式中，长久保赤水还引入了最新的地理对话的片段，比如荷兰人发现的澳大利亚海岸。

长久保赤水还创作了第一幅“现代”日本地图，因而在探讨日本地图学史时，他的名字总是被最先提及。他采用的地形体系独立于欧洲的经纬度标准，试图让人了解以京都为零度子午线的一里的确切长度。然而，长

① Toby 2001.

② Cattaneo 2014.

③ Cattaneo 2014.

④ 这些是1402年《混一疆理历代国都之图》（简称《疆理图》）的副本，从另一角度看，这幅图又整合了中国、阿拉伯和日本的资料。请参考 Ledyard（1994：247）和 Robinson（2007）。

⑤ Mochizuki 2009.

⑥ Maruyama 1974.

⑦ Nanba et al. 1975：cat. 68.

久保赤水的主要制图学工作是一部关于不同朝代大陆政体的历史地图集。[①]发起这个项目的念头可能源自1774年或1775年长久保赤水在大阪对收藏家、赞助人木村蒹葭堂（Kimura Kenkadō，1736—1802）的一次拜访。当时，木村蒹葭堂向长久保赤水展示了一部由中村惕斋（Nakamura Tekisai）绘制的中国历史地图集。于是，长久保赤水便着手编绘一幅单幅中国地图，这幅地图于1785年出版。之后，他的第一版地图集于1789年问世，其中包括“中央王国”历史上的13幅地图。这些地图例证了地理知识是汉学的一个分支。但这类知识通常是早已过时的；例如，这幅地图的北部保留了引自17世纪中国地图的“夜国”（Country of the Night）。此外，尽管这部历史地图集还包括一幅单独的大清帝国地图，但是这幅总图显示的是早已灭亡的大明。这时的人们常常认为，西学不过是对这种现有知识体系的更新。

长久保赤水绘制的历史地图集以及世界地图与新儒学学者中时兴的世界观是一致的。而日益活跃的知识界也继承了这一世界观：1720年，幕府将军德川吉宗（Tokugawa Yoshimune）解除了对外国书籍的禁令，希望能找到解决经济衰退的办法。[②]这就令日本知识分子萌发了对非大陆起源的知识的兴趣。这类知识统称为“兰学”（Dutch studies），涵盖各种逸闻趣事以及地缘政治学。通过位于长崎（Nagasaki）的荷兰贸易货栈，兰学爱好者可以接触到最新版的欧洲地图，这使他们的世界观更加贴近当时荷兰或法国读者的世界观。于是，属于不同知识网络的两名知识分子展开了一场辩论，将新儒家世界观和“兰学”世界观之间的冲突推向了顶峰。[③]发起这场辩论的人名叫上田秋成（Ueda Akinari）。他是一名医生、诗人和小说家，因为木村蒹葭堂的关系他接触到了欧洲的世界地图。[④]上田秋成首先提出了中国中心文化（包括日本文化）与荷兰的视觉文化在认识论上的差异，两者形成鲜明对比。前者更倾向于追求具象技巧而非写实，而后者则致力于观察现实并描绘其确切的外观。荷兰人的具象准确性是“兰学”

① Yonemoto 2003：35－40.

② Goodman 2000：50－54.

③ 本段内容得益于Uesugi（2010：96－110）的讨论。

④ Blake 1976：79－80.

学者和艺术家们的常用修辞。上田秋成继续讲道，荷兰人通过航海和贸易制作了“地球之图”（maps of the globe），在这些地图上，“日本只不过是一个微不足道的小岛，就像在宽阔的池面上散落的一片叶子”。① 上田秋成正是在评论日本处于世界中心的观点时说出了这句话，这个观点是由本居宣长（Moto'ori Norinaga）所阐述的，本居宣长是一位研究过日本古代典籍的学者，这些典籍提倡一种本土主义思想，而这一思想有违他所接受的新儒家思想教育。在回应上田秋成时，本居宣长提到了自己收藏的一张利玛窦系的绘本地图，并补充说“如今人人都看到过这幅地图”。由于这两名学者所属的知识网络不同，他们心中的世界地图也不一样。虽然他们的知识网络与社交网络有所重叠，但这些网络不一定完全重合：本居宣长也见过木村蒹葭堂，但这两个人并没有分享彼此的知识兴趣，因此他们之间没有知识交流。

前述例子说明了一个事实，即对地理知识的翻译和改编仅发生在形成“飞地身份”②的小社会圈子里。就诗歌、水墨画以及地图进行交流，是掌握了汉学知识的文人圈子社交规范的一部分，在这个圈子中，书法艺术和学术资料都十分受推崇。例如，1801 年，探险家兼制图师最上德内（Mogami Tokunai，1755—1836）就在木村蒹葭堂（Kimura Kenkadō）位于大阪的家中与其进行了一次会面。③ 我们可以想象，当时木村蒹葭堂自豪地拿出了一些珍贵的地图。其中引起最上德内注意的是木村蒹葭堂藏品中的一幅舶来的中国地图，它是在康熙年间由耶稣会主导的中国勘测活动后绘制的。④ 最上德内临摹了这幅地图，但裁去了原图显示中国大陆的部分。复制或摹绘地图的过程相当于“重读”，这是一种受众的响应形式。⑤ 在这个事例中，最上德内在复制地图时的取舍表明了他对包括萨哈林岛（库页岛）在内的日本以北地区的兴趣，他认为这些地区有被俄国侵占的危险。

---

① Ueda（1993：403）たゝ心ひろき池の面にさゝやかなる一葉を散しかけたる如き小嶋なりけり.

② Ikegami 2005：147.

③ Funakoshi 1997：110 – 11.

④ Nakamura 1969：18.

⑤ Harris 2015：51.

他在1792年和1808年去过萨哈林岛，所以对这个地区很熟悉，但他仍在寻找任何可以帮助自己更好地了解这个地区的对照资料。[①]

除了其战略重要性，这一摹绘图也提供了关于社交场合的物证。在这个场合里，文人们根据社交规范交换了各种地理信息。最上德内的复制还表明，知识交流网络绝不仅限于日本知识界：最上德内所临摹的这幅中国地图是1708年康熙皇帝诏令对中华帝国进行勘测的成果。这场勘测由满清官员和欧洲传教士组成的团队一起完成，所采用的本初子午线经过清朝都城北京。[②] 这是关于地图学知识交流的另一个例子。但这一次，对西方技术的利用成了国家主导的清帝国勘测项目的一部分，而这个项目也为欧洲知识分子的地图学对话提供了素材：

18世纪20年代末，法国耶稣会历史学家杜赫德（Jean-Baptiste du Halde）与18世纪最有影响力的一位法国地理学家让—巴蒂斯特·布吉尼翁·当维尔（Jean-Baptiste Bourgouignon d'Anville，1697—1782）签订了一份合约，让其为他的《中华帝国的地理、历史、编年纪、政治和博物》（*Description géographique*，*historique*，*chronologique*，*politique*，*et physique de l'empire de la Chine*，Paris，1735）一书制作地图。这些法国铜版地图是在巴黎德拉哈耶工坊（Delahaye workshop）雕版制成的，以铜版印刷的地图集《皇舆全览图》（*Overview Maps of the Imperial Territories*）为基础。[③] 这些源图是在1708年康熙皇帝诏令对中华帝国进行的一次勘测后绘制的。这场勘测由满清官员和欧洲传教士组成的团队一起完成，而本初子午线设在清朝都城北京。这些地图对于中国内部细节的刻画远胜过以往的任何西方地图或地图集，但萨哈林岛地区相对来说没有那么详细，因为这里仍在西方地理学家掌握的范围之外，这从萨哈林岛南端超出了地图图廓可以看出。不过，直到19世纪，当维尔的作品仍然是用来了解中国及其邻近地区的地理状况的标准西方资料。

---

① Dettmer 1997；Yamada（1811：20）收录有木村蒹葭堂所有的同一张地图的另一件副本。

② Cams 2012.

③ Cams 2013.

欧洲和日本都翻译过这一康熙地图集，这一事实促成了一种杂语性的地图学对话模式。后来，最上德内将他的康熙勘测图的副本赠给了菲利普·弗朗兹·冯·西博尔德（Phillip Franz von Siebold，1796—1866），从而进一步促进了这一对话。西博尔德是荷兰东印度公司的一名外科医生，在1823年至1829年旅居日本期间，以前所未有的规模记录了日本生活的方方面面。通过这一赠送，最上德内承认了西博尔德也是日本知识分子社交规范的平等参与者。另外，西博尔德也受益于一代又一代的荷兰商人在长崎的不断经营。他的藏品涵盖了刻画日本列岛以北地区的各种地图，其中包括不少于三套由林子平（Hayashi Shihei）编著的《三国通览图说》（*Illustrated Examination of the Three Countries*）。在这本由杰出“兰学”学者桂川甫周（Katsuragawa Hoshū）作序的著作中，林子平提出需更敏锐地认识日本与其东北亚邻国（即朝鲜、琉球王国和虾夷地这“三国”）之间的关系。林子平还认为，日本的海上防御力量存在不足，有待加强。然而，他的这些意见被当时的统治集团认为是“奇谈怪论、异端邪说”，林子平因此被软禁于家中，并最终于1793年去世。即使还有大量手抄本流传于世，但林子平的这本书被列为禁书。尽管经历了这些波折，这本书还是获得了国际上的认可，成为19世纪为数不多的几位日本研究者的重要资料来源：伊萨克·蒂进（Isaac Titsingh，1745—1812）在1796年从日本带回了一本，后来被阿贝尔·雷米萨（Abel Rémusat，1788—1832）购得，雷米萨用这本书写了一篇关于小笠原群岛（Bonin Islands）的文章。[①] 1832年，尤利乌斯·克拉普罗特（Julius Klaproth，1783—1835）在伊尔库茨克（Irkutsk）购得了一本林子平著作的副本后，发表了有部分翻译的法文译本。本文所示副本属于约翰·约瑟夫·霍夫曼（Johann Joseph Hoffmann，1805—1878），他以这本书为资料撰写了一篇关于琉球王国（今冲绳）历史的文章。[②]

① Rémusat 1817.

② Hoffmann 1866.

## 19世纪上半叶对地理知识的不同态度

在德川幕府统治末期，从前知识分子之间的非正式对话转变成了外交和学术活动。德国人霍夫曼曾在荷兰莱顿（Leiden）担任西博尔德的助手，并从他的仆人郭成章（一名马来西亚华人）那里学习了中文和日文。霍夫曼研究日本的能力后来超过了西博尔德，他于1855年成了日本以外的首位汉语和日语教授。他还担任过荷兰政府的官方汉语和日语翻译。他以官方翻译的身份与1862年时任日本驻欧洲大使馆的成员进行了会面和交谈。箕作秋坪（Mitsukuri Shūhei，1826—1886）是大使馆的成员之一，他赠送给霍夫曼一幅1860年出版的《大清一统图》（*Comprehensive Map of the Great Qing*）。尽管该图序言声称最初的编绘者是德国人，但这幅地图来自《中国总论》（*The Middle Kingdom*）（New York，1847）一书所附的“中华帝国地图”（Map of the Chinese Empire），该书由新教传教士兼印刷商卫三畏（Samuel Wells Williams）出版。然而，围绕这一译本的历史动态揭示了对19世纪东亚地理知识的不同态度。

卫三畏在澳门有位名叫郭士立（Karl Friedrick August Gützlaff，1803—1851）的朋友及合作人，他是一名普鲁士医生和新教传教士。郭士立写了一本中国沿海游记，正好可以作为上述那段历史的有趣的开场白。这本游记包含有地图学交流的两个重要实例：第一个实例来自郭士立在山东海角的桑沟湾（Sanggou Bay）认识的一位称为“易遨（音译自Eo）船长”的老水手。在谴责了这位船长的罪过之后，郭士立讲述了跨文化对话的几个片段：

> 虽然我的心情和易遨的大相径庭，但他经常对我表现出善意，而我确定他的善意是真的。他会为我的孤独感到难过，会因为我过于正直而担心我被坏人盯上。他有时会根据中国人的普遍观念给我讲述地理，他认为只有中国人的观念才是正确的，而我们的观念是完全错误的。由于他还是个画师，他给我画了幅地图。在这幅地图上，非洲位

> 于西伯利亚附近，而高丽（Corea）位于某个未知国家的附近，他认为这个国家可能是美国。虽然他的想法很可笑，但他的理解力很强；如果他没有因为盲目崇拜和犯罪而堕落，那他可能已经在社会上大放光彩了。但是，唉！撒旦先使上帝的造物不能进步，然后又将之降为畜类。[①]

请注意“毛笔艺术”与代表东亚文化背景的地图制作一脉相承。此外，这位中国水手传达地理知识的随意方式不禁让人想起与文人文化相关的社交规范。郭士立对这位中国水手的信仰和知识都不屑一顾，但他还是比较欣赏这位中国水手对可称为地方知识体系的掌握。

在郭士立的另一个地图学对话实例中，我们可以发现他对地理表现出了截然不同的态度。在宁波港外停泊时，“我们很快就看到了几艘中国帆船在进进出出，其中有一艘来自福建，我们登上这艘船后发现船长不但好打听，而且还是个鸦片瘾很深的大烟鬼。他给我们看了一幅中国地图；在意识到这幅地图上的地理错误后，他想要对自己的信息进行更正并扩充。总的来说，中国人对自己的错误非常执着，他们在对待地理和航海科学的态度上尤其如此。因此，我们更加钦佩这个人的坦诚了”。[②]

这两份地图学对话的记载提醒我们，对地理知识的兴趣不仅在北京官员和航海商人之间存在着巨大的差异，而且在大清帝国从事沿海贸易的群体中也存在着巨大的差异。在上述对话的十五年后，时任福建巡抚徐继畬（1795—1873）的努力进一步放大了这位福建船长的“坦诚”。徐继畬与当时活跃在大清帝国的西方外交官和传教士一起收集世界地理信息，编纂了《瀛寰志略》（*General Survey of the Maritime Circuit, A Universal Geography*），该书于1848年出版。[③] 这本书的前言中超过一半的篇幅讨论了地名发音翻译的难点。徐继畬还特别指出了地图方面的内容：

---

① Gützlaff 1834：105 -6.

② Gützlaff 1834：239.

③ Lutz 2008：206；Johnson 2019：80 -86.

> 地图是这部作品的主要特征。人们从遥远的西方带回了不少原稿，这部作品的地图就是从这些原稿复制而来的。在原稿中，河流的河道被描绘得如发丝般精细，而山脉、山峰以及大大小小的城镇也都被标记出来。由于无法全部译出原稿的山脉、山峰以及城镇，而且由于汉字笔画众多，纸上没有足够的空间留给它们，因此，这部作品的地图只涵盖最重要的河流，加入主要山脉以及各个王国的首都和主要城镇。而其余内容，这些地图只引用了一部分。①

在这段描述中，作者表明了地图内容源于西方，同时也说明了在翻译过程中丢失的信息。虽然选择性地添加地名是因为受限于汉字的版面布局，但清晰度的损失也是由于以木版格式重新刻出铜版印刷品中“如发丝般精细”的细节具有技术难度。

同一时期，日本发生了一场截然不同的地图学对话。1835 年，郭士立被派去管理三名日本籍水手，他们分别是音吉（Otokichi）、久吉（Hisakichi）和岩吉（Iwakichi）。这三人在北美海岸搁浅后被带到了澳门。郭士立和卫三畏很快开始从他们那里学习日语，继而于 1837 年在新加坡出版了由卫三畏雕刻的木版印刷的《约翰福音》（*Gospel of St. John*）日文译本。②1837 年，这两名传教士都乘上了莫里森号船（ship *Morrison*）前往日本，他们的既定目标是送这三名在海上遇险的流浪者回日本，连带着希望让日本开放贸易。这支探险队很快被遣返，并没有达到目的。

1837 年的莫里森号探险事件在对外交事务感兴趣的日本知识分子中引起了不少反响。其中一位是渡边华山（Watanabe Kazan，1793—1841）。他是一位画家，曾在 1832 年接受了监管田原藩（Tawara domain）沿岸防御的正式任命。渡边华山在那之前已经从荷兰地理书籍中获得了有关西方地理的知识，这从他对小关三英（Koseki San'ei，1787—1839）《世界地理

---

① Williams，174 -5. 原始文本：一、此书以图为纲领。图从泰西人原本钩摹。其原图河道脉络，细如毛发；山岭城邑，大小毕备；既不能尽译其名，而汉字笔画繁多，亦非分寸之地所能注写。故河道仅画其最著名者，山岭仅画其大势，城邑仅标其国都，其余一概从略。

② Williams 1910：Ⅱ；Lutz 2008：92 -95.

书》（*Geographische oefeningen*）译稿的更正中可以看出。《世界地理书》是1817年出版的一本地理入门读物，其作者是皮耶特·约翰内斯·普林森（Pieter Johannes Prinsen，1777—1854）。[①] 渡边华山的更正内容是用儒家的语言写成的，这说明了这样一个事实，即西方知识是按照以中国为中心的思想传统被接受的。[②] 当“莫里森号”的消息传到渡边华山的社交网络那里时，人们误以为它与马礼逊（Robert Morrison，1782—1834）有关，后者也是一位被派往中国的著名的基督教传教士。不久之后，在一篇题为《慎机论》（*Exercising Restraint*）的文稿中，渡边华山主张迫切需要为潜在的海外入侵做好适当的准备，从而展示了他对马礼逊的著作以及世界地理的了解程度。[③] 这篇文稿却成了指控渡边华山想出海的一项口实，导致他被判流放，直至他在1841年切腹自杀而亡。[④]

几年后，卫三畏出版了自己所著的关于中华帝国的书，书中所附的总图很快被翻译成汉语。其中一个翻译版本传到了日本，柴田收藏（Shibata Shūzō，1820—1859）基于这幅总图绘制了一幅草图，在他去世后，竹口泷三郎（Takeguchi Ryūzaburō）又制作了这幅总图的雕版。竹口泷三郎技艺娴熟地在木版上再现了铜版印刷品的特征。[⑤] 其中，套印的小地图显示了因1842年《南京条约》（*Treaty of Nanking*）开放的五处通商口岸，即上海、广州、宁波、厦门、福州。这表明了日本在第一次鸦片战争（1839—1842）后对中国局势的兴趣。在美国海军准将佩里（Commodore Perry）率领的远征队在1853年冲破日本薄弱的海防之后，日本进一步觊觎中国。例如，徐继畬的《瀛寰志略》一书分别于1859年和1861年在日本出版两次。在这两个翻译本中，许多地名都用同音的片假名和西方文字拼写的荷兰语进行了双重注释。曾经让人招致监禁与死亡的地理知识，现在却成了人们积极追寻的宝物，甚至在外交活动中也有所运用：1862年的日本大使

① Keene 2006：257 n. 5.

② Kazan 1836.

③ Keene 2006：153 – 160.

④ Cobbing 2013：14 – 16.

⑤ Ida 2014.

通过向霍夫曼赠送大清帝国地图，展示出了日本参与国际制图惯例的积极性——与上一代人相比，他们的态度发生了根本性的变化。

在19世纪60年代的日本，人们对世界地理的兴趣迅速扩大，其中的一个表现就是单幅的铜版印刷的世界地图的大量出版。由于日本人走出日本列岛赴外远行的机会越来越多，世界地图现在为日本读者提供了多种可能性和期望。通常来说，这些世界地图不过是欧洲或北美地图的翻译版。这并不是什么新鲜的事情，但至关重要的是，这强调了地理知识源自外国："外国血统"成了这些地图的一大卖点。从那以后，英国地图和英语成了日本人的参考对象。很明显，这幅地图的本初子午线穿过华盛顿特区。它也是最早用红色标出日本的地图之一（在源图上日本呈淡紫色）。在此之前，颜色编码并没有被标准化，红色可以看作与日本帝国的新国旗相呼应的颜色，日本帝国的新国旗大致就是在这个时期规范化的，并且在标题中也有突出显示。有趣的是，曾与俄罗斯帝国有争议的萨哈林岛被涂成了橙色，这是浅于红色的中间色调。同样的红色也被用来突出显示一条特定的海上路线，该路线从中国南方出发，穿过马六甲海峡、南印度和红海，联结起一段通往开罗的陆路（苏伊士运河直到1869年才完工）。这是日本旅行者前往欧洲的主要通道。1864年日本派驻巴黎的大使馆全体人员就是沿着这条路线到达巴黎的，在会见日本学家菲利普·弗朗兹·冯·西博尔德时，副大使河津祐邦（Kawazu Sukekuni）将同一幅地图的副本赠给了西博尔德。[①] 同样，地图被用作国际外交的工具，但其地理范围从东亚扩展到了全球。

1868年明治维新（Meiji Restoration）后，通晓世界地理知识变成了成为日本现代公民的先决条件之一。但并非所有地理知识都来自欧洲：例如，于1861年出版的《大美联邦志略》，这本关于美利坚合众国的著作，既展示了世界的"一览"视图，也展示了双半球的投影。这本书实质上是在上海出版的著作的日文重印本，原作是1838年裨治文（Bi Ziwhen）用中文写成的一部著作。裨治文是伊利亚·科尔曼·布里奇曼（Elijah Cole-

① Kokuritsu 2016：144.

man Bridgman，1801—1861）的中文名，他是第一位被派到中国的美国新教基督教传教士。[①] 他的这本著作获得了巨大的成功，在接下来的 13 年里在日本共出版了六个版本。在 1871 年版最后一卷的封底附上了可以从同一出版商获得的作品列表。[②] 其中三分之一是地图或与地理相关的书籍，这说明了这一题材在当时的重要性。列表后面的题记翻译过来大致为："左边是由外国船只带回的新出版的书籍的目录，包括关于天球和地球仪的图释集，以及各种现在的必读书籍。这些书籍每月发行一次，全国各地对此感兴趣的人士都可查阅。"[③] 这里重要的是，尽管人们能够前所未有地获得外部世界的信息，但这些信息仍然常常被包装成新儒家传统知识的风格，甚至是读者也被称作符合儒家理想的完人——君子。再加上新建立的教育体系缺乏标准化的教学手册，因此不同的世界观导致了多种制图方案的出现。1890 年后，一种更具民族主义倾向的地理话语的出现结束了这种混乱的局面，该地理话语是由《教育敕语》（*Imperial Rescript on Education*）推动的。地理教育和地图绘制在这之后日益标准化，并建立了一种新的知识体系，最终取代了新儒家的范式。

## 研究结论

关于近代知识转移的研究一直以强调殖民主体施为的后殖民理论为主导。然而，就东北亚的地理知识而言，一种横向权力关系正在发挥作用，这种关系依赖于非正式对话，而地图的物质性在这些非正式对话中又发挥了重要作用。[④] 虽然在讨论的大多数例子中，西方施为者都很活跃，但他

---

① Drake 1985.

② 博物新编、六合最谈、全体新论、省愆录、新刊舆地全図、同和解、郑板桥诗钞、日本沿海图、万国公法、西医略论、六大洲分文割图、地球说略、内外新说、西洋算法分数术、联邦志略、妇婴新说、西洋算法此例法。关于 1871 年版的详情，可登录 https：//open. library. ubc. ca/collections/tokugawa/items/1. 0216629（最后访问时间为 2019 年 6 月 1 日）。

③ 右之外舶来新板書籍天球地球圖解其他方今必讀之諸書月々發兌希四方諸君子多披閲.

④ Spivak 2008：212.

们往往处于东亚中华文化圈内错综复杂的地图学对话的边缘。[①] 这些对话不仅发生在精英和知识分子之间，而且还发生在水手和商人的方言对话层面。以中国为中心的传统为这些对话交流提供了社交规范，而中国中心主义的影响同时也被这些交流活动所削弱。复杂的地理对话涉及翻译和知识协商等行为，通过将地图制品作为这类对话必要的组成部分进行重新思考，本文有助于从非欧洲中心主义的角度重新理解近代地理知识交流的特点。

## 参考文献

Ayusawa Shintarō. "The Types of World Map Made in Japan's Age of National Isolation." *Imago Mundi* 10 (1953).

Ayusawa Shintarō. "Geography and Japanese Knowledge of World Geography." *Monumenta Nipponica* 19 (1964): 279 – 83.

Bakhtin, Mikhail. *The Dialogic Imagination*, Michael Holquist (ed.). Austin: University of Texas Press, 1981.

Becker, Howard Saul. *Art Worlds*. Berkeley: University of California Press, 1982.

Blake, Morgan Young. "Ueda Akinari: Scholar, Poet, Writer of Fiction." Ph. D. diss., The University of British Columbia, 1976.

Brückner, Martin. "The Ambulatory Map: Commodity, Mobility, and Visualcy in Eighteenth – century Colonial America." *Winterthur Portfolio* 45 – 2/3 (2011): 141 – 60.

Cams, Mario. "The Early Qing Geographical Surveys (1708 – 1716) as a Case of Collaboration between the Jesuits and the Kangxi Court." *Sino – Western Cult Relat J* 34 (2012): 1 – 20.

Cams, Mario. "The China Maps of Jean – Baptiste Bourguignon d'Anville:

① Fogel 2009.

Origins and Supporting Networks." *Imago Mundi* 66 – 1 (2013), 51 – 69.

Cattaneo, Angelo. "Geographical Curiosities and Transformative Exchange in the *Nanban* Century (c. 1549 – c. 1647)." *Études Épistémè* 26 (2014). *Available from*: *https*: *//journals. openedition. org/episteme/*329 [*last accessed* 1 *June* 2019].

*Curvelo, Alexandra. "Copy to Convert. Jesuit Missionary Artistic Practice in Japan." In: Cox, Rupert (ed.)* The Culture of Copying in Japan. Critical and Historical Perspectives. *London: Routledge*, 2008, 111 – 27.

*Cobbing, Andrew.* The Japanese Discovery of Victorian Britain: Early Travel Encounters in the Far West. *London: Routledge*, 2013.

*Dettmer, Hans. "Mogami Tokunai. Ein Japanischer Forschungsreisender der Zeit um* 1800."

*Drake, Fred. "Protestant Geography in China: EC Bridgman' s Portrayal of the West." in Barnett, Susanne and John King Fairbank (eds.)* Christianity in China: Early Protestant Missionary Writings. *Cambridge, MA: Harvard University Council on East Asian Studies*, 1985, 89 – 106.

*Scholz – Cionca, Stanca (ed.)* Wasser – Spuren: Festschrift für Wolfram Naumann zum 65. Geburtstag. *Wiesbaden: Otto Harassowitz Verlag*, 1997.

*Edney, Matthew. "Cartography without 'Progress': Reinterpreting the Nature and Historical*

*Development of Mapmaking."* Cartographica 30 – 2/3 (1993): 54 – 68.

*Edney, Matthew. "Mapping Parts of the World." In: Akerman, James and Robert Karrow (eds)* Maps: Finding our Place in the World. *Chicago: The Field Museum and the University of Chicago Press*, 2007.

*Edney, Matthew. "Academic Cartography, Internal Map History, and the Critical Study of Mapping Processes."* Imago Mundi 66 – *sup*1 (2014): 83 – 106.

*Edney, Matthew. "Map History: Discourse and Process." in Kent, Alexander and Peter Vujakovic (eds.)* The Routledge Handbook of Mapping and Cartography. *London: Routledge*, 2018.

*Fogel*, *Joshua*. Articulating the Sinosphere – Sino – Japanese Relations in Space and Time. *Cambridge*, *MA*: *Harvard University Press*, 2009.

*Funakoshi Akio* 船越昭生. "*Shīboruto no dai'ichiji rainichi no sai ni shūshū shita chizu* シーボルトの第一次来日の際に蒐集した地図[ '*Maps Collected by Siebold During His First Visit to Japan*' ]." *In*: *Yanai Kenji* 箭内健次, *Miyazaki Michio* 宮崎道生 (*eds.*) Shīboruto to Nihon no kaikoku kindaika シーボルトと日本の開国近代化[ '*Siebold and the Opening and Modernization of Japan* ' ]. *Tokyo*: *Yagi shoten*, 1997, 71 – 130.

*Goodman*, *Grant R.*, Japan and the Dutch 1600 – 1853. *Richmond*, *Surrey*: *Curzon Press*, 2000.

*Gutzlaff*, *Charles*. The Journal of Two Voyages Along the Coast Of China, in 1831, & 1832; The First in a Chinese Junk; The Second in The British Ship Lord Amherst: : with Notices of Siam, Corea, and the Loo – Choo Islands. *London*: *Frederick Westley and A. H. Davis*, 1834.

*Harley*, *John Brian*. "*Deconstructing the Map.*" Cartographica 26 – 2 (1989): 1 – 20.

*Harris*, *Leila*. "*Deconstructing the Map after 25 years*: *Furthering Engagements with Social Theory.*" Cartographica 50 – 1 (2015): 50 – 53.

*Hoffmann*, *Johann Joseph*. "*Blikken in de Geschiedenis en Staatkundige Betrekkingen van het Eiland Groot – Lioe – Kioe.*" Bijdragen tot de taal – , land – en volkenkunde 13 – 1 (1866): 379 – 401.

*Ida Kozo* 井田浩三. "*Chūgokuban* '*Daishin ittōzu*' *no fukugenzu – tezukuri de fukugen shita maboroshi no genzu* 中国版「大清一統図」の復元図一手作りで復元した幻の原図[ '*The Reconstructed Image of the Chinese version of the* "*Comprehensive Map of the Great Qing*" – *A Handmade Reconstruction of the Lost Source Map*' ]." Chizu 52 – 2 (2014): 33 – 34.

*Ikegami*, *Eiko*. Bonds of Civility: Aesthetic Networks and the Political Origins of Japanese Culture. *Cambridge*: *Cambridge University Press*, 2005.

*Johnson*, *Kendall*. "*Residing in* ' *South – Eastern Asia* ' *of the Antebellum*

*United States – Reverend David Abeel and the World Geography of American Print Evangelism and Commerce.*" *In Shu, Yuan, Otto Heim and Kendall Johnson* (*eds.*) Oceanic Archives, Indigenous Epistemologies, and Transpacific American Studies. *Hong Kong: University of Hong Kong Press*, 2019, 63 – 90.

*Kazan, Watanabe* 渡辺崋山. Shinshaku yochi zusetsu 新釈輿地図説. *Manuscript*, 1836. *http://dl.ndl.go.jp/info:ndljp/pid/2532343. Last accessed* 10 *Dec* 2017.

*Keene, Donald.* Frog in the Well: Portraits of Japan by Watanabe Kazan (1793 – 1841). *New York: Columbia University Press*, 2006.

*Kitchin, Rob and Martin Dodge.* "*Rethinking Maps.*" Prog Hum Geogr 31 (2007): 331 – 44.

*Latour, Bruno* (1986) "*Visualization and Cognition: Thinking with Eyes and Hands.*" *in Kuklick H* (*ed.*) Knowledge and Society: Studies in the Sociology of Culture Past and Present 6. *Greenwich, CT: Jai Press*, 1986.

*Ledyard, Gary.* "*Cartography of Korea.*" *in Harley, Brian and David Woodward* (*eds.*) The History of Cartography *vol. II – 2. Chicago: University of Chicago Press*, 1994, 235 – 345.

*Kokuritsu Rekishi Minzoku Hakubutsukan* 国立歴史民俗博物館, *ed.*, Yomigaere! Shīboruto no Nihon hakubutsukanよみがえれ！シーボルトの日本博物館. *Kyoto: Seigensha*, 2016.

*Leca, Radu.* "*Fluttering Ambition: Heteroglossic Geographic Knowledge on a Sixteenth – Century Folding Fan.*" *in Michael Zimmerman et al.* (*eds.*) Dialogical Imaginations – Aisthesis as Social Perception and New Ideas of Humanism. *Zürich: Diaphanes/University of Chicago Press*, 2019.

*Lutz, Jessie G.* Opening China: Karl F. a. Gutzlaff and Sino – Western Relations, 1827 – 1852. *Grand Rapids, Mich: William B. Eerdmans Pub. Co*, 2008.

*Maruyama Masao* 丸山眞男. Studies in the Intellectual History of Tokugawa Japan. *Princeton, N. J.: Princeton University Press*, 1974.

*McDermott, Joseph and Peter Burke* (*eds.*). The Book Worlds of East Asia and Europe, 1450 – 1850:

Connections and Comparisons. *Hong Kong: Hong Kong University Press*, 2015.

*Mochizuki, Mia. "The Movable Center: The Netherlandish Map in Japan." in North, Michael (ed.)* The Market for Exposure. Reimagining Cultural Exchange between Europe and Asia, 1400 – 1900. *Aldershot: Ashgate*, 2009, 77 – 89.

*Morris – Suzuki, Tessa. "The Telescope and the Tinderbox: Rediscovering La Pérouse in the North Pacific."* East Asian History 39 (2014): 33 – 52.

*Nanba Matsutarō* 南波松太郎 *Muroga Nobuo* 室賀信夫 *and Unno Kazutaka* 海野一隆 (*eds.*). Nihon kochizu taisei Sekai chizu hen 日本古地図大成 世界地図編. *Tōkyō: Kōdansha*, 1975.

*Nakamura Hiroshi* 中村拓. "*Ōbeijin ni shiraretaru Edo jidai no jissoku nihonzu* 欧米人に知られたる江戸時代の実測日本図." Chigaku zasshi 78 – 1 (1969): 1 – 18. *Available at https://www.jstage.jst.go.jp/article/jgeography*1889/78/1/78_1_1/_*pdf. Last accessed* 1 *Jun* 2019.

*Reichle, Natasha, ed.* China at the Center: Ricci and Verbiest World Maps. *San Francisco: Asian Art Museum*, 2016.

*Rémusat, Abel. "Description d'un Groupe d'Îles peu connu et situé entre le Japon et les îles Mariannes, rédigée d'aprés les relations des Japonais"*. Journal des Savans (1817): 387 – 96.

*Robinson, Kenneth. "Chosŏn Korea in the Ryūkoku Kangnido: Dating the Oldest Extant Korean Map of the World (15th Century)."* Imago Mundi 59 – 2 (2007): 177 – 92.

*Rundstrom, Robert. "The Role of Ethics, Mapping and the Meaning of Place Relations between Indians and Whites in the United States."* Cartographica 30 – 1 (1993): 21 – 28.

*Spivak, Gayatri.* Other Asias. *Malden: Blackwell*, 2008.

*Toby, Ronald. "Three Realms/Myriad Countries: An Ethnography of Other and the Re – Bounding of Japan, 1550 – 1750." In Kai – wing Chow et al.*

( *eds.* ) Constructing Nationhood in Modern East Asia. *Ann Arbor*, *Mich.*: *University of Michigan Press*, 2001, 15 –45.

*Ueda Akinari Zenshū Henshū Iinkai* 上田秋成全集編集委員会 ( *ed.* ), Ueda Akinari zenshū 上田秋成全集 *vol.* 8. *Tokyo*: *Chūō Kōronsha*, 1993.

*Uesugi Kazuhiro* 上杉和央. Edo chishikijin to chizu 江戸知識人と地図. *Kyoto*: *Kyoto Daigaku Gakujutsu Shuppankai*, 2010.

*Unno Kazutaka.* "*Cartography in Japan.*" *In J. B. Harley and David Woodward*, *eds.*, The History of Cartography *vol. II* –2. *Chicago*: *University of Chicago Press*, 1994.

*Wells Williams*, *Samuel.* "*The Ying Hwan Chi – lioh*, *or General Survey of the Maritime Circuit*, *a Universal Geography by His Excellency Sü Ki – yü*," *Chinese Repository* 20 –4 (1851) .

*Wells Williams*, *Samuel.* A Journal of the Perry Expedition to Japan (1853 – 1854) . *Yokohama*: *Kelly& Walsh*, 1910.

*Wood*, *Denis.* "*The Map as a Kind of Talk*: *Brian Harley and the Confabulation of the Inner and Outer Voice.*" Visual Communication 1 – 2 (2002): 139 –161.

*Yonemoto*, *Marcia.* Mapping Early Modern Japan: Space, Place, and Culture in the Tokugawa Period (1603 – 1868. *Berkeley*: *University of California Press*, 2003.

# 跨文化交流与世界史中地图学的发展：前现代欧亚大陆关于印度的知识流

朴贤熙（*Hyunhee PARK*）*

## 引　言

过去几十年，地图学史一直是人文学科中较受关注的学术话题之一。这一领域的发展变化引发了广泛的跨学科讨论，在对多种问题的讨论过程中，学者发现了这样一个事实：早在几百万年前的萌芽期，地图绘制对人类社会就已十足重要。20 世纪 80 年代，哈利（*Harley*）呼吁地图学的“人文主义转向”。学者们对此予以关注，并揭示了不同文化背景下地图绘制和地理学表达的多样性，反映出了与现代原则大相径庭的标准。[①] 这种观点超越了当前学术界占据主流的欧洲中心论。学者们已开始并将继续分

* 朴贤熙（Hyunhee PARK），纽约城市大学约翰杰刑事司法学及研究生院历史系副教授。

① 有关20 世纪 70 年代以来地图学史最新研究趋势的概述，包括这一领域在学术成果、学科范围以及理论研究方向和方法等方面取得的重大进展，请参考：Matthew H. Edney，“Recent Trends in the History of Cartography：A Selective，Annotated Bibliography to the English-Language Literature”，*Coordinates*：*Online Journal of the Map and Geography Round Table of the American Library Association*，series B6（2007）。由 J. B. 哈利（J. B. Harley）和戴维·伍德沃德（David Woodward）编辑，芝加哥大学出版社出版的一套丛书，是迄今为止关于地图学史最具里程碑意义和最全面的研究项目，该项目仍在继续。J. B. Harley and David Woodward，eds.，*The History of Cartography*（Chicago：University of Chicago Press，1987 –），6 vols. 其他许多主要阐述特定论题的书籍也颇为重要。例如，有关试图从内部人士的角度理解中东地区地图绘制的最新专著，请参考：Zayde Antrim，*Mapping the Middle East*（London：Reaktion Books，2018）。

辨本土地图绘制中蕴含的其他地理学视角，这些视角具有灵活性和多样性，有助于从地理学方面了解其区域及更广阔的世界。本文提出了上述研究的另一个重要方面，笔者认为这将增进我们对地图学历史发展的理解：人们如何通过与其他社会的接触，以及随之而来的地图信息和方法的交流，获得新的制图理念和技术，从而伴随思想的不断传播，影响了本土乃至更广阔的世界范围内地理认知的变化。本文将通过简述前现代时期在印度流动且在欧亚大陆范围内传播的知识流，来分析这一方面，以此揭示长久以来，跨文化的接触交流在世界地图学发展过程中不可或缺的作用。

跨文化和跨国接触是世界史（也称为全球史）的重要论题。随着全球化的发展，这一论题的重要性不断增加。由区域专家、历史学家等各类专家组成的专家团队一直尝试通过联系和比较更广泛的区域来得出更宏观的观点，以推动这一领域的发展，而以区域为中心的传统历史研究则无法做到如此宏观。① 前现代时期的跨文化接触及其对地理学知识发展变化产生的影响，为本文提供了很有价值的案例研究，有助于推动本文研究。在与其他社会展开交流之前，人们对本土地理环境的看法业已形成，并在自己设计的地图上进行了说明。至于尚未涉足的更广阔的世界，人们只能凭想象和哲学或宗教观来对其进行设想。只有通过游历他方，或者与周游世界的游历者交流地理方面的信息，本土的人们才能吸收外来知识，在地图绘制的理念与实践，以及世界观方面有所创新。地理知识的增加也会促使跨文化交流更加频繁，人们通过这种交流将那些对不同社会产生重要影响的新思想引入本国。

本文借鉴了笔者当前图书项目的相关资料，而该项目又以笔者的第一部专著为基础。在该专著中，笔者对大量中文和阿拉伯文原始地理学记载和地图进行了研究，探讨中国与各伊斯兰帝国在750年到1500年地理知识传播和交流发展的情况。② 笔者在这项早期研究中提出的观点认为，中国与伊斯兰帝国之间有过多次接触和交流，这拓展了两大社会以及世界更广

---

① 见世界史学会（简称：WHA）官网发布的宗旨声明，网址：https：//www. thewha. org/about；访问日期：2019年5月18日。

② Hyunhee Park, *Mapping the Chinese and Islamic Worlds*: *Cross-Cultural Exchange in Pre-Modern Asia*（New York：Cambridge University Press，2012）.

泛地区的地理知识。这项研究还认为，亚洲地理学家和地图绘制者积累的智慧，有可能为瓦斯科·达伽马等欧洲早期探险家们进行闻名世界的远航创造了条件，从而影响了历史上的重大变革。鉴于此，笔者建议，应当在更大的框架下探讨通过前现代跨文化接触获得的此类被拓展的世界地理知识的意义，以便更好地理解前现代欧亚大陆跨文化交流对世界史中地图学发展的影响。

本文将以案例研究的形式介绍本项目的初步研究成果，这一案例研究可将地图学史上的发现与世界历史联系起来。印度是颇值得研究的案例，因为这一地区自古以来就在促进中西方世界的接触和交流方面发挥着核心作用。然而，对印度的案例研究并非一帆风顺。与中国和中东的情况不同，印度在前现代时期的地图少有幸存。因此，一些早期研究认为，在前现代时期，印度社会并没有形成系统的地图绘制。虽然学者已开始对一些新发现的印度本土地图进行比较研究，但这些地图的年代都不早于18世纪。[①] 因此，其他社会群体借助游历他方，以及与当地群体交流而制作出的地图，对于理解印度地理知识的发展，及其在世界地理知识发展中的意义是至关重要的，因为印度在这些地理知识的来源中地位显著，且外来游历者记录了大量有关次大陆当地人的信息。本文将首先概述印度在以“丝绸之路”为代表的欧亚大陆前现代时期跨文化接触中的作用，然后阐述在世界地理学的发展中绘制印度地图的重要性。之后，本文将探讨中世纪时期中国人眼中的印度，以期能提供一些例证分析，而中国人关于印度的知识来源于当时佛教徒赴印度或途经印度获得的佛教文献以及印度本土的文献。

## 一 通过丝绸之路绘制印度地图

丝绸之路是前现代欧亚大陆闻名的交流网络，是最早联结欧亚大陆各

① 实例请参考：P. L. Madan, *Indian Cartography: a Historical Perspective* (New Delhi: Manohar Publishers & Distributors, 1997), 134 - 42; Joseph E. Schwartzberg, “Geographical Mapping”, in *The History of Cartography*: Volume Two, Book One, *Cartography in the Traditional Islamic and South Asian Societies*, ed. Harley, J. B. and David Woodward (Chicago: Chicago University Press, 1987 - 1994), 388。

民族的纽带。当今学术界对丝绸之路颇为重视，因为它是全球经济发展早期阶段的重要标志。学术界至今仍非常重视因丝绸之路经典叙事而早已闻名于世的中亚绿洲城镇。而笔者则另辟蹊径地提出，为丝绸之路跨文化交流做出最大贡献的，是处在横跨非洲—欧亚大陆巨大交通网络中心、幅员辽阔的印度次大陆上的社会群体，陆上横跨中亚，海上横跨印度洋。鉴于这一地理位置，印度成为欧亚大陆东西端文明群体相互交流的必经之地。例如，希腊罗马商人在公元前最后几个世纪向东航行到印度时，了解到了丝绸及其生产国，并将之称作“中国”。于是，这些商人开始将丝绸贩运回他们的西方本土。这促使印度的生产商开始生产更多的产品供出口，这一进程改变了罗马帝国的历史。印度在丝绸之路历史上具有重要的象征意义，也发挥了很大的实际作用。从中国前来朝圣的佛教徒不仅会到印度求取原版佛经，而且还会在这一过程中购买新奇的商品、吸收新思想，包括关于更广阔的世界的信息。然后，他们将这些一并带回中国。这些新思想一经传播，便对这些佛教徒的本土文化产生深远影响。这使得印度在古代欧亚大陆（以及与之相联的非洲）负有盛名且颇具影响力。在促进非洲—欧亚大陆各民族跨文化接触的发展和知识的演进上，印度的重要性体现在了地理学方面，也即体现在各社会群体绘制的印度地图上。这些社会群体通过与次大陆的跨文化接触，拓展了本土人民的世界观。

笔者新近发表的著作是学界首次从全球史角度对印度的地图绘制进行的研究，旨在通过分析前现代印度地图和关于印度地理的著作来了解世界地理学的早期发展的情况。许多研究都揭示了印度人是如何理解和构建关于印度的地理知识的。[①] 但是，笔者的研究通过由内及外的视角强调印度

---

① 实例请参考：Bimala Churn Law（1892－1969），*Historical Geography of Ancient India*（Paris：Société Asiatique de Paris，1954）；Susan Gole，*Indian Maps and Plans from the Earliest Times to the Advent of European Surveys*（New Delhi：Manohar Publications，1989）；Joseph E. Schwartzberg，“Introduction to South Asian Cartography”，“Cartographical Mapping”，“Geographical Mapping”，“Nautical Maps”，and“Conclusion”，in *The History of Cartography*：Volume Two，Book One，*Cartography in the Traditional Islamic and South Asian Societies*，ed. Harley，J. B. and David Woodward（Chicago：Chicago University Press，1987－1994），295－509；Madan，*Indian Cartography*，以及 Y. Subbarayalu，“General President's Address：Historical Geography of Ancient and Medieval India：A Comparative Study of Nadu and Vishaya”，*Proceedings of the Indian History Congress* 73（2012）：1－17。

对世界地理学发展的重要性，分析外来者透过对其的观察和活动构建的关于印度的知识。印度作为欧亚大陆的交流中心，在促进知识交流方面功不可没。来自整个大陆的旅行者们聚集在印度，许多人回国后记录了为自己同胞收集的地理信息，从而为自己的社会，以及长远来看，为世界其他地区关于欧亚大陆地理学的发展做出了贡献。

这项前所未有的对绘制印度地图的研究，旨在为前现代欧亚大陆的跨文化接触以及南亚的全球史研究做出有意义的贡献。这些领域也吸引了全球学者群体的参与，因其与全球化的历史息息相关，且新的考古遗址的增多令研究数据激增，该学者群体得到了迅速扩展。然而，到目前为止，仅有少数著作，尤其是沈丹森（*Tansen Sen*）的著作，涉及了核心问题——即丝绸之路对印度与其周边国家关系的影响，尤其是对与中国关系的影响。① 因此，该著作的研究结果不仅对研究丝绸之路和世界历史意义重大，而且对与印度有关的研究有较高价值，亦对研究历史地理和地图学具有重要贡献。

本文以对下列三个问题的研究为指导。第一个问题：前现代时期，印度在促进非洲—欧亚大陆社会跨文化接触方面具体发挥了哪些作用，以及做出了什么贡献？第二个问题：丝绸之路上途经印度的游历者带回来的信息对他们的家园有什么样的影响，尤其是，他们站在更广阔的世界的角度上是如何看待印度的，他们对国际交往的态度是怎样的？第三个问题：外部对印度的地理认知与印度内部当地的观察有何不同，并由此加深了我们对印度和世界历史的理解？

1. 贡献

众多游历者穿行于辽阔的印度大陆，这使得印度在地理上对丝绸之路的历史发展非常重要。大多数主要贸易路线都延伸至印度，主要的陆路和海路交通路线也通过次大陆相连接。例如，中国的商人和佛教徒倾向于从陆路前往印度，然后从海路返回中国，或者由海路去，陆路归。古希腊罗

① 实例请参考：Tansen Sen, *Buddhism*, *Diplomacy*, *and Trade*: *the Realignment of Sino-Indian Relations*, 600 – 1400（Honolulu：University of Hawai Press，2003），以及 Tansen Sen，*India*，*China*，*and the World*：*a Connected History*. Lanham，MD：Rowman & Littlefield，2017。

马商人则直接通过海路前往印度，然后从陆路和海路带着中国丝绸归国。对古希腊罗马商人而言，一路航行到中国并不容易，因此印度成了亚洲间贸易的重要中转站。公元5世纪罗马帝国解体和公元七世纪伊斯兰教兴起后，西亚商人开始主宰印度洋贸易，在前往中国的途中自由航行到印度。此外，印度次大陆西北部（今巴基斯坦，时称信德）的伊斯兰化使西亚人进入印度的机会增多。与此同时，海上航行和造船技术的发展使得中国船只能够在西亚商人因政治原因无法一路航行到中国时，定期航行到印度进行贸易。

除了充当欧亚大陆各国人员往来和贸易的中转站外，印度还促进了思想、技术和商品的远途传播。毫无疑问，佛教起源于印度，佛教教义经由佛教徒向东和向西传播。与此同时，印度人向中国人学习了纺丝技术，开始大规模生产丝绸。然后，其他国家的商人将纺丝技术和丝绸产品带到了西方社会。随着佛教在中国扎根，中国佛教徒开始通过陆路和海路向西前往印度朝圣。外来商品也从印度大量运往其他地区。尽管印度与丝绸之路有着重要的关联性，但迄今为止还没有任何研究试图从整体的地理角度来探讨印度的地位。

2. 影响

本文将地理知识作为一个基本的交流要素，而地理知识的传播促进了进一步的跨文化接触。欧亚大陆社会如何获得新知识？这些新知识如何改变了他们对更广阔世界的地理认知？这些认知上的变化又如何改变他们对更广阔世界（相对于印度）的态度？印度并不遥远，其地理障碍也非那么难以克服。随着丝绸之路上跨文化接触越来越频繁，对印度地理了解的程度显著提升，相应文献记载的数量也与日俱增。对于比印度更远的人们不太熟悉的地方，大多数人都是通过第二手记述进行了解的。直到越来越多的人远游至中国并讲述关于中国的信息，比如13世纪的马可·波罗，中世纪的欧洲人才倾向于将印度与整个亚洲联系起来。到13世纪和14世纪的蒙古帝国时代，横跨欧亚大陆的跨文化交流达到了新的高潮。当时，地理学家和制图员通常将印度标绘在非洲—欧亚大陆的中心，这标志着世界观上的转变。因此，绘制印度地图是扩大欧亚大陆跨文化接触和知识交流的规模的重要组成部分。

此外，对欧亚大陆社会来说，关于印度的地理知识有着一定的思想和文化意义。哥伦布向西航行寻找印度之时，东亚的佛教徒一直将印度视为其世界和宇宙的中心。与此同时，欧亚大陆社会长期以来视文化和种族差异极大的印度为异域。中世纪的作者们努力寻找更可靠的信息来提高关于印度信息的质量。即便是亲身前往印度的伊本·白图泰（*Ibn Baṭṭūṭa*）（1304—1368）和玄奘（约602—664）等人所著的地理史籍中，也包含了关于印度风土人情等富于想象的信息。这些夸张的描述可能是一些人继续寻找新的知识来源的原因之一。

3. 意义

本文将从外来者（包括居住在印度之外的人，以及到印度旅行并从内部观察印度的人）和内部人士（即当地人）的角度，对印度的地理视角进行比较，以便衡量从更广泛的全球视角来分析历史的益处。此外，外来者获取关于印度的信息并将其传播到世界各地的途径不尽相同，因为不同人眼中的印度是不同的。比如外交官、军人、佛教朝圣者、穆斯林学者、海员和商人，他们对印度的空间概念可能不同，且他们游历印度所采用的交通方式、获取关于印度地理信息的渠道以及呈现这些信息的方式也不尽相同。以这种方式观察绘制印度地图的案例，可以帮助我们用更加动态的视角来看待历史，并通过欧亚各民族之间的互动过程而非特定群体来了解知识的发展。

这不是一本通常意义上的关于印度历史或地理的书。相反，这本书将从欧亚大陆的角度分析印度地理知识的历史发展。该书采用这种研究角度旨在了解那些赴印度，或者途经印度前往欧亚大陆其他地区的旅行者所获得的知识是如何改变印度知识的历史地位，以及这些知识在欧亚大陆内部和外部世界的地位的。因此，该书通过历时性和共时性的比较分析法，突出古代和近代早期（由于欧亚大陆的政治动荡）发展起来的各社会群体与印度接触的规模和强度，以及东西方社会从自身优势的角度对印度的动态评价。该书将按时间顺序分为四个部分：古代、中世纪、蒙古时期和近代早期。每部分包含两章，分别阐述东西方视角下关于印度的观念。该书在叙事手法方面既保持了必要的学术严谨性，又给出了历史背景、具体事例和深度剖析，不仅能作为学术研究资料，还能作为世界历史方面的通俗读物。书中将采用比较分析法进一步研究印度的重要性。

简言之，该书采用比较分析法，以全球视角分析前现代时期的跨文化接触，由此将极大地丰富关于印度和丝绸之路的史学内容。这不仅将揭示印度史的一个不断发展的形式中被忽视的方面，还将阐明跨文化接触、旅行和地理知识在世界历史进程中所起的作用。全球化以及印度作为一个新兴大国的迅速崛起让各社会之间的联系空前紧密，这些都让这项研究变得更有意义。随着全球化的进一步发展，学术界和公众对丝绸之路及其跨文化接触的兴趣日益增长，这本书将会很快的引起对印度及世界史感兴趣的学者、学生和普通读者的注意。

本文通过分析外国旅行者在印度的亲身经历，对中世纪时期（约600—1300）流行的详细的地理知识和观点的发展进行了案例研究。文中特别分析了曾前往天竺（今印度地区，下同）取经的中国佛教僧侣——玄奘及其所撰的《大唐西域记》（以下简称《西域记》）。这本著作详细记载了玄奘所处时代天竺的风土人情，对后来的地图学发展产生了相当大的影响，这点可参考志磐（活跃于13世纪中叶）的著作。虽然笔者书中最后会对玄奘《西域记》所载内容与同时代成书的西亚相关地理史籍和游记进行比较分析，但由于篇幅有限，本文只分析涉及中国的案例。最后，笔者的项目将证明，非洲—欧亚大陆东西部的各民族以各具特色但颇为相似的方式来了解印度。在这些民族的共同推动下，印度成为13世纪欧亚大陆最著名的地区之一。

## 二　印度知识流的案例：中世纪中国佛教世界观对世界的重构

汉朝灭亡后，佛教在中国继续发展，并传到了韩国和日本。东亚地区佛教信众的规模也相应扩大。同时，前往天竺朝圣的佛教徒也越来越多，这很可能是受早期朝圣者影响的结果，比如法显（337—422）。[①] 几个世纪

---

① 朝鲜僧人慧超（704—787）从中国游历至天竺和中亚，写下了现存最早关于天竺的记述之一。Donald Leslie，*Islam in Traditional China*：*A Short History to 1800*（Belconnen，1986），23。

后，随着隋（581—618）唐（618—907）时期中国重归统一，国家开始探寻佛教知识及其起源。隋唐时期，朝廷开始积极搜寻关于西域的信息，并拨款支持宫廷学者系统的编撰关于西域的文献，其中一些文献便集中阐述的是天竺。有证据表明，中国的地理学家们一直都在向曾前往过印度次大陆的人，如外交官、商人和朝圣者，寻求有关次大陆的新信息。① 七世纪中叶，玄奘《西域记》中所载关于天竺的知识，对当时中国和东亚人民了解天竺的贡献最大。这本书的内容是玄奘大师向他弟子口述自己从 626 年到 645 年在外游历的所遇所感，在这 19 年中，这位佛教宗师从中国一路西行到天竺，再经由丝绸之路回到故土。

初唐时期，大唐军队忙于开疆拓土，将帝国的政治控制扩展到中亚的"西域"地区。同时，朝廷大臣和宫廷学者们也在搜集、分析所能找到的关于西域各国的任何信息，因为这些信息对提高大唐在国际上的政治地位至关重要。② 这样一来，当时大唐与西域各国的政治局势就变得很紧张，以至于唐太宗明令禁止国人前往中亚，所以玄奘不得不潜行出境西行。这也使得玄奘大师远赴天竺求取真经之旅虽然充满艰险，却更加意义重大。③ 到达天竺之后，玄奘开始在那烂陀寺（*Nalanda Monastery*）潜心学佛、讲经说法，并以其深厚的佛学造诣而闻名于世。那烂陀寺是天竺的佛教圣地，佛陀曾经在这里开坛讲经。玄奘大师在天竺得到了大量梵文佛经抄本，并将之全部带回大唐翻译，这对佛教在中国的发展产生了重要影响，当时许多人都认识到这一点，包括唐太宗（626—649 在位）。一开始，太宗皇帝颁布了禁止子民前往西域的命令，但是后来亲自接见了取经归来，已经美名远扬的玄奘大师，并资助其译经。相传，太宗对玄奘描述的异国风土人情非常感兴趣，敕令其编撰《西域记》。

---

① 中国第一部体例政书，杜佑（735—812）所著《通典》很好地体现了当时学者为拓宽地理知识所做的努力。参考文献：[1] 杜佑：《通典》第 193 卷，中华书局 1988 年版，第 5279 页；[2] 李锦绣，余太山：《〈通典〉西域文献要注》，上海人民出版社 2009 年版，第 186 页。

② 背景知识请参考中野美代子在玄奘著，季羡林，水谷真成译：《大唐西域记》，东京：平凡社 1999 年版，第 3 章第 482—485 页中的评述。

③ 慧立，彦悰著，长泽和俊译：《大慈恩寺三藏法师传》，东京：讲谈社 1998 年版，第 312 页。

一些早期的评论证明玄奘天竺之行带回来的信息非常丰富。其中，与玄奘同时代的宫廷历史学家敬播（？—663）为《西域记》撰写的序言便是证据之一。[①] 敬播所撰序言以抨击大唐地理学中显见的狭隘的世界观开篇，强调玄奘在开拓国人视野，帮助人们了解如佛教重地天竺等遥远国度的地理知识方面所体现的价值。原文如下：[②]

> 窃以穹仪方载之广，蕴识怀灵之异，《谈天》无以究其极，《括地》讵足辩其原？是知方志所未传、声教所不曁者，岂可胜道哉！
>
> 详夫天竺之为国也，其来尚矣。圣贤以之叠轸，仁义于焉成俗。然事绝于曩代，壤隔于中土。《山经》莫之纪，《王会》所不书。[③]

敬播在《西域记》序言中总结了玄奘对中国地理学发展的巨大贡献，列出了玄奘大师亲自游历的110个国家。其中许多国家当时不为国人所知，即便是当时已知的国家，玄奘也将自己亲历的实况与从书中收集的有关大唐的知识进行了比对，推动了中国当时地理知识的发展。敬播认为玄奘大师在拓展中国对天竺和西域各国的地理认知方面的成就堪比西汉时期的张骞，后者代表大汉出使西域，比玄奘早几百年，开创了中国历史上出使西域的先河。

还有一点可能更有意思，敬播在《西域记》序言中揭示了自己信仰佛教这一事实，这非常有历史参考价值，因为唐代官方为他立的传记中并没有提到过他信仰佛教。在大唐时代背景下，敬播对于褒扬唐朝人的信仰似乎颇为谨慎。他肯定了佛教信仰在激励国人去天竺旅行和学习方面所起的积极作用，同时也强调了大唐的重要国际地位，表示玄奘此番西去取经只

---

① ［1］敬播撰，许敬宗修：《大唐西域记》序；［2］刘昫：《旧唐书》第82卷，中华书局1975年版，第2764页；第189卷，第4955页。

② 《西域记》现存两个版本。一为：日本京都帝国大学保存的高丽藏本，有敬播序，此为笔者所参考的版本，见玄奘著，季羡林，水谷真成译：《大唐西域记》第1章，第328—329页。另一为《宋思溪藏本大唐西域记》，含张说序。

③ 玄奘：《大唐西域记》，李锦绣著：《〈通典〉西域文献要注》，上海人民出版社2009年版，第5页。

是朝廷向世界展示大唐国威和弘扬大唐荣耀的一种形式。

的确，从历史的角度来看，玄奘对中国了解印度次大陆的地理知识做出了空前巨大的贡献。在自然地理学方面，玄奘因确定印度次大陆的基本地理形状、面积和参数而闻名于世。多亏了《西域记》，中国人开始对印度次大陆有一个整体的印象，这块次大陆东、西、南三面环海，北面是自然环境恶劣、终年积雪覆盖的喜马拉雅山脉。印度次大陆看起来有点像倒三角形，平坦的北面边界相当于斜边，东面和西面的边界在南面交会，类似于两条相邻边。当然，印度次大陆南面边界更像是弧形而非角状，由此倾向于比作玄奘所说的半月形。①

在人文地理学方面，玄奘也颇有建树。在政治层面，玄奘大师将天竺分作五大政治区划。在社会层面，《西域记》中记载内容的翔实程度远远超过了中世纪晚期的其他地理史籍。书中详细说明了当地的行政制度、法律、货币、军队、种族、礼仪、税收、时间概念、历法、村庄和城市及其居民、服装、食品、土特产和贸易商品、信件、教育、殡葬礼仪，当然还有佛教社会的发展情况。玄奘大师详细描述了天竺当时特有的种姓制度，这对东亚读者理解天竺文化大有帮助。

这些细节也有助于确定玄奘西行取经的真实性。此次取经行程非常漫长，所以《西域记》中关于天竺的部分也很可能借鉴了该地区旅行者之间共享的旅行指南之类的资料，毕竟这里旅客往来频繁，因而在这一方面共享资料的可能性极高。玄奘弟子辩机整理师父的笔记并编撰了《西域记》，书中清楚区分了玄奘西行取经实际去过的地方（书中称为“行”），和在旅途中听说或通过查看资料了解到的地方（书中称为“至”）。这种将第一手、第二手资料区分记述的手法在当时是一种非凡的创举，大大提高了《西域记》记载内容的可靠性。②

归因于此行带回来的这些信息，玄奘大师不只是因为远赴天竺朝圣而

① 玄奘原著，季羡林校注：《大唐西域记校注》，北京：中华书局 1985 年版，第 164 页。

② 玄奘著，水谷真成译：《大唐西域记》第 3 章，第 468 页。长泽和俊认为，慧立在参考《西域记》为玄奘立僧传时，并没有注意到辩机所用“行”“至”二字的区别，因此将《西域记》中记载的所有地方都视作玄奘亲自去过。所以，《大慈恩寺三藏法师传》与《西域记》中记载的玄奘大师西行路线并不完全一致。慧立著，长泽和俊译：《大慈恩寺三藏法师传》，第 287 页。

被人们长久铭记。例如，《旧唐书》和《新唐书》中都先提玄奘西行取经，然后才讲述天竺的政局。这是因为中国关于天竺的史料是从玄奘大师归唐之后才发展起来的，包括关于北印度戒日王尸罗逸多（今译名：曷利沙·伐弹那）（*Harsha*）死后当地武装叛乱的记载。大唐官方特使王玄策（活跃于7世纪）平叛有功，所以《旧唐书》和《新唐书》中有关于这一事件的详细记载。王玄策代表大唐出使天竺，恰逢当地叛乱，历经波折之后，这位大唐特使最终击溃并震服叛军。后来，王玄策率大唐使团游历天竺各地，获得当地敬献的各种奇药、宝石，并收集了许多传奇故事。[①] 将《旧唐书》《新唐书》和《西域记》中关于天竺的章节进行比较，我们可以清楚地看出，唐朝历史学家们在编撰史书的过程中参考了《西域记》中的许多内容，因为这本书中记载了许多史实的详细信息。[②] 其中包括这样的一些例子：天竺人喜着白色服装；天竺法律惩戒不忠不孝之人的方法包括劓鼻、割耳、砍手/足，更有甚者就是驱逐出境；天竺人的殡葬方式有三种：火葬（积薪焚燎）、水葬（沉水漂散）、野葬（弃林饲兽）。[③] 有意思的是，虽然《西域记》详细记载了天竺种姓制度中四个阶层的风俗习惯，但唐代史书中关于天竺的章节竟完全没有提到种姓制度。因此，囿于篇幅的总体限制，唐朝正史中关于西域的内容更侧重于阐述中外政治关系，史官们似乎并不愿意在正史中额外记述这些社会、文化、民俗、逸事之类的信息。不过，正史中也有一些内容（如上文所述实例）清楚显示，这些史官在撰写关于天竺的章节时，查阅了《西域记》中相关部分的记载。

《西域记》中关于天竺的记载不仅对中国影响深远，还对其他使用汉字书写体系、信仰佛教的许多国家，如日本和韩国也产生了很大的影响。这些国家也对探索更广阔的世界很感兴趣，但其兴趣主要集中在佛教发源

---

① 从648年开始，王玄策奉旨先后赴天竺进行了四次外交访问。王玄策平叛的大致情况请参考：Tansen Sen, *Buddhism, Diplomacy, and Trade: the Realignment of Sino-Indian Relations, 600 – 1400* (Honolulu, 2003), pp. 22 – 25。

② 《新唐书》与《旧唐书》中关于天竺的记载，请参考：[1] 刘昫：《旧唐书》卷198，第5306—5309页；[2] 欧阳修：《新唐书》卷221，中华书局1975年版，第6236—6237页。

③ [1] 玄奘：《大唐西域记校注》，第208页；[2] 刘昫：《旧唐书》卷198，第5307页；[3] 欧阳修《新唐书》卷221，第6237页。

地——天竺，因为这是佛教团体内部发展起来的系统化的宇宙观的关键组成部分。大量的证据证实了玄奘《西域记》对世人了解天竺和更广阔的世界的影响深远。例如，13 世纪晚期僧人及学者志磐引用玄奘《西域记》撰写了一部杰出的佛教世界地理著作：《佛祖统纪》（以下简称：《统记》），撰写于 1265 年至 1270 年。

南宋年间（1127—1279），朝廷编撰完两部关于唐朝的正史后不久，志磐模仿儒家的官方编年史的形式，利用从各种材料中提取的佛教、儒家和道教资料，从佛教的角度重述世界史。这部书中有两卷专门阐述关于世界宇宙学和地理学的内容（分别是第 42 卷和第 43 卷）。① 这两卷的内容与传统中国正史中与地理有关的部分的标准内容大不相同，传统正史中这部分的内容比较狭隘，首先专注于中国，对于世界其他地方则只涉及和中土有关的内容。志磐在自己的著作中明确批判了儒家的这种封闭保守、以中国为中心，对更广阔的世界视而不见的地理学思想。②

同时，在重构整个世界的过程中，志磐首先将宇宙形容成一个巨大的圆柱体。在宇宙的南边坐落着一小块陆地，称为赡部洲（*Jambudvīpa*），这是人类的领地。③ 中国位于这一世界的东部边缘，而非儒家地理常说的世界中心，连同西域、天竺一道，构成了三个明显平等的地区。志磐在书中将赡部洲而非中国作为人类世界的中心。赡部洲的中心是阿耨达池（*Lake Anoudachi*）（阿那婆达多池），志磐引用玄奘的说法，将坐落在天竺西北部的这一湖泊称为无热（恼）池。因此，世界的中心在天竺，而不是中国。

志磐《统记》中这部分关于地理的特别说明，比如对赡部洲的描述，与玄奘《西域记》中有关地理布局的说法非常相似。例如，《统记》和

---

① Hyunhee Park, "Influences of Xuanzang's New Space Production on Chinese Geographical Knowledge of the Western Regions from the Tang Dynasty Onwards", *Journal of Central Eurasian Studies* 4 (2016): 61 – 62.

② 参见 Hyunhee Park, "A Buddhist Woodblock-Printed Map and Geographic Knowledge in 13th-Century China", *Crossroads* 1/2 (2010): 55 – 78。

③ Hyunhee Park, "Information Synthesis and Space Creation: The Earliest Chinese Maps of Central Asia and the Silk Road, 1265 – 1270", *Journal of Asian History* 49 (2015): 129.

《西域记》中都记载了一条发源于昆仑山脉，流经塔里木盆地，最后流入大唐境内的黄河的河流。这一点也不奇怪，因为志磐大量借鉴了当时的地理信息，而其中大部分是关于中国和天竺之间旅行路线沿途的信息，这些信息大多是靠着玄奘等前往天竺朝圣的僧人编撰的相关书籍而逐渐积累下来的。[①]

《西域记》与《统记》之间也有着许多不同之处，这些差异源于儒家和佛教理念上的巨大差异。虽然玄奘和志磐都在著作中提出了佛教宇宙观，但玄奘仅仅做出一种简述，然后就回到较窄的地理视角。志磐则与之完全不同，他用了整整一章来描述一种由来自世俗与可能来自佛教的思想糅合构成的精致的佛教宇宙观。无论宗教信仰如何，玄奘的世界地理观中都包含一些中国中心论思想：比如，他将世界分为四大洲，颂扬中华传统美德，认为大唐文明是所有国家都应该尊崇的文明范式。[②] 可能玄奘这样也是迫不得已，因为《西域记》是奉旨编撰，成书之后必须呈交朝廷审阅。相反，志磐则没有这种政治方面的压力，因为他的著作不是在朝廷资助下撰写的。这也就可以解释为何志磐能如此坚决地避开当时中国文献中典型的中国中心论思想来撰写自己的著作。思想上的自由让志磐能够更深入地研究如天竺之类其他国家的地理情况。

显然，志磐认为天竺非常重要，因为他将其作为除大唐和西域以外，仅有的三幅世界区域地图的主题之一。这种编排世界地理的创新方式标志着志磐抛开了玄奘所遵循的中国规范。不过，玄奘对天竺的描述更为详细，这可能是因为志磐《统记》的篇幅有限。尽管如此，志磐所绘地图比玄奘的更能有效传达信息：读者看到《统记》中的地图就能对天竺乃至整个世界的地理情况一目了然。

志磐参考《西域记》，在地图上将天竺分为五部分，即北天竺、西天竺、中天竺、南天竺和东天竺，显示了玄奘眼中天竺的基本政治区划。多

① 志磐：《佛祖统纪》，《四库全书存目丛书》，第255—56页。全部三幅地图上都有西域，总的来说，这些地区是连接东部中国和南部天竺的重要区域。参见：Park，“Information Synthesis and Space Creation”，131－36。

② 玄奘：《大唐西域记校注》，第34—46页。

亏了《西域记》里详细的描述，志磐才能沿用玄奘书中的地名，并在地图上按照彼此之间大致的地理关系标注出这些地名。乍一看，这可能很难理解，因为图 1 中天竺的地理位置似乎与真实情况完全不符。但是，仔细观察就会发现这幅地图确实展现了印度次大陆特有的三角形地理特征，只不过方向略有偏差。只要稍微逆时针旋转一下地图，就可以看出图中的印度次大陆呈三角形。这是印度地图典型的呈现方式，事实上，许多将印度次大陆绘制成倒三角形的地图在志磐时代就已经流传开来，一代代日本等地的地图绘制者复制这些地图，令这些地图的副本一直流传到 18 世纪。[①] 其中有些地图是作为印度的象征性宗教地图绘制的，以反映佛教的宇宙观。但是，其中另一些则确实参考了诸如玄奘《西域记》等资料的记载，将地形绘制得非常详细。[②]

总之，从这种新的地图学角度来看，志磐对天竺地理认知的构建基于西行朝圣的佛学家玄奘大师从天竺带回来的地理信息。这让将天竺视为圣地的佛教徒受益匪浅，因为这种新的地理认知可以启发他们从佛教宇宙观的角度去观看世界，感受更广阔的天地。或许更重要的是，它让中国人，无论是否信仰佛教，都能凭借新知识所建立起的更具体的地理认知，将其世界观拓展到中土之外更广阔的世界。

## 结论　未来的研究方向

本文介绍了笔者新书中所展现的研究项目的目标和方法，希望进一步探讨关于地图学史可能的新研究方向。文中以分析例证的方法研究了中世纪中国的相关案例，以及佛教徒关于印度地理和制图的知识以及对印度的了解显著增加这一情况。同时，本文提供了很好的例子来说明这样一个事实：人们在扩大交往范围的同时，增加了自己对外部世界的兴趣，增进了

① 关于印度历史宗教地图的信息，请参考：Nobuo Muroga and Kazutaka Unno，“The Buddhist World Map in Japan and Its Contact with European Maps”，*Imago Mundi* 16（1962）：49 – 69。

② Ohji Toshiaki，*Echizu no sekaizō*［Portraits of the world in illustrated maps］（Tokyo，1996），135.

自己对外部世界的了解。玄奘吸收了早期探索印度次大陆的先辈们带回来的相关信息。但是，《西域记》中关于印度次大陆的记载的详细程度远远超过了早期关于这方面的中文著述。《西域记》展示了玄奘对天竺哲学和思想的浓厚兴趣。由于信仰佛教，在这位高僧眼中，天竺是最神圣的所在。《西域记》中包含大量关于地理特征和文化习俗的内容，但关于商品贸易的内容则相对较少，而商品贸易恰恰是早期关于这方面的书籍中重点记载的内容，因为这些关乎中国的商业利益和外交政策。玄奘将天竺作为整部著作的重点记述对象，这很容易理解。对玄奘来说，天竺是世界上最重要的地方，因为那里是佛教的发源地。但是对其他抱着中国中心论的中国人来说，那里不过是中国以外众多番邦地区之一。《西域记》也影响了此后中国，甚至东亚地区其他社会对印度的地理认知。毫无疑问，玄奘《西域记》从深层次上修正了中国人对印度的地理认知，并对中国文化产生了深远影响——16 世纪出版的中国文学四大经典小说之一《西游记》即受《西域记》启发而写成。

至此，笔者有如下假设待验证：中国关于印度的间接信息最早主要来自商人和外交官等短期旅行者，他们所提供的信息被编撰入官方或学术地理书籍中，人们通过阅读这些书籍来了解世界。但是，一些学者，如玄奘，在游历过程中积累了丰富的知识，并采用更系统的著述风格将这些知识编纂成书，书中内容比前人所记载的更为详尽，让中国读者对印度有了更深入的理解。笔者对中世纪早期至晚期欧亚大陆东西部地区关于印度的一些主要记载进行了进一步的比较研究，发现人们在形成新的认知印度的方式方面有惊人的相似之处，这些方式克服了当时社会中普遍存在的思想桎梏和偏见。

本文最终旨在探索相似和不同的历史背景及条件，对前现代社会了解更广阔世界的地理知识产生了怎样的影响和限制。世界历史领域的先驱杰瑞·本德利（*Jerry Bentley*）认为，前现代跨文化接触对不同社会文化模式的塑造产生了深远影响。[①] 我们还可以看到，前现代跨文化接触是在不同

① Jerry H. Bentley, *Old World Encounters: Cross-Cultural Contacts and Exchanges in Pre-Modern Times* (New York: Oxford University Press, 1993).

历史背景下、分阶段发展起来的，而且对后来的相互交往产生了深远影响，欧亚大陆东西方社会与印度的交流就证明了这一点。本文还展示了如何通过古代地图来追溯更广泛的历史现象，如各种世界观、知识流和跨文化接触中的技术发展，以及随着时间流逝它们对特定社会的变革所带来的影响。虽然前现代印度本土地图没有流传于世，但笔者经过比较研究发现，前现代时期，印度通过与非洲—欧亚大陆各民族的跨文化接触，在世界地图绘制史上也发挥了重要作用。

# 二 地图、历史与文化

# 试论地图上的长城

李孝聪*

在中国地图上画出长城，作为一个具有鲜明地标性的符号，由来已久。中国古代地图上表现长城从什么时候开始？中国传统地图上描绘的长城，是什么时代的长城？是否明代地图上显现的长城就一定是明代修筑的边墙？中国地图上的长城究竟代表着什么？为什么历代地图要画出长城？中国古代地图怎样表现长城？明长城如何分布又怎样在地图上表现？这是人们通常会提出的问题，也是这篇论文要回答的问题。

地图能够形象地表现长城及其附属边防设施的分布和形制，地图能够真切地反映数百年前人们是如何用图像、图形和符号的形式表现他们眼里看到的长城。作为第一手史料，古代长城地图能够与传世描述长城的刊刻本文字史料相互印正，共同组成描绘中国长城不可或缺的资料性篇章。

鉴于传世明清时期编绘的长城地图既有表现明代长城整体布局的九边图，也有各边镇管辖地段的明长城局部图、边镇战守图说、长城沿边城堡驻防图，还有明代维修长城时绘制的工程图等类型。因此，本文从不同类型的长城古地图中选取有代表性的地图，首先，按照长城在中国古代地图上出现的时代先后和图面表现的内容，展示历代疆域地图中怎样标识长城，阐释标识长城的地图的真实含义；其次，展现传世明清时期绘制的专题性长城地图，分析长城地图的类型，解读长城地图的内容，以期比较全面地反映明清时期编制长城地图的概貌。

---

* 李孝聪，上海师范大学人文与传播学院、北京大学中国古代史研究中心教授，博士研究生导师。

长城，从其起源时期的春秋战国时代起，即作为列国为保护自己的领地不被外部势力侵犯，而在边境地区修筑的长墙式的军事防御工程。在亚洲东部内陆长期保持着北方草原与中原适宜农业种植地区的地理差异，因草原地区游牧经营难以自身消化畜牧产品，马背上的民族生存又必须依赖与农耕地区的产品交换，所以长期以来东亚大陆始终存在着游牧社会与内地农业社会之间持续不断的冲突与交往。因而，中国历代王朝在北方农牧交错带修筑长城的主要目的是保护农耕地区避免或减少游牧部族侵扰抢掠带来的损失，化无序的抢掠为有序的边贸互市。长城整合了中国的农耕与畜牧两大地域，长城是国家政权强盛的表现，长城是中国政治的延续。“横漠筑长城，安此亿兆生”，秦始皇将列国长城连筑成一条万里长城更曾彪炳史册，妇孺皆知，成为明代以前长城的象征。许多王朝也将筑长城作为一项国策，长城便以极雄伟的军事工程形象成为中国古代王朝政治作为的表征，那么在显示中国疆域版图的古代地图上当然要表现这一有着特殊政治含义的标志性地物。

鉴于历代长城基本上沿着农牧交错地带修筑，长城不但是自然地理环境的分界，也是农业社会和游牧社会经营方式的分界，从而界定了长城的概念和内涵，并不是所有出现在中国各地长墙式的军事防御建筑皆可以被称作长城。由此，历史上的长城进一步被人为地演化为“华夷”与“胡汉”思想文化分界的地理界标。自宋代以来传世的地图中，一些古地图画出了明以前修筑的长城，从长城的走向和地理位置来看，表达了当时中国人对秦汉长城基本走向的认知，也传达了当时中原王朝“华夷”与“胡汉”分野的传统文化思想。

明朝为应对蒙古各部的侵扰，立国之初就开始修筑长城边墙，明中叶以后边墙的修筑更加完善并连同边堡、墩台组成复杂的长城防御体系。也恰恰是从明朝中叶以后，表现长城边墙的专门地图多起来，着力描绘九边各镇防区的长城墙体、边堡、敌台、烟墩等军事建筑设施，同时表现长城内外的地理环境和社会生活场景，还有专为展现边墙如何修筑的工程地图。

清朝前期，顺治、康熙年间因政权新立，内外蒙古形势尚未安宁，对长城的防御尚有依赖，因而陆续在明代舆图的基础上重编或新绘长城舆图。

现存明、清时代绘制的长城地图体现了当时人们对长城的认识、描绘和表现力。无论是表现长城整体走势或局部地段的分布，还是表现长城及其沿线防御设施（城池、关隘、边堡、烽燧）的位置关系，或具体描绘长城墙体的建筑结构，其重要性在于长城地图具有文字表述所无法实现的历时性和真实性。

## 一　明代以前标识长城的地图

据不完全统计，现存明代以前标识长城的地图有：

北宋（1117—1125）编制、1136 年刻石的《华夷图》；

南宋绍熙元年（1190）黄裳编制、淳祐七年（1247）刻石的《墬理图》；

北宋元符（1098—1100）税安礼编制、南宋淳熙十二年（1185）赵亮夫增订刊刻的《历代地理指掌图》中的四幅均画了长城；

宋代编制、元朝卢天祥刻石的六经图碑，其中三幅地图画长城；

北宋志磐撰、南宋咸淳（1265—1270）刻本《佛祖统纪》附《东震旦地理图》，元刻本《契丹国志》附《契丹地理之图》，金贞祐二年（1214）编制《陕西五路之图》，元至顺间翻刻宋陈元靓《新编纂图增类群书类要事林广记》均画出今陕西、甘肃、青海部分地区的长城走势。元邹季友《书集传音释》附《禹贡九州及今州郡之图》，增画了贺兰山一段长城。

上述地图上画的长城基本走势为：东起朝鲜半岛，向西穿越辽东、辽西，沿今辽宁、河北、山西北部的系列山脉的北侧向西延伸；从黄河河套东北处跨过黄河，斜向西南，经今陕西北部，止于甘肃临洮。

这些地图上描绘的长城究竟是哪个朝代修筑的长城？北宋以前的地图是否标有长城？

目前考古发现年代较早的甘肃天水放马滩秦墓出土地图、湖南长沙马王堆汉墓出土地图皆未画长城，其他传世古地图亦均未标长城，如果不是因为存世古地图数量不多，尚难以取证，那么就只有从宋代人绘画长城的用意来思考了。

宋人的地图绘有长城是有用意的，但并非所有宋代绘制的舆图都标有长城。譬如：北宋元丰年间绘制、1136年刻石的《禹迹图》，北宋宣和三年（1121）重刻的《九域守令图》，南宋咸淳年间（1265—1274）绘制的《舆地图》（拓本藏日本京都栗棘庵），虽然表现的地域范围差不多，却都没有画长城。说明宋人是否在地图上标有长城，表达的是一种有意表现"华夏"与"外夷"，或者"汉"和"胡"判然有别的象征性。另有一层含义似乎也不能忽视，就是这类地图还表达了华夏（汉）与外夷（胡）整合在一起的观念。中国人在地理空间上对畿内、徼外地域的看法是轻重有别的，表现在地图上就是所占面积的多寡，长城内外的地域一向比东、西、南三面的徼外之地描绘得多，应当是长城内外胡汉一体观念的表达。

大多数宋代地图上标出的长城都一致地从辽东半岛斜向西南，横贯今陕西北部，延伸至甘肃洮河。很难确指这是哪个时代修筑的长城，实际上它可能是将秦始皇修筑的各段长城按照宋人的观念表示出来。而宋人的观念是以北宋与契丹、北宋与西夏划界时的理想疆界来体现。

如今考古发现与地理学的分析证实，这条呈东北—西南走向的长城，恰恰是适宜农耕的地区与游牧地区的分界线。说到底，还是夷夏或胡汉观念的表示。自从宋人地图如此表示长城以后，一直到明朝中叶以前的中国古代舆图，凡标有长城者，皆采用这种画法。

既然明朝以前所绘地图上的长城描绘的是秦朝长城的走向，那么明代地图上表现的长城是否一定是明朝修筑的边墙呢？

杨子器跋"舆地图"上的长城表现的是明朝嘉靖以前的形势，因为那时明长城尚未全部筑就，图上描绘的长城依然是秦长城。喻时编制"古今形胜之图"时，依据天顺刊本《明一统志》而集成此图，图上画的长城，也不是明长城，而是秦朝修筑的长城。甚至迟至万历二十一年（1593），南京吏部四司刊刻梁辀镌刻的"乾坤万国全图 古今人物事迹"，图上依然表现的是秦长城。

万历中叶明长城早已成就，为什么还要画秦长城呢？我们从梁辀任职常州府无锡县儒学训导不难看出，明朝人绘制的舆图上没有表现明代修筑的长城，倘若不是因为万里长城尚未筑就，那么只能从编制地图的目的不是显示戍边，而是地方上为了宣导儒家的教化，依然不忘以长城来体现“华夷”与“胡汉”分野的传统思想。

嘉靖中叶以后，由于修筑边墙与筑堡屯守结合成为明朝边防的战术防御体系，不但完成了从辽东至陕西、宁夏万里长城的修筑，而且层级配置边镇、卫所、边堡的备边体制业经完善，长城沿线的九个边镇也成为与北方长城关联的概念。自此以后编制的舆图上描绘明代长城的真实走势，则是为了显示明代“九边”的防御体系。最典型之例就是罗洪先编制的《广舆图》图册，其中舆地总图、两直隶十三布政使分图均不画长城，而单独“作九边图十一”幅，边墙、卫所、边堡尽显图上，罗氏述其要旨“王公设险，安不忘危，夷夏大防，严在疆围”。由此可知明代舆图上如何表现长城的两种寓意。

清代的地图，无论康熙、雍正和乾隆三朝分别编制的《皇舆全图》，还是其他的全国总图或直省全图，都一律标绘出长城。清代地图上表现的长城为明代修筑的边墙，应当不会有任何疑问，不在讨论之列。究其内涵实际上表明清朝的疆域由直省、满洲、藩部三大区域组成，三大区域实行不同的行政管理制度。长城以内的18直省实行总督、巡抚及所属的省府厅州县制；长城以外的满洲实行盛京、吉林、黑龙江三将军所属副都统辖区驻防制；内蒙古实行盟旗制，外蒙古实行乌里雅苏台定边左副将军所辖科布多参赞大臣、喀尔喀蒙古四部旗制；青海实行西宁办事大臣统辖的部旗、土司制；西藏实行驻藏大臣办理事务制；新疆实行伊犁将军所属都统、参赞、办事、领队大臣统领制。尽管清廷对满洲、藩部的管理在清末有所改更，但还是与长城以内的直省地方行政体制有别。

所以，从山海关至嘉峪关的部分明长城作为直省与满洲、藩部之间的区域分界标志，一定要在地图上给予凸显，其寓意已经不能与前朝同日而语了。

## 二 明代修筑长城与长城地图的绘制

今天人们最容易看到的、保存较完整的长城，是明朝修建的边墙。明长城东起辽宁宽甸县虎山南麓鸭绿江，西达甘肃嘉峪关南红泉墩，横贯今辽宁、河北、天津、北京、内蒙古、山西、陕西、宁夏、甘肃、青海十省、市、自治区，全长8851.8千米。但是明长城的修筑并不是一蹴而就，而是分阶段、分地段陆续修筑的。明朝立国之初，国势强盛，曾分兵进击漠北，经略松辽，打通河西，将边界推进到大兴安岭以西、黑龙江流域。可是，明代始终无力彻底解决北方游牧民族对农耕地区的压力。朱元璋曾接受朱升“高筑墙”的建议，筑城设防的意识很浓。所以，有明一代的200多年中，几乎没有停止过长城的修筑，尤以明朝中叶以后修筑长城的规模最大。

### （一）明朝前期（1368—1448）为备边而修长城

永乐年间为加强京师北京周围的防御，在燕山隘口险要处修筑石墙，但未连成整体的边墙。永乐十年（1412），“敕边将自长安岭迤西讫洗马林筑石垣，深壕堑”①，增建烟墩、烽堠、戍堡、壕堑，局部地段将土垣改成石墙，重点是北京西北至山西大同的外边长城和山海关至居庸关的沿边关隘。“自宣府迤西迄山西，缘边皆峻垣深壕，烽堠相接。隘口通车骑者百户守之，通樵牧者甲士十人守之。武安侯郑亨充总兵官，其敕书云：各处烟墩，务增筑高厚，上贮五月粮及柴薪药弩，墩傍开井，井外围墙与墩平，外望如一，重门御暴之意常凛凛也。”② 明前期的北方备边措施仅仅是局部地段修筑边墙，尚未构成完整的长城。目前尚未发现明代前期绘制的长城图。

### （二）明朝中叶（1450—1566）长城的修筑

正统十四年（1449）“土木之变”以后，蒙古瓦剌、鞑靼部不断兴兵

---

① 《明史》卷6《成祖本纪二》，中华书局1974年版，第90页。长安岭在今河北怀来县城北，洗马林位于今河北怀安县北境。

② 《明史》卷91《兵志三·边防》，中华书局1974年版，第2236页。

犯边掳掠，迫使明王朝把修筑北方长城，增建墩堡作为当务之急。辽东、京师东西、山西、陕西、宁夏、甘肃等地的长城皆自明中叶以后开始大规模兴筑。明朝还沿边墙划分九边镇分段统御，“初设辽东、宣府、大同、延绥四镇，继设宁夏、甘肃、蓟州三镇。镇守皆武职大臣，提督皆文职大臣。又以山西镇巡（抚）统驭偏头三关，陕西镇巡（抚）统驭固原，亦称二镇，遂为九边”①。弘治间，又设“总制全陕三边军务”于固原，连属陕西诸镇，嘉靖十九年（1540）避“制”字改“总督”；复设山西三关总督于偏、同，连属山西诸镇。

明朝将长城沿线划分为九个防区，称为“九边”或九镇，当九边长城全部竣工之后，明廷兵部要求职方清吏司的主事主持绘制各镇边图，以显示长城扼塞险易，卫所边堡之分布。为此，明代兵部职方司陆续编绘了九边图及长城各镇边堡图说，以凸显九边形势，利于军事控守。目前传世的“九边图”大多绘制于嘉靖年间。

### （三）明后期（1567—1620）长城的重建、甃砖和改线

隆庆、万历之际，蒙古族俺答部与明王朝议和互市，北方边境稍安，边患主要来自东北的女真族，万历年间主要重修辽东边墙。山海关至嘉峪关之间的边墙重建工程主要是在长城上建骑墙空心敌楼，易以砖石，强固防御，局部地段改线重建。万历二十六年（1598）大、小松山战役以后，甘肃镇拓新边，新边长城东与黄河东岸的固原镇裴家川长城隔河相望，西与甘肃镇古浪所、庄浪卫（今甘肃永登）旧边相衔接。为显示长城的重建与拓展新边，明后期表现边墙各段防区的长城工程图屡屡出现。

是故，明朝中叶以前所绘地图上的长城，从辽东半岛经京师、山西北部，转向西南，经榆林斜穿过陕西，而止于甘肃临洮，并不一定是明代长城的真正走向，很有可能仍然是传统观念或根据秦长城走势形成的意向中的长城。只是到嘉靖（1522—1566）以后绘制的地图，才开始表现真正的明代长城。明代中期以后，曾经争论不休并反复实践的“修边/摆边”和“筑堡/守堡”两种军事策略，逐渐演化成筑边和守堡占主体的一种战术防

---

①（明）魏焕《皇明九边考》卷1《镇戍通考·沿革》，嘉靖刊刻本。

御体系。隆庆、万历年间在原有边墙的基础上不断夯实墙体、挖深壕堑、局部改筑、创筑新边。随之表现长城九边镇卫、所的专门地图多起来，并注重表示各镇防区内长城的墙体、边堡、敌台、烟墩等军事建筑，以及长城内外的地理环境。而且在地图上表现长城的风气随着中国地图传到域外，外国人绘制的地图上如果表现东亚地区或中国，也陆续标绘有长城，这也成为判别绘图时代的标志。

## 三　清代长城的修筑与长城图的绘制

清朝前期，由于发生大同姜瓖兵变，又要绥和内、外蒙古诸部，尤其是康熙朝平定噶尔丹之叛乱，需要对京师周围和宣府、山西的长城、边堡有清晰的了解，因此谕令当地官署重新绘制了长城边口舆图。

尽管通常认为清朝是不修长城的，但是，有清一代由于一时情势紧张之需要，曾经对局部地段的明代边墙有过重修或补筑的工程，因而为了使清廷明了明朝边墙的分布和内外防守形势，清廷也曾经要求明长城沿边府州编制长城舆图，送呈中央。清廷对长城内外的管理上是有区别的。长城以内为直省制，长城以外是将军辖区。所以，无论是全国总图，还是各地区舆图，清朝的地图总是要明确地绘出长城。另外，为了限制农耕、放牧两大地区的物质交换和人员往来，清朝在东北地区竖起一条“柳条边”，沿边开设关门。“柳条边”虽然不是长城，但是在清朝的地图上“柳条边”却是必须表现的内容。

长城既可以看作军事对抗的产物和手段，也是国家实行有效管理的方式，故兼有御外制内之功。在古代中国的正统观念中，长城更被看作华夏与外夷的分界线，或者说胡、汉分域的象征。因此凡是表达这一思想的地图都千篇一律地画出长城。长城在中国古代舆图上起着地标的作用，而现代地图则将长城作为中华文明和人类文化遗产来弘扬。由此可见，长城在中国地图上已经成为一种观念性的界线标志，成为中国乃至一些世界地图上必须标志的地理要素。

## 四　长城专题地图的类型

最有特色的长城图，主要是指专为表现明代长城的专题地图，尽管这些传世长城图几乎都是描绘明代修筑的长城，但是并不全是有明一代绘制，也有一些长城专题舆图是清朝绘制的。明清时期编绘的长城专题舆图可以分为以下几种类型。

明、清两代都编制了展现明朝修筑的长城边墙整体的舆图，以描绘明代全部九个边镇统辖长城的“九边图”最为代表；同时，各边镇还分别编制展示一镇或数镇连属的长城边墙舆图，形成两个系列。

### （一）九边图系列

由于明朝嘉靖年间从辽东至甘肃河西走廊修筑的边墙已经基本连成一体，九个边镇亦陆续组成，因之曾有通晓边务、尽知关塞险易，在兵部主事者编制出描绘九镇防区现状的长城边图。见于文献著录的九边图或边镇图志，多编制于嘉靖、隆庆至万历这段时间，如：

嘉靖三年（1524）郑晓《九边图志》；

嘉靖十三年（1534）许论《九边图论》三卷；

嘉靖二十年（1541）魏焕《皇明九边考》；

嘉靖三十四年（1555）罗洪先《广舆图》附九边图；

嘉靖四十年（1561）霍冀《九边图说》，马一龙《九边图说》，陈锜《九边图说》，吴元乾《九边图志》；

嘉靖二十八年（1549）翁万达《宣大山西偏保等处边关图说》，《宣大山西诸边图》一卷；

嘉靖三十八年（1559）职方郎范守己《筹边图记》三卷，刘昌《两镇边图说》二卷；

万历三十年（1602）申用懋九边图，可见诸长城边防图籍的绘制均不超出嘉靖至万历朝阶段①。

---

① 明代编制九边总图（论、说）不止以上数种，但多不传世，参见王庸《明代北方边防图籍录》，收入氏著《中国地理图籍丛考》，商务印书馆1960年版。

从郑晓、许论、魏焕、霍冀等人的经历考察，凡编制明代九边图者，皆曾任兵部职方清吏司主事，因而能够涉足边镇戍务。魏焕撰《皇明九边考》引云："兵部职方清吏司掌天下地图、城隍、镇戍、烽堠之政，其要害重大者莫如九边，而事之不可臆度者亦莫如九边。"① 同书《凡例》记"九边图因职方司旧本，增以近年新设边墙、堡堑，以备披阅"。由此可知，由兵部职方清吏司编绘长城边防地图乃为明代的制度惯例，这也为九边图、诸边分图，舆图附论与否，奠定则例。

但是，以上撰述长城边防的舆图大多已经不存，无法睹其全貌，辨其异同。许论《九边图论》曾有一副本保存在其乡里灵宝县，现收藏在河南省三门峡市博物馆。目前传世的九边图虽然有许论的题款，却不是许论的原绘本，而是明代嘉靖后期在兵部职方清吏司任职的官员根据嘉靖十三年（1534）许论著《九边图论》所附九边图或职方司旧本重新摹绘，不仅图上增加了一些时代稍晚的内容，而且画法风格亦相近。唯有万历三十年（1602）申用懋绘制的一幅九边图，在风格、形式和内容上均略显不同，并且增加了各镇兵要形胜的文字图说。郑晓编制的九边图虽然在许论之前，尚难知其内容和形式，只是因为许论的九边图摹绘本传世较多，故一般常见的刊刻本或彩绘本，或皆假许论之名。

传世至今的九边图系列有：

1. 辽宁省博物馆藏彩绘本九边图

明代嘉靖末年，绢本墨绘设色，由 12 个条幅组成，每条幅纵 208 厘米、宽 47.3 厘米或 55.4 厘米，全图横宽 600 厘米。用青绿重彩平立面形象画法，描绘明代辽东、蓟州、宣府、山西、大同、榆林、固原、宁夏、甘肃九镇长城边墙、关塞及沿边卫、所、营、堡、驿城的分布；长城以外画有蒙古各部驻牧的营帐。在第十一屏幅上题有"嘉靖甲午四月六日灵宝许论识"的墨书款文，但辽东镇图上已经绘有嘉靖二十五年（1546）增筑的孤山、险山、散羊峪、江沿台等边堡，可知系兵部职方司根据嘉靖十三年（1534）许论原图摹绘。图上汉字注记旁皆添加满文注音，说明此图原系明人绘制，明亡后流入清宫廷内府，由清人加注，以供清帝观览②。

① 魏焕《皇明九边考》引，及凡例。
② 王绵厚：《明彩绘本九边图研究》，《北方文物》1986 年第 1 期。

2. 中国国家历史博物馆藏彩绘本九边图

明嘉靖后期，绢本青绿墨绘着彩，由12条幅组成，纵184厘米、横宽665厘米。从右向左依次展现明代辽东、蓟州、宣府、大同、偏关、榆林、宁夏、固原、甘肃九处边镇的山川、边墙、关塞、卫所、边堡等内容，长城外描绘蒙古部族的营帐，全部汉文注记。在第十一条幅上部有许论题款的序文，文末墨书“嘉靖甲午四月六日职方清吏司主事灵宝许论识”。由图内出现嘉靖十三年以后新建边堡可推知该图亦系兵部职方清吏司根据嘉靖十三年（1534）许论原图摹绘，而假其名。此图形式和内容均与辽宁省博物馆藏九边图相近，且完整无缺，然出自不同画工之手。

3. 中国国家博物馆藏申用懋彩绘九边图残本

明万历三十年（1602）兵部职方司郎中申用懋制，绢本色绘，长卷纵43厘米、横174厘米。缺失右卷首辽东、蓟州、宣府三镇图，残图始自大同镇，仅存大同镇图、山西镇图、陕西镇图、宁夏镇图、固原镇图、甘肃镇图。每幅图的上部为九边图论的图说，描述九边各镇分路设边、边堡冲要等守御形势，下部绘本镇舆图。左卷尾上部为“万历壬寅职方司郎中申用懋谨识”的题记。申用懋的九边图与所谓许论的九边图摹绘本相比，画法略显粗糙，但是图上增写图说，新增地名，诸城堡均注记守将官职，可补史籍之不足①。

4. 首都图书馆藏彩绘本九边图

明崇祯后期，绢本彩绘，凡十轴，第二轴佚，现存九轴。每轴长约148厘米，全图横长近1500厘米。原图无名，收藏者汪申伯根据内容称为“九边图”。该图以青墨重彩的形象绘法，描绘东起辽东，西抵西域的明代九边镇山川、边墙、镇城、卫所、营堡、墩台、驿站等长城防御设施，用红线表示道路，诸城堡均注记守将官职。图上明代建置的名称和方位多有错讹、偏差或漏绘。图上在长城外形象地画出人物、蒙古包、马牛羊等蒙古牧民放牧的场景，代表九边图另一谱系中的特点②。

---

① 周铮：《彩绘申用懋九边图残卷》，曹婉如等主编《中国古代舆图集（明代）》，文物出版社1994年版，第101—106页。

② 赵现海：《首都图书馆藏明末长城地图〈九边图〉考述》，《古代文明》2012年第2期，第83—87页。

5. 台北“故宫博物院”藏木刻墨印本九边图

明万历朝编制，木刻墨印，11 条幅图拼合相连成一册，纵 60 厘米、横 166.5 厘米。详尽表现长城沿边的山川、海疆，边墙、烟墩，府州县城、边镇卫所、营堡等要素，城址皆用方形城堞符号表示，以大小区别其等级。计“第一辽东镇图”“第二辽东山海关图”“第三蓟州镇图”“第四蓟昌宣府图”“第五宣府镇图”“第六大同镇图”“第七山西镇图”“第八延绥镇图”“第九延绥宁夏固原镇图”“第十临洮镇图”“第十一甘肃镇图”。每幅上端为九边图论文字，说明本镇的形势、要害、边夷等，下部画本镇图。“临洮镇图”文字述及万历二十三年（1595）设置临洮镇以后的形势，图上已显示万历二十五年（1597）兰州以北红水河堡新开边墙。推知此图为万历末叶以后（1597—1643）的刻本，显然内容已经不止九边，却仍然冠以九边图名。由于图左缺少甘州卫所属边墙、边堡和嘉峪关，故推知此图并非完帙。

北京中国第一历史档案馆保存明万历朝纸本木刻九边图印本一套，亦 11 条幅图拼合相连成册，纵 33 厘米、横 330 厘米，与台北“故宫博物院”藏木刻本九边图一致，但是不缺甘肃镇嘉峪关段。

6. 台北“故宫博物院”藏彩绘本北方边口图

明朝后期，纸本长卷墨绘，青绿设色，纵 60.5 厘米、横 648 厘米。右卷首起自辽阳镇鸭绿江口，卷尾至嘉峪关，描绘明代边墙内的边城、卫、所及道路的分布情势，详细标绘边墙各口和边堡，注记道路至相邻州县、卫所、边堡的里程。图上依次标注第一辽阳镇、第二山海镇、第三蓟州镇、第四蓟昌宣府镇、第五宣府（镇）、第六大同镇、第七山西镇，延绥镇、宁夏镇、固原镇、甘肃镇均不写序号。图上已展现辽东镇宽甸六堡、兰州北边的红水堡新边，殆为万历中期以后的作品。该图有很多错字、异体字，以及未填写的空白框，推测此图可能系明代后期九边图之摹绘稿。

7. 梵蒂冈藏清康熙长城图

清康熙年间，绢本墨绘设色，长卷纵 23 厘米、横 355 厘米，现藏梵蒂冈教廷人类学博物馆。右卷首起自明长城的嘉峪关，左卷尾止于山西大同城，描绘从山西大同至河西走廊嘉峪关之间明长城内外的山川、城池、营堡，以及长城外蒙古部族放牧的生活场景。图上仅表现明代九边的甘肃镇、宁夏镇、延绥镇和大同镇管段边墙，卷尾没有完整地显示大同镇管辖的全部边墙（堡），由此推断图卷有残缺而非完帙。该图方位上南下北，未遵循九边图从长城内向外透视的常例，而是从长城外望向边内，其形式与中国第一历史档案馆藏明代彩绘本《两河地里图》相似。根据图内贴签涉及“噶尔旦”的注记，推知此图为康熙平定蒙古噶尔丹之乱时清廷兵部所制，故依照清朝讳例，图内杀胡口堡改作“杀虎口”，平虏卫改名“平鲁衞”。结合《清圣祖实录》记载康熙三十六年（1697）西巡途中每日经停的边堡地名，与梵蒂冈藏长城图上画的边堡和红线道路比对，几乎出入不大。所以，梵蒂冈藏长城图应与康熙西巡时谕令官员勘明去宁夏道路之事联系起来，目的了解西北各边镇的道路与形势。

明清两代描绘长城的舆图，多是采取从长城内向长城外看的视觉方位，即长城内在图的下方，长城外在图的上方。由于长城并非全部走向都是从东向西的分布，所以长城的局部地段也可能出现近乎南北的纵向分布。譬如：辽东镇辽河套边墙，延绥、宁夏、甘肃镇的部分边墙，多数地段都不是水平方向，而有所偏斜。因此，即使明、清长城地图标志“南”“北”方位，也不能和大多数府厅州县舆图相比，而更应看重是从长城的哪个方向透视。是从长城内向边外瞭望，还是从长城外向边墙内探视。从目前掌握的海内外所藏长城舆图来看，采用方位上南下北，即长城外在舆图的下方，长城内画在地图的上方是不多见的。凡此类长城舆图则必定会描绘蒙古诸部的放牧场景。

### （二）分镇边墙图系列

分镇系列边墙舆图显示长城某一边镇统属的长城，或数镇连属的长城边墙，而不是全面描绘九边长城整体。

自明成祖迁都北京以后，为加强京师的防御，防范北方蒙古诸部的反复侵扰，在北京周边山地兴筑了数道长城，因修筑先后和位置之别，遂有内边长城、外边长城和小边长城、大边长城之分。明代中期以来形成的内、外长城御边军制为分镇绘制边墙舆图的范围框定了架构。

清朝灭明，移都北京。顺治初立，由于发生大同姜瓖兵变，又要绥和内、外蒙古诸部，尤其康熙朝用兵蒙古平定噶尔丹之叛乱，大军辎重进出边墙，需要熟悉长城各边口的形势和道路，以严加掌控，因此谕令当地官署呈送或由内务府造办处舆图房重新绘制长城各边镇的地图①。

表现明朝的内边墙三关（居庸关、紫荆关、倒马关）的长城图册，用《居庸关图本》和《南山图本》命名，都是描绘起自京师东北渤海所火焰山营城与蓟镇长城交界处，经过柳沟城、八达岭、蜿蜒于燕山、太行山上，由昌镇、真保镇守御的内长城。居庸关图本覆盖范围延伸至紫荆关、倒马关的内长城边墙，而所谓南山图，仅表现八达岭居庸关东西两侧的边墙、城堡、墩台，覆盖范围不包括太行山段的内长城边墙（表现马水口至紫荆关、倒马关段边墙），所以图面内容较居庸关图本更细致，尽可能详尽地表现崇岗复嶂间的边墙、关隘、水关、边城和烽火台，可补文献记载难以清晰辨析位置之不足。

清朝前期，用兵内、外蒙古，需要了解京师北部长城边墙、边堡的防御布局，所以可能沿用截获的明代遗存长城九边之宣府、大同两镇舆图，或以明代未竟图本为基础重新贴签。宣府镇边墙，东自四海冶镇南墩，接顺天府蓟州镇火焰山墩起；西至西阳河南土山墩，接大同镇界牌墩界止，延袤一千一百十五里。因昌平镇、真保镇分管的内长城，听宣大总督节制，所以，《宣府镇图本》既要显示外长城边墙，也会表现内长城边墙，右卷首起宣府镇与蓟州镇接界处之高山墩、大尖山墩、火焰山墩、镇南楼，左卷尾止于与大同镇交界之西阳河（堡）、西界台、掠儿岭（堡）；描绘宣府镇统管的长城边墙、边墩和边堡。覆盖今河北张家口、怀安、蔚县、阳原、怀来、赤城和北京延庆地区。《宣府镇图本》对内、外边墙、各关口城堡、墩台及衔接道路的描绘极为细腻，比较清楚地显示出石墙、关城、烽礅的名称和分布。这对调查研究明长城遗址保护是很有用的史料。

① 参见北京中国第一历史档案馆藏原清宫内务府造办处舆图房活计档《天下舆图总折》，记录自康熙二十四年至雍正十二年（1685—1734）之间内务府造办处保存的各类舆图图目。康熙四十八年十一月初四日，本房传旨交来直隶居庸关图贰张、直隶南山图贰张、直隶宣府镇图贰张；康熙四十八年十一月初四日，本房传旨交来山西大同镇图叁张、山西东西中路边墙图叁张；康熙四十八年十一月初四日，本房传旨交来陕西三边图壹张、陕西甘肃镇图壹张、陕西延绥镇图壹张；康熙四十八年三月二十八日，奉旨交来长城图壹张；康熙四十八年十一月初四日，奉旨交来九边图壹张。

《大同镇图本》大同地区，川原平衍，虽北部有山却难以设险，草原部族南进多取此道。所以明代反复修筑大同镇边墙，力求高拱完固，曾筑有内、外两重边墙，边堡、烽墩林立，以为极边。明代大同镇御边守堡有术，详载于史册，更编制了大同镇舆图。现已知描绘大同镇的图本达26册之多，却均为清朝初叶顺治、康熙朝绘制，绘画简明而略显粗糙，色调偏深，非明朝绘图风格可比。清代《大同镇图本》，右卷首起自平远壹墩，与宣府镇图之左卷尾相衔接；左卷尾止于将军会堡，与偏头关镇接界。按各边堡控制长城墩台的号数依次排序，首尾相接。图上不书写文字，注记全部写在纸签上，贴在相应的城堡内或边墙下沿。墨书汉文贴黄签，有些图本贴满文红签，边墙下的注记叙述各边堡负责守御边墙、墩台之起止号数。所有清代《大同镇图本》凡涉及“虏”“胡”字名称，已经改写“鲁”“虎”，而非挖改，可知其绘制不早于清朝立国。清绘本《大同镇图本》通常会出现差错，并做涂改，主要是边堡名称位置搞错，各册图中同一地物的位置出现差异，反映清朝绘制此类长城图时之仓促。

### （三）战守图说系列

战守图说往往采取一图一说的形式。用地图显示九边各镇防区内的长城墙体、边堡、敌台、烟墩等军事设施的分布和样式，采用“黄为川，红为路，青为山”的明代习用青绿山水画法；图说则以镇、卫、所、营、堡为单位，叙述营造缘由、方位四至、建筑形制、守将官职、兵马数目、险易形势、道路里程和战守要领。战守图说系列皆为左文右图，各具图题，方位上北下南。

明朝不仅营筑沿长城边墙的关隘、卫所城池、营城、边堡，构成纵深防御体系，而且形成一套绵密的战守理论、用兵战术和推陞选补、量才授任的制度。明代霍冀《九边图说》卷首附题奏云：“各处府州县大小繁简冲僻难易不同，吏部通将天下府州县逐一品定，为上中下三等，遇该推陞选补，量才授任。其地方将官所在地方，兵部亦以边腹冲缓，分为三等，遇该陞调，照此施行，钞奉到部。咨各镇督抚军门，将所管地方开具冲缓，乃画图贴说，以便查照，随陆续开报前来。本司稽往牒，参堂稿，东起辽左，西尽甘州，每镇有总图以统其纲，有分图以析其目，某为极冲，某次冲，某偏僻，某切近敌巢，某极单弱，与一镇之兵马钱粮数目，无不毕具。不维思患预防，而各镇之地利险易，各边之兵马多寡，一开卷而洞悉矣。"[①] 此题奏揭示明代绘制的长城图还要附图说的要义：为了长城边墙防患于未然，不仅需要用地图形象地表现长城边墙、城堡的位置、形态和分布，还要用文字表述战守形势之缓急、用兵之战术、兵马钱粮之数目，以适应量才授任的陞调制度。因此，明朝编制了各边镇的战守图说。

明朝中叶，始以兵部尚书兼衔总督军务出镇，正德时一度改称总制，总督陕西三边军务驻固原，节制延绥、宁夏、固原、甘肃四镇，又称：总制陕西三边军务，编制了《陕西四镇图说》，或总称"陕西战守图略"。

1. 延绥镇战守图略

明嘉靖年间，纸本墨绘设色，纵 52 厘米、横 90 厘米，折页装一册。描绘延绥镇辖域内大边、二边长城，边堡多数位于旧边墙沿线，而不是分布在延绥镇榆林卫两侧的新边长城。

2. 固原镇战守图略

明嘉靖年间，纸本墨绘设色，纵 52 厘米、横 90 厘米，折页装，共 55 页为一册。首 4 页为"陕西镇烟火号令"，覆盖地域仅限环庆、固原、靖虏、兰州、河州、临巩、洮州、岷州等卫所驻扎；其余 51 页为陕西三边总制所统之固原镇辖域。东起自庆阳府环县境内边墙，西止于阶州文县守御千户所，此段长城边墙的修筑系嘉靖九年（1530）三边总制王琼所为，文中所记最迟者为嘉靖二十四年（1545）事。

3. 甘肃镇战守图略

明嘉靖后期，纸本墨绘设色，纵 52 厘米、横 90 厘米，35 页裱装一册。封面贴签题"甘肃镇战守图略"，封背贴签题"陕西三边军务兵部尚书兼都察院右都御史杨钧嘉靖贰拾三年贰月贰拾伍日指挥"。东起自庄浪卫（今甘肃永登）南红城子墩，西止于嘉峪关外。前 18 页描述明朝甘肃镇长城形胜、要害、发生战事之要略；自第 19 页至 23 页为"西域土地人物图"，描绘自嘉峪关外至鲁迷城（*Rum*，今土耳其伊斯坦布尔）一带中

---

① 《善本书室藏书志》卷 12 著录：霍冀《九边图说》卷首题奏，王庸《中国地理图籍丛考》，商务印书馆 1956 年版，第 32—33 页。

亚回回人的生活场景；最后11页为《西域土地人物略》《西域沿革略》。

4. 宁夏镇战守图略

明嘉靖年间，纸本墨绘设色，纵52厘米、横90厘米，一册凡19页。各图方位不一，宁夏镇总图采用上西下东，左南右北。图说由西向东排序，首起自宁夏镇平虏城，末止于铁柱泉堡。鉴于文字中有“高平堡筑自近年”（嘉靖十年兴筑），“永清堡建自嘉靖二十一年，东去安定堡，西去兴武营各三十里”。由此推知该图应绘制于嘉靖二十一年（1542）以后。

以上四册战守图略的形式、笔法、着色、装帧、尺寸大致相同，或出自同一时期，均可能属于明嘉靖年间总督陕西三边军务编制《陕西四镇图说》时报送兵部的一套图本。

5. 大同镇图说

明后期（1601—1643），绢本墨绘设色，28幅册叶装，每页纵36厘米、横31厘米。描绘大同镇统辖的长城边墙、各城堡的形势，并表现长城外的游牧场景。图说述及最迟年代为万历二十八年（1600）。现藏罗马意大利地理学会。

6. 甘肃全镇图册

明中后期，绢本墨绘设色，16幅地图册叶装，每页纵47厘米、横32厘米。方位上南下北，描绘明甘肃镇所辖临巩兵备道临洮府、巩昌府，西宁卫、庄浪卫、凉州道凉州卫、永昌卫，甘州道甘州镇城、山丹卫，肃州道肃州城、嘉峪关等地长城边墙及诸卫、所、城、堡。图册卷末附“西域诸国图”，与嘉靖二十一年（1542）刊本《陕西通志》卷十《河套西域》中的《西域土地人物略》所附“西域土地人物图”类似。现藏罗马意大利地理学会。

7. 庄浪总镇地里图说

明代后期（1608—1620），绢本墨绘设色，15幅图说册叶装，每叶纵25厘米、横31.5厘米。描绘庄浪镇新辟松山地区的边墙、城堡、墩台。图说记述各城堡的形制规模、边墙长度、驻守官兵数目以及防守重点等内容。大松山堡图说中提及“迩因兰州兵马移驻永泰”，永泰堡于万历三十六年（1608）营筑。由此推知，此套图说的绘制不早于万历三十六年。现藏中国科学院图书馆。

清前期的顺治、康熙年间，北方局势初定，边外蒙古诸部尚待绥和，戍守长城严控进出的形势依然紧迫。于是清廷陆续要求沿长城各级官署在明代长城地图的基础上重新编绘、造送长城边垣图。清代的山西边垣图，在形式、内容、用色等方面均与明朝的战守图说相近，甚至有可能就是从前明官署遗下的旧档图籍中选出，再贴上墨书满文音译的黄签以备朝廷君臣阅读，并改动了凡有违清朝嫌讳的地名。

8. 整饬大同左卫兵备道造完所属各城堡图说

清顺治前期（1648—1649），纸本墨绘设色，33 幅册叶装，每叶纵 26.3 厘米、横 33.1 厘米。表现大同左卫兵备道辖域内边墙、边堡的分布，边堡名称中“胡”“虏”字，皆已改为“虎”或“鲁”，足证其为清朝人所绘制。图说提及“今定经制”一词，顺治六年（1649）清朝更定宣大二镇官兵经制，事见《清世祖实录》卷四十六顺治六年（1649）九月丁丑条。所以，此图说的绘制应距此经制令出台，派官员赴大同整饬边备用以说明大同迤西各路城堡形胜及其尚希留意之处时绘制。现藏中国科学院图书馆。

此外，明、清两代分别绘制了一批专门描绘山西内长城雁门关、宁武关、偏头关的山西镇三关边垣图册，凡图说含义的表述文字皆书写在地图的相关之处，与战守图说一图一文的形式有所区别，而各具特色。

### （四）修筑长城工程的地图

明清两代怎样修建长城，其工程测算、用料、尺寸均有讲求，照例需要画图贴说。现介绍两种长城工程图可一窥斑豹。

1. 明长城蓟镇图

明万历十一年（1583），纸本色绘，长卷分页装，670 页，每页纵 33 厘米、横 19 厘米，现藏中国国家博物馆。用传统山水画形式，描绘明长城蓟镇辖区内的长城、山岭、水口、边堡和长城墩台、敌楼、骑墙空心敌台等防御性设施。其绘制特点是在画好的地图上加盖预制的空心敌台、营堡、烽隧、烟墩形象戳印。蓝色印戳表示已经建造，红色印戳表示议建而未动工。文字注记或写在图上，或写在纸签上，说明某号台台头、军士数目，号台间距起止，修造年代和工料等内容。此图既是长城修建工程设计图，又是蓟镇军防图，为呈报建置、查验工程所用。根据图内贴签不够规整、编号数码有明显刮改痕迹，推断此图不是呈送朝廷的正本，而是为镇守官员掌理军务所用的副本。

2. 嘉峪关边墙图、嘉峪关关门图

清代中叶，纸本墨绘设色，方位上南下北，左东右西。描绘嘉峪关关城、边墙、县城、边堡，画红点线表示道路。长城边墙、墙台画双线，涂土黄色，以示夯筑不包砖；嘉峪关的关门、城楼用淡蓝色表示甃砖。图上贴黄、红二色纸签，注记施工项目和工程量算。嘉峪关边墙图上的黄签记录边墙、山壕、鹹壕的起止和长度。嘉峪关关门图上的黄签记载嘉峪关旧城楼的间数、面宽、进深和通高；红签记述拟改建城楼的间数、面宽、进深和通高。清代绘制施工图，遵循一定的规则：画同样两幅地图，然后在施工处贴不同颜色的注签，一种颜色的贴签记述工程所需银两的预算，另一种颜色的贴签记录竣工实耗银两的结算。不采用重新画图，以避免隐瞒或虚报，显然有着严格的画图审核制度。这两幅嘉峪关长城修筑图应当属于工程预算图。

总之，地图上的长城期望能够从具体而形象的角度向读者展示了这一人类文化遗产的类型、历史与区域特点。

# 清朝前期宫廷舆图：旨令、造送、御览与庋藏

## ——以《天下舆图总摺》为中心的考察*

汪前进**

（中国科学院大学人文学院，北京）

关于清代官方绘制地图的研究过去主要集中在康雍乾三朝的《皇舆全览图》测绘①和光绪朝《会典馆》地图②绘制等少数几个点，而对于整

* 本文曾在“继承与创新：中国科学史研究的回顾与瞻望——纪念严敦杰先生诞辰一百周年”（2017年12月16日）学术会议上宣读。刘若芳女士、卢海燕女士、林天人先生赠予原始资料；徐斌博士代为查核相关档案，谨致谢忱！

** 汪前进，中国科学院大学人文学院教授。

① 冯宝琳：《〈皇舆全图〉的乾隆年印本及其装帧》，《故宫博物院院刊》1990年第3期；冯宝琳：《记几种不同版本的雍正〈皇舆十排全图〉》，《故宫博物院院刊》1986年第4期；冯宝琳：《康熙〈皇舆全览图〉的测绘考略》，《故宫博物院院刊》1985年第2期；汪前进：《〈皇舆全览图〉测绘研究》，博士学位论文，中国科学院自然科学史研究所，1990年；汪前进：《康熙铜版〈皇舆全览图〉投影各类新探》，《自然科学史研究》1991年第2期；陆俊巍、韩昭庆、诸玄麟、钱浩：《康熙〈皇舆全览图〉投影种类的统计分析》，《测绘科学》2011年第36卷第6期；韩昭庆：《康熙〈皇舆全览图〉空间范围考》《历史地理》第32辑，2015年；韩昭庆：《康熙〈皇舆全览图〉的数字化及意义》，《清史研究》2016年第4期；韩昭庆、李乐乐：《康熙〈皇舆全览图〉与〈乾隆十三排图〉中广西地区测绘内容的比较研究》，《复旦学报》（社会科学版）2019年第4期；韩昭庆：《康熙〈皇舆全览图〉与西方对中国历史疆域认知的成见》，《清华大学学报》（哲学社会科学版）2015年第6期；房建昌：《康熙〈皇舆全览图〉与道光〈筹办夷务始末〉西藏边外诸部考》，《西藏研究》2014年第2期；郭满：《康熙〈皇舆全览图〉中的台湾测绘、流变问题考析》，《台湾研究集刊》2019年第6期；孙涛：《〈清廷三大实测全图集——康熙皇舆全览图〉错排纠谬》，《历史地理》2012年第26辑；杨梦成：《西方地图学的传入与〈康熙皇舆全览图〉》，硕士学位论文，南京信息工程大学，2016年；赵寰熹：《〈皇舆全览图〉各版本对比研究》，《满族研究》2009年第4期；刘丽群、乔俊军：《〈皇舆全览图〉数学基础的考证与研究》，《测绘通报》2007年第5期；孙喆《〈中俄尼布楚条约〉与〈康熙皇舆全览图〉的绘制》，《清史研究》2003年第1期；孙喆：《浅析影响康熙〈皇舆全览图〉绘制的几个因素》，（接下页注文）

② 谢小华：《光绪朝各省绘呈会典舆图史料》，《历史档案》2003年第2期；王一帆：《清末地理大测绘以光绪〈会典舆图〉为中心研究》，博士学位论文，复旦大学，2011年。

个朝廷关于舆图的造送、使用、保存、制度研究①不是很多。

古地图的专题目录历史上并不多见，最早见于宋郑樵的《通志·图谱略》②，其中将各类图分为十六类，而属于地图的被分为地理、宫室、坛兆、都邑、城筑、田里等类型。而后元、明朝则未之见，到了清朝始见单行的舆图目录《萝图荟萃》（正、续编）③，而这一目录则是抄录更早的《造办处舆图房图目》而编成，后来编纂出版的《国朝宫史续编》④所收图目也主要是依据《萝图荟萃》，由此可见，清朝的舆图目录仅只宫廷中负责绘制、收集与保存舆图的机构编有部门的舆图目录，而还未见全国的舆图目录。

清朝历代皇帝对舆图的管理十分重视，对造办处舆图房定有严格的管理制度。以后每年一次将有无新收、开除的舆图呈明存案。每五年将收贮各项舆图按旧管、新收、开除、实存细数汇总分析，造具清册二册钤用“造办处印信，一本交档房存案；一本交舆图房贮库备查”⑤。例如《舆图房嘉庆九年正月起至嘉庆十三年十二月底止库贮各项舆图清册》《舆图房道光二十二年

（接上页注文①）《历史档案》2012 年第 1 期；牛汝辰：《从〈皇舆全览图〉说起——康乾时期地图的辉煌和遗憾》，《地图》2014 年第 4 期；李孝聪：《记康熙〈皇舆全览图〉的测绘及其版本》，《故宫学术季刊》2012 年第 30 卷第 1 期；萨日娜、关增建：《江户时期〈享保日本图〉的绘制研究—兼及其与康熙〈皇舆全览图〉之比较》，《上海交通大学学报（哲学社会科学版）》2017 年第 3 期；薛月爱：《康熙〈皇舆全览图〉与乾隆〈内府舆图〉绘制情况对比研究——以东北地区为例》，《哈尔滨学院学报》2008 年第 10 期；魏巧燕：《〈乾隆内府舆图〉满语地名探析》，《满语研究》2011 年总 53 期；於福顺：《清雍正十排〈皇舆图〉的初步研究》，《文物》1983 年第 12 期。

①秦国经、刘若芳：《清朝舆图的绘制与管理》，《中国古代地图集（清代）》，文物出版社 1997 年版；刘若芳：《清廷三大实测地图的绘制与管理》，《中国国家天文》2012 年增刊“海判南天”暨康熙时代的天文大地测量。

②《通志》卷七十二“图谱略第一”（《四库全书版》）：“明用：善为学者如持军治狱，若无部伍之法，何以得书之纪？若无覈实之法，何以得书之情？今总天下之书、古今之学术，而条其所以为图谱之用者十有六：一曰天文、二曰地理、三曰宫室、四曰器用、五曰车旗、六曰衣裳、七曰坛兆、八曰都邑、九曰城筑、十曰田里、十一曰防计、十二曰法制、十三曰班爵、十四曰古今、十五曰名物、十六曰书。凡此十六类，有书无图不可用也。” *https：//www. zhonghuadiancang. com/lishizhuanji/tongzhi/126798. html*。

③汪前进编选：《中国地图学史研究文献集成（民国时期）》，西安地图出版社 2007 年版。

④（清）庆桂等：《国朝宫史续编》，北京古籍出版社 1994 年版。

⑤见中国第一历史档案馆宫中档《朱批奏折·文教类》，转引自：丁海斌、韩季红：《清代科技档案与科技档案工作》，*http：//blog. sina. com. cn/s/blog_4903e9ef0100gklm. html*，2021－4－20。

正月至二十四年十二月底止库贮舆图清册》① 《纂绘舆地图一百三十二卷目录清单（道光二十五年七月十五日）》② 和《光绪二十二年皇舆全图并各式图章等细数实在清册》③ 等，这些是存在“舆图房贮库”的清册。

民国时期国立北平故宫博物院文献馆编印的《清内务府造办处舆图房图目初编》④。近些年在整理故宫档案中学者们又有新的发现，《天下舆图总摺》⑤ 就是其中之一。

图 1　故宫博物院藏《天下舆图总摺》书影

《天下舆图总摺》收藏于原故宫博物院明清档案部，即今中国第一历史档案馆。原件 92 叶，文字竖写，每页六行。过去有学者如鞠德源、秦国金、刘若芳和李孝聪等⑥引用过，但未见做专题研究。

---

① 见中国第一历史档案馆宫中档《朱批奏折·文教类》，转引自：丁海斌、韩季红：《清代科技档案与科技档案工作》，http：//blog. sina. com. cn/s/blog_4903e9ef0100gklm. html，2021－4－20。

② 今藏台北“故宫博物院”文献处。

③ 据刘若芳女士讲，还有一些此类档案。

④ 收入汪前进编选：《中国地图学史研究文献集成（民国时期）》，西安地图出版社 2007 年版。

⑤ 现藏中国第一历史档案馆。

⑥ 鞠德源：《清代耶稣会士与西洋奇器》，《故宫博物院院刊》1989 年第 2 期；秦国经、刘若芳：《清朝舆图的绘制与管理》，《中国古代地图集（清代）》，文物出版社 1997 年版；李孝聪：《记康熙〈皇舆全览图〉的测绘及其版本》，《故宫学术季刊》2012 年第 30 卷第 1 期。

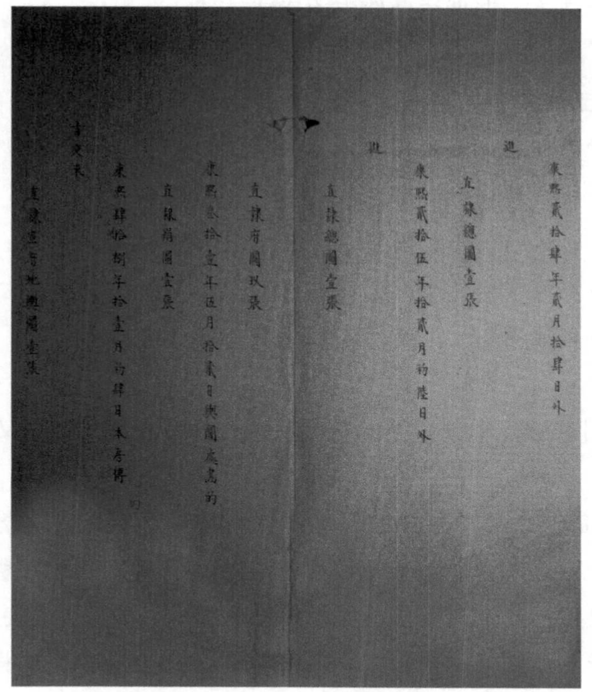
康熙贰拾肆年贰月拾肆日外
進
直隸總圖壹張
康熙贰拾伍年拾贰月初陸日外
進
直隸總圖壹張
直隸府圖玖張
康熙叁拾壹年伍月拾贰日與圖底稿的
直隸州圖壹張
康熙肆拾捌年拾壹月初肆日本房傳
旨交來
直隸運河地輿圖壹張

图2 《天下舆图总摺》内页

由于此图目的特殊史料价值，本文拟跳出常规的目录学小视域，将其放在清朝前期宫廷舆图绘制的旨令、造送、御览与庋藏这一更为宏观的角度进行分析，以就教于方家。

## 一 文本研究

### （一）编写时间

本目录所载内容起于康熙二十四年二月十四日，迄于雍正十二年十月二十八日：

雍正拾贰年拾月贰拾捌日，内大臣海望交：

直隶运河图，叁张。

直隶运河图手卷，壹卷。

没有此后的记载了。但据造办处舆图房活计档：

> （雍正十二年）九月二十三日，据圆明园来帖内称：栢唐阿七十九来说，内大臣海望着画《风水围墙图》一张、《宝城细稿样》一张、底稿样一张。遵此。
>
> 于十一月初三日，画得《万年吉地宝城图样》一张，内大臣海望看过，着交库守穆克登。记此。
>
> 本日栢唐阿七十九交库守穆克登持去。讫。①

而《天下舆图总摺》中无此图的记载。造办处舆图房活计档又载：

> （雍正十二年）十二月十九日，太监郑爱贵交《娑婆界日月须弥三界图》一轴，传旨，照此图样收小些画一张，此图上所画天界内之房屋不必画，其余流云层次等样俱照此样式画，只要容得下。钦此。
>
> 于十三年二月初十日，画得《娑婆图》一张，并原样一张，交太监马温良。讫。②

《天下舆图总摺》中也无此图的记载。由上述证据可知：《天下舆图总摺》取材终于雍正十二年十月二十八日，表明它应编纂于雍正十二年十一月初。③

### （二）编写机构——本房（舆图房）

关于《天下舆图总摺》的编者，图上未明确标书。但行文中出现了两个机构名称，“舆图处”和“本房”，哪一个是编者呢？

《总摺》明确标示“舆图处”的地图有：

---

① 中国第一历史档案馆：《内务府活计档》。

② 中国第一历史档案馆：《内务府活计档》。

③ 李孝聪认为“雍正末年编写”。见李孝聪主编《中国古代舆图调查与研究》导言，中国水利水电出版社2019年版。

康熙叁拾壹年伍月贰拾日舆图处画的
　　直隶绢图壹张
康熙伍拾柒年贰月拾壹日舆图处画的
　　灞州河图壹分
康熙叁拾壹年伍月拾贰日舆图处画的
　　山西绢图壹张
康熙叁拾壹年五月拾贰日舆图处画的
　　陕西绢图壹张
康熙叁拾壹年伍月拾贰日舆图画的
　　山东绢图壹张
康熙叁拾壹年伍月拾贰日舆图处画的
　　河南绢图壹张
康熙叁拾壹年伍月拾贰日舆图处画的
　　江南绢图壹张
康熙叁拾壹年伍月拾贰日舆图处画的
　　浙江绢图壹张
康熙叁拾壹年伍月拾贰日舆图处画的
　　江西绢图壹张
康熙叁拾壹年伍月拾贰日舆图处画的
　　湖广绢图壹张
康熙叁拾壹年伍月拾贰日舆图处画的
　　贵州绢图壹张
康熙叁拾壹年伍月拾贰日舆图处画的
　　四川绢图壹张
康熙叁拾壹年伍月拾贰日舆图处画的
　　云南绢图壹张
康熙叁拾壹年伍月拾贰日舆图处画的
　　广东绢图壹张
康熙叁拾壹年伍月拾贰日舆图处画的
　　广西绢图壹张

康熙叁拾壹年伍月拾贰日舆图处画的

福建绢图壹张

雍正拾贰年拾月贰拾捌日内大臣海望交

直隶运河图叁张

直隶运河图手卷壹卷

舆图处画的

四寸一格舆图拾卷

二寸一格舆图拾卷（系木板）

六分一格十五省连口外小总图壹张

四分一格十五省小总图壹张

浙江海塘图壹张

霸州东西淀图贰张

口外兼满汉路程壹套贰拾肆本

“舆图处”就是文献中记载的“舆图房”。从行文来看，“舆图处”不是“当事人”，而是第三方。原文中明确提到的“本房”应是“当事人”，即编者。

标有“本房”的，如：

康熙肆拾捌年拾壹月初肆日，本房传旨交来：

直隶宣府地舆图，壹张。

直隶居庸关图，贰张。

直隶南山图，贰张。

直隶宣府镇图，贰张。

海子图，壹张。

康熙肆拾捌年拾壹月初肆日本房传旨交来

山西大同镇图叁张

山西东西中路边墙图叁张

山西太原府图壹张

康熙肆拾捌年拾壹月初肆日本房传旨交来

陕西全省图壹张
陕西汉中府图壹张
陕西嘉峪关外路程图壹张
陕西通省边镇图壹张
陕西三边图壹张
陕西甘肃镇图壹张
陕西延绥镇图壹张
陕西全省边腹图壹张
康熙肆拾捌年拾壹月初肆日本房传旨交来
山东图壹张
山东六府图陆张
山东至朝鲜海路运粮图壹张
康熙肆拾捌年拾壹月初肆日本房传旨交来
江南两淮产盐行盐图壹张
江南云台山图壹张
江南庐凤淮扬四府徐滁和三州要地图壹张
江南高家堰图壹张
江南桃源县七里沟图壹张
江南清水潭图壹张
康熙肆拾捌年拾壹月初肆日本房传旨交来
浙江定海山图壹张
浙江四明山图壹张
浙江天台县山图壹张
浙江台处衢三府图叁张
浙江图壹张
浙江普陀山图贰张
康熙肆拾捌年拾壹月初肆日本房传旨交来
湖广图肆张
湖广长沙府图壹张
湖广襄阳府图壹张

湖广山寨图壹张

湖南图壹张

湖广岳州府图壹张

湖广岳州府水旱图壹张

湖广四川接界图贰张

康熙肆拾捌年拾壹月初肆日本房传旨交来

贵州全省土司姓名职掌疆界档子壹本

贵州驿递图壹张

贵州铁锁桥图壹张

贵州红苗图壹张

贵州图贰张

康熙叁拾壹年拾壹月初肆日本房传旨交来

四川图贰张

四川巫山图壹张

四川松潘达赖嘛地方图壹张

四川峨眉山图壹张

四川打箭炉图拾贰张

云南四川接界打箭炉图壹张

康熙肆拾捌年拾壹月初肆日本房传旨交来

云南图壹张

云南中甸图壹张

云南四川广西贵州土蛮与外国接壤图壹张

云南大中甸小中甸图壹张

大兵困云南城营图贰张

进取云南图壹张

康熙叁拾壹年拾壹月初肆日本房传旨交来

广东澳门图壹张

广东琼州府图壹张

广东连州府城图壹张

广东黎人形容图壹张

康熙肆拾捌年拾壹月处肆日本房传旨交来

福建八闽沿海图壹张

福建台湾澎湖图贰张

康熙肆拾捌年拾壹月初肆日本房传旨交来

盛京等处图壹张

盛京图贰张

古北口至伊孙哈马尔往西汤山去的图壹张

乌拉种地图壹张

“本房”为“何房”？是“舆图房”吗？据文献记载，康熙中叶，康熙帝特命在宫内设画图处，又称舆图处，画图处时为一临时机构，图绘完后机构便撤。以后随着中外臣工及西洋传教士呈进的舆图日益增多，又在宫中设立了舆图房，初在养心殿旁，后迁至白虎殿后，属内务府养心殿造办处管理。

《国朝宫史续编》卷九十七载：“舆图房掌图版之属，凡中外臣工绘进呈览后，藏贮其中。”卷一百又载：“舆图房隶在禁廷，典守綦重。自夫金石抚传，宣赉臣工而外；兹则珍藏什袭，卷幅充盈，实河雒观象以来未有之秘策也。”①

据《十朝诗乘》载：“宫中有舆图房，藏疆吏所进山川、疆野各图，旁及边荒要塞，凡万余种。”②

舆图房的主要职责是：（1）为皇帝收存中外臣工所进呈的各类舆图；（2）随时为皇帝阅览提调舆图；（3）负责皇朝舆图的整理、编目和安全保管；（4）负责日常的舆图的绘制、缩摹和修裱工作。

但是《天下舆图总摺》既提到了“舆图处”，又提到了“本房”，从行文上分析，应该不是同一机构。“舆图处”就是“舆图房”，而“本房”不是一般词汇，而是一个专门机构的名称。

据研究，“本房”隶属于造办处，《造办处则例·汇稿事宜》条载：

① （清）庆桂等：《国朝宫史续编》，北京古籍出版社 1994 年版。

② 郭则澐：《十朝诗乘》，http：//ab. newdu. com/book/story. php？id＝175921。

“乾隆二十年四月呈准酌定设立汇稿处……所有汇稿事宜归并本房办理，除现在本房行走笔贴式二员外，挑取效力柏唐阿二名，觅书写人二名，以资办理。”① “本房”是“汇总房”的全身，汇总房设立后，“本房”作为汇总房的内部机构依然存在。

根据档案，“本房”的职掌可归纳为两种：一是事管造办处各房库作每月料工银两和匠役工食钱粮的奏销月折。二是掌管收贮年终黄兰册。道光十九年十二月十六日奉总管谕：“每年钱粮库办写兰册二分，向系库存一份，总管处收存一分。今将总管处应存副册自十九年为始，钤盖印信，于年终交本房，随黄册一并收贮。”（造办处簿册，812）。②

由上可知，“本房”具体收贮黄、兰册的职掌，故在此基础上编纂《舆图总摺》也是顺理成章的事情。

### （三）《天下舆图总摺》名称的含义

在《总摺》编撰之前的清代，未见有其他宫廷乃至全国舆图目录，而在此后的舆图目录冠名为《造办处舆图房图目》《萝图荟萃》《萝图荟萃续》《舆图房舆图清册》《纂绘舆地图清单》和《皇舆全图并各式图章等细数实在清册》，似乎都是部门的舆图目录之名，那为何雍正朝编撰的这个舆图目录却要定名为《天下舆图总摺》，有什么深意吗？

我们知道，在雍正朝发生了一个重大事件，那就是雍正六年（1728）雍正皇帝“出奇料理”湖南秀才团体曾静师徒谋逆案。涉案人员遍及湖南、川陕、两江、浙江等地饱学经义的青衿子们，无一不受缧绁之苦，囹圄之祸，令人扼腕长叹的是，硕儒大贤吕留良惨遭剖棺戮尸的圣裁御断。曾静“华夷之分大于君臣之伦”的供词，如鸩毒漫渗使深受“嗣统不正”传言影响的雍正帝心防坍塌，一国之君亲撰《大义觉迷录》，不惜屈尊与囚徒逐条辩驳，洗脱十大罪状，大白深宫秘闻，晓谕天下万民。③

这个突发案件证明，武力征服只能激化汉人的同仇敌忾，而怀柔政策也无法消弭根深蒂固的汉民族的敌对情绪。雍正不循帝王治术的常规，毅

① 转引自吴兆清《清代造办处的机构和匠役》，《历史档案》1991 年第 4 期。

② 转引自吴兆清《清代造办处的机构和匠役》，《历史档案》1991 年第 4 期。

③ 周小宁：《雍正的天下观》，《智富时代》2019 年第 3 期。

然决定利用曾静反清案与“华夷之辩”命题展开一次公开的正面交锋。

据研究①，雍正的基本论点和论证逻辑是这样展开的：满洲是夷狄无可讳言也无须讳言，但“夷”不过是地域（雍正用“方域”一词）的概念，孟子所讲“舜，东夷之人也；文王，西夷之人也”即可为佐证，如此则“满汉名色，犹直省之各有籍贯，非中外之分别”，吕留良、曾静之辈妄生此疆彼界之私，道理何在？雍正也不一般地反对“华夷之辩”，他举出韩愈所言“中国而夷狄也，则夷狄之；夷狄而中国也，则中国之”，由此证明华夷之分在于是否“向化”，即是否认同并接受“中外一家”的共同的文化传统。雍正进而理直气壮地说：

> “我朝肇基东海之滨，统一诸国，君临天下，所承之统，尧舜以来中外一家之统也，所用之人，大小文武，中外一家之人也，所行之政，礼乐征伐，中外一家之政也”。“今逆贼（吕留良）等于天下一统、华夷一家之时而妄判中外，谬生忿戾，岂非逆天悖理、无父无君、蜂蚁不若之异类乎？”②

雍正愤慨激昂，必欲将“华夷之辩”彻底颠覆不可，不得已也。“内中国而外诸夏，内诸夏而外夷狄”中歧视周边少数民族的一面为历代儒者所发挥，对中国古代的民族观和国家观影响深刻。雍正顺应历史发展的潮流，高标“天下一统，华夷一家”堂堂正正之大旗以对抗挟儒家思想优势的“华夷之辩”命题，志在颠覆大汉族主义自我优越的民族观，争取夷狄与汉人平等的地位。雍正的观点是典型的夷夏文化论。实际上，强调夷夏以文化分，进而泯除内外之间、夷夏之间的差异，以之与地域的和种族的夷夏论相对抗，正是清初诸帝主张其统治合法性和正统性所采取的基本策略。③ 因而，采用“天下”一词来命名，是有其独特的考量的。

---

① 郭成康：《清朝皇帝的中国观》，《清史研究》2005 年第 4 期。

② 见《清世宗实录》卷一百三十“雍正十一年四月己卯”，转引自郭成康《清朝皇帝的中国观》，《清史研究》2005 年第 4 期。

③ 梁治平：《“天下”观念，从古代到现代》，《清华法学》2016 年第 5 期。

《天下舆图总摺》的“天下舆图”可能有两层含义：第一层意思是所藏的舆图其地域包括“天下”，即既有大清国地图、也有其他世界各国与地区的舆图；第二层意思是所收的舆图为“天下”所绘制的舆图，因为所收舆图既有清国人绘制的地图，也有在清国的外国人绘制的舆图，还有来华传教士进献给清国的舆图。

其实，从地域的角度分析，“天下”在古代有两层意思：一是中国范围或天子、皇帝所统治的范围之内，如《尚书·大禹谟》曰：“奄有四海，为天下君。”又如《尚书·召诰》曰：“其惟王位在德元，小民乃惟刑用于天下，越王显。”王代天行政，首先要立德，其统治下的民众才会遵守法度。此句中的“天下”指的是周天子的统治地区。再如《尚书·立政》记载：“其克诘尔戎兵，以陟禹之迹，方行天下，至于海表，罔有不服。”《尚书正义》引《释地》解释道：“‘九夷、八狄、七戎、六蛮谓之四海。’知‘海表’谓‘夷狄戎蛮，无有不服化者’。”① “天下”与“夷狄戎蛮”所居之“海表”对举，显然是周的领地。

二是全世界，即华夷全部。如《周礼·夏官司马第四》曰：“职方氏，掌天下之图，以掌天下之地，辨其邦国、都鄙、四夷、八蛮、七闽、九貉、五戎、六狄之人民与其财用、九谷、六畜之数。”② “天下舆图”一词至迟在宋代已经出现，《宋史·王祖道传》曰：“祖道在桂四年，厚以官爵金帛挑诸夷，建城邑，调兵镇戍，辇输内地钱布、盐粟，无复齐限。地瘴疠，戍者岁亡什五六，实无尺地一民益于县官。蔡京既自以为功，至谓：混中原风气之殊，当天下舆图之半。”③ 但其意思是天下版图或疆土。

清龙文彬《明会要》卷二十六“学校下”曰：“天顺二年八月诏修《一统志》，谕李贤、鼓时、吕原曰：朕欲览天下舆图之广，我太祖、太宗尝命儒臣纂辑未竟厥绪，景泰间虽有成书，繁简失当，卿等尚折衷精要，继成初志，于是命贤等为总裁官，书成凡九十卷。”④ 这里“天下舆图”仍

① 李学勤主编：《尚书正义》卷十七“立政第二十一”，《十三经注疏》（标点本），北京大学出版社 1999 年版，第 478 页。

② 杨天宇撰：《周礼译注》，上海古籍出版社 2004 年版，第 479 页。

③ 《宋史》卷三百四十八。http：//www. guoxue123. com/shibu/0101/00songsf/348. htm。

④ http：//www. wenxue100. com/book_LiShi/book300_26. thtml.

含“版图”“疆土”之意。因此，《天下舆图总摺》之“天下舆图”始有新的含义。

### （四）编撰体例与版本情况

《天下舆图总摺》，并非原始目录，而是后来整理的。根据史料分析，造办处舆图目录约有三种形态：

1. 第一次为原始记录档案，由造办处先按年月日混合各作来排列的。①

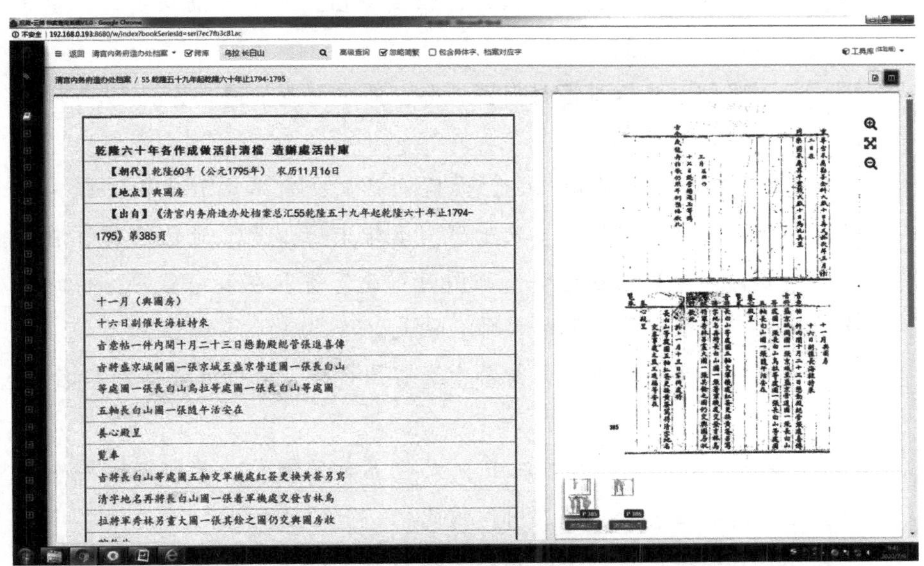


图3 造办处舆图目录原始记录档案

2. 第二次整理也是由造办处先按年，然后将各作分别归类排列，标有“舆图处”即为这一年的舆图绘制与印制等方面的信息。

> 舆图处
>
> 雍正五年四月十五日，据圆明园帖内称：四月十四日，郎中海望画得舆图二张呈进。奉旨，舆图上汉字写小了，着另写；舆图改做摺叠棋盘式。钦此。

① 中国第一历史档案馆、香港中文大学文物馆编：《清宫内务府造办处档案总汇》第55册，人民出版社2005年版，第385页。

于本月二十七日另做得摺叠式图一张，郎中海望呈进。讫。

（雍正五年）九月二十四，据圆明园来帖内称：十七日，郎中海望钦奉上谕，着将单十五省的舆图画一分，府分内单画的江河水路，不用画山，边外的地方亦不用画；其字比前进的图上的字再写粗壮些；用薄夹纸叠做四折。再画十五省的舆图一张，府分内亦不用画山，单画江河水路，其边外山河，俱要画出；照旧写满汉字，查散克住处不用添上。钦此。

于十月初一日遵旨画得舆图二分，郎中海望呈进。讫。

（雍正五年）十月初二日，太监刘希文交来单十五省图一张，传旨：四川省内有东川府、乌蒙土府、镇雄土府，此三府已经有旨着分入云南省内，今可细细查明，画图时将此三省入在云南省内，将此三省改定。仍托表整张，不必裁开。钦此。

于十一月十一日遵旨画得单十五省图一分，郎中海望呈进。讫。

（雍正五年）十一月初二日，太监王太平传旨，着向海望要刷印铜版全省地舆图一张，赏人用。钦此。

于本日随将旧有刷下的铜版全省舆图一分共六张托成一张完，交太监王太平收。讫。

初三日，郎中海望传，着将铜板全省舆图再刷印二分，备用。记此。

于本月二十日刷印得舆图二分，郎中海望看过着收贮备用。记此。随交巴哈特士。讫。

初十日，栢唐阿纳黑图来说，怡亲王着做摺叠全省舆图一分，其匠役所用材料等项，俱向造办处取用。遵此。

于十二月二十七日做得摺叠全省舆图一分，怡亲王呈进。讫。[①]

---

① 中国第一历史档案馆：《内务府活计档》。

3. 第三次即为独立的舆图目录，即《天下舆图总摺》是也。

《总摺》之前未列凡例，正文中也无分类系统标识，但从整个图目的排列顺序来看：首先分为康熙朝与雍正朝两部分；然后再将康熙朝分为地区与专题部分、雍正朝部分分类不明显；其次，康熙朝地区部分分为直隶、山西、陕西、山东、河南、江南、浙江、江西、湖广、贵州、四川、云南、广东、广西、福建、口外（包括高丽）；专题部分分为水道（河道、运河、海道）、域外（世界与边疆）；在域外之中还夹杂长城、宫殿、九边、陵寝、船样、长白山和龙门砥柱等图。最后，在地域与专题的小类中再按时间早晚顺序排列。这些都说明舆图目录属于草创阶段，虽有体例，但不纯净；虽有类别，但无名称。还有一点必须说明，《天下舆图总摺》之后的舆图目录大都著录重要数据——舆图的大小尺寸，而《总摺》没有标注：

《国朝宫史续编》卷九十九“书籍二十五”（图绘一）：

舆图房图目：

**皇舆全图十卷**

(纸本方格，纵一尺七寸，横一丈六尺。)

第一卷，恭载圣制题舆地图诗……

第二卷，(纵同上，横二丈二尺六寸。)

第三卷，(纵同上，横二丈五尺九寸。)

第四卷，(纵同上，横二丈四尺一寸。)

第五卷，(纵同上，横二丈二尺五寸。)

第六卷，(纵同上，横二丈六尺一寸。)

第七卷，(纵同上，横二丈一尺七寸。)

第八卷，(纵同上，横二丈。)

第九卷，(纵同上，横八尺。)

第十卷，(纵同上，横一丈四尺六寸。)

**皇舆斜格全图四卷**

(绢本，纵三尺八寸，横二丈三尺三寸，四卷同。)

卷首，恭载圣制诗，(与方格图同，钤宝同。)

雾灵山陵寝总图一轴

(绢本，纵七尺横三尺三寸。)

永陵图一幅

(纸本，纵一尺九寸，横三尺二寸。)

福陵图一幅

(纸本，纵二尺六寸，横二尺八寸。)

昭陵图一幅

(纸本，纵三尺七寸，横一尺九寸。)

孝陵图一轴

(纸本，纵一丈零五寸，横三尺七寸。)

孝陵图样一卷

(纸本，纵三尺二寸，横二尺七寸。)

泰陵图一幅

(纸本，纵七尺四寸，横八尺四寸。)

胜水峪图一轴

(纸本，纵八尺五寸，横三尺八寸。)

胜水峪风水图一幅

(纸本，纵四尺一寸，横四尺。)

五峰山风水图一卷

(绢本，纵二尺九寸，横二尺七寸。)

龙旺坡风水图一卷

(绢本，纵三尺五寸，横二尺二寸。)

霍家庄风水图一幅

(纸本，纵二尺七寸，横二尺九寸。)

董各庄风水图一幅

(纸本，纵五尺四寸，横四尺二寸。)

蒋府山村风水图一幅

(纸本，纵三尺四寸，横二尺七寸。)

密勿村风水图一幅

(纸本，纵三尺六寸，横三尺三寸。)

滦河濡水源图并考证一卷

（纸本，纵一尺七寸五，横三丈四尺。）①

这些都是用清代的尺来丈量的，这尺子可能是清营造尺。

民国时期在编撰《清内务府造办处舆图房图目初编》时则用公制尺进行了重新度量，也有仍用清尺测量的数据，如《大明混一图》《大清中外天下全图》《陕西甘肃宁夏西宁等处安设驻防图》和《口外诸王图》等。

**舆地**

天下全图，一幅，墨印纸本，纵 0.8 公尺，横 1.11 公尺

大明混一图，一幅，彩绘绢本，纵 12.7 尺，横 15 尺

皇舆十排全图，二份，墨印纸本，每份十卷，内一份着色

第一排，纵 0.51 公尺，横 5.14 公尺

第二排，纵 0.51 公尺，横 7.2 公尺

第三排，纵 0.51 公尺，横 8.2 公尺

第四排，纵 0.51 公尺，横 7.7 公尺

第五排，纵 0.51 公尺，横 7.2 公尺

第六排，纵 0.51 公尺，横 4.11 公尺

第七排，纵 0.51 公尺，横 4.53 公尺

第八排，纵 0.51 公尺，横 4.11 公尺

第九排，纵 0.51 公尺，横 2.56 公尺

第十排，纵 0.26 公尺，横 1.53 公尺

皇舆全图，十一份，墨印纸本，每份一〇四幅，每幅纵 0.39 公尺、横 0.66 公尺

皇朝中外一统舆地全图，一份三十一册，墨印纸本，每页纵 0.28 公尺，横 0.35 公尺

大清中外天下全图，一幅，彩绘纸本，纵 4 尺，横 4.9 尺

大清一统天下全图，一幅，墨印纸本，纵 1.1 公尺，横同

① （清）庆桂等：《国朝宫史续编》，北京古籍出版社 1994 年版。

论九州山镇川泽全图，一幅，墨印纸本，纵 0.51 公尺，横 0.63 公尺

各省通行路程，一份二册，墨印纸本，每页纵 0.55 公尺，横同

十五省方向路程，一份十五册，墨印纸本 每页纵 0.55 公尺横同

十五省州县方向路程，一份十五册，墨印纸本，每页纵 0.55 公尺，横同

十五省驿站路程，一份十五册，墨印纸本，每页纵 0.55 公尺，横同

京城至十四省驿站路程，一份十四册，附水源说明一册，墨印纸本，每页纵 0.55 公尺，横同

口外路程，一份二十二册，墨印纸本，每页纵 0.55 公尺，横同

满汉文阴刻九边图，一册，墨印纸本，每页纵 0.33 公尺，横同

陕西甘肃宁夏西宁等处安设驻防图，一幅，彩绘绢本，纵 5.52 尺，横 5 尺

口外诸王图，一幅，彩绘纸本，纵 1.8 尺，横 2.8 尺

西北两路地图，一幅，彩绘纸本，纵 0.43 公尺，横同

亚西亚洲图，一幅，墨印纸本，纵 0.93 公尺，横 1.19 公尺

欧罗巴洲图，一幅，墨印纸本，纵 0.92 公尺，横 1.17 公尺

亚非利加洲图，一幅，墨印纸本，纵 0.92 公尺，横 1.8 公尺

亚墨利加洲图，一幅，墨印纸本，纵 0.92 公尺，横 1.9 公尺

以上总图。①

这些大小数据对于版本流传情况的研究极有帮助。那为什么《天下舆图总摺》没有度量或使用这些数据？应该是与《总摺》的功能有关系。何谓“摺”？“摺”，奏摺也。即官吏向皇帝奏事的文书，因用折本缮写，故名“奏摺”。既为奏与皇上，皇上只需知道绘制了那些舆图即可，至于大小尺寸也就不需要了解那么具体，故就不用抄写那些数据了。

此舆图目录如何编撰，于史无征。但我们可以从乾隆时期舆图目录——《萝图荟萃》的编撰可以推测。

① 汪前进编选：《中国地图学史研究文献集成（民国时期）》，西安地图出版社 2007 年版。

图 4　《萝图荟萃》封面

乾隆二十五年（1760）谕命阿里衮、裘曰修、王际华等人赴造办处，别类分门编制目录，对舆图房档案彻底整理一次。据清宫《活计档》记载：乾隆二十五年十二月初四日“郎中白世秀、员外郎金辉来说，太监胡世杰传旨：‘着裘曰修、王际华赴造办处会同阿（里衮）、吉（庆），将所藏舆图照依斋宫册页办法一样归类，编定次序，缮写清折二份呈览后，一份交懋勤殿；一份交造办处收贮，以备随时览阅。钦此’”。[①]

当时舆图房所藏舆图的情况为：乾隆二十五年十二月初五日，“查得舆图房档内所载各项舆图共计九百五十八件，业已经陆续呈览讫。今又查出档内未载舆图共二百九十一件。内齐全者八十四件。潮湿霉烂者一百零七件，一并恭呈御览。俟呈览后，应如何粘补修理以及分类编定次序之处，容臣等详细办理，会同裘曰修、王际华另行具奏”。[②] 乾隆帝阅折后批道：“知道了。其余舆图齐全者归为一式呈览。霉烂者归为一式呈览。钦此。”[③]

造办处和阿里衮等得到皇帝的具体指示后，即开始进行舆图的分类整

① 中国第一历史档案馆：《内务府活计档》。
② 中国第一历史档案馆：《内务府活计档》。
③ 中国第一历史档案馆：《内务府活计档》。

理工作。分类是按照“君临天下，统驭万方”的思想和便于查用与保管的原则进行的。经过近一年整理编目，舆图房所存六百八十四种舆图，全部整理完毕。其中重要的、绘画完备的图，共四百一十八件分为一十三类，编为《萝图荟萃》一册。

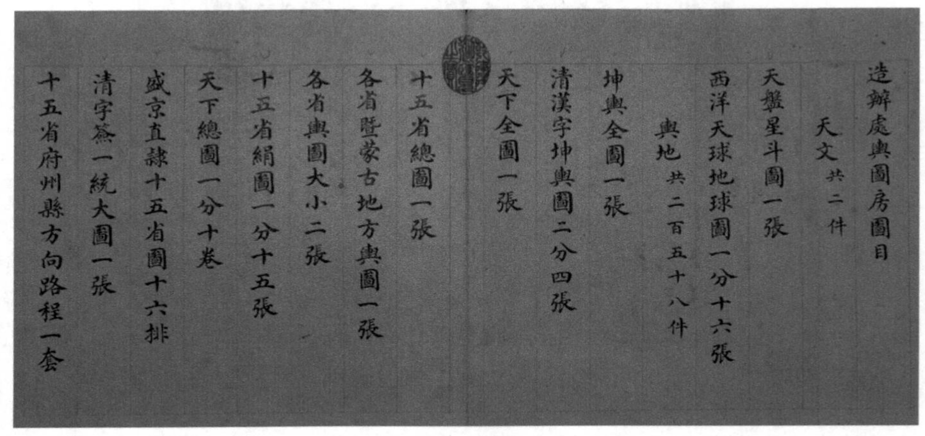
造辦處輿圖房圖目
天文 共二件
天盤星斗圖一張
西洋天球地球圖一分十六張
輿地 共二百五十八件
坤輿全圖一張
清漢字坤輿圖二分四張
天下全圖一張
十五省總圖一張
各省暨蒙古地方輿圖一張
各省輿圖大小二張
十五省絹圖一分十五張
天下總圖一分十卷
盛京直隸十五省圖十六排
清字篆一統大圖一張
十五省府州縣方向路程一套

图 5　造办处舆图房图目

“杂项图样、无关轻重及重复者，计一百九件，绘画装潢尚属整齐，应请别为收贮。其余重复、破损霉烂缺略不全者，计一百五十三件，似无庸存贮。”①

乾隆二十六年舆图分类编目后，阿里衮、王际华具折奏称：“臣等办理造办处上等舆图四百一十八件，分为一十三类，缮写图目，装成巨册，恭识跋语于后，进呈御览。并请嗣后如有续发之图，随时交该处另行登记。俟件数稍多，再分类办理。”②

此奏于乾隆二十六年十二月二十七日交奏事太监高升转呈。乾隆皇帝看完摺后，十分高兴。当时批示：“知道了。大本图目前后用御览宝，交乾清宫陈设。着再办见方一尺图目二册：一交懋勤殿；一交造办处存贮。

① 见中国第一历史档案馆《宫中档〈朱批奏折·文教类〉》，转引自：丁海斌、韩季红：《清代科技档案与科技档案工作》，http：//blog. sina. com. cn/s/blog_4903e9ef0100gklm. html，2021－4－20。

② 丁海斌、韩季红：《清代科技档案与科技档案工作》，http：//blog. sina. com. cn/s/blog_4903e9ef0100gklm. html，2021－4－20。

钦此。”①

乾隆六十年（1795），王杰、福长安、董诰、彭元瑞又将乾隆二十六年以后，续贮与图房之皇朝所绘及中外臣工所进重要舆图，依类目编纂成册，是为《萝图荟萃续》。

由上述可知：

1.《总揺》的编撰首先应是皇帝的提议与批准；

2.《总揺》的编撰应该花较长时间，《萝图荟萃》就花了一年多的时间；

3. 分类是有原则的。如《萝图荟萃》分类是按照“君临天下，统驭万方”的思想和便于查用与保管的原则进行的。

4. 领衔编撰的应是重量级的人物。《萝图荟萃》的主持者裘曰修（乾隆四年进士，历任翰林院编修、吏部侍郎、军机处行走、礼、刑、工部尚书，加太子少傅。曾任《清会典》《四库全书》馆总裁。奉命与鲁、豫、皖三省巡抚巡视黄河，划疏浚之策）、王际华（乾隆十三年擢侍读学士、上书房行走。乾隆十九年，任日讲起居注官。升内阁学士，历工、刑、兵、户、吏诸部侍郎。三十四年，迁礼部尚书。乾隆三十八年，加太子少傅，调任户部尚书）和阿里衮（即钮祜禄·阿里衮，乾隆初年，自二等侍卫授总管内务府大臣。迁侍郎，历兵、户二部。乾隆二十三年，任参赞大臣，与将军富德攻讨霍集占，解除将军兆惠之围。乾隆二十八年，加太子太保。乾隆二十九年，授户部尚书、协办大学士）都官至尚书。

5. 虽称《总揺》，并非造办处舆图房所有舆图的目录，可能那些破损、霉烂、无关紧要、重复者没有收在其中；

6. 此《总揺》应该是一式两份。

1）出现抄写遗漏

雍正元年正月贰拾伍日，怡亲王交：

…………（原文阙）

① 丁海斌、韩季红：《清代科技档案与科技档案工作》，http：//blog.sina.com.cn/s/blog_4903e9ef0100gklm.html，2021－4－20。

这个省略号为正文空白，原始数据当不至此。

尤为明显的是：《总摺》缺少雍正八年、九年绘制的舆图，但这些舆图我们能从现存造办处舆图房档案中知其梗概：

雍正八年

1.（雍正八年七月）十一日，主事诺黑图来说：本月十四日，内务府总管海望传，将四寸一格十五省单舆图画十五张，印成木板舆图，㝎嵌十五省单省舆图十五张，俱着色，预备随侍用。记此。

于本日交栢唐阿八十承办。讫。

2.（雍正八年七月）二十日，据圆明园来帖内称：内务府总管海望传画《水利营田图》用攀连四纸二十张。记此。

于本日交栢唐阿八十承办。讫。

3. 十月二十六日，据圆明园来帖内称：九月初五日，宫殿监督领侍陈福传旨，着向造办处查地球，或铜的、或合牌的，若无，或武英殿西洋人处亦查。钦此。

于本日宫殿监督领侍陈福将查来武英殿收贮：黑漆《地球》一件、白油《地球》一件；畅春园收贮：白油《地球》二件。内特进一件呈览。奉旨，着问西洋人此《地球》上写的"拉底思阿西阿"等字是何话？钦此。

于九月初十日，奏事太监张玉柱将问西洋人所说如"四大部洲"之类等语奉闻。

又于九月初九日，奏事太监张玉柱传旨：吾弟怡亲王先曾奏过鄂尔斯地方图样还有些不妥处，今此球白色处一片不知，此图曾改过否？若然改过，特此地球四个鄂尔斯处俱照怡亲王画的舆图改画。查此《地球》系何人做的？仍着此人照此球样式照新改南北图白油的做一分。钦此。

随查得系钦天监冬官正刘裕锡做过。

雍正九年

1. 雍正九年三月十九日，据圆明园来帖内称：大学士公马尔赛、大学士张廷玉、理藩院尚书特古忒全传旨：着照此依里等处图另画五、六分，将“活屯”等字音汉字改音或字，“必拉”“阿林”亦改音“河”“山”，必备，出外用。钦此。

于本日交栢唐阿八十承办。讫。

2. 六月十六日，主事诺黑图来说：舆图处盛《天下图》木格子，上欲做黄布夹簾四件等语，员外郎满毗准做。记此。

于七月二十四日做得黄布夹簾四件交主事诺黑图持出。讫。

3. 七月十六日，据圆明园来帖内称：本日内大臣海望谕：着将着色木板《全图》二分，预备应用。记此。

于八月二十日，内大臣海望奉旨：着管公马尔赛四、五、六三排图一副。钦此。

于九月十九日，军需处人员要去四、五、六三排图一副。讫。

4. （七月）十六日，据圆明园来帖内称：本日内大臣海望着补画四、五、六三排图二分，凑至全，备用。记此。

于本日交栢唐阿八十承办。讫。

5. （八月）初六日，据圆明园来帖内称：本日内大臣海望传，画《自楚枯往北至莫斯誇吐勒枯忒图》二张，一张着色，一张不用着色，俱各托表，本月初八日要。记此。

于本日交栢唐阿八十承办。讫。

6. 九月初九月，内大臣海望传，口外喀尔喀地名蒙古字，上谕着刻刷印二百一十分，发报。记此。

于本日交栢唐阿八十承办。讫。

2）只写“奉旨交来”未注“谁”交来，当是漏写或有意省略。《天下舆图总摺》载：

康熙肆拾玖年柒月初叁日，奉旨交来有度数：

直隶全省图，壹张。

康熙伍拾年拾月贰拾日，奉旨交来有度数：

山东全省图，壹张。

康熙伍拾年拾贰月贰拾柒日，奉旨交来：

口外图叁张。内：

自独石口至布于鲁枯仑图，壹张。

自科鲁仑吐拉鄂尔浑色厄图，壹张。

自推必拉衣恳敖兰巴汗兰诺名戈必嘉峪关等处图，壹张。

康熙伍拾壹年叁月拾肆日，奉旨交来：

恳特汗阿林图，壹张。

噶斯哈蜜图，壹张。

乌鲁苏木丹图，壹张。

康熙伍拾贰年叁月初玖日，奉旨交来有度数：

山西全省图，壹张。

康熙伍拾叁年拾贰月贰拾肆日，奉旨交来有度数：

广东全省图，壹张。

康熙伍拾叁年玖月叁拾日，奉旨交来有度数：

福建全省图，壹张。

康熙伍拾肆年拾贰月拾柒日，奉旨交来有度数：

贵州全省图，壹张。

这些都没有标记谁奉旨交来，是漏写或有意省略，不得而知。

## 二 旨令：朝廷的绘图计划

我们在《天下舆图总摺》中发现一些年份，各地都不约而同向朝廷呈送本地舆图，而且名称大体相同，这应该事出有因。

### （一）《皇舆全览图》测绘计划

凡为“有度数”地图均为《皇舆全览图》绘制过程中分别报送的各省地图。

《天下舆图总摺》载：

康熙肆拾玖年柒月初叁日，奉旨交来有度数：

直隶全省图，壹张。

康熙伍拾贰年叁月初玖日，奉旨交来有度数：

山西全省图，壹张。

康熙伍拾年拾月贰拾日，奉旨交来有度数：

山东全省图，壹张。

康熙伍拾贰年陆月贰拾捌日，热河带来有度数：

河南全省图，壹张。

康熙伍拾贰年陆月贰拾捌日，热河带来有度数：

江南全省图，贰张。

康熙伍拾贰年拾贰月贰拾贰日，四执事太监张起麟传旨交来有度数：

浙江全省图，壹张。

康熙伍拾叁年正月拾玖日，太监刘尚传旨交来有度数：

江西全省图，壹张。

康熙伍拾伍年壹月贰拾玖日，口外带来有度数：

湖广全省图，壹张。

康熙伍拾肆年拾贰月拾柒日，奉旨交来有度数：

贵州全省图，壹张。

康熙伍拾叁年捌月初玖日，监造布尔寨交来有度数：

四川全省图，壹张。

康熙伍拾肆年玖月贰拾伍日，热河带来有度数：

云南全省图，壹张。

康熙伍拾叁年拾贰月贰拾肆日，奉旨交来有度数：

广东全省图，壹张。

康熙伍拾肆年玖月贰拾伍日，热河带来有度数：

广西全省图，壹张。

康熙伍拾叁年玖月叁拾日，奉旨交来有度数：

福建全省图，壹张。

这里至少缺少关于陕西、四川等地的记录，其缘由不清楚。

上述十四条记载可以分成五种类型：

（1）奉旨交来“有度数”

（2）热河带来“有度数”

（3）传旨交来“有度数”（四执事太监张起麟、太监刘尚）

（4）口外带来“有度数”

（5）交来“有度数”（监造布尔寨）

它们总的特征是“有度数”，即图上标有经纬线与经纬度。而其不同的特征则是：

（1）由外地交回如热河、口外，这是说明各省所测绘的舆图是先要送至皇上当时驻跸地（行宫）呈皇上御览，然后再交回京城的舆图房登录保管；所以这里的交回时间并不是皇帝收到的时间，至于什么时间送到皇帝驻跸地从上述记载中是不能准确地判断的。我们可以根据其他史料如当时各省的巡抚给皇帝的呈图奏折可知各省舆图绘成送出的时间，而抵达的时间可由各省呈报公文的时间来推定，虽然各省有别，但不会太慢，因为这是专文专报。

（2）由紫禁城朝廷内官交来如四执事太监张起麟、太监刘尚和监造布尔寨，这表明舆图是直接送往京城的，但入舆图房的时间应该是皇帝在京（宫）中御览以后交回的时间，而非到京的时间。

### （二）总图

《天下舆图总摺》中记载的分省总图，大约于同时所绘，说明应是朝廷所需。

《天下舆图总摺》载：

康熙贰拾肆年贰月拾肆日，外进：

　　直隶总图，壹张。

康熙贰拾伍年拾贰月初陆日，外进：

　　直隶总图，壹张。

康熙贰拾肆年贰月拾肆日，外进：

　　山西总图，壹张。

康熙贰拾陆年伍月拾柒日，外进：

山西总图，壹张。

这些舆图的造送，应该与纂修《大清一统志》有关。康熙二十五年五月初七日康熙帝便下令纂修《大清一统志》："务求采搜闳博，体例精详，厄塞山川，风土人物，指掌可治，画成地图。万几之暇，朕将亲览，且俾奕世子孙披牒而慎维屏至寄；式版而念，小人之依，以永我国家无疆之历服、有攸赖焉。卿其勉之。"①

有学者统计：各地方官员纷纷绘制本省地图呈报朝廷，据舆图房记载，康熙二十四年外进舆图有 48 张 8 套 38 本，其中除有 15 省 16 张总图外，广东分府州县册页 2 套 8 本。康熙二十五年九月二十四日至康熙二十八年正月由外进舆图，其中除 15 省总图外，还有广东分府州县册页 2 套 8 本、广东府图 11 张、总共 136 张 6 套 46 本。

### （三）分府州县册页

各省分府地图图册名称相同、上缴时间相近，说明为朝廷所需。《天下舆图总摺》载：

康熙贰拾肆年贰月拾肆日，外进：

江南分府州县册页，贰套捌本。

康熙贰拾伍年拾贰月拾叁日，外进：

江南分府州县册页，贰套捌本。

康熙贰拾肆年贰月拾肆日，外进：

浙江分府州县册页，贰套拾壹本。

康熙贰拾捌年正月贰拾伍日，外进：

浙江分府州县册页，贰套拾壹本，

康熙贰拾陆年正月贰拾伍日，外进：

湖广分府州县册页，拾捌本。

---

① 《清实录·康熙朝实录》卷之一百二十六，http://www.cssn.cn/zgs/zgs_sl/201303/t20130307_305720.shtml。

康熙贰拾肆年拾月初五日，外进：

贵州分府州县册页，壹本。

康熙贰拾陆年正月贰拾伍日，外进：

贵州分府州县册页，壹本。

康熙贰拾陆年玖月贰拾陆日，外进：

四川分府州县册页，壹本。

康熙贰拾肆年肆月贰拾伍日，外进：

云南分府州县册页，壹本。

### （四）府州县卫图

府州县卫图，名称相同，可能也为朝廷所需。《天下舆图总摺》载：

康熙贰拾陆年贰月初肆日，外进：

陕西府州县卫图，拾张。

康熙贰拾陆年正月贰拾伍日，外进：

湖广府县卫图，拾捌张。

### （五）府图

各省府图绘制时间相近，当为朝廷所需。《天下舆图总摺》载：

康熙贰拾伍年拾贰月初陆日，外进：

直隶府图，玖张。

康熙贰拾伍年贰月初陆日，外进：

山东府图，陆张。

康熙贰拾肆年贰月拾肆日，外进：

河南府图，玖张。

康熙贰拾陆年伍月贰拾肆日，外进：

河南府图，玖张。

康熙贰拾捌年正月贰拾伍日，外进：

浙江府图，拾壹张。

## 三　造送：地图来源

### （一）明确标有绘图人与机构

(1) 舆图处

《天下舆图总摺》载：

康熙叁拾壹年伍月拾贰日，舆图处画的：
　　直隶绢图，壹张。
康熙伍拾柒年贰月拾壹日，舆图处画的：
　　灞州河图，壹分。
康熙叁拾壹年伍月拾贰日，舆图处画的：
　　山西绢图，壹张。
雍正拾贰年拾月贰拾捌日，内大臣海望交：
　　舆图处画的
　　四寸一格舆图，拾卷。
　　二寸一格舆图，拾卷（系木板）。
　　六分一格十五省连口外小总图，壹张。
　　四分一格十五省小总图，壹张。
　　浙江海塘图，壹张。
　　灞州东西淀图，贰张。
　　口外兼满汉路程，壹套贰拾肆本。

(2) 其他人所画

圣（胜）柱

圣（胜）柱参与《皇舆全览图》绘制的，尤其是西藏部分。

《天下舆图总摺》载：

康熙伍拾柒年捌月拾柒日，理藩院主事圣柱画来的：

冈底斯喀木图，贰张。

焦秉珍

雍正贰年拾贰月贰拾肆日，怡来王交

焦秉珍画旧黄河图壹张

新黄河图贰张

### （二）地方所绘

标有“外进”者当为地方所绘。

《天下舆图总摺》载：

康熙贰拾肆年贰月拾肆日，外进：

直隶总图，壹张。

康熙贰拾伍年拾贰月初陆日，外进：

直隶总图，壹张。

直隶府图，玖张。

康熙贰拾肆年贰月拾肆日，外进：

山西总图，壹张。

康熙贰拾陆年伍月拾柒日，外进：

山西总图，壹张。

山西五府、三州图，捌张。

## 四 谁阅舆图：御览

### （一）明确为皇帝阅览过的地图

（1）呈览

《天下舆图总摺》载：

康熙伍拾壹年拾壹月贰拾日，畅春园呈览过：

自独石古尔班赛憨至科鲁仑图，贰张。

招莫多出兵小图，壹张。

康熙伍拾贰年正月拾贰日，官内呈览过交出：

高丽图，壹张。

康熙伍拾贰年拾壹月拾壹日，畅春园呈览过：

高丽图，壹张。

（2）行宫热河带回的地图

《天下舆图总摺》载：

康熙伍拾贰年陆月贰拾捌日，热河带来有度数：

河南全省图，壹张。

康熙伍拾贰年陆月贰拾捌日，热河带来有度数：

江南全省图，贰张。

康熙伍拾肆年玖月贰拾伍日，热河带来有度数：

云南全省图，壹张。

（3）口外带来地图

《天下舆图总摺》载：

康熙肆拾捌年玖月贰拾肆日，口外带来：

山海关至宁古塔纸图，壹张。

热河至喜峰口纸图，壹张。

康熙伍拾伍年壹月贰拾玖日，口外带来有度数：

湖广全省图，壹张。

（4）奉旨交来

《天下舆图总摺》载：

康熙肆拾玖年柒月初叁日，奉旨交来有度数：

　　直隶全省图，壹张。

康熙伍拾年拾月贰拾日，奉旨交来有度数：

　　山东全省图，壹张。

康熙伍拾贰年叁月初玖日，奉旨交来有度数：

　　山西全省图，壹张。

康熙伍拾肆年拾贰月拾柒日，奉旨交来有度数：

　　贵州全省图，壹张。

(5) 传旨交来

《天下舆图总摺》载：

康熙肆拾捌年拾壹月初肆日，本房传旨交来：

　　直隶宣府地舆图，壹张。

　　直隶居庸关图，贰张。

　　直隶南山图，贰张。

　　直隶宣府镇图，贰张。

　　海子图，壹张。

康熙肆拾捌年拾壹月初肆日，本房传旨交来：

　　山西大同镇图，叁张。

　　山西东、西、中路边墙图，叁张。

　　山西太原府图，壹张。

(6) 与地图有关的太监

《天下舆图总摺》载：

太监杜辉

康熙伍拾贰年柒月拾捌日，太监杜辉交来：

　　山东登州旅顺海岛图，壹张。

四执事太监张起麟

康熙伍拾贰年拾贰月贰拾贰日，四执事太监张起麟传旨交来有度数：

浙江全省图，壹张。

**太监刘尚**

康熙伍拾叁年正月拾玖日，太监刘尚传旨交来有度数：

江西全省图，壹张。

**太监郭立口**

康熙伍拾陆年贰月初捌日，太监郭立口交来：

灞州河图。贰张。

**懋勤殿太监苏佩升**

康熙伍拾捌年肆月拾壹日，懋勤殿太监苏佩升交来：

西洋坤舆大圆图，壹张。

**太监陈福**

康熙陆拾年正月初柒日，太监陈福交来：

西洋印图，柒张。

康熙伍拾玖年拾壹月贰拾壹日，陈福传旨交来：

鄂－鲁斯地方绢图柒张。

**太监李统忠**

雍正元年正月拾肆日，太监李统忠交：

铜板刷印图，捌卷。

哈密图壹张。

海子图壹张。

雍正肆年拾月贰拾伍日，太监李统忠传旨交来巡抚布兰泰进：

湖广岳州府手卷图，壹卷。

**太监王钦**

雍正肆年贰月贰拾壹日，太监王钦传旨交来：

海洋清晏图，壹卷。

**太监王章**

雍正肆年叁月初伍日，太监王章传旨交来：

吐尔番地方图，壹张。

**太监张玉柱**

雍正陆年拾月拾玖日，太监张玉柱传旨交来：

寿岳全图，壹册。

**太监王常贵**

雍正陆年拾贰月拾陆日，太监王常贵、张玉柱传旨交来：

踏实堡城图，壹张。

……

(7) 与皇帝有关的其他机构与人员交出的地图

**①机构**

**养心殿**

《天下舆图总折》载：

康熙叁拾壹年陆月贰拾伍日，养心殿交来：

小黄河图，壹张。

康熙陆拾壹年拾贰月贰拾伍日，养心殿交来：

娑婆界图，壹分。

西洋地舆图，壹本。

木板刷印图，叁张。

**保和殿**

康熙叁拾壹年伍月拾叁日，保和殿交来：

大明一统混一图，壹张。

**宫内**

康熙肆拾捌年贰月拾伍日，宫内交出：

直隶永平府至河间府盐山县小图，壹张。

康熙伍拾贰年正月拾贰日，宫内呈览过交出：

高丽图，壹张。

康熙陆拾年叁月初柒日，内换出：

旧坤舆图，贰张。

**军需处**

雍正拾壹年拾月玖日，军需处交出：

八旗阵式纸样图，拾叁分。

②人员

郎潭

康熙叁拾壹年陆月贰拾伍日，郎潭交来：

乌拉宁古塔口外大小图，伍张。

监造艾保

康熙肆拾柒年贰月拾伍日，监造艾保交来：

口外乌拉长白山等处纸图，壹张。

口外波尔呵里俄莫图小纸稿，壹张。

笔帖式胡里

康熙伍拾壹年肆月贰拾叁日，笔帖式胡里交来：

西番接四川打箭炉图，贰张。

中堂松住

康熙伍拾叁年柒月叁拾日，中堂松住交来：

海图，壹卷。

监造布尔赛

康熙伍拾叁年捌月初玖日，监造布尔赛交来有度数：

四川全省图，壹张。

侍卫拉史

康熙伍拾柒年叁月贰拾日，侍卫拉史交来：

噶斯哈蜜图，壹张。

杨万臣

康熙伍拾柒年叁月贰拾肆日，杨万臣传旨交来：

福建台湾澎湖炮台全图，壹张。

保德

雍正陆年柒月初壹日，保德交来。

四川全图，壹张。

陕西全图，壹张。

奏事人七汰子

雍正柒年叁月初捌日，奏事人七汰子传旨交来：

扬州河图，壹张。

**内大臣海望**

雍正拾贰年拾月贰拾捌日，内大臣海望交：

舆图处画的

浙江海塘图，壹张。

口外兼满汉路程，壹套贰拾肆本。

### （二）怡亲王

怡亲王为爱新觉罗·胤祥，为雍正皇帝之弟，很受重用。故在宫中曾主持造办处，所以与舆图的交道尤多。所谓“交”应是怡亲王阅王交来，“传画”当为“传旨所画”，“要出”可能为怡亲王“所要而取出”。

《天下舆图总折》载：

雍正元年正月贰拾伍日，怡亲王交：

…………（原文阙）

雍正元年肆月初贰日，怡亲王交：

西洋地舆图，壹本。

雍正元年陆月拾捌日，怡亲王传画：

长白山图，壹张。

雍正贰年贰月初壹日，怡亲王交：

阿尔台布图，壹张。

噶斯哈蜜图，壹张。

雍正贰年拾贰月贰拾肆日，怡亲王交：

各处舆图，贰拾肆分，内：

福建沿海图，壹卷。

焦秉珍画旧黄河图，壹张。

浙江沿海图，壹卷。

黄河图，壹张。

新黄河图，贰张。

黄河图，壹张。

台湾图，壹张。

河南南阳府图，壹张。

广东琼州府图，壹张。

四省沿海图，壹张。

黑龙江图，壹张。

水汛总图，壹本。

各府小绢图，拾幅。

两浙海防类考，壹本。

海图，壹册。

雍正叁年叁月初拾日，怡亲王传画：

浙江沿海图，壹卷。

雍正叁年叁月拾捌日，怡亲王、懋勤殿要出：

直隶木兰绢图，壹张。

## 五　有关舆图的特殊信息

### （一）与康熙朝传教士测绘有关的地图

除上述带有“度数”的舆图都与来华传教士有关外，还有一些也与他们直接相关。《天下舆图总折》载：

雍正元年正月拾肆日，太监李统忠交：

铜板刷印图，捌卷

我们知道，铜版印刷是欧洲人发明，由来华传教士传入中国，刻印的第一种舆图就是康熙朝绘制的《皇舆全览图》。而雍正元年由太监李统忠交给舆图房的铜版舆图一式八卷应该是此图。

在雍正年间，又对《皇舆全览图》进行了修改，刻印成《雍正十排图》。据《造办处活计档》载：

雍正五年（1727）四月十五日，“据圆明园来帖称：十四日郎中海望画得舆图二张呈进。奉旨：‘舆图上的汉字小了，着另写。舆图改做折叠棋盘式。钦此。’二十四日画得，海望呈进讫。”

又：

雍正五年九月二十日，“据圆明园来帖称：郎中海望钦奉上谕‘着单画十五省的舆图一份，府内单画江河水路，不用画山，边外地方亦不用画，其字比前所进的图上字再写粗壮些。用薄夹纸叠做四折。再画十五省的舆图一张，府分内亦不用画山，单画江河水路，其边外山河俱要画出，照例写满汉字。查散克住处不用添上。钦此’。”

又：

“十一月初三日，郎中海望传旨：‘着将铜板全省舆图再刷印二份备用。钦此’。”

又：

“雍正六年（1728）正月十七日，据圆明园来帖称：十六日郎中海望传旨：‘照先画过的全省小舆图再画二张，将省城写出。钦此’。于二月初二日画得，交郎中海望呈进讫。”①

而《天下舆图总折》则于雍正十二年记载：

雍正拾贰年拾月贰拾捌日，内大臣海望交：
……舆图处画的
四寸一格舆图，拾卷。

① 中国第一历史档案馆：《内务府活计档》。

二寸一格舆图，拾卷（系木板）。
六分一格十五省连口外小总图，壹张。
四分一格十五省小总图，壹张。

这些应该是记录的关于《雍正十排图》绘制、印刷的详细情况，这些版本的舆图今存于故宫博物院、第一历史档案馆和中国科学院图书情报中心。①

### （二）欧洲所绘地图

在康熙时代，国门打开，许多外国地图传入中国，同时也进入朝廷。据《天下舆图总折》载：

康熙伍拾陆年肆月初贰日，西洋人德里格进：
西洋地里图，伍卷。
康熙伍拾捌年肆月拾壹日，懋勤殿太监苏佩升交来：
西洋坤舆大圆图，壹张。
康熙陆拾年正月初柒日，太监陈福交来：
西洋印图，柒张。
康熙陆拾壹年拾贰月贰拾伍日，养心殿交来：
西洋地舆图，壹本。
雍正元年肆月初贰日，怡亲王交：
西洋地舆图，壹本。

这些舆图有不少流传至今。

### （三）关于《大明混一图》的记载

第一历史档案馆今所藏的《大明混一图》是现存中国绘制的最早世界

① 冯宝琳：《记几种不同版本的雍正〈皇舆十排全图〉》，《故宫博物院刊》1986年第4期。于福顺：《清雍正十排〈皇舆图〉的初步研究》，《文物》1983年12期。汪前进、刘若芳主编：《清廷三大实测全图集》，外文出版社2007年版。

地图，约绘于1389年。[①] 包括欧洲、非洲，一经披露与研究，引起国际学术界的极大关注。但是，关于它的身世与流传学界所知甚少，而在《天下舆图总折》中有一则记载，似乎与其有关：

> 康熙叁拾壹年伍月拾叁日，保和殿交来：
>
> 大明一统混一图，壹张。

此图图上标名为“大明混一图”，此处写作“大明一统混一图”，多出“一统”二字，但从文意上讲“一统”与“混一”同义重复，似不是原图所有，当为著录者所加。在干隆年间所编的《萝图荟萃》中，《大明混一图》又作《清字签一统大图》，而《清内务府造办处舆图房图目初编》则曰：

> 大明混一图一幅，彩绘绢本，纵12.7尺，横15尺，破。案此图《萝图荟萃》题“清字签一统图”，今从原图题名改之。[②]

总算恢复了原名。

### （四）关于计里画方地图的记载

在经纬网法传入中国以后的雍正年间，由于中国朝野许多人不是很习惯甚至是较为抵制这一西方传入的绘图方法，所以常常在已经绘有经纬网的地图上加上中国传统的计里画方的方法，所以不少地图不以经纬网相称，而以方格相称。

《天下舆图总折》载：

> 雍正拾贰年拾月贰拾捌日，内大臣海望交：
>
> 舆图处画的

① 汪前进、胡启松、刘若芳：《绢本彩绘大明混一图研究》，曹婉如等《中国古代地图集(明代)》，文物出版社1994年版。

② 汪前进编选：《中国地图学史研究文献集成（民国时期）》，西安地图出版社2007年版。

四寸一格舆图，拾卷。

二寸一格舆图，拾卷（系木板）。

六分一格十五省连口外小总图，壹张。

四分一格十五省小总图，壹张。

就是这种情况。

### （五）高丽图与长白山图

由于李氏朝鲜与大清的特殊关系，所以清朝比较关注朝鲜舆图和中国长白山舆图绘制与收藏。

《天下舆图总折》载：

康熙伍拾壹年柒月贰拾叁日，奉旨交来：

长白山高丽图，贰张。

康熙伍拾贰年正月拾贰日，宫内呈览过交出：

高丽图，壹张。

康熙伍拾贰年玖月贰拾贰日，热河带来：

高丽图，叁张。

康熙伍拾贰年拾壹月拾壹日，畅春园呈览过：

高丽图，壹张。

康熙伍拾叁年肆月初柒日，奉旨交来：

高丽图，壹张。

康熙伍拾年肆月拾壹日，奉旨交来：

长白山等处手卷图，伍轴。

康熙肆拾柒年正月拾贰日，奉旨交来：

长白山图，贰张。

康熙肆拾柒年贰月拾伍日，监造艾保交来：

口外乌拉长白山等处纸图，壹张。

康熙肆拾捌年拾壹月初壹日，奉旨交来：

乌拉长白山等处纸图，壹张。

康熙伍拾年贰月贰拾肆日，奉旨交来：

热河盛京长白山乌拉宁古塔等处图，壹张。

康熙伍拾壹年柒月贰拾叁日，奉旨交来：

长白山高丽图，贰张。

雍正元年陆月拾捌日，怡亲王传画：

长白山图，壹张。

### （六）世界地图

自从明末西方来华传教士利玛窦等人传入了新的世界知识，清康雍时期比较重视世界地图的收集、绘制与收藏。因而《天下舆地总折》中多有记载：

康熙叁拾捌年贰月初贰日，奉旨交来：

量地球图稿，壹张。

康熙伍拾陆年肆月初贰日，西洋人德里格进：

西洋地里图，伍卷。

康熙伍拾捌年肆月拾壹日，懋勤殿太监苏佩升交来：

西洋坤舆大圆图，壹张。

康熙陆拾年正月初柒日，太监陈福交来：

西洋印图，柒张。

康熙陆拾壹年拾贰月贰拾伍日，养心殿交来：

娑婆界图，壹分。

西洋地舆图，壹本。

康熙陆拾年叁月初柒日，内换出：

旧坤舆图，贰张。

雍正元年肆月初贰日，怡亲王交：

西洋地舆图，壹本。

### （七）海图

明中叶以来，由于抗倭与海运等方面的原因，海图绘制明显增多，朝野十分关注此类舆图的绘制、使用与收藏。因而《天下舆图总折》中多有记载，大致有如下数类：

（1）海岛图

康熙伍拾贰年陆月拾伍日，报上带来：

山东登州旅顺海岛图，壹张。

康熙伍拾贰年柒月拾捌日，太监杜辉交来：

山东登州旅顺海岛图，壹张。

（2）海路运粮图

康熙肆拾捌年拾壹月初肆日，本房传旨交来：

山东至朝鲜海路运粮图，壹张。

（3）沿海海图

康熙肆拾捌年拾壹月处肆日，本房传旨交来：

福建八闽沿海图，壹张。

康熙伍拾叁年柒月叁拾日，中堂松住交来：

海图，壹卷。

康熙伍拾伍年贰月拾柒日，奉旨交来：

粤东海图，壹卷。

雍正叁年叁月初拾日，怡亲王传画：

浙江沿海图，壹卷。

雍正贰年拾贰月贰拾肆日，怡亲王交：

福建沿海图，壹卷。

浙江沿海图，壹卷。

四省沿海图，壹张。

海图，壹册。

(4) 海塘图

雍正拾贰年拾月贰拾捌日，内大臣海望交：

舆图处画的

浙江海塘图，壹张。

(5) 沿海炮台全图

康熙伍拾柒年叁月贰拾肆日，杨万臣传旨交来：

福建台湾澎湖炮台全图，壹张。

### (八) 河道河工运河图

河道河工运河图是我国历史上独具特色的舆图类型，历来是大宗，而在康雍时期，两位皇帝锐意治河和保运，所以此类舆图激增。

(1) 河图

康熙伍拾柒年贰月拾壹日，舆图处画的：

灞州河图，壹分。

康熙贰拾陆年玖月贰拾陆日，外进：

黄河图，壹轴。

康熙叁拾壹年陆月贰拾伍日，养心殿交来：

小黄河图，壹张。

康熙叁拾捌年贰月初贰日，奉旨交来：

旧黄河图，壹张。

黄河绢图，壹张。

通州河图，壹张。

永定河图，壹张。

通州永定河合画图，壹张。

康熙肆拾捌年拾壹月初肆日，奉旨交来：

南北运河图，壹卷。

直隶河图，壹张。

江南河图，贰轴。

直隶永定等河图，壹张。

江南鲍家营河图，壹卷。

京城至江南河图，壹卷。

黄河运河图，壹张。

黄河图，叁张。

江南黄河海口图，壹张。

黄淮两河图，壹卷。

康熙伍拾陆年贰月初捌日，太监郭立口交来：

灞州河图，贰张。

雍正贰年拾贰月贰拾肆日，怡亲王交：

焦秉珍画旧黄河图，壹张。

黄河图，壹张。

新黄河图，贰张。

黄河图，壹张。

雍正七年叁月初捌日，奏事人七汰子传旨交来：

扬州河图，壹张。

### （2）运河图

康熙肆拾捌年拾壹月初肆日，奉旨交来：

南北运河图，壹卷。

直隶河图，壹张。

江南河图，贰轴。

直隶永定等河图，壹张。

江南鲍家营河图，壹卷。

京城至江南河图，壹卷。

江南射阳湖图，壹张。

黄河运河图，壹张。

雍正拾贰年拾月贰拾捌日，内大臣海望交：

直隶运河图，叁张。

直隶运河图手卷，壹卷。

### （九）边防图

虽然，边图是明代的主要舆图类型，但是到了清朝，由于形势的需要，仍然加强了此类舆图的绘制。《天下舆图总折》记载：

康熙肆拾捌年拾壹月初肆日，本房传旨交来：

直隶宣府镇图，贰张。

康熙肆拾捌年拾壹月初肆日，本房传旨交来：

山西大同镇图，叁张。

康熙肆拾捌年拾壹月初肆日，本房传旨交来：

陕西通省边镇图，壹张。

陕西甘肃镇图，壹张。

陕西延绥镇图，壹张。

雍正陆年拾贰月叁拾陆日，太监王常贵、张玉柱传旨交来：

嘉峪关至西安镇图，壹张。

### （十）清人眼中的“舆图”

以现代的标准来看，《天下舆图总折》中有一类图不属于地图，可是总折确将其收入其中：

康熙肆拾捌年拾壹月初肆日，本房传旨交来：

贵州全省土司姓名职掌疆界档子，壹本。

贵州铁锁桥图，壹张。

贵州红苗图，壹张。

康熙叁拾壹年拾壹月初肆日，本房传旨交来：

广东黎人形容图，壹张。

康熙肆拾捌年拾壹月初肆日，奉旨交来：

大海潮时图，壹张。

康熙肆拾捌年拾壹月初肆日，奉旨交来：

船样图，叁张。

康熙伍拾贰年肆月初伍日，交来：

龙门砥柱小图，贰张。

康熙伍拾壹年拾壹月贰拾日，畅春园呈览过：

招莫多出兵小图，壹张。

雍正肆年贰月贰拾壹日，太监王钦传旨交来：

海洋清晏图，壹卷。

雍正拾壹年拾月玖日，军需处交出：

八旗阵式纸样图，拾叁分。

### （十一）新旧地图调换

康熙陆拾年叁月初柒月，内换出旧坤舆图贰张

由于信息缺失，不知是用同名新图“换出”，还是用异名地图“换出”，但无论如何“旧坤舆图贰张”被换出存档。

## 六 庋藏：版本、计量、质地、装帧、概称

### （一）版本形式

（1）手绘——画

《天下舆图总折》载：

康熙叁拾壹年伍月拾贰日，舆图处画的：

直隶绢图，壹张。

康熙伍拾柒年贰月拾壹日，舆图处画的：

灞州河图，壹分。

康熙叁拾壹年伍月拾贰日，舆图处画的：

山西绢图，壹张。

康熙叁拾壹年五月拾贰日，舆图处画的：

陕西绢图，壹张。

康熙叁拾壹年伍月拾贰日，舆图画的：

山东绢图，壹张。

康熙叁拾壹年伍月拾贰日，舆图处画的：

河南绢图，壹张。

康熙叁拾壹年伍月拾贰日，舆图处画的：

江南绢图，壹张。

康熙叁拾壹年伍月拾贰日，舆图处画的：

浙江绢图，壹张。

康熙叁拾壹年伍月拾贰日，舆图处画的：

江西绢图，壹张。

康熙叁拾壹年伍月拾贰日，舆图处画的：

湖广绢图，壹张。

康熙叁拾壹年伍月拾贰日，舆图处画的：

贵州绢图，壹张。

康熙叁拾壹年伍月拾贰日，舆图处画的：

四川绢图，壹张。

康熙叁拾壹年伍月拾贰日，舆图处画的：

云南绢图，壹张。

康熙叁拾壹年伍月拾贰日，舆图处画的：

广东绢图，壹张。

康熙叁拾壹年伍月拾贰日，舆图处画的：

广西绢图，壹张。

康熙叁拾壹年伍月拾贰日，舆图处画的：

福建绢图，壹张。

康熙伍拾柒年捌月拾柒日，理藩院主事圣柱画来的：

罔底斯喀木图，贰张。

雍正叁年叁月初拾日，怡亲王传画：

浙江沿海图，壹卷。

雍正元年陆月拾捌日，怡亲王传画：

长白山图，壹张。

雍正贰年拾贰月贰拾肆日，怡亲王交：

焦秉珍画旧黄河图，壹张。

雍正拾贰年拾月贰拾捌日，内大臣海望交：

舆图处画的

四寸一格舆图，拾卷。

二寸一格舆图，拾卷（系木板）。

六分一格十五省连口外小总图，壹张。

四分一格十五省小总图，壹张。

浙江海塘图，壹张。

灞州东西淀图，贰张。

口外兼满汉路程，壹套贰拾肆本。

（2）稿本

康熙叁拾捌年贰月初贰日奉旨交来星地球图稿壹张

康熙肆拾柒年贰月拾伍日监造艾保交来

口外波尔口可里俄莫图小纸稿壹张

（3）木板（木刻）

《天下舆图总折》载：

康熙陆拾壹年拾贰月贰拾伍日，养心殿交来：

木板刷印图，叁张。

雍正拾贰年拾月贰拾捌日，内大臣海望交：

舆图处画的

二寸一格舆图，拾卷（系木版）。

(4) 铜版

《天下舆图总折》载：

康熙陆拾年正月初柒日，太监陈福交来

西洋印图柒张

雍正元年正月拾肆日，太监李统忠交：

铜板刷印图，捌卷

## (二) 地图的计量单位

(清) 法式善《陶庐杂录》卷一曰：

舆图房隶今养心殿造办处，中外臣工所进图式，存贮于此。干隆二十六年勘定分十二类：曰天文，曰舆地，曰江海，曰河道，曰武功，曰巡幸，曰名胜，曰瑞应，曰效贡，曰盐务，曰寺庙，曰风水，为《萝图荟萃》。干隆六十年勘定分九类：曰舆地，曰江海，曰河道，曰武功，曰巡幸，曰名胜，曰效贡，曰寺庙，曰山陵，为《萝图荟萃》前后二编。为幅三百一十二，为帧十一，为卷四十九，为轴十三，为册二百九十，为排三十五。①

这里论述了《萝图荟萃》前后二编所所使用的舆图计量单位：幅、帧、卷、轴、册、排。那让我们来看看它们之前的《天下舆图总折》的计量单位：

(1) 套

《天下舆图总折》载：

① https: //www. douban. com/note/160448458/.

康熙贰拾肆年贰月拾肆日，外进：

江南分府州县册页，贰套捌本。

康熙贰拾伍年拾贰月拾叁日，外进：

江南分府州县册页，贰套捌本。

康熙贰拾肆年贰月拾肆日，外进：

浙江分府州县册页，贰套拾壹本。

康熙贰拾捌年正月贰拾伍日，外进：

浙江分府州县册页，贰套拾壹本。

康熙贰拾肆年拾月初五日，外进：

广东分府、州、县册页，贰套捌本。

康熙贰拾陆年叁月拾玖日，外进：

广东分府、州、县册页，贰套捌本。

康熙贰拾肆年拾月初五日，外进：

广西分府、州、县册页，贰套捌本。

康熙贰拾陆年叁月拾玖日，外进：

广西分府、州、县册页，贰套捌本。

雍正拾贰年拾月贰拾捌日，内大臣海望交：

舆图处画的

口外兼满汉路程，壹套贰拾肆本。

(2) 分（份）

《天下舆图总折》载：

康熙伍拾柒年贰月拾壹日，舆图处画的：

灞州河图，壹分。

康熙陆拾壹年拾贰月贰拾伍日，养心殿交来：

娑婆界图，壹分。

康熙陆拾壹年叁月拾壹日，拉史传旨交来副将军阿尔那进：

乌鲁木淇折叠图，壹分叁排。

雍正贰年拾贰月贰拾肆日，怡亲王交：

各处舆图，贰拾肆分，内：
福建沿海图，壹卷。
焦秉珍画旧黄河图，壹张。
浙江沿海图，壹卷。
黄河图，壹张。
新黄河图，贰张。
黄河图，壹张。
台湾图，壹张。
河南南阳府图，壹张。
广东琼州府图，壹张。
四省沿海图，壹张。
黑龙江图，壹张。
水汛总图，壹本。
各府小绢图，拾幅。
两浙海防类考，壹本。
海图，壹册。

雍正拾壹年拾月玖日，军需处交出：
八旗阵式纸样图，拾叁分。

雍正拾贰年拾月贰拾捌日，内大臣海望交：
直隶运河图，叁张。
直隶运河图手卷，壹卷。
舆图处画的：
六分一格十五省连口外小总图，壹张。
四分一格十五省小总图，壹张。

(3) 册

《天下舆图总折》载：

雍正贰年拾贰月贰拾肆日，怡亲王交：
海图，壹册。

雍正陆年拾月贰拾玖日，太监张玉柱传旨交来：

寿岳全图，壹册。

（4）本

《天下舆图总折》载：

康熙贰拾肆年贰月拾肆日，外进：

江南分府州县册页，贰套捌本。

康熙贰拾伍年拾贰月拾叁日，外进：

江南分府州县册页，贰套捌本。

康熙贰拾肆年贰月拾肆日，外进：

浙江分府州县册页，贰套拾壹本。

康熙贰拾捌年正月贰拾伍日，外进：

浙江分府州县册页，贰套拾壹本，

康熙贰拾肆年拾月初五日，外进：

贵州分府、州、县册页，壹本。

康熙贰拾陆年正月贰拾伍日，外进：

贵州分府、州、县册页，壹本。

湖广分府、州、县册页，拾捌本。

康熙贰拾陆年玖月贰拾陆日，外进：

四川分府州县册页，壹本。

康熙贰拾肆年肆月贰拾伍日，外进：

云南分府、州、县册页，壹本。

康熙贰拾陆年正月拾玖日，外进：

云南总图，壹张。（随总图说，壹本）

云南分府、州、县册页，壹本。

康熙贰拾肆年拾月初五日，外进：

广东分府、州、县册页，贰套捌本。

康熙贰拾陆年叁月拾玖日，外进：

广东分府、州、县册页，贰套捌本。

康熙贰拾肆年拾月初五日，外进：

　　广西分府、州、县册页，贰套捌本。

康熙贰拾陆年叁月拾玖日，外进：

　　广西分府、州、县册页，贰套捌本。

康熙贰拾肆年贰月拾肆日，外进：

　　福建分府、州、县册页，壹本。

康熙贰拾陆年正月拾玖日，外进：

　　福建分府、州、县册页，壹本。

康熙陆拾壹年拾贰月贰拾伍日，养心殿交来：

　　西洋地舆图，壹本。

雍正元年肆月初贰日，怡亲王交：

　　西洋地舆图，壹本。

雍正贰年拾贰月贰拾肆日，怡亲王交：

　　两浙海防类考，壹本。

雍正拾贰年拾月贰拾捌日，内大臣海望交：

　　舆图处画的

　　口外兼满汉路程，壹套贰拾肆本。

(5) 轴

《天下舆图总折》载：

康熙贰拾陆年玖月贰拾陆日，外进：

　　黄河图，壹轴。

康熙肆拾捌年拾壹月初肆日，奉旨交来：

　　江南河图，贰轴。

康熙伍拾年肆月拾壹日，奉旨交来：

　　长白山等处手卷图，伍轴。

(6) 卷

《天下舆图总折》载：

康熙肆拾捌年拾壹月初肆日，奉旨交来：

南北运河图，壹卷。

江南鲍家营河图，壹卷。

京城至江南河图，壹卷。

黄淮两河图，壹卷。

长江形势图，壹卷。

静海图，壹卷。

康熙伍拾叁年柒月叁拾日，中堂松住交来：

海图，壹卷。

康熙伍拾伍年贰月拾柒日，奉旨交来：

粤东海图，壹卷。

康熙伍拾陆年肆月初贰日，西洋人德里格进：

西洋地里图，伍卷。

雍正元年正月拾肆日，太监李统忠交：

铜板刷印图，捌卷

哈密图，壹卷

雍正叁年叁月初拾日，怡亲王传画：

浙江沿海图，壹卷。

雍正贰年拾贰月贰拾肆日，怡亲王交：

福建沿海图，壹卷。

浙江沿海图，壹卷。

雍正肆年拾月贰拾伍日，太监李统忠传旨交来巡抚布兰泰进：

湖广岳州府手卷圈，壹卷。

雍正拾贰年拾月贰拾捌日，内大臣海望交：

直隶运河图手卷，壹卷。

舆图处画的

四寸一格舆图，拾卷。

二寸一格舆图，拾卷（系木板）。

（7）幅

《天下舆图总折》载：

雍正贰年拾贰月贰拾肆日，怡亲王交：

各府小绢图，拾幅。

(8) 张

《天下舆图总折》载：

康熙贰拾肆年贰月拾肆日，外进：

直隶总图，壹张。

康熙贰拾伍年拾贰月初陆日，外进：

直隶总图，壹张。

直隶府图，玖张。

康熙叁拾壹年伍月拾贰日，舆图处画的：

直隶绢图，壹张。

康熙肆拾捌年拾壹月初肆日，本房传旨交来：

直隶宣府地舆图，壹张。

直隶居庸关图，贰张。

直隶南山图，贰张。

直隶宣府镇图，贰张。

海子图，壹张。

康熙肆拾捌年贰月拾伍日，官内交出：

直隶永平府至河间府盐山县小图，壹张。

(9) 排

《天下舆图总折》载：

康熙陆拾壹年叁月拾壹日拉史传旨交来副将军阿尔那进

乌鲁木淇折迭图壹分叁排

从上述记载可知：两者舆图计量单位相同的有幅、卷、轴、册、排五种，少了帧一种，多出套、分（份）、本和张。若将两者合并起来便知康雍干三朝舆图的计量单位共有幅、卷、轴、册、帧、排、套、分（份）、本和张十种。

**（三）规格：**

大图

《天下舆图总折》载：

康熙叁拾壹年陆月贰拾伍日，郎潭交来：

乌拉宁古塔口外大、小图，伍张。

小图

《天下舆图总折》载：

康熙肆拾捌年贰月拾伍日，官内交出：

直隶永平府至河间府盐山县小图，壹张。

康熙伍拾贰年肆月初伍日，交来：

龙门砥柱小图，贰张。

康熙叁拾壹年陆月贰拾伍日，郎潭交来：

乌拉宁古塔口外大小图，伍张。

康熙伍拾年贰月贰拾肆日，奉旨交来：

古北口至热河小图，贰张。

康熙伍拾年玖月贰拾柒日，奉旨交来：

敦敦村至海小图，壹张。

康熙伍拾壹年拾壹月贰拾日，畅春园呈览过：

招莫多出兵小图，壹张。

**（四）地图质地**

（1）绢

《天下舆图总折》载：

康熙叁拾壹年伍月拾贰日，舆图处画的：

直隶绢图，壹张。

康熙叁拾壹年伍月拾贰日，舆图处画的：

山西绢图，壹张。

康熙叁拾壹年五月拾贰日，舆图处画的：

陕西绢图，壹张。

康熙叁拾壹年伍月拾贰日，舆图画的：

山东绢图，壹张。

康熙叁拾壹年伍月拾贰日，舆图处画的：

河南绢图，壹张。

康熙叁拾壹年伍月拾贰日，舆图处画的：

江南绢图，壹张。

康熙叁拾壹年伍月拾贰日，舆图处画的：

浙江绢图，壹张。

康熙叁拾壹年伍月拾贰日，舆图处画的：

江西绢图，壹张。

康熙叁拾壹年伍月拾贰日，舆图处画的

湖广绢图，壹张。

康熙叁拾壹年伍月拾贰日，舆图处画的：

贵州绢图，壹张。

康熙叁拾壹年伍月拾贰日，舆图处画的：

云南绢图，壹张。

康熙叁拾壹年伍月拾贰日，舆图处画的：

广东绢图，壹张。

康熙叁拾壹年伍月拾贰日，舆图处画的：

广西绢图，壹张。

康熙叁拾壹年伍月拾贰日，舆图处画的：

福建绢图，壹张。

康熙叁拾捌年贰月初贰日，奉旨交来：

黄河绢图，壹张。

通州永定河村庄绢图，壹张。

康熙伍拾玖年拾壹月贰拾壹日，陈福传旨交来：

鄂鲁斯地方绢图，柒张。

雍正叁年叁月拾捌日，怡亲王、懋勤殿要出：

直隶木兰绢图，壹张。

(2) 纸

《天下舆图总折》载：

康熙肆拾柒年贰月拾伍日，监造艾保交来：

口外乌拉长白山等处纸图，壹张。

口外波尔呵里俄莫图小纸稿，壹张。

康熙肆拾捌年叁月贰拾陆日，奉旨交来：

口外小纸图，壹张。(自东直门至口外木兰地方)

## (五) 地图装帧形式

(1) 手卷

《天下舆图总折》载：

康熙伍拾年肆月拾壹日，奉旨交来：

长白山等处手卷图，伍轴。

雍正肆年拾月贰拾伍日，太监李统忠传旨交来巡抚布兰泰进：

湖广岳州府手卷图，壹卷。

雍正拾贰年拾月贰拾捌日，内大臣海望交：

直隶运河图手卷，壹卷。

(2) 折叠

《天下舆图总折》载：

康熙陆拾壹年叁月拾壹日，拉史传旨交来副将军阿尔那进：

乌鲁木淇折叠图，壹分叁排。

雍正叁年柒月初伍日，员外郎海望持出：

折叠图，拾伍张。

### （六）具体图名与地图概称

《天下舆图总折》与一般地图目录不同，并非每图均有图名，而是相同类地图仅有总称，而无具体图名，这给了解地图的情况带来困难。

府图

各省府图绘制时间相近，当为朝廷所需。《天下舆图总折》载：

康熙贰拾伍年拾贰月初陆日，外进：

直隶府图，玖张。

康熙贰拾伍年贰月初陆日，外进：

山东府图，陆张。

康熙贰拾肆年贰月拾肆日，外进：

河南府图，玖张。

康熙贰拾陆年伍月贰拾肆日，外进：

河南府图，玖张。

康熙贰拾捌年正月贰拾伍日，外进：

浙江府图，拾壹张。

康熙贰拾肆年贰月拾肆日，外进：

江西府图，拾叁张。

康熙贰拾伍年玖月贰拾肆日，外进：

江西府图，拾叁张。

康熙贰拾陆年叁月拾玖日，外进：

广东府图，拾壹张。

康熙贰拾陆年叁月拾玖日，外进：

广西府图，玖张。

雍正贰年拾贰月贰拾肆日，怡亲王交：

各府小绢图，拾幅。

府州图

康熙贰拾陆年伍月拾柒日，外进：

山西五府三州图，捌张。

府州县卫图

康熙贰拾陆年贰月初肆日，外进：

陕西府州县卫图，拾张。

康熙贰拾肆年肆月贰拾伍日，外进：

湖广府县卫图，捌张。

康熙贰拾陆年正月贰拾伍日，外进：

湖广府县卫图，拾捌张。

康熙贰拾陆年玖月贰拾陆日，外进：

四川府州卫图，拾柒张。

铜版刷印图

雍正元年正月拾肆日，太监李统忠交：

铜板刷印图，捌卷。

西洋印图

康熙陆拾年正月初柒日，太监陈福交来：

西洋印图，柒张。

木版刷印图

康熙陆拾壹年拾贰月贰拾伍日，善心殿交来：

木板刷印图，叁张。

折迭图

雍正叁年柒月初伍日，员外郎海望持出：

折迭图，拾伍张。

## 附录

### 天下舆图总折（全文）*

（直隶）

康熙贰拾肆年贰月拾肆日外进

直隶总图壹张

康熙贰拾伍年拾贰月初陆日外进

直隶总图壹张

直隶府图玖张

康熙叁拾壹年伍月贰拾日舆图处画的

直隶绢图壹张

康熙肆拾捌年拾壹月初肆日本房传旨交来

直隶宣府地舆图壹张

直隶居庸关图贰张

直隶南山图贰张

直隶宣府镇图贰张

海子图壹张

康熙肆拾捌年贰月拾伍日宫内交出

直隶永平府至河间府盐山县小图壹张

康熙肆拾玖年柒月初叁日奉旨交来有度数

直隶全省图壹张

康熙伍拾柒年贰月拾壹日舆图处画的

灞州河图壹分

（山西）

康熙贰拾肆年贰月拾肆日外进

山西总图壹张

康熙贰拾陆年伍月拾柒日外进

---

* 档案号：中央档案馆明清档案部编号舆1。

山西总图壹张
山西五府三州图捌张
康熙叁拾壹年伍月拾贰日舆图处画的
山西绢图壹张
康熙肆拾捌年拾壹月初肆日本房传旨交来
山西大同镇图叁张
山西东西中路边墙图叁张
山西太原府图壹张
康熙伍拾贰年叁月初玖日奉旨交来有度数
山西全省图壹张

（陕西）

康熙贰拾肆年贰月拾肆日外进
陕西总图壹张
康熙贰拾陆年贰月初肆日外进
陕西总图壹张
陕西府州县卫图拾张
康熙叁拾壹年五月拾贰日舆图处画的
陕西绢图壹张
康熙肆拾捌年拾壹月初肆日本房传旨交来
陕西全省图壹张
陕西汉中府图壹张
陕西嘉峪关外路程图壹张
陕西通省边镇图壹张
陕西三边图壹张
陕西甘肃镇图壹张
陕西延绥镇图壹张
陕西全省边腹图壹张

（山东）

康熙贰拾肆年贰月拾肆日外进

山东总图壹张

康熙贰拾伍年贰月初陆日外进

山东总图壹张

山东府图陆张

康熙叁拾壹年伍月拾贰日舆图画的

山东绢图壹张

康熙肆拾捌年拾壹月初肆日本房传旨交来

山东图壹张

山东六府图陆张

山东至朝鲜海路运粮图壹张

康熙伍拾年拾月贰拾日奉旨交来有度数

山东全省图壹张

康熙伍拾贰年陆月拾伍日报上带来

山东登州旅顺海岛图壹张

康熙伍拾贰年柒月拾捌日太监杜辉交来

山东登州旅顺海岛图壹张

（河南）

康熙贰拾肆年贰月拾肆日外进

河南府图玖张

康熙贰拾陆年伍月贰拾肆日外进

河南总图壹张

河南府图玖张

康熙叁拾壹年伍月拾贰日舆图处画的

河南绢图壹张

康熙伍拾贰年陆月贰拾捌日热河带来有度数

河南全省图壹张

（江南）

康熙贰拾肆年贰月拾肆日外进

江南总图壹张

江南分府州县册页贰套捌本

康熙贰拾伍年拾贰月拾叁日外进

江南总图壹张

江南分府州县册页贰套捌本

康熙叁拾壹年伍月拾贰日舆图处画的

江南绢图壹张

康熙肆拾捌年拾壹月初肆日本房传旨交来

江南两淮产盐行盐图壹张

江南云台山图壹张

江南庐凤淮扬四府徐滁和三州要地图壹张

江南高家堰图壹张

江南桃源县七里沟图壹张

江南清水潭图壹张

康熙伍拾贰年陆月贰拾捌日热河带来有度数

江南全省图贰张

（浙江）

康熙贰拾肆年贰月拾肆日外进

浙江总图壹张

浙江舟山图壹张

浙江分府州县册页贰套拾壹本

康熙贰拾捌年正月贰拾伍日外进

浙江总图壹张

浙江府图拾壹张

浙江分府州县册页贰套拾壹本

康熙叁拾壹年伍月拾贰日舆图处画的

浙江绢图壹张

康熙肆拾捌年拾壹月初肆日本房传旨交来

浙江定海山图壹张

浙江四明山图壹张

浙江天台县山图壹张

浙江台处衢三府图叁张

浙江图壹张

浙江普陀山图贰张

康熙伍拾贰年拾贰月贰拾贰日四执事太监张起麟传旨交来有度数

浙江全省图壹张

（江西）

康熙贰拾肆年贰月拾肆日外进

江西总图壹张

江西府图拾叁张

康熙贰拾伍年玖月贰拾肆日外进

江西总图壹张

江西府图拾叁张

康熙叁拾壹年伍月拾贰日舆图处画的

江西绢图壹张

康熙伍拾叁年正月拾玖日太监刘尚传旨交来有度数

江西全省图壹张

（湖广）

康熙贰拾肆年肆月贰拾伍日外进

湖广总图壹张

湖广府县卫图拾捌张

康熙贰拾陆年正月贰拾伍日外进

湖广总图壹张

湖广府县卫图拾捌张

湖广分府州县册页拾捌本

康熙叁拾壹年伍月拾贰日舆图处画的

湖广绢图壹张

康熙肆拾捌年拾壹月初肆日本房传旨交来

湖广图肆张

湖广长沙府图壹张

湖广襄阳府图壹张

湖广山寨图壹张

湖南图壹张

湖广岳州府图壹张

湖广岳州府水旱图壹张

湖广四川接界图贰张

康熙伍拾伍年壹月贰拾玖日口外带来有度数

湖广全省图壹张

（贵州）

康熙贰拾肆年拾月初五日外进

贵州总图壹张

贵州分府州县册页壹本

康熙贰拾陆年正月贰拾伍日外进

贵州总图壹张

贵州分府州县册页壹本

康熙叁拾壹年伍月拾贰日舆图处画的

贵州绢图壹张

康熙肆拾捌年拾壹月初肆日本房传旨交来

贵州全省土司姓名职掌疆界档子壹本

贵州驿递图壹张

贵州铁锁桥图壹张

贵州红苗图壹张

贵州图贰张

康熙伍拾肆年拾贰月拾柒日奉旨交来有度数

贵州全省图壹张

（四川）

康熙贰拾肆年玖月贰拾伍日外进

四川总图壹张

康熙贰拾陆年玖月贰拾陆日外进

　　四川总图壹张

　　四川分府州县册页壹本

　　四川府州卫图拾柒张

康熙叁拾壹年伍月拾贰日舆图处画的

　　四川绢图壹张

康熙叁拾壹年拾壹月初肆日本房传旨交来

　　四川图贰张

　　四川巫山图壹张

　　四川松潘达赖嘛地方图壹张

　　四川峨眉山图壹张

　　四川打箭炉图拾贰张

　　云南四川接界打箭炉图壹张

康熙伍拾壹年肆月贰拾叁日笔帖式胡里交来

　　西番接四川打箭炉图贰张

康熙伍拾叁年捌月初玖日监造布尔寨交来有度数

　　四川全省图壹张

（云南）

康熙贰拾肆年肆月贰拾伍日外进

　　云南总图壹张

　　云南分府州县册页壹本

康熙贰拾陆年正月拾玖日外进

　　云南总图壹张，随总图说壹本

　　云南分府州县册页壹本

康熙叁拾壹年伍月拾贰日舆图处画的

　　云南绢图壹张

康熙肆拾捌年拾壹月初肆日本房传旨交来

　　云南图壹张

　　云南中甸图壹张

云南四川广西贵州土蛮与外国接壤图壹张

云南大中甸小中甸图壹张

大兵困云南城营图贰张

进取云南图壹张

康熙伍拾肆年玖月贰拾伍日热河带来有度数

云南全省图壹张

（广东）

康熙贰拾肆年拾月初五日外进

广东总图贰张

广东分府州县册页贰套捌本

康熙贰拾陆年叁月拾玖日外进

广东总图壹张

广东分府州县册页贰套捌本

广东府图拾壹张

康熙叁拾壹年伍月拾贰日舆图处画的

广东绢图壹张

康熙叁拾壹年拾壹月初肆日本房传旨交来

广东澳门图壹张

广东琼州府图壹张

广东连州府城图壹张

广东黎人形容图壹张

康熙伍拾叁年拾贰月贰拾肆日奉旨交来有度数

广东全省图壹张

（广西）

康熙贰拾肆年拾月初五日外进

广西总图壹张

广西分府州县册页贰套捌本

康熙贰拾陆年叁月拾玖日外进

广西总图壹张

广西分府州县册页贰套捌本

广西府图玖张

康熙叁拾壹年伍月拾贰日舆图处画的

广西绢图壹张

康熙伍拾肆年玖月贰拾伍日热河带来有度数

广西全省图壹张

（福建）

康熙贰拾肆年贰月拾肆日外进

福建总图壹张

福建分府州县册页壹本

康熙贰拾陆年正月拾玖日外进

福建总图壹张

福建分府州县册页壹本

康熙叁拾壹年伍月拾贰日舆图处画的

福建绢图壹张

康熙肆拾捌年拾壹月处肆日本房传旨交来

福建八闽沿海图壹张

福建台湾澎湖图贰张

康熙伍拾叁年玖月叁拾日奉旨交来有度数

福建全省图壹张

康熙伍拾柒年叁月贰拾肆日杨万臣传旨交来

福建台湾澎湖炮台全图壹张

（河工：黄河、运河、海）

康熙贰拾陆年玖月贰拾陆日外进

黄河图壹轴

康熙叁拾壹年陆月贰拾伍日养心殿交来

小黄河图壹张

康熙叁拾捌年贰月初贰日奉旨交来

旧黄河图壹张

黄河绢图壹张

通州河图壹张

洪泽湖图叁张

永定河图壹张

通州永定河合画图壹张

通州永定河村庄绢图壹张

康熙肆拾伍年拾壹月初肆日奉旨交来

黄河源图壹张

康熙肆拾捌年拾壹月初肆日奉旨交来

南北运河图壹卷

直隶河图壹张

江南河图贰轴

直隶永定等河图壹张

江南鲍家营河图壹卷

京城至江南河图壹卷

江南射阳湖图壹张

黄河运河图壹张

黄河图叁张

大海潮时图壹张

江南黄河海口图壹张

黄淮两河图壹卷

长江形势图壹卷

静海图壹卷

康熙伍拾叁年柒月叁拾日中堂松住交来

海图壹卷

康熙伍拾伍年贰月拾柒日奉旨交来

粤东海图壹卷

康熙伍拾陆年贰月初捌日太监郭立口交来

灞州河图贰张

（域外：世界与边疆）

康熙叁拾壹年伍月拾叁日保和殿交来

　　大明一统混一图壹张

康熙叁拾捌年贰月初贰日奉旨交来

　　量地球图稿壹张

康熙肆拾捌年叁月贰拾捌日奉旨交来

　　长城图壹张

康熙肆拾捌年拾壹月初肆日奉旨交来

　　皇城宫殿衙门图壹张

　　宫殿图贰张

　　九边图壹张

　　孝陵图壹张

　　十三陵图壹张

　　船样图叁张

康熙伍拾年肆月拾壹日奉旨交来

　　长白山等处手卷图伍轴

康熙伍拾贰年肆月初伍日交来

　　龙门砥柱小图贰张

康熙伍拾陆年肆月初贰日西洋人德里格进

　　西洋地里图伍卷

康熙伍拾捌年肆月拾壹日懋勤殿太监苏佩升交来

　　西洋坤舆大圆图壹张

康熙陆拾年正月初柒日太监陈福交来

　　西洋印图柒张

康熙陆拾壹年拾贰月贰拾伍日养心殿交来

　　娑婆界图壹分

　　西洋地舆图壹本

　　木板刷印图叁张

（口外）

康熙叁拾壹年陆月贰拾伍日郎潭交来

乌拉宁古塔口外大小图伍张

康熙叁拾捌年贰月初贰日奉旨交来

口外图贰张（一张自京城至宁夏由边内边外道路图，一张自京城至荅因达巴汗昂噶图）

康熙肆拾柒年正月拾贰日奉旨交来

长白山图贰张

乌拉图贰张

宁古塔图壹张

诺音图壹张

康熙肆拾柒年贰月拾伍日监造艾保交来

口外乌拉长白山等处纸图壹张

口外波尔呵里俄莫图小纸稿壹张

康熙肆拾捌年叁月贰拾陆日奉旨交来

口外小纸图壹张（自东直门至口外木兰地方）

康熙肆拾捌年玖月贰拾肆日口外带来

山海关至宁古塔纸图壹张

热河至喜峰口纸图壹张

康熙肆拾捌年拾壹月初壹日奉旨交来

乌拉关东等处纸图叁张

乌拉长白山等处纸图壹张

康熙肆拾捌年拾壹月初肆日本房传旨交来

盛京等处图壹张

盛京图贰张

古北口至伊孙哈马尔往西汤山去的图壹张

乌拉种地图壹张

康熙肆拾玖年拾月贰拾玖日奉旨交来

口外图贰张（一张自古北口至所岳尔集期期喀拉回至喜峰口，一张自期期喀拉至莫尔根萨哈亮乌拉乌鲁苏木丹）

康熙伍拾年贰月贰拾肆日奉旨交来

松花江黑龙江乌苏里江三江归一处到东海图贰张

热河盛京长白山乌拉宁古塔等处图壹张

诺尼乌拉源图壹张

古北口至热河小图贰张

康熙伍拾年玖月贰拾柒日奉旨交来

敦敦村至海小图壹张

康熙伍拾年拾贰月贰拾柒日奉旨交来

口外图叁张，内：

自独石口至布于鲁枯仑图壹张

自科鲁仑吐拉鄂尔浑色厄图壹张

自推必拉衣恳敖兰巴汗兰诺名戈必嘉峪关等处图壹张

康熙伍拾壹年叁月拾肆日奉旨交来

恳特汗阿林图壹张

噶斯哈密图壹张

乌鲁苏木丹图壹张

康熙伍拾壹年捌月初柒日热河带来

独石口古尔班赛憨至虎口图贰张

康熙伍拾壹年柒月贰拾叁日奉旨交来

长白山高丽图贰张

康熙伍拾壹年拾壹月贰拾日畅春园呈览过

自独石古尔班赛憨至科鲁仑图贰张

招莫多出兵小图壹张

康熙伍拾贰年正月拾贰日宫内呈览过交出

高丽图壹张

康熙伍拾贰年玖月贰拾贰日热河带来

高丽图叁张

康熙伍拾贰年拾壹月拾壹日畅春园呈览过

高丽图壹张

康熙伍拾叁年肆月初柒日奉旨交来

高丽图壹张

康熙伍拾肆年叁月贰拾柒日奉旨交来

秃鲁郭忒阿岳启憨厄鲁斯地方图壹张

康熙伍拾柒年叁月贰拾日侍卫拉史交来

噶斯哈密图壹张

康熙伍拾柒年捌月拾柒日理藩院主事圣柱画来的

罔底斯喀木图贰张

康熙伍拾玖年拾壹月贰拾壹日陈福传旨交来

鄂鲁斯地方绢图柒张

康熙陆拾年叁月初柒日内换出

旧坤舆图贰张

康熙陆拾壹年叁月拾壹日拉史传旨交来副将军阿尔那进

乌鲁木淇折迭图壹分叁排

康熙陆拾壹年柒月拾陆日报上带来

阿里拜地方图壹张

雍正元年正月拾肆日太监李统忠交

铜板刷印图捌卷

哈密图壹卷

海子图壹张

雍正元年正月贰拾伍日怡亲王交

……（原文缺）

雍正叁年叁月初拾日怡亲王传画

浙江沿海图壹卷

雍正叁年叁月拾捌日　怡亲王　懋勤殿要出

直隶木兰绢图壹张

雍正叁年柒月初伍日员外郎海望持出

折迭图拾伍张

盛京图壹张

雍正肆年贰月贰拾壹日太监王钦传旨交来

海洋清晏图壹卷

雍正肆年叁月初伍日太监王章传旨交来

吐尔番地方图壹张

雍正元年肆月初贰日　怡亲王交

西洋地舆图壹本

雍正元年陆月拾捌日　怡亲王传画

长白山图壹张

雍正贰年贰月初壹日　怡亲王交

阿尔台布图壹张

噶斯哈密图壹张

雍正贰年拾贰月贰拾肆日　怡亲王交

各处舆图贰拾肆分，内：

福建沿海壹卷

焦秉珍画旧黄河图壹张

浙江沿海图壹卷

黄河图壹张

新黄河图贰张

黄河图壹张

台湾图壹张

河南南阳府图壹张

广东琼州府图壹张

四省沿海图壹张

黑龙江图壹张

水汛总图壹本

各府小绢图拾幅

两浙海防类考壹本

海图壹册

雍正肆年拾月贰拾伍日太监李统忠传旨交来巡抚布兰泰进

湖广岳州府手卷圈壹卷

雍正陆年柒月初壹日保德交来

四川全图壹张

陕西全图壹张

雍正陆年拾月贰拾玖日太监张玉柱传旨交来

寿岳全图壹册

雍正陆年拾贰月叁拾陆日太监王常贵、张玉柱传旨交来

踏实堡城图壹张

嘉峪关至西安镇图壹张

新建安西城图壹张

双塔堡城图壹张

安西镇教场图壹张

回惠堡城图壹张

沙州旧城图壹张

黄墩堡城图壹张

百齐堡城图壹张

雍正七年叁月初捌日奏事人七氵达子传旨交来

扬州河图壹张

雍正拾年捌月贰拾柒日奉旨交出

高堰石工图壹张

雍正拾壹年拾月玖日军需处交出

八旗阵式纸样图拾叁分

雍正拾贰年拾月贰拾捌日内大臣海望交

直隶运河图叁张

直隶运河图手卷壹卷

舆图处画的

四寸一格舆图拾卷

二寸一格舆图拾卷（系木板）

六分一格十五省连口外小总图壹张

四分一格十五省小总图壹张

浙江海塘图壹张

灞州东西淀图贰张

口外兼满汉路程壹套贰拾肆本

# 地图、设计与知识：从地理“科学”到装饰“艺术”

本杰明·施密特（Benjamin Schmidt）*

佛兰芒制图师及数学家赫拉尔杜斯·墨卡托（Gerard Mercator，1512—1594）大名鼎鼎，他身为制图师的工作及其基于双重职业的背景创造出的圆柱地图投影，可能是公众对他最为熟知的领域，该投影法最终也以他的名字命名（“墨卡托投影”）①。然而墨卡托的事业和对世界的贡献并不局限于数学和地图领域。的确，他深厚的专业经验和广博的贡献令人惊叹。他是一名数学家，曾在杜伊斯堡学院（academic college of Duisburg）授课；他也是一名“科学家”（此处称谓可能稍微不太合时宜），是于利希—克利夫斯—贝格公爵威廉（Wilhelm，Duke of Jülich-Cleves-Berg）② 的御

---

* 本杰明·施密特（Benjamin Schmidt），美国西雅图华盛顿大学历史系教授。

① 在墨卡托诞辰五百周年之际，地图史学家和科学史学家开展了一项全新研究，本文即脱胎于此。他们迈出重要步伐，对墨卡托的工作以及十六世纪佛兰德（Flanders）“科学”（一个不合时宜的用词）的社会和文化背景做了更广泛的语境研究。首先参见 Ute Schneider and Stefan Brakensiek，*Gerhard Mercator*：*Wissenschaft und Wissenstransfer*（Darmstadt：WBG/Wissenschaftliche Buchgesellschaft，2015），该书突出了“知识转移”（Wissenstransfer）这一关键概念。后者提供了一种修正论方法，促使我们思考墨卡托式知识的流动性，这也是本文探讨的关键点。

② 直到最近，依然鲜有关于墨卡托的传记，现存版本的时间也很久远。近一个世纪以来的标准版本是 Heinrich Averdunk and J. Müller-Reinhard，*Gerhard Mercator und die Geographen unter seinen Nachkommen*，Petermanns geographische Mitteilungen，Ergänzungsheft 182（Gotha：Perthes，1914；reprinted Amsterdam：Theatrum Orbis Terrarum，1969）。此外，直到英文版 Nicholas Crane，*Mercator*：*The Man Who Mapped the Planet*（London：Weidenfeld and Nicolson，2002）问世后，英语读者方才通过作者的生动描述了解到墨卡托的生平；另见 Mark Stephen Monmonier，*Rhumb Lines and Map Wars*：*A Social History of the Mercator Projection*（Chicago：University of Chicago Press，2004）。质量很高的在线阅读版 *Atlas sive Cosmographicæ Meditationes de Fabrica Mundi et Fabricati Figura*［https：//web. archive. org/web/20160310032427/http：//mail. nysoclib. org/mercator_atlas/mcrat s. pdf（accessed 10 July 2019）］中，小罗伯特·W. 卡罗（Robert W. Karrow，Jr.）的“评论”（即导言）是一篇简明有用的概述，其中不乏良好的史料评注。另外，书目问题也得到了相当的重视，尤其是彼得·范德克罗格特（Peter van der Krogt）的墨卡托地图集及其后继著作的详尽地图学书目以及先前的 Cornelis Koeman：Peter van der Krogt，*Koeman's Atlantes neerlandici*，new ed.，vol. 1（'t Goy-Houten，The Netherlands：HES Publishers，1997）。

用宇宙学者。除此之外，墨卡托还在工艺品界和设计界享有盛名。在他职业生涯早期，他的主要收入来源于制造数学和航海仪器，这令他在欧洲西北部生机勃勃的环境中如鱼得水。通过了解许多早期地图学项目，例如他和赫马·弗里修斯（Gemma Frisius）及加斯帕尔·马里卡恩（Gaspar Myricaon）有关地球仪的作品，我们可知他还是一名技艺高超的铜版雕刻师。[①] 此外，他还是商业地球仪制造的革新者、出色的斜体字设计师。墨卡托创作、设计、印刷了第一本斜体字指导书籍，在阿尔卑斯山以北出版。他优雅、简洁、精致的书写方式对他的地图设计产生了深刻影响。[②] 最终，在数学与地图学、工艺与设计的交叉路口，墨卡托成了现代地图集的奠基人、发明者，更准确地说，发起人或理论奠基人。他的地图集是一种设计“融合”（harmonization，如尼古拉斯·克莱恩［Nicholas Crane］所评价的），是对空间理论和地理呈现方式的一种突破。[③]

在此，笔者并非想强调墨卡托的成就之广泛，或是回顾墨卡托精彩广博的事业生涯的点滴，而是想提出一种思维方式——一种超越他的专业实践和概念创新本身的思维方式，以寻求一种更广泛的、墨卡托式的、联结其“科学”与“艺术”层面的发展方式。纵观他的职业生涯，墨卡托从数学转向设计，或者用现在的概念来说，从科学转向艺术。然而，事实上，这两种实践方式，至少在它们的早期领域中，是毫不冲突的。不仅如此，就结果和过程而言，它们也是相辅相成的。因此，地图集“发明者”墨卡托及其朋友兼合作者亚伯拉罕·奥特柳斯（Abraham Ortelius）也提倡一种能协调艺术和科学、商业和工艺的独特的、更具美感的制图方法。统一印刷版地图尺寸的策略性选取；对整册著作有着统一的呈现方式的要求；紧密结合装饰图案以及生动的材质艺术模型的地图学装饰的形式；引导地图制作的复杂图形设计；以及更广义的角度，即制图师艺术的蓬勃发展：所

---

① 墨卡托早年大多居住在鲁汶（其就学之地）和安特卫普，于1552年迁往克利夫斯公国杜伊斯堡，并在那里度过了他漫长一生的后半段。值得注意的是，他还曾担任杜伊斯堡的测量员。

② A. S. Osley, *Mercator: A Monograph on the Lettering of Maps, etc. in the Sixteenth-Century Netherlands with a Facsimile and Translation of His Treatise on the Italic Hand and a Translation of Ghim's Vita Mercatoris* (New York: Watson-Guptill, 1969).

③ Crane, *Mercator*；另见 Denis E. Cosgrove, *Apollo's Eye: A Cartographic Genealogy of the Earth in the Western Imagination* (Baltimore: Johns Hopkins University Press, 2001).

有这些创新都激励着一种更美观的、独特的“装饰”方法的诞生。具体地说，是地图学装饰的方法，而从更广泛意义上来讲，是地理学装饰的方法。墨卡托的革新不仅使地图书籍的数量大幅增加，使与地图有关的装饰边界和框架扩大，使地图上旋涡装饰和刺激人们视觉的装饰图案变得精致，还在地图学思想领域引发了一个更大的转变，一个可被认为是制图和装饰艺术认识论分支领域里的转变。

墨卡托主义（Mercatorism）（笔者自创术语）明确支持制图和装饰艺术、地图科学和材料设计的结合，这是一种在近代同时影响制图师和艺术家的趋势。这样的例子不胜枚举。举个日常生活中的例子，用地图学元素装饰的材质艺术品，比如说，一个制于18世纪的装饰性珠光玻璃马克杯，杯面上有双半球世界地图（平面球形世界地图）。这个马克杯，可能产于布里斯托尔制作室，是一个相对较早的应用了转印技术（经水洗上色）的例子。[①] 其墨卡托式的设计源于约道库斯·洪迪厄斯（Jodocus Hondius）的一幅地图，他在1604年买下了墨卡托的图版。而这个墨卡托式设计的杯子正是诸多可称为地图学陶瓷工艺品的例子之一。利物浦的一个制作室造出了奶油色陶瓷马克饮水杯，上面同样印有墨卡托－洪迪厄斯地图；与此同时，另一家奶油色陶瓷生产商（可能位于布里斯托尔）提供了一幅“根据最新发现绘制的世界地图”，两个半球形如一个大罐子[②]。此类装饰性制图同样延伸到了陶瓷以外的领域。在16世纪晚期，挂毯地图已然成为一种风尚，与此同时，奥特柳斯（Ortelius）的《寰宇概观》（*Theatrum orbis terrarum*，1570）以及墨卡托的《地图集》（1595）也广受欢迎。谢尔登挂毯由拉尔夫·谢尔登（Ralph Sheldon）于16世纪80年代末委托制作，其

---

① 美国奇斯通基金会藏品中可看到这样一个马克杯（Chipstone Foundation，Milwaukee，WI，USA）：“The WORLD in Planisphere”（map after J. Hondius Ⅱ），cartographic pearlware mug（13.3h. × 11.4d. cm），Bristol（?），late 18th century。关于地图本身，见 J. F. Heijbroek and M. Schapelhouman，eds. *Kunst in kaart*：*Decoratieve aspecten van de cartografie*（Utrecht：HES Publishers，1989），37. 类似的洪迪厄斯地图可以追溯到1617年，而且洪迪厄斯－墨卡托图集的几个早期版本很有可能重印过这一地图更早的模型。

② “The WORLD in Planisphere”（map after J. Hondius Ⅱ），cartographic creamware drinking mug（13h × 7d cm），Liverpool（?），late eighteenth century；and “A Map of the World”（map after Mercator），cartographic creamware jug（18.4cm height），Bristol（?），ca. 1785－1800.

上有一批数量可观的纺织地图，组成了一幅集中展示英格兰中部地区的编织地图集。[①] 17 世纪中期，阿姆斯特丹金碧辉煌的市政厅也使用带有地图学元素的地板材料进行装饰；带镶嵌图案的大理石和石头铺满市民厅地板，勾勒出洪迪厄斯地图的陆地半球。[②] 还有各类油画都以地图为特色，既将其作为油画主题，也将其用作背景装饰。

已有许多文章谈及地图装饰，但是关于“地图陶瓷”和其他装饰艺术中的制图实例，却鲜有学术评论。[③] 或者，从另一方面来分析下这个问题。墨卡托带来的科学进步——如最近的一本著作所说的，科学与知识的转移（Wissenschaft und Wissenstransfer）——许多都已有记录。然而对于制图和材质艺术之间更广泛的联系和密切关系，学术界从未对此进行过论述。[④] 本论文旨在填补这块空白。文中讨论了从 16 世纪下半叶发展起来的地图学“装饰”元素（这一发展追随墨卡托以及由当时一些人推动的地图学进步而来）贯穿整个 17 世纪晚期近代制图的高潮，在这一时期，地图上出现了更多巴洛克风格的旋涡装饰、更精致的图廓以及更复杂的图形设计。本文还进一步扩展了这一论点，重点介绍继墨卡托之后的近代背景下，尤其是受墨卡托主义带动的荷兰地理事业的背景下，地理学所发生的清晰的“装饰转向”。本文主要探究墨卡托和奥特柳斯之后的一个世纪左右对商业地理的一种全新态度，而非墨卡托投影的诞生。在他们之后的时代，地图不仅具备了一些装饰性特征，还成了一些装饰艺术的附属品。与此同时，装饰艺术也发生了“地理学转向”。它们不仅采用了一些地理学主题（中国风只是众多主题中的一种），而且有点讽刺的是，它们还唤起了在地理领域业已形成的相同的松散性、流动性和内在的可延展性等。

---

① 谢尔登挂毯地图（约 1590 年至 1595 年），由羊毛和丝绸织就，收藏于博德利图书馆（格洛斯特郡、牛津郡和伍斯特郡）和沃里克郡博物馆（沃里克郡）。其他制图纺织品的实例包括所谓的“无敌舰队”挂毯（Armada tapestries），1595 年为埃芬汉勋爵（Lord Effingham）织就；莱顿挂毯地图，于 1587 年在佛兰德织就。以上均说明挂毯地图的风尚与十六世纪最后几十年墨卡托和奥特柳斯的制图活动有所重叠。

② Geert Mak，*Het Stadspaleis*：*De Geschiedenis van het Paleis op de Dam*（Amsterdam：Atlas，1997）.

③ 有关地图中艺术的书目相当广泛，但从海布罗克（Heijbroek）与夏佩尔胡曼（Schapelhouman）合著的《地图上的艺术》（*Kunst in kaart*）的经典描述入手是个不错的开端。

④ Schneider and Stefan Brakensiek，*Gerhard Mercator.*

对于这类广泛的主张，有着一个重要的限定条件。笔者认为，与其说赫拉尔杜斯·墨卡托是一位制图师，不如说他代表着由他所示范和激励的一种地图绘制趋势。他发明的墨卡托投影并合作制作的现代地图集（其为最终制作人）既采用了制图综合，又使用了图形调和，也就是既可展示知识，也具美感。当然，这并不意味着忽视了早期地图制作的装饰性。在令人眼花缭乱的泥金装饰手抄本的影响下，中世纪晚期的地图学传统无疑和材质艺术有着相同的制作理念。例如，西蒙·马米恩（Simon Marmion）著名的《世界地图》（*mappa mundi*）就以极其精美的形式为让·曼塞尔（Jean Mansel）的《历史之花》（*La Fleur des Histoires*，约1459—1463）提供了装饰，这是一幅中世界晚期的旧世界地图，周围是带有花卉图案的精致图廓，可能借鉴的是伊斯兰材质艺术。问题的关键既不是“地图中的艺术”，即马尔金·史切帕胡曼（Marijn Schapelhouman）曾经提出的“kunst in kaart”，也不是“艺术与地图”，如詹姆斯·韦鲁（James Welu）在弗美尔（Vermeer，又译维米尔）地图式画作中发现的“kaart in kunst”那样，而是艺术性的地图，或者更好的说法是装饰地图学（及地理学）①。墨卡托之后的地图制作展示了地图学如何与装饰类艺术相融合，以及将装饰性地图视为知识媒介和近代科学范本的意义。

制图和装饰艺术联系众多，本文将会选取部分联系进行研究。这些联系都可以通过援引地图本身所呈现的证据来进行证明——从墨卡托和奥特柳斯的作品中就可以直接找到例子。另外，笔者还想指出制作室中的制作模式之间、概念性过程之间更广泛的密切联系，正是这些联系将制图和装饰艺术中的形状（shape）和形式（form）、标记（sign）和符号（symbol）、图像（image）和图标（icon）联系在一起。笔者想将制图看作具有装饰性的，将装饰艺术看作地理性的，以此强调制图和装饰，以及装饰艺术和地理学的密切关系。

① Heijbroek and Schapelhouman, *Kunst in kaart*，以及 James A. Welu, “The Map in Vermeer's Art of Painting”, *Imago Mundi* 30（1978）：9－30。

* * *

墨卡托的作品展示了工艺品和地图学相结合、艺术和科学相结合的大量证据。作为地图学理论家和工艺品手艺人，其创造的圆柱投影和黄铜工具的设计声名远扬，其所创作的金属制品非常自然且显眼地出现在其雕版印刷图中，也即地图实体中。而其地图设计本身亦提倡这种联合的思维和制作方式。在《简明世界地图》（*Orbis terrae compendiosa description*，1587）中，一个浑天仪（在半球之间的上部中心）为黄铜制品提供了参考；而这个装置同时串联起了对金属工艺的更多形象化的暗示，包括环绕浑天仪的带状饰，承载半球的精致的回纹饰，以及镶嵌地图的雕刻金框所用的精巧的金属模具。精致的花朵装饰围绕着墨卡托西半球地图《美洲，或新印度》（*America*，*sive India Nova*，1587），展示了织物或可能是彩绘陶瓷的媒介，同时，地图四个角的圆形图案则让人想起文艺复兴时期跨越材料界限的设计形式：染色玻璃、金属工艺品、陶瓷大浅盘等。[①] 墨卡托的朋友兼偶尔的合作伙伴阿伯拉罕·奥特柳斯的地图同样也展示了装饰地图学的特点。在奥特柳斯最著名的地图图像之一《族长亚伯拉罕的旅程与生活》（*Abrahami Patriarchae Peregrinatio et Vita*，1586）中，奥特柳斯勾勒了一个与其同名的族长亚拉伯罕的旅程与生活，错视画法直接影射了挂毯，而其他手法在其中的作用微妙。那 22 个圆形“徽章”装饰也是如此，因为它们令人想起当时十分流行的青铜徽章（之后被浮雕宝石饰物所取代）；两个装饰文框依然再次涉及了带状饰，带状装饰和面具的内部样本便是此风格的极好一例。

带状装饰这一设计技巧在这一时期的地图中使用得非常普遍，它指的是“一类模仿卷曲缠绕的平整材料（比如皮革或者纯金属）的条带状装饰”。[②] 它起源于伊斯兰材质艺术中非常普遍的扁平涡卷装饰，多用于雕刻

---

① 注意这些包括地图标题在内的圆形图案如何表现哈布斯堡王朝征服加勒比的各地（包括墨西哥），这些地点位于其全球帝国的中心——墨卡托一生都在这个帝国出入。

② “Print”，Victoria and Albert Museum online catalogue [describing a strapwork print by Hans Vredeman de Vries，ca. 1573（original 1555），museum number E. 2033 - 1899；http：//collections. vam. ac. uk/item/O96331/print-vredeman-de-vries/（accessed 15 July 2019）].

黄铜和镶嵌银、雕刻皮革和绘画瓷器。这种风格在地中海广为流传，16 世纪早期风靡意大利沿岸地区。但是要归结这一时期该装饰风靡的原因却是令评论者头痛的。同样地，在意大利沿岸地区，它也被用来装饰金属、皮革和陶器。带状装饰通过平面设计传播至北欧地区的工作坊，其很快与矫饰主义（Mannerist）地图学，尤其是装饰文框设计融为一体。换句话说，墨卡托模型既出自他黄铜工艺品手艺人的背景也出自当地雕刻师的工作坊，这些工作坊里的装饰性带状装饰在 16 世纪晚期迅速兴起。

为什么会这样呢？在某种程度上，这与该设计在伊斯兰装饰艺术中兴起的原因相同：纯粹是因为它所提供的视觉享受，以及它错综复杂的次序和令人愉悦的几何旋转带来的乐趣。当然，它受到重视（在伊斯兰的工作坊也是如此）也还因为其有用性。其中许多装饰设计方案以灵活性和松散性、延展性和适应性、耐久性和可转换性而闻名。这些图案很轻松地游刃于不同媒介，从黄铜到书籍，从陶器到玻璃；同样地，从叙利亚器物到埃及家具，从西班牙伊斯兰教艺术品到意大利基督教手工艺品，再到绞尽脑汁定义的“威尼斯撒拉逊”（Venetian Saracenic）风格和令艺术评论者头痛的样式。正是这种流动性令制图师们受益匪浅。尽管地图学这一学科主要是为了区分不同地点，勾勒空间差异，但 16 世纪晚期地图学革命的影响在某些方面却背道而驰：是为了调和并综合欧洲人所发现的新空间，为全球地理学有序的注入喜闻乐见的元素。也正因如此，第一本地图集，奥特柳斯的《寰宇概观》呈现出的是一个全球盛景，一场视觉盛宴（德语版中的 *Schawbüch*），一幕即将登台的艺术表演。①

无疑，正是适应性这一品质吸引了制图师们采用这些形式，这种特殊的延展性和可转换性也帮助塑造了如此多的后墨卡托时代的地图学设计。鲁莫尔德·墨卡托（Rumold Mercator）（后来的米夏埃尔·墨卡托，Michael Mercator）采用了墨卡托去世后出版的地图集中的作品，使用这些设

① Benjamin Schmidt, *Inventing Exoticism Geography, Globalism, and Europe's Early Modern World* (Philadelphia: University of Pennsylvania Press, 2015) 中更广泛地探讨了全球地理学及其中“愉悦”的产生这一主题。注意 1580 年《寰宇概观》德文版中使用的 Schawbüch 一词在近代德语中是较少使用的。

计策略创造了一种统一样式，给予人充分的审美享受。墨卡托版本的北极地图（*Septentrionalium Terrarum description*，1595）十分迷人，源自墨卡托1569年所绘世界地图上的一幅插画（而且，请注意，简直精彩极了）。这版北极地图与早期美洲地图《美洲，或新印度》在设计和装饰上十分相似，所采用的半球布局相同——即采用绚丽花边包裹的外方内圆的经典样式。该地图上同样还分布着相同的纹章样垂饰图案和错视雕刻边框（用以表示景深），但不同的是，它有一个额外特点，即在两边增加了巧妙的黄铜搭扣来承重，看起来就像在承载着北极的重量。同样地，我们还能援引更多例子，内容涵盖从地图设计到材质艺术，再到在各工艺品工作坊之间传播的相关制作过程。这些都阐释了一整套共同的方法和关注点。然而，这些例子并没有明确说明地图学和材质艺术之间的联系究竟如何广泛，更确切地说，这些例子并没有完全解释清楚这些设计策略如何关乎制图、科学和知识转移（Wissentransfer）：地图使用了从装饰艺术中借来的技术，或者进一步说，地图和地理学最终将图案借给了装饰艺术，这意味着什么？

* * *

知识转移的概念被用以理解近代所谓的科学发展，或者引申开来，所谓的现代性。[①] 知识转移以传递中的知识为焦点，而与欧洲近代地理扩张有密切关系的地图学在现代性这台大戏里扮演着重要角色。因此，在这样的背景下，观察地理学及地图学与这个时期（之前提到过的墨卡托制图时期及其他一些近代媒介和时段）的装饰艺术的内在联系是很有趣的。笔者试图在这样的一些时段，以及能够展示地理设计流动性及其寓意的图像和物品中找到答案。这些案例会涉及更多的直接借鉴。这类挪用不仅是设计技巧或间接提到的装饰，还会涉及全套的装饰图案和针对特定地点的设

① 对近代“科学”的描述，包括对现代术语早期适用性的讨论，参见 Pamela H. Smith，“Science in Motion：Recent Trends in the History of Early Modern Science”，*Renaissance Quarterly* 62（2009）：345 – 375。“现代性”在 Bruno Latour，*We Have Never Been Modern*（Cambridge，MA：Harvard University Press，1993）的经典著作中遭到质疑。

计，它们很容易穿插于不同的类型和媒介之间。同时，笔者也想通过调用地图学及其邻近学科地理学来转移焦点。在近代，地理学以印刷形式迅速扩展，现在我们可以将这一时期理解为第一个全球化时期。这一实践的资料来源多种多样，但重要的是，它们极度丰富了地理学方面的印刷书籍。当然，这些印刷书籍中有很多地图，包含广泛的图像，通常由在制图工作坊辛苦劳作的同一批制图员制作。探索这些图像从广义上理解的地理学领域到装饰艺术领域的传播，或许会更生动地展示地理地图学和材料装饰艺术之间的紧密关联。

第一个案例阐明了类型之间的传递：一个源自地理学的图像转换到了地图学，展现了印刷行业一个极平常的把戏，即好的设计一定会被复制，成为被称作“定型”（cliché）或“模板”（stereotype）（工作坊的行话）的东西。菲利普·巴尔德斯（Philip Baldaeus）在马拉巴尔海岸地区广泛刊印的宗教宣传册上的雕版印刷的卷首图——用视觉术语来说，是一次提取这片土地的品质与价值的尝试——被改成了一幅南印度的装饰地图。设计者甚至保留了覆盖在大象背部的用布制作的鞍上的文字图案，这与地图上装饰文框所起的作用相同。这个案例保留了空间感，但是根据一项针对印度教与亚洲装饰地图的对比研究，该案例的类型和目的发生了显著变化。尽管目的和意义都发生了变化，但这一知识产物还是借鉴了另一产物的外观。①

以巴尔德斯图像为例的标题页插图形式在17世纪下半叶相当常见，使用这一形式旨在将这一地区的特点缩影化和寓言化；从这种意义上讲，标题页插图功能很像地图中的装饰文框。接下来要讨论的一组图像产生于可能是近代地理学最著名的标题页：雅各布·范默尔斯（Jacob van Meurs）对大汗（Great Khan）的呈现，为约翰·纽霍夫（Johan Nieuhof）的中国

① Philip Baldaeus, *Naauwkeurige beschryvinge van Malabar en Choromandel, der zelver aangrenzende ryken, en het machtige eyland Ceylon*（Amsterdam：Johannes van Someren and Johannes Janssonius van Waesberge, 1672），以及 cf. Homann Erben [Homann Heirs], *Peninsula Indiæ citra Gangem hoc est Orae celeberrimae Malabar & Coromandel cum adjacente insula non minus celebratissima Ceylon*（Nurnberg, 1733?）。另见 Schmidt, *Inventing Exoticism*, 233 – 235 中的相关讨论。

游记畅销书锦上添花①。这本游记的众多译本，包括法语、荷兰语、德语、拉丁语和英语版相继出版；大汗的君主形象还通过其他印刷形式和媒介给人们留下了更为深刻的印象，这些媒介包含大量材质艺术。很快，大汗的形象被搬上了一个由希腊 A（Greek A）工厂生产的代尔夫特陶器花瓶上，此后不久，其形象又被绘制在一个木制橱柜上，画中他站在一顶华盖伞下，身后矗立着一座传说中的宝塔。公元1700 年前后，其形象又被重新印在了一个镶嵌着华丽的黄铜和锡的玳瑁叠桌上。而现在，其形象已成为奇异东方的标志、东方专制主义的早期象征，这位皇帝开启了在欧洲各大宫廷的巡游，典型的是以挂毯的形式，也出现在陶器、绘画、漆木家具等物品上。笔者在这里想指出的不仅是地理图形形式向装饰艺术的转移，还有地理学（以及我们将会看到的地图学）图像一旦被推出就很容易转移的现象，这凸显出它们的流动性和可转移性。②

第三个案例我们回归到地图上。尼古拉斯·菲斯海尔（Nicolaes Visscher）的《全美洲最新最准确地图》（*Novissima et Accuratissima Totius Americae Descriptio*）可能是近代对美洲（南美和北美）描绘最为成功的地图，尤其是图上寓言性的装饰文框很快成为新世界经久不衰的形象和异国情调的标志。③ 这幅地图同样与墨卡托有联系。在墨卡托（1594）和他的儿子鲁莫尔德（1599）去世后，墨卡托公司的图版于五年之后（1604）被佛兰芒制图师约道库斯·洪迪厄斯买走，他定居在阿姆斯特丹，在这里他出版了合编版墨卡托—洪迪厄斯地图集。洪迪厄斯的女婿，约翰内斯·扬松纽斯（Johannes Janssonius），在 17 世纪中期一直经营着家族生意，扬松纽斯有时会与《美洲》地图的制作者尼古拉斯·菲斯海尔合作。从更广泛的层面来讲，这些家族联系和职业网络指向的是近代地图学的有机发展，这一领域的行业领导者集中在阿姆斯特丹，他们与更广泛的地理学家群体有着密切联系，往往共享制图员们的服务（这些制图员的工作本身也是跨类型

① Johan Nieuhof, *Het gezantschap der Neêrlandtsche Oost-Indische Compagnie, aan den grooten Tartarischen Cham, den tegenwoordigen keizer van China*（Amsterdam: Jacob van Meurs, 1665）.

② Schmidt, *Inventing Exoticism*, 295 – 302 中对这些案例进行了回顾（及再现）。

③ Nicolaes Visscher, *Novissima et Accuratissima Totius Americae Descriptio*（Amsterdam, ca. 1658）.

的)，其领导的制作室紧挨着印刷工、画家和各种材质艺术的能工巧匠。[①]

菲斯海尔全身心投入制作，他制作的地图之所以成功，部分原因在于其出处备受推崇，但更有可能是其图上的装饰文框起到的效果，立刻就取得了成功，且影响持久。此地图获得这样的地位是因为它精湛地呈现了“美洲”的中心形象，其设计师尼古拉斯·波桑（Nicolaes Berchem）将其寓言化并提炼出其基本特质。一切都可在图中找到：将“美洲”比作一个迷人的人物，她穿着精致的羽毛裙，戴着五颜六色的羽毛头饰，颈间戴着珍珠，展现出这个地方的富庶；经典的弓箭（就在她右边）暗示她有打猎的习惯（“美洲”也有类似艺术）；新近开采的银矿或金矿和一堆铸锭堆积在她的脚边，暗示着这片大陆矿产资源丰富；两条盘成怪异形状的蛇展示着新世界奇特的自然景观；一把中心阳伞遮挡住“美洲”头顶的热带阳光。[②]

还有很多东西可以评论，尤其是那把看起来无关紧要的阳伞。阳伞是东方王室和权力的古老象征，不知怎地放在了西方“美洲”的头顶，实在有些不协调，因为（自相矛盾的是）她被她在银矿中的苦工的形象所包围。然而，想要理解地图学的知识转移，很重要的一点是要注意这一作为整体的装饰图案多么容易在类型和媒介之间传播，从而操纵不同的空间和意义变化。这种情况的产生通常会有几种方式。地图本身及其装饰文框通常是被直接复制的。约翰·奥格尔比（John Ogilby）盗印的伦敦版和原版几乎一模一样，刻在“被刮擦过的”上方装饰文框内的赞助人，被改成了原版地图荷兰资助人的英国竞争对手，讽刺意味十足。在贾斯汀·丹克茨（Justus Danckerts）的《最新世界地图》（*Recentissima Novi Orbis*）中，地图实际上已经发生了改变，更新幅度很大，但是装饰文框延续了下来，其诞生至今已有半个多世纪。换句话说，虽然美洲的“空间”观念已发生了巨

---

① 有关这一时期阿姆斯特丹的地图出版，参见 Paul van den Brink and Jan Werner，*Gesneden en Gedrukt in de Kalverstraat*：*De Kaarten – en Atlassendrukkerij in Amsterdam tot in de 19e Eeuw*（Utrecht：HES Publishers，1989）。

② Benjamin Schmidt，“On the Impulse of Mapping，or How a Flat Earth Theory of Dutch Maps Distorts the Thickness and Pictorial Proclivities of Early Modern Cartography（and Misses Its Picturing Impulse）”，*Art History* 35（2012）：1036 – 1050 中对该地图进行了更为详尽的讨论。

大改变，但它的图像表现形式却保留了下来。①

这一模式持续了几十年，其间出现了很多变化形式，但是笔者想让大家更进一步地注意到这些图像转换到其他类型时的方式，它的意义是怎样保存下来或者消失的。波桑本人便是这一过程的推手。在这一时期，他为菲斯海尔构思好了地图的装饰文框，还为当时制图界的领军人物约安·布劳（Joan Blaeu）画出了与该设计十分接近的变化稿。布劳的图像是想介绍《大地图集》（*Atlas major*）的美洲卷，其效果也确实卓然。现在印第安人的箭指向上方（而不是下方），肘部收拢（而不是放下），地图上还添加了一条鳄鱼和一颗割下来的头颅——前者是最典型的新大陆野兽，而后者则强调美洲传说中普遍存在的食人传统——暗指从切萨雷·里帕（Cesare Ripa）的《图像学》（*Iconologia*，1593 年插图版）便开始的长久的图像学传统。然而更大的设计（和上方的装饰图案）却保持了原貌，这些设计在这一时期最宏大的地图集中的显著位置得以凸显出版，从而获得了新的宣传和进一步的图像推动力：这就是美洲。这一基于布劳（Blaeu）卷首图和菲斯海尔地图的美洲的图形形式，成了标志性的图案，在很多地图上都起着装饰作用，让卷首图更为优美，其中包括一个有些模糊但是很能说明问题的例子，这个例子源自俄国第一本关于美洲的出版物——《美洲描绘》（*Ameriki opisanie*，1719）。②

然而，需要强调的是，“美洲”的这个形象并非指整个美洲，因为尽管某些含义的确随着图像一起被传递，但另一部分仍旧是未被传递的；尽管美洲寓言性的形象象征着新大陆的某些品质，但其也可以象征其他事物甚至是其他的地理学事物。想象一下一次完全不同的意义传递，波桑设计的图形内容几乎完全不变，但其地理内容却朝着完全不同的方向传递，比如在下面这个案例中，东跨大西洋，美洲的寓言形象变成了代表非洲，占

① Schmidt，*Inventing Exoticism*，236.

② “Ameriki opisanie［Description of America］”（engraved frontispiece），in Johann Hübner，*Zemnovodnago kruga kratkoe opisanie. Iz staryia i novyia gegrafii po voprosam i otvietam chrez IAgana Gibnera sobranoe*［A short description of the terraqueous globe（…）］（Moscow，1719）. 布劳的卷首图参见 Schmidt，*Inventing Exoticism*，238 – 240。

据了著名的黄金海岸（即几内亚）。[①] 这种装饰图案的重新部署以地理学为前提。针对欧洲边界之外普遍存在的异国情调，它提供了一种更含混的表达，而没有传递空间上的不同。与其说它充当了一门认识世界的科学，不如说它提供了一种呈现世界的准装饰性手段。在这一情形下，这些殖民地——被广泛殖民的美洲和商业前景广阔的非洲，对于欧洲帝国来说，似乎正处于最具吸引力的时期。换句话说，它所展示的并不是墨卡托式地图科学的精确性，而是源于近代地理学墨卡托时代的那些地图学手段的适应性、灵活性和不精确性。简言之，它展示的是一种名副其实的地理学的装饰方法。

这样的图形移动和地理手段削弱了这些图像的意义吗？这些转移是否表明地图学知识的遗失？并非如此。近代欧洲人将美洲殖民地和赤道非洲与这个世界的财富联系起来（不同于下一个即本来就属于基督教欧洲的世界的财富）；几内亚地图对欧洲人称为黄金和象牙海岸的描绘，也体现了菲斯海尔的美洲地图所提出的论点：两者都将这片土地与大量宝藏、殖民商业和异国情调的诱惑联系在了一起。但是通过拓宽装饰图案的布局范围，制图者给这些图像赋予了新的意义，就像非洲装饰文框所发挥的作用那样，暗示着对地理空间更灵活的处理或理解。空间是流动的，可调整的；地理并没有我们想象中划分得那样清晰、明白和准确。地图及其符号变得有了“装饰性”：并非完全没有意义，而是具有一种以弥漫、分散和暗示的方式发挥作用的意义的形式。

随着波桑装饰图案转移至其他媒介和其他属于“装饰艺术”这一模糊范畴的形式，波桑装饰图案，或至少是其形式，便诠释起了这些更为丰富的意义。它出现在挂毯上，被布鲁塞尔的工作坊所采用，就像中国皇帝的形象被使用在博韦毯（Beauvais）上一样。如今，“美洲”的形象依然高大优雅，有一只鳄鱼陪同，但更加精致尊贵，一副为沙龙盛装打扮的样子。而她的财富仍在继续流淌，背景中的船只暗示着她的利润还

---

① 所指地图为 Hendrick Doncker，*Pas-caert van Guinea*，*vertoonende de Tand-kust*，*Qua Qua-Kust en de Goud-kust van C. das Palmas tot R. da Volta*（Amsterdam，ca. 1665）；后续还有几个版本。

在流往欧洲。[①] 这个稍作修改的美洲形象装点了形形色色的材质艺术，尤其是陶器，这些广泛的媒介展示了图像持久的力量。中欧的工作坊提供了生动的一例，一件雕花工艺的玻璃制品所宣传的“美洲”形象，带着她的弓箭、类似于护卫的爬行动物以及徘徊在她身后的引人瞩目的船只。[②] 约翰·沃尔夫冈·鲍姆加特纳（Johann Wolfgang Baumgartner）精心绘制的类似于模型的油画草图，似乎预示着尚不确定的规模更大的作品。[③] 尽管有一些明显的变化，但几乎所有图案都出现在了鲍姆加特纳的图像中。“美洲”现在自己拿着阳伞，但上面多出了一位男性同伴，象征着非洲：东克尔（Doncker）和菲斯海尔的地图就这样融合了。他抓着一个带有标志性的弓，剑鞘偏向她的右侧。珍珠、金子和象牙都表示这个奇异世界的财富，但再一次的，后方隐约可见的船只象征着这些财富很快就要运往欧洲。一只狂暴扭曲的鳄鱼倚在它的右腹上，一个身披黑色羽衣的形象神秘地俯身进入构图中心，平衡着一本大部头书，并向制图空间的模糊轮廓敞开。鲍姆加特纳留下了这幅草图，但它却相当具有吸引力，而且就算假设这幅图像中有着墨卡托留下的整个地图集也并非那么不合理，墨卡托的遗赠现在仍占据着这个所谓装饰模仿画的中心。

这种对地理学装饰特性的最终影射，更不用说材质艺术的地理特性，让整个循环变得完整。它使我们能够描绘出笔者所称的地理学上墨卡托轨迹的演变，这个轨迹在艺术和科学层面同时发展，同时承载着知识和装饰。笔者所追踪的“美洲”形象，从严格的地图学语境转移到了我们可能不加批判地描述为“装饰性”的东西上；从更狭义的地理学意义（最初只代表美洲）转移到了更加流动、广阔，更具适应性和装饰性的东西上，而矛盾的是，其源头是墨卡托的创新。墨卡托（和奥特柳斯）的遗赠是研究

① 挂毯共有几个版本，例如 Lodewijck van Schoor and Pieter Spierincx, *Allegory of America* (ca. 1700)，结合了染色羊毛和丝绸的用未染色羊毛编织的挂毯，341 ×497 厘米（National Gallery of Art, Washington, DC）.

② 这件玻璃制品在 Hugh Honour, *The European Vision of America*（Cleveland: Cleveland Museum of Art, 1975），148 – 149 中有讨论和再现。

③ Johann Wolfgang Baumgartner, *America*（ca. 1750），布面上的油画，25 × 38 厘米（Städtischen Kunstsammlungen Augsburg, Deutsche Barockgalerie）. 值得注意的是，鲍姆加特纳恰好是靠玻璃彩绘起家的。

空间及其表征的一种新方法。这包含了几何学或是数学意义上的空间：制图是一种数学实践，我们如今将其与圆柱投影和“科学”相联系。它也包括地图集中的空间调和：制图是一种美学实践，而我们将其与成比例的量产的标记联系起来。它还包括空间的戏剧化：这在奥特柳斯《寰宇概观》的标题页以及令人赏心悦目的墨卡托的装饰性地图上已十分明显。它们都意味着空间的戏剧化，空间的舞台化以及空间的美化。简言之，就是地理科学和装饰艺术的融合。

# 19 世纪基奥瓦艺术中的地图学动力

威廉·古斯塔夫·加特纳（William Gustav Gartner）*

## 引　言

中国和欧洲地图学史学家早就注意到，风景画艺术家和地图绘制者①都描绘“微型世界”。② 尽管在中国和欧洲，风景画艺术家和地图绘制者之间的话语大不相同，但这两组话语都围绕着在二维媒介上呈现所选的三维世界中的元素而引发的诸多难题而展开。

在欧洲，随着现代世界体系的兴起和人文主义思潮的涌动，图形地理论据的生产、流通和消费变得更有意义。③ 中世纪晚期的艺术家和地图绘制者对地球有着共同的看法，并竭力用简单却考究的语言在二维平面上呈现复杂的三维世界。④ 他们一起规范了观察地球表面的普遍视角，包括从高处俯瞰和高度自然的线性仿射，⑤ 分享了使用视觉变量的理论和技术，如颜色⑥和排印的重要性。⑦ 在欧洲，艺术实践与地图制作息息相关，在文

---

* 威廉·古斯塔夫·加特纳（William Gustav Gartner），美国威斯康星大学麦迪逊分校地理系高级讲师和研究员。

① 如 Harley and Woodward 1987：xvi 所定义，地图是图形论据，“便于人们对人类世界中的事物、概念、环境、过程或事件进行空间认知”。在许多土著社会中，对空间知识的铭刻是空间知识的表现或类比表达的重要部分，通常称为制图仪式。见 Woodward and Lewis 1998：3 -5.

② Rees 1980：60.

③ Boelhower 1988；Harley 2001：83 - 148；Edney 2019：esp 103 - 106. Schultz 1987；Fiorani 2005.

④ Rees 1980；Woodward 1987，1985.

⑤ Schulz 1978.

⑥ Ehransvard 1987.

⑦ Woodward 1987.

艺复兴和启蒙运动时期，艺术促进了地图的绘制①，而地图也出现在艺术作品中②。艺术实践和地图制作之间的许多相似之处，以及它们相互关联的论述，一直延续到了今天。③

在中国，人们也同样致力于建立艺术实践与地图制作之间的密切关系。在《地图学史》丛书的重要章节中，余定国（Cordell Yee）④ 在本质上主张将艺术史和地图学史结合起来。他指出，千年以来，地理事实和中国文化价值观在中国地图和各种艺术媒介中一直有着相似的图形表达。⑤同样，艺术史学家将中国早期的山水画解读为空间感知和空间深度的符号学表达，而根据古代道教原则，这些都是对自然进行解码和编码必不可少的部分。⑥ 至少从战国时期（前481—前221）起，无论是作为单个的表意符号⑦，还是其在河道平面图上的拓扑布局⑧，中文书写都隐含着地理关系。胡邦波⑨研究的两幅绮丽的宋代（960—1279）手绘卷轴显示出艺术实践与地图制作之间的许多相似之处。这两幅卷轴均采用鸟瞰视角，并有按拓扑顺序排列的地名标注，这表明山水画在中国和在欧洲一样，带有地图功能。

在北美土著文化的背景下，人们尚未充分探讨风景画艺术与地图制作之间的关系。最近就19世纪基奥瓦印第安人土地和生命所做的出色工作，为展开这样的探讨提供了机会。笔者想表明，通过展示美国印第安地图与它们所处文化体系的符号表达，我们可以更好地理解这些地图。更具体地说，笔者希望表明的是，地图学动力，用斯韦特兰娜·阿尔佩斯（Svetlana Alpers）⑩ 的话来说，在基奥瓦艺术和仪式表演中如此明显，可以为我们理

---

① Alpers 1987；Edgerton 1987；Ingold 1993.

② Alpers 1987.

③ Cosgrove 2005；Harman and Clemans 2009；Wood et al 2010：189－256.

④ Yee 1994a；1994b.

⑤ Yee 1994a，1994b.

⑥ Duan 2019：esp 31，39，45－50.

⑦ Yee 1994c，1994a；Needham 1995［1959］.

⑧ Hsu 1993.

⑨ 胡邦波，2000年。

⑩ Alpers 1987，1984.

解 1895 年的“黑鹅地图”（Black Goose Map）提供一些信息。[①]

基奥瓦人说的是塔诺安语，他们在 18 世纪早期迁移到南部大平原。以骑马猎捕野牛而闻名，而在 1867 年签署《梅迪辛洛奇条约》（*Medicine Lodge Treaty*）后被赶到保留地。已知最早的基奥瓦地图是美国俄克拉何马州西南部的基奥瓦 – 科曼切 – 阿帕切保留地（以下简称 KCA 保留地）的“黑鹅”地图，可追溯到公元 1895 年。虽然“黑鹅”地图产生于 19 世纪末美国资本主义和殖民主义固有的领土话语中，[②] 但许多刻在“黑鹅”地图上的地图符号和地理关系在早期的基奥瓦艺术和仪式表演中已有先例。这一符号过程包括：（1）从高处俯瞰和在地表观察到的世界的综合景象；（2）从远处的有利位置看到的地理景观；（3）地貌要素的拓扑排序；（4）使用象形符号表示地名及其特征；（5）利用色调、形状和纹理等视觉变量来表示地理关系；（6）使用指示性符号，一个符号的出现意味着另一个符号的存在；（7）使用多指涉符号，其中一个符号包含多个指代对象，为一个相互关联的整体。上述列出的前三个地图学动力构建了一个地理框架，而其余则是对地理叙事的表达。

## 基奥瓦宇宙学简明和精选入门导论（基奥瓦时代的开始）

社会创造了地图，而地图又反过来反映和塑造社会。因此，所有地图（包括现代西方地图）中所蕴含的意指系统和世界观，在某种程度上都具有文化特殊性。在笔者看来，如果不了解基奥瓦人的宇宙学和世界观，那么就无法理解基奥瓦地图或是这种以艺术性手法展现地貌的形式。包括基奥瓦人在内的许多北美土著民族认为，我们的周围以及宇宙之中渗透并活跃着一种超然的精神力或生命力。传统的基奥瓦人将这种富有生气的力量称为“太阳力量”（即 *dw' dw'*，更恰当地说是 dɔdɔ，发音为 daw-daw）。一些天体、植物、动物、无生命物体、地貌特征、看得见和看不见的生灵

① Meadows 2008，2006。

② Zundo 2012.

以及自然现象等拥有更多的太阳力量。[①] 从个人的求幻，到部落的太阳舞仪式，或“基奥瓦太阳舞”，基奥瓦人有各种各样的仪式，而这些仪式的目的之一就是寻求、指引或接纳太阳力量。[②]

传统的基奥瓦宇宙是分为不同层次的，包括太阳（Pahy）等天体所在的上界，东西南北向的风、奇妙的大气现象、鸟类和雷鸟等神物居住的中界，以及由地球表面和地下世界组成的下界。下界居住着人、植物、动物和精怪，包括一种生活在地下或水下的复合蛇类生物，名叫“石路”（Stony Road）。[③] 由于白杨树连通三界，因此它是基奥瓦口头传说中的“世界之树”。例证如下：在太阳的引诱下，一位基奥瓦女人爬上了一棵白杨树，一直爬到了太阳所在的上界，并在那里成了他的妻子。基奥瓦人的先民正是通过一段中空的白杨树干，从他们原本生活的地下巢穴爬到地球表面的。[④]

基奥瓦人有两套记录口头传说的文集，详细描述了世界的形成和基奥瓦的来源。第一组故事颂扬了“蜘蛛婆婆”（Grandmother Spider）和“太阳之子”（Sun Boy）或“分裂之子”（Split Boys）的冒险故事。

“蜘蛛婆婆”在一场世界性的大洪水中幸存下来，并种植了一片花园，洪水退去后，这片花园就变成了世界上的植被。她还抚养了太阳的长子塔利（Tah'lee）。有一天，塔利将一个太阳轮扔向天空，结果被落回地面的太阳轮劈成了两半。但他没有死，而是分裂成了两个男孩，一个拥有天上的力量，另一个拥有地上的力量。分裂之子是基奥瓦“药袋”（medicine

---

① 对 *dw' dw'* 具有洞察力和文化敏感性的解释见 Kracht 2017：57－73。

② 见 DeLoria 1999：223－229，认为英语不能充分传达许多关于世界的本土概念。英语建立在普遍存在的自然—社会二元结构的基础上，暗示了“动态地貌”或“动态世界”这样的概念的意义。笔者认为，现象学与后现象学对此有帮助，但仍有不足。对于很多传统的美国印第安人来说，日常生活轨迹与自然和地貌紧密交织，没有人能完全脱离“在世界中居住”。这种相互交织的存在意味着地貌、自然和物质文化都“影响”着个人的思想、行动和经历。“居住”与“影响”在时空中的顶点催生出“力量”，又或许是一种“生命力”，以不同方式渗透进我们周围有形和无形的环境。在日常生活的混乱的现实中，人们很容易忽视这种“力量”或“生命力”，并与之失去关联。“作法”让人与渗透进有形与无形世界的“力量”或“生命力”重新建立关联和平衡。理解我们的存在的交织性质，能帮助我们解释为什么“基奥瓦太阳舞”仪式的主舞台被称作“作法屋”。

③ Kracht 2017：61－80；Boyd 1983：2－12；Parsons 1929：1－9.

④ Boyd 1983：3，14.

bundles）和其他仪式灵物的力量之源。[①] 在怀俄明州的灵湖（Spirit Lake），其中一个分裂之子将他的太阳力量注入了 10 个神圣的药袋，而这 10 个药袋与基奥瓦的仪式和社会政治凝聚力密不可分。[②] 第二组故事详细介绍了基奥瓦的千面人物“赛德”（Saynday）是如何重塑基奥瓦世界的。赛德发现了生活在原始地下巢穴的基奥瓦人，并教会他们从一段巨大且中空的白杨树干爬到地球表面。[③] 这个基奥瓦的千面人物有许多令人捧腹的冒险经历，这些经历最终指导人们融入并理解基奥瓦世界。

“基奥瓦太阳舞”（K'ado，发音为 skaw-tow）是基奥瓦特有的仪式，它和许多其他仪式拥有相同的主题和特征，这些仪式被统称为“太阳舞”。[④] “基奥瓦太阳舞”是一种一年一度的治愈和迎新仪式，目的是让“太阳力量”福泽个人、部落和整个基奥瓦世界。太阳是基奥瓦人的父神，也是他们赖以生存的野牛的创造者。“基奥瓦太阳舞”仪式将太阳巨大的生命力量引至作法屋（Medicine Lodge，译者注：梅迪辛洛奇因此得名）的中心柱。随后，太阳力量从中心柱流向一座被称为“泰美”（Taime，发音为 tai-me）的神像，再流向其他仪式圣物。基奥瓦的歌谣、故事、舞蹈和仪式将“太阳力量”从作法屋引至基奥瓦世界的其他地方，在这个过程中，野牛群获得重生，世界也万象更新。[⑤]

由于各个部落每年在不同地区进行狩猎和采集活动，因此一年中的大部分时间里，基奥瓦部落彼此分开生活。“基奥瓦太阳舞”是基奥瓦人最重要的仪式，不仅因为其蕴含强大的力量，还因为它是一年中唯一能让基奥瓦六大部落全部聚集在一起的契机。可以说，“基奥瓦太阳舞”提升了基奥瓦的精神和社会凝聚力。[⑥]

---

① Kracht 2017：139 – 143.

② Boyd 1983：2 – 12；Mooney 1979［1898］：230 – 231，237 – 242；Nye 1997［1962］：50.

③ Boyd 1983：13 – 18.

④ Spier 1921a.

⑤ Scott 1911；Spier 1921b；Boyd 1981：35 – 53；Mikkanen 1987；Kracht 2017：197 – 249.

⑥ 见 Marriott 1945 中的故事。如果“基奥瓦太阳舞”表演正确进行，那么基奥瓦人会很快收到回报。野牛是基奥瓦人主要的温饱来源，它们经常在夏天聚集在一起觅食和发情。野牛群的数量和野牛的脂肪含量一般都在夏末达到最高（Brink 2016：93 – 95；Figure 4. 6；Gates et al 2010：40），这一时间就在基奥瓦太阳舞仪式完成后不久。

# 南部大平原的拓扑结构和科曼切短时地图（1830—1845）

“黑鹅”地图是已知最古老的基奥瓦地图。然而，它的地理框架及内容都可以在关于南部大平原的资料中找得到先例。路易斯（Lewis）① 摘录了一段理查德·欧文·道奇（Richard Irving Dodge）上校对一幅短时地图所做的描述。理查德上校是一名职业军官，在19世纪曾多次参加了与印第安人的战争，并担任与大平原印第安部落联系的联络人。这份摘录详细介绍了1830年至1845年为长途旅行而绘制的科曼切短时地图：

> 要到一个陌生的国家去旅行，就必须去请教到过那里的勇士；令人讶异的是，被请教的人说得很清楚，请教的人也理解得很透彻，这些确保了这段旅程的成功……按惯例，较年长的人会在规定出发日的前几天召集男孩们为其提供指导。所有人都围坐成一个圈，一起制作一捆棍子，并刻上表示天数的凹痕。从刻有一个凹痕的棍子开始，一位老人用手指在地上画出一张粗略地图，用来解释第一天的行程。根据细心描绘的显著地标，所有河流、溪流、山丘、山谷、峡谷和隐蔽的水洞都被一一指出。当孩子们彻底明白这些内容后，然后是表示第二天行程的棍子，这天的行程也会用同样的方式画图说明，直到解释完最后一天的行程。（道奇，1883：552）

道奇②接着描述了科曼切人通过短时地图进攻墨西哥以及其他偏远地区的情况，还叙述了在无地形特征的平原地区修建寻路堆石标作为地标的情况。科曼切人的短时地图和“黑鹅”地图具有相似的地理框架，因为两者都涉及拓扑结构并根据时间计算空间。两者也都强调了山川的重要性。

① Lewis 1998：128－129. Lewis（1998：67－71，1979）早已提出，在土著地图中类推地图和暂时性的地图非常流行。

② Dodge 1883：553.

虽然道奇在上面的段落中没有提到基奥瓦，但科曼切人在整个19世纪都是基奥瓦人的亲密盟友，从19世纪到现在，他们一直共同拥有KCA保留地。

## 塞坦（Sétt'ấn，“小熊”）和多哈桑（Dohäsan，“小山崖”）图画日历（1832—1892）

包括基奥瓦人在内，许多大平原印第安人都制作了图画日历，以配合口述传统。虽然制作人是独立艺术家，但基奥瓦日历和其他形式的图画叙事资料的制作和使用往往是件公事。[①] 尽管日历制作者从未想过将所有的部落历史都记录在内，但这些日历提供了关于基奥瓦文化和历史的大量信息：

> 从白人的角度来看，这些原住民历史（图画日历）中记载的许多事情似乎是细枝末节的，而那些我们认为是象征着平原部落历史上标志性时代的许多事件却被完全省略了……我们［在“塞坦”日历上］发现了一些譬如偷马或妇女私奔的历史事件。这些记载更像是一个喋喋不休的老人的个人回忆，而不是一个国家的历史。［詹姆斯·穆尼（James Mooney），1979［1898］：145－146，括号由笔者添加］

最著名的基奥瓦日历就是“塞坦”的基奥瓦日历，它为穆尼[②]为美国民族学局（Bureau of American Ethnology）撰写基奥瓦卷提供了依据；其他的还有“银角”（Silver Horn）编写的基奥瓦日历，记录了1828年夏季至1928—1929年冬季的部落历史。《一百个夏天（One Hundred Summers）》——坎达丝·格林（Candace Green）为基奥瓦日历撰写的非凡的著作，对日历的内容和意义都作了细致入微的解释。[③]

人们已经发现了来自至少18个基奥瓦艺术家的一张或多张日历。[④] 大多数基奥瓦日历遵循欧美惯例，按事件的先后顺序呈现时间。例如，“银

① Greene 2001：11－13.

② Mooney 1979［1898］.

③ 基奥瓦日历的意义见 Greene 2009：29－35。

④ Greene 2009：237－239.

角”日历由连续页上的一连串在冬季和夏季事件之间交替的词目构成。[①]“塞坦”（“小熊”）和“多哈桑”（“小山崖”）日历中的时间呈螺旋状。表示季节性事件和/或地点的象形符号在两张日历上以连续的螺旋状排列。在日历的边缘位置记载的是更遥远的过去，而最近的事件则记载在日历的中心位置。这两张日历上的象形符号都用一条细长的不断螺旋的线勾勒出来。用圆形呈现时间的方法一般与美国印第安人的思想相契合[②]，并且在大平原的考古记录中有许多关于圆形时间概念的建筑表现形式。[③]

这两张日历上的大多数象形符号以侧视视角呈现，这表明日历上记录的地点和/或事件都是从地面上的有利位置进行观察的。一些象形符号包含溪流的俯视图。基奥瓦日历的象形符号和“黑鹅”地图都体现了对地点的多视角观察。

一般来说，“小熊”和“小山崖”用代表树干的黑条来表示冬天，用作法屋来表示夏天。“基奥瓦太阳舞”通常是一年一度的大事，但偶尔也会在一个夏天举行两场太阳舞仪式。以 1842 年的夏天为例，这两张日历上都显示了两间“作法屋”。在某些年份，特别是在两张日历的中心位置附近所指代的年份，基奥瓦人无法举行“基奥瓦太阳舞”仪式。在日历上，夏季树的叶子，或对未完工的作法屋的描绘，表示对应的夏天没有“基奥瓦太阳舞”仪式。这两张日历都没有对缺少“基奥瓦太阳舞”仪式的夏天进行着色，这表示基奥瓦人无法完成万物更新。

这两张日历上的象形符号通常是对各种事件的记载。狩猎、战争、亲人或部落成员的死亡、亲身经历的大事、部落间的关系以及天文或气象现象都是日历中记载的最常见事件。有些事件是某张日历所特有的，但很多事件在两张日历上都有所表示。有些象形符号既表示地名，也表示事件。例如，表示 1835 年夏天举行的“香蒲太阳舞”（Cattail Sun Dance）的象形符号既指一个有许多香蒲植物的地方又指“泰美”神像回归基奥瓦的事件：奥塞奇人两年前在“割喉山”（Cut-Throat Mountain）抢夺了“泰美”神像。每

① Greene 2009：39 – 193.

② Fixico 2003：1.

③ Hall 1985.

张日历都有 11 个象形符号，它们表示的是地名而不是事件（见表 1）。

**表 1　　　　塞坦和多哈桑图画日历中表示地名的象形符号的对比**

| 太阳舞名称及日期 | 塞坦日历象形符号 | 多哈桑日历象形符号 | 太阳舞地点 | 参考资料 |
| --- | --- | --- | --- | --- |
| 狼河（1836） |  |  | 北加拿大河的狼溪支流 | Mooney 1979［1898］：271；Lowie 1968：5 |
| 半岛（1839） |  |  | 沃希托河南岸上的河曲沙洲，核桃溪下方一小段距离处 | Mooney 1979［1898］：274；Lowie 1968：5 |
| 红崖（1840） |  |  | 位于得克萨斯州的狭长地带，南加拿大河北岸，南加拿大河与野马溪的交界处附近 | Mooney 1979［1898］：275－276；Lowie 1968：5－6 |
| 苦楝（1850） |  |  | 位于俄克拉何马州，北加拿大河上游，狼溪上方一小段距离处，萨普利堡附近 | Mooney 1979［1898］：292；Lowie 1968：7 |
| 刺梨（1856） |  |  | 位于科罗拉多州，卡度溪或拉特溪与阿肯色河交界处，本特堡下方约 10 英里处 | Mooney 1979［1898］：301；Lowie 1968：8 |

续表

| 太阳舞名称及日期 | 塞坦日历象形符号 | 多哈桑日历象形符号 | 太阳舞地点 | 参考资料 |
|---|---|---|---|---|
| 木阵（1858） | | | 骡溪下游和阿肯色河索尔特支流的交界处，梅迪辛洛奇溪的溪口附近 | Mooney 1979［1898］：305－306；Lowie 1968：8 |
| 雪松崖（1859） | | | 堪萨斯州，斯莫基希尔河北侧，海斯堡附近的木材溪溪口对面 | Mooney 1979［1898］：306－307；Lowie 1968：8 |
| 无臂河太阳舞（1863） | | | 堪萨斯州大本德，阿肯色河南侧，核桃溪上游溪口下方一小段距离处 | Mooney 1979［1898］：313；Lowie 1968：9 |
| 豚草（1864） | | | 梅迪辛洛奇溪与阿肯色河索尔特支流的交界处。 | Mooney 1979［1898］：313－314；Lowie 1968：9 |
| 半岛（1865） | | | 沃希托河南侧，核桃溪下方一小段距离处 | Mooney 1979［1898］：317－318；Lowie 1968：9 |
| 小半岛（1885） | | | 沃希托河弯处形成的半岛，机构上方约20英里处，与1839年举办的另一场太阳舞仪式的地点相同 | Mooney 1979［1898］：353－354；Lowie 1968：12 |

一些象形符号区别很大，例如表示豚草、刺梨和红崖太阳舞的象形符号。但是，大部分符号都非常相似，说明地名的表示具有一定的标准。编自 Mooney，1979［1898］和 Lowie，1968。

现代西方制图师竭尽全力地传达地图符号与意义之间一对一的关系，任何教授过地图学入门课程的人都对此知之甚深。而土著制图师往往对地图符号和意义之间一对多的关系感兴趣，正如笔者在分析斯基迪星图（Skidi Star Chart）时所展示的那样。① 土著地图的符号通常指示单词的两种意义。首先，从查尔斯·桑德斯·皮尔斯（Charles Sanders Pierce）的理论角度，这些符号具有指示性意义。指示性符号的存在意味着存在另一个符号和另一组含义，例如，烟表示有火，西方天空中的乌云表示中纬度地区即将下雨。一些土著的示意符号传达了许多相互关联的意义，可以作为文化系统的一个指向符号。基奥瓦日历上的作法屋就是指示性符号表示单词的两种意义的一个示例。“小熊”和“小山崖”日历上的作法屋，表示“基奥瓦太阳舞”仪式和基奥瓦仪式营落及其所有的伴随意义。“银角”只在他的日历上标出了作法屋的中心柱，以表示“太阳舞”。作法屋的中心柱是“银角”日历中用到的提喻手法，它用作法屋的一部分（中心柱）表示作法屋这个整体，而这又象征着“基奥瓦太阳舞”仪式和基奥瓦仪式营落的存在及其所有的伴随意义。

有趣的是，“小熊”和“小山崖”日历都在各自的记叙中提到了 11 个缺少相关事件的“太阳舞”仪式地点。这并不是因为“太阳舞”仪式期间没有发生重大事件。例如，阿拉帕霍族和夏延族于 1840 年与基奥瓦、科曼切和平原阿帕切部落签署了和平条约，但无论是“小熊”日历还是“小山崖”日历上的“红崖太阳舞”（Red-bluff Sun Dance）象形符号都未描述该事件。② 这 11 个日历地名是对用植物、动物、人或地貌特征表示的口头地名的视觉再现，而这些特征通常与表示作法屋和基奥瓦太阳舞的符号一起出现。地名对于基奥瓦人来说非常重要③，尽管笔者不确定为什么要把这些地点标示出来而不描述相关事件。

在“小熊”和“小山崖”日历上，11 个表示地名的象形符号中有 8

① Gartner 2011.

② Mooney 1979 [1898]: 275 - 276.

③ Meadows 2008: 5 - 8, 20 - 24, 217 - 218, 251 - 254; Schnell 2000.

个几乎完全相同，这表明代表某些地名的象形符号具有一定规律。基奥瓦日历上的地名的意指过程基本上预示了“黑鹅”地图上的地名意指过程。

“小熊”和“小山崖”日历上的象形符号均呈螺旋排列，以在视觉上强调时间的形状并将这些象形符号组织起来。在中美洲地图①以及斯基迪星图②等其他大平原印第安人的地图中，时间的形状也呈现为对时间的空间化。“小熊”和“小山崖”日历中意指地名的11个象形符号的相对位置是否可能与参考地图上太阳舞仪式地点的拓扑结构重复？为正确评估这一观点，笔者将这11个意指地名的基奥瓦日历象形符号叠加在了表示“基奥瓦太阳舞”仪式地点的地图上。在“小熊”日历中，11个象形符号里有8个意指1850年后太阳舞仪式地点的象形符号的拓扑结构，与参考地图上的太阳舞仪式地点的拓扑结构从表面上看是相似的。然而，“小山崖”日历上象形符号的拓扑布局与参考地图或“小熊”日历都不匹配。日历上象形符号的拓扑布局不太可能具有地图学上的意义。

## 从基奥瓦记录簿中选出的地貌图

美国战争部（US War Department）逮捕了72名参加红河战争（Red River War）起义的基奥瓦人、科曼切人和夏延印第安人，并于1875年春将他们流放到佛罗里达州的马里恩堡。理查德·亨利·普拉特（Richard Henry Pratt）是一名经历了红河战争的老兵，当时任马里恩堡的指挥官。普拉特错误地认为自己的工作是“杀死印第安人……拯救人类”，并在马里恩堡制订了一份强制教育计划。③ 普拉特在印第安人被监禁期间向他们提供彩色铅笔、纸张和装订成册的记录簿。之后三年里，26名囚犯至少画了1400幅关于土著风貌和生活的画面，以及他们被押往马里恩堡的途中和在马里恩堡受到监禁的画面。④ 与营地生活、狩猎和部落间关系相关的人

① Mundy 1998：191－194.

② Gartner 2011：197－199，233－235.

③ Pratt 1892：np，http：//historymatters. gmu. edu/d/4929，2019年7月7日最后一次访问。普拉特随后在宾夕法尼亚州成立了卡莱尔印第安工业学校。

④ Earenfight 2007：3－8.

物和事件的详尽的轮廓图，在马里恩堡的图画中非常常见。只有少数图像采用了地图学上的有利位置——远距离的鸟瞰视角，这个视角下的基奥瓦领土十分广袤，由此与基奥瓦日常生活有关的事件显得微不足道。

**埃塔德勒·多恩莫（或“狩猎男孩”）1876 年记录簿中的狩猎场景**

埃塔德勒·多恩莫（Etahdleuh Doanmoe），或“狩猎男孩”（Boy Hunting），是当时囚禁在马里恩堡的一名艺术家。他因 100 多年前绘制了自己被抓捕并转移至马里恩堡的草图而为人所知。“狩猎男孩”是一名多产的艺术家。他以前不知名的作品现在仍然会在拍卖会上出现，或者在档案馆中被人重新找到。“狩猎男孩”对基奥瓦狩猎场景所做的全景呈现来自 2018 年拍卖的一本记录簿。

狩猎是大平原印第安人艺术中的一个常见主题。在大平原印第安人艺术中，描绘狩猎的视觉重点往往是人、动物和狩猎活动本身。而对于景观，不论刻画与否，它都是次要的。“狩猎男孩”在草图中用一个完整的视角强调了一个围绕狩猎场景的区域和三个基奥瓦营地，这张草图代表着地理叙事的图形描绘。

“狩猎男孩”在他的画作中采用了鸟瞰视角来刻画溪流和河漫滩森林。树木的角定位较之邻近的溪流走向是相对恒定的。他的草图在一定程度上采用了前缩透视法，因为前景里的山丘、溪流、树木、圆锥帐篷和野牛比背景里的稍大。山丘以侧视图呈现，这表明它们是在地面的有利位置上描绘的。尽管在偏角上有所差异，但“狩猎男孩”对地面和空中的有利位置均采用了相似的罗盘方位。

虽然我们只能猜测其地理意义，但“狩猎男孩”通过形状、色调和大致纹理等视觉变量对不同山丘进行了区分。两页纸上的所有山丘都具有独特的形状，并用石墨铅笔勾勒轮廓。左边的山丘符号上留有苍劲有力的蓝、绿和黄色铅笔线条，这些线条的比例大致相等。相对较粗的蓝线条表明场景右侧的山丘，由此呈现了特定的地貌。场景靠右居中的山丘被以侧视视角呈现的树木遮挡。这幅画左边或最右边的山丘都是光秃秃的。对于有树木生长的山丘，蓝色是最主要的填充颜色，尽管偶尔在地形深层处会用绿色线条表示。与这幅画中描绘的其他山丘不同，靠右居中的山丘的铅笔线条极为不明显。在最右四个山丘的填充色里又可以重新见到绿色和黄色铅笔线条。虽然填充色可能是随机选择的，但“狩猎男孩”花了很大力气用不同类型的填充色来表现各种山丘。投入精力意味着要达成目的。也许不同的填充色指的是西部的威奇托（Wichita）山脉及其附近山麓的不同地形。由于宗教、历史和生态方面的原因，这一地区对基奥瓦人非常重要。[①] 又因为地质和地貌的历史，这里的山丘和其他地形突起在形状、大小和颜色上都有所不同。威奇托山脉的成分为较为耐久的深色火成岩，而该山脉周围都是由浅色沉积岩构成的山丘、悬崖和平原。地质上的这一显著变化，加上不同程度的侵蚀，造成了这一地区截然不同的地貌。另外，山丘也与特定的基奥瓦宗族、历史事件和宗教活动有特定联系。[②] 笔者猜测“狩猎男孩”使用不同的填充色也有多种指示意义。无论如何，“黑鹅”与在他之前的“狩猎男孩”一样，在其 1895 年的地图中通过形状、色调和大致纹理等视觉变量对不同山丘进行了区分并传达意义。

“狩猎男孩”栩栩如生地刻画了山丘、树木、村庄、野牛，以及马背上的基奥瓦猎人。他在狩猎场景左侧图示了三个基奥瓦营地，每个营地由 7～10 个圆锥帐篷组成。所有圆锥帐篷都朝场景左侧敞开。每个营地都有一个红白条纹圆锥帐篷和数量不等的棕黄色圆锥帐篷。在基奥瓦社会中，红色在传统上与基奥瓦社会中身份地位较高的人联系在一起，[③] 在“狩猎男孩”的画作中，红色很可能代表部落酋长的居所。

人们对“狩猎男孩”描绘的场景的确切位置有所争议。考德里（Cowdrey）[④] 表示，这一场景发生在雨山溪（Rainy Mountain Creek）与沃希托河（Washita River）交汇处附近，但是画中出现了山丘和三条溪流交汇，这表明确切地点应在支流更上游的位置。如果狩猎场景发生在雨山溪，那么地点可能是在今天的山景城（Mountain View）的南面。狩猎场景也有可能发生在马鞍山（Saddle Mountain）附近的马鞍溪（Saddle Creek）或胡桃溪（Pecan Creek）。以上三个地点都存在山丘、平原和溪流交汇处，都有可能与“狩猎男孩”画作中的地貌吻合。

---

① Meadows 2008：89－99.

② Meadows 2008：42－46，89－103.

③ Mooney 1898：285.

④ Cowdrey 2018：np.

**柯巴—拉塞尔（Koba-Russell）记录簿（约 1876）中的太阳舞场景**

柯巴，或“野马”（Wild Horse），也参与了所谓的红河战争，是 1875 年 2 月向理查德·亨利·普拉特投降的基奥瓦人之一。几个月后，他与“狩猎男孩”一同前往马里恩堡。1880 年，柯巴死于肺结核，享年 44 岁。尽管生命短暂，但他仍是一位非常多产的艺术家。

普拉特在柯巴绘制的基奥瓦风景画中标注了两条溪流、“威奇托山脉中的营地”和“作法（或舞蹈）屋”。柯巴画作中的地图学动力要素与“狩猎男孩”描绘狩猎场景的画作中的要素很相似。溪流和河漫滩森林是以鸟瞰视角描绘的。山丘以侧视图呈现，这表明它们是从地面上的有利位置描绘的。地面和空中的有利地势都距离很远，使画面强调地貌而非事件。河漫滩上树木的角定位紧随着弯曲的溪流河道而变化。树木和山丘的角度变化很小，这表明，柯巴在空中与地面的有利位置上使用了相似的罗盘方位。他在画中使用了前缩透视法，使威奇托山脉中基奥瓦营地下游的树比上游的树更小、更不明显。同样，营地后方的山丘比营地与作法屋之间的山丘要小。

与“狩猎男孩”一样，柯巴也用石墨铅笔勾勒出了所有山丘的轮廓。两位艺术家都经常给山丘画上蓝色阴影。但是，与“狩猎男孩”不同的是，柯巴画中的山丘没有植被，而且他也不常改变画中的填充色。只有一处例外：基奥瓦营地上游的一座山丘用黑色石墨铅笔勾勒轮廓，填充色的缝隙间涂上了淡红色。这座山丘离营地很近，由此表明两者之间存在联系。在柯巴的画作中，威奇托山脉中营地上游的山丘主要是通过形状来区分的。

柯巴描绘的基奥瓦营地与“狩猎男孩”描绘的三个营地差异很大。在柯巴的画作中，朴素的印第安圆锥帐篷的角定位与河弯的方向是保持一致的，而“狩猎男孩”则将色彩鲜艳的圆锥帐篷的门帘朝向同一方向。柯巴在画面中强调营地中的人，而不是营地本身。他描绘了 10 名身着不同颜色服饰、留着不同发型或戴着不同头饰的基奥瓦人。

动物足迹和用虚线表示的人类足迹是明显的视觉线索，象征着地理叙事和不同地点之间的联系。马蹄印表示一段旅程和一个故事，从太阳舞作法屋下方的溪流开始，到威奇托山脉的基奥瓦营地为止。多条虚线从威奇托山脉的营地连接到画面中最大的树的底部，代表第二段徒步旅程。树干上方的树枝上挂着一个深灰色的圆形物体。柯巴和“银角”都用虚线表示旅程。正如下一节所详述的，这为“黑鹅”地图中的虚线提供了另一种解释。

柯巴很可能是在描述部落对“基奥瓦太阳舞”仪式的两项准备工作，太阳舞仪式是19世纪基奥瓦社会最重要的仪式。“基奥瓦太阳舞”仪式在六月中旬至七月末举行，这时白杨树已经撒下了绒毛种子，白鼠尾草长到了一英尺高，昴宿星于早晨时分在东方的天空升起。[①] 举行“基奥瓦太阳舞”仪式的时间点参考和纪念了对基奥瓦人的起源和生计非常重要的天体生物节律。“基奥瓦太阳舞”仪式历时四天，但准备工作需要将近一个月。[②] 当“泰美祭司”（Taime Priest）及随从骑马离开营地，通知其他基奥瓦部落太阳舞仪式即将举行时，准备工作即告开始。[③] 柯巴绘制的地貌图中的马蹄印可能正是象征了“泰美祭司”与随从前往威奇托山脉营地的旅程。19世纪的基奥瓦人在收到举行太阳舞仪式的消息时会非常激动，这从柯巴画作中人物的表情和历史记载中就可以看出。[④]

各部落到达指定的太阳舞仪式场所时，他们会建起一个营地圈，每个部落都在适当的位置。[⑤] “作法屋”或“舞蹈屋”位于营地圈的中心，基奥瓦人就在那里面举行“基奥瓦太阳舞”仪式。柯巴没有在他的地貌图中描绘营地圈，而是在画的左下方描绘了举行仪式的“作法屋”。连接威奇托山脉营地和画面中最大的树的虚线可能代表了太阳舞仪式准备过程中的一个更加重要的仪式：砍树、制作和搭建作法屋的中心柱。柯巴的画作中，这棵最大的树的大小以及用于标记它的圆形都表明，它就是被选中制作中心柱的树。笔者怀疑，柯巴画作中的圆形象征着太阳，因为“银角”等基奥瓦艺术家经常在“泰美祭司”身上、部分太阳舞表演者身上以及与“泰美”和“基奥瓦太阳舞”仪式相关的器具上画上象征太阳的圆形。作

---

① Scott 1911：349；Boyd 1981：37；Nye 1997［1962］：57；Kracht 2017：213，1994：324.

② Kracht 2017：198 – 199，202；Mooney 1979［1898］：242.

③ Marriott 1945：50；Hunt 1934：343 – 344.

④ Hunt 1934：343 – 344；Boyd 1981：37；Nye 1997［1962］：58.

⑤ Scott 1911：357；Mooney 1979［1898］：242；Kracht 2017：219 – 220.

法屋中心柱在仪式中的一个功能是引导“太阳力量”。

“泰美祭司”在一定程度上根据白杨树的大小以及树干上延伸出的树杈选择了其中一棵树用作作法屋的中心柱。砍伐白杨树之前，人们唱歌、狂欢，并且进行了一场模拟战斗。他们会指导一名面部被涂成黄色的女性俘虏如何正确地砍倒树，并砍去多余的树枝。如果这名女性俘虏在仪式中犯了错，基奥瓦人不会惩罚她，但她会面临神的惩罚。一位酋长监督了作法屋中心柱的搭建，确保 Y 形的树杈是指向东西方向的。当巨大的 Y 形柱就位，且树杈指向东西方向后，人们又将作法屋的其余部分建设完毕。建成后的作法屋就像基奥瓦世界的建筑宇宙图。在分层的基奥瓦世界中，白色的沙子象征下界，四根指向四个基本方位的彩绘椽象征中界，中心柱的顶部延伸到上界。中心柱不仅支撑着作法屋的结构，还在“基奥瓦太阳舞”仪式中起到祭坛的作用。“基奥瓦太阳舞”仪式期间，布匹、野牛雕像和其他仪式用品都悬挂在中心柱上。柯巴画作中的这棵巨大的树不仅反映了中心柱的巨大尺寸，也反映了它作为一棵具有象征性意义的世界之树和作为引导“太阳力量”的通道在仪式中的重要性。[①]

## “黑鹅”地图（约 1895）

作为 1865 年《小阿肯色河条约》（Little Arkansas）和 1867 年《梅迪辛洛奇条约》谈判内容的一部分，基奥瓦及其盟友科曼切族和平原阿帕切族将他们在南部大平原的传统领地割让给了美国政府，那里有起伏的草原、森林覆盖的溪谷和偶尔突起的地形。作为交换，美国政府许诺给予他们俄克拉何马州西南部 280 万英亩（113 万公顷）的保留地和在保留地外狩猎的权利。基奥瓦族、科曼切族和平原阿帕切族还被强制接受供给和援助，迫使他们适应英美生活方式。然而，KCA 保留地只在很短一段时间内保持了领土的完整性。由于 1892 年《杰罗姆协议》（*Jerome Agreement*）和

① 编纂自 Scott 1911：esp 360 - 361；Battey 1903：［1875］：167 - 170；Mooney 1898：243；Hunt 1934：351 - 253；Spier 1921b：440 - 441；Kracht 2017：221 - 223；Marriot 1945：53 - 55；*Bird* in Parsons 1929：100 - 102；Nye 1997［1962］：59，65 - 67；Boyd 1981：43 - 46。

1903年美国最高法院“孤狼诉希契科克案”（Lone Wolf v Hitchcock）的灾难性裁决，美国政府于1900年至1910年对KCA保留地进行了划分。保留地的公共土地被进一步划界并分配给印第安人，而未分配土地随后全部卖给了美国殖民者。“黑鹅”，或查达尔－康－基（Chaddle-kaung-ky），于1893年至1895年为美国最高法院的“美国诉得克萨斯州案”（United States vs State of Texas U. S. 1）绘制了一幅KCA保留地和附近土地的地图。今天得克萨斯州和俄克拉何马州之间的分界线（1896）就是源自该案。[①] 虽然该案的结果对KCA保留地的边界没有直接影响，但“黑鹅”绘制地图时，基奥瓦族与美国州政府和联邦政府之间的紧张关系进一步升级，双方对财产、土地权属和领土问题持有不同看法。

威廉·C. 梅多斯（William C Meadows）[②] 对“黑鹅”地图的内容、来源及其在19世纪末20世纪初领土话语中的作用进行了分析，堪称典范。下文中笔者对“黑鹅”地图的分析一般遵循了梅多斯识别出的基奥瓦各地。他识别了60条溪流、20种地貌、11个基奥瓦营地及遗址，并将它们的基奥瓦名称翻译成英文。地图上还有未按名称标识的其他地物。

## “黑鹅”地图的地理框架

地图，顾名思义，必须有助于空间理解。空间理解取决于观察者的有利位置以及由地图上的符号空间所建立的地理框架。“黑鹅”在他的地图中采用了天顶式俯瞰的有利位置，以俯视图的方式描绘河流和动物足迹。而地图上用三角形表示的地形突起以及大多数其他符号，则是从地面上的有利位置以侧视视角展现的。还有一小部分图形，如在割喉峡谷（Cut-Throat Gap）惨遭杀害的基奥瓦妇孺的人像，则是采用从上向下斜看的视角呈现的。伊万·帕诺夫斯基（Ivan Panofsky）[③] 认为有利地势和视角是各种符号的载体。“黑鹅”地图有多个有利地势，这意味着什么？

如前所述，基奥瓦的信仰体系基于分层宇宙论。在笔者看来，“黑鹅”地图从基奥瓦分层宇宙中各界的有利位置，来观察KCA领地及其范围内的

---

① Meadows 2008：193，196.

② Meadows 2008：185－213，2006.

③ Panofsky 1991，esp 66.

生命体，这绝非偶然。毕竟，宇宙各界生灵和力量的相互作用催生出了动态的基奥瓦世界。基奥瓦人的空间理解基于其卓越的制图能力，即站在各界力量和生灵的角度观察世界的能力。

拉文希尔（Ravenhill）[①] 对“鸟瞰视角”和“飞鸟视角”进行了区分，这一区分非常实用。鸟瞰视角是从单个有利位置进行观察的高视角。其空间深度是通过对较远地物的前缩透视、线性透视以及图形上色调、色度、焦点、纹理和细节的相对变化来构建的，与画面中物体的距离成比例。相比之下，“飞鸟视角”是从多个有利位置进行观察的高视角，就好像观察者处于运动状态中。在“飞鸟视角”中，地面地物的比例在整个画面中没有明显变化，并且经常表现出多个朝向。以“飞鸟视角”呈现的画面中，营造空间深度错觉的艺术手法（如上文所列）在视觉上并不占据主导。对观察者来说，“飞鸟视角”暗示着一段旅程。在割喉峡谷惨遭杀害的基奥瓦妇孺的人像就是以“飞鸟视角”呈现的，也许象征了他们前往神灵世界的旅程。表示山丘的三角形以侧视视角呈现，是从地面上的有利位置观察的。然而，这并不违背飞鸟视角的概念，因为飞行中的鸟儿最终会降落在地面上。山丘朝向多变，这是因为结合了飞鸟视角、鸟瞰视角和地面上的有利位置。

土著地图上的有利位置还传递了其他类型的地理信息。梅多斯[②]注意到，“黑鹅”地图上缺少几处明显的地理位置。地图对人和动物的现实主义刻画有力地说明了地面上存在多个有利位置。现实主义是以立体透视为前提的，当然，这也是人类看待世界的方式。多个有利位置加上立体视角，可以发现一些在地图上并没有被标注的地理位置。例如，红河北支流（North Fork of the Red River）两侧的山丘是用不同朝向的三角形表示的，这意味着两座山丘之间存在一个有利位置，这也就是原始威奇托山脉中的历史聚落和（或）精神场所，是基奥瓦历史上的一个重要地点。[③]

除俯视图呈现外，河流和溪流还以其他方式成为“黑鹅”地图地理框

① Ravenhill 1986：36－37.

② Meadows 2006：204，206.

③ Meadows 2006：91.

架的重要部分。河流、溪流和几座山丘为“黑鹅”地图提供了地理框架。“黑鹅”地图用曲线表示河流和溪流，用三角形表示地形突起。地图的北面是沃希托河，东面是卡什溪（Cache Creek）和威奇托山脉，南边是红河（Red River），西面是盐湖湾（Salt Fork）上游、红河北支流和斯威特沃特溪（Sweetwater Creek）。中心位置是贝克峰（Baker Peak）。虽然贝克峰在基奥瓦流传的歌谣和故事中并不引人注目，但其整体突出的地形在基奥瓦研究中起着重要作用，因为高耸的地貌既是地标，也是有利位置。① 地形突起还与中层和上层世界的一些更强大的灵体相关，并且往往是基奥瓦求幻的超越点。②

河流、溪流和山丘符号的整体布局有助于对 KCA 保留地的空间理解，这种理解是基于拓扑结构而不是测量的线性距离的。拓扑结构关注地物和空间的相对顺序和关系，是 19 世纪大平原印第安地图中最常见的地理框架：③

> 对外行人来说，按顺序排列的地标更可靠，也更容易被记住。尽可能保持总体方向不变。第一个步骤是大致朝着总方向识别出地貌的某个显著特征，如岩石峭壁、突出的圆丘或山脊中的缝隙。到达该点后，沿着相同方向在尽可能远的地方另择一处显著特征。行人照着印第安人的指示，每到达一处地标，很容易就能辨认出下一个地标，依次类推。（道奇［Dodge］，1882：553）

“黑鹅”地图中，地标和河流交汇点可视作地图坐标网，用来放置其他地图符号。距离通过计算两点之间的行程时间所得，而不是一个测得的线性区域，这使得“黑鹅”地图上各个地点符号的位置更加精确。

---

① Meadows 2008：42 -48，309.

② Kracht 2017：71，93 -94.

③ Lewis 1998：176. Lewis 2006，1998，和 1984 中可以找到多个土著地图的拓扑结构的例子. 对 *Non-Chi-Ning-Ga*1837 年的密西西比河上游艾奥韦部落迁徙地图的详细分析见 Green and Wood 2001 和 Whelan 2003。对“疯骡子”1880 年的密苏里河上游地图的详细分析见 Fredlund *et al* 1996 and Sundstrom and Fredlund 1999.

## “黑鹅”地图的内容

河流、溪流、丘陵以及部分基奥瓦人造景观在视觉上占主导地位。“黑鹅”地图用图标来表示一些地图要素。人们可以通过其他要素的符号和它们在地图上的相对位置来推断其所指。如前所述，梅多斯[①]在“黑鹅”地图上识别出了溪流、地貌和文化历史遗迹，共计 91 处。

“黑鹅”用一组平行的曲线和绿色填充来表示地图上的大河和溪流。用一条弯曲的炭灰色线条表示一条小溪或小涧。红河是“黑鹅”地图上最大的河流，也是地图上最宽的河流多边形。然而，河流多边形的宽度与其余河流的断面流量和/或斯特拉勒（Strahler）河网分级数并不直接成正比。梅迪辛溪（Medicine Creek）和卡什溪也被描绘成多边形，尽管它们的大小与“黑鹅”地图上描绘成线性地物的小溪相当。在西方地图上，尺寸是一个重要的视觉变量。然而，在大平原印第安人的地图上，尺寸往往表达了多种含义，而其中大部分对于西方人来说通常是难以区分的。[②]

相比地图上的其他河流系统，沃希托河流域视觉点缀更加丰富。“黑鹅”在地图北部绘制了很多沃希托河支流的树枝状源头，但其他地方的河流很少有这样的细节。他还在地图东北处夸大了沃希托河的蜿蜒曲折，强调基奥瓦人关于“半岛”或大型河曲沙洲的概念。[③] 他用一组平行的密集灰色短线表示特定“半岛”上的河漫滩森林和凹岸。[④] 基奥瓦部落经常聚集在沃希托河上，参加基奥瓦最重要的传统仪式——“基奥瓦太阳舞”。[⑤]“基奥瓦太阳舞”选址的一个重要考虑因素就是要接近河漫滩森林，因此“黑鹅”可能是在强调沃希托河沿岸森林“半岛”的文化重要性。

用三角形表示的“黑鹅”地图上的地形突起，主要是山脉和山丘。这些三角形大小各异，但目前还未有人能对此做出实质性的解释。结合考虑地形、历史、亲属关系和宗教或许可以解释“黑鹅”地图上三角形大小的

---

① Meadows 2008: Figure 4 and 197 –205, 2006: 271 –275.

② Gartner 2011: 197 –198, 208 –209.

③ Mooney 1979 [1898]: 274.

④ Meadows 2008: 197.

⑤ Mooney 1979 [1898]: 274, 317, 319 –320, 322, 351, 353, 358.

变化。例如，许多基奥瓦地名融合了宗族、地貌和历史。[①] 突出的山丘也是基奥瓦求幻的重要场所。[②] 也许三角形的大小意味着上述因素的不同组合。

在基奥瓦的叫法中，谢里登山（Mt Sheridan）的意思是“仰望的山”。谢里登山位于“黑鹅”地图的西南象限，是地图上唯一以三角形表示的山。这处突起是一个隆起的块体，从北面看，它的横截面是矩形的。“黑鹅”从梅迪辛溪北岸向南朝向谢里登山的一个有利位置绘制了一个图标，形象地表达了它的地名。

“黑鹅”通常在地理特征旁边画上图标以表示地名。地图上的基奥瓦地名的视觉实体包括地图西南处的神话中的猫头鹰神像小溪（Mythical Owl Idol Creek）、山羊山（Goat Mountain）和纳瓦霍山（Navaho Mountain）；地图西北处的鹰溪（Hawk Creek）和火鸡溪（Turkey Creek）；地图东北处的猪溪（Hog Creek）、刺梨山（Prickly Pear Mountain）和马鞍山。[③] 使用图标来表示地名在基奥瓦日历和其他大平原印第安人的地图中十分常见。[④]

还有一些符号与山形标志相关。许多三角形外部散发着平行的密集灰色短线。这些线条与“黑鹅”沿着沃希托河的凹岸和“半岛”所画的线条类似，很可能代表木本植物。

雨山溪支流以南的三个小三角形有着几何图形的填充。这些山丘和雨溪（Rainy Creek）支流几乎围起了一片区域，其中包含一个独特的圆形符号，外部有影线样的线条。这个圆形符号可能代表雨山学校（Rainy Mountain School）和旁边的博克贸易站（Boake's Trading Post），它们于1893年大致建在这个位置。

在“黑鹅”地图上，几乎所有表示突出地形的三角形和大河都是用同一种绿色来填充的。在笔者看来，“黑鹅”是在用色调的这种视觉变量来表示基奥瓦分层宇宙中水、山和土地之间的象征性联系。高地往往更接近中层世界和上层世界的强大的灵体，因此基奥瓦人经常寻找高处的显要位

---

① Schnell 2000；Meadows 2008：53 –58，123 –130.

② Kracht 2017：72 –73.

③ 这些地名以及其他可能的地名见 Meadows 2008：198 –199，203 –204。

④ Lewis 1998，1984；Fredlund et al 1996.

置来进行求幻和其他宗教活动。[①] 在基奥瓦宇宙学中，风的化身生活在中层世界，担负着降雨的职责。[②] 在中下层世界之间循环的水在基奥瓦口头传说中常常是绿色的，是强大力量的源泉。[③] 无论是雨水还是地下水，水的循环促使草木茂盛、野牛肥壮，而野牛在传统上是基奥瓦人最重要的动物。“基奥瓦太阳舞”是基奥瓦人为祈求力量、健康、多产和丰收等万物更新景象而举行的一种宗教仪式。[④] 休·斯科特（Hugh Scott）充分总结了“基奥瓦太阳舞”仪式的象征意义，他在总结仪式时提到了水的循环：

> 对印第安人来说，冬天是一个象征衰老或死亡的季节，所有创造生命的植物在此时开始衰老、凋落或死亡；但是当春天温暖的阳光洒满大地时，从天而降的雨水将重新滋润大地，让这里孕育出动物赖以为生的草丛，让野牛、鸟和鱼可以繁衍后代，万物都将快乐地迎来新生。“天上的父亲（太阳力量）”与“我们的大地母亲”一起创造了生命。印第安人相信自然的二元论，认为没有性交，没有牺牲和苦难，就不可能孕育出生命，太阳舞动作的象征意义与这些内容，或与他们赖以生存的野牛的繁衍有关。
>
> ——（Scott，1911：374）

“泰美”神像是“基奥瓦太阳舞”仪式的重要环节，因为它将“太阳”的精神力量（准终极力量）从中心柱引出，从而使万物复苏。“泰美”神像也可招来雨水，以帮助治疗和祈求万物更新。[⑤] 值得注意的是，“泰美”神像是由绿石制成的。[⑥] 在“基奥瓦太阳舞”仪式的最后，人们将表示中上层世界居民的绿色符号绘在仪式表演者身上和神器上，以祈求

---

① Kracht 2017：61，71 – 72，88 – 90，127；Marriott 1945：147 – 150；Nye 1997［1962］：262 – 263.

② Kracht 2017：64.

③ 可以在“水下医学”“邪恶医学”和“更强大的神”等口述传统中找到绿色与在三界宇宙中循环的药水和神水的联系。见 Nye 1997［1962］：esp 257 – 258，265，and 274。

④ Kratcht 2017：198；Scott 1911：374.

⑤ Kracht 2017：157，181.

⑥ Mooney 1979［1898］：240；Plate LXIX.

万物更新。[①]

“作法屋”是用来表演“基奥瓦太阳舞”的最重要的建筑，“黑鹅”在地图西北角绘制了两间“作法屋”，以表示1869年和1870年“太阳舞”的表演地点。两间“作法屋”都是浅绿色的墙面。他还在地图的东北角标注了沿沃希托河的1890年“基奥瓦太阳舞”仪式的位置。但基奥瓦人并没有完成1890年的“太阳舞”。锡尔堡（Fort Sill）的指挥官派各各他山人（Calvary）阻止了基奥瓦人的太阳舞仪式。但即使各各他山人没有破坏仪式，基奥瓦人在1890年表演太阳舞仪式也很困难。在仪式上宰杀野牛是“基奥瓦太阳舞”不可或缺的一个环节。但到1890年，美国殖民者、士兵和商业猎人几乎灭绝了大平原野牛。“黑鹅”用石墨铅笔为代表1890年“太阳舞”仪式的“作法屋”画了中心柱和六根墙支柱。然而，与1869年和1870年“太阳舞”仪式的举办场所不同，代表1890年“基奥瓦太阳舞”仪式的“作法屋”在地图上没有墙面。1890年的“基奥瓦太阳舞”在基奥瓦的图画日历中被称为“叉棍直立的太阳舞”（Sun Dance Where the Forked Poles Were Left Standing）。[②] 如果没有“基奥瓦太阳舞”，万物则无法更新。因此，举行1890年“太阳舞”仪式的“作法屋”在地图中没有显示出任何生命迹象和颜色，正如它在图画日历中所呈现的那样。

1833年，贝克峰东北方的“割喉山”上发生了奥塞奇人屠杀基奥瓦人的事件，1893年，雨山学校和博克贸易站建立，这期间留下的文化历史遗迹在地图上均有显示。[③] 地图上还显示了两所美国军事设施和一处关于美国商业猎牛活动的象形参考文字。但总的来说，地图弱化了美国在KCA保留地和邻近土地上的存在。[④]

“黑鹅”是酋长孤狼率领的基奥瓦印第安人部落的一员，这个部落的主要营地在地图上用矩形表示，周围还绘有影线样的细线条，位于地图西北象限右下角的埃尔克溪（Elk Creek）的一显著支流的正上方。这类符号在地图上还有12处，主要遍布在KCA保留地的北部和东部。它们很可能

---

① Scott 1911：352，368；Spier 1921b：444 -445，449.

② Mooney 1979［1898］：358 -359.

③ Meadows 2008：204，205，99 -103.

④ Meadows 2008：204.

代表其他部落的主要营地。所有 12 个符号都比表示酋长孤狼的营地的符号小。在地图上，“黑鹅”通过一对红色和灰色的矩形以及与之相连的五根柱子，从视觉上强调了“中间营地”。这是地图上唯一一处用颜色来表示基奥瓦部落营地位置的地方。红毯可能表示野牛迎新仪式，野牛迎新仪式是在“基奥瓦太阳舞”仪式后短暂流行的仪式，且是“鬼舞”（Ghost Dance）仪式的前身。这场短暂的宗教复兴运动起源于“中间营地”。[①] 然而，对这一仪式最详细的描述只提到了一张红毯。[②]

笔者鼓励大家查阅威廉·梅多斯的优秀著作《基奥瓦人民族地理学》（*Kiowa Ethnogeography*），以了解“黑鹅”地图上所描绘的各地点的详细情况。笔者想从另一种角度解释“黑鹅”地图上的一个特征，该解释部分基于笔者在上文中关于基奥瓦艺术实践的讨论。梅多斯[③]将地图西侧的虚线解释为得克萨斯州和俄克拉何马州之间的领土边界。这种解释看似有一定道理，一是因为这张地图的制作背景与涉及得克萨斯州和俄克拉何马州边界的一个诉讼案件有直接关系，二是因为已经确定的“神话中的猫头鹰神像小溪”和“中间营地”就位于俄克拉何马州西部边界附近。但实际上，“黑鹅”地图上的这条虚线在埃利奥特堡（Fort Elliott）附近转向东北方向，而真正的边界在此地向正西方向延伸。梅多斯将此误差归因于方向错误，并顺便指出其他土著地图也有这种误差。然而，无论对于“黑鹅”地图[④]还是其他北美土著地图[⑤]来说，这种高达 135 度的误差值都极为罕见。此外，这种误差降低了“黑鹅”地图在美国诉得克萨斯州 US1 案中的效力。

与其他大平原印第安部落一样，基奥瓦艺术家经常用动物足迹、脚印和虚线作为地理叙事的视觉线索，并将其用来表示各地点和/或宇宙界域之间的联系。[⑥] 也许“黑鹅”地图上的虚线表示的是一段旅程和一段地理

① Meadows 2008：200；Mooney 1979［1898］：356－357；Kracht 2017：269－270.

② Marriott 1945：142－154.

③ Meadows 2008：202.

④ 梅多斯对地图精确度的评估见 Meadows 2008：205－207。

⑤ Lewis 1993.

⑥ Lewis 1998：117－123；Greene 2001：139－161.

叙事，而不是俄克拉何马州的界线。地图上表示的这段旅程，以及随附的叙述文字将地图西南角的“神话中的猫头鹰神像小溪”“星辰女神树”(Star Girls Tree)、红河的多条支流，以及斯威特沃特溪附近的不明灌木丛或树木所代表的不明地点联系了起来。旅途从这里一直延续到沃希托河最西面的“半岛”，这对“基奥瓦太阳舞”来说是个重要地形。如果是这样的话，那么基奥瓦地图就像地貌图、图画日历和仪式表演一样，都可以引发故事。[①]

### “黑鹅”地图综述

总体而言，“黑鹅”地图从多个有利地势对 KCA 领土及其范围内的所有生命进行了多视角的立体观察，随后根据拓扑结构而不是测得的直线距离搭建了一个地理框架。有利位置包括从高处俯瞰的视角、“鸟瞰”视角、“飞鸟”视角和地面视角。人和鸟总是处在运动之中，因此基奥瓦分层宇宙的“中下层世界”有多处有利位置也就不足为奇了。“黑鹅”将植物和动物图标与人造景观的地文特征或组成部分的符号相结合，从而表示地名。其他地理信息可以用形状、色调和大小等视觉变量表示。在基奥瓦记录簿图册、图画日历和“基奥瓦太阳舞”表演中可以找到这些视觉变量以及图形地理论据的其他成分。

## 结　论

很多学者强调美帝国主义、[②] 商业主义和（或）艺术赞助[③]以及文化互渗[④]在激发 19 世纪基奥瓦艺术家和制图者的地图学动力方面所起的作用。这是可以理解的。19 世纪末期，资本主义和移民殖民主义的社会、政治和经济话语不可忽视。“黑鹅”地图是为美国联邦和州领土诉讼而绘制的。19 世纪末期的基奥瓦艺术作品中，马里恩堡的囚犯的作品数量最多。[⑤]

---

① 基奥瓦地图故事讲述的实例见 Palmer 2016。

② Zundo 2012.

③ Szabo 2011：20；2007：25－27，2001：50－51；Viola 1998：17；Greene 2000：18.

④ Lewis 1998：173－174.

⑤ Calloway，ed. 2012；Earenfight，ed.，2007.

监禁无疑唤起了囚犯们对家的思念①，也限制了传统的基奥瓦地理叙事。②尽管如此，在1875年基奥瓦人被囚禁在马里恩堡以及1867年签订《梅迪辛洛奇条约》之前，地图学动力的符号要素就已经出现了。事实上，它们可以追溯到基奥瓦时代的开始。移民殖民主义和资本主义要求基奥瓦艺术家和制图者用跨文化的方法来记录地理论据。但他们通过借鉴历史悠久的基奥瓦符号学传统和惯例做到了这一点。

在基奥瓦详细描绘世界起源的口述传统和艺术品以及“基奥瓦太阳舞”仪式中，参与仪式的人被绘制在基奥瓦分层宇宙的上、中、下层世界之中，超越了从地面视角对地貌的近距离观察，从而了解从远处看到的地表是什么样子。“黑鹅”在绘制地图时也是这样做的。他采用多个视角和视点来表示超越，并利用色调这一视觉变量来表示水在各层世界中的循环。

塞坦（“小熊”）和多哈桑（“小山崖”）的图画日历是现存最古老的手工艺品，其描绘的地点和事件可追溯到1832年。它们从一个远处的有利位置展现了时间的形状。日历中的象形符号将溪流描绘成平面图，象征着由上而下的视角，而其他地文与文化特征则被描绘成侧视图，以表示地面上的有利位置。日历上的11个象形符号表示没有事件发生时各地点的名称和它们的特点。此外，他们这样做的方式还展现了基奥瓦人关于地点的意义及其地理叙事角色的作用的惯例。两份日历都使用了代表“作法屋”的象征符号，参考了“基奥瓦太阳舞”仪式和基奥瓦的仪式营地圈及其所有的相关含义。尽管拓扑结构在基奥瓦图画日历中并不明显，但是道奇对一份1845年以前的短时地图的描述表明，拓扑对基奥瓦的同盟的地理论据非常重要。大约在1895年，“黑鹅”在绘制KCA保留地的地图时就使用了相似的技术以表示地名和多处有利位置。

基奥瓦的记录簿画作、描绘口述传统的作品与“基奥瓦太阳舞”仪式也展现出了地图学动力的要素。它们经常从远处展示场景，从而使地貌比人物和事件更加突出。基奥瓦记录簿同时使用了地面视角和高视角描绘地

① Berlo 1982：11；Szabo 2007：41－42；1994：72－73；1984：370.

② Berlo 2007：173，178－180，182 and Jantzer-White 1996.

貌，尽管由上而下的视角常常限于对溪谷的“鸟瞰”。山丘、营地、人物和动物通常是以侧视视角呈现的，表明它们是在地面上的有利位置描绘的。“黑鹅”地图中也可以找到这些惯例。在描绘世界起源、地面场景和“基奥瓦太阳舞”仪式的基奥瓦画作中，常使用虚线、脚印和动物足迹来表示地点之间的联系和地理叙事。“黑鹅”地图中，类似的虚线可能表示了类似的现象。

在19世纪的基奥瓦艺术作品中，溪流、地形特征和太阳舞都很突出。“黑鹅”在1895年的KCA保留地及其附近地区的地图中强调了同样的内容。他还使用了很多基奥瓦艺术家们使用过的制图技术和主题。例如，“黑鹅”、柯巴和“狩猎男孩”都将人和动物绘制得十分逼真，且都使用了形状和纹理等视觉变量来区分山丘。

基奥瓦记录簿画作与“黑鹅”地图有几处明显的区别。记录簿画作中的有利位置的罗盘方位是很有限的，但“黑鹅”地图中采用了各个不同方向上的有利位置。记录簿画作还通过艺术技巧来细化空间深度，这些技巧在“黑鹅”地图中十分少见，甚至不存在。柯巴和“狩猎男孩”都缩小了远景的特征，按照画面中物体距离的相对比例，改变了地貌组成部分的色调、值、焦点、纹理和细节，尽管程度有所不同。这些用来加强空间深度的技巧大多数都是“黑鹅”地图没有的。相反，“黑鹅”地图结合了“鸟瞰”和“飞鸟”的视角，从多个方位点观察基奥瓦的土地和生命。

总之，我们可以通过展示美国印第安地图在其文化体系中的符号表达来更好地理解这些地图。笔者对19世纪基奥瓦土地和生命进行了简要探索，希望以此证明存在一种跨时空的整体的基奥瓦文化。19世纪基奥瓦的符号过程包括：（1）从高处俯瞰和在地面上观察的综合视角，表示超越；（2）眺望的视角；（3）地貌要素的拓扑排序；（4）使用象形符号表示地名及其特征；（5）利用色调、形状和纹理等视觉变量来表示地理关系；（6）使用指示性符号，一个符号出现意味着另一个符号的存在；（7）使用多指涉符号，其中一个符号包含多个指代对象，且是一个相互关联的整体。上述符号工具并不是基奥瓦所独有的，在其他美国印第安地图上也发现过。[①] 但基奥瓦人确实以独特的方式针对不同场合和不同的受众使用了这些符号工具。事实上，在美国人喜欢的在静态二维表面上呈现出动态的、延展的三维世界是19 世纪基奥瓦制图者和风景画艺术家面临的一个主要知识障碍。人们怎么可能脱离口述传统、仪式、艺术和建筑，仅仅靠凝视二维艺术品就能理解基奥瓦世界呢？

## 参考文献

Alpers, Svetlana. 1987. The Mapping Impulse in Dutch Art. In, *Art and Cartography*: *Six Historical Essays*, D. Woodward, ed. , pp 51 –96. Chicago: University of Chicago Press.

Battey, Thomas Chester. 1903. *The Life and Adventures of a Quaker among the Indians*. Vol. 22. Boston: Lee and Shepard.

Berlo, Janet Catherine. 2007. *A Kiowa's Odyssey*: *A Sketchbook from Fort Marion*. Trout Gallery.

Berlo, Janet Catherine. 1982. Wo – haw's Notebooks. *Gateway Heritage*: *Quarterly Journal of the Missouri Historical Society* 3, no. 2: 3 – 13.

Boelhower, William. 1988. Inventing America: A Model of Cartographic Semiosis. *Word & Image* 4, no. 2: 475 –496.

Boyd, Maurice. 1983. *Kiowa Voices*: *Myths. Legends*, *and Folktales*, *Vol* 2. Fort Worth: Texas Christian University Press.

Boyd, Maurice. 1981. *Kiowa Voices*: *Ceremonial Dance*, *Ritual*, *and Song*, *Vol*. 1. Fort Worth: Texas Christian University Press.

Brink, Jack W. 2016. A Hunter's Quest for Fat Bison. In, *Bison and People on the North American Great Plains*: *A Deep Environmental History*, Geoff Cunfer and Bill Waiser, eds. , 90 – 121. College Station: Texas A&M University Press.

Calloway; Colin G. ed. 2012. *Ledger Narratives*: *The Plains Indian Drawings of the Lansburgh Collection at Dartmouth College*. Norman: University of Oklahoma Press.

① 见 Gartner 2011。

Cosgrove, Denis. 2005. Maps, Mapping, Modernity: Art and Cartography in The Twentieth Century. *Imago Mundi* 57, no. 1: 35 –54.

Cowdrey, Mike. 2018: np. *A Book of Kiowa Ledger Drawings by Etahdleuh Doanmoe* (*Hunting Boy*) *c*. 1876. Lot Description for an Online Heritage American Indian Art Auction, 26 June 2018. Dallas: Heritage Auctions, 2018. 可在以下网址查阅: https://fineart.ha.com/itm/photographs/a – book – of – kiowa – ledger – drawingsetahdleuh – doanmoe – hunting – boy – c – 1876/a/5361 – 70219.s, 2019 年 12 月 20 日最后一次访问.

Deloria, Vine. 1999. Kinship with the World. In, *Spirit & Reason*: *The Vine Deloria*, *Jr.*, *Reader*, *pp* 223 –229. Fulcrum Publishing.

Dodge, Richard Irving. 1883. *Our Wild Indians*; *Thirty – three Years' Personal Experience Among the Red Men of the Great West*: *A Popular Account of Their Social Life*, *Religion*, *Habits*, *Traits*, *Customs*, *Exploits*, *Etc. With Thrilling Adventures and Experiences on the Great Plains and in the Mountains of Our Wide Frontier*. No. 1661. Hartford: AD Worthington.

Duan, Lian. 2019. *Semiotics for Art History*: *Reinterpreting the Development of Chinese Landscape Painting*. Newcastle upon Tyne: Cambridge Scholars Publishing.

Earenfight, Phillip. 2007: *A Kiowa's Odyssey*: *A Sketchbook from Fort Marion*. Seattle: University of Washington Press.

Edgerton, Samuel Y. 1987. From Mental Matrix to Mappamundi to Christian Empire: The Heritage of Ptolemaic Cartography in the Renaissance. In, *Art and Cartography*: *Six Historical Essays*, D. Woodward, ed., pp 10 –50. Chicago: University of Chicago Press.

Edney, Matthew H. 2019. *Cartography*: *The Ideal and Its History*. Chicago: University of Chicago Press.

Ehrensvärd, Ulla. 1987. Color in Cartography: A Historical Survey. In, *Art and Cartography*: *Six Historical Essays*, D. Woodward, ed., pp 123 – 146. Chicago: University of Chicago Press.

Fiorani, Francesca. 2005. *The Marvel of Maps*: *Art*, *Cartography and Politics in Renaissance Italy*. New Haven: Yale University Press.

Fredlund, Glen, Linea Sundstrom, and Rebecca Armstrong. Crazy Mule's Maps of the Upper Missouri, 1877 – 1880. *Plains Anthropologist* 41, no. 155: 5 – 27.

Fixico, Donald L. 2003. The *American Indian Mind in a Linear World: American Indian Studies and Traditional Knowledge*. New York: Routledge.

Gartner, William Gustav. 2011. An Image to Carry the World Within It: Performance Cartography and the Skidi Star Chart. In, *Early American Cartographies*, M. Brückner, ed. , pp 169 – 247. Omohundro Institute of Early American History and Culture and the University of North Carolina Press.

Gates, C. Cormack, Curtis H. Freese, Peter JP Gogan, and Mandy Kotzman. 2010. American Bison: Status Survey and Conservation Guidelines. IUCN.

Green, William, and W. Raymond Wood. 2001. Plate 18: Ioway Indian, 1837. In, *An Atlas of Early Maps of the American Midwest: Part II*, W. Raymond Wood, ed. , pp 14 – 16. Illinois State Museum Scientific Papers, Vol. XXIX.

Greene, Candace S. 2009. *One Hundred Summers: A Kiowa Calendar Record*. Lincoln: University of Nebraska Press

Greene, Candace S. 2001. *Silver Horn: Master Illustrator of the Kiowa*. Norman: University of Oklahoma Press.

Greene, Candace S. 2000. Changing Times, Changing Views: Silver Horn as a Bridge from 19th to 20th Century Kiowa Art. in *Transforming Images: The Art of Silver Horn and his Successors*, edited by R Donnelley, pp. 15 – 25. Chicago: Smart Museum of Art, University of Chicago.

Hall, Robert L. 1985. Medicine Wheels, Sun Circles, and the Magic of World Center Shrines. *Plains Anthropologist* 30, no. 109: 194 – 194.

Harley, John B. 2001. *The New Nature of Maps: Essays in the History of Cartography*. (Edited by Paul Laxton) . Baltimore and London: The Johns Hopkins University Press.

Harley, John B. and David Woodward. 1987. Preface. In, The History of Cartography: Cartography in Prehistoric, Ancient and Medieval Europe, and The Mediterranean, JB Harley and D Woodward, eds, xv – xxi. Chicago: University of Chicago Press.

Harmon, Katharine and Gayle Clemans. 2009. *The Map as Art: Contempora-*

*ry Artists Explore Cartography*. New York: Princeton Architectural Press.

Hsu, Mei – Ling. 1993. The Qin Maps: A Clue to Later Chinese Cartographic Development. *Imago Mundi* 45, no. 1: 90 – 100.

Hu, Bangbo. 2000. Art as Maps: Influence of Cartography on Two Chinese Landscape Paintings of the Song Dynasty (960 – 1279 CE) . *Cartographica: The International Journal for Geographic Information and Geovisualization* 37, no. 2: 43 – 56.

Hunt, George. 1934. The Annual Sun Dance of the Kiowa Indians, As Related by George Hunt to Lieut. Wilbur S. Nye, U. S. Army Historian. *Chronicles of Oklahoma* Volume 12, no. 3, 340 – 358.

Ingold, Tim. 1993. The Temporality of the Landscape. *World Archaeology* 25, no. 2: 152 – 174.

Jantzer – White, Marilee. 1996. Narrative and Landscape in the Drawings of Etahdleuh Doanmoe. In, *Plains Indian Drawings* 1865 – 1935: *Pages from a Visual History*, Janet Catherine Berlo, ed. , pp. 50 – 55. New York: Harry N. Abrams, Inc.

Kracht, Benjamin R. 2017. *Kiowa Belief and Ritual*. Lincoln: University of Nebraska Press.

Lewis, G. Malcolm. 2006. Intracultural Mapmaking by First Nations Peoples in the Great Lakes Region: A Historical Review. *The Michigan Historical Review* 32: 1 – 17.

Lewis, G. Malcolm. 1998. Maps, Mapmaking, and Map Use by Native North Americans. In, *The History of Cartography: Cartography in the Traditional African, American, Arctic, Australian, And Pacific Societies*, vol 2, book 3, D. Woodward and GM Lewis, eds, 51 – 182. Chicago: University of Chicago Press.

Lewis, G. Malcolm. 1984. Indian Maps: Their Place in the History of Plains Cartography. *Great Plains Quarterly* 4 no. . 2: 91 – 108.

Lewis, G. Malcolm. 1979. The Indigenous Maps and Mapping of North American Indians. *Map Collector* 9: 145 – 67.

Marriott, Alice. 1945. *The Ten Grandmothers*. Civilization of the American Indian series; v. 26. Norman: University of Oklahoma Press.

Meadows, William C. 2008. *Kiowa Ethnogeography*. Austin: University of Texas Press.

Meadows, William C. 2006. Black Goose's Map of the Kiowa – Comanche – Apache Reservation in Oklahoma Territory. *Great Plains Quarterly* 26, no. 4: 265 – 282.

Mikkanen, Arvo Quoetone. 1986. Skaw – Tow: The Centennial Commemoration of the Last Kiowa Sun Dance. *American Indian Journal*. 9: 5 – 9.

Mooney, James. 1979 [1898]. *Calendar History of the Kiowa Indians by James Mooney; reprinted from the Seventeenth Annual Report of the Bureau of American Ethnology*, 1895 – 96; *with an introduction by John C. Ewers*. Washington: Smithsonian Institution Press.

Mundy, Barbara. 1998. Mesoamerican Cartography. In, *The History of Cartography: Cartography in the Traditional African, American, Arctic, Australian, And Pacific Societies*, vol 2, book 3, D. Woodward and GM Lewis, eds, pp 183 – 256. Chicago: University of Chicago Press.

Needham, Joseph. 1995 [1959]. Geography and Cartography. In, *Science and Civilization in China*, Volume III, page 497 – 590. Cambridge: Cambridge University Press.

Nye, Wilbur Sturtevant 1997 [1962]. *Bad Medicine & Good Tales of the Kiowas*. Norman: University of Oklahoma Press.

Palmer, Mark H. 2016. Kiowa Storytelling Around a Map. In, *The Digital Arts and Humanities*, C. Travis and A. von Lünen, eds, pp. 63 – 73. Springer Nature Switzerland AG.

Panofsky, Erwin. 1991. *Perspective as Symbolic Form*, translated by Christopher S. Wood. New York: Zone Books.

Parsons, Elsie Worthington Clews, ed. 1929. *Kiowa Tales*. The American Folklore Society, Vol. 22.

Pratt, Richard H. 1892. Official Report of the Nineteenth Annual Conference of Charities and Correction (1892), 46 – 59. *History Matters*, http://historymatters.gmu.edu/d/4929, 2019 年 7 月 7 日最后一次访问.

Ravenhill, William. 1986. Bird's – Eye View & Bird's – Flight View. *The Map Collector* 35: 36 – 38.

Rees, Ronald. 1980. Historical Links between Cartography and Art. *Geographical Review* 70, no. 1: 61 –78.

Schnell, Steven M. 2000. The Kiowa Homeland in Oklahoma. *Geographical Review* 90, no. 2: 155 –176.

Schultz, Jurgen. 1987. Maps as Metaphors: Mural Map Cycles of the Italian Renaissance. In, *Art and Cartography: Six Historical Essays*, D. Woodward, ed. , pp 97 –122. Chicago: University of Chicago Press.

Scott, Hugh Lenox. 1911. " Notes on the Kado, or Sun Dance of the Kiowa. " *American Anthropologist* 13, no. 3: 345 –379.

Spier, Leslie. 1921a. The Sun Dance of the Plains Indians: Its Development and Diffusion. *Anthropological papers of the American Museum of Natural History* v. 16, pt. 7.

Spier, Leslie. 1921b. Notes on the Kiowa Sun Dance. *Anthropological Papers of the American Museum of Natural History*, v. 16, pt. 6.

Sundstrom, Linea, and Glen Fredlund. 1999. The Crazy Mule Maps: A Northern Cheyenne's View of Montana and Western Dakota in 1878. *Montana: The Magazine of Western History* 49. No. 1: 46 –57.

Szabo, Joyce M. 2011. *Imprisoned Art, Complex Patronage: Plains Drawings by Howling Wolf and Zotom at the Autry National Center.* Santa Fe: School for Advanced Research Press.

Szabo, Joyce M. 2007. *Art from Fort Marion: The Silberman Collection.* Norman: University of Oklahoma Press.

Szabo, Joyce M. 2001. From General Souvenir to Personal Momento: Fort Marion Drawings and the Significance of Books. In, *Painters, Patrons, and Identity: Essays In Native American Art To Honor J. J. Brody*, JM Szabo, eds, pp 49 –70. Albuquerque: University of New Mexico Press.

Szabo, Joyce M. 1994. *Howling Wolf and the History of Ledger Art.* Albuquerque: University of New Mexico Press.

Szabo, Joyce M. 1984. Howling Wolf: A Plains Artist in Transition. *Art Journal* 44, no. 4: 367 –373.

Viola, Herman J. 1998. *Warrior Artists: Historic Cheyenne and Kiowa Indian*

*Ledger Art Drawn by Making Medicine and Zotom*. National Geographic Society.

Whelan, Mary Kathryn. 2003. *The* 1837 *Ioway Indian Map Project: Using Geographic Information Systems to Integrate History, Archaeology and Landscape*. Master of Science Thesis, University of Redlands.

Wood, Denis, John Fels, and John Krygier. 2010. *Rethinking the Power of Maps*. New York: Guilford Press

Woodward, David. 1987, The Manuscript, Engraved, and Typographic Traditions of Map Lettering. In, *Art and Cartography: Six Historical Essays*, D. Woodward, ed. , pp 174 –212. Chicago: University of Chicago Press.

Woodward, David. 1985. Reality, Symbolism, Time, and Space in Medieval World Maps. *Annals of the Association of American Geographers* 75, no. 4: 510 –521.

Woodward, David and G. Malcolm Lewis. 1998. Introduction. In, *The History of Cartography: Cartography in the Traditional African, American, Arctic, Australian, And Pacific Societies*, vol 2, book 3, D. Woodward and GM Lewis, eds, pp 183 –256. Chicago: University of Chicago Press.

Yee, Cordell D. K. 1994a. Chinese Cartography Among the Arts: Objectivity, Subjectivity, Representation. In, *The History of Cartography: Cartography in the Traditional East and Southeast Asian Societies*, Volume 2, Book 2, J. B. Harley and David Woodward, eds, pp 128 – 169. Chicago: University of Chicago Press.

Yee, Cordell D. K. 1994b. Reinterpreting Traditional Chinese Geographical Maps. In, The History of Cartography: Cartography in the Traditional East and Southeast Asian Societies, Volume 2, Book 2, J. B. Harley and David Woodward, eds, pp 35 –70. Chicago: University of Chicago Press.

Yee, Cordell D. K. 1994c. Taking the World's Measure: Chinese Maps between Observation and Text. In, The History of Cartography: Cartography in the Traditional East and Southeast Asian Societies, Volume 2, Book 2, J. B. Harley and David Woodward, eds, pp 96 –127. Chicago: University of Chicago Press.

Zundo, Mary Peterson. 2012. In, *Ledger Narratives: The Plains Indian Drawings of the Lansburgh Collection at Dartmouth College*, C. G. Calloway, ed, pp 201 –218. Norman: University of Oklahoma Press.

# 上河地区地图绘制：地图学与19世纪晚期法国在西非的殖民扩张*

托马斯·J. 巴塞特（Thomas J. Bassett）**

“殖民计划的实现离不开地图，而地图的绘制又寄托于殖民野心。”（Kitchen，Perkins，and Dodge 2009）

## 引　言

1886年11月15日，陆军中校约瑟夫·加列尼（Joseph Gallieni）登陆塞内加尔河上游的法属殖民要塞巴克尔之时，面临着一系列艰巨挑战。一年前，马马杜·拉明（Mamadou Lamine）的军队袭击并几近占领了巴克尔地区。虽然法国殖民军队曾击退并驱散了这支部队，但拉明军又卷土重来，袭击了本杜省的一些村庄，包括法国在塞努代布的哨所（Gatelet，1901，93－94）。因此，作为塞内加尔殖民地上河地区（塞内加尔河上游）的新任指挥官，加列尼的首要任务是消除拉明军对法属殖民前哨的严重威胁。另外，加列尼对另一位非洲帝国缔造者——阿马杜·塔尔（Amadu Tal）的存在也感到忧心忡忡，因为阿马杜军就驻扎在塞内加尔河谷以北200公里的范围内。因此，法属要塞很容易遭到阿马杜军的袭击，特别是

* 笔者十分感谢卡罗尔·斯宾德尔（Carol Spindel）、林赛·布劳恩（Lindsay Braun）和理查德·罗伯茨（Richard Roberts）为本文的早期版本提供的宝贵意见。

** 托马斯·J. 巴塞特（Thomas J. Bassett），就职于伊利诺伊大学厄巴纳—尚佩恩分校地理及地理信息科学系，名誉教授。

当加列尼军队在远离塞内加尔河谷处与拉明军交战时。然而，加列尼最为忧虑的是塞内加尔河谷与尼日尔河谷之间法国军事哨所线以南的地区。该地区内，萨摩里·杜尔（Samori Ture）军在靠近法国尼亚戈索拉（Niagossola）哨所的巴科伊河谷地区十分活跃。加列尼的目标之一就是要将萨摩里军驱逐出该地区，以加强法国对尼日尔河上游左岸地区的控制。

加列尼面临的第二项挑战更多是政治意义上的。不仅非洲的反殖民主义情绪日益高涨，法国国内亦然。在1885年选举中，反对殖民扩张的法国议会议员赢得了不少席位（Kanya-Forstner，1969，130）。除每年就上河地区铁路建设和军事占领所需的预算进行商讨外，越来越多的议员开始关注殖民成本及其带来的利益，并就此展开了激烈辩论。反殖民扩张主义者怀疑上河地区是否确如军方所述——繁荣且人口稠密，也怀疑其是否会给法国带来巨大商业利益和声望。他们认为，上河地区人口密度低、土壤贫瘠、欧洲人的死亡率高、非洲领袖敌意较大，且缺乏有吸引力的市场商品，因此不值得法国投入。甚至是1885—1886年任上河地区指挥官的亨利·弗雷（Henri Frey）也批判法国的殖民计划是“毫无意义的牺牲和徒劳的努力”。相反，他呼吁法国撤走在塞内加尔河与尼日尔河之间的“狭长哨所线”，并与非洲领袖践行和解政策（Frey，1888，500）。随着这场辩论越来越广为人知，“上河地区的问题”实质上成了对保留上河地区原殖民计划的成本和潜在利益进行评估，抑或放弃该殖民计划的问题（Gallieni，1889，178）。

加列尼面临的第三个挑战是法国的欧洲对手也在争夺非洲领土。1884—1885年举行的柏林会议明确了欧洲列强确立非洲沿岸领土主张的标准。在确立非洲内陆领土主张方面并无标准。此类主张受欧洲各国政府间的协议制约（Hertslet，1896，XV）。尽管法国在19世纪80年代初就与西非领袖就和平与贸易条约进行了谈判，但部分条约并未明确法国的领土主张及权力。加列尼的要务之一就是重新就法国于19世纪80年代初与福塔贾隆统治者订立的和平与贸易条约展开谈判。与众多法国扩张主义者一样，他认为福塔贾隆提供了一条连接上河地区和大西洋沿岸的备选贸易路线，并希望能在英国提出主张之前，为法国确保这片领土。通过将法属殖民地从上河地区延伸到大西洋沿岸，加列尼可以在法国当时占据的“狭长哨所线”以外极大地扩充法国的商业利益。

本文通过考察地图和地图绘制在推进扩张主义者的立场方面所起的作用，有助于对上河地区问题进行历史分析。关于法国在西非进行殖民和领土扩张的政治、经济和历史维度的文献十分丰富，相形之下，关于这一进程中地图学部分的记载却极少。[①] 本文通过研究档案记录、地图以及加列尼及其地形考察负责人的著作，试图证明地图绘制支持了“上河地区问题”辩论中的扩张主义者一方。除了可以解决一系列军事、外交和行政问题，地图还有助于让政府官员和普通大众相信殖民扩张对法国有利，值得法国继续投入。本文着重通过1886—1887年加列尼在上河地区军事行动中的制图实践，揭示地图绘制如何与其他类似的缔造帝国的利器（例如，先进的武器、运输网络和条约）一起，助力扩张法属西非帝国。

## 地图绘制实践

本文的理论框架借鉴地图学史中的后结构方法。与“进步主义”框架将地图史视为对某地区地理知识的渐进改善之一的观点不同，本文着重于研究地图在世界上产生并发挥作用的“实践、机制和话语”（Edney，1993；Pickles，2004；Wood and Fels，2008）。笔者特别借鉴了罗伯·基钦（Rob Kitchen）、克里斯·珀金斯（Chris Perkins）和马丁·道奇（Martin Dodge）（2009）提出的个体发生法，这种方法强调地图的偶然性和关联性。他们致力于鼓励人们将地图看作过程化的，在特定背景下出现以解决空间问题。这一方法重点关注地图绘制实践，即“地图是如何由处于特定环境和文化背景中的人们以不同方式（技术、社会和政治的）制作（或重新制作）的，并以此作为解决关联性问题的办法”（Kitchen and Dodge，2007，343）。这种将地图看作突现物的观点，强调的是制图者和使用者在地图所要解决问题的背景下对地图的共构。

笔者用这种较为动态的地图学史方法来分析1886—1888年约瑟夫·加列尼治下的塞内加尔上河地区的地图绘制。加列尼的制图员制作了多种地

① 参见Heffernan（1994），Godlewska（1994），Pyenson（1993）。

图，包括大比例尺路线图（1∶10000和1∶50000）、小比例尺区域地图（1∶750000）和中比例尺行政区划图（1∶250000）。历史记载表明，这些地图绘制活动涉及诸多人员和机构，他们都共同认为，地图对于推进19世纪80年代中期法国在上河地区的扩张主义目标有积极意义。以下各节阐述了在上河地区问题背景下，1886—1887年和1887—1888年加列尼军事行动中地图绘制实践的特点。首先，笔者讨论了用来说明这个问题的研究方法。

### （一）资料来源

19世纪晚期法国在西非的地图绘制活动的地图学记录分散保存在不同地方。原始资料包括已出版和未出版的上河地区地图、已出版和未出版的军事指挥官和制图员的著作，以及同时期的报纸、杂志对其制图活动的纪实报道。第二手资料包括帝国主义名人传记，非洲历史学家的著作，以及其他关于19世纪法国帝国和殖民历史的著作。

为论证本文观点，笔者查阅了普罗旺斯地区艾克斯的法国国家海外档案馆、法国国家图书馆地图与平面图室、位于巴黎的法国国家地理研究院档案室和尚贝里市立图书馆的朗努瓦·德比西档案馆（Lannoy de Bissy Archives）保存的地图。除在这些地方发现的诸多地图外，笔者还查阅了19世纪晚期地理学杂志如《巴黎地理学会公报》登载的地图及文章。

笔者从加列尼及其制图员的著作中收集了一些极具价值的地图绘制实践信息。军事探险家回忆录是殖民游记写作中的一种独特体裁。加列尼的《法属苏丹的两次战役》（*Deux Campagnes au Soudan Francais*）、亨利·弗雷的《上塞内加尔和上尼日尔的战役（1885—1886）》（*Campanges dans le Haut-sénégal et dans le Haut-Niger*）和艾蒂安·佩罗兹（Etienne Péroz）的《法属苏丹纪事》（*Au Soudan Francais*）详细描述了这些军官在19世纪80年代中期在上河地区建立殖民帝国的经历，并记载了与地图绘制背景和实践相关的信息。除上述著作外，还有像儒勒·普拉（Jules Plat）、亨利·基康东（Henri Quiquandon）及让·瓦利埃（Jean Vallière）等独立制图员的作品，他们在法国地理杂志上发表自己地图绘制探险的发现（Plat 1890；Quiquandon 1888；Vallière 1887a；1887b；1887c）。这些文章采取“地理通告”的形式，提供了关于地图绘制探险的背景资料，例如参与绘图的人员及其行进路线、地理观测，以及他们的地图和观测对法国殖民扩张的贡献等。

许多参与过上河地区地图绘制的人员未曾发表的报告及信函是关于地图绘制活动最重要的信息来源。位于普罗旺斯地区艾克斯的法国国家海外档案馆是收藏此类资料最多的机构。在法国国家图书馆地图与平面图室存放的巴黎地理学会的档案，以及在位于巴黎文森城堡的法国国防部历史文献处（Service Historique de la Défense）的独立制图员的个人档案中，也可以找到有价值的文档。

在第二手资料中，A. S. 卡尼亚—福斯特纳（A. S. Kanya-Forstner）的《对苏丹西部的军事征服》（*The Military Conquest of the Western Sudan*）对研究法国在西非的帝国和殖民扩张的政治经济学而言，是一份不可或缺的指南。作者研究并探讨了法国议会围绕上河地区军事行动预算的辩论，以此阐明国内政治影响了加列尼领导的地图绘制活动。同等重要的还有伊夫·佩尔松（Yves Person）的《萨摩里：迪乌拉人的革命》（*Samori：Une Revolution Dyula*），书中极为详细地描述了非洲萨摩里·杜尔帝国的社会、经济和政治历史。除对法国最为畏惧的非洲对手的军事组织和活动发表了独到见解外，佩尔松的著作还评价了加列尼、佩罗兹和其他作者作品中关于萨摩里意图和活动的观点。

关于欧洲地图制作的资料可谓汗牛充栋，而记载非洲地图绘制活动的文献却寥寥无几。尽管非洲本土有绘制地图的传统（Bassett，1998a），且非洲人对欧洲的地图绘制有所影响（Bassett，1998b），但笔者并未发现法国的非洲对手在上河地区有任何地图绘制实践的记录。话虽如此，但像阿吉布·塔尔（Aguibou Tal）之类的非洲人已经认识到，法国“描写乡村”的做法即是一种帝国扩张的工具（Plat，1890，211）。阿吉布与他的兄弟阿马杜·塔尔和萨摩里·杜尔一样，试图阻止法国对其领土进行地图绘制，这种抵抗使得地形考察员在许多情况下隐瞒了自己的地图绘制活动。

### （二）加列尼的地形考察

加列尼令其军官为所到之处的领土系统性地绘制地图（Gallieni，

1889，164）。无论他们是执行军事、外交还是勘探任务，军官在最终报告中都必须提交至少两种地图：（1）描绘每日行军路线的路线图（比例尺为1：50000）；（2）集成所有每日行军路线的编绘路线图（比例尺为1：250000或1：500000）（同上）。任务负责人还必须在其报告中列入关于所经国家的“描述性备忘录和统计资料”（同上）。因此，加列尼的地形考察的特点为既要进行地图绘制，又要报告加列尼及其率领的队伍所经地区的人文和自然地理情况。而绘制地图并做地理描述的个人便被称为“地形考察员”，但必要时，他们也是带领连队作战的士兵。

加列尼在1886—1887年军事行动期间共进行了四次地形考察。第一次考察是与将马马杜·拉明赶出本杜地区的军事任务同时进行的。加列尼组织的两个军事纵队的军官完成了远征路线图。① 其余的三次考察主要是外交和勘探性质的。埃德蒙德·奥伯多夫（Edmond Oberdorf）上尉率领的考察团勘探了冈比亚河和法莱梅河（Falémé）上游地区，并成功地与伊斯兰王国丁吉拉伊首领阿吉布·塔尔签署了保护条约。艾蒂安·佩罗兹率领第三支考察团到达了乌苏卢（Oussoulou），在那里他成功地与萨摩里·杜尔就头一年签署的一项条约进行了重新谈判。路易·托坦（Louis Tautin）博士率领第四支代表团前往贝莱杜古（Bélédougou）地区，他和基康东中尉在那里探索了未知的地区，并商定了诸多条约（Vallière，1887a）。

加列尼对追随其已久的部下让·瓦利埃称赞有加，对其组织的综合地图绘制项目颇为欣赏（Gallieni，1889，164）。19世纪80年代早期组织的地形考察旨在确定连接塞内加尔河与尼日尔河旁法国哨所的铁路路线，既耗时又耗资巨大，与之不同的是，加列尼在开展军事行动的同时快速开展地形图绘制，从而以较低的成本绘制了大量地图。② 他之所以能够达成地图绘制的目标是因为其部下具备必要的测量和制图技能。追随加列尼的许多军官均在法国圣西尔军校学习过地形图绘制和画图，这是他们军事训练

① 这些军官包括本杜地区的埃曼纽尔·福尔坦上尉、保尔·勒福尔中尉，邦布地区的雷内·奥德欧上尉、勒瓦扬中尉、马丁中尉、埃德蒙德·奥伯多夫上尉、赖兴贝格中尉及费尔南德·基康东中尉。这两支军事纵队均在迪亚赫卡地区执行任务（Vallière，1887b）。

② Gallieni，Note sur les travaux topographiques de la campagne 1886－1887，22 June 1887. ANOM：FM SG SENEIV/87e.

的部分内容。儒勒·普拉中尉（负责关于乌苏卢的任务）、费尔南德·基康东（Fernand Quiquandon）中尉（负责关于马马杜·拉明和贝莱杜古的任务）、埃德蒙德·奥伯多夫上尉（负责关于马马杜·拉明和丁吉拉伊的任务）以及儒勒·卡龙（Jules Caron）中尉（负责关于廷巴克图的任务）都毕业于圣西尔军校。①

地图绘制成本的降低也与所制地图的类型和所使用的技术有关。与早期地形考察所使用的平板仪测量和三角测量方法不同，加列尼的地形考察员通常使用袖珍罗盘来确定方向，通过步距测量来估计距离，从而制作简单的行军路线草图。这些技术足以描绘军事纵队经过的路线，并估计在不同地点之间移动所需的时间。制图员还在他们的地图和笔记本中记录了植被、地形性质、河流渡口等地貌特征；当地的人口信息，如人数、种族、食物资源、军事能力和防御以及他们的政治组织。

除了实地绘图，加列尼还命令其考察团团长从当地信息提供者（猎人、商人和难民）那里收集第二手信息，打探他们无法到访的聚落的位置。他在下达给儒勒·卡龙中尉的命令中说，“有不完整的信息总比什么信息都没有强。基于第二手信息（情报）绘制的地图已经发挥了极其实际的作用，不要忘记这点”。② 军事行动结束后，加列尼在其部下中挑选出能力最出众的制图员，以将各种路线图汇编成区域地图，从而为来年的军事行动提供最新的地理知识（见下文）。

加列尼的地形考察员在1886/1887年和1887/1888年期间军事行动中所选择的行军路线。影线表示1886/1887年的军事行动路线，实线表示1887/1888年的军事行动路线。法国军事哨所用红色下划线强调。描述的所有路线都可以追溯到本文开篇提到的加列尼面临的三大挑战。巴富拉贝—丁吉拉伊线（1a）以西的绘图活动对应于针对马马杜·拉明的军事讨伐行动。丁吉拉伊、廷博和比桑杜古地区周围的路线图的绘制与加列尼的地缘政治目标有关，即通过缔结条约将其非洲对手的领土纳入法国的势力范

① 基于法国国防部历史文献处（Service Historique de la Defense，SHD）所藏这些军官人事档案中的资料。

② SHD：MV CC 7 4E Moderne 24 – 130。

围。巴富拉贝—丁吉拉伊线以东的地图绘制活动对应于加列尼确保与贝莱杜古的班巴拉酋邦结盟的目标，该酋邦领地位于阿马杜·塔尔帝国的北部（尼奥罗）和南部（塞古）地区之间。像其前任和继任者一样，加列尼希望班巴拉—法国联盟能合力摧毁阿马杜帝国。除了处理非洲地区的这些军事和政治挑战，加列尼的地图绘制工作还致力于证明上河地区的确存在有助于法国商业发展的繁荣且人口稠密的地区，以此来平息法国国内的反殖民主义情绪。打击马马杜·拉明的军事行动期间开展的路线绘制，便是说明加列尼的战役中制图实践特点的有力例证。

### （三）打击马马杜·拉明的军事行动

作为其在1886/1987年担任上河地区指挥官的第一项任务，加列尼决定组织对马马杜·拉明的军事进攻。加列尼及其在达喀尔和巴黎的上级均明白，只要拉明的政权继续在该地区存在，法国在塞内加尔河上游的地位便仍然岌岌可危。虽然弗雷的部队在上一年迫使拉明军从巴克尔地区撤退到本杜地区，但加列尼知道拉明正在重整军队。加列尼面临的问题是他不知道拉明的下落。他只知道这位颇具威望的领袖在迪亚赫卡（Diahka）。加列尼不知道迪亚赫卡在哪里，也不知道它到底指的是什么，这让他难以率领远征军对拉明进行讨伐。为解决这一地理问题，加列尼命令一名总参谋部成员——亨利·基康东中尉对邦布和本杜地区进行秘密侦察。在1886年10月1日写给基康东的信中，加列尼做出了一系列部署。

首先，在圣路易时，基康东应查阅政治事务办公室的地图和地理通告，力所能及地掌握关于巴芬河、塞内加尔河和法拉梅（Falamé）河上游之间地区的任何情况。其次，他应尽力前往邦布、本杜和迪亚赫卡，以评估政治局势并解答以下问题：

> 迪亚赫卡是什么？其主要位置在哪里？它最重要的村庄有哪些？地貌性质如何？大约有多少人口？居住人群属于哪个民族（种族）？马马杜·拉明在哪里？他的军事力量怎么样？他是孤立无援还是追随者众多？他在该地区的影响力如何？他最近的受挫是否削弱了其威信？谁是他最忠实的支持者？他所在之处是否有防御工事？他是

否控制有任何开阔地？他是否有骑兵或武器？他能否补齐上次战役中损失的弹药？他和班巴拉各酋长是什么关系？他与邻国的关系怎样？

加列尼需要知道基康东最终推荐的路线是否能容纳400～500人的军事纵队以及100～150匹马和骡子。为此，他继续提出了以下问题：

我们的骡子和军备能通过吗？11～12月，低地溪流的状况如何？这里有哪些资源，如谷类、鲜肉等？沿线有哪些驿站？驿站之间相距多远？从一个驿站到另一驿站要耗时几天？要供给多少粮食？总之，不得放过任何能够明确该区域政治军事形势的要点，也不得忽视有助于部署打击马拉布特的军事行动计划的要素。另外，必须带回速绘但详细的行军路线草图，以及基于在迪亚赫卡和法拉梅河上游地区收集的第二手信息的草图。

加列尼建议基康东进行伪装，以免引起注意。他还敦促基康东散布谣言，告诉当地人法国人对拉明已经没什么兴趣，而且远征纵队正朝着相反的方向前往巴马科。他告诉基康东要充分利用当地的信息提供者，因为他们可能会在这次军事行动后继续为法国人效力。

针对以上命令，基康东组织了情报收集任务，成员包括总参谋部的博纳科尔西（Bonaccorsi）中尉。在与当地的信息提供者详谈后，他们于1886年11月中旬从两个不同方向各自出发。博纳科尔西从巴克尔出发向南前往塞努代布，寻找通过本杜省到达迪亚赫卡的最佳路线。基康东从贾穆出发，朝塞内加尔河上游前进，并向西横穿邦布。“他们二人”，加列尼写道，“打扮得像寻找当地特产信息的探险者，以便尽可能地掩盖其任务的目的”（Gallieni，1891，17）。

此侦察任务了解到拉明的作战基地位于迪亚赫卡省重镇——狄安纳（Dianna）城寨。基于基康东和博纳科尔西的情报，加列尼组织了两支军事纵队。由加列尼亲自率领的第一支纵队从巴克尔附近的阿隆杜（Around-ou）出发，沿着博纳科尔西绘制的路线向南行进。瓦利埃率领第二支纵队从贾穆出发，沿着基康东绘制的路线向西行进。他们计划在1886年12月24日在狄安纳城墙外会合。纵队指挥官通过信使传递的信件传达他们的行进情况。加列尼在一封信中声称，他已经知晓关于狄安纳的最新信息，并正在修改路线。他附上了一张指明他可能选择的路线的“速写地图”，以及一张狄安纳及其周围地区的“草图”（Gallieni，1891，55）。

在从前锋那里得知两支重装纵队正向他所在的位置推进后，拉明向西逃到了英国殖民地附近的冈比亚河流域（Gallieni，1889，121）。他的部队成功拖延了法国军队在萨鲁迪安（Saroudian）和卡格尼贝（Kagnibé）社区的前进，使得拉明有足够的时间逃离。总之，加列尼成功地将拉明远远赶出了法军哨所的防线。他的下一步计划是将本杜省和邦布省更明确地纳入法属殖民地。

在拉明逃窜到冈比亚后，加列尼召集了迪亚赫卡地区所有支持拉明的首领到狄安纳开会。他将召集到的首领形容为“忏悔者”，并让他们对着《古兰经》发誓不再支持拉明。他仅仅罚了这些首领每人几头牛，以作为对他们之前行为的一种“形式性”处罚。为确保他们的忠诚度，加列尼还坚持要求每位首领从自己的儿子中选出一人作为人质。这些男孩后来在加列尼当年在卡伊创办的一所法语的人质学校就学，这所学校的目的是培养一支由非洲人组成的核心团队，充当法属西非殖民地的中间人。最终，加列尼迫使各首领与法国签署了保护国条约，且为防止未来出现叛乱，加列尼烧尽狄安纳，将其夷为平地。

加列尼对其行动的成果非常满意。通过军事远征和缔结条约，加列尼已经将上河地区的南部边界延长了200～300公里。为了推进这种“计划外的扩张”，加列尼组织了多支地形考察团，在本杜省和邦布省执行任务。他命令奥伯多夫上尉绘制冈比亚河和法莱梅河上游河谷的地图，并前往丁吉拉伊地区与阿吉布·塔尔——阿马杜的兄弟签署条约。阿吉布控制了一处连接塞内加尔与南部的福塔贾隆高地的重要的贸易地区。加列尼命令福尔坦（Fortin）上尉和勒福尔（Lefort）中尉绘制了一条从迪亚赫卡经本杜地区到达巴克尔的新路线图。加列尼随后派赖兴贝格（Reichemberg）中尉绘制法莱梅河和巴芬河上游之间地区的地图。基康东率领的第四支地图绘制团着力绘制邦布地区，尤其是他们从贾穆前往迪亚赫卡的沿线地区

(Vallière, 1887)。这些考察团不仅记录了各条路线沿线聚落的位置，还系统地收集了各种相关信息，内容涉及居民人数、民族和政治组织、自然资源和商业重要性、该地区的地形条件和贸易路线及其与法国签署的和平与贸易条约。这些地图绘制团成功与否，则可以通过绘制的公里数和商定的条约来衡量。奥伯多夫上尉因绘制了300公里的路线，其中三分之二未曾被法国勘探过，并因通过签订条约为法国在上河地区增添了7000平方公里的领土而荣获最高表彰（Vallière，1887b，496；1887c，536）。

### （四）上河地区地图绘制

上河地区的地图绘制工作与该地区的所有个人和机构均相关。地形考察员采用快速测量技术（步幅测量、罗盘读数）来绘制所经路线的大比例尺草图。在野外记录簿中，他们记录了对沿途风景和民风的观察。地形考察团团长将这些笔记和路线图汇编成手绘区域地图和关于乡村特征的地理通告。例如，基康东对其地形考察员（马丁、赖兴贝格和勒瓦扬）的草图和野外记录进行汇编后，将资料交给了加列尼。然后，加列尼继续对这些资料进行汇总，并在就1886/1887年的军事行动做出最终报告后，将其提交给法国海军和殖民地部（Ministry of Marine & Colonies）。

加列尼深觉自己的地形考察员所发现的地理知识可为上河地区未来的指挥官及其他地图使用者所用。[①] 因此，在1886/1887年的军事行动结束时，加列尼向殖民地部次官欧仁·艾蒂安（Eugène Etienne）上书，要求将其考察团的某些成员暂时派往海军和殖民地部地图和平面图办公室编制地图，以供出版。[②] 艾蒂安对此表示同意，于是让·瓦利埃、儒勒·普拉和亨利·基康东于1887年夏季期间均在巴黎绘制地图。基康东根据他和托坦博士在巴马科北部广袤地区的勘探发现和商定的条约，以1：500000的比例尺绘制了《贝莱杜古地图》。在瓦利埃的监督下，儒勒·普拉中尉绘制了《法属苏丹地图》（比例尺为1：750000）和《萨莫里中央帝国地图》。

为印刷这些地图，海军部与巴黎印刷和平版印刷商 A. Broise & Courtier

① Gallieni, Note sur les travaux topographiques, *op. cit.*

② Gallieni, Note sur les travaux topographiques, *op. cit.*

签订了合同。1887年10月11日，该公司向海军部交付了200份《苏丹地图》和150份《萨莫里中央帝国地图》。① 整个生产过程的进度安排是要让1887/1888年的军事行动的总参谋部可以使用这些地图。事实上，在当月，每种地图都各有100份被送到塞内加尔，并分发给殖民地的行政长官、军官和地形考察团团长。加列尼在报告中称，这些地图，特别是《法属苏丹地图》，在1887/1888年的军事行动中为他的部下提供了“实打实的服务”（Gallieni，1889，164）。《波尔多商业地理学会公报》（*The Bulletin of the Commercial Geographical Society of Bordeaux*）对这三幅地图大加赞赏，因为它们展示了法国在上河地区（最近改称为法属苏丹）日益增长的政治地理影响力（Gebelin，1887）。新地图和地名的变更均表明地图的性质与制图员和赞助者的殖民愿望相互交织在一起。因此，加列尼指挥的地图绘制活动可以看作“预示了该领土”日后会于1890年成为名为“法属苏丹”的独立殖民地（Harley，1988）。

为了对地形和外交考察团在上河地区问题中的重要性的公众舆论加以影响，加列尼及其地形考察员在法国地理学会杂志上发表了他们的地图和地理通告（Fierro 1983；Lejeune 1993）。《巴黎地理学会公报》（*Paris Geographical Society Bulletin*）同年发表了瓦利埃撰写的在1886/1887年的军事行动过程中进行的地理和政治考察结果的报告（Vallière，1887），以及加列尼于1889年发表的1887/1888年的军事行动的总结（Gallieni，1889）。为了阐明瓦利埃于1887年发表的文章，巴黎地理学会聘用儒勒·汉森（Jules Hansen）绘制了一幅《缩减版法属苏丹地图》，是基于普拉于1887年绘制的地图的较小比例尺版。《巴黎地理学会公报》的编辑将这些文章和所附地图作为独家报道（专题）进行宣传，其中一些报道取材于当地实况。例如，《波尔多商业地理学会公报》的编辑在1886年3月发表了一批由让·瓦利埃执笔的通告，均取材自上河地区的基塔。在标题为“迪亚赫卡考察团在上河地区第七次军事行动中的地理考察结果”的这篇文章的脚注中，编辑写道：

① 200份《苏丹地图》花费343法郎。Letter from A. Broise & Courtier to the Ministry of Marine & Colonies，11 October 1887. ANOM：FM SGSENEIV/ 89a.

> 我们归类在该标题下的各种通告是在44度高温的一座帐篷内撰写的，这些通告都是最近从法属苏丹西部传来的。我们强烈建议读者了解这些内容，因为这是意义重大的独家地理报道。只需要将这些地理通告与最新最好的地图相比较，就可以发现它们会极大地拓展我们的知识。(Vallière，1887b，353)

这些通告系统地总结了地图绘制探险活动沿途地区的社会和自然地理状况。借助最新的地图来研读这些地理通告，读者可以了解到“苏丹的地图正在发生快速的变化”（Gallieni，1889，178）。加列尼的制图员纠正了以往地图中的错误，填补了空白的知识，并标注了现在属于法国势力范围的非洲土地的名称。

地理通告中有四个主题贯彻始终。第一个主题是发现了资源较丰却人迹罕至的河谷。通告撰写者通常将人口和资源之间的这种脱节归因于非洲帝国缔造者领导的劫掠和屠杀，这些行动迫使当地人逃往山区避难。这种表述寓意法国的统治将给当地人带来和平，使肥沃的山谷地区人口再次稠密，并让这里再度繁荣以促进法国商业的发展。

第二个主题强调了在非洲各王国内发现的繁荣地区，如阿吉布·塔尔统治下的丁吉拉伊。这些地区人口密度较高、农业经济繁荣，地形考察团团长对此发表了各自的见解（Vallière，1887c)。奥伯多夫上尉成功地与丁吉拉伊签署了一项条约，使法国可以获得更多的资源和市场，这反驳了反殖民主义批评者此前认为此地资源匮乏的观点。地理通告中有许多表格，列明了在特定区域内发现的聚落名称和人口数量。

第三个主题是庆贺法国在上河地区的领土扩张。随着马马杜·拉明战败和一系列条约的签订，法国占有的领地范围大大增加。通告撰写者注意到，上河地区已不再局限于“狭长的哨所防线”内（Vallière，1887a，517；Gallieni，1889)。这片法属西非领地现在构成了“一个地域上的巨大三角”，三个顶点分别是圣路易、巴马科和本蒂（Vallière，1887a，518)。显著扩大的这一领地涵盖了法国直接管辖的地区和围绕这一核心地区的受保护的领地。儒勒·普拉在1890年绘制的地图名为《西苏丹》（1：4000000)，显示了法国最新的领地和保护地。上河地区，即现称为“法属苏丹”的通过扩张获得的领土，在塞内加尔河和尼日尔河之间形成了一个巨大的东西向楔形。在打击马马杜·拉明的军事行动期间绘制的西部和南部省份均包括在核心殖民区内。这幅地图是为了解释加列尼的《法属苏丹的两次战役》而绘制的，它所界定的殖民地比先前哨所防线内的地区面积更大、前景更好，这有助于支持亲扩张主义者的立场。

第四个主题综合了前三个主题的观点，指出法属苏丹的前途前所未有的光明。该地区实现繁荣发展的必要要素是建立“一个有效的行政管理组织并构建更实用的交通网络”（Vallière，1887a，517）。当然，这些改进的实现取决于法国持续的公共投入。总而言之，地图及其随附的通告很能说明上河地区的问题。

## 结　论

上河地区的地图绘制围绕说服法国当局和公众相信这片领土值得未来持续投资这一问题，据此实现了一系列实践成果。地图绘制实践包括：军事学校针对地形测量和地图制作方法的技术培训；对此类技术的实地应用；针对地图和地理通告的汇编和出版进行的公共和私人投资；培养读图文化；在随后的战役中使用最新地图。法国殖民领地的扩张与这些地图绘制实践相互交织。

加列尼将地图绘制视为法国殖民扩张的关键一环。他针对马马杜·拉明的战役表明了地图绘制在对法国的非洲对手之一采取军事行动中的实用性。他后来在本杜、邦布和其他地区开展的地图绘制和条约签订活动旨在解决另一个紧要问题，即说服法国国内反殖民扩张的政治主张。他的地形考察团证明了上河地区确实存在人口稠密且资源丰富的地区。伴随这些考察团签订的一系列条约，让法属殖民地范围得到极大扩张。

普拉于1890年绘制的《西苏丹》地图进一步支持了亲扩张主义者在上河地区辩论中的立场。它与瓦利埃和加列尼发表的地理通告一同证明了，反扩张主义游说团体认为上河地区开发潜力有限因而反对扩张的理由并不成立。加列尼指挥的法属殖民领地的扩张活动，不仅让法国在上河地区的面积大幅增加，也让此地焕发出前所未有的光明前景。加列尼及其地图绘制者制作出更大范围的“法属苏丹”地图，表明本文题引不虚：“殖民计划的实现离不开地图，而地图的绘制又寄托于殖民野心”（Kitchen，Perkins，and Dodge，2009）。

## 参考文献


Bassett，T.（1998a）“Indigenous Mapmaking in Intertropical Africa”，in D. Woodward and M. Lewis（eds），*The History of Cartography*，Vol 2，Bk 3：*Cartography in the Traditional African*，*American*，*Arctic*，*Australian*，*and Pacific Societies*（Chicago，U. of Chicago Press），pp. 24 –48.

Bassett，T.（1998b）“Ifluenze africane sulla cartografia europia dell´Africa nei secoli XIX e XX”，in E. Casti & A. Turco（eds.）*Culture dell'alterità*：*il territorio africano e le sue rappresentazioni* Bergamo：Edizioni Unicopli，pp. 359 –371.

Edney，M. H.（1993）“Cartography without ‘progress’：reinterpreting the nature and historical development of mapmaking”，*Cartographica* 30（2/3）：54 –68.

Fierro，A.（1983）*La Sociéte de Géographie*，1821 – 1946. Geneva：Librairie Droz.

Frey，H.（1808）*Campagne dans le Haut – Sénégal et dans le Haut – Niger*（1885 –1886）. Paris：E. Plon，Nourit & Cie.

Gallieni，J.（1889）“Le Soudan Français：résultats de la campagne 1887 –1888”，*Bulletin de la Société de Géographie de Paris*. Ser. 7，10：111 –183.

Gallieni，J.（1891）*Deux Campagnes au Soudan Français*，1886 –1888. Paris：Librairie Hachette.

Gatelet，A. L.（1901）*Histoire de la Conquête du Soudan Français*（1878 –1899）. Paris：Berger –Levrault & Cie.

Gebelin，J.（1887）“Expedition Gallieni 1886 – 87. Carte du Soudan Français au 1/750. 000”，*Bulletin de la Société Commerciale de Bordeaux*，22：652 –53.

Godlewska，A.（1994）“Napoleon's Geographers（1797 –1815）. Imperialists and Soldiers of Modernity”，in *Geography and Empire*，ed. A. Godelewska and N. Smith, 31 – 55, Oxford: Blackwell.

Harley, J. B. (1989) "Deconstructing the map", *Cartographica* 26: 1 – 20.

Heffernan, M. (1994) "The French Geographical Movement and the Forms of French Imperialism", in *Geography and Empire*, ed. A. Godelewska and N. Smith, 92 – 114, Oxford: Blackwell.

Herstslet, E. (1896) *The Map of Africa by Treaty*, 2nd edition, London: Harrison & Sons.

Kanya – Forstner, S. (1969) *The Conquest of the Western Sudan: A Study in French Military Imperialism*, Cambridge: Cambridge University Press.

Keltie, J. L. (1895) *The Partition of Africa*. London: Edward Stanford.

Kitchen, R. and M. Dodge (2007) "Rethinking Maps", *Progress in Human Geography* 31 (3) (2007) pp. 331 – 344.

Kitchen, R. , C. Perkins, and M. Dodge (2009) "Thinking About Maps", in *Rethinking Maps*, ed. M. Dodge, R. Kitchen, and C. Perkins, 1 – 25, New York: Routledge.

Lejeune, D. (1993) *Les Sociétés de Géographie en France et l'Expansion Coloniale au XIXe Siècle*. Pairs: Albin MichelF.

Pickles, J. (2004) *A History of Spaces: Cartographic Reason, Mapping and the Geo – coded World*. London: Routledge.

Plat, J. (1890) "Campagne 1887 – 1888 dans le Soudan Français. Missions dans le Fouta – Djalon. Mission Dite de Fouta – Djalon", *Bulletin de la Société de Géographie Commerciale de Bordeaux*. 8: 186 – 200; 9: 201 – 223; 10: 233 – 252; 11: 265 – 296; 12: 297 – 312.

Pyenson, S. (1993) *Civilizing Mission. Exact Sciences and French Overseas Expansion*, 1830 – 1940, Baltimore: Johns Hopkins University Press.

Quiquandon, H. (1888) "Mission de Dr. Tautin et du Capitaine Quiquandon dans le Bélédougou et les pays au nord de cette région (1887)", *Bulletin de la Société de Géographie Commerciale de Bordeaux* 1: 1 – 13.

Vallière, J. (1887a) "Notice Géographique sur le Soudan Français", *Bulletin de la Société de Géographie de Paris*. Ser. 7, 8: 486 – 521

Vallière, J. (1887b) "Les Résultats Géographique de la Septième Campagne du Haut – Fleuve, 1886 – 1887. Expédition du Diaka ", *Bulletin de la Société de Géographie Commerciale de Bordeaux* 12: 353 – 378.

Vallière, J. (1887c) "Les Résultats Géographique de la Septième Campagne du Haut – Fleuve, 1886 – 1887. Mission du Capitaine Oberdorf", *Bulletin de la Société de Géographie Commerciale de Bordeaux* 18: 529 – 537.

Wood, D. (1992) *The Power of Maps*, New York: Guilford Press/

Wood, D. and J. Fells (2008) *The Natures of Maps. Cartographic Constructions of the Natural World*, Chicago: University of Chicago Press.

# 玄奘朝圣之行与日本佛教世界地图的关系

D. 马克斯·穆尔曼（D. Max Moerman）*

最早的日本世界地图绘于14世纪，保存在奈良的法隆寺。这幅地图如实描绘了玄奘从中国到中亚和印度的朝圣之行，大量引用了《大唐西域记》（简称《西域记》，下同）中的内容，并用红线标记出了玄奘的路线，其路线涉及南赡部洲的整个佛教世界。该图为176×166厘米的彩绘图，在尺寸、范围和细节的处理上都是首屈一指的。这幅图以历时性的叙述手法呈现了玄奘在《西域记》中记载的故事，将毫无层次感的一连串事件转化成了同步视觉影像：百科全书般地展示了空间知识、宇宙秩序、历史人口学和人种学知识。尽管该图是现存最早的地图，但它肯定是早期已遗失的原图的转录图，而原图很有可能来自中国或朝鲜半岛。该图极尽翔实全面，绝不可能在日本制作完成。许多抄写错误（字符颠倒是由于对模糊细节的误读，数字错误是由于某一书写笔画的丢失或增添）证明该图是一幅精心绘制但并不完美的临摹本。

然而，尽管存在不足，但该图仍然是地图史上的里程碑：这是一部纪念中国圣人和日本佛教传统祖师史诗般旅程的作品，也是一份在单一平面上对印度古典宇宙学加以整理的翔实的图像汇编。这幅地图向人们展示了当时世界的地形地貌和北亚、中亚、南亚和西亚的政治、文化和自然历史，以及之前的佛教圣迹。它与中世纪欧洲基督教绘制的世界地图（*map-*

* D. 马克斯·穆尔曼（D. Max Moerman），美国哥伦比亚大学巴纳德学院教授兼主席。

*pae mundi*）有着许多相似之处：它们都是基于经文和旅行者故事绘制的大幅世界地图，都是对文本和图像的百科全书式的汇编，都围绕着世界中心的圣地，也都是在中世纪的僧侣机构制作、保存和供奉。基督教欧洲的世界地图后来被新型地图和海上导航图取代，但日本佛教界绘制的世界地图却保存了下来。欧版世界地图问世于16世纪，很久以后，几乎完全根据玄奘朝圣之行的日版世界地图仍在制作、复制（如绘本图、印本图和出版物中的插图），这种情况一直持续到19世纪中期。玄奘朝圣图不仅是最早的日版世界地图，也是最为不朽的地图。从14世纪到19世纪末，日本佛教徒一直在创作并使用玄奘朝圣图，希望以此来建构、表现并找到自己在佛教世界中的位置。这些地图提供了宗教世界观的视觉年表，表明了相关的价值取向和文化认同，也揭示了印度在日本佛教徒心目中的崇高地位。本章将分析玄奘朝圣图及其在日本的长期流传，追溯玄奘及其世界观对于从中世纪到现代的日本佛教徒的重要意义。

## 玄奘的朝圣之行与奈良的佛教文化

虽然这幅地图没有标题，但通常称为《五天竺图》（*Gotenjiku-zu*），藏于法隆寺。“天竺”（Tenjiku）是日本对佛国印度的称呼，并非现代地理学中的印度。天竺的边界线既不确定也不固定，它代表着一个遥远的国度，超出了中国文化已知的世界，是一处历史圣地。[①] 在中文里，天竺意为“天竹”，指的是中国宗教文化中的西方极乐世界：阿弥陀佛的西方净土和西王母的人间仙境昆仑山。[②] 因此，天竺是一个相异性与真实性并存的地方，一个从未去过却能在地理想象中清晰呈现出的圣地。根据法隆寺保存的一件较晚临摹本上的题记，该地图的绘制日期为1364年，出自一位名叫

---

① 关于此地的地理想象，日本并非孤例。关于欧洲人的看法，请参阅 Jacques Le Goff, “The Medieval West and the Indian Ocean: An Oneiric Horizon”, in idem. , *Time*, *Work*, *and Culture in the Middle Ages*, trans Arthur Goldhammer (Chicago: University of Chicago Press, 1980): 189 – 200。

② Michel Strickmann, “India in the Chinese Looking-Glass”, in Deborah E. Klimburger-Salter, ed. , *The Silk Road and the Diamond Path* (Los Angeles: UCLA Art Council, 1982): 52 – 63, 53. 关于历史上印度次大陆的汉语词汇，请参阅 P. C. Bagchi, “Ancient Chinese Names of India”, *Monumenta Serica*, vol. 13 (1948): 366 – 375。

源春房重怀（生于1297年）的僧人之手。① 重怀同时隶属于法隆寺和兴福寺，这是两处毗邻的法相宗寺院，同时有着密切的制度联系。重怀的生活、宗教偏好和宗教活动都是他所处时代和地区的佛教文化的象征。尽管重怀在兴福寺受戒，但他居住在法隆寺的子院——弥勒院。② 在与兴福寺协商后，他于1349年担任法隆寺五师（Hōryūji Goshi）之一。③ 他于1350年参加了兴福寺的《妙法莲华经》法会，于1352年和1355年参加了法隆寺的求雨法会，并于1358年参加了筹款活动。④ 与中世纪奈良的许多僧人一样，重怀是观世音菩萨（梵语：Avalokiteśvara）和圣德太子以及释迦牟尼的弟子。他在1358年参加了观音信徒举办的民间筹款活动仪式，并于1360年编写了《圣德太子见闻记》（*Taishidenkenmonki*），即为法隆寺的创办人撰写的人物传记⑤。重怀是法隆寺公认的绘画大师，法隆寺五所社的滑门就是他绘制的，五所社是守护神春日和住吉居住的五神殿，他们主要守护建于1354年的寺庙东院（*Tōin*）。重怀的其他绘画作品于1359年安放于上宫王院，这里是圣德太子信徒在寺院的主要参拜地。⑥ 因此，重怀在写作和绘画方面堪称专家，他不仅是为法隆寺先辈编写过传记的文人，也是一位画作荣登寺院大厅的艺术家。

兴福寺和法隆寺在传统上将玄奘视为大唐的法相宗祖师，是弘扬起源于印度的佛教的关键人物，而像重怀那样的僧人显然会对玄奘怀有兴趣。玄奘这一人物一直是兴福寺法事活动的核心。自1181年以来，纪念三藏法

① 绘图者的身份是根据江户时代后期一件副本（见法隆寺藏品集）上的题记确定的，即确认该地图"由重怀大师于1364年的第五月绘成，并存于法隆寺戒律院的经文库"（彼図者貞治三甲辰五月日奉図絵重懐図給法隆寺律学院経蔵在）。

② Tōkyō Teikoku Daigaku Bungakubu Shiryō Hensangakari hensan, ed. *Dai Nihon shiryō* (Tokyo: Tōkyō teikoku daigaku and Tōkyō daigaku shiryō hensanjō, 1901 – ), vol. 6, part 22, 900. 重怀，也可读作 Chōkai，在 Hasegawa Sei, ed. *Kōshō Bosatsu gokyōkai chōmonshū Kongōbusshi Eison kanjingaku shōki* (Nara: Saidaiji, 1990), 235 中被认定为兴福寺僧人。

③ *Dai Nihon shiryō*, vol. 6, part 17, 486.

④ *Dai Nihon shiryō*, vol. 6, part 14, 209; vol. 6, part 17, 476; vol. 6, part 20, 155; Takeda Ryōshin, *Hōryūji nenpyō* (Tokyo: Yagihara shuppan, 2007), 59.

⑤ 关于《圣德太子见闻记》的内容，请参阅 Makino Kazuo, "Shinshutsu shōtoku taishiden nishū," *Shindō bunko ronshū*, no. 20 (1983): 393 – 418。

⑥ *Dai Nihon shiryō*, vol. 6, part 23, 356. Takeda, *Hōryūji nenpyō*, 60. 关于上宫王院的信息，请参阅 Tōno Haruyuki, "Shoki no Taishi shinkō to Jōgūōin", in Ishida Hisatoyo, ed., *Shōtoku Taishi jiten* (Tokyo: Kashiwa shobō, 1997), 453 – 66。

师玄奘的法会称为三藏会或三藏大会，举行时间为玄奘周年祭第二月的第五日，地点为兴福寺。每年都在大乘院子院举办该祭奠活动，是兴福寺的十二大会（*jūnidai-e*）之一，举办地点为大乘院珍藏玄奘肖像之处。1200年，兴福寺的贞庆法师编写了《中宗报恩讲式》，这是用于主持法相宗系仪式的礼仪文本，强调了玄奘在佛教从印度传播到东亚过程中发挥的重要作用。此项礼仪通常在兴福寺的重要信众面前举行，如在1217年后鸟羽天皇参观兴福寺时，献上了一份由他亲自抄录的《瑜伽师地论》（*Yugashiji-ron*）（共一百卷），其传统法相宗的核心教义就是由玄奘翻译的。①

玄奘的印度朝圣之行也是14世纪著名画卷《玄奘三藏绘》（*Genjō Sanzōe*）的主题，朝臣三条西实隆（1455—1537）将其称为“灵宝”（*reihō*），与兴福寺大乘院“血脉相承”（*kechimyaku sōshō*）。② 大乘院住持寻尊（1430—1508）将《玄奘三藏绘》称为寺院的传承载体，称其“阐释了佛教宗派的发展过程”，并将其“作为子院世代相传的伟大宝藏”。③ 玄奘的印度朝圣之行是重怀绘画的主题，因此《玄奘三藏绘》代表着主要传承寺院的宗教地位、宗系权威和思想主张。玄奘作为法相宗祖师，确认了法相宗的教义源于印度，对于兴福寺而言，这是其优于天台宗之说的重要论据——11世纪末的不同说法引发了兴福寺与延历寺长达数十年的争端，导致了武装袭击和纵火事件的发生。④

长期以来，玄奘在中国一直是崇拜者关注的对象，早在8世纪，玄奘的画像就备受尊崇。根据唐朝僧人智昇（669—740）编写的《续古今译经图纪》，“大唐三藏法师”画像悬挂于长安大慈恩寺的大殿中，而长安是玄

---

① Taniguchi Kosei, “Genjōsanzō-e: Sangoku dentō no soshieden”, in Nara kokuritsu hakubutsukan, ed., *Tenjiku e*, 12.

② 三条西实隆在其日记中写道，1488年8月13日，在“为期数天的禁食仪式”结束之后，他和其他皇室贵族“受帝国之邀，观赏《玄奘三藏绘》并大声阅读铭文”。三条西实隆将其描述为“宫廷画家高阶隆兼才画得出的作品，该画作归奈良大乘院子院所有，与兴福寺大乘院血脉相承，称得上是神奇的宝藏”。Takahashi Ryuzō, ed., *Sanetaka kōki*（Tokyo: Zoku gunsho ruijū kanseikai, 1979-80）vol. 2, 117-118. 关于画卷的详细研究，请参阅 Rachel Saunders, “Xuanzang's Journey to the East: Picto-textual Efficacy in the *Genjō Sanzō e*”（PhD thesis, Harvard, 2015）。

③ Tsuji Zennosuke, ed., *Daijōin jisha zōjiki*（Tokyo: Sankyō shoin, 1931-1937）, vol. 1, 104.

④ 详情请参阅 Saiki Ryoko, “Chūsei Nantō ni okeru Genjō Sanzō to Tenjiku kan”, in Nara kokuritsu hakubutsukan, ed., *Tenjiku e*, 213-215。

奘译经的地方。[1] 政治家、史学家及文学家欧阳修曾于 1036 年参观了扬州寿宁寺，曾看到一幅描绘“玄奘取经”的壁画。[2] 据前往中国求取佛经的日本僧人成寻所述，他于 1072 年在泗州普照王寺看到一幅玄奘手持佛经的画像。[3] 董逌（活跃于 1127 年）编撰了 12 世纪中国绘画评鉴著作《广川画跋》，其中也包含“玄奘取经图”，并将其描述为“写玄奘游西域路道所经”。[4] 在接下来的五百年间，中国出现了许多描绘取经朝圣者的画作，而这些画作成为日本再现著名朝圣者的模型。[5] 日本以玄奘为朝圣者和祖师的形象进行绘画创作的时间可追溯到 11 世纪。玄奘的画像一般分为两种，一种是保护般若波罗蜜多经文的十六罗汉之一，另一种是法相宗祖师，而且这两种宗教画作兴盛于 13 世纪和 14 世纪。[6]

## 叙事与视觉

在中国，玄奘的《西域记》已成为视觉和文学表现形式的主题，而且越来越细化，增添了新的冒险经历和人物形象，更具娱乐性，道德熏陶也愈见浓郁。玄奘的自述也很快有了更丰富多彩的版本，收录在差不多同一时代出现的三部三藏法师传记中：玄奘弟子慧立（生于 615 年）和彦悰（活跃于 627—649 年）编写的《大慈恩寺三藏法师传》（*Da ci'ensi Sanzang fa shi zhuan*）（简称《三藏法师传》，下同）、冥详（卒于 664 年之后）编写的《大唐故三藏玄奘法师行状》，以及道宣（596—667 年）编写的《续高僧传》。

后来的作品以复述故事的表现方式取代了玄奘《西域记》中枯燥的事

---

① T 55：367c. 26－28. 详情请参阅 Taniguchi，“Genjō Sanzō e”，8。

② 欧阳修：《欧阳修全集》第 5 册，中华书局 2001 年版，第 125 页和第 1901 页。更多详情请参阅 Dorothy C. Wong，“The Making of a Saint：Images of Xuanzang in East Asia”，*Early Medieval China* 8（2002）：43－81，72。

③ Hara Eriko，“Shaka jūroku zenshin zō ni miru Genjō Sanzō zō no hensen”，in Nara kokuritsu hakubutsukan，ed.，*Tenjiku e*，216.

④ Taniguchi，“Genjō Sanzō e”，8. 更多详情请参阅 Wong，“The Making of a Saint”，71－72。

⑤ 详情请参阅 Victor Mair，“The Origins of an Iconographic Form of the Pilgrim Hsuan-tsang”，*Tang Studies* 4（1986）：29－41。

⑥ 关于日本绘画中的玄奘形象，请参阅 Hara，“Shaka jūroku zenshin zō”，216－219。

实陈述（政治地理、制度史和人口统计数据），其中有极具冒险精神的英雄故事，包括路遇强盗、拜见国王、做预知梦和得神灵相助的情节等。在玄奘的《西域记》中，叙述者和主人公融为一体，风格简洁、纪实性强，更像是一部民族志。然而，慧立和其他人的著述是理想化的传记，符合对该体裁的文学预期。故事中的主人公不再是叙述者，而是受述者，这是一种典型的宗教类体裁，主人公的宗教生活是典型的奋斗和成功范式。吴承恩在 1592 年的作品《西游记》中，以文学创作手法最大限度地呈现了玄奘著名的朝圣之行。在玄奘西行的路途中，一只法力无边的猴子、一头强壮却贪吃的猪，还有一个来自沙漠的怪物将军加入了西行之旅。然而，吴承恩并不是第一个将朝圣者的记述变成虚构故事的人。关于朝圣者及拥有法力的同伴形象曾以雕塑和绘画的形式出现在 11 世纪的中国艺术作品中，也出现在 12 世纪和 13 世纪的日本。①

在日本，玄奘的故事也以文本和图像等多种方式呈现。前面提到的《玄奘三藏绘》就是最著名的例子：宫廷画家高阶隆兼（活跃于 1309—1330 年）及其工作坊在 14 世纪初为兴福寺制作了一套十二幅插图手卷，文本和图像段落交替出现。尽管二者的日期和出处很接近，但学术界还是对隆兼的《玄奘三藏绘》与重怀的地图做了一番对比研究。最值得注意的可能是，二者诠释的是不同的文本：隆兼的手卷是根据慧立的《三藏法师传》绘制的，而重怀的画作则根据玄奘的《西域记》绘制。慧立在《三藏法师传》中以记述英雄故事的形式重现了《西域记》中的西行取经之旅，玄奘是书中的主角而不是叙述者。玄奘作为隆兼《玄奘三藏绘》的核心人物，不断出现在手卷中，涉及 76 个场景。因此，人们在欣赏《玄奘三藏绘》的过程中，仿佛和玄奘一起游历了多处印度佛教圣地：佛陀诞生地迦毗罗卫城的宫殿废墟、佛陀宣讲佛法的祇园精舍遗址、佛陀涅槃的娑罗树林。但这些地方的经历必须符合传记作者的顺序，并始终以玄奘为线索人物。

然而，隆兼的《玄奘三藏绘》与重怀所绘地图之间更大的区别在于表

---

① 比如 Nara kokuritsu hakubutsukan, ed. , *Tenjiku e*, 169 – 187 以及 Osaka shiritsu hakubutsukan, ed. , *Saiyūki no shiruku rōdo*: *Sanzō hōshi no michi* (Osaka: Asahi shinbunsha, 1999), 255 – 273。

现形式，而不是资料来源。手卷以单向展开的方式呈现出局部视图，这与上述地图纵览全景的表现方式截然相反。手卷（日语作 *emaki* 绘卷）与大幅立轴（日语作 *kakefuku-ga* 挂幅画）在接受方式上存在巨大差异。观者或叙述者手持手卷时，随着手卷展开可以看到连续的绘画场景和书法作品段落，但手卷的前一段落会随之卷起，无法再看到。手卷的版式可即时引导人们的视线，但也将视觉叙事的展开限制在了从右到左的平移上。尽管手卷中各场景之间联系紧密，但始终是分段的、顺序的、线性的。《玄奘三藏绘》中只有一处打断了玄奘朝圣之行无休止的线性，以展示重怀所绘地图的全知视角。在他启程的前一晚，玄奘梦见自己看到了整个佛教世界，也就是他朝圣之行的目的地。随附文本描述了这一场景：

> 乃夜梦见大海中有苏迷卢山，四宝所成，极为严丽。意欲登山，而洪涛汹涌，又无船檝，不以为惧，乃决意而入。忽见石莲华踊乎波外，应足而生，却而观之，随足而灭。须臾至山下，又峻峭不可上。试踊身自腾，有抟飙飒至，扶而上升，到山顶，四望廓然，无复拥碍。①

手卷中的图画和文字可以让人感受到，玄奘在高耸的须弥山上“四望廓然，无复拥碍”，这是对作为佛教认识论基础的知识即视野的描述。佛学知识被定义为“普见”（梵语：*samantadarśin*）和“普眼”（梵语：*samanta-cakṣu*）。② 佛教修行者的精神造诣也以类似的眼力词汇表达：“天眼”（梵语：*divyacaksus*）“慧眼”（梵语：*prajñā-cakṣus*）“法眼”（梵语：*dharma-cakṣus*）和“佛眼”（梵语：*buddha-cakṣus*）。③ 对于玄奘以及隆兼《玄奘三藏绘》的目标受众来说，这种视野是一种梦幻产物：只有在梦中才能

---

① 雷切尔·桑德斯翻译的《玄奘三藏绘》文本。Saunders，“Xuanzang's Journey to the East”，373. Cf. *Da ziensi Sanzang fa shi zhuan*，222c. 以及 Li Rongxi，*Biography*，18 – 19.

② David L. McMahan，*Empty Vision*：*Metaphor and Visionary Imagery in Mahayana Buddhism*（London：RoutledgeCurzon，2002），2.

③ Charles Muller，*Digital Dictionary of Buddhism*. 更多详情请参阅 Alex Wayman，“The Buddhist Theory of Vision”，in George R. Elder，ed. *Buddhist Insight*：*Essays by Alex Wayman*（Delhi：Motilal Banarsidas，1984），153 – 61。

看到。[①] 然而，重怀绘制的地图恰恰能够呈现出玄奘不可能看到的这种景象：该地图“所运用的机制能呈现肉眼所无法看到的”。[②] 手卷只能展示出人类运动的线性轨迹，受到时空叙事惯例的限制。重怀绘制的地图呈现了玄奘梦中的全景视角，这是一种不连续但纵观全局的景象：整个佛教世界一目了然。

此外，与隆兼的《玄奘三藏绘》不同的是，重怀绘制的地图与玄奘的《西域记》一致，描绘的是路线，而不是西行者。由于该地图的主题是路线，而不是西行路上的人，所以，其中的主体——玄奘本人——从未体现出来。[③] 地图上没有传说中的朝圣者，这可能会让观者在无意识的情况下将自己想象成眼前这一段史诗般旅程的参与者。这样的表现手法能够让读者“钻进书中”，也能够让信众“进入图像”中。地图的魅力体现在这一特征上，对于宗教仪式而言，这也是至关重要的特征。在观看地图时，观看者需要根据图框、注释和图像追随玄奘足迹，因此他们必须扮演朝圣者的角色。同时，观看者也必须在密集的文字和图像中找到自己的定位，从诸多的文字和图像中找出西行的路线，并补全制图者在转录玄奘《西域记》时漏掉的大部分信息。因此，该地图是以观看者已经了解、熟悉文字内容并达到了内化程度为前提的。制图者在地图中绘出路线和景观元素，并给出地名、距离和方位的相关题记；但观看者需要从玄奘《西域记》的大量叙事内容中找到故事发生的地点，必须脑补出地标之间的空白，包括传说、奇迹、佛塔和遗迹、玄奘《西域记》中有所描述但地图中并没有呈现出来的佛陀示现经历。

这种巡回观看的模式受对象本身物质事实的制约。在一米半多见方的

---

① 有关须弥山祥瑞梦境的描写大量出现在日本文献中，如《源氏物语》《苏我氏物语》及《水往生伝》。请参阅 Komine Kazuaki，“Shumisen sekai no gensetsu to zuzō o meguri”，in Uno Takao，ed.，*Ajia shinjidai no minami Ajia ni okeru Nihon zō.*（Kyoto：Kokusai Nihon Bunka Kenkyu-Senta-，2011）：45 – 55。

② Jacob，*The Sovereign Map*，2.

③ 儒莲（茹理安，Stanislas Julien）在其早期译本中指出了这两种文本之间的差异。“……在我看来，它比著述严谨的《西域记》更生动且更吸引人，奇怪的是，在图上，那位伟大而威严的旅行者的身影只出现了一次。” *Mémiors sur les contrées occidentales*，*traduits du Sanscrit en Chinois*，*en l'an* 648 *par Hiouen'thsang*，2 vols（Paris：L'Imprimérie Impériale，1857 – 58），vol. 1，viii。

幅面内，有着数以千计的题记和无数的景观细节与建筑元素，地图需要近距离的观看和能动的参与：在画作前近距离移动的行为。但视觉效果不仅取决于近距离观看，还取决于远距离欣赏。因此，该地图的欣赏有双重要求：朝圣者的故事只能近距离阅读，但佛教世界只能从远处欣赏。

## 宇宙学和景观

重怀绘制地图的尺寸与玄奘《西域记》中所述的地理范围相符。该地图是整个世界的图像缩影，描绘了一个朝北的卵圆形大陆，四周是滔天的白色巨浪，大陆的表面中心对称，上面覆盖着岩石山峰，轮廓用黑墨水勾勒，并以黄色、棕色和绿色调制阴影，一些地方是树丛，另一些则被雪覆盖。陆地的边界使用了双黑线，中间以赭色颜料填充，就像是海上的防波堤。类似的双黑线将大陆划分为五部分：上半部分用较大的图框标记为“北天竺”；下半部分用四个类似的图框标记为“东天竺”“西天竺”“南天竺”和“中天竺”。“五印度之境”，据玄奘描述，“北广南狭”。①

该地图极尽翔实地呈现了玄奘《西域记》中的全部景观，一条细细的红线蜿蜒穿过整个大陆，描绘出玄奘朝圣的曲折路线。根据玄奘《西域记》的内容，该地图如实记录了玄奘西行所经过的每个国家和城市的名称，包括国家/城市规模、寺院和僧侣的数量、气候和农业，以及居民的风俗和特征。地图中列出的数百个地名构成了玄奘朝圣之行的完整路线，这样沿着朝圣者的行程路线查看地名就是一次旅行。沿途的重要地点都在图中呈现，包括：以往大师们修行的寺院、洞窟和树林；纪念佛教重要人物事迹的佛塔、佛柱和图像。从文字和图像中可以识别出《西域记》的传记性地标，包括“摩诃萨埵太子舍身饲虎处的大石门”“提婆达多欲以毒药害佛生身陷入地狱”的坑、佛陀曾留下过身影的龙洞、祇园精舍、佛陀宣讲大乘佛经的灵鹫山、佛陀涅槃的娑罗树林，以及阿育王在佛陀涅槃后建造的许多佛塔，内有“如来的头发和指甲舍利”。看地图是一种动态的表演性的行为，须跟随玄奘朝圣的叙事徐徐前行，从而加入西行之旅中。

---

① 《大唐西域记》，875b；Li Ronxi，*Record*，50。

然而，玄奘《西域记》中的地理描述，无论是文本还是图像，涉及更大的宇宙学范围。该地图呈现了朝圣沿途的详细景观以及佛教宇宙的几何形态。地图中描绘的卵圆形地貌是南赡部洲，日本人称为 Nansenbushū（南赡部洲），见地图右侧边缘的一个较大的白色图框。根据印度古典宇宙学，南赡部洲只是须弥山周围的四块陆地之一，同时每个基本方位上各有一块陆地。在东亚，佛教宇宙学中最权威的文字记载实际上是由玄奘译成中文的：世亲所著百科全书《阿毗达磨俱舍论》，这是萨婆多部的传统学术著作，于5世纪汇编而成。

南赡部洲大陆是以一棵高达一百由旬的阎浮树命名的，这棵树位于大陆中心，同时也是重怀地图中的代表性地标。阎浮树旁边是地图中的另一处独特地标：地图上标记的方形水域——“无热恼池”，即阿那婆达多湖，《阿毗达磨俱舍论》也将此湖定位在这片南方大陆的中心。重怀绘制的地图描绘了玄奘《西域记》中提到的湖泊：

> 则赡部洲之中地者，阿那婆答多池也……是以池东面银牛口，流出殑伽河，绕池一匝，入东南海；池南面金象口，流出信度河，绕池一匝，入西南海；池西面琉璃马口，流出缚刍河，绕池一匝，入西北海；池北面颇胝师子口，流出徙多河，绕池一匝，入东北海。①

在重怀的画作中，世界是稳定对称的，以巨型阎浮树和方形的阿那婆达多湖为中心，周边为平地，呈卵圆形，将其与周围的海洋分隔开来。但如果根据宇宙学的顺序绘制该图，地形就会显得混乱。随着深入了解玄奘的著述会发现，书中引用的佛教宇宙学知识似乎多修饰性、少描述性。玄奘在行程中发现西域的地形并不平整，他描述了一条未知的迂回路线，途中穿越了茫茫沙漠、大河、高山和深谷。该地图如实描述了玄奘的行程——详细记录着他经过的每个城镇、城市和国家，并描绘了他提到的每一座佛塔和纪念碑——虽然图中将这一历尽艰辛的旅程置于佛经描绘的有序对称的精确世界中。尽管该地图可能包含西域的所有地形特征，但其呈现的世界形态仍局限于佛经中的古典宇宙学理论。

---

① 《大唐西域记》，869c；Li Rongxi，*Record*，18。

## 文本和图像

该地图如同一本百科全书，将数百页描述性故事整合成一幅全局图，在文字与图像之间建立了复杂的联系。摘自玄奘《西域记》中的段落，以图注的形式出现并将地图框住。数百个地名用图框分隔开，分布于整张图：白色矩形框内的黑色文字能够起到装饰和掩盖地形的作用。《西域记》中的地点和事件都注有名字、注释和说明。尽管在范围上，地图图像是瞬间的、总括的，但解读地图文本是一个耗时的缓慢过程：从观看地图转变为阅读地图。

大陆周围的彩色图注同时对图像及其来源做了分割和统一。彩色的几何形文字块环绕着大陆，就像是文献书目构成的群岛，为中部图像提供了一个文本环境，即意义框架。利用这种框架，可以将地理情况作为叙事背景，给出玄奘所描绘的世界的概况及具体阐述。这些嵌入的文本既在地图内，也在地图外，介于存在于地图本身之外玄奘更大体量的文本和地图内的图像之间。这些文本提供了另一种形式的地理数据：毫无层次感的分立单元，但这些单元划定并描述了已知世界的边界。它们沿边界而设并附以评注，将图像与文本所指联系在一起，示意所指涉的对象既是地图性的又是百科全书式的。

其中一处图注引用玄奘的《西域记》和慧立的《三藏法师传》来介绍地图的主题：

> 《西域传》云，贞观三年（629 年）秋，锡杖遵路，同十九年正月，届于长安。所获经论六百五十七部，译布中夏。慈恩传云，去圣既遥，来教多阙，殊途竞轸，别路扬镳，每慨古贤得本行本，鱼鲁致乖，痛先匠之闻疑传疑，豕亥斯惑……兹轻万死而涉葱河，重一言而之柰苑。鹫山猿沼，仰胜迹而瞻奇，鹿园仙城，访遗编于蠹简。春秋寒暑一十七年，耳目见闻百三十八个国，所获大小二乘三藏梵本六百五十七部。①

① 《大慈恩寺三藏法师传》，221a，第 8—19 页。Li Rongxi，*Life*，7。

尽管其他许多图注中都存在文本缺失或损坏的情况，但 18 处中的 13 处图注却包含了玄奘《西域记》前两册中的段落，其中描述了南赡部洲的宇宙学知识以及天竺的地理、气候、历法、建筑、阶级结构、教育实践、植物群、饮食习惯和丧葬仪式。[①] 这种文本式架构将地图和读者置于多元文化框架中，其中包括宇宙学、政治学、知识和人种学。它提供了一个全面而详细的引文网络体系，从三千大千世界、环绕须弥山的四大洲，以及诸佛诸王之境始，然后将重点放在描述天竺各地和佛陀故乡的细节上。

较大的叙事性框架中的第二种文本模式是地图中用图框表示的地名。这些地名用于识别和掩盖地形。它们通过清晰展示异域景观，用文字转述地形，为读者提供方向指导。文本和图像互为依托的方式使重怀的地图更加直观地呈现复杂的故事，也消除了单一角度解读或标准化解读的问题。玄奘的《西域记》是一部叙事性文献：书中明确了一种可以遵循的行程空间轨迹。然而，玄奘的视觉表达方式可能会破坏相关活动的顺序和连续性。取经路线以红线标注，被较小的白线图框断开，每个图框都有一条细细的黑墨轮廓，列出了玄奘经过的每个国家的名称。在许多情况下，这些图框都直接绘制在了取经路线中，红色的线条穿过图框的白色背景。红线迂回曲折，有时交叉而过，有时原路折回然后出其不意地穿过不平坦的未知之地，这与地名图框的规则几何形态形成了鲜明对比。

红线有停有进似乎表明了玄奘朝圣之行的连续性；地名即其逗留之处，像目录一样划分并构建朝圣之行的线性。毕竟，这就是这些地名在玄奘《西域记》文本中呈现的形式：能够预期并概述叙事顺序的地名列表。如果说地名是一种用名称概括一个地方的记忆工具，那么行程就是由若干地名单元组成的空间叙事：是一个有关地点和在地点间通行的故事，是一个有开头、过程和结尾的结构。尽管行程是线性的、有顺序的，但地图却是平面的、广阔的。地图的讲述没有必要的顺序。受述者可以向前走或往回走，叙述者可以顺叙也可以倒叙，也可以随时按任何顺序描写、跳过、

① 关于文本框的详细分析，请参阅 Michael Jamentz，“Hōryūji shozō Gotenjikuzu ni tsuite no gakuekak”，in Jōji Fujii，et al.，*Daichi no shōzō：ezu，chizu ga kataru sekai*（Kyoto：Kyoto daigaku shuppankai，2007）：84－103。

暂停、编写或略去任何地点。这种表达方式的叙事空间和叙事时间相对自由。重怀的全景视角既强化也克服了玄奘叙事的顺序行程。

第三种文本模式是直接写在所绘景观顶部的注记。在巴米扬，佛陀的大石像以颜料绘制，但“佛入涅槃卧像，长千余尺”和“鍮石释迦佛立像，高百余尺”却只是以文字的形式出现在寺庙建筑旁边。设多图卢国（Satadru）附近景观的注记是“四佛坐及经行遗迹之所”；垩醯掣呾逻国（Ahicchattra）旁边写着“如来在昔为龙王，七日于此说法（之龙池）”；“劫比他国”（Kapitha）是“佛上忉利天三月为母说法来下处”；憍赏弥国（Kausambu）的注释是“伽蓝东南重阁上有故砖室，世亲菩萨尝住此中作《唯识论》”；“祇园精舍”的岩壁上写着“如来说法之处”。将叙事对象与叙事主题相融合，图像才能清楚表达出自身的所指。对地理景观的标注，每个字都取自《西域记》本身，带动的是阅读和观看的双重行为，这种标注可以让人忽略文本与图像之间的区别。

如果说围绕南赡部洲的图注包含叙事框架和图画框架，那么玄奘旅程中的地形细节则是绘画的主题。一条细细的红线蜿蜒穿过大陆表面，追溯着玄奘旅程中的时空顺序。中国被呈现为大唐国，图框中标记为晨旦国（中文：震旦，佛教对此国的称呼），是玄奘的西行起点和东归终点。大唐位于大陆的东部边缘，是陆地上为数不多的空白区域之一。要是对此处进行批注，地图上可能会写不下。考虑到中国是最为熟悉的地方，所以几乎完全忽略了中国，这清楚表明，该地图想要表现的不是当时的地理知识状态，而是玄奘《西域记》中的世界。由于书中没有提到中国的地理情况，因此地图上中国的地形地貌几乎一片空白，仅有玄奘出发之前经过的少数地点的名称：都城长安、秦州、兰州、凉州、瓜州和玉门关。① 在这一地点之前，地图一直沿袭慧立《三藏法师传》记载的路线，其中对戈壁的描述也来自慧立的版本：“即莫贺延碛，长八百余里，古曰沙河，上无飞鸟，下无走兽，复无水草。”② 但是，所有其他段落描述以及从高昌到纳缚波故

① 玄奘《西域记》中并未提及这些省区的地名，却出现在了慧立的《三藏法师传》中。《大慈恩寺三藏法师传》，222c。上文引用的图注表明，该地图的绘制参照了多个文本资料。

② 请参阅《大慈恩寺三藏法师传》，224b；Li Rongxi，*Life*，26。

国的朝圣路线上的150多个地名全部摘自玄奘的《西域记》。

重怀所绘制的玄奘朝圣图不仅规模宏大、范围全面、内容翔实，而且寓意深远、用途广泛。叙事方式从文本手卷转变成图画立轴，画作只能远观才能充分领会，而文本则只能近距离阅读。该地图对宇宙学做出了解释，同时通过单一资料来源的文本描述了相关地理：这是一份完整的世界地图，附有引证文献、地名和注释；这是一部史诗般的传记，但主人公从未出现；这是一份典型的佛教朝圣者的地图记录，利用文本和图像记录的行程描述了玄奘每一天行进的方位和距离，每个国家的名称、规模、风俗和信仰；这是一部有关佛教人口学的汇编集：涉及僧侣和寺院、宗派和教派、佛塔、神奇形象和佛教史上的圣地的地理学。

但是，其达到的最好效果也许是对视野的呈现。借助画面描绘玄奘的旅程，整个佛教世界变得清晰可见。图画将封闭式文本拓展开来，呈现出一个以空间为线索的故事，或者更确切地说是一系列的故事，大量故事同时呈现在画作中的广阔区域，只是次序不定而已。观者仿佛受邀进入地图中，跟随玄奘的脚步，参观天竺和西域的地标建筑，感受难以到达的圣地和神圣足迹。[①] 观者虽置身地图之外却能无所不知，仿佛受邀探索其中各地的奥秘。该地图会让人最终产生视觉错觉：人虽停留在原地，心却已随着地图去了远方，而且（像玄奘那样，在梦中站在须弥山的山顶）一眼就能遍览整个世界。

## 临摹忠于原图

在日本，无论是否受过中世纪奈良寺院的文化熏陶，佛教僧侣都在不断地临摹玄奘朝圣图的原图。法隆寺和自16世纪起且与兴福寺关系密切的另一家寺院（可以保存和供奉玄奘朝圣地图的寺院）一直各自保存着一份

① 这种现象并不会局限于佛教地图学。沃尔特·梅隆用类似的语言描述了亚伯拉罕·奥特柳斯于十六世纪绘制的基督教圣地图，请参阅 Walter S. Melion，“*Ad ductum itineris et dispositionem mansionum ostendendam*：Meditation，Vocation，and Sacred History in Abraham Ortelius's *Paraergon*”，*The Journal of the Walters Art Gallery*，vol. 57（1999）：49－72。

18 世纪的原图临摹本。然而，其他许多临摹本由日本各种佛教宗派保存，包括真言宗、真言律宗、净土宗和净土真宗，这些宗派对法相宗祖师似乎没有任何宗派上的兴趣，但这些临摹本是按照时间顺序和宗派类别制作的，证明了这些宗派对玄奘经典形象的长期崇拜。这些临摹本的历史可以追溯到 16 世纪至 19 世纪，在此期间，日本经历了深刻的宗教、知识和技术变革。然而，随后出现的临摹本却几乎没有什么变动。临摹本追求的是与原图保持精准一致，其目标是复制，而不是创新。

佛教寺院作为绘制和复制地图的场所，表明相关作品必须具有宗教背景。法隆寺保存的一幅 18 世纪的临摹本，落款是禅成（僧人），其名字见临摹本右边缘，内容如下：

> 彼図者貞治三甲辰（1364）五月目奉図絵重懐図給法隆寺律学院経蔵在之借用而写之為後代興隆拭老眼而成渡天之思奉書写後見人可隣……奉仰太子聖徳法皇納受者也（落款）禅成①

禅成以虔诚的态度完成了该临摹本的绘制，并将其进献给了圣德太子法皇——法隆寺的创始人及日本皇室信仰佛教的典范，此举终将推动佛教教义发扬光大，同时也表明了这种宗教式转录所反映出的深刻宗教内涵。这种献纳同时也伴随着大多数形式的佛教践礼。然而，禅成对这种献纳本身的情感特质的描述并不常见但较具启示性：“我临摹这份地图的时候，感觉自己就像去天竺旅行了一番。”就像魏希德（Hilde De Weerdt）研究中国地图学韵文一样，禅成给出的注解表明，“偶尔看看地图，带给人的不仅仅是情绪反应。我们可以将这些情绪反应视为一种间接引导……向读

① “彼図者貞治三甲辰五月目奉図絵重懐図給法隆寺律学院経蔵在之借用而写之為後代興隆拭老眼而成渡天之思奉書写後見人可隣　　奉仰太子聖徳法皇納受者也禅成。”关于发表的铭文抄录内容，请参阅 Muroga and Unno，“Nihon ni okonowareta Bukkyō-kei sekaizu ni tsuite”，88，n. 1；Nakamura Hiroshi，“Chōsen ni tsutawaru furuki Shina sekai chizu”，*Chōsen gakuhō* 39 – 40（1966）；Ōji Toshiaki，*Echizu no sekaizō*（Tokyo：Iwanami，1996），140；46 – 7。

者表明如何理解地图中的特定内容和特征。”① 至少对于禅成而言，玄奘的世界地图发挥了圣像式的作用。对于禅成和在各类寺院中临摹和供奉该地图的其他佛教徒来说，该地图既是他们祷告的对象，也是通过文字追溯并重演玄奘旅程的一种宗教仪式。天竺朝圣之行对他们来说是一种利用视觉媒介进行的禅修仪式。

重怀绘制的玄奘朝圣图现存有 13 个版本。这些版本之间的承继关系并不明确也并不直接。根据现存资料集中的不同版本和题记，可以判断曾有原图但现已佚。两件后期的重怀地图临摹本都保存在法隆寺。其他临摹本则收藏在大阪府真言寺久修园院、和歌山县高野山的真言寺总院金刚三昧院、滋贺县净土寺净严院、京都净土寺总院知恩院，以及增上寺分寺宝松院，即东京净土宗总寺（其藏本已遗失）。曾收藏于其他寺院的另外六件临摹本现都收藏在京都大学图书馆、龙谷大学图书馆、神户市博物馆、日本国立历史民俗博物馆、日本国家档案馆和南澳大利亚艺术馆。

在这些临摹本中，一件于 1736 年绘制，曾藏于宝松院，其所含文字材料如同禅成的题记一样，提供了有关该地图被接受的历史的一些线索。尽管宝松院藏图在美国轰炸东京时被损毁，但战前版的《大日本佛教全书》中再现了一张宝松院藏图的照片，还有两份随附评注的文献，题为“西域图覆二校录”（*Saiikizu sofuku nikō roku*）。② 第一份文献声称，宝松院藏图是玄奘从天竺所获原图的第三代临摹本，其中记录了朝圣旅程路线。据文献记载，玄奘将原图存放在了长安的青龙寺，后来中国的惠果大师将其送给了真言宗祖师空海，空海在 9 世纪初将该原图带回日本并保存在了东寺。③ 该文献指出，大约九百年后，京都东部小松谷正林寺的慧空大师临摹了东寺的藏图，将其带到江户，并献给了增上寺的第 41 任方丈顿秀

① Hilde De Weerdt, “Maps and Memory: Readings of Cartography in Twelfth – and Thirteenth-Century Song China”, *Imago Mundi*, vol. 62, part 2 (2009): 145 – 167, 163.

② Bussho kankōkai, ed., *Dai Nihon Bukkyō zensho*, *Yūhōden sōsho* (Tokyo: Dai Nihon Bukkyō zensho kankōkai, 1917), vol. 2: 1 – 29. 这些文献也发表在新版的《大日本佛教全书》中，但在该版本中，宝松院藏图的照片被金刚三昧院藏图临摹本的照片所取代。请参阅 Suzuki Research Foundation, ed., *Dai Nihon Bukkyō zensho* (Tokyo: Suzuki Research Foundation, 1972), vol. 87: 328 – 340。

③ *Yūhōden sōsho*, vol. 2, 1a-b.

(1666—1739)。这位方丈接着又让忍海大师（1696—1761）临摹了慧空的地图原稿。[①] 因此，该文献将日本佛教的神圣起源归结为这幅由玄奘亲自绘制并存放于青龙寺的地图，后来又由惠果送给空海并保存在东寺。因此，这段记载更像是虔诚的传说而非历史史实。虽然第一份文献描述了该地图的来源，但是第二份文献根据地理学知识和书目资料对其内容进行了严谨的分析。

第二份文献指出，该地图最初的标题是《五天竺图》，但因为其中包括中亚，所以，应更准确地称其为《西域图》，这一更名强调了玄奘《西域记》的核心地位。[②] 该文献的编写者从学术角度研究并评注了该地图，提供了中国、中亚和南亚地名的异读形式，仔细注记了距离和方位，并单独列出了佛教古迹。编写者评估并订正了每个地名和文本注释，并将其与玄奘的《西域记》、慧立的《三藏法师传》等权威经典以及《唐书》等其他历史地理资料进行了比较。

然而，增上寺僧人在查阅玄奘行程至该地图中的布陀落山（日语名：Fudarakusan）（观世音菩萨的道场）时，他们看到了一个超出玄奘《西域记》所描述范围的世界。尽管《西域记》中提到了一座位于南赡部洲沿岸（而不是离岸）的一座山，但该地图中描绘的是一座岛屿，附有详细的地形地貌，还有玄奘简要记载中并未提及的许多地名。该文献解释道，在观世音菩萨所在净土周遭的图框中有33个地名，它们不属于佛经中记载的补怛洛伽山，而是中国的朝圣地普陀山。文献中列出了一些当地地名——衷堂、正趣峰、盘陀山，石哲石桥、净琉石、白衣峰、莲华洋、潮音洞、新

① Yūhōden sōsho, vol. 2, 1a. 关于忍海大师的更多画作，请参阅 Zōjōji shiryō hensanjo, ed., *Zōjōji shiryōshū*, supplementary volume (Tokyo: Zoku Gunsho Ruijū Kanseikai, 1984), 22. 忍海大师还编著了 *Taima hensō shiki*，该著述研究的是当麻曼荼罗及其临摹本，请参阅 ten Grotenhuis, *The Revival of the Taima Mandala in Medieval Japan*, 117 - 118。小松谷正林寺是净土宗的一座重要寺院。尽管该寺在应仁之乱中被损毁，但义山（1648—1717）及其弟子慧空（据文献，他绘制了一幅地图，后该地图借给了宝松院）于1733年复建了该寺院。义山是净土宗的著名佛学大师，曾编写过教义评注（*Shaku Jo-do gungiron* 釋淨土群疑論；*Jubosatsu kaigi yo-ge* 授菩薩戒儀要解），为法然的传记配图（*Enko-Daishi gyo-jo-yokusan* 圓光大師行狀翼賛，*Ho-nen Sho-nin gyo-jo-ezu* 法然上人行狀畫圖），撰述当麻曼荼罗（*Taima mandara jussho-ki* 當麻曼荼羅述奨記），并为佛像集提供权威指导（*Butsuzo-zui* 佛像圖彙）。

② *Yūhōden sōsho*, vol. 2, 2b.

罗礁、善财峰——甚至还有中国岛屿上的郡县（明州）。该文献参考了中国普陀山地名录和标准的中日文参考书，不仅诠释了当地地名，还对其做了完善、正名。[1]

编写该文献的佛学大师将玄奘的朝圣图视为一种远超祷告对象的存在：其书面痕迹体现了与禅成虔诚的题记截然不同的被接受的方式。对他们而言，重要的地理资源还需要进一步的分析和评估，并将其与其他书目资料进行比较。他们的目的不仅是要形成一份忠于原图的临摹本，还要构建一部有关玄奘朝圣之行的评述版。

也许重怀所绘地图的最新临摹本是最具创新性的版本。该版本的完成日期可追溯到19世纪的后几十年，现存放于净土宗西本愿寺——京都龙谷大学图书馆。在如实保留玄奘朝圣之行路线的同时，制图者还更新并填补了所有早期版本中没有改动过的诸多空白之处。比如，在中国区域填补了一幅反映大清帝国地理的颇为详细的地图，而在其他所有临摹本中，中国区域都是留白的一处。中国地图与南赡部洲其他区域一样也绘以亮色，其很可能是根据长久保赤水（1717—1801）于18世纪末在日本出版的若干雕版印刷中国地图中的一幅绘制的。赭色边界线标记出了当时中国的边界，这与划分印度其他地区的赭色线很相似。在图中，海岸外绘有约25座未命名的小岛的轮廓。

陆地上分布着数以百计的中国地名，都标在长方形、椭圆形、圆形和菱形的图框中；一百多座主要山脉整体展示出了中国当时的地形结构，这些山脉都被涂成了绿色和棕色，且都标记着名称；还有一张错综复杂的蓝色水道网贯穿整个地貌。该图也采用同样的朱红色线标记出玄奘的朝圣路线，这条线蜿蜒穿越整个中国，连接各个城镇，制图者也测量记录下了这些城镇之间的距离。这份当时全新的制图数据被补充到了这幅19世纪的南赡部洲地图中，这些数据是玄奘记载的地理信息中所没有的，且实际上也与之毫无关联。佛教经典的世界观得到了更新和调整。曾经是令人心驰神往的景观和佛教起源的指南，现已成为代表当时亚洲地图学的作品，此

---

① *Yūhōden sōsho*, vol. 2, 18b - 19a. 最常见的引文资料包括王圻和王思义于1607年编著、1609年出版的《三才图会》和寺岛良安的日文改编版—《和汉三才图会》，于1712年完成。

时，中国与西域和印度已完全融合在了一起。

但是，重新被纳入南赡部洲版图的不仅有中国，日本也有了新的版图轮廓。龙谷藏图取代了迄今为止所有其他临摹本上出现的描绘方式——列岛的缩略画（九州和四国处于前景，本州则被缩小了），囊括了比以往更完整和最新的日本地图。这里的日本取自一幅 19 世纪末的铜版印刷地图，制图者将其从原来的背景中裁取出来，粘贴在了南赡部洲的地图上。铜版雕刻技术是从 18 世纪末开始在日本发展起来的，比绘画或木版画更为精细。这幅日本地图是从早期的铜版地图集截取的，标记了边界线，使用汉字和日语音节在椭圆形图框中注明了每个省份的名称，还包含山河、区划，甚至是伊势神宫内外宫的名称。

这种地图整合无论是按语境、年代，还是从认知角度来看都不太协调。在玄奘一成不变的佛教世界大陆中，激进地补充进当时的中日地图，这表明其被接受的背景明显不同于迄今为止考察过的所有其他版本的地图。这种现在主义的冲动，即要更新本质上属于唐代的世界观，让人想起增上寺的僧人们于 18 世纪编写的学术评注，试图用最新的地理参考著作来比较和更正地图中的古代地标。然而，正是这些佛学僧人保存并延续了由空海所传播的这幅玄奘亲绘地图的传说。对于增上寺的僧人们来说，虔诚的态度和现在主义并不相互排斥，对于龙谷藏图的编绘者而言也是如此。然而，评注与整合之间仍然存在差异。在利用现有地图制图时（制图过程中明显存在整合）——龙谷藏图的绘制者创造出了一种前所未有的整合形式：既回顾理想化的过去又看向所期盼的未来。然而不均衡的是，龙谷藏图融合的是 14 世纪彩绘印度和中亚地图的临摹本、18 世纪木版印刷的中国地图的临摹本，以及 19 世纪铜版印刷的日本地图的临摹本。因此，为整合为一幅综合地图，制图者融合了三种不同的地图学传统、复制技术和视觉制度。试图统一不同的呈现模式，其实验性大于其成就，其中的缝隙和缝合都非常明显，制图者的努力和付出不言而喻。为了理解这种整合行为为何是可能甚至必要的，我们需要转向近代日本对玄奘的世界进行的更彻底的改造。

# 重绘玄奘的世界

在17世纪中叶，日本从欧洲和中国引进了大量的世界地图，并对这些地图进行了临摹。在日本流传的绘制于中国的佛教世界地图，包括如1269年由志磐所撰的《佛祖统纪》以及仁潮编写的《法界安立图》（1607年在中国出版，1654年在日本再版）等宗教汇编中的木版插图，也有流行的明代百科全书中的木版插图，如章潢（1527—1608）于1613年编写的《图书编》。16世纪末到17世纪初，欧洲地图学出现在大幅面的彩绘屏风和利玛窦的多幅木版画中，到了17世纪，出版的单幅木版画和书籍插图已遍布日本大街小巷。在明代的中国，基督教和佛教地图学并肩出现。比如，《图书编》中同时囊括了四海环绕下的南赡部洲地图，以及利玛窦于1584年绘制的简版世界地图。

然而我们也注意到，从17世纪到19世纪，日本还在继续制作以中世纪原型为基础的玄奘的世界地图。后来的所有临摹本，除一件以外，都是在日本人完全熟悉了欧洲和中国的世界地图之后很长一段时间才制作出来的。然而，除龙谷藏图外，这些地图并没有显示出受到了新的地图学的影响。随后几个世纪出现的临摹本也是因循旧法，并不是制图者不懂新的地图学知识，而是他们有意根据备受尊崇的原图如实细致地再现，这与印度、中国和日本佛教传统中尊崇祖师的思想密不可分。玄奘朝圣图的临摹本制作者都非常了解同时期的其他制图法。例如，1692年，真言律宗的宋觉大师（1639—1720）如实转录了重怀所绘制的玄奘朝圣图，其中，中国依然是一片空白。但在一年前，他也基于最新的中国地理资料临摹了一幅图幅庞大、内容详尽的明朝中国地图。除龙谷藏图中出现的创新之处外，江户时代临摹的所有《五天竺图》都是转录图，没有任何创新，完全遵从古代转录传统。尽管日本佛教界始终在绘制自成一体的卵圆形玄奘朝圣图，丝毫没有受到欧洲和中国新的地图表现形式的影响，但日本佛教界绘制的其他世界地图也开始使用一系列新资料来增补玄奘所描述的地理。

在18世纪之交，出现了两幅不同寻常的大型佛教世界地图，宣告了日本的佛教世界图景所发生的巨变。它们将玄奘朝圣的地理环境从《西域记》中边界分明的南赡部洲大陆，转变成了支离破碎的、不规则的地形，周围是层出不穷的异域。其中，藏于京都大学图书馆室贺作品精选集中的一幅地图原稿，在比例上与之前讨论过的重怀所绘地图非常相似。仍然可以通过方形的阿那婆达多湖，湖周围若干条螺旋状河流，以及大陆中心巨大的阎浮树对南赡部洲予以辨认。尽管该图保留了这些可识别的地标，但南赡部洲的整体形状已发生了巨变。南赡部洲的卵圆形边界不再像以往地图中那样平整，现在呈倒置泪滴状，南面呈尖角突起。此外，海岸线非常复杂，有许多入海口、半岛和小岛。海湾和三角洲分散在南赡部洲和若干河系的表面。然而，由于南赡部洲的北部和西北部地区并不在玄奘朝圣路线范围内，因此在地图上一片空白。尽管海岸线经过精心绘制，但它北部内陆的地形仍是一片空白，没有任何标记。

地图上的中国不再像早期地图那样一片空白，而是填充了诸多湖泊、河流以及各省和主要城市的名称。地图上绘制并标记了众多山脉，如西王母的人间仙境昆仑山、文殊菩萨静修之地五台山，以及五岳：东岳泰山、西岳华山、南岳衡山、北岳恒山、中岳嵩山。省份标注了名称，且边界清晰；沿中国的北部和西北部边界，还有精心绘制的呈锯齿状的长城。除龙谷收藏的临摹本外，早期《五天竺图》列出的唯一一批中国城市就是玄奘或慧立的著述中所提到的城市。然而，在室贺绘制的地图上，一张精细的红线网纵横交错于整个中国，将若干城市连接在了一起，每座城市都标有名称，城市之间的距离也都标记出来。长安是玄奘朝圣之行的起点，在早期地图上位于最东端并以超大的汉字标记，而在这幅地图上，其只是众多城市中的一座，且被移到了大陆内陆，与周围的城市没有区别。朝鲜半岛的内陆在地图上也有详细呈现，包括鸭绿江和图们江以及长白山。朝鲜国八省的轮廓，以及作为国家祭祀对象的五条大河和著名山脉都绘制清晰。

尽管中亚和印度的地名，以及对各国大小的注记在很大程度上基于的是玄奘的《西域记》，但室贺地图似乎也参考了法显和义净等其他佛教朝圣者的著述。根据其中一个地名的注音判断，地图绘制者似乎参照的是

1653 年出版的日版玄奘《西域记》。[①] 在描绘东亚时，制图者也参考了 17 世纪的其他资料。关于中国的图版，制图者显然是基于 1613 年在日本出版的明代地图绘制的，即《皇明舆地之图》；而关于朝鲜半岛的版图，则似乎是参考了《三才图会》中出现的半岛地图；对日本列岛的呈现与 17 世纪末的印刷版地图（如 1662—1666 年的《扶桑国之图》及 1678 年的《大日本图鉴》）中的相似。[②]

地图中一般都会以红线标记玄奘的行程路线，尽管室贺地图也以红线标记了玄奘的行程路线，但红线延伸到了其他区域。在这幅南赡部洲扩展图上，红线首次延伸到了玄奘未曾到访过的地方——中国北部、朝鲜半岛以及僧伽罗国东南部的三个岛屿。在以往绘制的所有地图中，长安只被标记为玄奘的出发地。然而在这幅地图上，长安是多条红线的连接纽带：南接四川、东南方连湖南、东接河南、东北方连山西，而且所有的距离都标记出来。红线之前用于标记历史性朝圣路线，现在构成了连接当时中国所有主要城市中心的贸易路线网。

红线所到之处并不局限于明朝的范围：其中，一条红线延伸到朝鲜半岛，包括朝鲜国的八个省，然后向西北延伸至女真族的领地；一条红线从长城以外的辽西向西北延伸到契丹族的领地；还有三条红线则以日本九州为起点：一条从长崎向西延伸到明代都城南京，一条从平户向北延伸，经过壹岐岛和对马岛，到达朝鲜半岛东南端的巨济岛，第三条从鹿儿岛向南延伸到琉球诸岛。[③] 其他红线则标记出了海上航线以及与遥远的外域港口之间的距离：福建、广州、占城和扶南国。[④] 重怀在 1364 年绘制的地图以及该地图在之后五百年间的转录本，只注明了玄奘经过的国家和城市的名称和规模。相比之下，室贺地图补充了从长崎到波斯这条扩展的交通路线网中各节点之间的距离。沿着玄奘走过的蜿蜒路径所绘制出的红线，现在

---

① Muroga and Unno，“Nihon ni okonowareta Bukkyō kei sekaizu ni tsuite”，110.

② Muroga and Unno，“Nihon ni okonowareta Bukkyō kei sekaizu ni tsuite”，111.

③ 中山国是 14 世纪到 16 世纪琉球王国中一个国家的名称。

④ 在 16 世纪末折叠屏风上绘制的欧洲椭圆形世界地图中，也有类似的贸易路线的表现形式。山本尚志、小林中村、河村满和净德寺收藏的世界地图屏风都有一条红线，标记了从葡萄牙、西班牙到东亚的贸易路线。请参阅 Unno，“History of Cartography in Japan”，461。

似乎并不具有定性功能，而是具有量化功能：这条红线已成为衡量主要城市间距离的直线体系。

新出现的域外地名和标注的距离在很大程度上与西川如见（1648—1724）编写的《华夷通商考》（日语名：*Kai tsūshō kō*，1695年版）中记载的地名和距离相符。制图者在绘图时参照了从长崎获得的最新外国资料以及日本与域外土地间的确切距离记录，表明制图者采用了经验主义制图法，这在早期佛教制图实例中从未出现过。数据资料和非佛教资源的引入表明，这种制图方式包含的文化内涵与再现玄奘朝圣图这一传统制图模式有本质区别。它代表的不仅是一种信仰行为，更开启了与根本意义上不同的、真正具有潜在挑战性的世界观的接触。

两幅地图中的另一幅绘于1709年，现收藏于神户市博物馆的难波作品精选集中。虽然该图与室贺地图密切相关，但它更为翔实。

难波地图再现了室贺地图中有关南赡部洲的特殊轮廓。截至目前，与研究过的其他所有佛教制图实例一样，它描绘了阿那婆达多湖、四颗神兽头颅，以及处于佛教世界中心的巨型阎浮树。但与先前其他地图中的南赡部洲相比，此处的南赡部洲大陆的裂缝更多，更多区域被河流分隔开。因此，该图中的南赡部洲本身就像是一个巨大的群岛。环绕南赡部洲中部的海洋在早期的所有地图中都是相对空白的状态，而现在却遍布着两百多个名称各异的彩绘岛屿。因此，难波地图呈现了一个遍布岛屿的群岛世界。

出现在室贺地图中的少数几个岛屿（如台湾岛、吕宋岛、澳门和印度尼西亚群岛）也出现在该图中。南部和东南部的岛屿也标记了各种南亚和东南亚地名：马拉巴、坎贝、喀拉拉邦和吉打（Kataram）；爪哇、苏门答腊、马六甲、文莱、巴丹、格兰和加里曼丹。东南部还有一个大岛屿，地图上标记为大食国，在唐代称为阿拉伯。然而，这些鲜为人知的岛屿名称都记录在了当时的文献中，如西川的《华夷通商考》，这些岛屿周围有数百个名称和出处都辨识度不高的其他岛屿。许多岛屿的绘制都参考了17世纪初的明代汇编资料《三才图会》，如小人国、长腿国和长臂国。但难波地图中还包含了其他神秘的国家：巨人国（*Chōjinkoku*）、一目国（*Ichimokukoku*）、女儿国（*Nyōninkoku*）、不死国（*Fushikoku*）、穿胸国（*Kōyokukoku*），以及南赡部洲北部的三首国（*Sanshukoku*）。所有这些传说之地在明代的木版《山海经》《三才图会》和《图书编》中都有记载和插图，连同西川在《华夷通商考》中列出的当时日本的贸易国，都被囊括在了该图百科全书式的群岛中。

在室贺地图中，南赡部洲北部和东北部地区几乎占据陆地面积的一半，这部分地区在地图中处于空白状态，没有任何标记。然而，在难波地图中，这些地区标记了地貌和文字：国家都有名称，山脉、森林、河流、三角洲、海湾及内陆海域也都是精心绘制并着色的。在室贺地图中，朝鲜半岛在南赡部洲东部凸出。与室贺地图不同的是，在难波地图中，朝鲜半岛与南赡部洲西侧凸出的半岛相接，该半岛标记为拂懔（拜占庭），在旁边标记着大泰（今叙利亚地区），相关描述为“距离南京 4 万里”。

与室贺地图相似的是，难波地图的原稿以红色直线标记了玄奘的路线——在某些情况下，还标注了距离——它将代表每个城市和国家的方形节点连接在了一起。然而，图中的红线图案与室贺地图中的图案略有不同。尽管中国本土在图中呈现的方式大同小异，但此处的红线并没有延伸到中国的西部边界外，而是在中国内陆。尽管红线没有延伸到朝鲜半岛，也没有延伸到日本列岛，但它确实描绘了中国境内的数条路线，这是玄奘的《西域记》和室贺地图中所没有的。鉴于室贺地图中增添的红线从传统上的玄奘路线延伸到了更远的地方，难波地图上的新路线则完全不同于唐朝朝圣者的路线。当前，有四条不连续的路线将长城以北的城市和部族连接在了一起，包括“女真”“蒙古”“党项”和“回鹘”。而红色短线则将南赡部洲西北部地区的地名以及东南部的一些岛屿连接在了一起。

在日本佛教地图中，南赡部洲西北角出现了一组新的岛屿。与该图其他地形不同的是，它们只有轮廓，除山脉上偶施绿色外，基本全是无色。该群岛的中部是荷兰，标记着汉字，西川将其称作“阿兰陀”（佛兰德）和红毛，或红发（日本人对荷兰人的主流称呼）。群岛中最大的岛屿位于荷兰下方：“尼德兰七省共和国”，尼德兰各省都以注音字母命名：荷兰、海尔德兰、上艾瑟尔、弗里斯兰、格罗宁根、乌得勒支和泽兰。① 尼德兰

① 请参阅 Nishikawa Joken，《增補華夷通商考》（*Zōho kai tsūshōkō*），5 vols.（Kyoto: Kansetsudō 甘節堂，1708），vol. 4，2b。

北侧是丹麦、德国和挪威。东侧是瑞典和波兰，后者也出现在西北部，用的是另一个地名 Polonia（波兰）。[①] 西侧是英格兰和法国。[②]

尽管玄奘的路线仍然是该图的中心，但朝圣者的路线已不再迂回，而是形成了延伸到北方边境、追踪南方海上贸易路线的路程网。难波地图中有一个由已知岛屿和虚构岛屿组成的庞大群岛，还有阿拉伯和拜占庭这两个遥远的国度，以及详细的欧洲地理情况。到了 17 世纪末，日本已接受、形成并享有了多种世界观，主要体现在：欧洲铜版画和地图集上由布劳、范德基尔、普兰修斯、奥特柳斯、布劳恩和霍亨贝格绘制的世界地图；中国木版书籍中包含的由利玛窦、王圻、章潢和仁潮绘制的地图；以及日本对这些世界图景的各种挪用和重新想象，从华丽的彩绘屏风到流行的单幅印刷品等。所有这些资料都为室贺和难波作品精选集中的绘本地图提供了信息，但这些地图并不完全限于以往任何特定的资料。这说明，这些地图的绘制体现了高水平的尝试与改编、修补和调整，以期能够为佛教世界观的发展轨迹留下当时的印记。此外，这些地图还为后来的佛教世界地图确立了一种新的范式，即用印版取代毛笔，将日本佛教的世界观从僻静的寺院推向江户印刷文化下的大众世界。

## 印刷品中的玄奘的世界

玄奘朝圣图在 18 世纪的第一个十年实现了商业化出版，这也标志着佛教世界地图在图幅、内容和概念上发生了根本性的变化。在机械复制和商业流通的时代，这种增强版的佛教世界地图与欧洲世界观接触、碰撞，其图像化的形式和观看者的阶层都达到了前所未有的程度。最早出现在印刷品上的玄奘朝圣图是一幅两页的《南赡部洲地图》（*Nansenbushū no zu*），收录在 1707 年圆晖法师对世亲的《阿毗达磨俱舍论》所作的注疏著作（*Abhidharmakośa*，*Kanchū kōen kusharon juso*，冠註講苑俱舍論頌疏）内，该地图是由华严宗凤潭（1659—1738，又名浪华子）大师绘制的。

① 请参阅 Nishikawa，*Zōho kai tsūshōkō*，vol. 5，7b。

② 请参阅 Nishikawa，*Zōho kai tsūshōkō*，vol. 4，19a。

然而，凤潭绘制的南赡部洲地图并不局限于世亲提供的5世纪的资料。中亚和南亚的所有地名都取自玄奘的《西域记》，地图用直线标记出朝圣者的路线，按照玄奘的行程顺序将所有地名都连接在一起。此处，阿那婆达多湖位于地图中心，玄奘《西域记》中提到的沙漠、湖泊、河流和山脉也都在地图中描绘出来。这张地图与早期呈现的玄奘之旅的另一个不同点在于凤潭对铁门关，即帕米尔高原巴克特里亚与粟特之间的狭窄山谷的独特表现。玄奘对它的描述是："两傍石壁，其色如铁，既设门扉，又以铁锢，多有铁铃，悬诸户扇。"① 显然，受玄奘色彩描述的启发，凤潭按字面意思将著名的山口描绘成一扇与山齐高的关闭的铁门，就像日本仓库里紧闭的金属门一样。

玄奘描绘的西域占据了地图面积的三分之二，其余部分都是中国的版图。凤潭将朝鲜半岛、日本、琉球诸岛和吕宋岛置于地图的东部边缘，它们的部分海岸线从这里突出。南赡部洲的最西端标记着波斯、拜占庭和阿拉伯半岛。除此之外，在地图最西端的海洋中，标记着"西女（国）"，玄奘的《西域记》对此也有所提及，而且早期的所有地图中都出现了该国的名称。东南亚在该图中是一个半岛，一小片岛屿群挤在中国与印度之间。在该图南部边缘写着一小条引自玄奘《西域记》的字："南二万里执师子国骏迦山""三千师子国布咀洛伽山秣剌耶山"。

凤潭于1707年绘制的玄奘朝圣图的受众仅限于对十四卷的《阿毗达磨俱舍论》注疏著作感兴趣的佛学者。但在1710年，凤潭出版了一幅《南赡部州万国掌果之图》（*Nansenbushū bankoku shōka no zu*），更确切地说是《南赡部洲万国掌果便携图》，这幅图获得了更多人的青睐。凤潭所绘地图在各个方向上都延伸了一米，其比例与迄今为止查阅过的佛教世界地图相差无几，该图在绘制时，明显参照过室贺地图的原稿和难波地图的原稿（见上文）。该图的尺寸和形式与挂图类似，可能供寺院和其他宗教传道场所用于敷教展示。凤潭所绘地图印刷了一百多年，它至少发行到1815年，直到19世纪中叶，还以各种简化和缩编版形式复制、发行。

凤潭所绘地图的标题不仅表现了佛教的世界观，也彰显了佛家观念本

① 《大唐西域记》，872a；Li Rongxi，*Record*，31。

身的品质。“掌果”（*shōka*）是一个显而易见也易于理解的佛教术语，表达了凤潭对传统佛教观念和知识的运用。该图前言部分解释道，“以圣慧眼（*hijiri no egan*）观则虽大千界如掌中庵罗果”，这句话在佛教文献中由来已久。在《维摩诘所说经》中，佛弟子中天眼第一的阿那律被问道：“几何阿那律天眼所见？”他回答说：“吾见此释迦牟尼佛土三千大千世界，如观掌中庵摩勒果。”①

对于凤潭来说，“凡夫洞视不过分寸，离娄能百步察秋毫而不获玄珠，鸱鸺夜撮蚤，而昼瞋不见丘山，常人隔壁如盲瞽，然何况尘洲乎”。凤潭的“慧眼”（梵语：*prajñā-cakṣus*）是指能够辨别所有事物本质的视觉力量。因此，凤潭在他的标题和序文中，宣扬了一种特定的佛教世界观和特定的佛教知识观：一种全新的看待世界的方式——全面的、不受阻碍的、统摄的方式——一种类似于玄奘梦见在须弥山山顶遍览众生的全景敞视方式：“以此一目览之，则其所未游未践者，不出户庭齐指诸掌，同凭良夜仰窥星象，莫劳旷搜燦然可见，岂不便也。”

然而，他在序文部分也提到了早期佛教地形图的局限性，甚至提到了玄奘《西域记》的局限性，并对重怀描绘玄奘朝圣路线的《五天竺图》转录本进行了批评：

> 法显玄奘委躯入万死之地，远诣偏寻，并包咸贯，可谓罄其际矣。然其所记述五天、胡羌、葱岭、雪峤之界，有异前闻而全备焉，而犹未极于海外朝鲜、日本、琉球、暹罗、爪哇国等粟散群洲，其疃岂能及乎。况乃历世建革，梵汉译殊，纵究一方之畔，叵该舆服之徼……

① T 14：522c29－523a1. 三千大千佛国如于掌中观宝冠耳。元照（1048—1116）编著的《观无量寿经义疏》，以类似方式指出：“天眼观大千界如观掌果”（T 37. 290b11）。这种说法还出现在智𫖮的注疏著作里，如《妙法莲华经文句》（T 13：136a9）、《首楞严义疏注经》（T 39：848b9－848b17）、《大方等大集经》（T 13：136a9）等。“显示于掌中”（中文，“指掌”）还出现在十二世纪中国地图的标题中，请参阅 De Weerdt，“Maps and Memory”，164，note 1. 类似的短语“群方掌上”出现在阮泰元为1603年版的利玛窦地图所作的序跋中。D'Elia，“Recent Discoveries”，144。

> 五竺之图……是验知疏。依西域记，不看释迦方志、[1] 慈恩传故也。又不辩四河，九边皆阙，以布怛洛置于师子国东，亡楞伽山，此皆误也。
>
> 自畴，吾邦名刹所收有五印图，披而阅之，方知劣于统纪。且将大唐昌涯补陀山而安于南海之滨，差一万里。汩乱支竺，名处俱失，五天之界，排分失稽，不足取也。

尽管凤潭对玄奘朝圣图的原稿颇有微词，但他的努力却深深得益于这些地图。凤潭严格遵循难波地图原稿来表现欧洲、“拜占庭”、世界大陆的独特形状，以及由异国和奇幻的岛屿组成的庞大群岛。在凤潭于1710年绘制的地图中，南赡部洲保留了方形阿那婆达多湖的核心形态以及从四大神兽之口流出的四条大河，而这些都是以往所有佛教地理图中都有的特征。印度和中亚仍是世界的中心；其中的地名也与《西域记》中的地名相同，每个国家均按顺序列出，其各自的规模也与玄奘7世纪文本中记载的完全一致。因此，虽然凤潭批评了早期玄奘朝圣图中存在的错误，但他仍选择保留已有一千多年历史的这一地形地貌。然而，与他三年前发表在《阿毗达磨俱舍论》注疏著作中更小、更简单的《南赡部洲地图》不同（事实上也不同于以往所有日本佛教世界地图）的是，这些地图以图形的方式描绘了玄奘的行程路线，而凤潭于1710年绘制的扩展图并没有描绘出朝圣者的路线。不过，即使没有标记出行程，即使在南赡部洲的周边增加了新的土地，但凤潭的地图本质上还是对玄奘的世界的描绘。

## 地图再版和复原

凤潭所绘地图按原始形式刊印发行了一个多世纪，并在18世纪和19世纪激发了至少五种简化形式的版本出版。此外，凤潭所绘地图因刊印成册而吸引了更多的受众。寺岛良安在1712年出版的105卷之巨的《和汉三

① 道宣于650年编著的《释迦方志》介绍了佛教从印度到中国的地域传播史，该著作主要参考了玄奘的《大唐西域记》。《电子佛教辞典》（s. v.）“《释迦方志》”。

才图会》（*Wakan sansai zu*），在18世纪和19世纪成为日本最受欢迎的百科全书。① 为配合他的“天竺”条目，寺岛复制了凤潭所绘地图的中心部分，标题为“西域五天竺之图”（*Saiiki Gotenjiku no zu*）。寺岛绘制的亚洲地图，从西北部的俄国到东南部的楞伽山，完全依照的是凤潭所绘的玄奘朝圣图。五天竺的划分，天竺诸国的名称和规模，以及从该图中心蜿蜒流出的四条大河都参照了玄奘文本中所描述的经典景观。甚至，寺岛对天竺的记述也以引自玄奘《西域记》的内容开头：“《西域记》云，南州正中有大雪之葱山。项东有震旦国，南有天竺，西有波斯国，北有胡国。其天竺有东、西、南、北、中央五天竺，而有十六大国。”②

而寺岛对凤潭所绘玄奘朝圣图的复制图也传播到了日本以外的国度。通过与玄奘的贡献相称的文本传承，凤潭所绘地图被列入19世纪欧洲佛学研究编年史，并在其中恢复了它作为玄奘朝圣图的原有功能。朱利叶斯·克拉普罗特（Julius Klaproth，1783—1835）是欧洲汉学界的领军人物，他收藏的日本书籍和地图数量在当时整个欧洲无人可以匹敌。③ 克拉普罗特将寺岛版的凤潭地图译成法文，由平版画家奥古斯特·拉西内（Auguste Racinet，1825—1893）重绘、印制，并以折页图版的形式在他已故友人兼同事雷暮沙（Jean Pierre Abel Rémusat，1788—1832）翻译的法显《佛国记》中出版。④ 该译本是在雷暮沙死后出版的，其标题页指出，该译本由克拉普罗特“编辑、完成，并增加了新的说明”。寺岛版的凤潭地图也做了类似处理。克拉普罗特在翻译和重绘该地图的同时，还用一条错综复杂

---

① 增上寺寺僧经常引用这本百科全书对1736年版的西域地图进行批判性的分析。

② *Wakan sansei zue*，vol. 64，15a.

③ Peter F. Kornicki，“Julius Klaproth and His Works”，*Monumenta Nipponica*，vol. 55，no. 4（Winter，2000）：579 - 591，584. 寺岛编著的百科全书卷宗列在被拍卖的克拉普罗特图书馆的日本书籍中，请参阅 *Catalogue des livres imprimés，des manuscrits et des ouvrages chinois，tartares，japonais，etc.，composant la bibliothèque de feu M. Klaproth*（Paris R. Merlin，1840），66。

④ *Foe Koue Ki ou Relation des Royaumes Bouddhiques：Voyage dans la Tartarie，dans L'Afghanistan et dans L'Inde，éxécute，a la fin du IV siècle，par Chy Fa Hian. Traduit du Chinois et commente par M. Abel Rémusat. Ouvrage Posthume. Revu，complété，et augmenté d'éclaircissements nouveaux par MM. Klaproth et Landresse*（Paris：L'imprimerie Royale，1836）. 关于克拉普罗特的学术成就对欧洲佛学研究发展的重要性，请参阅 Donald S. Lopez Jr.，“Introduction to the Translation”，in Eugène Burnouf，*Introduction to the History of Indian Buddhism*，trans. Katia Buffetrille and Donald S. Lopez Jr.（Chicago：University of Chicago Press，2010），4 and 21。

的虚线网对其进行了增补，重新标记了凤潭1710年版地图中没有标记出的玄奘行程路线。根据地图标题下方的附注，玄奘的行程路线如虚线所示。因此，玄奘的行程路线——《五天竺图》原稿的核心主题（但凤潭1710年版地图和寺岛版地图都没有将其标记出）——是由这位德国汉学家和他的法国平版画家提供的。作为中国早期佛教朝圣记载之学术译本的地图附录，凤潭绘制的佛教世界地图回归到了其作为玄奘西行图的早期状态。

然而，这并不是凤潭所绘地图在欧洲的最终版。二十年后，它再次出现在了儒莲（Stanislas Julien，1797—1873）所译的玄奘《西域记》中。[①]儒莲曾在雷暮沙手下从事研究工作，儒莲所制地图进一步提升了其恩师出版物中的成果。儒莲的玄奘《西域记》译本，没有附克拉普罗特基于寺岛的“西域和五天竺图”译成的法语版地图，而是附上了一幅直接据凤潭原图所绘的地图。该图题为“中亚和印度地图，于1710年在日本发行，据法显和玄奘游记缩编”（*Carte de L'Asie Centrale et de L'Inde*，*Publiée au Japon en* 1710，*d'apres les voyages de Fa-hien et de Hiouen-thsang réduite à moitié*）。该图包含凤潭所绘地图的中心部分，现已由法国制图师P.比内托（P. Bineteau）重新绘制并刊印。在凤潭地图的法译本第二版中，还包括地理学家路易·维维安·德圣马丹（Luis Vivien de Saint-Martin）的两页评注，其中解释了这种制图变化的原因，并指出“克拉普罗特基于一本日本百科全书复制了一张缩小版地图，但他发表的平版画太过粗糙，无法如实地再现原作”。[②]

儒莲绘制的“中亚和印度地图”再现了凤潭原图中心部分的全部细节：范围南至布陀落山和楞伽山，北至戈壁沙漠，东至中国西部和东南亚，西至欧洲边境。对凤潭以细小的汉字标注的数百个地名采取的是音译（译自中文而非日文）。日本刊印图中的每种地貌和每条水道都精准地呈现在了法译版平版画中：四条大河都以蓝色线条绘制出来，而五天竺的各大国则用红色线条勾勒出来。凤潭的特色地标都没有被忽略：长城的网状轮

① Stanislas Julien, *Mémoires sur les contrées occidentales*, *traduits du sanscrit en chinois*, *en l'an 648*, *par Hiouen-thsang* (Paris: L'imprimerie Royale, 1857 – 1858).

② Vivien de Saint-Martin, "Note sur la Carte de L'Asie Centrale et de L'Inde, Publée au Japon en 1710", in Julien *Mémoires*, 576.

廓，造型奇异的五行佛塔（凤潭根据难波原稿临摹），以及照字面意义对铁门的描绘。阿那婆达多湖位于南赡部洲的中心，四颗神兽的头颅——牛、象、马和狮——代表环湖流向世界四个角落的四大河流的源头。尽管如此，还是有一些改动：在儒莲所绘地图中，从琉璃马口流出的缚刍河流入了地中海。法译版地图中有凤潭认作土耳其、丹麦、波兰和俄国的几处地形，但没有给它们命名。

如果19世纪的欧洲的佛学者将日本的玄奘朝圣图视为识别佛教过往的手段的话，那么19世纪日本的佛学者就会将它们视为当下佛教认同的手段。1828年由净土僧存统出版的《天竺舆地图》（*Tenjiku yochizu*）在轮廓上与当时欧洲发行的印度地图相符。但该图将次大陆划分成五天竺，保留了重怀在14世纪所绘原图中南赡部洲的传统地标。在该图的中心位置也找到了阎浮树和阿那婆达多湖、四颗神兽头，以及从神兽口中流出的四大河。记录玄奘西行路线的数百个相关地名图框用虚线连接起来，标记出他的行程路线，所有方位和距离也都清楚地记录下来。寺院和佛塔遍布整幅地图，在佛教的核心区域记有一些神圣之地，包括金刚座、乔答摩证悟地——菩提树、早期佛教团体创始点——祇园精舍的树林和寺院、大乘佛经宣讲地灵鹫山（画着一个鸟头）、释迦牟尼涅槃时所处的拘尸那揭罗。

地图下方的文本段落详细说明了阿那婆达多湖、阎浮树、灵鹫山和大雪山等重要地标。存统在前言部分解释道，“《西域记》……记数卷儿辈难明，图唯一纸，披之，地方佛迹目下瞭然”。[①] 这与凤潭说过的一句话不谋而合：该图能让观者“一目览之”，存统将玄奘朝圣图中的佛国印度直观地呈现在了所有人面前。不过，他采用的是一种全新的呈现方式。他提取了7世纪玄奘《西域记》中的地理信息（因其一直保存在《五天竺图》原稿传统中）——包括朝圣者的行程路线、地名、方向、距离以及他对佛陀圣迹中宗教景观的详细描述，并完全在19世纪印度次大陆地图学的范围内对其重新配置。

日版玄奘朝圣图不仅是自然地图，也是认知地图，是揭示日本僧侣如

---

① 存统印本中的这句话转录在 Gotō Shinkō，“Zontō Shōnin saku *Sekaidaisōzu* sanpukutsui”，*Jōdo*（August 1988）：8－18，16.

何想象佛教界以及他们身在其间何处的空间思维模型。日本与佛教过往及其神圣地理之间的关系——即经时空构想、图文交涉并从地图学和宇宙学角度进行表达的关系——才是这些地图的真实主题。这些地图为漫长岁月中的日本佛教世界观呈现了一部视觉史。从 14 世纪到 19 世纪这五百年间，玄奘朝圣的地图学界定了日本佛教世界的诸多参数。尽管这个世界在不断变化、扩大，争议也层出不穷，但通过 7 世纪中国朝圣者的宗教观，这个世界的形状、范围和意义仍然得以调和。

# 地理位置与相对位置：北宋初期阵图的概念与实践*

林　凡**

公元989年正月，宋太宗（976—997年在位）下诏令文武群臣建言备边御戎之策。田锡（940—1003）、张洎（934—997）以及王禹偁（954—1001）等三名官员一致对皇帝拥有对将领的绝对控制权表达了担忧。① 知制诰田锡在奏折中直言不讳，明强烈反对皇帝使用“阵图”来约束指挥官在军事战役中的主动权。

> 今之御戎，无先于选将帅，既得将帅，请委任责成，不必降以阵图，不须授之方略，自然因机设变，观衅制宜，无不成功，无不破敌矣……赵充国老将，尚云百闻不如一见。况今委任将帅，而每事欲从中降诏，授以方略，或赐以阵图，依从则有未合宜，专断则是违上旨，以此制胜，未见其长。②

---

* 本文在笔者博士论文基础上修改而成，参见 Fan Lin，“Cartographic Empire：Production and Circulation of Maps and Mapmaking Knowledge in the Song Dynasty（960－1279）”。在修改过程中得到李更、李训详、Martin Hofmann、孟絜予（Jeffrey Moser）、魏希德（Hilde De Weedt）、叶山（Robin Yates）等各位师友以及地图学史前沿论坛暨“《地图学史》翻译工程”国际研讨会与会学者的宝贵建议，谨此致谢。

** 林凡，莱顿大学（荷兰）莱顿地区研究所讲师。

① 《续资治通鉴长编》卷30，第666—678页。

② 《续资治通鉴长编》卷30，第675页。

田锡等大臣的奏折很容易令人联想到两年前（987）太宗御制的《平戎万全阵图》。[①] 在宋史研究中，通常认为这种批评昭示了宋代军事的深刻问题，即"将从中御"。[②] "将从中御"一词最早出现于周朝军事论著《军志》，"将从中御，兵无选锋，必败"。[③] 由此可见，"将从中御"一词使用的语境一直包含着对中央政府控制军事行动的否定立场。自吴晗于1957年发表《阵图与宋辽战争》之后，当代学者特别是陈峰又对北宋初年的御制阵法的有关材料进行了详细梳理，但基本观点都是认为这一做法在牵制武将兵权的同时也限制了其作战的能动性，从而导致了宋辽战争甚至北宋的军事失败。[④] 从中央政治的研究角度出发，这一观点不无道理。然而，近期的学术研究，特别是王曾瑜、方震华以及龙沛（Peter Lorge），都强调将宋朝的国策理解为"重文抑武"而非"重文轻武"，并利用这一框架去重新衡量宋代军事制度的变化以及文官对军事行动的参与。就阵图而言，陈安迪对阵图的研究另辟蹊径，尝试摆脱祖宗之法的宏大叙事，将阵法与阵图问题重新还原到具体历史语境之中，提出宋初阵图的使用并非意在限制将领的权力，而是为了更好地制定军事策略，而且在仁宗朝之后逐渐摆脱了"将从中御"的思路。[⑤] 潘晟对宋代地理学的研究也涉及地理信息与地图对军事行动的重要作用。[⑥] 在此研究之上，本文认为阵图的观念、图像逻辑、物质形式，以及地理信息在阵图中扮演的角色还有待进一步厘清；北宋君臣对阵图、阵法观念与实践的态度转变有助于观察这一时期国家政治机能的调节机制之所在。本文首先从"图"的角度出发，考察阵图的观念与物质形式，然后讨论阵图的概念及其制作、流通的情况，并分析阵图

---

① 《续资治通鉴长编》卷28，第638页。

② 《续资治通鉴长编》卷30，第666、668页。

③ 《续资治通鉴长编》卷30，第666、668页。

④ 吴晗是第一位提出这一问题的学者，他认为这是宋朝军事失败的主要原因。参见吴晗（1957），第92—101页。漆侠将这种行为视作是太宗朝廷权力内斗。参见漆侠（1999），第151—67页。邓广铭和邓小南认为，后世帝王沿用前两位帝王（太祖，太宗）的既定政策，已严重限制了将领的权力和灵活性，这是北宋朝廷"将从中御"政策的诸多缺陷之一。参见邓广铭（1986），第85—100页；邓小南（2006），第10页。更多的讨论参见王曾瑜（1983），陈峰（2001），（2006）。

⑤ 陈安迪（2015），第95—131页。

⑥ 潘晟（2014），第216—226页。

与地理信息之间的关系，最后重新思考在视觉政治背景下阵图的功能。

## 唐宋过渡时期阵图的含义

847 年张彦远（约 815—877）编撰的《历代名画记》将几幅阵图收入“述古秘画珍图”中，其中包括《蚩尤王子兵法营阵图》《孙子八阵图》《吴孙子牝牡八变图》《黄帝攻法图》《伍胥水战图》《太一三宫用兵成图》等。① 在唐代的语境中，“图”可以被理解为地图、示意图等各种具有指示功能的图像。白馥兰（Francesca Bray）将其定义为具有指导意义的图像或空间布局，其中包含具体的事实信息或技术知识。② 张彦远认为还有更多的阵图连同星图、风水图、相法图以及占卜图等都已经在辗转人手或在战乱中散失。③ 他将所见到的图画按照媒介分为寺观壁画与秘画珍图两类：寺观壁画属于公共空间，是可供多人观看的大型绘画，但是人们必须到寺观这一特定地点去观看；秘画珍图则相反，这些图像为私人所有，以卷轴为主要形式，因此只能限于少数人观看，但是便于携带和收藏。按照张彦远的经验，这些丝绸和纸张上的小型图像多在享有社会特权的士族家庭中收藏与流传。④

这些“秘画珍图”中的部分内容在北宋初年被列为禁书。基于阴阳、天象、卜筮等知识对于皇权构成威胁的考量，政府制定了相对严格的图书审查制度，而这些知识一直是军事思想与实践的一个重要方面。977 年，太宗登基不久就颁诏宣布没收有关异端信仰的书籍。

> 两京诸道阴阳卜筮人等，向令传送至阙，询其所习，皆懵昧无所

---

① 潘晟（2014），第 77 页。宋代之前的阵图的详细研究参见李训祥（1999）。

② Francesca Bray et al. （2007），pp. 2 –3. 白馥兰的定义提出了一个有用的出发点，将这些图像单独划归一类，但将图限制为“技术和真实图像”也排除了它们的固有功能，即其先验、宗教和哲学维度。

③ Francesca Bray et al. （2007），第 76 页。

④ Francesca Bray et al. （2007），第 42—48 页。张彦远在他书中的《论名价品第》和《论鉴识收藏购求阅玩》两卷中讨论了唐代及之前，在精英家族间流传的画作的排序、定价和交易。见《历代名画记》，第 42—48 页。

> 取，盖矫言祸福，诳耀流俗，以取赀耳。自今除二宅及易筮外，其天文相术六壬遁甲三命及它阴阳书，限诏到一月送官。①

当然，这项禁令并非以消灭这些知识为目的，而是要通过没收和筛选书籍来控制其流通渠道与范围。因此，在被押送到朝廷的351人中，68人被择优选入司天台任职，其他则被黥面流放。② 查没之书并没有遭到销毁，而是被收入秘阁藏书之处。③ 下文将详细讨论的《虎钤经》中的有关天文、占卜、星象等的若干章节与《武经总要》的“占候”卷都应与阴阳卜筮属于相同的知识谱系。④

虽然这条法令没有明确将阵图和军事战略书籍包括在内，但是从历史记载中可以推断出对军事类图书的审查。例如，1037年编纂的《神武秘略》仅分发给北方以及西北边境州军的武将。

> 戊子，以御制神武秘略赐河北河东陕西缘边部署钤辖知州军，每得代，更相付授。始，韩亿同知枢密院事，建言武臣宜知兵书，而禁不传，请纂集其要赐之。上于是作神武秘略，凡三十篇，分十卷，仍自作序焉。⑤

“禁不传”表明这些兵书类书籍并非流通读物。然而，将领对于学习军事技术和战略的需要亦是自不待言。从《武经总要》的内容推测，宋代禁传的兵书类书籍应当不是《孙子》这样广泛流传的经典，而是具有时效性的军事以及地理信息的文本。一个比较合理的猜测是，朝廷是阵图、兵书的流通中枢，即是接收者又是传播者；但是阵图不允许在同级官员之间私自流传。这样一来就比较容易理解为何某些阵图会成为朝廷忌惮的话

---

① 《续资治通鉴长编》卷18，第414页。

② 《续资治通鉴长编》卷18，第416页。

③ 宋朝初年，皇家所藏书籍仅有万余本，但在真宗（998—1022年在位）统治期间，通过从当地以及新占领的地区收集图像和书籍，藏书量增至三倍。见《宋史》卷220，第5032—5033页。

④ 《武经总要》卷16—21。

⑤ 《续资治通鉴长编》卷120，第2833页。

题。1016 年，管辖许州（今河南）的河西节度使石普（1035 年卒）向真宗（997—1022 年在位）上言：

> 河西节度使、知许州石普上言："九月下旬，日食者三。"又言："商贾自秦州来，言唃厮啰欲阴报曹玮，请以臣尝所献阵图付玮，可使玮必胜。"①

按照《宋史》记载，石普精通天文、阴阳、占卜等"危险"技能。此前，石普曾献《御戎图》《用将机宜要诀》等。在给真宗的奏章中，石普已经十分谨慎，称情报来自秦州客商，以此表明自己并没有与同级武官暗通消息。然而，日食与阵图都是踰分之言。石普的建议立即遭到弹劾。真宗指责石普"私藏天文"，而且"欲以边事动朝廷"。最终，石普被降职流放。② 因此，从宋初的一系列记载可以看出，一度在唐代作为"秘画珍图"在权贵手中收藏流传的阵图以及其承载的知识只是作为某种特权为士族所拥有；在宋初，武官允许保留、操练兵书和阵图，而中央成为传播这些文本的中枢，这些知识已被正式纳入皇权控制的知识体系之中。

## 从阵图看北宋早期对"本朝"的自觉意识

宋代最重要的两部军事著作《虎钤经》与《武经总要》都各自保留了一些阵图。1004 年，许洞在历时 40 年后完成了《虎钤经》的撰著；自 1040 年至 1044 年，曾公亮、丁度编纂了《武经总要》。两书编者都是文官。许洞虽曾自幼学习弓矢兵器，但其任官基本上都是幕职路数：他在《虎钤经》编著之前曾中进士并在雄武军任推官，在《虎钤经》完成后才辗转获得了均州参军这一职位。③《武经总要》则是在设立武学和提高将帅军事修养需求的大背景下，由仁宗（1022—1063 年在位）任命文官曾公亮

① 《续资治通鉴长编》卷 88，第 2027 页。《宋史》卷 324，第 10474—10475 页。
② 《续资治通鉴长编》卷 88，第 2027 页。《宋史》卷 324，第 10474—10475 页。
③ 《宋史》卷 441，第 13044 页。

与丁度共同编纂的。[①]

这两部书都将宋代以前的阵法、阵图称为“古阵法”“古阵图”，而将宋代的阵法称为“本朝阵法”“本朝阵图”。这一古今之分应该并不只是编著者的创新之语，而是宋代文武官员对于宋代阵法阵图的一般认知，由此可见其对自身所处时代与知识创造的自觉意识。至于古今之分具体何在，两部著作都以李筌《太白阴经》作为参照提出了自己的答案。两书的编者并非只是消极地实现其编纂功能。他们对文献的挑选和呈现体现了各自的军事作战观念，但也包含出于自身社会身份而产生的政治观照。

《虎钤经》与《武经总要》的不同态度集中表现在他们对于李筌主张的“奇变”有着不同立场。《虎钤经》对于《太白阴经》的总体思想与结构有着相当明显的承续关系。在阵法方面，许洞认同李筌关于阵法需要适应战场多变状况的看法，但是认为《太白阴经》中的阵图只有粗略形式，不够精确具体。

> 臣切见李筌纂聚诸家阵图，但有形势而已。其部位行列，精微尺寸，则莫能释然。其名既多，其要则寡。臣因辩古阵之法，创造新意，别为四阵之施，可御而变。

李筌推演的八阵图的图像现已不存，[②] 但从其文字解说可以推断其阵图可能更像是某种简单的示意图，而且阵法的排列与变化多以天气或云气为参数。许洞的阵图图形也比较简单，但文字解说则详细地将每一部队的人数、排列，甚至彼此的间距都用数字表示了出来（图 1）。书中每一阵法都集结了几万人，应当是针对大型战役中的军队调动而创设的。尽管许洞对李筌以及兵阴阳术推崇有加，但他的阵法与阵图却因过分强调兵种以及人数安排的准确而显得有些僵化，而且阵图的解说中也没有提到任何应变措施，以至于四库馆臣十分怀疑其实用性，评价其书多为“迂阔诞渺之

---

① 《钦定四库全书总目》，第 1299 页。

② 从《武备志》中所收阵图的风格来看，李筌这一部分的阵图有可能是茅元仪绘制增添的。

说，不足见诸施行”。① 《宋史》记载他献所撰《虎钤经》，以此应洞识韬略运筹决胜的制科科举考试。由此看出，他编著这本书不排除干禄的目的。

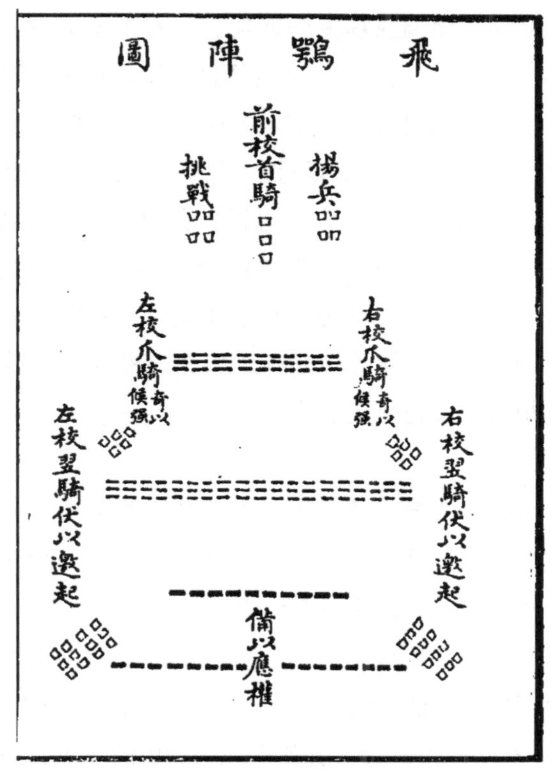


图 1　飞鹘阵图

资料来源：《虎钤经》第 9 卷，第 3a 页。

与《虎钤经》相比，《武经总要》对李筌的观点抱有更批判的立场，其中《阵法总说》一节借一个假设的提问者之口引出编者对李筌的质疑：

> 或曰：“唐人李筌号能言兵者，其说曰：‘兵犹水也，水因地以制形，兵因敌以制胜，能与敌变化而取胜者，谓之神。’则战阵无图明矣！而庸将自以教习之法为战敌之阵，不亦谬乎？”是大不然。观筌

① 《钦定四库全书总目》，第 1300 页。

之八合八离，则杂而无章，四奇四正，则定而不变，自胶其柱，而谓瑟无五音，其愚而妄决矣。[①]

事实上，李筌只是主张强调战场上的变化，而且上文亦提到《太白阴经》中专门收有一卷《阵图》。然而，《武经总要》先是利用提问者之口将其观点简化为“战阵无图”这样经不起推敲的标靶，然后将支撑阵图的知识体系溯源到诸葛亮（181—234）的八阵图。作为融汇古今的范例，太宗御制的《平戎万全阵图》被安排在《阵法总说》的篇首。不难看出，《武经总要》的批评立场十分符合朝廷为御制阵图辩护的立场。直到《武经总要》编纂之时，有关太宗篡位的种种传言并未消失。[②] 因此，《平戎万全阵图》的图解除介绍制图的历史背景外，亦有建立从太祖到太宗传承合法性的弦外之音，尽管太祖从未真正热衷于阵图。[③]

艺祖皇帝，以武德绥靖天下，于古兵法靡不该通。雍熙中，契丹数盗边境，太宗皇帝乃自制《平戎万全阵图》，以授大将，俾从事焉。今存其详，用冠篇首，以示圣制云。[④]

图说还提供了这一阵法组成的兵种、人数以及占地面积：包括140930名士兵（110280名步兵和30650名骑兵）、1440辆战车，横向占地约8.5公里。在阵图中，每点代表30名或50名士兵组成的分队，具体人数取决于他们在阵型中的功用（图2）。[⑤] 整个阵型的结构是由封闭的四方形组成，图中特别标出了东西南北四个主要方向和重要位置，如入口和哨点，而重要

---

① 《武经总要》卷7，第1a—3b页。

② Lau Nap-Yin and Huang K'uan-Chung（2009），“Founding and Consolidation of the Sung Dynasty”，pp. 242 - 244.

③ 太祖毋庸置疑是一位出色的军事领袖，但他并不热衷于在军事行动中使用一成不变的阵图。唯一的一次记载是他于961年嘉奖了一位呈献阵图的将领。这张图是为了占领幽州地区（今北京和河北地区）而准备的，但是太祖从未用它组织过任何军事行动。《续资治通鉴长编》卷4，第112页。

④ 《武经总要》卷7，第3b—4a页。

⑤ 《武经总要》卷7，第6a—7b页。

位置的标识使用了城市规划中的术语，如门和望。以主将和主力部队为中心，各方队设门，四角有望，这个庞大的队形结构使人联想到一座城池或者宫殿。显而易见，这一阵型的目的以守卫防御为主而非用来攻击。

> 特以河朔之壤，远近如砥，胡虏恃马常为奔冲，故因洞尝余法增广其制，所以挫驰突之锐，明坚重之威。①

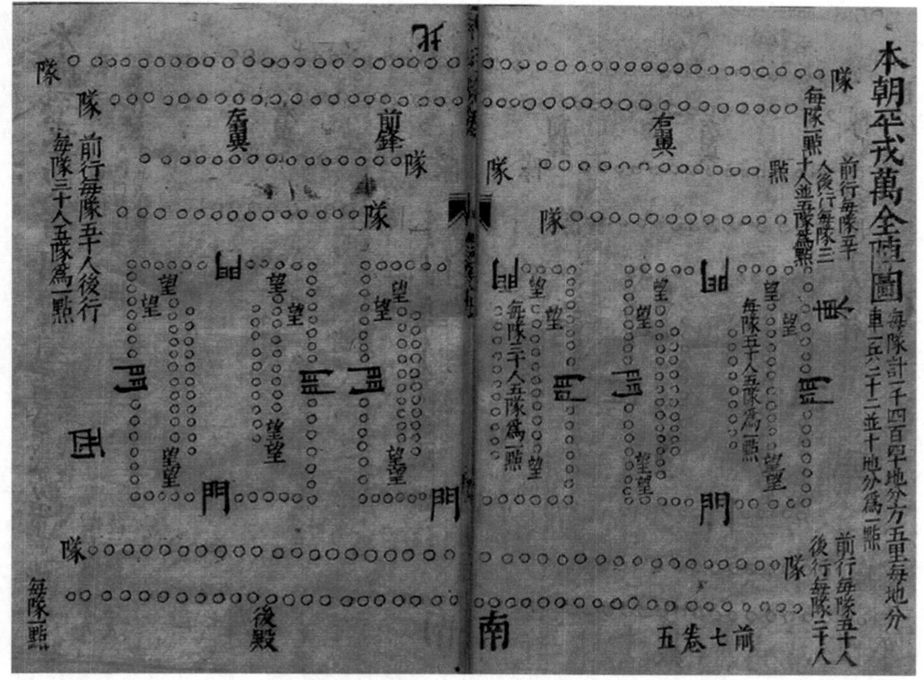


图 2　平戎万全阵图

资料来源：《武经总要》第 7 卷，第 5a—5b 页。

如陈峰所言，这一阵图的创设主要出于宋代在对辽战争中失利之后采取防御措施的考量。986 年，宋在与辽国的一次战役中损失惨重，次年夏天，《平戎万全阵图》首次投入使用。太宗把该图出示给并州通判潘美（921—987）、定州路都部署田重进（929—997）以及禁军首领崔翰（约

① 《武经总要》卷 7，第 7b 页。

10世纪在世）等三位将领。太宗在指导他们进退攻略后，又赏赐每人一张御笔亲书《将有五才十过之说》。① 在这种情况下，阵图和书法还可以展示皇帝和官员之间的信任和亲密关系。

除了太宗的阵法外，《武经总要》的章节中还列出宋代的另外两套战略：八阵以及常阵。实际上，这些阵型在宋以前就已经存在和使用过，但是，这两套阵法根据宋代军事需要被重新改编，采用了一套全新的视觉表达方式。尽管宋朝八阵对古八阵在文字解释上有承袭之处（附录1），但二者的绘制语言却完全不同。例如，古牡阵图（图3）在宋代被转化成了一种非常实用的形式（图4）。古阵中的部曲建制被宋阵中人数精确的基本单位“队”所取代，而且马队、步兵、前锋、弓弩以及奇袭队的功能部署都在示意图中清楚标明。这一点与《虎钤经》力求编制及人数的精确性非常相似。因此，宋代创制的阵图已经整合并服务于宋代军队的建制。

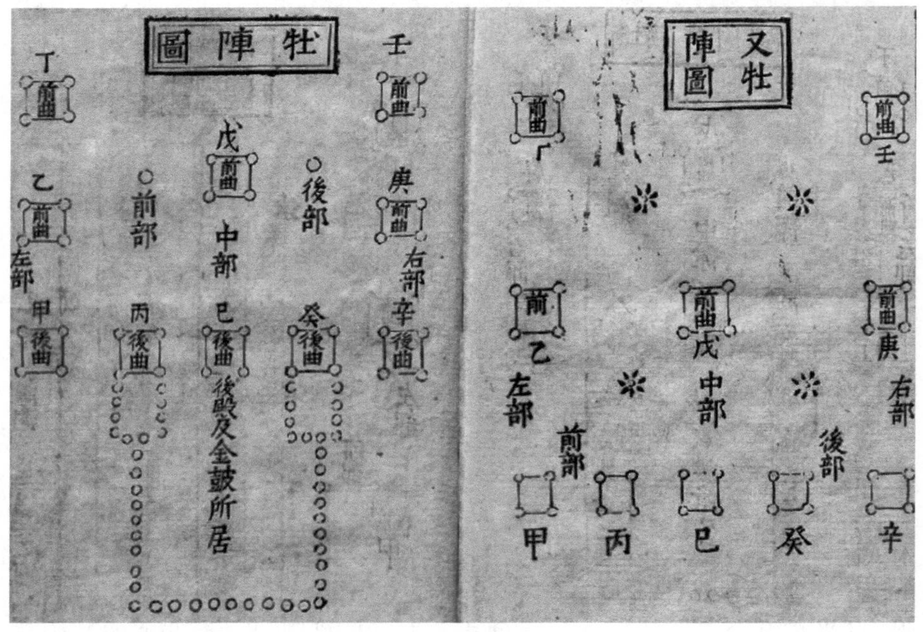


图3 古牡阵图

资料来源：《武经总要》第8卷，第16a—16b页。

---

① 《续资治通鉴长编》卷28，第2833页。

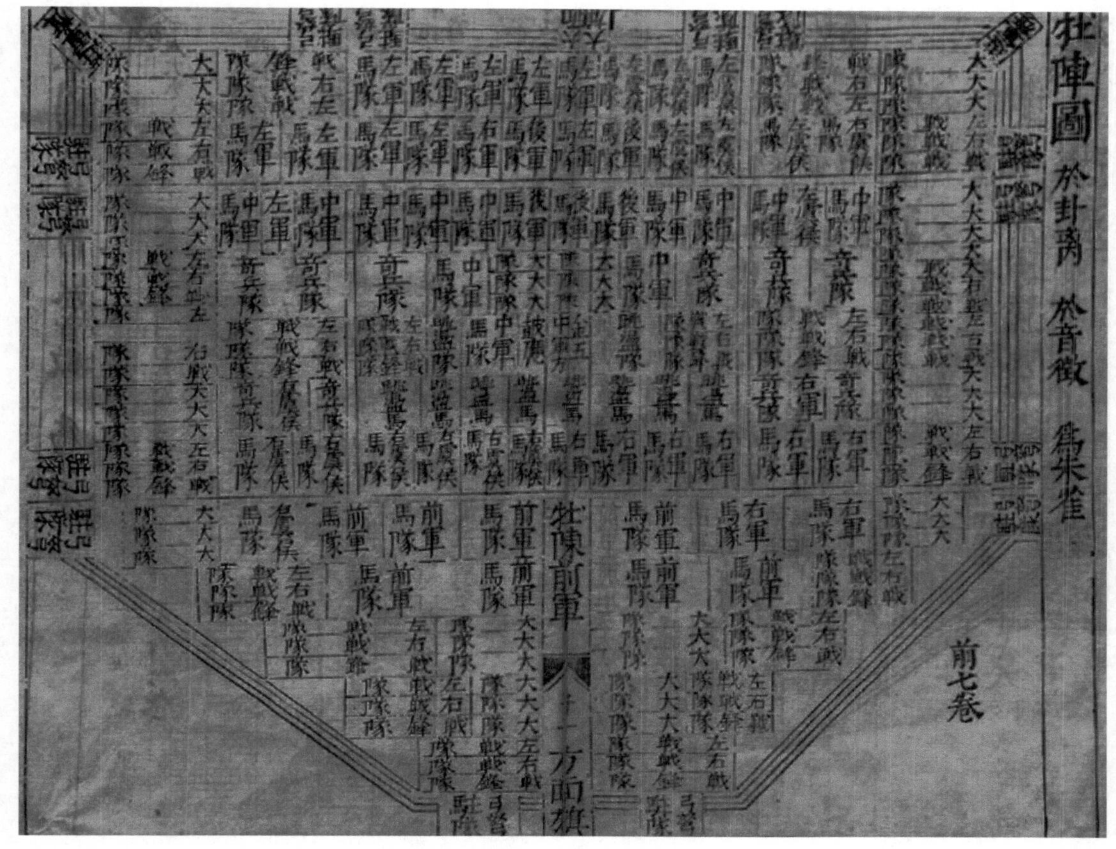

图4　宋牡阵图

资料来源：《武经总要》第7卷，第11a—11b页。

由此可见，与前代相比，宋代阵图更加考量人骑的安排，而非天时地势等参数以及战争中出现的奇变；两部著作的阵图都是预设至少几万人以上的大阵，是对宋代兵将分离的状况做出的应对之策。因此，如果未经朝廷许可便制作此类阵图，确实存在僭越之嫌。

阵法的基本出发点在于有效管理大规模人数的集结，这与当时重大典礼活动有着密切关系。伊佩霞在研究《大驾卤簿图》时也看到二者之间的呼应。由画院绘制的《大驾卤簿图》（图5）就是这样一个例子。与军事部署一样，这样的典礼动员了大量的人力以及各种资源，因此二者无论在制图还是实践中都存在着潜在的联系。[①] 正如葛平德（Peter J. Golas）所观察到的那样，宋代是制图黄金时代的开始。[②] 像《平戎万全阵图》和《大驾卤簿图》这种图像，除自身的实际作用外，都带有构建以及呈现这些王朝形象的象征意义。

图5　大驾卤簿图

细节图，绢本设色，14.8 米×51.4 厘米，北宋。

资料来源：中国国家博物馆，北京。

## 宋代阵图的相对位置与地理位置

《武经总要》中收集的阵图给人的第一印象可能是井然有序的兵阵。部队数量是固定的，部署也是预先确定的，但这一做法限制了临阵发挥的空间。然而，真宗治时就已经意识到，军事行动的指挥官必须就地理、地形、敌情等情况与朝廷互相沟通，实战阵图中必须包含应对这些状况的调整空间。当需要调动大量军队时尤其如此。咸平后期（998—1003），宋辽经过多年边疆战争，双方都在积极备战以实施决定性打击。1003 年 6 月，真宗向大臣们展示阵图，并与其沟通阵图的可行性。

① Ebrey (1999), "Taking Out the Grand Carriage": 59.

② Golas (2015), "Song and Yuan: A Golden Age," pp. 37 - 43.

> 今敌势未辑，尤须防遏。屯兵虽多，必择精锐先据要害以制之。凡镇定高阳三路兵悉会定州，夹唐河为大阵。量寇远近，出军树栅。寇来坚守勿逐，俟信宿寇疲，则鸣鼓挑战，勿离队伍，令先锋策先锋。诱逼大阵，则以骑卒居中，步卒环之，短兵接战，亦勿离队，伍贵持重，而敌骑无以驰突也。①

真宗还部署了三个方阵来抵御辽军：一支6000 人的骑兵守卫威虏，一支5000 人的骑兵守卫保州，以及一支5000 人守卫定州附近的北平。实际上，真宗十分清楚战场局势可能发生变化，所以他的阵图也包括用于处理潜在敌人动向的一些意见：

> 若敌南越保州，与大军遇，则令威虏之师与延朗会，使其腹背受敌，乘便掩杀。若敌不攻定州，纵轶南侵，则复会北平田敏，合势入北界邀其辎重，令雄霸破虏以来互为应援。②

真宗在战略要地部署了另外几支5000 人的军队来确保敌人无法逃逸。真宗的提议不久后得到冯拯（958—1023）、李沆（947—1004）、谢德权（952—1010）三人的反馈。谢德权担心三军合并于定州后，部队将过于庞大而无法移动，他建议部队驻扎于澶州（今河南境内）。次年，宋辽战争的最后一战亦发生于此地，随后在此订立了澶渊之盟。③ 冯拯的奏折建议道：

> 宜于唐河增屯兵至六万，控定武之北为大阵，邢州置都部署为中阵，天雄军置钤辖为后阵，罢莫州、狼山两路兵。④

真宗的提议和大臣们的反馈表明，这一阵型结合了几种类型的战阵，也囊括了地形要素。上述所提到的战阵如大阵、中阵、后阵、先锋和策先

① 《续资治通鉴长编》卷54，第1195 页。

② 《续资治通鉴长编》卷54，第1196 页。

③ 《宋史》卷390，第10166 页。事实上，公元1004 年，辽军确实越过定州，直奔唐州。

④ 《续资治通鉴长编》卷54，第1196—1197 页。

锋阵都收录在《武经总要》的“常阵”之内。此处所援引的这些阵形的名称表明了它们在整个军事部署中的作用，却并未详细指出其内部组成，由此说明将领们对于这些阵法明称所代表的具体含义十分清楚。另外，方向、位置和河流等地形要素也至关重要，而《武经总要》中的“边防”部分也恰好提供了边境上所有战略要塞的详尽地理信息，而其记载每个地点地理位置的方法、地名沿革与地方志的撰写结构有共通之处。[①] 这也从另一角度说明作为政府编纂项目的《武经总要》可以收录这些原则上属于军事机密的地理信息，而私人编纂的《虎钤经》却没有。

因此，在宋代，阵图这一概念可根据其功能分为两类：用于军事训练的阵图和军事行动的实战图，而后者结合了地形要素与军事战略。由此这两种类型的图像产生了两种看似对立却相互关联的位置概念：阵图中的相对位置和地图上的地理位置。

向将领发放阵图用于军事训练、演习和皇家阅兵一直是宋代的常规操作。在宫廷中举行的演练通常是一个完整队形的小规模演示。尽管《武经总要》中的战阵图是由数千名的士兵组成的，但皇宫里的演习只需要数百名士兵。大部分的视察都在崇政殿举行，皇帝定期在此殿召见大臣、处理朝政，阵图的展示和分发也在此处。[②] 在为太宗准备的一次演习中，编队只包括几百名骑兵和步兵。太宗对这次演习印象非常深刻，指出不难想象要是能由数万名士兵组成完整队形，那该是多么宏伟壮观。[③] 演习不仅可以证明阵图可行，而且可以遴选优秀士兵。1003 年，真宗下旨令军队在皇宫内演练三个新阵型时也曾经择优提拔骁勇善战者。[④] 仁宗也多次在皇宫内视察禁军。[⑤]

有时，皇帝会到京郊的军营去演练更完整的阵型。999 年，真宗下令在皇城外修建军营。1003 年，他召集大臣视察由殿前都指挥使高琼（935—1006）所率领的禁军新兵。在看到整齐的编队后，真宗惊喜地发现

---

① 《武经总要》卷 16—22，第 777—1128 页。

② 关于宋朝阵法的详细记载，参见《玉海》卷 143，第 7b—25a 页；《宋史》卷 195，第 4862—4873 页。

③ 《玉海》卷 143，第 8a—8b 页。

④ 《续资治通鉴长编》卷 55，第 1216 页。

⑤ 《续资治通鉴长编》卷 105，第 2447 页。

从前招募来的农民已经转变为精锐部队了。[①] 真宗和仁宗都视察过京郊营地的编队。与在皇宫内进行的演习相比，京郊营地的完整队形人数更多，有时还配备杀伤力强的武器如投石机、弩箭、火器等。[②]

配合阵图进行阵形训练能使部队有效投入战斗。1004 年，副宰相寇准（961—1023）和高琼劝说真宗前往澶渊督军。高琼护送皇帝前往前线。十一月乙亥日，真宗向高琼展示了两张行止图：一张是行军图，另一张是驻扎图。大军在次日出发。[③] 这两幅图很有可能是《武经总要》中“军行次第”和“营法”等章节中阵图的改良版本，而军队于次日出发说明高琼的军队对这两幅图已经非常熟稔（图 6—图 7）。阵图和训练的功能类似于

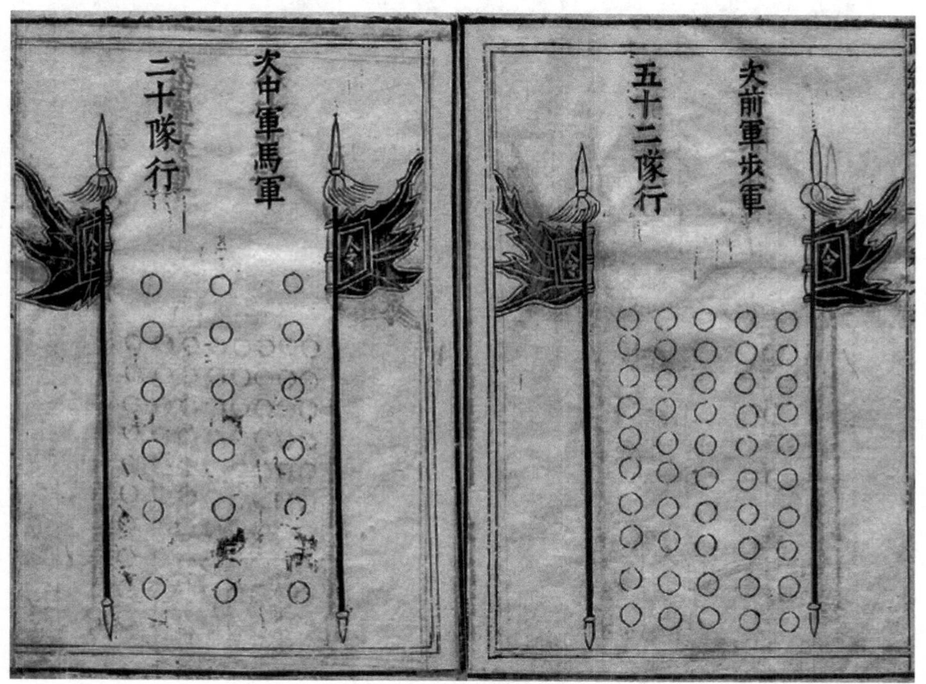


图 6　军行次第

资料来源：《武经总要》第 5 卷，第 4b—5a 页。

① 《续资治通鉴长编》卷 55，第 1213 页。

② 在城市攻守中使用火器的历史参见 Needham and Yates（1994），pp. 184－240。《玉海》卷 143，第 14b 页。

③ 《续资治通鉴长编》卷 58，第 1287 页。

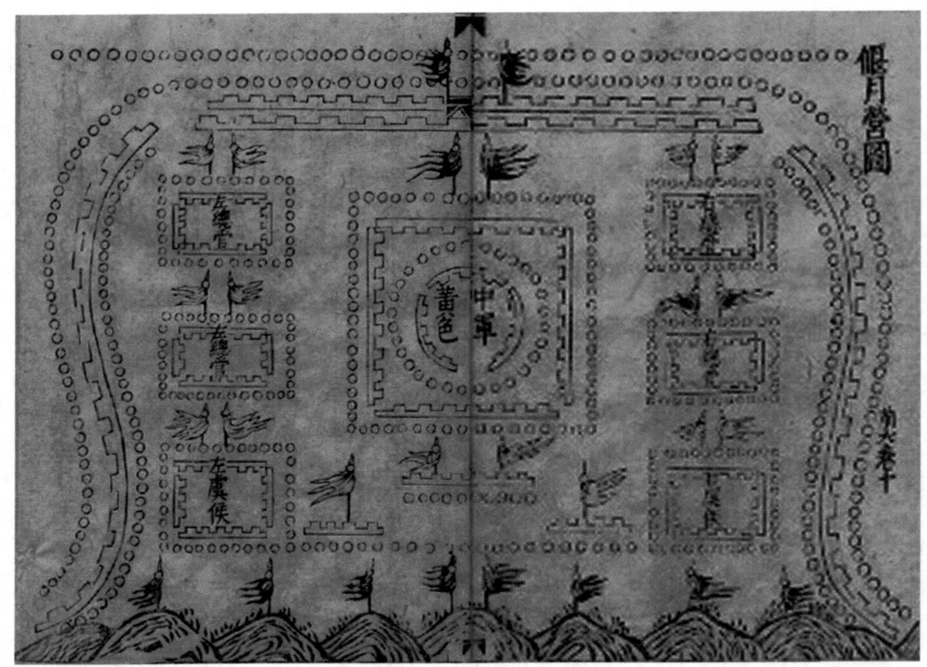


图7　营法

资料来源：《武经总要》第6卷，第10a—b页。

模块：每张图都可与其他图相连接。经过长期的实践排演，这些图可以很轻易地根据地形、气候以及敌情等各种状况做出调整。各类阵图配合行军、扎营、探旗等图示以及地理信息，可以产生多种结合方式以应对各类不同状况，并提供包罗万象的“词汇表”，可供兵士、将军和皇帝在训练和战场上用于交流。

## 与阵图有关的争议：皇帝与臣子之间的较量

正如上文所述，在北宋早期一直存在着围绕皇帝控制阵图的争论。然而，在历史背景下考量这个问题，人们可能发现皇帝的态度并非一成不变。实际上，在仁宗统治期间，皇帝的严密控制就已经在慢慢放松。

用制定的阵图来组织军事行动始于太宗，因此他受到最直接的抨击。上文所述989年田锡、王禹偁、张洎三人反对御制阵图的建言在随后几年中得到了来自文武官阵营一致的赞同。999 年，朱台符上奏附议，[①] 但是太宗并未对他们的奏折做出任何回应。[②] 实际上，太宗在统治期间始终坚持自己的立场，没有任何通融的余地。[③] 在 996 年对党项首领李继迁（963—1004）的一系列军事行动中，太宗不仅提前将战略部署告知将领，还让他们在宫廷内反复练习。

> 上初以方略授诸将，先阅兵崇政殿，列阵为攻击之状，刺射之节，且令多设强弩。及遇贼，布阵，万弩齐发，贼无所施其技，矢才一发，贼皆散走。凡十六战而抵其巢穴，悉焚荡之。[④]

太宗听到捷报之后，显然对自己的总体策划沾沾自喜，并特地强调了将军们服从的重要性。因此，他对朝廷上其他将领说：

> 此行合战与还师之期，悉如所料，但诸将不能尽依方略，致此贼越逸……师兴以来，夏秋之际，炎热尤甚，朕躬自谋度，未尝宁息。大抵行军布阵，当务持重，虽有勇者率数千人以先犯贼，亦无能损益，适足挠乱行伍。朕每深戒之，违令者必斩，果无敢轻率者。布阵乃兵家大法，非常情所究，小人有轻议者，甚非所宜。朕自为阵图与王超，令勿妄示人。超回日，汝可取图观之。[⑤]

上文中，太宗不仅设计战略、指导演习，同时也指挥战场上的军事活动。太宗对不服从行动的惩罚非常严厉，足以震慑那些无所顾忌的将军。

---

① 《续资治通鉴长编》卷 44，第 937 页。

② 参见笔者博士学位论文 Fan Lin, "Cartographic Empire: Production and Circulation of Maps and Mapmaking Knowledge in the Song Dynasty (960 - 1279)"。

③ 在公元 979 年的一项军事行动中，将领赵延近（约 10 世纪）在其他将领犹豫不决的情况下改动了太宗的阵图，并战胜了敌人。最终，他受到了皇帝的赞扬。但这一事件应视作一次独立的事件，因为此事发生于太宗统治的早期。参见《续资治通鉴长编》卷 20，第 462—463 页。

④ 《续资治通鉴长编》卷 40，第 852 页。

⑤ 《续资治通鉴长编》卷 40，第 852 页。

鉴于979年以后太宗的大部分军事远征都不太成功，[①] 因此他对阵图的迷恋也可以看作用以维持其权威的一种自相矛盾的手段。

真宗试图表现像祖父和父亲一样勇武坚强、精力充沛。他控制军务，视察边境，并与大臣们一起绘制阵图，而且相对开明，更愿意接受高级官员的建议。1001年，真宗表示自己乐于纳言的姿态："军国之事，无巨细必与卿等议之，朕未尝专断，卿等各宜无隐，以副朕意也。"[②] 澶州之战就基本可以认为是君臣群策群力的结果。同时，真宗也鼓励将领们创制阵图。1001年，在王超的部队被派去支援受党项威胁的灵州（今宁夏回族自治区境内）之前，真宗同王超讨论了战略，并对王超献出的两张阵图表示认可。在第一张图中，粮草放置于编队的中央，由部队包围起来；第二张图中，当方阵受到攻击时，第一种编队将变成方形，外围由移动性较强的弩队来保护。[③] 这些阵图据称是受到了唐代李靖（571—649）的启发，但从上面的描述看来，它们可能是"容辎重方阵图"的变形，即《武经总要》"本朝八阵法"中的最后一张图（图8）。1003年，高琼呈献了一套专门为鞭子和弓弩设计的阵图。[④] 从标题上看，此图结合了长、短兵器的优点。这些新创阵图的出现意味着士兵的训练将囊括更多兵器以备战斗之需。

仁宗在1033年皇太后刘娥（968—1033）去世之后才获得完全的统治权。1038年与西夏开战后，仁宗开始在宫廷内定期视察军事编队演练，并且嘉奖献图的将军。然而，他似乎并没有特别主动地控制战地指挥官的行动。1040年，李元昊（1003—1048）占领了延州地区（今陕西省境内）附近的一处战略要塞，使得宋代在与西夏交界的地带处于下风。仁宗向内外朝臣询问攻守之略：

> ［晏］殊在三司，请罢内臣监兵，不以阵图授诸将，及募弓箭手教之，以备战斗。又请出宫中长物助边费，凡他司之领财利者，殊奏悉罢还度支。事多施行。帝初以手诏赐大臣居外者，询攻守之略。绥

---

① Wang Tseng-Yü（2015），pp. 221 – 222.

② 《续资治通鉴长编》卷49，第1065页。

③ 《续资治通鉴长编》卷50，第1103页。

④ 《续资治通鉴长编》卷55，第1215页。

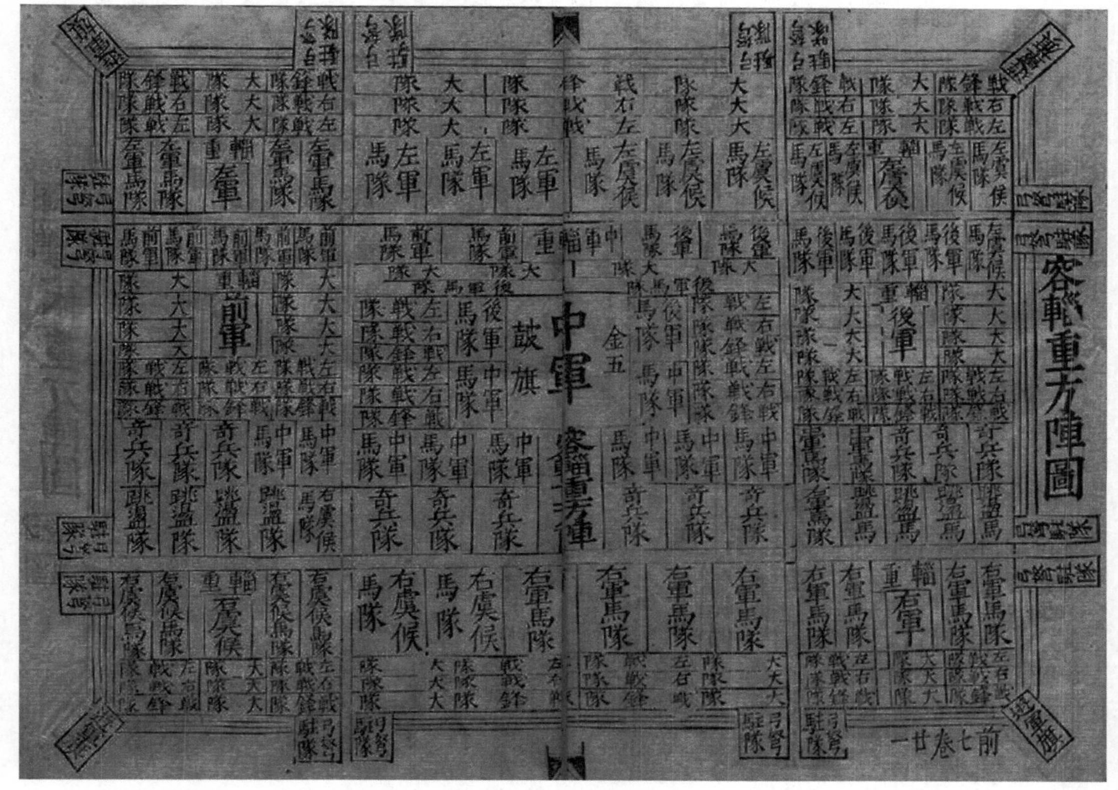


图 8　容缁重方阵

资料来源：《武经总要》第 7 卷，第 21a—21b 页。

在河南，画十策以献，于是复召之，与殊及贻永同管枢密。①

武将王德用（987—1065）也一直对朝廷颁布阵图的做法持有异议。先是在 1046 年，仁宗令河北诸军改用新阵图，王德用提出仓促改变已经熟悉的阵法则难以应敌。因此朝廷下令军队可以沿用旧定阵法，而主将在空闲时演习新阵。② 在朝廷询问边地事务时，王德用认为朝廷所赐阵图是阻碍取胜的主要障碍。

① 《续资治通鉴长编》卷 126，第 2988 页。

② 《续资治通鉴长编》卷 158，第 3832 页。

> 帝尝遣使问边事，德用曰："咸平景德中，赐诸将阵图，人皆死守战法，缓急不相救，以至于屡败。诚愿不以阵图赐诸将，使得应变出奇，自立异效。"帝以为然。①

北宋皇帝中，仁宗是第一位对这种批评做出检讨姿态的皇帝，他承认给战地指挥官提供阵图的做法存在负面影响。1040 年以后，作战策略的制定权开始出现移交到战地指挥官手中的可能。此时，随着更多文官任职于枢密院，曾经对皇位造成威胁的将军们已经不是皇帝最关心的问题。

仁宗之后，在演习和检阅中仍然使用阵图。制作战斗队形图已经成为一种常见的做法。作为八阵图的忠实拥护者，神宗要求边将结合八阵图与具体地形新制阵图。② 与此同时，向皇帝呈献新图纸，得到嘉奖或升迁，似乎是皇帝和官员之间一种新的共识。1075 年，神宗甚至抱怨献来的阵图数量过多，但质量却不高。③

## 结　论

阵图的授权是皇帝、武将和文官之间权力博弈的复杂过程。这项政策最初用于削弱将领的兵权，然而随着政策的实施，文官的地位也得到了大幅提高，而对于军事割据的忧虑很快为北方强国的直接威胁所取代。实际上，这一政策在真宗年间就开始放松，当时作战阵图更多是由中央和边地武将共同进行决策。针对这一政策的批评最初也是由文官提出的，并于仁宗朝开始采纳。神宗在与王安石（1021—1086）的一次对话中承认，太宗"多作大小卷付将帅、御其进退"的做法不如太祖，这相当于间接承认了这一政策的失败。④ 宋代似乎也是在此时正式叫停了这个政策。然而，阵图本身仍在作战和演习中被大量使用。

用于作战与演习的阵图的两组位置概念：演习阵图中的相对位置和作

① 《宋史》卷 278，第 9468—9469 页。
② 《宋史》卷 195，第 4862 页。
③ 《宋史》卷 195，第 4866—4867 页。
④ 《续资治通鉴长编》卷 238，第 5575—5576 页。

战地形图中的地理位置。演习阵图的进献与授予不只以训练为目的，亦可以被视为权力的规训与演练。实战阵图将地理与地形信息纳入考量，并需要将军按照天气、敌情等各种易变参数做出调整。

抛开御制阵图不谈，阵图本身对实战和演练的作用至关重要。阵图的制作和流通体现了宋代官僚政治体系中出现的制图趋势。有关地方的各种军事、地理、工事、医疗等各种事务都日益出现通过图像表现的需求。这些宋代以前为士族所拥有的图像被逐渐纳入了宋代的王朝知识体系和制度中。

**附录 1**

| 古八阵法 | 本朝八阵法 |
|---|---|
| | 法曰：八阵者，盖本裴绪新令方、圆、牝、牡、冲方、罘罝、车轮、雁行之名也。今约李靖阵法，用一万四千人为之马步军，益以五十人为一队，计二百八十队，步军二百队，马军八十队，分为中军、左右虞候、左右前后七军。凡布阵，一卒占地二步，一马纵横二步，阵中每十人为列，皆面面相向，背背相承，阵间容阵，队间容队。大抵前御其前，后御其后，左防其左，右防其右。阵有八门，所谓四头八尾，触处为首，敌冲其中，两头俱至者也。其驻队者，即今之阵脚兵也。战锋队、战队、跳荡、奇兵者，即今之阵内战兵及无地分兵也。右虞候、右军者，即今之先锋、策先锋将也。前军、后军者，即今之左助、右助将也。左虞候、左军者，即今之殿后、策殿后将也。但古今玄立其名，故学者惑而难晓。每出战，则马步叠用，更战更息，循环无穷。战锋队出，则为锐阵，状如鼎足，左右战队各分为两列，如雁行翼之。故以正合，以奇正者，阵也，金鼓之严卫，将帅之大防，奇兵之机要。奇因正则出不意，掩不备，欲图西北，先击东南，视彼虚实，冲其心腹，可以決胜矣 |

续表

| 古八阵法 | 本朝八阵法 |
|---|---|
| 方阵图乃黄帝五行之金阵，于卦属兑宫，于五音属商，为白兽，则孙子之方阵，吴起之车箱阵，诸葛亮之同当阵，以其行伍洞彻而相当也。其扬、奇、备、伏兵后八阵，皆仿常山之法布之，恐烦多，不重录<br>右为方阵，法曰：举白旗，闻鼓音，左部居左，右部居右，前部居前，后部居后，中部居中。部皆并置校尉，左右中央司马各按部以前后曲相次，曲以左右官相当，官以前后队相随。队以百人为列，列以十人为对，对以五人为伍，各按其处，无动。队分为团，团合为队，谓之分合。卒一人居地二步，一队方十步，广二十步，队间容队。曲广十步，曲间容曲。部袤百八十步，部间容部。阵广四百六十步，阵间容阵。凡设方者，所以弛张也，高平利方，方利变矣 | |
| 圆阵图者，黄帝五行之土阵，于卦属艮宫，于五音属宫，为勾陈，则孙子之圆阵，吴起之车厢阵，诸葛亮之中黄阵，以居其中位者土也<br>右以方阵为圆阵，法曰：举黄旗，闻二鼓音，前部前曲出其前，前部后曲出与之并，后部后曲出其后，后部前曲出与之并，左右部及中部各旋向，左右卫骑随之，校尉司马部后居地如法。四方高利圆，圆利守 | |
| 右牝阵图，昔黄帝五行之水阵，于卦属坎宫，于五音属羽，为玄武，则孙子之牝阵，吴起之曲阵，诸葛亮之龙腾阵，以其曲屈如龙腾也。或名卻月阵。宋武帝多用此<br>右以方阵为牝阵，法曰：举黑旗，闻三鼓音，前部前曲出在左部前，为左翼；后部前曲出在右部前，为右翼。中部前曲、左右骑队分为左右，与后队并校尉、司马部后居地如法。左右高利牝，牝利吞也 | 右牝阵，即黄帝五行之水阵，孙子之牝阵，吴起之曲阵，诸葛亮之龙腾，刘豫之卻月也。举皂旗，鸣鼓，则为之。左右俱高，行军溪谷，利为牝。牝则前张两翼，便于吞掩，使彼奔卫，三面受敌，足以胜牝矣。牝之列也，前锐后重，象剑之锋。牝张两翼，夹攻其锋。经曰：锐而锋者，夹击之。故牝胜牡，犹复胜单 |

续表

| 古八阵法 | 本朝八阵法 |
|---|---|
| 右牡阵图者，乃黄帝五行之火阵，于卦属离宫，于五音属征，为朱雀，太公名鸟云阵，则孙子之牡阵，吴起之锐阵，诸葛亮之鸟翔阵，以其轻锐如鸟飞翔也<br>右以方阵为牡阵，法曰：举朱旗，闻四鼓音，右部前曲出在后部前，左部前曲出在前部前，相去二十步，左右官各前进二十步为觜，中部前曲左右队前次之，校尉司马部后居地如法。后高前下，利牡，牡利溃 | 右牡阵，即黄帝五行之火阵，孙子之牡阵，吴起之锐阵，诸葛亮之鸟翔。举朱旗，鸣鼓，则为之。前下峻高，乘虚冒乱，因其地势，则利为牡，可以胜冲方矣。冲方前眾后疏，战者相促，居者有余。经曰：得地助者昌，失地助者凶。故牡阵胜冲方 |
| 冲方阵者，乃黄帝五行之木阵，于卦属震宫，于五音属角，为青龙，则孙子之冲方阵，吴起之直阵，诸葛亮之折冲阵，以其直前折冲于敌<br>右以方阵为冲方阵，法曰：举青旗，闻五鼓音，左右二部出在前、后、中三部前，并列相从，而居校尉司马部后居地如法。前高后下，利冲方，利争险也 | 右冲方阵，即五行之木阵，孙子之冲方，吴起之直阵，诸葛亮之折冲也。举青旗，鸣鼓，则为之。前高后下，左右或险，则利为冲方，可以胜车轮。兵得成行，善乱敌而畏险阻。冲方守险以疲车轮，故冲方胜车轮 |
| 右车轮阵图，昔太公三才之地阵，于卦属坤宫，则孙子之车轮阵，吴起之衡阵，诸葛亮之握机阵，以其进止机巧为名<br>右又以方阵为车轮阵，法曰：举熊旗，闻六鼓音，左部前曲后队左右官、后曲前队左右官，各左移出二十步，右部亦如之，相近如鼓翼状。校尉司马部后居地如法。平易利车轮，车轮利进矣 | 右车轮阵，即太公三才之地阵，孙子之车轮阵，吴起之冲阵，诸葛亮之握机也。举熊旗，八鼓，则为之。平原广野，且行且战，宜为车轮。车轮利进，可以胜罘罝。罘罝备其首尾，虚在两旁，其势不坚。车轮四备强弩，善冲乱敌。经曰：以守待攻者强，以动待敌者亡。故车轮胜罘罝也 |
| 右罘罝阵图，昔太公三才之人阵，一曰飞翼阵，于卦属巽宫，则孙子之罘罝阵，吴起之卦阵，诸葛亮之名虎（或作禽）翼，以其游骑两傍而舒翼也。或名鱼丽阵，又曰鱼贯阵。《左传》曰："原繁、高渠弥以中军奉郑公为鱼丽之阵。"则此也<br>右以方阵为罘罝阵，阵法曰：举鷃旗，闻七鼓音，左右部前曲左右官居前横列，后曲居后亦如之，中部及前后部曲等布地如法。斥泽利罘，罘罝利救 | 右罘罝阵，即太公三才之人阵，孙子之罘罝，吴起之卦阵，诸葛亮之虎翼，《左传》之鱼丽也。举虎旗，七鼓，则为之。川泽漫衍，草木扶疏，遇敌决胜，则为罘罝。罘罝前后横，中央纵，张其四翼，利于相救；雁行延斜，恶其断绝。故可以胜雁行 |

续表

| 古八阵法 | 本朝八阵法 |
|---|---|
| 雁行阵者，乃太公三才之天阵，于卦属干宫，则孙子之雁行阵，吴起之鹅鹳阵，诸葛亮之衡阵，以其连接如秤衡也。《左传》曰："郑翩愿为鹳，其御愿为鹅。"是也<br>右以方阵为雁行阵，法曰：举雕旗，闻八鼓音，中部前曲进，前出为首，其后曲次之，与前部前曲、后部前曲并前，前部后曲左斜官曲相随，后部后曲右斜官曲相随。右部御次、后部曲皆右斜，亦官曲相随。左部御次、前部后曲皆左斜，亦官曲相随。校尉司马部后居地如法。城丘利雁行，雁行利绕也 | 右雁行阵，即太公三才之天阵，孙子之雁行，吴起之鹅鹳，诸葛亮之冲阵也。举雕旗，九鼓，则为之。背城南敌，易断绕人，则利为雁行，可以胜方阵。雁行前锐后张，延斜而行，便于左右，利于周旋。经曰：厚而正者坚。当选勇力，胁其两旁。故雁行胜方阵也 |
|  | 右容辎重方阵 |

资料来源：《武经总要》卷7，第8a—22b页，第8卷，第11b—23b页。

# 参考文献


**古籍：**

李焘：《续资治通鉴长编》，中华书局2004年版。

李筌：《太白阴经》，《影印文渊阁四库全书》第726册，台湾商务印书馆1983年版。

四库全书研究所，《钦定四库全书总目（整理本）》，中华书局1997年版。

脱脱）等：《宋史》，中华书局1977年版。

王应麟：《玉海》，江苏古籍出版社1987年版。

许洞：《虎钤经》，《影印文渊阁四库全书》第727册，台湾商务印书馆1983年版。

叶梦得：《石林燕语》，《唐宋史料笔记从刊》，中华书局1997年版。

曾公亮等：《武经总要》，《中国兵书集成》，解放军出版社1988年版。

张彦远：《历代名画记》，上海人民出版社1964年版。

**东西方语言二手资料：**

Bray, Francesca, et al., eds. *Graphics and Text in the Production of Technical Knowledge in China*, Leiden and Boston: Brill, 2007.

陈安迪：《北宋阵图问题再探讨》，《汉学研究》2019 年第 6 期，第 95－131页。

陈峰：《北宋枢密院长贰出身变化与以文驭武方针》，《历史研究》2001 年第 4 期，第 29－38 页。

陈峰：《平戎万全阵与宋太宗》，《历史研究》2006 年第 6 期，第 180－184页。

陈峰、王路平：《北宋御制阵法、阵图与消极国防战略的影响》，《文史哲》2002 年第 6 期，第 119－125 页。

邓广铭：《宋朝的家法和北宋的政治改革运动》，《中华文史论丛》1986 年第 3 期，第 85－100 页。

邓小南：《祖宗之法：北宋前期政治述略》，中华书局 2006 年版。

Ebrey, Patricia (1999), "Taking Out the Grand Carriage: Imperial Spectacle and the Visual Culture of Northern Song Kaifeng," *Asia Major* 12.1: 33－65.

Golas, Peter J (2015), *Picturing Technology in China*. Hong Kong: Hong Kong University Press.

Lau Nap－yin and Huang K'uan－chung (2009), "Founding and Consolidation of the Sung Dynasty Under T'ai－tsu (960－976), T'ai－tsung (976－997), and Chen－tsung (997－1022)," in Denis C. Twitchett and Paul Jakov Smith (eds.), The *Cambridge History of China*, Vol. 5, Part I: *The Sung Dynasty and Its Precursors*, 907－1279, New York and Cambridge: Cambridge University Press, pp. 206－278.

Lin, Fan (2015), "Cartographic Empire: Production and Circulation of Maps and Mapmaking Knowledge in the Song Dynasty (960－1279). McGill University, Dissertation.

Lorge, Peter (2017), "Military Institutions as a Defining Feature of the

Song Dynasty." *Journal of Chinese History* 1 (2): 269－295.

李训祥:《古阵新探－新出史料与古代阵法研究》，博士学位论文，国立台湾大学，1999 年。

李裕民:《南宋是中兴？还是卖国－南宋史新解》，何忠礼:《南宋史及南宋都城临安研究（上）》，人民出版社 2009 年，第 13－27 页。

McGrath, Michael (2009), "The Reigns of Jen－tsung (1022－1063) and Ying－tsung (1063－1067)," in Denis C. Twitchett and Paul Jakov Smith (eds.), The *Cambridge History of China*, Vol. 5, Part I: *The Sung Dynasty and Its Precursors*, 907－1279, New York and Cambridge: Cambridge University Press, pp. 279－346.

Needham, Joseph and Robin Yates (1994), *Military Technology: Missiles and Sieges. Part* 6 *of Chemistry and Chemical Technology*. Volume 5 *of Science and Civilisation in China*, Cambridge: Cambridge University Press, 1994.

潘晟:《宋代地理学的观念、体系与知识兴趣》，商务印书馆 2014 年版。

漆侠:《探知集》，河北大学出版社 1999 年版。

王曾瑜:《宋代兵制初探》，中华书局 1983 年版。

Wang Tseng－Yü (Wang Zengyu) (2015), "A History of the Sung Military," in John W. Chaffee and Denis Twitchett (eds.), *The Cambridge History of China*, Vol. 5, Part II: *Sung China*, 960－1279, New York and Cambridge: Cambridge University Press, pp. 214－249.

吴晗:《阵图与宋辽战争》，《历史的镜子：吴晗讲历史》，九州出版社 2008 年版，第 92－101 页。

# 宋元时代版刻城市地图初探

钟　翀*

## 引　言

近年来历史地图学在中国学界成为热点，全国图、总图的研究可以说初具规模①，海洋与岛礁图、山川名胜图、城市地图等专题图的研究也是方兴未艾。本文意欲讨论的中国城市古地图这一类专题图，主要是指能够比较清晰表现城市（或其局部）的格局及其内部构造、并在古地图上将城市作为面状地物而非点状地物加以描绘的一类地图。毋庸置疑，此类地图就城市史地而言是研究价值最高的。不过，若要以上述标准重新检视现存的中国古代城市地图，即可看到——虽然自上古就已出现《兆域图》（河北平山战国中山王陵铜版地图）、《城邑图》（湖南长沙西汉马王堆汉墓帛底彩绘）、《宁城图》（内蒙古和林格尔东汉护乌桓校尉墓葬壁画）等个别可归为城市图类别的珍贵古地图，然而就传存状况来说，要系统了解此类地图，也只有到了宋元时代才有可能。

一般以为，唐宋之际的城市变革、宋代地方文化的发达与雕版印刷的普及，都是该时期城市地图得以流行并以一定数量传存至今的重要原因，而从中国城市史来看，宋代以及此后短暂的元时代，在上述三个方面都存在较多共性，因此本文将以宋元时代作为探讨中国城市古地图的时限。

* 钟翀，上海师范大学人文学院教授，博士研究生导师。

① 如成一农《中国古代舆地图研究》，中国社会科学出版社 2018 年版。

就载体形态而言，流传至今的宋元城市图主要可分石刻地图和版刻地图两类，前者为数甚少，北宋元丰三年（1080）吕大防主持上石的《长安城图》残片是目前所知最早的一种，其他现在可见者有南宋绍兴二十四年（1154）立碑的《鲁国之图》、绍定二年（1229）的《平江图》碑与咸淳六年（1270）的《静江府城图》碑等寥寥数种，关于这几种城市图的成图与内容等，前人研究既已成熟[①]，在此不做重点论述，而宋元版刻城市地图这一类，由于数量较多、版本纷繁，还有很多尚待澄清的问题，笔者欲借此文加以探讨。

## 一　宋元版刻城市地图的传存概况

雕版印刷自唐中叶出现以来，入宋始大行其道，当时大概也流行一些单幅的版刻地图[②]，不过能够传存至今的也只有刻本书籍中的插页地图。此类插页图又以载于方志者最常见，而其他文献诸如南宋《新编纂图增类群书类要事林广记》（元至顺刻本，以下简称《事林广记》）所收《东京旧城之图》《外城之图》、日本翻刻元泰定二年（1325）的《新编群书类要事林广记》所收《燕京图》那样的城市简图，已属十分难得，而以笔者浅见，尚未找到可归为本文所定义城市地图的其他文献，所以，实际上对于这一时期城市古地图的理解，很大程度上还是要凭借方志类图的分析来获取。

因此，今日可见的宋元城市地图，主要刊载于现存的宋元方志之中，而此外尚有散见于《永乐大典》的宋元残志所收之图、后世（主要是明代）方志中转录之图这 2 种或可称为宋元方志城市地图之衍生形式，下文分别加以探讨。

---

① 如汪前进《〈平江图〉的地图学研究》，《自然科学史研究》1989 年第 4 期；《〈静江府城图〉的成图时间、作者及地图要素》，《自然科学史研究》1993 年第 4 期；王宁《宋吕大防〈长安图〉及其地图学分析》，《西安文理学院学报》（社会科学版）2010 年第 3 期等。

② 如常常为研究者提及宋都临安大量售卖《朝京历程图》，也反映当时坊刻单幅地图的流行，见于元人李有《古杭杂记》、刘一清《钱塘遗事》等笔记的记载。

## （一）现存宋元方志的城市地图

《宋元方志丛刊》（以下简称《丛刊》）[①] 荟萃现存41部该时期方志（含残本），在这41部可以确定的宋元时代志书之中，有附图的仅《长安志》等10部，其所收录之图主要包括境域图、城市图、官署图、山水名胜图4类，按照本文定义，真正可归为城市地图的只有以下7部21幅。

1.《长安志》附元李好文编绘《长安志图》，其中载有《汉故长安城图》《唐禁苑图》《唐宫城图》《奉元城图》

2.《雍录》所收《汉唐要地参出图》《汉长安城图》《唐都城内坊里古要迹图》

3.《景定建康志》所收《府城之图》

4.《咸淳临安志》所收《皇城图》《京城图》

5.《淳熙严州图经》所收《子城图》《建德府内外城图》

6.《嘉定赤城志》所收《罗城》《黄岩县治》《仙居县治》《宁海县治》

7. 元《河南志》所收《后汉东都城图》《西晋京城洛阳宫室图》《后魏京城洛阳宫室图》《金墉城图》《宋西京城图》

以上21幅可确认为城市古地图，不过，《丛刊》收录的宋元方志，其所选之底本，大多聚焦于卷数较全、刻印较佳的明清底本，而这些本子对于地图的留存而言却多有缺失，下面笔者收集其他收图之善本，将以上《丛刊》本所遗漏者一一罗列、略加考核于下。

1.《宝庆四明志》

《丛刊》所选为清咸丰四年《宋元四明六志》本，该本于文字校刻俱精，但未收地图实为一大缺憾。按，此志始修于南宋宝庆二年（1226）、成书于绍定元年（1228），原刻本失传，今所见者最早刊本为国家图书馆所藏咸淳八年（1272）后的增补本，该增补本收有《府境》《罗城》等16幅地图，其中的《罗城》《奉化县治图》《慈溪县治图》《定海县治图》《昌国县治图》《象山县治图》6幅图均为城市地图。该志现有1950年北

---

① 中华书局编辑部：《宋元方志丛刊》，中华书局1990年版。

京故宫博物院影印宋咸淳八年补印本、台湾成文《中国方志丛书 华中地方》第575号《四明志》本、《中华再造善本》一编之《宝庆四明志》本等多种版本，均收录了上述地图。其中台湾成文之本号称“据宝庆年间抄本影印”，然该本“郡守”等已记至咸淳八年，与其他诸本相同，可知亦为咸淳增补本系统由来，并非宝庆年间的抄本。

2.《至正金陵新志》

元至正四年（1344）修，《丛刊》所选为清四库全书本。按《丛刊》所云“此志现存元刻残本，明刻补记，然多漫漶不清，故用四库本”。然《四库》恰恰缺漏最有价值的《集庆府城之图》，国图所藏元至正四年集庆路刊本当为此志收图之最善本。

3.《琴川志》

《丛刊》所选为明末毛氏汲古阁刻本，然汲古阁本缺图，现存古抄本之一——以元本为底本的道光三年（1823）恬裕斋影元抄本收有《县境之图》为一幅详细的城市地图，该志成书年代及版本系统较为复杂，本文下节将其作为典型案例予以专论。

以上两项合计10部共得29幅宋元城市古地图，除此之外，像《淳祐玉峰志》目录列有《县境图》《县郭图》《马鞍山图》，其中的《县郭图》应是一城市地图，但今本均缺，类似的还有《剡录》目录所列《城境图》《咸淳重修毗陵志》首列图目所载《郡城》等，由此亦可知实际刊载城市图的宋元方志应该更为普遍。

### （二）《永乐大典》的宋元残志所收之城市地图

《永乐大典》系明初永乐年间所纂世界文献史上最大规模百科全书，汇集古今图书七八千种，其中收录大量前代方志，且其与宋元年代最为接近，因此其所收方志亦多以宋、元及明初者为主，即使以目前该书残本观之，亦可发现其中收录的前代城市古地图。

1.《临汀志》

收录于《大典》卷7889—7995的《临汀志》，被称为“唯一一种比较完整保存在残本《大典》中的宋代方志”，研究证实该志成书于南宋开庆元年（1259）[①]，《大典》卷7889收有此志《郡城》图1幅。

2.《三阳志》

《大典》六模“湖”、十三箫“潮”等字收有今潮州的《三阳志》，有关此志成书于宋或元乃至明初，尚有争议[②]，但《大典》卷3343所收《潮州城图》（原图未具图名）上，可见“路学”“录事司”等机构，显见其为元代之图。

3.《河南志》

《大典》卷9561收有《唐东都城图》，据徐松、缪荃孙等人研究认为，此图系宋敏求《河南志》。

值得留意的是，《大典》残本中还收有不少明初方志，其中的城市图有些虽然绘于洪武初年，但其底本，尤其是城市形态上仍留存宋元旧观，此类地图对于实际研究而言其价值不可低估。如《大典》卷1905所收《广州府境之图》《广州府番禺县之图》《广州府南海县之图》[③]，还有《大典》卷2275所收《湖州城图》（原图未具名），标出了湖州城中全部的宋元“界”名[④]，即使非宋元之图，至少可知此图维持宋元旧观，值得进一步深究。

### （三）后世方志转录的宋元城市地图

我国方志的编纂传统，重修的后志频繁转录前志的内容也是一大特点，不仅作为体例将此前所修的序文一并收录，在具体的内容上也往往予以抄录，而方志中的地图也不例外。因此，现存的明清方志尤其是明代方志之中，一定也留存了不少已佚宋元方志之图，下面仅以江阴城市地图为例予以说明。

位于长江南岸的江阴，在南宋绍定年间曾修撰《江阴军志》，此志元

---

① 方健：《〈开庆临汀志〉研究——残本〈永乐大典〉中的方志研究之一》，《历史地理》第21辑，上海人民出版社2006年版。

② 吴榕青：《〈三阳志〉、〈三阳图志〉考辨》，《韩山师范学院学报》1995年第1期。

③ 曾新：《明清广州城及方志城图研究》第三章《明初〈永乐大典〉之广州城图》，广东人民出版社2013年版。

④ 来亚文、钟翀：《宋代湖州城的“界”与“坊”》，《杭州师范大学学报》（社会科学版）2016年第1期。值得一提的是，《宋元方志丛刊》本的《嘉泰吴兴志》未收此图。

代又有翻刻，惜今无宋元刊本传世。目前可见最早的江阴方志是弘治《江阴县志》十五卷，该志亦为稀见之本，仅见藏于国图；此后的嘉靖《江阴县志》也只有天一阁藏本，因此，这两种县志中的地图向来缺少关注。弘治《江阴县志》的编排比较奇特，舆图不在卷首而在卷十四，该志编者为了古今对照，特地收录了当时还可见的“宋志”即《绍定江阴军志》中的2幅地图——《宋治全境图》《宋治官治图》，其中的前者为区域图，该图也被嘉靖县志所收，后者《宋治官治图》则是一幅典型的南宋江阴军城之图，然此图仅见于弘治县志，且该卷提及：“志之有图，常律也，图而为谱，古今之形见焉。宋图二，城府井络、废兴因革具矣，谨为临摹，不敢毫发讹异。”可见弘治县志的这两幅宋图是比较忠实地地留存了宋志之图原貌的。

同时，今年被认定的上海图书馆所藏清抄《永乐大典·常州府》全部十九卷[①]之中，就有几乎完整收录的《绍定江阴军志》一书，遗憾现存抄本没有留下其中的地图，不过，笔者经过对此志的详细地物分析，亦可证实弘治《江阴县志》所收“宋志”之图确为《绍定江阴军志》之原图。例如，该《绍定江阴军志》抄本中有关于子城的10余条零散记载，拼接起来的子城范围跟明弘治志所收《宋治官治图》的表现一致，由于南宋江阴军子城存在时间很短，所以这也可证明此图为宋图无疑；而图上地物最晚见者“净明观”在南宋绍定六年（1233）改建为正佑庙，故可确证此图源于已佚的《绍定江阴军志》。

又如，下文提及的弘治《常熟县志》及此后的多种明常熟县志，均以“旧图”之名收录南宋《宝祐重修琴川志》中的常熟城市地图，所以即使今存各本均非宋元之刻，或图失不见，但后代转录、摹补之图仍存原图之真。类似明代江阴、常熟县志转录宋元地图的情况，在明代早期方志中应

① 上海图书馆藏清嘉庆间抄本，该馆目录及《中国地方志联合目录》误作洪武《常州府志》，此书经王继宗近年来从卷数、编纂体例、卷次标法、类目标法、正文前目录、目录首行、地图、内容、避讳等方面的详细考证，已经认定系《永乐大典》卷6400至6418《常州府》抄本。详王继宗《〈永乐大典〉十九卷内容之失而复得——［洪武］〈常州府志〉来源考》，《文献》2014年第3期。

该不是个别案例，鉴于明志传存极多，估计此类地图也不在少数，具有相当的发掘潜力。不过，由于牵涉存本与逸书之间的图像考证，明志转录的宋元城市地图，究竟是全然借用宋元旧版，还是重新翻刻，甚或在翻刻过程中加入后世内容，还需要进行逐一的慎重分析。较之上述宋元存书或《永乐大典》来说此项作业难度颇高，此类地图的系统整理方面还有大量工作要做。

## 二　宋元方志所收版刻城市地图考辨——以《琴川志》为例

以上概述今存宋元方志之中的城市地图，宋元方志存世不多，弥足珍贵，尤其是卷中所列城市古地图，也成为解读中古城市的第一手史料，对考察验证所谓“中世纪城市变革”来说最为关键。然而，由于传世文献版本流传的复杂，以及由此带来的、书中不时与文字内容分别流传的舆图的传存特异性，都使得在利用此类地图资料之前，需要对今存本的成书年代、版本及文本，特别是舆图的由来等问题先行予以厘清，下面以《琴川志》为例来加以说明。

### （一）今本《重修琴川志》溯源

常熟在历史上曾出现多部以“琴川志”为名的方志，现存最早的就题名为《重修琴川志》，该志卷首所列《县境之图》是难得的城市古地图，然而，今存15卷本《重修琴川志》在撰修者、成书年代上皆存争议，因此有必要慎重论证。

《铁琴铜剑楼藏书目录》[①]《皕宋楼藏书志》[②]《中国地方志综录（增订本）》[③]《中国地方志联合目录》[④] 等皆题该书为15卷，但著者分别有宋代孙应时、鲍廉，及元代卢镇等说。此外，民国《重修常昭合志》分列4种

① 瞿镛：《铁琴铜剑楼藏书目录》，清光绪常熟瞿氏家塾刻本。

② 陆心源：《皕宋楼藏书志》清光绪万卷楼藏本。

③ 朱士嘉：《中国地方志综录（增订本）》，商务印书馆1958年版。

④ 中国科学院北京天文台：《中国地方志联合目录》，中华书局1986年版。

《琴川志》，分别是宋庆元孙应时、嘉定叶凯、淳祐鲍廉和元至正卢镇所修，其中鲍、卢两书为 15 卷。[①] 顾宏义认为今存 15 卷本是元卢镇所撰《至正重修琴川志》，南宋另有庆元孙应时、嘉定叶凯和宝祐鲍廉所撰 3 部《琴川志》，并已佚失。[②]

如此诸说纷纭，其主要原因是今本《重修琴川志》的早期刻本已不存于世，其他各种著录的“琴川志”与今存本的源流关系迷离不清。不过，上述书目所记此书皆为 15 卷，推断当是同一种书，即今 15 卷本《重修琴川志》。为此笔者核之今存诸本，以为关键还在成书年代的认定，而歧见的产生也与后人对今本《重修琴川志》所收多篇序言的理解有着直接关联。

今存 15 卷本《重修琴川志》卷前有 4 篇序文，分别是褚中、丘岳的宝祐二年（1254），卢镇的至正二十三年（1363）与戴良的至正二十五年（1365）之序。褚序时间无考，其在序言中说：“琴川旧志荒落，丙辰庆元孙应时修饰之，更八政；庚午嘉定，叶凯始取而广其传。时久人殊，事多阙且轶，览者病焉。”[③] 可知当作于宋嘉定之后。褚序主要内容是对全书分目作题解，序中将全书分为“叙县”等 10 个目次，这与今 15 卷本仅在“叙田”“叙物”两目上略有表述差异。所以褚序也是可以对应于今 15 卷本的。丘序为鲍廉所撰《宝祐重修琴川志》（下文简称《宝祐志》）而作，其中同样提及“列为十门，条分类析，固不敢谓尽无遗阙，然视旧志则粗备也”，说明《宝祐志》也分 10 目次，与褚序相合，因此褚序很可能也是《宝祐志》的序文，则今 15 卷本《重修琴川志》很可能就是《宝祐志》。而至正卢序提及：

> 按《琴川志》自宋南渡，版籍不存。其后庆元丙辰县令孙应时尝粗修集，迨嘉定庚午县令叶凯始广其传，至淳祐辛丑县令鲍廉又加饰

① 张镜寰：民国《重修常昭合志》，1949 年铅印本。

② 顾宏义：《宋朝方志考》，上海古籍出版社 2010 年版，第 57—60 页；顾宏义：《金元方志考》，上海古籍出版社 2012 年版，第 75—77 页。

③ 鲍廉：《重修琴川志》，哈佛藏明末毛氏汲古阁刻本，下文提及的丘序、至正卢序原文均引自此本。

> 之，然后是书乃为详悉。自是迄今且百余年，顾编续者未有其人，而旧梓则已残毁无遗矣。……爰属耆老顾德昭等徧求旧本，公暇集诸士，参考异同，重锓诸梓。其成书后，凡所未载各附卷末，总十有五卷，仍曰《重修琴川志》，其续志则始于有元焉。

按卢序所说，宋南渡前有《琴川志》，但已佚。南宋之志始于庆元年间孙应时，该志粗略，这点丘序也曾提到，而后嘉定年间叶凯“始广其传”，淳祐年间鲍廉又曾增修。由此可知叶凯并未修志，且鲍廉修撰年代有误。叶凯“始广其传”源自褚序“始取而广其传”，当为推广流传，并非增广内容。今本《重修琴川志》卷3《县令》“叶凯小传”确记“刊《琴川志》”而非修撰。另，“淳祐辛丑”为淳祐元年（1241），时任县令为赵师简而非鲍廉。鲍廉于淳祐十二年（1252）上任，次年即宝祐癸丑元年（1253），再次年是丘序所作之宝祐二年（1254），所以卢序的淳祐辛丑当为宝祐癸丑之误。

据卢序，元至正时，孙应时庆元志和鲍廉宝祐志都已不常见，卢镇访得后重刻出版，并在每卷末附补记之文。此版有15卷，卷数与今本合，题名“仍曰《重修琴川志》”说明至少上一版即鲍廉宝祐志也用此书名，此亦为今本《重修琴川志》乃《宝祐重修琴川志》之证。关于元代史事，卢镇另出“续志”以记，是另一新志书。戴序为卢镇重刻本之序，文中只说卢镇以孙应时志整理重刻，未提鲍廉之书，显然不及卢镇自序可信。

从上述诸序可知，到元卢镇时至少出现过5部常熟县志，宋室南渡前的《琴川志》、孙应时《庆元志》、鲍廉《宝祐重修琴川志》、卢镇《至正重修琴川志》与卢镇《至正续志》。除第一与最后一部外，另三部都可能与今15卷本《重修琴川志》有关。若论书名，今15卷本与鲍廉、卢镇之志相合，卷数则与卢镇志相合。鲍廉志卷数未知，但若按卢镇志于旧志每卷后附有补记，则鲍廉志当与卢镇志卷数相同，亦是15卷本。今15卷本各卷后皆不见有附记，钱大昕据此认为此书非卢镇志而是鲍廉志。[①]

---

① 钱大昕：《十驾斋养新录》，清嘉庆刻本。

综上判断，今15卷本《重修琴川志》即为鲍廉之南宋宝祐志，那么该书与其他已佚诸“琴川志”关系如何？是在旧志上增辑，还是独立编撰？若要探究这些问题，还需从今本之文本入手加以分析。

按今本《重修琴川志》卷3《叙官》存有县令、县丞、主簿、县尉4种官职表，县令记至宝祐六年（1258），县丞记至宝祐元年（1253），主簿记至宝祐三年（1255），县尉记至嘉定七年（1214）；卷8《叙人》“进士题名”记至嘉熙二年（1238）。这5种年表均截止于鲍廉修书前后，而距孙应时修志年代较远。再则，统计全书内容，宝祐之前的南宋年号都有出现，且分布书内各卷，数量也不在少数，但宝祐年号本身则只在卷3《叙官》的年表中出现过几次，宝祐之后的年号则只在卷10《叙祠》中出现3次“咸淳”，其他年号均不见，也未见元代年号。因此今本《重修琴川志》绝大部分文本当形成于宝祐以前。根据丘序落款为“宝祐甲寅中元日”，断定鲍廉《宝祐志》成书于宝祐初年，因而今本《重修琴川志》最大可能为鲍廉《宝祐志》。另外，今本《重修琴川志》常见征引“庆元志”，约出现10多次。其中卷8《进士题名》夹注称“按《吴郡志》列‘进士题名’一卷，以端拱初元龚识为首，然未尝彪分邑进士之目。《庆元志》虽析而列之，年序错杂无考焉，今纪其次”。清晰区分了《庆元志》与《重修琴川志》的文本差异，证明今本《重修琴川志》并非孙应时《庆元志》基础上增修，而是独立重修的。并且，其中提到的《吴郡志》一书初刻于绍定二年（1229），孙应时并无可能见到。同样，书中完全不见“嘉定志”，亦可证嘉定年间叶凯并未有修志之举。

综述之，今15卷《重修琴川志》当为南宋鲍廉编修，成书约在宝祐二年（1254）。鲍廉《宝祐志》成书之前，有孙应时《庆元琴川志》，该志成于庆元间，在嘉定间刻版。元末至正年间卢镇整理重刻，今本之中夹杂少量宝祐之后史事，且书中多处称“宋”之叙述，极可能是此时混入。今本《宝祐志》在各卷之后并无卢镇所言补记之文，说明卢镇在整理重刻过程中并没有大量修改添补该志，今日所见鲍廉《宝祐志》的绝大部分内容仍是宝祐编修时之原貌，这一判断对于该志地图的年代判断来说具有决定性作用。

### （二）主要版本与书中南宋城市地图的流传

今本《重修琴川志》的早期版本宋宝祐初刻本、元至正再刻本虽已亡佚，不过现存重刻本与抄本颇多，较重要的有明末毛氏汲古阁刻本、清张海鹏传望楼刻本、清嘉庆《宛委别藏》抄本、清道光三年（1823）瞿氏恬裕斋（即铁琴铜剑楼前身）影元抄本等。其中汲古阁本为现存最早刻本，《宛委别藏》本和恬裕斋抄本则收有舆图5幅。

今哈佛大学藏汲古阁本4册，其卷1前页有红字批注，显示此书乃乾隆五十七年（1792）由王氏所抄陆贻典批校本，卷前有陆贻典命人摹绘的地图5幅。这个本子卷1前有崇祯二年（1629）龚立本和康熙六年（1667）陆贻典的书跋，讲述该本流传情况。陆贻典是汲古阁主毛晋的亲家，其文说毛扆觅得元至正再刻本后交予他批校汲古阁本。该元本有图5幅，颇有些漫灭不清，现此刻本所附5图系另据他本摹绘。因此作为《重修琴川志》现存最早传本的汲古阁本原是没有舆图的。

崇祯《常熟县志》撰修者龚立本的书跋提及该书初在邵麟武手中，缺1卷，邵氏死后传至许弢美，许在南京购得缺卷，补齐全书。龚说不确，今本仍有阙文。目今所见各本卷3《叙官》“监务”以下皆缺，卷15《拾遗》也仅有两条，疑有阙文。按陆贻典批校，卷3《叙官》“监务”部分“以下元本残毁无录”，仅比今本多一行文字。

元本流传较久，道光三年（1823）仍有恬裕斋影元抄本问世。今虽不能见元本，但借陆贻典批校仍可窥其大概，卷2中“监务”之文即是判断今传各本是否直接源自元本的重要依据。如恬裕斋影元抄本此处为残页，有“而监官二员反为”一句，而嘉庆《宛委别藏》本则与陆贻典批校的汲古阁本相同，为“□□□□侵□而监官二员反为（攵）□”，台湾成文影印不题年代钞本亦是如此，可见此二者宗于汲古阁本。

恬裕斋影元抄本前有常熟人言朝楫嘉庆十年（1805）书跋，称其家藏有元本，“余家所藏龚跋本，各图皆全，后余因书中有缺页缺字，借汲古本补全之，忽为当事借观，索还日而图少几页”。[①] 由此可知元本确有舆

① 鲍廉：《重修琴川志》，清道光三年（1823）瞿氏恬裕斋影元抄本。

图，以元本为底本的道光三年（1823）恬裕斋影元抄本中就有包括《县境之图》的5幅舆图，其图来源未知，但当是今存各图中最善之本[①]。除恬裕斋影元抄本外，《宛委别藏》本和陆贻典批校汲古阁本皆有此图，两本都是摹绘而来。按哈佛所藏汲古阁本可见陆贻典批校提及“图五叶从新志得二，复命童子摹其三，列于序后”。“新志”当指《重修琴川志》之后所编方志，如上节提及的弘治《常熟县志》及此后多种县志均收录了这5幅图。此外，上述汲古阁等3个版本中的《县境之图》内容几乎一致，这恰好说明此图在流传中所幸未有佚失。笔者曾统计图中地名73个，绝大部分在《宝祐志》有载。《县境之图》与《宝祐志》文本高度契合，可以图史互证。

综上可知，今本《重修琴川志》初刻于南宋宝祐间，元至正时再刻，但宋元二本皆佚。然元再刻本在后世多有影抄，清道光间仍见存世。由此造成今存《宝祐重修琴川志》版本众多，但今本大致源于汲古阁本或元至正本，两本都有阙文。书中舆图虽在今本中存阙不定，但元至正再刻本既已存在，而明弘治县志等距宋元志较近方志中也有转录，故即使今所见舆图最早出现于清代影抄本中，就舆图这一项来看仍应判定为最善之本，可判定为其祖本即南宋《宝祐志》成书之时的常熟城市之图。以上《琴川志》的版本与其所载城市地图的考证表明，除了《宝祐四明志》《乾道临安志》那样宋元原刻本，其他今存的再刻或据刻本所抄之本，其来源有时极为复杂，而其中所载的城市地图，也是自宋元时代以来历经七八个世纪辗转流传而来，因此，需要进行聚焦于书中地图，同时兼顾书志学考察的慎重的资料批判，方可得以确定并安心利用。

## 三 宋元版刻城市地图的图式与内容

从以上考察可知，与前代的个别留存或偶然发现相比，现存宋元版刻

① 因今本舆图都是摹绘而来，相互之间存在细微区别，如恬裕斋影元抄本之图较其他版本少“燕喜楼”左侧一座名为“宣诏”的建筑（见图3）。然此本《县境之图》笔触绝似刻本，而不类其他本摹绘之图，很可能是依照元刻本之图而来。

城市地图具有一定的数量，可以说形成了一个资料群，因此初步具有了地图学史分析研究的可能。限于篇幅，本节将根据上文统计的宋元版刻城市地图，对其基本的图式与内容表现做一粗略说明。

上文统计了《丛刊本》及其他刻本或抄本所收宋元方志类图 29 种、《永乐大典》所收者 3 种、可以确认的明弘治《江阴县志》所收之宋城市图 1 种、宋纂元刊本《事林广记》等其他刻本所收者 3 种，合计为 36 幅宋元版刻城市地图。从图式上看，这 36 种地图明显可分为江南地方城市地图与其他区域的城市地图这两大类型，前者存数最多，涉及城市包括今临安、建康、明州、台州、严州等都城或府级城市，乃至常熟、江阴、黄岩、镇海等县城；后者仅见长安、东京、洛阳等京都城市以及《永乐大典》幸存的存临汀、潮州等几种，两者在图式与表现内容上均有差别甚大。

《长安志》《雍录》《河南志》所收之图多为历史城市地图，时间跨度很大，如《长安志》所载《汉故长安城图》《唐禁苑图》《唐宫城图》《奉元城图》，只有最后一种具有现实的临场制图意义，当然在图式上多有些共性。若以《奉元城图》观之，则可总结为以下两个特点：

①此类地图以围郭与城内衙署等政治性机构为表现主体，有的也描绘一些祠庙或古迹名胜（像《奉元城图》中标注“民居”的属于特例），但大多没有表现街巷路网体系，最多仅绘出连通主要城门或政治核心机构的几条主干道路（如《潮州城图》等），而对于坊、市等城市建成区或商业区的描绘虽然不能说完全忽视，但也十分简化。

②衙署机构的描绘一般采用局部放大的“凸镜处理”方式，此类机构通常具体到绘出形象的建筑物，有一定的写真功能，故存在考证甚至复原研究的可能，也有以类似贴签形式标注的，这种形式从方框的形状一致、大小接近来看可能只是一种贴签，但如《奉元城图》所示，也有方框形态不同的画法，则可能显示该种标注具有对地物实体一定的面积、形状表现功能。

江南地方城市地图则是现存宋元版刻地图中数量最多、覆盖最广的一类，此类地图绘法与表现上均显示出具有鲜明的地方特色，具体归纳如下：

①与其他区域城市地图相比，虽然围郭与城内衙署仍是主要表现内容，但一般也会注意对其他公共设施的描绘，同时，表达详细的路网也是此类地图最显著特点，结合对城内水道与桥梁的描绘以及下面提及的合适的比例尺等绘法处理，可以看出此类地图一般也具有真正的导览功能，而非如前者那样仅仅是配合文字的示意图式描绘。当然，此类地图仍然缺乏对建成区要素的表达，需要通过其他地物的综合分析来做一些复原研究。

②从图式上看，宋元江南城市地图以出现非常高的共性，主要表现为：街道统一以描绘石板或阶梯的双线加细横线方式表达，河道或湖塘一般以水波纹加以填充，桥梁径以街路横压河道并在街路上加注桥名表示为原则、少数重要或考究的也有绘出桥形的，衙署祠庙一般以统一的图例表达，少数重要机构则一般会另绘子城图、衙署图等以详细表现其内部构造。并且，上述的特征在著名的南宋苏州石刻地图——《平江图》也可以看到，由此推测此类高度一致的绘制图式，真实反映了宋元江南的测绘者与图版雕刻匠团体的绘制传统，甚至推测这类技术不仅传承有序，而且很可能其参与者就是数代连绵的同一批匠人。

③值得留意的是，虽然没有材料推测宋元江南版刻城市地图的更早渊源，但从明清方志等材料来看，此类高度特化的制图方式并没有流传下来。明代以后，此类地图就已步入退化通道，这一点可从《永乐大典》所收明初湖州、绍兴方志的《湖州城图》《绍兴府四隅图》中得以一窥——这两种图都有继承上述江南宋元城市图的一面，但不少要素都出现了简化的倾向（如街道的表现都去掉了里面的细横线填充），如果将此归因为《永乐大典》的影抄手偷懒，那么现存的明初洪武《苏州府志》所收城市地图更能印证上述退化的观点。到明中期以后，此种退化倾向越发显著，只有诸如上海那样当时偏僻小县城，在嘉靖《上海县志》所收《上海县市图》上仍然偶尔可现宋元江南地图的回响，此时大多数的版刻地图均已退行至与宋元其他区域城市地图类似的示意图形式的表现上了。

# 结　语

以上笔者初步整理了宋元版刻城市地图这一类形式的古代专题地图，本文考察揭示，就中国的城市古地图的资料留存状况而言，只有宋元时代才有开展研究的可能，或者更准确地说，只有宋元时代的江南地区的城市古地图才有系统研究的可能。这一时期，在江南形成的城市地图绘制技术与传统，无论是从地图的图式与内容上看，还是从地方性与时代变化来看，都具有高度特化的特点。不过，要了解此种特点究竟源于何处，则还有待于今后从当时该区域的测绘技术、绘图技术的流转，绘图主体构成等多方面加以深入研究。

# 元代前中国文献地图的黄河源头

冯令晏*

## 引　言

黄河泥沙淤积，横贯中国的中北部平原，在塑造中国的地理区域、生态环境及其文化政治特征方面发挥了关键作用。纵观黄河史料，各种文字记载和图像资料表明人们试图找到其最终源头。如今，学术界一致认为黄河发源于青藏高原的巴颜喀拉山脉，但其确切源头的位置直到20世纪末仍众说纷纭。[①] 这项共识的达成也证明了一种观点：在寻找黄河源头的千年历史过程中，现代人的探索只是其中很小的一部分。尽管汉代史学就出现了有关黄河源头的争论，但人们一直认为黄河有多个发源地，因此关于黄河源头的解释就变成了一种常识和想象并存的探索。

本文旨在通过解读唐代（618—907）关于黄河源头的一些神话故事、水文地理记载和分析现存宋代地图的重要地貌特征，帮助人们更好地理解这段漫长的历史探索过程。唐朝是这段历史中特别值得回味的一部分，因为在大唐统一疆土后，统治者就要求学士在思想文化上形成统一的地理概念。正如一位学者所说，著作自此就受到当时地理学在“思想认识、实际经验、观察视角或知识体量等方面”发展的影响，[②] 这一时期出现了各种

---

* 冯令晏，加拿大多伦多大学东亚地区研究系前现代中国文化研究副教授。

① 例如，祁明荣主编的《黄河源头考查文集》集探讨了各种地貌特征的确切来源和名称。祁明荣：《黄河源头考查文集》，青海人民出版社1982年版，第4—5、6—11页。

② Wang, Ao. *Spatial imaginaries in mid-Tang China: Geography, Cartography, and Literature* (Amherst, New York: Cambria Press, 2018), 19.

与黄河源头有关的文献，包括史学文献、宗教文献、通俗文学、虚构作品。

唐朝大部分的此类文献都是对大众化地理知识的评论和综合。到中世纪末，地理文献中黄河源头的主要地理位置基本上都有相应的地名，其中包括三个地点：昆仑山脉、积石山，以及被称为星宿海的小湖泊群。唐代很多文献都或多或少提到过这三个地方，只是不同文献中记载的黄河源头的具体位置和源头数量各不相同，这种情况一直延续到唐朝末期。

特别值得注意的是，对黄河源头的理解可能更需要空间想象力，因为人们主要是从认知角度理解这一概念，而非水文学角度。也就是说，人们要利用自己的空间想象力去理解黄河源头的位置。笔者认为在这方面需要探寻的远不只黄河源头“在哪里”和“什么样子”这么简单，而是需要探寻黄河源头“形成的方式”和“原因”。也就是说，这不仅涉及了黄河源头的具体地点，也涉及这条河流如何与山脉或其他水体连接的概念。从这个意义上讲，黄河源头的探索不同于黄河中下游地区的研究，因为后者主要是研究黄河在农业生产、交通运输、行政区划方面所做的贡献（造成的破坏）。因为纵观中国历史进程，黄河源头通常并不在王朝直接控制的范围内。随着时间的推移，黄河源头这一空间概念跨越了已知与未知、天上与地下，涉及意识形态、地理知识、幻想世界，文化想象和理论知识相互交织、融为一体。

然而，黄河源头概念的变化和交融绝不是一种地理知识从“错误”走向“正确”的带有目的性的过程。值得注意的是，在这漫长的过程中，流传下来的虚构的空间概念和新发现都受到了广泛关注，但最终新发现完全取代了流传下来的虚构的空间概念。但是，这个过程充满了偶然性和各种转折。即使到了19世纪，无论是文人精英的作品还是地图都显示黄河发源于昆仑山脉，尽管元清时期进行了多次官方的地理探察。[①] 昆仑山与黄河之间的持久联系证明有必要重新审视黄河的认知发展过程，将黄河视为神

① 岑仲勉引用了陶葆廉（1862—1938）在19世纪末的说法：昆仑山是黄河的源头。岑仲勉：《黄河变迁史》，人民出版社1957年版，第46页。

话与地理、虚构与现实的交汇点。①

关于黄河及黄河治理的起源神话出现在大禹和河伯的早期相关文献，这些传说通常理解成一种伴随着王朝更迭而发生的天文事件。② 其他关于黄河源头的文献探索了想象中的黄河水与海洋的连通情况。③ 公元前 1 世纪的《山海经》在不同章节中描述了昆仑山脉是黄河的发源地（河水出）；《尚书》的《禹贡》则将积石山确定为黄河的发源地。④ 在其他的文献［包括刘安（前 179—122）编撰的《淮南子》、词典《尔雅》和《说文解字》、汉朝史书《史记》和《汉书》等］中，均在多个章节对黄河的源头问题进行了论述，有些还评估和讨论了反面例子的优缺点。正如 Dorofeeva-Lichtmann 在研究中所指出的那样，在这个过程中，历史学研究开始关注汉代张骞（卒于前 114 年）出使的考察结果，并将这些考察结果归为一个体系。在这个体系中，黄河上游既包括王朝控制范围外的“外部”部分，也包括王朝控制范围内的“内部”部分。⑤ 公元 6 世纪的《水经注》是一部重要的水文学著作，其时间更接近于唐朝，其中记载了 1252 条河流和航道的详细路线。如下文所述，这些前唐时期的作品为唐朝关于黄河源头的描述性和概念化文献提供了一个框架，但这个融入过程远比单纯的引用或提及复杂得多。

---

① 探讨了出现这种根深蒂固的想法的一些原因，以及 19 世纪韩国的“轮子”地图探讨，见 Vera Dorofeeva-Lichtmann，“A History of a Spatial Relationship：Kunlun Mountain and the Yellow River Source from Chinese Cosmography through to Western Cartography”，*Circumscribere*［*International Journal for the History of Science*］11（2012）：1 – 31。

② 在这个例子中，班大为引用《墨子》和《宋书》（公元 5 世纪）中的《符瑞志》作为神话化叙述的例子，描述了公元前 1953 年出现的一个罕见行星合现象 Pankenier，David W. *Astrology and Cosmology in Early China*：*Conforming Earth to Heaven*（New York：Cambridge University Press，2013），pp. 34 – 37。

③ 在中世纪早期的一部奇观作品中，即张华（232—300）的《博物志》，描述了一位远洋旅行者驾驶小船偶然到达了天河，从而证明了两个水体是相连的（天河与海通）。关于这个故事的英译本，见 Roger Greatrex，*The Bowu zhi*：*An Annotated Translation*（Stockholm：Föreningen för Orientaliska Studier，1987），95 – 96。

④ 关于这些早期来源的概述，请参见 Dorofeeva-Lichtmann，Vera. “Where is the Yellow River Source? A Controversial Question in Early Chinese Historiography”，*Oriens Extremus* 45（2005）：88。

⑤ Dorofeeva-Lichtmann，“Where is the Yellow River Source?” 86 – 7.

## 一 黄河源头的通俗概念与宗教概念

公元642年由李泰（618—652）编纂的官方地理著作《括地志》，目前仅存于其他文献的引用片段中。但这些现存的片段描述了黄河的情况，展示了黄河是如何将世俗传统和佛教传统联系在一起：

> 阿耨达山亦名建末达山，亦名昆仑山。恒河出其南吐狮子口，经天竺入达山。嫣水今名为浒海，出于昆仑西北隅吐马口，经安息、大夏国入西海。黄河出东北隅吐牛口，东经【泑】泽，潜出大积石山，至华山北，东入海。其三河去入海各三万里。此谓大昆仑，肃州谓小昆仑也。《禹本纪》云河出昆仑二千五百余里，日月所相隐避为光明也。①

关于昆仑山在三个主要方向形成河流的这种说法受到了《山海经》的影响。而在《山海经》中，黄河是滋养昆仑山动植物的三大河流之一：

> 西南四百里，曰昆仑之山。实惟帝之下都。河水出焉，而南流东注于无达。赤水出焉，而东南流注于泛天之水。洋水出焉，而西南流注于穷途之水。黑水出焉，而西流于大杅。是多怪鸟兽。②

虽然《括地志》延续了《山海经》中"山生水"的说法，但这篇文章还进一步说明了不同河流是从不同动物的口中（分别是马口、牛口和狮口）流出的，这些特征与佛教传说如出一辙。当将其与佛教朝圣者玄奘（602—664）阐述的佛教圣地相比较时，可以看到两者的一致性。在西行归来几年后，玄奘于公元646年撰写了《大唐西域记》。玄奘描写了有人

---

① 李泰：《括地志辑校》第4卷，贺次君辑校，中华书局1980年版，第228页。

② 译文来自 Strassberg, Richard E. *A Chinese Bestiary: Strange Creatures from the Guideways through Mountains and Seas*(Berkeley: University of California Press, 2002), 39。

类居住的南赡部洲圣地，还描绘了一个从牛、象、马和狮口中流出四条河流的湖泊。而同样重要的是，他还指出从阿那婆答多池流出的一条河流其实与最终流入中国境内的黄河相连，并进行了以下描述：

> 则赡部洲之中地者，阿那婆答多池也唐言无热恼。旧曰阿耨达池，讹也。在香山之南，大雪山之北。周八百里矣。金、银、琉璃、颇胝饰其岸焉。金沙弥漫。清波皎镜。八地菩萨以愿力故，化为龙王。于中潜宅。出清冷水。给赡部洲。是以池东面银牛口，流出殑巨胜反伽河，旧曰恒河又曰恒伽讹也绕池一匝，入东南海；池南面金象口，流出信度河旧曰辛头河讹也。绕池一匝，入西南海；池西面琉璃马口，流出缚刍河旧曰博叉河，讹也。绕池一匝，入西北海。池北面颇胝师子口，流出徙多河，旧曰私陁河，讹也。绕池一匝，入东北海。① 或曰潜流地下出积石山。即徙多河之流。为中国之河源云。②

在玄奘的《西域记》中，黄河与佛教传说产生了联系，尽管这只是限定词“或曰”带来的暂时性联系。这一转变标志着佛教地理学出现了认知论上的另一种选择，然后慢慢过渡到了积石山就是王朝范围内黄河源头的这一通俗概念。在玄奘对佛教圣地的描写中，昆仑山（前文的阿耨達山）实际上并不存在，孕育河流的是水体，而不是山脉。

初唐时期的类书是百科全书性质的分类书籍，这是一种新类型的文献，从中可以看出黄河源头是如何概念化的。《初学记》是公元8世纪的一部入门读物，也是一部简单易懂的写作指南，特别适合王公贵族。该书与其他同期类书的主题类别类似，但更为简洁，因而属于入门级别。③

在“地”这一类别中，黄河（“河”）是文中所述七条河流中的第一

---

① 译文来自 Max Moerman，“Pilgrimage and the Visual Imagination：Text，Image，and the Map of the Buddhist World”，in *The Japanese Buddhist World Map：Religious Vision and the Cartographic Imagination*（University of Hawai'i Press，forthcoming）。

② 季羡林：《大唐西域记校注》，中华书局1985年版，第39页。

③ Albert Dien. “Chuxue ji”，in Dien，Albert E.，et al.，eds. *Early Medieval Chinese Texts：A Bibliographical Guide*（Berkeley，CA：Institute of East Asian Studies，2015），53.

条。与其他所有条目一样，文章先基于经典名著对黄河进行了广泛定义(叙事)，然后指出了黄河的源头。文章还将黄河置于河流等级体系的顶端，与天河相对应：

> 说文云：河者下也，随地下流而通也。援神契曰：河者水之伯，上应天汉。《穆天子传》曰：河与江淮济三水为四渎。河曰河宗，四渎之所宗也。①

文章在给出黄河的定义之后，还描述了关于黄河上游的“语义地图”，表明其有多个源头且形态复杂：

> 河源出昆仑之墟，东流潜行地下，至规期山；北流分为两源：一出葱岭，一出于阗。其河复合，东注蒲昌海，复潜行地下，南出积石山，西南流，又东回入塞，过敦煌酒泉张掖郡。②

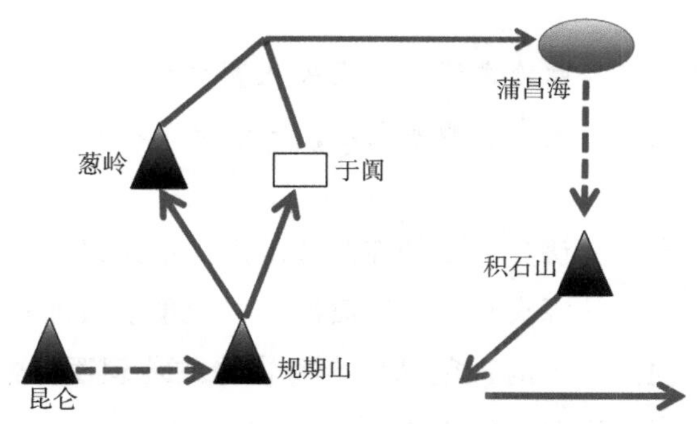


图 1
黄河源头相对方向示意图，如《初学记》所述

这幅黄河源头的语义地图有几个方面值得注意。首先，这幅地图是对《水经注》内容的修改和简化。在《水经注》中，评论家郦道元（卒于

① 董志安：《唐代四大类书》第 3 卷，清华大学出版社 2003 年版，第 1521a 条。
② 董志安：《唐代四大类书》第 3 卷，第 1521b 条。

527年）指出："黄河不止有两个源头，甚至可能有三个（河水重源有三，非惟二也）。"① 黄河有多个源头（重源）的观点甚至可以追溯到《山海经》，其确定了黄河的两个源头，即昆仑山和积石山。学者岑仲勉认为，黄河有多个源头的观点来自早期移民对沙漠水流动方式的观察结果，他们从中国西部移居到现在的中国中部。② 笔者认为，黄河多个源头的观点对人们的认知造成了深刻的影响，因为人们可以将全新的解读和猜想叠加在现有的知识之上，而不仅是简单地取而代之。

其次，黄河多个源头的描述还有一个重要影响，人们开始相信两个水源之间存在着一条潜于地下的暗河。如本条目所述，在昆仑山和规期山之间以及蒲昌海和积石山之间都存在地下暗河。笔者将在下一节中通过趣闻逸事来展示唐代随笔中出现的许多其他证据，证明地下暗河的存在。

最后，这篇水文地理学著作还指出了黄河流入王朝控制范围的过渡点（即文中的"入塞"），《水经注》等早期文献也出现了该内容。针对正文所述的黄河"向东流入（中国）境内"（又东入塞，过敦煌、酒泉、张掖郡南），郦道元做出了以下评论：

> 河自蒲昌，有隐沦之证，并间关入塞之始。自此，《经》当求实致也。河水重源，又发于西塞之外，出于积石之山。③

换句话说，郦道元认为"王朝控制范围内"的地理情况还需要更加精确的叙述。因此，若从源头开始描述黄河，在地理上黄河都是从王朝的境外流向境内的，但这与当时王朝从中心到边缘的地理逻辑恰恰相反。④ 正史都以都城为起点，以距离都城的远近顺序来排列各个行政区域。然而，与这种地理论述方法恰恰相反的是，黄河河道的描述必然遵循相反的顺序，即从境外流向王朝的中心地带。如果其他朝代的学者和地理学家在描述黄河时希望避免这种从境外流向境内的情况，那么他们有两种选择：要

---

① 郦道元：《水经注校正》，陈桥驿校证，中华书局2007年版，第34页。

② 岑仲勉：《黄河变迁史》，第35—42页。

③ 郦道元：《水经注校正》，第41页。

④ 例如，公元813年完成的《元和郡县图志》就是以长安城为起点。

么坚持认为黄河源头就在王朝境内，要么就像清代学者汪士铎（1802—1889）那样，绘制黄河从出海口到源头的逆流图。①

在唐代四部《类书》中，《初学记》对黄河水文地理的描写最为深入。其他类书对黄河的描述，虽然条目较短，但也都通过文学典故将水文地理与文学作品联系起来。《艺文类聚》是于公元624年编纂的另一部同时期的类书。在“河”这一大类别中，黄河是第一个条目，其内容重点放在与黄河相关的词汇上。该书引用了《山海经》，认为昆仑山是黄河的源头（“昆仑山，河水出焉”），但该书还将另外两个山脉（阳纡山和陵门山）一并归为黄河源头。② 在《艺文类聚》相关内容的篇末，也就是在引证更多的文学典故之前，文章又再次引用了《山海经》，并提到黄河从积石山下的一个石门流出，向西南方向流去。

唐代诗人白居易（772—846）编纂的另一部类书也主要针对的是词汇，而非地理。在第六卷《白氏六帖事类集》中，包含了以下关于黄河的条目：“大河灵源出昆仑”“（大禹）导河积石”“九曲一清”。③

尽管昆仑山和积石山均被视为黄河的发源地，但两者的待遇却大不相同，从其在类书的类别中就可见一斑。唐代的类书以自上而下的层级对主题进行排列，由此可以看出主题的相对重要性，进而可以了解当时的知识框架。例如，在《艺文类聚》和白居易的著作中，“地”类之中有一个子类“山”。在白居易的著作中，昆仑山是19项中的第8项，排列在五岳和终南山之后。而在《艺文类聚》中，昆仑山是“山”类别的第一个条目，这说明昆仑山的地位最高。相比之下，这些唐代百科全书均没有将积石山收录在“山”类别中。昆仑山拥有神话般的地位，并且早期文献巩固了这一地位，如《穆天子传》。据《穆天子传》记载，西王母迎接周穆王的地点就是在昆仑山。在《淮南子》和《抱朴子》等文献中，昆仑山还与道教学说以及其他学说联系在一起。昆仑山的这种神话般的地位是积石山所没

---

① 见汪士铎《水经注图》卷2，陈桥驿校释，山东画报出版社2003年版，第3—18页。

② 董志安：《唐代四大类书》第2卷，第822页。这与《括地志》中的一个条目相呼应。该条目补充了内容：这些都是穆王曾经到达过的地方（河水又出于阳纡、陵门之山者，穆王之所至）。李泰：《括地志辑校》卷1，第39页。

③ 董志安：《唐代四大类书》第3卷，第1961页。

有的。

与白居易同期的《元和郡县图志》是一部关于大唐所有行政区域的地理学研究著作，编纂于公元 813 年。与唐朝初期的《括地志》不同，这本 9 世纪的地理学专著基本保存完好（尽管所附地图已经丢失）。文中提到了昆仑山，但并没有提及其与黄河的联系，只是指出昆仑山是“周穆王见到了西王母十分高兴，以至于他完全没有回家的想法”（周穆王见西王母乐而忘归即此山）的地方。① 相反，书中更关注的是同为黄河源头的大小积石山：

> 积石山，一名唐述山，今名小积石山，在县西北七十里。按河出积石山，在西南羌中，注于蒲昌海，潜行地下，出于积石，为中国河。故今人目彼山为大积石，此山为小积石。②

《元和郡县图志》并没有将昆仑山作为王朝范围之外的黄河发源地，也没有将积石山作为王朝范围内的黄河发源地，而是直接将积石山当作黄河发源地，并切断了昆仑山与黄河发源地的直接联系，只将其视为一座天堂般的神山。

## 二　黄河与天界的联系及其地下暗河

当然，黄河的空间概念和虚构幻想并不局限于地理和分类书籍。长期以来，黄河在所有河流中的地位都是最高的，并一直与人间皇帝和玉皇大帝联系在一起。如前文所述，在确定“河”的定义（尤其是黄河）时，《初学记》就指出，黄河是诸河之首，“与天河相对应”（河者水之伯，上应天汉），这种观点也与白居易的作品相呼应。李白（701—762）以“君不见黄河之水天上来”开篇，就是将这种对应关系用诗歌想象的方式表现出来。

---

① 李吉甫：《元和郡县图志》卷 40，贺次君注解，中华书局 1983 年版，第 1023 页。

② 李吉甫：《元和郡县图志》卷 39，第 989 页。

作为空间想象的表现方式，黄河源头的概念还包含了藏于地下的本质特点，这一想法与道教认为地球充满孔洞和岩穴的看法十分接近。回顾《初学记》的水文地理记载，其中提到黄河在离开昆仑山后直接就“流入地下”（潜行地下）；在进入蒲昌海后，“又再次流入地下”，然后才从积石山流出。[①] 这种黄河源头的概念将其形态特征划分成了可视（昆仑山、蒲昌海、积石山）和不可视（连接这三个地方的两条主要河流段）的两个部分。黄河潜入地下又重新流回地表并不是在唐代才被发现的；早在《山海经》中，就已经把泑泽（蒲昌海）描述为黄河“潜入地下”的地方。[②]

唐代史学家杜佑（735—812）对这种地下潜流的观点提出了批评，尤其是《水经注》在没有核实经验证据的情况下就盲目跟风。[③] 尽管杜佑持怀疑态度，但地下潜流这种具有空间想象力的说法在唐代受到极大的推崇。唐代的各种随笔（由同一批文人精英撰写和流传）阐述了一个前提，即地下的、看不见的水文地理与可见的、地面上的水文地理是同时并存的。这种想法激发了人们的空间想象力，因此，当人们意外发现一个地下水道网络时就会认为这是黄河的一部分。在段成式（约 803—863）于公元 9 世纪编撰的《酉阳杂俎》（该文献记录了自然界和人类领域许多不寻常和奇妙的事件）中，就可以找到几个这样的例子。在一篇名为《永兴坊百姓》的文章中，首都长安的一位居民挖了一口井，发现地下似乎存在另一个街坊，里面有人的声音和鸡群的声音。文章接着回顾了秦朝（前 221—前 206）发生的一起类似事件，最后作者沉思道：“或许在这地下，还有另外一番天地呢（抑知厚地之下，或别有天地也）。”[④]

另一件逸事进一步阐述了这样一种观点，即水流可以存在于地下，可以是看不见的，还可以连接井水和河水，且范围十分广泛。这个例子发生在长安城的长乐坊，就在大明宫的南面：

---

① 董志安：《唐代四大类书》第 3 卷，第 1521b 条。

② 《西山经》中将泑泽描述为“黄河水在地下流淌，源头涌动”（河水所潜也，其源浑浑泡泡）。袁珂：《山海经校注》，上海古籍出版社 1980 年版，第 40 页。

③ 杜佑：《通典》卷 174，王文锦等点校，中华书局 1988 年版。

④ 李昉：《太平广记》卷 399，中华书局 2003 年版，第 3208—3209 页。

> 景公寺前街中，旧有巨井，俗呼为八角井。唐元和初，有公主夏中过，见百姓方汲，令从婢以银棱碗，就井承水，误坠井，经月余，碗出于渭河。①

在这里，贵重物品（银碗）就是失踪物；它展示了长安的一口井与渭河之间看不见的联系。这些关于井和井水的奇观表明，对于公元9世纪的读者，地下水的远距离流动至少是存在的。这样一来，水井可以成为通往附近河流的一个意外的入口。仅在唐代就出现了这么多的故事，因此在500卷的宋朝纲要《太平广记》（主要收集中世纪早期到唐代的散文叙事）中，第399卷就专门讨论了“水”，其中还收录了与水有关的短文诗，证明了这一观点是可信的，而且在中国中世纪的大量随笔中以多种文体方式呈现。②

公元9世纪的一个故事被收录在“井”类别中，讲述了唐朝中期的贾耽（730—805）为了“镇压黄河”（以镇黄河），在滑台挖了一口八边形的井。③ 这个故事的基本理念是看不见的地下暗河是可控的：这口井的位置具有重大意义，通过地下暗河与黄河相连，可以缓解黄河的水量过剩，从而防止河水漫过河岸。

世代流传下来的黄河地理知识（如《初学记》中的知识）与那些在本质上更荒诞的黄河传说共存。《酉阳杂俎》中的条目对河伯进行了描述：“人脸，骑着两条龙”，有人还说，它有鱼的身体和人的脸。④ 该条目参考了中世纪早期的《穆天子传》《淮南子》《神仙记》和《抱朴子》等文献，展示了这些文献对黄河和更广泛地理空间的认识的影响。

黄河的民间传说甚至还涉及了黄河源头的性质。在《酉阳杂俎》的

---

① 李昉：《太平广记》，第3207—3208页。关于长乐坊的赵景公庙，见 Victor Cunrui Xiong, *Sui-Tang Chang'an*：*A Study in the Urban History of Medieval China*（Ann Arbor，MI：Center for Chinese Studies，University of Michigan，2000），306。

② 李昉：《太平广记》，第3197—3210页。

③ 李昉：《太平广记》，第3207页。滑台在今天的河南，唐朝时位于黄河旁边的滑州。见谭其骧编：《中国历史地图集》第5册，中国地图出版社1982年版，第44—55页。

④ 译文见 Carrie Reed，*Chinese Chronicles of the Strange*：*The* “*Nuogao ji*” （New York：Peter Lang，2001），34。

“酒食”一章中，发现了下面这一条目：

> 魏贾琳家累千金，博学善著作。有苍头善别水，常令乘小舟于黄河中，以瓠匏接河源水，一日不过七八升。经宿，器中色如绛，以酿酒，名昆仑觞。酒之芳味，世间所绝，曾以三十斛上魏庄帝。[①]

在本条目中，虽然没有提到黄河源头的地形，也没有提到仆人如何取水，但重点描述了黄河水那非同寻常的颜色和味道。黄河水在一夜之间变成深红色（绛），指的是黄河源于天河，因为正如白居易的百科全书所述，银河也称为“绛河”。[②] 因此，该条目表明，虽然黄河与天界的联系不够明显，但只要假以时日这种属性就会显露出来。所以，这篇晚唐的文章不仅延续了早期文献中“黄河对应天河”的说法，还将黄河源头描述成一种新概念：一种具有极致之美、价值不菲、遥不可及而世间罕见的东西。

## 三　唐代对黄河源头的探寻

唐代以前，关于汉代史学中记载的黄河源头的考察，唐代编纂家应该都有所了解。司马迁在《史记》中记载了汉武帝（在位时间：公元前 141 年至公元前 87 年）派遣张骞（卒于公元前 114 年）出使的情况[③]：

> 于窴之西，则水皆西流，注西海；其东水东流，注盐泽。盐泽潜行地下，其南则河源出焉。多玉石，河注中国。[④]
>
> 而汉使穷河源，其山多玉石，采来，天子案古图书，名河所出山

---

① Carrie Reed, *A Tang Miscellany*: *An Introduction to Youyang zazu* (New York: Peter Lang, 2003), 95 –96.

② 比如白居易的《类书》；董志安：《唐代四大类书》第 3 卷，第 1961 页。

③ 此外，司马迁还质疑《禹本纪》中昆仑山的归属问题。他指出张骞并没有核实昆仑山的存在，因此在评论中强烈质疑该观点：《山海经》中的“怪事”是他“不敢说的事情”。该评论的讨论和翻译还出现在司马迁的《大宛列传》中，班固在《汉书》中也持有类似观点，见 Dorofeeva-Lichtmann, “Where is the Yellow River Source?” 72 –3。

④ 司马迁：《史记》卷 123，中华书局 1975 年版，第 3106 页。

曰昆仑云。①

唐朝时，黄河源头地区先由吐谷浑控制，后来被西藏人控制。唐代史学典籍记载了一些考察活动，虽然没有明确指出黄河的源头地区，但也对源头进行了简要观察。据《旧唐书·侯君集》（侯君集卒于公元643年）记载，公元635年，侯君集与吐谷浑军队交战；其部队在雪山中行进，经过了星宿川和柏海，侯君集“望向北边的积石山，凝视着黄河的源头”。②

在这篇文章中，尽管唐军背井离乡遇到很多困难，但由于在这里看到了黄河的源头，将士们开始重整旗鼓。正如这场战争中的一位将军所说，“河源古未有至者”。③ 在这里，柏海和星宿川被视为通往黄河源头的关键地点。在历史上，星宿川一直代表着黄河源头，后来称为星宿海，成了黄河源头的一个重要特征，这是这篇文章首次提到的地方。虽然不确定这些地名是否曾出现在唐代地图上，但“星宿海”一词最早出现在宋代的历史地图册中，成为《唐十道图》行政区域之外的一个地名。④ 作者无法通过星宿海的位置推测出其在现存的明代地图上出现的次数。在明代地图上，星宿海常常是一个圆形的水体，位于黄河的开端。

从大唐与吐谷浑的战争记录中可以看出，唐朝初期对黄河源头的描述只是由于偶然的发现；随着吐谷浑地区被藏族人占领，类似的记录逐渐揭开了黄河源头的秘密。公元821年，唐穆宗（820—824年在位）派遣使节前往西藏。《新唐书》中“吐蕃传”一节记载了刘元鼎使节对黄河源头的观察，描述的内容十分详细：

元鼎逾湟水，至龙泉谷，西北望杀胡川，哥舒翰故壁多在。湟水出蒙谷，抵龙泉与河合。河之上流，繇洪济梁西南行二千里，水益

① 司马迁：《史记》卷123，中华书局1975年版，第3173页。

② 刘昫：《旧唐书》卷69，中华书局1975年版，第2510页。

③ 欧阳修：《新唐书》卷146，中华书局1975年版，第6225页。

④ 《历代地理指掌图》是现存最早印制并广泛流传的历史地图集，内有五幅唐行政区划图。文中的版本是一个副本的复写版，现存于东洋文库，该版本可以追溯到12世纪。税安礼：《宋本历代地理指掌图》，上海古籍出版社1989年版，第62页。

狭，[①] 春可涉，秋夏乃胜舟。其南三百里三山，中高而四下，曰紫山，直大羊同国，古所谓昆仑者也，虏曰闷摩黎山，东距长安五千里，河源其间，流澄缓下，稍合众流，色赤，行益远，它水并注则浊，故世举谓西戎地曰河湟。河源东北直莫贺延碛尾殆五百里，碛广五十里，北自沙州，西南入吐谷浑浸狭，故号碛尾。隐测其地，盖剑南之西。元鼎所经见，大略如此。[②]

这一记录揭示了这样一个事实：虽然黄河源头本身并不是一个边界，但其命名由于各方在认知上的偏差而一直悬而未决。刘元鼎观察描述了一座令人望而生畏的五峰山，并确定这座山就是黄河发源地——古昆仑山，还提到其他民族使用的山名。这样一来，昆仑这个名字就重新与一座山联系在一起，并且刘元鼎还亲自证实了这座山就是黄河的源头；也就是说，不仅找到了这座古老的山脉，且还得到了证实。将昆仑这个名字（以及流传下来的相关事物）赋予一座真实存在的山峰，也就意味着，关于黄河源头的更大的知识框架能依旧保持完好，即使昆仑山指的不是一座特定的山。从张骞和刘元鼎的考察记录中可以看出，将昆仑这个名字赋予一座与黄河相连且真实存在的山峰具有永久的重要意义。在汉代，汉武帝在查阅“古地图”后，将黄河源头的一座山命名为昆仑山；唐朝时，昆仑“古名”被授予给了刘元鼎提到的五峰山，尽管当时这座山称为“紫金山”。

唐代关于黄河源头本质的文献表明，即使是一些特定的特征也能拥有一系列的宗教、史学和虚构的色彩。

## 四　宋代地图上的黄河源头

唐代的绘本和印刷地图都已绝迹，因此只能猜测黄河的空间概念在这些绘本和印刷地图上的体现方式。然而，现存的宋代（960—1279）地图至少可以清晰地看到黄河源头区域。《华夷图》是一幅碑刻地图，于公元

① 洪济梁，又名洪济桥，见谭其骧编《中国历史地图集》第5册，第61—61页。
② 欧阳修：《新唐书》卷216，第6104页。

1136 年完成。该地图显示黄河起源于积石山的西面，地图上虽明显标记出了积石山，但并没有标记出最终的源头。相反，地图上的这个位置写满了关于“四夷”与“华”的关系史的文本注释。[①] 这种图示表明，黄河的最终源头已经超出了该地图的范围。

更重要的是，从南宋开始，佛教历史文献中的三幅木版印刷地图清晰地展示了黄河源头地区的特征，且有来源于唐代的文字记载。这些地图收录在公元 1265—1270 年成书的《佛祖统记》中，是现存最早的地图，主要刻画了玄奘于公元 8 世纪游历和记录的佛教圣地[②]。

这些宋代地图有助于说明甚至追溯唐代关于黄河源头的描述是如何被纳入佛教文献的。在前唐时期的文献（如《水经注》）中，黄河源头的周边地区已经成了王朝核心地区和佛教的世界中心印度之间的桥梁。

在《水经注》前两章，郦道元在对黄河进行注解时引用了法显（约 340—421）的《佛国记》，共 27 次。法显于公元 399 年开始向西朝圣。[③] 事实上，郦道元将黄河上游地区的描述工作“外包”给了一位佛教游历者，而对这个人来说，他心中的“天朝上国”不是中国，而是印度。

13 世纪的《佛祖统纪》也出现了世俗空间与佛教空间两者交融的类似现象。这些地图是在玄奘《西域记》问世的几个世纪后才绘制的，制图者试图将佛教传说融入一个以中国为中心的地图之中，也就是以通常绘制大唐行政区的方式。[④] 在这个框架中，黄河源头地区是人们认知中一个比较突出的支点，两个截然不同的空间概念在这一支点上相互交融、交相辉映。

《佛祖统纪》第 33 章的第一幅地图是中韩两国的地理地图，名为《东震旦地理图》，其遵循了佛教的命名法。从地名的使用来看，学者们认为

---

① 最近的一项关于该碑刻地图的研究，见辛德勇《说阜昌石刻“禹迹图”与“华夷图”》，《燕京学报》2010 年第 28 卷，第 1—72 页。

② 郑锡煌：《关于“佛祖统纪”中三幅地图刍议》，摘自曹婉如等编《中国古代地图集（战国—元）》，文物出版社 1990 年版，第 81—84 页。另见 Hyunhee Park，“Information Synthesis and Space Creation：The Earliest Chinese Maps of Central Asia and the Silk Road，1265 – 1270”，*Journal of Asian History* 49，no. 1 – 2（2015）：119 – 40。

③ Ray，Haraprasad，ed. *Chinese Sources of South Asian History in Translation：Data for Study of India-China Relations Through History*，Vol. 2（Kolkata：Asiatic Society，2004），32.

④ Park，“Information Synthesis and Space Creation”，121.

这幅地图来源于北宋时期的行政地图。① 地图文字描述了中国的四大河流（四渎），简明指出了黄河发源于积石山（河出积石），详述了西域三十六州和两条河流的源头，这两条河汇入蒲昌海（又称盐泽），地下暗河又由此处向积石山南侧涌出。②

据这幅地图所述，黄河从积石山流出，积石山在地图西侧被标记为一座三角形山脉。黄河继续向东，最终止于一处标有“河入海”的沿海地点。蒲昌海在地图的西北边，不与黄河相连，但与地图范围外的一条向西延伸的河道相连，名字标为“葱河”。蒲昌海与积石山之间这种明显的空间分隔可以理解成地下水流，因此也是看不见的水流，这与唐代类书《初学记》对黄河源头的描述是一致的。

《佛祖统记》中的第二幅地图名为《汉西域诸国图》，同样十分罕见地详细记载了黄河源头地区。在地图中心附近，蒲昌海明显被标记为一个画满波浪图案的椭圆形，“葱河”将蒲昌海和地图左（西）边的葱岭联系在一起，葱岭在这里是一座重峦叠嶂的高山。在地图的右（东）边，积石山比西边的山要小，下面的注释指出积石山是“黄河源头”。一条细长的河道始于积石山，向东北方向流动，一直延伸到地图的边缘。③ 在这幅地图上以及随附的文字中，都没有提到或描绘过昆仑山。

《西土五印之图》是这部佛教论著中的第三幅地图，这幅图描绘了一幅佛教世界的景象，明显参考了玄奘的《西域记》。蒲昌海在地图的东边，与前两张地图相似的是，它是一个画满波浪图案的椭圆形，但积石山以及其他与黄河有关的地方都超出了该地图的范围。然而，印度各区域的空间关系却没有形象化；事实上，这幅地图是将地名以文字的形式叠加起来，而非图画形式。该地图还包括对玄奘西行朝圣年表的注释，列举了前往印度的三条路线，并引用了《大唐西域记》中的一段文字。根据第三段注释文本的解释，该地图展示了玄奘经过每个国家的大致位置。④ 所示地名与

① 郑锡煌：《关于“佛祖统纪”中三幅地图刍议》，第 84 页。

② 志磐：《佛祖统纪校注》，上海古籍出版社 2012 年版，第 726 页。

③ 志磐：《佛祖统纪》，第 729 页。另见曹婉如等《中国古代地图集（战国—元）》，第 153 版。

④ 曹婉如等：《中国古代地图集（战国—元）》，第 154 版。

玄奘的《西域记》基本一致，只有少数例外。[①] 地图上最形象化的部分是将葱岭以山脉形式标出。关于阿那婆达多池的简单描绘就是其南北以大雪山和香山为界，这种描述也符合佛教学说。

尽管《佛祖统纪》中的三幅地图在内容和历史背景上大相径庭，但它们对蒲昌海和积石山（据说是黄河的发源地）的描绘却将这三幅地图联系在了一起。7 世纪玄奘的《西域记》和 13 世纪的佛教论著（将其朝圣之行描绘成一幅地图，与两幅通俗地理地图相对照）都重视黄河源头地区是如何融入佛教和世俗两种空间想象的。两者之间潜在的联系以及文本和意象思维的交融说明，中世纪时期关于黄河源头的论述具有很强的可塑性。

了解黄河源头呈现方式的变化，可以揭示空间想象应用到典型水文学意象的方式。无论是入门读物、文学杂录，还是随笔，唐代文献提取了关于黄河源头矛盾而又统一的观点精髓，这些都是之前流传下来的观点。同时文献还结合了水文行为、边界意识和主权观念，以及宗教学说和世俗智慧，得出了新的结论。黄河源头的观念不断发生着变化（在这个例子中，首先以文本形式呈现，后来以意象思维的形式呈现），同时为这些观念吸收不同知识的方式提供了很好的案例研究。

## 参考文献

岑仲勉：《黄河变迁史》，人民出版社 1957 年版。

Dien, Albert E. , et al. , eds. *Early Medieval Chinese Texts: A Bibliographical Guide* (Berkeley, CA: Institute of East Asian Studies, 2015) .

董志安：《唐代四大类书》第 3 卷，清华大学出版社 2003 年版。

Dorofeeva – Lichtmann, Vera, "A History of a Spatial Relationship: Kunlun Mountain and the Yellow River Source from Chinese Cosmography through to Western Cartography," *Circumscribere* [*International Journal for the History of Science*] 11 (2012): 1 – 31.

______, "Where is the Yellow River Source? A Controversial Question in

① 关于这些少数例外，见郑锡煌《关于"佛祖统纪"中三幅地图刍议》，第 84 页。

Early Chinese Historiography," *Oriens Extremus* 45 (2005): 68 – 90.

杜佑:《通典》,王文锦等点校,中华书局 1988 年版。

Greatrex, Roger. *The Bowu zhi: An Annotated Translation* (Stockholm: Föreningen för Orientaliska Studier, 1987).

季羡林编:《大唐西域记校注》,中华书局 1985 年版。

郦道元:《水经注校正》,陈桥驿校证,中华书局 2007 年版。

李昉:《太平广记》,中华书局 2003 年版。

李泰:《括地志辑校》,贺次君辑校,中华书局 1980 年版。

刘昫:《旧唐书》,中华书局 1975 年版。

Moerman, D. Max. *The Japanese Buddhist World Map: Religious Vision and the Cartographic Imagination.* Honolulu: University of Hawai'i Press. (forthcoming)

欧阳修:《新唐书》,中华书局 1975 年版。

Pankenier, David W. *Astrology and Cosmology in Early China: Conforming Earth to Heaven* (New York: Cambridge University Press, 2013).

Park, Hyunhee, "Information Synthesis and Space Creation: The Earliest Chinese Maps of Central Asia and the Silk Road, 1265 – 1270," *Journal of Asian History* 49, no. 1 – 2 (2015): 119 – 40.

祁明荣:《黄河源头考查文集》,青海人民出版社 1982 年版。

Ray, Haraprasad, ed. *Chinese Sources of South Asian History in Translation: Data for Study of India – China Relations Through History* (Kolkata: Asiatic Society, 2004), Vol. 2.

Reed, Carrie. *Chinese Chronicles of the Strange: The "Nuogao ji"* (New York: Peter Lang, 2001).

______. *A Tang Miscellany: An Introduction to Youyang zazu* (New York: Peter Lang, 2003).

税安礼:《宋本历代地理指掌图》,上海古籍出版社 1989 年版。

司马迁:《史记》,中华书局 1975 年版。

Strassberg, Richard E. *A Chinese Bestiary: Strange Creatures from the Guideways through Mountains and Seas = [Shan hai jing]*. (Berkeley: University of California Press, 2018）.

谭其骧：《中国历史地图集》第 5 册，中国地图出版社 1982 年版。

Wang, Ao. *Spatial imaginaries in mid – Tang China: Geography, Cartography, and Literature.* （Amherst, New York: Cambria Press, 2018）.

汪士铎：《水经注图》第 2 卷，陈桥驿编，山东画报出版社 2003 年版。

Xiong, Victor Cunrui. *Sui – Tang Chang'an: A Study in the Urban History of Medieval China* （Ann Arbor, MI: Center for Chinese Studies, University of Michigan, 2000）.

袁珂：《山海经校注》，上海古籍出版社 1980 年版。

郑锡煌：《关于“佛祖统纪”中三幅地图刍议》，摘自曹婉如等编：《中国古代地图集（战国—元）》，文物出版社 1990 年版。

志磐：《佛祖统纪校注》，上海古籍出版社 2012 年版。

# 制图六体实为制图“三体”论

韩昭庆*

## 一 有关制图六体的研究和质疑

制图六体源自西晋裴秀著《禹贡九州地域图·序》，现存最早记录始自唐代，一条载于《晋书》卷35《裴秀传》[①]，另一条载于欧阳询《艺文类聚》卷6[②]。当时并没有出现“制图六体”的专有名词，《晋书》里写作“制图之体有六焉”[③]，《艺文类聚》则是“今制地图之体有六”[④]，直到清代末年在朱正元的《西法测量绘图即晋裴秀制图六体解》才出现“制图六体”的名称[⑤]。1958年，王庸在我国第一部关于地图史的专著——《中国地图史纲》[⑥] 中也用“制图六体”来归纳裴秀的制图理论。很长时期以来，制图六体被认为是中国地图学史上一个重要的制图理论，长期指导着中国古地图的绘制，而制图六体的作者裴秀则被李约瑟（J. Needham，1900—1995）称为“中国科学制图学之父”。[⑦]

---

* 韩昭庆，复旦大学历史地理研究中心教授，博士研究生导师。

① （唐）房玄龄：《晋书》卷35“裴秀传”，中华书局2011年版。

② （唐）欧阳询：宋本《艺文类聚》卷6，上海古籍出版社2013年版，第177页。

③ （唐）房玄龄：《晋书》卷35“裴秀传”，第1040页。

④ （唐）欧阳询：宋本《艺文类聚》卷6。

⑤ （清）朱正元：《西法测量绘图即晋裴秀制图六体解》，载（清）陈忠倚（编）《皇朝经世文三编》卷9，“学术九测算下”，光绪石印本。

⑥ 王庸：《中国地图史纲》，生活·读书·新知三联书店1958年版，第19页。

⑦ （英）李约瑟著，《中国科学技术史》翻译小组译：《中国科学技术史》第5卷第1册“东方和西方的定量制图学”，科学出版社1976年版，第108、180页。有关“制图六体”的研究成果颇丰，这里仅涉及具体的讨论观点，不一一列出以往研究，有关研究参见文中引述的论文。

但是近年来对制图六体的地位及其作者的质疑之声不断，早在1981年，卢良志就曾针对有的学者把准望理解为“计里画方”，或者倡导的有“分率”必然“画方”的说法提出怀疑，他认为把“计里画方”的起始归结为西晋的裴秀，一无史料可据；二推测论证不充分。基于实物的证据，他认为“计里画方”的运用最早见于现存的南宋石刻地图《禹迹图》。[①]辛德勇的研究从准望的阐释入手，得出制图六体实际上表述的是绘制地图的四道基本工作流程，而且认为裴秀采取倒叙的方式来论述，故“很难从纯粹科学的角度，来理解裴秀这段话，只能把它理解为一种文学性很强的铺张描述”。此外，从裴秀文中对“道里”语义的分析，也可看出“裴秀本人对于制图方法的隔膜”。一直到清初的地理学家大多根本无法理解裴秀的“制图六体”，可是绘制地图的方法，却一直沿承上古以来的旧规而没有发生改变，即“另有一技术层面的传统和传承途径，并不依赖裴秀的理论阐释而存在”。实是委婉地否定了裴秀的制图六体在具体指导绘图中的作用。不过，针对刘盛佳、陈桥驿等学者对裴秀创立“制图六体”的质疑甚至否定，他从《水经注》原文的整体逻辑关系分析，肯定了裴秀的地位，即“制图六体”应当是裴秀依据绘图技术人员准备的相应材料，铺叙修饰成文，裴秀叙述“制图六体”的意义，更多地体现为用文字记录了古代的地图绘制原则，使文人了解地图绘制原理，并自觉地加以运用。[②]

余定国对以往中国地图学史的研究方法和思路提出诸多怀疑，其中他对制图六体也有不同的看法。他注意到，裴秀是紧接在他对考证研究作为研究工作证明手段的描述之后，才开始解释制图六体的，即在裴秀的地图学理论中，虽然定量方法是一个很重要的部分，但是在实际应用上，裴秀好像十分依赖文字的材料，所以把裴秀认为是中国地图学的开山者或者是继承了“科学的”也就是定量的地图学传统，并不完全正确，因为裴秀在运用数字的同时，也运用了文字考证的方法。[③]

以上对制图六体地位的看法只是针对以往对其过高评价的一些温和的

① 卢良志：《“计里画方”是起源于裴秀吗?》，《测绘通报》1981年第1期，第46—48页。

② 辛德勇：《准望释义——兼谈裴秀制图诸体之间的关系以及所谓沈括制图六体问题》，载唐晓峰主编《九州》第4辑，商务印书馆2007年版，第1—18页。

③ （美）余定国著，姜道章译：《中国地图学史》，北京大学出版社2006年版，第109—115页。

反思，今年年初丁超发表的《晋图开秘：中国地图学史上的“制图六体”与裴秀地图事业》[①]（以下简称《晋图开秘》）则是直截了当地指出：“在既有的中国科学技术史叙事中，裴秀及制图六体获得了与其实际贡献并不相称的崇高地位和价值”。

笔者认为，以上质疑很大程度上是基于对制图六体内容的释义而产生的。换言之，要评价制图六体的地位如何，首先需要正确理解制图六体的内容。

## 二　制图六体内容再辨析

据《晋书·裴秀传》记载[②]：

（裴秀）又以职在地官，以禹贡山川地名，从来久远，多有变易。后世说者或强牵引，渐以暗昧。于是甄摘旧文，疑者则缺，古有名而今无者，皆随事注列，作《禹贡地域图》十八篇，奏之，藏于秘府。其序曰：“图书之设，由来尚矣。自古立象垂制，而赖其用。三代置其官，国史掌厥职。暨汉屠咸阳，丞相萧何尽收秦之图籍。今秘书既无古之地图，又无萧何所得，惟有汉氏《舆地》及《括地》诸杂图。各不设分率，又不考准望，亦不备载名山大川。虽有粗形，皆不精审，不可依据。或荒外迂诞之言，不合事实，于义无取。大晋龙兴，混一六合，以清宇宙，始于庸蜀，罙入其阻。文皇帝乃命有司，撰访吴蜀地图。蜀土既定，六军所经，地域远近、山川险易、征路迂直，校验图记，罔或有差。今上考《禹贡》山海川流，原隰陂泽，古之九州，及今之十六州，郡国县邑，疆界乡陬，及古国盟会旧名，水陆径路，为地图十八篇。制图之体有六焉。一曰分率，所以辨广轮之度也。二曰准望，所以正彼此之体也。三曰道里，所以定所由之数也。

① 丁超：《晋图开秘：中国地图学史上的“制图六体”与裴秀地图事业》，《中国历史地理论丛》2015年第1辑，第5—18页。

② 着重点为笔者所加。据唐代《艺文类聚》文，括号内的“定于准望；径路之实”系脱漏之字。

> 四曰高下，五曰方邪，六曰迂直，此三者各因地而制宜，所以校夷险之异也。有图象而无分率，则无以审远近之差；有分率而无准望，虽得之于一隅，必失之于他方；有准望而无道里，则施于山海绝隔之地，不能以相通；有道里而无高下、方邪、迂直之校，则径路之数必与远近之实相违，失准望之正矣，故以此六者参而考之。然远近之实定于分率，彼此之实（定于准望；径路之实）定于道里，度数之实定于高下、方邪、迂直之算。故虽有峻山巨海之隔，绝域殊方之迥，登降诡曲之因，皆可得举而定者。准望之法既正，则曲直远近无所隐其形也。①

制图六体出现于西晋（公元265—316），唐代的贾耽（公元730—805）制图时，也谈到裴秀创立六体之说，并把六体与中国最古老的书籍之一的《九丘》并列，认为“九丘乃成赋之古经，六体则为图之新意”。②而他制图时，“夙尝师范”。由此可知，贾耽对六体的评价是非常高的，而且在制图时曾经参考过裴秀的作品。他当时对六体内容的理解似乎不成问题，故没有专门解释。

明代的徐光启曾提到过六体，并以“准望”为首，但是也没有解释（后文详述），清代的胡渭（1633—1714）是第一位详细解释制图六体的学者：

> 分率者，计里画方，每方百里五十里之谓也。准望者，辩方正位，某地在东西，某地在南北之谓也。道里者，人迹经由之路，自此至彼里数若干之谓也。路有高下、方邪、迂直之不同。高谓冈峦，下谓原野；方如钜之钩，邪如弓之弦；迂如羊肠九折，直如鸟飞准绳；三者皆道路夷险之别也。③

① （唐）房玄龄：《晋书》卷35“裴秀传”，第1039—1040页。

② （五代）刘昫等：《旧唐书》卷138，“贾耽传”，中华书局2011年版，第3784页。

③ （清）胡渭：《禹贡锥指》，邹逸麟整理，上海古籍出版社1996年版，第122页。

胡渭认为，分率即后世的计里画方的方法，后三体指道路的位置和形状。

但是当代学者对六体的研究，除了王庸[①]的解释与胡渭的接近[②]，其他学者多把制图六体中“六体”的关系等同起来看待，如：陈正祥认为，制图六体指六项制图的原则，分率即比例尺，准望即方位，道里解释成“交通路线的实际距离”，高下就是地势高度，方邪是指山川分布走向，迂直似指地面起伏而必须考虑的措施问题[③]；李约瑟则把六体释为六个测量的动作[④]；卢良志也对六体进行了分别阐释，分率即比例尺，准望即方位，道里即物与物之间的距离，高下即相对高程，方邪即地面的坡度起伏，迂直即实地的高低起伏距离与平面图上距离的换算[⑤]。而《中国测绘史》[⑥]则把六体分成三项来解释，其中分率和准望各为一项，剩下的道里、高下、方邪和迂直同列一项，道里指距离或测定距离，因为地势起伏、道路曲折，人们行走的路程和其水平距离并不一致，而图上要用水平距离确定相对位置，就要对“路程”加以改正。故把分率释为比例尺、准望释为方位、道里释为距离，是名词；另三体则成了动词，分别释为以高取下、以方取斜和以弯取直，这种解释实是综合了清代学者胡渭[⑦]和现代学者李约瑟[⑧]的看法。辛德勇[⑨]另辟蹊径，从制图六体的“体”字的解释入手，以准望为六体之首，进行阐释，把六体释为制图中的四道工序。

鉴于裴秀所绘制的地图皆不存世，《晋图开秘》[⑩] 对“制图六体”的

---

① 王庸：《中国地图史纲》，第 19 页。

② 王庸认为：分率即比例尺，准望即方位，道里是人行道路的实际里数，高下、方邪和迂直是由于地势的高低和道路之邪正、曲直而影响道里的远近；六体当中，最主要的是分率和准望，因为比例和方位正确了，那么由于高下、方邪和迂直而影响道里之差，都可以从分率和准望去校正它们。

③ 陈正祥：《中国地图学史》，香港商务印书馆 1979 年版，第 12 页。

④ （英）李约瑟：《中国科学技术史》第 5 卷第 1 册“东方和西方的定量制图学”，第 110—111 页。

⑤ 卢良志：《“计里画方”是起源于裴秀吗?》，《测绘通报》1981 年第 1 期，第 44 页。

⑥ 中国测绘史编辑委员会：《中国测绘史》第 1 卷，测绘出版社 2002 年版，第 106—110 页。

⑦ （清）胡渭：《禹贡锥指》，第 122 页。

⑧ （英）李约瑟：《中国科学技术史》第 5 卷第 1 册“东方和西方的定量制图学”，第 108 页。

⑨ 辛德勇：《准望释义——兼谈裴秀制图诸体之间的关系以及所谓沈括制图六体问题》。

⑩ 丁超：《晋图开秘：中国地图学史上的“制图六体”与裴秀地图事业》。

研究仍如其他学者一样，只能从文献入手。如同辛德勇[①]，《晋图开秘》也以抽丝剥茧的方法，逐层分析制图六体的文本及其相互关系，通过对《艺文类聚》和《晋书》中记载内容的比较发现两者有差异，一是《艺文类聚》的记载把校正险夷的“三者”误写成了“六者”，二是《晋书》在“彼此之实”后脱漏“定于准望，径路之实”等八个字，这两处错误之处实际上在辛德勇文中已予更正。但是作者按照原文的行文逻辑，认为《晋书》和《艺文类聚》在陈述完图像与分率、准望、道里、高下、方邪、迂直之间的关系后，称“以此六者参而考之”的“六者”也应为“三者”。《晋图开秘》分析到，如果仍如原来的“六者”，那么“六者”中必包括“准望”，没有以“准望”自身去校准“准望”的道理。笔者认为，这样的分析很有道理，值得肯定，而将六改为三，也有助于对原文的正确理解。

多数学者对于制图六体中前三体的解释并没有异议，最让人费解的是后三体的含义及其与前三体的关系。笔者[②]虽曾指出后面三体（加着重号部分）每次出现总是在一起的，但是在解释它们的意思时，也与多数学者一样，把它们和前三体相提并论，并把六体解释为六个要素，这种解释与别人一样也有些牵强。此次承蒙《中国科技史杂志》邀约，让笔者重思前疑，更加肯定此前心中存疑的制图六体实三体的看法，三体指分率、准望和道里，是制图的指导原则。后面三体与前面三体并不在同一层面上，指的是位于各种地形地貌上的道路，即裴秀序文中所指的“夷险”之处，是对前三体的补充，原文的意思是需要考虑到它们，才能解决绘图中把立体转到平面和把弯曲的道路线裁弯取直绘制到地图上的问题。这个认识来自四个推理，分述如下：

其一，前已述及，三体总是以连体的形式出现在文本中，与前三体的记述方式明显不同。

其二，根据古文的文法，制图六体中的前三体与后三体处在不同的层

---

① 辛德勇：《准望释义——兼谈裴秀制图诸体之间的关系以及所谓沈括制图六体问题》。

② 韩昭庆：《制图六体新释、传承及与西法的关系》，《清华大学学报》（哲学社会科学版）2009年第6期，第110—115页。

面上，其中前三体是主体，后三体是补充说明，这是为当代学者所忽略的，但对于理解制图六体却是极关键的一点。我们现代人在阅读六体时，很自然地会把六者的关系看成平等的，实际上，后三体与前三体之间存在主次关系。从前述胡渭的解释，可以看到这点，清人朱正元也指出后三者与前三者是从属关系，“夫分率者，绘图之法也。准望者，测经纬度度也，道里者测地面之大势也。高下、方邪、迂直者，测地之子目也”。[①] 王庸[②]也认识到这点，倒是他之后的学者忽略了古文的行文逻辑，把它们生搬硬套放置到同一层面上，这样就出现解释不通的现象。

如果我们对比研究一些古文的文法，会发现古人把不同内容、不同层次的事件放在一起是很常见的事。下面以后人对“诗六义”和“礼记”的辨释为例来分析。

《诗大序》记载，“故诗有六义焉，一曰风，二曰赋，三曰比，四曰兴，五曰雅，六曰颂”。[③] 而此前的《周礼·春官·大师》已有“大师教六诗”[④] 的记载，与六义的内容和排列顺序一致。于是后人对“六义”或“六诗”就产生了“六诗皆体”和“三体三用”两种看法。“六诗皆体”即把六体的性质解释成一样，所谓“三体三用”，即以风、邪、颂为周初诗歌的三种体裁，以赋、比、兴为它们的表现手法。这种看法已获得许多学者的认可，[⑤] 故虽然诗有六体，且同时放于同一语境中，但表示的是两种不同的内容。

又如《礼记集解》记载：“服术有六，一曰亲亲，二曰尊尊，三曰名，四曰出入，五曰长幼，六曰从服。”[⑥] 服术是古代宗法社会制定丧服的依据，按血缘关系的远近、社会地位的尊卑等分六种情况。其中从服又分六种情况：“从服有六，有属从，有徒从，有从有服而无服，有从无服而有

---

① （清）朱正元：《西法测量绘图即晋裴秀制图六体解》。

② 王庸：《中国地图史纲》，第 19 页。

③ 《十三经注疏·毛诗正义》，台北艺文印书馆影印清嘉庆二十年阮刻本第 2 册，2001 年版，第 15 页。

④ （汉）郑玄，（唐）贾公彦：《周礼注疏》，上海古籍出版社 2010 年版，第 880 页。

⑤ 彭声洪：《诗六义辨说》，《华中师院学报》（哲学社会科学版）1983 年第 4 期，第 108—118 页。

⑥ （清）孙希旦：《礼记集解》，中华书局 1998 年版，第 912 页。

服，有从重而轻，有从轻而重。属从、徒从说见小记……愚谓从服有六，实不外乎属从、徒从而已，其下四者皆属从之别者也。”① 第一种是属从，即因亲属关系而为死者服丧，如儿子跟从母亲为母亲的娘家人服丧；第二种是徒从，即非亲属而为之服丧，例如臣子为国君的家属服丧。而后四种皆是对第一种情况的补充。② 但皆归为从服之下，依此推理，制图六体中的三体皆是对“道里”的补充说明，故今天解释其含义时，不应平等对待六体，从而归纳为六条原则或原理之类。

其三，为了正确理解后三体，我们还可以离开制图六体的文本，到别的历史文献中去找寻高下、迂直和方邪出现的段落或句子，再根据上下文推断它们各自的意思。检阅文献，我们发现明代何汝宾的《兵录》中对士兵的挑选有这样的规定：“知山川险易、形势利害、水草有无、道路迂直、溪河深浅者为一等，名曰乡导，可使指引道路，涉渡关津。”③ 即熟悉当地地理环境的兵为一等兵。这里把迂直与道路放到一起，形容道路弯曲顺直的情况。明代另一篇文献也有类似的记载：“夫边圉之敌必须用其边兵，何则？盖边兵生长边陲，惯于战斗，知敌人之情状，识道路之迂直，且复屡经战陈，目熟心定。”④

把迂直与高下连在一起用来表示地势的相关记载为：“且鲁桥一带地势高亢，展滩不易为力，近改入师家庄，已多济一闸而流尚涓涓。白马上源宽处止与仲家浅闸对不里许，且地势独窄。若导令入仲家浅，较之鲁桥、师家庄迂直、高下、远近之势自不侔矣，易细流为洪流，一便也。”⑤ 这里把白马上源和仲家浅与鲁桥和师家庄的地势作比较以显示二者地势和路程的不同。

方邪又可写作方斜，在元代李冶著的一部数学著作——《益古演段》⑥ 中共出现 17 次。在该书中，方斜指的是直角边和斜边。用到地图上，实是

① （清）孙希旦：《礼记集解》，第 912—913 页。
② 此处受到复旦大学哲学学院郭晓东教授的启发，在此表示感谢。
③ （明）何汝宾：《兵录》卷 1 “选士总说”，明崇祯刻本。
④ （明）黄训：《名臣经济录》卷 43，“兵部・丘浚・列屯遣戍之制二”，清文渊阁四库全书本。
⑤ （清）傅泽：《行水金鉴》卷 132，“运河水”，清文渊阁四库全书本。
⑥ （元）李冶：《益古演段》，丛书集成初编，第 1279 册，中华书局 1985 年版。

指应考虑把斜坡画到平面上去的问题。

其四，应参考古人的释义。我们作为熟悉白话文的现代人，在读古文时，会不知不觉间受到现代文章结构的影响，从而容易按照以今推古的思路去阅读、理解古文。其实回到三四百年前，通过当时人的视角，无疑会有助于我们理解六体的意思。如明人徐光启在谈到六体时，就把它们分了层次：“裴彦秀制地图，图体有六，其法以准望为宗，以考高下方邪迂直之校，以定道里，以设分率。其说以为峻山巨海、绝域殊方，登降诡曲，皆可得而定者，斯则准望之为用大矣。”① 他对六体的理解是准望为六体中最重要的原则，通过对高下、方邪、迂直等校正，然后才定道里和分率。这个顺序已不是裴秀文中六体的顺序了，即裴秀文中的顺序是可变通的。

基于以上四点的分析，笔者②认为，后人在解释六体时如果把六体分出层次，即可正确理解六体之意。实际上，王庸最早对制图六体的解释还是比较接近原义的，但是他的观点在被后人继承的过程中出现了一些偏差。

由此，制图六体可以解释成制图有三个原则，即方位、比例尺以及地图上的距离，图上距离需要考虑实际路程会因道路随地势起伏、弯曲而有变化，即要解决从三维立体地理实体转换到二维平面的问题。

## 三　制图六体地位的再定位

制图六体内容弄清楚之后，制图六体地位的认识至少要从两个方面来考虑，其一，它是否被用于实践？其二，它在中国古代地图绘制史上是否得到传承？

对第一问题的解答可从两个角度进行。其一，同一时期成书的《海岛算经》表明，当时的人们已可以通过移动简单的测量工具矩、绳和表的位置观察目标物，再根据表高、矩长及它们移动的距离等已知数字以及相似直角三角形对应边成比例的关系，计算出远处海岛的距离、高度、城池的

---

① （明）徐光启：《漕河议》，载（明）陈子龙：《明经世文编》卷491，明崇祯平露堂刻本。

② 韩昭庆：《制图六体新释、传承及与西法的关系》。

长宽、周长、深谷的深度以及这些地物与测地的距离等。[①] 其二，虽然裴秀主持绘制的《禹贡地域十八图》已佚，我们已经无法依靠原图来探讨这个问题，但是可以利用我国目前发现的实测地图来进行讨论。现存最早古地图有甘肃天水放马滩地图和长沙马王堆地图，但是前者系先秦时期地图，距离裴秀时代较为久远，后者系西汉时期或者稍早一些的地图，离裴秀时代较近，可以用此图进行一些讨论。而且一般认为，制图六体并非裴秀首创，是他在总结前人制图经验的基础上，结合自己的亲身体验，提出了绘制地图必须遵守的规则。

按照张修桂的研究[②]，长沙国桂平郡深平防区（今湖南省江华瑶族自治县沱江镇）是马王堆《地形图》测绘的起始点，并由此分别从几个方向，特别是东方测出若干导线和支测点，进行全图的测量和绘制，所以图上深平的定位相当精确，防区东部的精度也很高。这些结论是在实测深平至图上八个县城的方位角与深平的今天所在地沱江镇至相应地点的方位角进行比较的基础上得出的。文中的古今地形图方位角比较显示，《地形图》的东半部从深平至桂阳、龁道、泠道，所测的方位角相当准确，误差在3°之内，其中桂阳的方位角则是绝对精确，没有误差。由深平至营浦、南平的方位角误差在7°之内，也是基本正确的。到舂陵、桃阳和观阳三县的方位角误差很大，它们的定位纯属示意性质。由此可以认识到，西汉初期的测绘技术已达到相当高的水平，按照图上地名之间的距离与今天1：50万地形图上量算的长度的对比关系，可以折算出《地形图》的比例尺大致为十八万分之一，相当于一寸折十里。[③] 虽然马王堆《地形图》没有也不可能达到现代测量技术要求的水准，但它无疑具有一定的量测性，且风格简约，类似今日地形图。此外，马王堆《地形图》对山脉的绘制，在很大程度上体现了制图六体的内容，因为该图实为把三维立体的山脉“压平”转绘到平面上的地图，在转绘的过程中还考虑到了山脉的走向，正应合了“登降诡曲之因，皆可得举而定者”。由此可以认为，制图六体在当时的地

① 刘徽：《海岛算经》，李淳风注，乾隆武英殿聚珍版丛书本。

② 张修桂：《马王堆地形图绘制特点、岭南水系和若干县址研究》，《历史地理》第5辑，上海人民出版社1987年版，第130—145页。

③ 张修桂：《马王堆地形图绘制特点、岭南水系和若干县址研究》。

图绘制中得到运用。[①]

我国最早系统记载地图内容的《管子·地图》篇成书于战国时期（前475—前221），这篇不到百字的文字告诫带兵打仗的军官在开战之前首先应该熟记作战地点的地图，这种地图的内容包含地表特征、行军路程、城池大小、土壤肥瘠和植被覆盖等信息。马王堆《地形图》的出现也为《管子·地图》篇提供了实物佐证。再结合汉晋时期的数字水平和相应的测绘工具的记载，当时绘制的地图尤其是军事地图确已形成一套自成体系的绘制理论。正如《中国测绘史》总结的一样，制图六体除没有提出经纬线和地图投影外，几乎提到了制图学上应考虑的所有主要因素[②]。

遗憾的是，这种简约的风格除在宋代《禹迹图》系列图中再次出现外，似乎没有为后代继承下来，因为此后到清代康熙时期绘制的《皇舆全览图》之前，现存绝大多数中国古地图都带着明显的山水画痕迹。甚者，连清代后期的军事地图也是如此。如防汛图的绘制几乎都一样，一般仅勾勒出独立的房型物、旗杆、瞭望塔以及三个圆锥形的墩台，有的用几条简单的弯弯曲曲的画线勾勒出周围的山峰和河流，更多的信息由旁注的文字提供。营汛图表示的范围较大，地图符号种类也较多，光看营汛图，仍如风景画一般，似乎意义不大，倒是图中的文字注记最为详细。[③] 这些地图足以让后世学者对于制图六体在中国古代地图绘制史上的地位产生疑问。此外，从“制图六体”分载于《四库全书》中经、史、子、集四部来看，也可以看出，至少在乾隆之前，人们对“制图六体”的性质还没达到统一的认识。

针对以上情况，笔者认为，西晋及西晋以前，古人曾经有一套量化绘制地图的方法，但是该技术却湮灭人间，没有流传下来。到宋代，这种较为准确地绘制较大范围内地理实体的技术似乎又得到复兴，此后再次消失。之后，三百年前又发生过一次，康熙五十六年（1717）完成绘制的《皇舆全览图》，由于主要是由法国传教士主持完成的，随着康熙末年开始

---

① 张修桂也认为，裴秀所总结的制图六体，在这幅实测地形图上，早就都有体现。

② 中国测绘史编辑委员会：《中国测绘史》第1卷，第106—110页。

③ 韩昭庆：《中国近代军事地图的若干特点——兼评〈英国国家档案馆庋藏近代中文舆图〉》，《历史地理》第26辑，上海人民出版社2012年版，第457—462页。

的“礼仪之争”实行的禁教而中止的中西文化交流，这项绘制技术也随着传教士的离开而失传，直到清末才再次传入，并经由政府的倡导、测绘部门的成立、专业人士的形成，才重新利用。故以此类推，制图六体叙述的测绘过程和绘制方法应该是存在的，它是史载中国地图学史上最早的测绘原则的地位也不言而喻，只是因为一些原因，发生了中断，缺乏代代相传，这些技术也无法在前面技术的基础上得以改进。康熙早就指出，不同的是中国人发明了测量方法后，后世不存，而西方人则在此基础上“守之不失，测量不已，岁岁增修，所以得其差分之疏密，非有他术也。”① 而胡渭也谈到这点，“昔人谓古乐一亡，音律卒不可复。愚窃谓晋国一亡，而准望之法亦遂成绝学”。② 这或许正是我们与西方科技史的最大区别。是什么原因造成这种区别，则应当置于更加广阔的中国科技史中进行论证。

---

① （清）《康熙．三角形推算法论》，《圣祖仁皇帝御制文集》第 3 集，卷 19，清文渊阁四库全书本。

② （清）胡渭：《禹贡锥指》，第 122 页。

# 郑若曾系列地图中岛屿的表现方法

孙靖国*

岛屿是指比大陆面积小，散处于海洋、河流或湖泊等水域中，完全被水域包围的小块陆地。① 中国岛屿众多，按其成因可分为三类：

一、基岩岛，即由基岩构成的岛屿，它们受华夏构造体系的控制，多呈现北北东方向，以群岛或列岛形式作有规律的分布。中国的基岩岛，除台湾和海南两大岛外，还分布在几个地区：1. 辽东半岛沿海；2. 山东半岛沿海；3. 浙闽沿海；4. 华南沿海；5. 台湾附近岛屿。

二、冲积岛，即指河流入海，泥沙在门口附近堆积所形成的沙岛。除最大的崇明岛外，中国的冲积岛还集中分布于珠江河口、台湾西海岸以及滦河、黄河和韩江三角洲等处。

三、珊瑚礁岛，主要分布在南海。②

正因为中国岛屿众多，密布在水域中，无论是渔业、农业、特产采集，还是行政管理、军事驻守，以及作为商业运输和军事巡守所使用的停泊避风据点与航行校正坐标，都与中国先民的生产、生活，历代各级政府

---

* 孙靖国，中国社会科学院古代史研究所副研究员。

① 又据《中华人民共和国海洋保护法》和《联合国海洋法公约》，海岛系指“海洋中四面环水、高潮时高于海面、自然形成的陆地区域”，见《中国海岛志（江苏、上海卷)》“前言”，海洋出版社 2013 年版，第 23 页；《中国海岛志（辽宁卷第一册【辽宁长山群岛】)》“前言”，海洋出版社 2013 年版，第 21 页。

② 《中国大百科全书・地理卷》，中国大百科全书出版社 1992 年版，第 622—623、344 页。

的施政、国防息息相关，不可分割。[①] 所以，中国历代文献中留下了大量与岛屿相关的记载，而在与岛屿相关的地图中，更是不会遗漏这一类重要的地物。对其的表现方法，体现出中国先民对岛屿地貌以及所处的海洋、湖泊、河流等水域环境的认识和感受，以及在平面地图上对地理信息的重组、构建与再现。

由于明清时期地图数量极其繁多，而且不同系统、不同绘制小传统下绘制出的地图彼此之间并无统一的图例和表现规范，所以很难进行对比。而由同一人主持绘制的地图则应有相对通盘的考虑，便于通过其地图上的岛屿表现形式探讨其对这一结合了陆地与水域的重要地貌形态的认识，所以本文选取对明代后期以及清代地图，尤其是沿海地图有重要影响的郑若曾系列地图进行分析。

## 一　郑若曾系列地图的绘制背景与版本传布

郑若曾（1503—1570），字伯鲁，号开阳，南直隶苏州府昆山（今属江苏）人。他夙承家学，“幼有经世之志，凡天文地理、山经海籍靡

① 这类记载在各种地图中比比皆是，如北京大学图书馆所藏的一幅表现清代山东胶州的地图中，就是绘出了黄岛、罗山、毛岛、青岛、槟榔岛、鱼鸣石、连岛、竹岔岛等岛屿，并在若干岛屿处标注“内有居民”。在众多的海防地图中，在岛屿处标注驻防战守所需注意的信息，更是常例，如明代万历二十年（1592）宋应昌主持刊刻的《全海图注》中，在福建嵛山（今嵛山岛）处标注：“可寄泊”，“泊南北风船三十只”；在广东硇州（今硇洲岛）处标注：“至琼州二潮水，泊南北风船百只。”在中国科学院图书馆所藏的《福建航海图》中，在虎屿处标注：“此澳可泊北风船十余只，但不宜南风。此至井尾半潮水，南至陆鳌所半潮水，系铜山寨右哨信地。”岛屿作为航行标识，最典型的可见章巽先生所购得的《古航海图》和耶鲁大学所藏的《航海图》，其中的山形水势航海地图均绘成侧面平视形态，系航行所亲身所见，图中亦有多处文字标注，如章巽藏《古航海图中》图八中注记：“船出威海卫鼻头，要收子午岛，用辛酉三更，离小石屿转申，半更收入，妙哉”，即在山东半岛东端的威海卫开船，进入芝罘湾，航路上以子午岛（即芝罘岛。见章巽：《古航海图考释》，海洋出版社 1980 年版，第 30 页。耶鲁大学图书馆所收藏的清代中期山形水势地图《耶鲁航海图》中图 105 和图 106，描绘出孔屿沟（今广鹿岛）和长生岛（今长山列岛）、铁山等岛屿和沿岸山峦，在孔屿沟处注文：“此山配在孔屿沟，山头共乌龟一脉相连，俱生人”，“离半更看，此形”；在长生岛处注文：“孔屿沟：对上看，此形。”图 112 描绘出铁山、蛇屿、虎屿、东竹、北皇城、南皇城等岛礁或沿岸山峦，在铁山处注记：“抛船铁山羊头澳，天清亮看见皇城”，在南皇城（今南隍城岛）处注记：“在皇城兜，打水廿一托，烂泥。用子癸、丁午取铁山。皇城共铁山为癸丁对，三更开。”见郑永常《明清东亚舟师秘本：耶鲁航海图研究》，远流出版公司 2018 年版，第 232—238 页。

不周览”，嘉靖十六年（1537）和十九年（1540），郑若曾两次以贡生参加科举考试，并因对策内容直指时弊而落榜，之后绝意仕途，潜心治学。

倭寇之患，几乎贯穿明朝始终，直到万历二十六年（1598）才彻底平息。但有明一代，倭寇侵扰最为剧烈，危害最大的，是在嘉靖时期，倭寇勾结中国海盗王直等，为患整个东南沿海，攻陷城郭，抢掠村落，人民生命财产损失严重，郑若曾的家乡昆山，正是倭寇侵扰的重灾区。为总结御倭方略，郑若曾编纂《沿海图》12 幅，受到普遍重视。随着倭患日益严重，郑若曾毅然应聘担任总督胡宗宪的幕僚，“嘉靖中，岛寇扰东南，总制胡宗宪、大帅戚继光皆重曾才，事多谘决”。[①] 据胡宗宪为《筹海图编》所撰序言，正是在其幕府中，郑若曾“详核地利，指陈得失，自岭南迄辽左，计里辨方，八千五百余里，沿海山沙险阨延袤之形，盗踪分合入寇径路，以及哨守应援，水陆攻战之具，无微不核，无细不综，成书十有三卷，名曰《筹海图编》……余既刊其《万里海防》行世，复取是编厘订，以付诸梓”。[②]

郑若曾的著述颇多，据其六世孙郑定远所撰《先六世祖贞孝先生事述》中所述，除《筹海图编》外，与史地相关者还有《江南经略》八卷、《万里海防》二卷、《日本图纂》一卷、《朝鲜图说》一卷、《安南图说》一卷、《琉球图说》一卷、《四隩图考》二卷、《海防大图》十二幅、《黄河图议》《海运图说》一卷、《三吴水利考》一卷等。[③] 明代人林润于隆庆三年春正月为《朝鲜图说》所作的序中曰：“昆山郑子伯鲁博学卓识士也，往岁岛寇，出其素蕴，著《筹海图编》等书，梅林胡公刊行浙右，其《经略》一编，予复评次授梓。兹又以朝鲜、琉球、安南诸图说示予。”[④] 而据郑若曾《江南经略》自序中言：“壬戌初夏，兵宪太原王公道行顾予于金阊逆旅，而诘之曰：‘子之作《筹海图编》，志则勤矣，然江防重务也，而略之，何与？’……予曰：‘唯！唯’！公乃颁示诸郡图志，命官设局，凡

① 《乾隆江南通志》卷 151《人物》。

② 郑若曾撰、李致忠点校：《筹海图编》，中华书局 2007 年版，第 991 页。

③ 《筹海图编》，第 986 页。

④ 郑若曾：《朝鲜图说 · 安南图说 · 琉球图说》，康熙三十二年（癸酉，1693）重镌。

薪粟之资、书绘之役靡不周悉。……凡二越岁，而略者始详，讹者始信”。[1]

由胡宗宪等人序言可知，郑若曾的十二幅《海防大图》编绘最早，进入胡宗宪幕府后，于嘉靖四十一年（1562）编成《筹海图编》，当年遇到王道行，受其帮助，于二年后完成了《江南经略》，因其他如《朝鲜图说》等篇未见于《筹海图编》中，故推测其成书应不早于《筹海图编》，而不晚于林润作序的隆庆三年（1569），其中大部分亦收入其五世孙郑起泓及其子郑定远于清康熙年间重新编辑的《郑开阳先生杂著》中，在清代亦有多种版本流传，《筹海图编》《江南经略》和《郑开阳杂著》亦收入《四库全书》中。近年出版的《筹海图编》点校本系以康熙三十二年（1693）郑起泓主持刊刻版本为底本，并参考嘉靖本与天启本，[2] 将其中地图与国家图书馆所藏天启本中地图相比较，可发现两版本的地图有比较明显的精粗之分，文字上也有些微的调整，[3] 但整体表现风格来看基本一致。将《郑开阳杂著》的康熙本与文渊阁四库全书本及民国二十一年（1932）陶风楼所影印版本相对比来看，除少数可以认定系四库本自行加入部分外，其地图风格也基本一致。所以，我们可以认为，在郑若曾著作流传刊刻的过程中，地图风格基本是保持相对稳定的，所以本文所讨论对象，系以中华书局点校本《筹海图编》为主，参以隆庆本《江南经略》、康熙本《朝鲜图说·安南图说·琉球图说》以及陶风楼本《郑开阳杂著》进行比较。

## 二　郑若曾系列地图中对岛屿的表现方法

通过比较上述郑若曾著作中地图对岛屿的表现方法，我们可以发现：

第一，在全国总图或体现全部局势的小比例尺地图中，岛屿多以平面形态出现，只勾勒出垂直视角所审视的轮廓，较小的岛屿则只以并无特点

---

① 郑若曾：《江南经略》，文渊阁四库全书，台湾商务印书馆 1986 年版，第 2—3 页。

② 《筹海图编》，第 7 页。

③ 如天启本中“沿海山沙图”中在地图的右上角标注图目，系用各布政司首字 + 数字，如“广二”“福三”“浙六”等（但浙江中二、三两幅却标为“浙江二”“浙江三”，可见其校雠不精），而点校本则统一为“广东二”“福建三”“浙江六”等。

的点或线圈表示，如《筹海图编》中的《舆地全图》《日本国图》和《日本岛夷入寇之图》。在《郑开阳杂著》卷八的十二幅“万里海防图”中，海中地物均用封闭线条括注地名，多数线条并不规则，亦有少数呈矩形，另外少数注记亦用线条括出，除面积不同外，与大陆处理方式并无明显区别，更似是避免被表示海水的波纹符号所混淆而采取的版面处理方法。

第二，则是郑若曾系列地图中的绝大部分，即分幅的海防图、沿海图、江防图、湖防图等区域地图，在这类的地图中，岛屿的表现则分为两类，一为绘成山峦形态，二为以垂直视角审视的平面轮廓。

绘成山峦形态，可以说是郑若曾系列地图中表现岛屿的主流方式，沿海的岛屿（包括长江中的一些岛屿）基本上绘成侧面平视或略带鸟瞰视角的山峦形状，大多数山峦比较陡峻，挺立高耸突出于海面。而绘成垂直视角的平面轮廓的，主要有如下几种情况。

一、较大的岛屿，这种情况较少，只有下列几个岛屿：

1. 海南岛，完全以垂直视角的平面轮廓，而且占据了几乎全部版幅，在其上绘制了众多的山峦、河流符号，以及密布的府、州、县、卫、所等政区治所，营、堡、巡司、驿、寨等军政设施，筒、都、图、村等基层聚落，以及澳、浦、港等沿海地理单位等。①

2. 福建铜山所所在的今东山岛、中左所所在的今厦门岛、金门所所在的今金门岛、浙江舟山岛、南直隶海州郁洲岛（今已与大陆连成一片），②这几个岛屿都是绘成平面轮廓，在其上亦绘制出若干山峦，整个岛屿只占版幅的一部分，平面与山峦都各占岛屿的相当比例。如厦门岛与鼓浪屿等周边岛屿的绘制方法对比，可见金门岛、烈屿和厦门岛与周边小岛面积的差别。

二、南直隶沿海和长江、黄河入海口的一些河流搬运堆积而成的岛屿，如《直隶沿海山沙图》中在长江口所绘出的“南沙”“竺箔沙”“长沙”“无名沙”“小团沙”“烂沙”“孙家沙”“新安沙”“县后沙”“管家

① 《筹海图编》，第3—4页。

② 《筹海图编》，第26、29、66、99页。

沙”“大阴沙”“山前沙”“营前沙”等，[①] 以及黄河口处的“栏头”等。[②]

三、沿海的一些水中地物，以广东沿海为最多，计有：青婴池、蛇洋洲、杨梅池、平江池、对达池、泖洲、涠洲、调洲、调鸡门洲、洒洲、硇洲、小黄程、大黄程、海珠寺、珊瑚洲、合兰洲、大王洲、马鞍洲、急水旗角洲、上下横当洲、龙穴洲、陶娘湾、石头村、石牌门、大村澳、在抱旗山—沙湾巡检司—茭塘巡检司后亦绘有一片平面轮廓。[③] 在福建南部的铜山所所在的东山岛外海中亦绘有平面轮廓的侍郎洲。[④]

按雍正《广东通志》“珠母海”条曰：“珠母海，在（合浦县）城东南八十里，巨海也。旧志载：‘海中有平江、杨梅、青婴三池，大蚌吐珠，故名’。”[⑤] 而据《粤闽巡视纪略》记载：“珠池，《旧志》云一称珠母海，相传有七，曰青莺、曰断望、曰杨梅、曰乌坭、曰白沙、曰平江、曰海渚，俱在冠头岭外大海中，上下相去约一百八十三里。前巡抚陈大科曰：‘白沙、海渚二池地图不载，止杨梅等五池，又有对乐一池在雷州，共六池。’予访之土人，杨梅池在白龙城之正南少西，即青莺池，平江池在珠场寨前，乌坭池在冠头岭外，断望池在永安所。珠出平江者为佳，乌坭为下，亦不知所谓白沙、海渚二池也。旧志又载有珠场守池巡司及乌兔、凌禄等十七寨，而不着其所自始，白龙城亦不载于城池条，但言钦、廉土不宜谷，民用采珠为生，自古以然，商贾赍米易珠，官司欲得者，从商市之而已。……明洪武初罢，永乐、洪熙屡饬弛禁罢采。至天顺四年，有镇守珠池内使谭记奏廉州知府李逊纵部民窃珠，下逊诏狱，逊亦讦记擅杀人，夺取民财诸状。上命并逮记鞫问，具伏，遂锢记，而复逊官，该内臣之遣白龙之署始于此时，后遂相沿不废。官既厉禁，小民失业，往往去而为盗。或乘大舰，厉兵刃聚众以私采，官法不能禁。于是有十七寨之设，环海驻兵以守，乃守益密，而盗益多。官兵反藉以为市。其后贼大起，如红头、沙锅之属，与官兵相格杀，前后不可胜计。而官采率十数年一举行，

① 《筹海图编》，第 91—93 页。

② 《筹海图编》，第 101 页。

③ 《筹海图编》，第 7—25 页。

④ 《筹海图编》，第 26 页。

⑤ 《雍正广东通志》卷 13，文渊阁四库全书本，台湾商务印书馆 1986 年版。

余年皆封池禁断。盖蚌胎必十余年而后盈，频取之，则细嫩不堪用故也。自天顺后，弘治一采，正德一采，嘉靖初首尾七载，而三遣使，得珠遂少。至于开采之岁，必官治巨舰千余，发重兵以虞变，又多发濒海丁男十数万人以备爬螺之用。舟入大洋，輙以风，败民避役，如往弃市，所需蓬厂、兜罗、刀锹之属，官私劳费不赀，而所得甚微，不偿所费。于是抚臣林富疏请罢免，许之。嘉靖十年，富复请撤回内臣，略曰：合浦县杨梅、青莺二池，海康县乐民一池，俱产蚌珠，设有内臣二员看守，后乐民之池所产稀少，裁革不守，止守合浦二池。计内臣所用兵役每岁共费千金，约十年一采，已费万金，而得珠不置数千金，亦安用此？请撤之，而兼领于海北道。疏上，大司马李承勋力持之，又得永嘉张文忠公为之主，内臣遂撤。万历间，复诏采珠。用抚臣陈大科之言而罢。其时奉行者尤无状，珠船树内臣旗帜，横行村落，鸡犬靡遗，至有奸污妇女者，已乃扬帆竟去，莫可究诘。按臣李时华欲编船甲以禁之，益可怪也”。[①]

从上面两则史籍所记述内容可知，青婴池、杨梅池、平江池、对达池应系海中的采珠之珠池，青婴池应即《粤闽巡视纪略》中之青莺池。对达池，史无所载，颇疑即《粤闽巡视纪略》中之对乐池，[②] 就图上位置而言亦距雷州不远。所以，这四处海中的垂直视角平面轮廓并非岛礁，而是海中的采珠海域。

而蛇洋洲，据《大明一统志》中记载：“蛇洋洲，在遂溪县西南二百里，特起海中，古名小蓬莱洲，有山如蛇形，故名。”[③] 雍正《广东通志》曰：“涠洲山在城西南二百里海中，周围七十里，古名大蓬莱。稍南为蛇洋山，形如走蛇，与涠洲山对峙，古名小蓬莱，其地名蛇洋洲。”[④] 又，《粤闽巡视纪略》中记载：“涠洲在海中，去遂溪西南，海程可二百里。周七十里，内有八村，人多田少，皆以贾海为生。昔有野马渡此，亦名马渡。有石室如鼓形，榴木杖倚着石壁，采珠人尝致祭焉。古名大蓬莱，有

---

① 杜臻：《粤闽巡视纪略》卷 1，文渊阁四库全书本，台湾商务印书馆 1986 年版。

② 按：《大清一统志》卷 349《雷州府》珠池条下亦曰对乐珠池，可见应系《筹海图编》之错讹。

③ 《大明一统志》卷 82，三秦出版社 1990 年版。

④ 《雍正广东通志》卷 13。

温泉、黑泥，可浣衣使白如雪。前为蛇洋洲，周四十里，上有蛇洋山，亦名小蓬莱，远望如蛇走，故名。二洲之上各有山阜，缥缈烟波间，可望不可登。其间居民因珠盗充斥，尽徙内地。万历初，移广海游击将战舰三十以戍之。十四年，有侯游击者惮其险远，请分所将战舰为二，自统其半，驻永安，余使其属统之，守滨涟。雷州府同知徐学周建议驳之曰：'将，心也；卒，手足也。谓心与手足可异处乎？涠洲绝险，故不可撤备，滨涟密迩珠池，彼所以求驻者，意在盗珠耳'。议上，侯游击之请格不行。十七年，定设涠洲游击一员，兵一千六百六名，战船四十九，分五哨驻守。十八年，治游击署于涠洲，寻为风毁。二十年，卒徙永安，而以涠洲为信地，自海安所，历白鸽、海门、乐民、乾体，至龙门港，皆其游哨所及也。三十六年，倭船二百寇钦州，有涠洲中军祝国泰者，余姚人，起家武进士，方戍龙门，率百户孔榕迎敌，力战死，立庙洲上以祀。迁界时，地久虚，今不开。"①

从上面的记述可知，涠洲山在雷州府遂溪县西南二百里海中，周围七十里，考之位置，当系今天广西北海市之涠洲岛，面积为24.74平方千米，海岸线全长36千米，恰与史籍记载之七十里相符。该岛为新生代第四纪时期火山喷发堆积形成，所以有《粤闽巡视纪略》中所记之"温泉、黑泥"。而磠洲当系今湛江市海外之硇洲岛，地势较平坦，且面积较大，有56平方千米。

龙穴洲，从其位置和名称来看，很可能系今广州市南沙区龙穴岛，大王洲应系今东莞市东江中大王洲岛。至于海珠寺，据《大明一统志》记载："海珠寺在府城南二里江中，随水高下。"② 明代乌斯道诗《游海珠寺》："吟到中流一凭栏，云烟散尽水天宽。灵鳌化石支金刹，神物凌波弄木难。隔岸市尘千里远，炎风禅榻九秋寒。何须更觅三神岛，消得携琴此处弹。"③ 说明海珠寺系在珠江中的沙洲上。

《粤闽巡视纪略》中有这样一段记载："佛堂门海中孤屿也，周围百余

① 《粤闽巡视纪略》卷1。
② 《大明一统志》卷79。
③ 乌斯道：《春草斋集》卷4，文渊阁四库全书本，台湾商务印书馆1986年版。

里。潮自东洋大海溢而西行，至独鳌洋，左入佛堂门，右入急水门，二门皆两山峡峙，而右水尤，驶番舶得入左门者，为已去危而即安，故有佛堂之名。自急水角径官富场，又西南二百里，曰合连海，盖合深澳、桑洲、零丁诸处之潮，而会合于此，故名。又西南五十里，即虎头门矣，其地又有龙穴洲，尝有龙出没其间，故名。每春波晴霁，蜃气现，为楼台、城郭、人物、车马之形，上有三山，石穴流泉，舶商回国者必就汲于此。又有合兰洲，与龙穴对峙，上多兰草，故名。潮至此，始合零丁洋，即文信国赋诗处。桑洲之旁又有大王洲、马鞍洲。陈琏诗云：弥漫合兰海，南与沧溟通。蜃气起鲛室，珠光出龙宫。"[①] 从这段记述来看，合兰洲与龙穴洲相对，位置在珠江口虎门之内，而珊瑚洲与大王洲接近，所以，龙穴洲、大王洲、合兰洲、珊瑚洲、海珠寺所在的沙洲都是珠江出海口一带珠江诸水中的沙洲，地势平坦，所以没有绘成山峦形象。又，在大连图书馆所藏《广东沿海图》中，上横档、下横档、龙穴等均绘成平面轮廓，上横档、下横档绘在虎门处，可为一证。[②]

至于图上的急水旗角洲和上下横当洲，据《古今图书集成·方舆汇编·职方典》中所记："急水海门，在县城南一百五十里，官富巡检司南，潮汐涌急""合兰洲，在县南二百里海中靖康场，与龙穴洲相比，其上多兰，旁有二石，海潮合焉，蜃气凝焉。《旧志》谓之康家市，又有马鞍洲、急水旗角洲、大王洲、上下横当洲，并在大海中"。[③] 按急水门应即今香港大屿山与马港交接处之汲水门，图上在"急水旗角洲"的左上方（就地理方位而言应系东南），在海中绘出了山峦形状的"大奚山"，即今之大屿山，那么，急水旗角洲当系珠江出海口处的沙洲，而上下横当洲应亦如是。在广东珠江中的海珠寺以外，图上在沙湾巡检司—抱旗山—茭塘巡检司三处山峦形状岛屿之后，绘有一片平面形态的区域，抱旗山"在（广州）府西南四十里，以形似名，为郡之前案，江水环绕，……其南纬南山峡，屹立江滨"。[④] 沙湾与茭塘二地均在今广州市番禺区，可见此处应在珠

① 《粤闽巡视纪略》卷2。

② 曹婉如等编：《中国古代地图集（清代）》，文物出版社1997年版，图版134。

③ 《古今图书集成·方舆汇编·职方典》卷1300，中华书局1934年版。

④ 顾祖禹：《读史方舆纪要》，中华书局2005年版，第4597页。

江中，其后的平面轮廓很可能亦系江中沙洲。

从上面的分析可知，广东沿海绘制较多的垂直视角平面轮廓地物，基本上为珠江口上下的沙洲，或者是采珠区，抑或为较大以及较平坦的岛屿。

综合上面的梳理，我们可以清楚地了解到，郑若曾系列地图中，对岛屿的描绘基本按其形态进行区分：较大的岛屿或比较平坦的岛屿（包括沙洲），由于高差相对不甚明显，绘成平面轮廓；而较小的岛屿，或高峻的岛屿，则绘成山形，以强调其高差。这样的区分，在郑若曾系列地图中，基本上是统一的，比如《筹海图编》之《松江府图》和《苏州府图》中，崇明等沙洲都绘成平面轮廓，而大金山、小金山、羊山、许山、胜山等岛屿乃至太湖中的洞庭东山、洞庭西山则绘成山峦形态，[①] 究其原因，当系两种类型岛屿形态上的差异，比如大金山岛挺拔出海面，最高点高程达到 103. 4 米。[②] 在以江南地区为对象的《江南经略》中，亦是如此处理。[③] 总体而言，古人对岛屿的认识，多在海面行经眺望，只能平行观测其侧面形态，故多对其耸出海面的形态印象最为深刻，尤其是在航行中将其作为航标，如前所引章巽所藏《古航海图》和耶鲁大学所藏《航海图》，亦均将岛屿或海岸上的地物绘作平视侧面形态。大率海中岛屿，多耸立于海中，尤其是如前所述，中国沿海岛屿，以基岩岛为主，多系大陆架构造的一部分，换言之，即海底大地上的高山，只是被海水淹没而已，所以一般来说，从古代航海者的视角来看，大多数岛屿均呈现山峦形态，但较大的岛屿，因其幅员较广，所以山形并不明显，所以在古代的渔民看来，何者为兀出海面的山，何者为有绵延海岸线的岛，何者为平坦的沙

---

① 《筹海图编》，第 376—379 页。

② 《中国海岛志·江苏、上海卷》，海洋出版社 2013 年版，第 455 页。

③ 但在描绘范围更小，按今天的惯例可以理解为比例尺更大的《吴县备寇水陆路图》中，则将太湖中的洞庭东山等岛绘成平面轮廓，其中若干处绘有山峦。而在范围更小的《洞庭东山险要图》《洞庭西山险要图》中，亦将岛屿绘成平面轮廓，其上绘出更多山峦形状（《江南经略》卷 2、3，隆庆三年刻本）。这应该是随着表现范围的变化而进行的调整，正如在沿海山沙图中绘出平面轮廓的一些较大岛屿，在《舆地总图》中并不绘出一样。又如今天小比例尺、中比例尺地图一般不绘出城市平面形态，但在大比例尺地图中，则要绘出一样。但平坦的沙洲，如三片沙、三沙、竹箔沙、县后沙等，即使在专幅地图中，亦绘成平面轮廓，并无山形，可见对地貌形态的区分是不同绘制方法的基础。

洲，有直接的观感分别，体现在地图上，则有不同的表现方法。

## 三　郑若曾地图对岛屿表现方法所反映的地理学背景

“岛”字之意，东汉许慎《说文解字》将其列为“山”部，释义为：“海中往往有山，可以依止，曰‘岛’。从山，鸟声。读若《诗》曰：‘茑与女萝。’”而山则释义为：“宣也。宣气散，生万物，有石而高。象形。凡山之属皆从山。”“屿”字之意，徐铉解释为：“岛也，从山与声，徐吕切”[①]。谢灵运《登江中孤屿诗》中曰：“乱流趋孤屿，孤屿媚中川”,[②] 描述渡江赴江中孤屿之情态。柳宗元《至小丘西小石潭记》曰：“近岸卷石底以出，为坻为屿，为嵁为岩”，则是将水潭中的石头比作岛屿。[③] 如此而言，“屿”字本身就为水中小岛，而且更强调其岩石的特征。

所以，在中国古人看来，岛屿虽然处于水域，尤其是大海中，但与陆地上的地物并无本质上的区别，只不过处于水中而已，所以基本上会把海中基岩或火山喷发形成的岛屿绘制成山形。而将岛屿绘制成平面轮廓，则或是描绘河流中及出海口处堆积形成的沙洲，或者突出少数较大或较平坦的岛屿的特殊形态。

需要指出的是，中国古代地图，尤其是覆盖大地域范围的地图，其绘制者可能是署名者本人，但更多可能是画工，如《江南经略》所表现的江南地区，是郑若曾“携二子应龙、一鸾，分方祇役，更互往复，各操小舟，遨游于三江五湖间。所至辨其道里、通塞，录而识之。形势险阻、斥堠要津，令工图之”。[④] 虽然系由其父子亲身考察，但仍“令工图之”，则很有可能带有画工绘制惯例的痕迹。而其他地区的绘制，揆诸史籍，未见郑若曾在浙直以外的沿海各地考察的记载，其在入胡宗宪幕府前，亦未闻有何航海经历，所以此类地图应系郑若曾根据所收集资料绘成。从《筹海

---

① 许慎：《说文解字》，中华书局影印 1963 年版，第 190—191 页。

② 逯钦立辑校：《先秦汉魏晋南北朝诗》，中华书局 1988 年版，第 1162 页。

③ （唐）柳宗元：《柳宗元集》，孙曰：“坻、屿，皆小洲也”，中华书局 1979 年版，第 767 页。

④ 《江南经略》序。

图编》的各序跋中，对其十二幅沿海图的制作方式，亦并不相同，如胡松谓其“缮造《沿海图本》十有二幅”，范惟一谓其“辑《沿海图》十有二幅”。而其他序跋，多论其入胡宗宪幕府后，著《筹海图编》之事。① 因为郑若曾最初的十二幅沿海图今天已经不存，《筹海图编》和《郑开阳杂著》中的沿海图并非其原貌。按胡宗宪主政东南，身边人才济济，获取资料应远比郑若曾在家中容易得多，如唐顺之熟稔兵事，曾任兵部主事，后被赵文华举为兵部职方郎中，并受命出巡蓟镇。② 兵部职方司明代负责地图绘制的机构，唐顺之任职于此，自然接触到各类舆图。所以，郑若曾的地图，尤其是进入胡宗宪幕府后所绘制的各图，应是由其所获得的包括地图在内的各种地理信息整合而成，其对地物的表现形式，以理推之，很有可能受到其所依据的原始资料的影响。而从《江南经略》中，可清晰窥到郑若曾对江南地区地貌形态的熟稔和认知，亦可确认江南地区岛屿地貌形态的区分以及不同尺度岛屿形态的表现方法，是郑若曾亲身踏勘的结果，而与其著作中其他地区地图中岛屿的表现方法一致，亦可以推测此种表现方法既反映了郑若曾以及其所依据的资料来源作者对岛屿地貌的感知与认识，又可能带有一定程度上的普遍性。③

---

① 《筹海图编》，第990—998页。

② 《明史》卷205，中华书局1974年版，第5422—5433页。

③ 如明代《武备志》中的《郑和航海图》和中国科学院图书馆藏《江防海防图》中就是讲山形的基岩岛与平面轮廓的沙洲区分得非常清楚；《福建海防图》和中国国家图书馆所藏《全海图注》中会将若干较大岛屿绘成上有山峦的平面轮廓；而中国科学院图书馆藏《山东登州镇标水师前营北汛海口岛屿图》中，将较为平坦的桑岛绘成台地形状等。见向达整理：《郑和航海图》，中华书局1981年版；孙靖国：《舆图指要——中国科学院图书馆藏中国古地图叙录》，中国地图出版社2012年版；曹婉如等编：《中国古代地图集（明代）》，文物出版社1995年版。

# 地理知识与贸易拓展

## ——十七世纪荷兰东印度公司手稿地图上的南海*

丁雁南**

## 一　引言

17 世纪的 50—70 年代，荷兰东印度公司的绘图师约翰·布劳（Joan Blaeu，1596—1673）和他的合作者约翰内斯·文绷斯（Johannnes Vingboons，约 1616—1670）曾绘制了一批以中国海域为中心的海图。目前，多个欧洲图书馆、档案馆开放了这批海图的高清电子图像，读者可以方便地通过网络访问。已有从事海洋史研究的学者关注到了其中的个别海图。① 然而现有的研究尚未很好地从地图学史的角度来分析这一组特殊的材料。本文将初步梳理这批海图，评估这批荷兰海图的价值及其在地图史上的地位。②

---

* 本文为国家社会科学基金重大研究专项（项目批准号：18VJX108）和复旦大学引进人才科研启动经费（项目号：JIH3142101）的阶段性研究成果。本文初稿曾于 2019 年 11 月 9 日在广东省社会科学院海洋史研究中心举办的“2019 海洋史研究青年学者论坛”上报告。笔者向对拙作提出修订意见以及提供研究协助的专家和学者，特别是上海师范大学林宏博士、广东省社会科学院海洋史研究中心周鑫副研究员、香港中文大学吴子祺同学，表示感谢。

** 丁雁南，复旦大学历史地理研究中心副研究员。

① 陈国威：《明代中外舆图中的雷州半岛及其海交史初探》，《南海学刊》2019 年第 1 期；郑维中：《荷兰东印度公司人员在台海两岸间的水文探测活动（1622—1636）》，刘序枫主编《亚洲海域间的信息传递与互相认识》，“中央研究院”人文社会科学研究中心 2018 年版，第 385—440 页等。

② “海图”一般是对“chart”或西文中同源词汇的翻译，不过它也包含在广义“地图”——例如在“地图学史”（history of cartography）的语境——之中。本文中“地图”和“海图”时有混用，敬请读者留意。

亚洲东部的十七世纪被安乐博视作一个“群龙无首的时代”（age of anarchy），[①] 而饭冈直子则称为“混乱与机遇的时代”（a time of turmoil and oppotunity）。[②] 中国明清鼎革、日本和中南半岛地区内战频仍，而欧洲殖民国家在亚洲争夺空间、霸主新旧更替。而这些地区内外势力的竞争与合作，很多是通过海洋联系而起来的。因而，十七世纪的亚洲海域素来是海洋史研究的热点。[③] 近年来，作为荷兰东印度公司研究专家的郑维中已经从经典的海洋史研究路径——普遍以贸易、战争、机构等议题为焦点——转向关注十七世纪早期荷兰东印度公司在台海两岸开展的水文测绘活动。这昭示了海洋史与地图学史交叉合作的潜力和趋势。

众所周知，在对亚洲的探索和征服中，荷兰人虽居葡萄牙人之后，实则通过参与到葡萄牙人的航行、贸易和殖民管理中而早已熟悉东方。活跃在低地地区的众多绘图师和地理学家，公开出版了大量新颖而精美的世界地图或区域地图，这是视地理发现和地图为国家财富和秘密的葡萄牙人所没有做到的。到十六世纪末，林旭登（Jan Huygen van Linschoten，1563—1611）为葡萄牙人在印度工作多年后，回到荷兰出版的《葡属印度水路志》（*Itinerario*），极大地激发了荷兰人对亚洲的探索热情。[④] 荷兰人从葡萄牙人那里继承了关于东方的地理知识和制图技巧。[⑤] 不过，正如本文研

---

① Robert J. Antony，“‘Righteous Yang’：Pirate，Rebel，and Hero on the Sino-Vietnamese Water Frontier，1644 – 1684”，*Cross-Currents*：*East Asian History and Culture Review e-Journal*，vol. 11（2014），pp. 4 – 30.

② Naoko Iioka，“The Trading Environment and the Failure of Tongking's Mid-Seventeenth-Century Commercial Resurgence”，in Cooke，Nola；Li，Tana；Anderson，James A. eds. *The Tongking Gulf Through History*，Philadelphia：University of Pennsylvania Press，2011，p. 118.

③ John E. Wills，*Pepper*，*guns*，*and parleys*：*the Dutch East India Company and China*，1662 – 1681，Cambridge，Mass.：Harvard University Press，1974；Weichung Cheng，*War*，*trade and piracy in the China Seas*，*1622 – 1683*，Leiden：Brill，2013；Tonio Andrade and Xing Hang eds. *Sea rovers*，*silver*，*and samurai*：*maritime East Asia in global history*，*1550 – 1700*，Honolulu：University of Hawaii Press，2016.

④ Jan Huygen van Linschoten. *Itinerario*：*Voyage ofte Schipvaert*，*van Ian Hughen van Linschoten*，Amstelredam：Cornelis Claesz，1596；Arun Saldanha，“The Itineraries of Geography：Jan Huygen van Linschoten's Itinerario and Dutch Expeditions to the Indian Ocean，1594 – 1602”，*Annals of the Association of American Geographers*，vol. 101，no. 1，（2011），pp. 149 – 177.

⑤ Richard Unger，“Dutch Nautical Sciences in the Golden Age：the Portuguese Influence”，*E-Journal of Portuguese History*，vol. 9，no. 2，（2011），pp. 68 – 83.

究的海图所显示的，到十七世纪中期的时候，荷兰人已经完成了对葡萄牙人地理知识的超越。荷兰东印度公司在此过程中扮演了什么样的角色，它又是如何组织自己的水文测绘的，要解开这些疑问仍需从地图开始。

## 二 目标海图的概况

荷兰东印度公司在成立伊始就面临着商业竞争、航行安全和军事防御的挑战，因而高度重视地理信息和地图装备。1619 年，黑塞尔·格里茨（Hessel Gerritsz）宣誓成为荷兰东印度公司的官方绘图师。[①] 1638 年，约翰·布劳继任他父亲威廉·布劳（Willem Jansz. Blaeu），成为该公司的第三任绘图师。在此后的三十余年中，他得到了包括约翰内斯·文绷斯在内的合作者的协助，主导了荷兰东印度公司的海图绘制。另外，1664 年该公司在巴达维亚（Batavia）也设立了一个水文部门，负责本地海图的制作。不过，研究显示直到 1668 年这个部门仍然没有成形。[②] 就十七世纪中期来说，荷兰东印度公司的海图制作以位于阿姆斯特丹的“布劳 – 文绷斯”二人为核心，也不排除个别的位于巴达维亚或其他殖民点——如开普敦和热兰遮城——的绘图师的存在。

长期以来，荷兰早期地图给人以制作精美、装饰华丽的印象，以约翰·布劳的《大地图集》（*Atlas Major*）为代表。虽然低地国家的地图制作不乏制图技术上的突破，如运用投影，或出版方式上的创新，如编制地图集，但随着这些发明成为常规，便失去了新颖性所带来的刺激和敏感。在这种情况下，流传广泛的印刷地图主导了荷兰地图的历史形象，其精良的制作工艺甚至有可能掩盖了荷兰人在地图学史上的真实成就。当前主流的荷兰东印度公司地图集也是以官方印刷出版的地图为主要收录对象。[③] 这

---

① Kees Zandvliet, "Mapping the Dutch World Overseas in the Seventeenth Century", in David Woodward. *History of Cartography* (Volume 3, Cartography in the European Renaissance), Chicago: University of Chicago Press, 2015, p. 1437.

② Günter Schilder, "Organization and Evolution of the Dutch East India Company's Hydrographic Office in the Seventeenth Century", *Imago Mundi*, vol. 28 (1976), pp. 61 – 78.

③ Jos Gommans and Rob Van Diessen, *Grote atlas van de Verenigde Oost-Indische Compagnie*, vol. 1 – 7. Voorburg: Atlas Maior, 2010.

个做法虽然最大限度上展示了该公司所拥有的地图资源，但没有给予一些稀见地图，特别是手稿海图，足够的重视。也并未有针对性地突出荷兰东印度公司在地图绘制上的原创性成就。

在过去的十余年里，包括法国国家图书馆、奥地利国家图书馆、荷兰国家档案馆在内的一些收藏有荷兰东印度公司手稿海图的机构，逐步将其电子化并通过网络平台予以开放。荷兰国家图书馆和国家档案馆建立了“互联遗产地图集”（Atlas of Mutual Heritage）数字平台，澳门科技大学图书馆建立“全球地图上的澳门”（Global Mapping of Macao）数字平台，均开放了一大批地图数字影像。上述机构的地图影像为本文提供了主要的研究资料。此外，本文作者曾在大英图书馆调阅了相关手稿海图和地图集。表 1 展示了初步的整理结果。除个别匿名或署名的以外，均出自“布劳－文绷斯”二人之手。

**表 1　　十七世纪中期描绘了南中国海的一部分荷兰手稿海图**

| 序号 | 原始图名或登记图名 | 绘制者 | 年份 | 收藏机构 | 索图号 |
|---|---|---|---|---|---|
| 1 | Carte de la Mer de Chine | Anonymous | 1650 | Bibliothèque nationale de France | Sgy 1796 Rés |
| 2 | Kaart van het noordelijk gedeelte der Chineesche zee met de kusten van Cochin-China, Annam en Formosa | J. N. | 1658 | Nationaal Archief | NL-HaNA, Kaarten Leupe Suppl., 4. VELH, inv. nr. 132 |
| 3 | Tonquin | Johannes Vingboons# | c. 1660# | British Library | Add MS 34184 23 |
| 4 | Dutch chart of portions of the East Indies, comprising the north coast of Borneo, the Philippines, and the corresponding coast of Cochin China | Joan Blaeu | 1663 | British Library | Add MS 36667 A |
| 5 | Kaart van de kusten van Tonkin en Cochin-China benoorden de Bokshoorn en het eiland Aynam (Hainan). Met loodingen | Johannes Vingboons | c. 1665# | Nationaal Archief | NL-HaNA, Kaarten Leupe Suppl., 4. VELH, inv. nr. 619. 23 |

续表

| 序号 | 原始图名或登记图名 | 绘制者 | 年份 | 收藏机构 | 索图号 |
|---|---|---|---|---|---|
| 6 | Carte de la Mer de Chine | Joan Blaeu | 1666 | Bibliothèque nationale de France | GE SH 18 PF 181 P 1 RES |
| 7 | Carte de la Mer de Chine | Joan Blaeu * | 1666 | Bibliothèque nationale de France | CPL GE SH 18E PF 181 P 1 RES |
| 8 | Carte de la Mer de Chine méridionale | Joan Blaeu | 1668 | Bibliothèque nationale de France | Ge SH 18e pf 181 p 2 RES<br>GE SH 18 PF 181 P 2 RES * * |
| 9 | Golfe du Tonkin | Joan Blaeu | 1668 | Bibliothèque nationale de France | CPL GE SH 18E PF 179 DIV 3 P 2 RES |
| 10 | Kaart van het zuidelijk deel van de Zuid-Chinese Zee | Johannes Vingboons | 1665 – 1668 | Österreichische Nationalbibliothek | 389030 – F. K. ; AtlasBlaeuBd39_27 |
| 11 | Karte der Küsten von Tonkin und dem südlichen China | Johannes Vingboons | 1665 – 1668# | Österreichische Nationalbibliothek | 389030 – F. K. ; AtlasBlaeuBd41_15 |
| 11a | Map of the coasts of Tonkin and South China | Joan Vinckeboons | 1668 | Library of Macau University of Science and Technology | MUST 4687820500090 |
| 12 | Küstenkarte von Annam und der Insel Hainan | Johannes Vingboons | c. 1670 | Österreichische Nationalbibliothek | 389030 – F. K. ; Atlas Blaeu Bd41_14 |
| 12a | Küstenkarte von Annam und der Insel Hainan | Joan Vinckeboons * * * | 1658 | Library of Macau University of Science and Technology | MUST 4687820500092 |

注：#各处依据“互联遗产地图集”的登记信息。

* 法国国家图书馆（BnF）将其绘制者认定为约翰·布劳（Joan Blaeu，1596—1673）。

* * 这些是同一幅海图的 2 个独立电子影像。法国国家图书馆为它们分配了不同的索图号。

* * * 11 和 11a、12 和 12a 分别是同一幅海图的两个登记信息，对应着两个独立影像。实际为 2 幅而非 4 幅海图。对于绘图师的名字，澳门科技大学图书馆采用了一个不常见的拼写：Joan Vinckeboons。排序时，优先参考《布劳 – 范德赫姆地图集》的收藏者奥地利国家图书馆或“互联遗产地图集”的登记信息。

目前，明确的是荷兰国家档案馆的地图直接来自其收藏的荷兰东印度公司档案，奥地利国家图书馆收藏的则是知名的《布劳－范德赫姆地图集》（*Atlas Blaeu-Van der Hem*）。劳伦斯·范德赫姆（Laurens van der Hem，1621—1678）的地图集里包含了一些本应属于荷兰东印度公司的内部海图。① 大英图书馆所藏的《49 幅荷兰“波图兰式”上色地图和俯视图》（*Dutch portolano, containing forty-nine coloured maps and views*）是一本未署名的地图集（ADD. 34. 184）。本文作者无法确定法国国家图书馆和大英图书馆所藏的其他手稿海图的来源。部分项目的原图上并未表明绘制者、绘制年份、绘制地点，或图名。因此，在整理时参照了各收藏机构或数字平台所提供的登记信息。

根据笔者实际查阅过的大英图书馆藏品的经验，表 1 中所列海图很可能均为手稿，绘制在羊皮纸（parchment）上。有些机构，例如“互联遗产地图集”，将海图材料登记为“纸”（paper），实际并非植物纤维制成的纸品。海图之间、海图和地图集之间的尺寸各有差别，一般来说海图充分利用了整张羊皮的大小，而地图集则是绘制在剪裁过的羊皮上，被制作成便于携带的书本大小。有的海图被卷起，呈筒状保存。

从风格上来说，这批海图均遵循“波图兰”（portolan）海图的形式和规范，其视觉特征包括在图上使用风向玫瑰和恒向线，沿海岸线垂直标注地理信息，未标注经度，无地图投影等。“波图兰”海图的主要用途是服务于区域航行，相对于磁北极的航线角度和海岸上的标志物是重要的参照系。较之同一时期流行的印刷地图，手稿海图在色彩使用上更为朴素，而图面则因地理信息的丰富而略显凌乱，总体上不如前者整洁美观。有个别的藏品显然还是处在制作过程中的半成品。

## 三　荷兰海图所反映的南海地理知识进展

法国国家图书馆收藏的一幅手稿海图，由约翰·布劳于 1666 年绘制。

① Günter Schilder, Bernard Aikema, Peter van der Krogt, *The Atlas Blaeu-Van der Hem of the Austrian National Library* (8 vols. ), Den Hague: Hes & De Graaf, 1996.

地图的中心是北迄朝鲜半岛、南至马六甲海峡，东西位于在马来半岛和太平洋中部之间的海域。在表1中所列出的图里，这一幅明确标注有绘图师，图面完整、色彩丰富，并且绘制年代居中，因而非常具有代表性。其他海图尽管各有特征，但在不同的程度上与这幅相似。

任何熟悉十六世纪乃至十七世纪早期葡萄牙人绘图风格的人，都会注意到这幅约翰·布劳海图在对南中国海地区地图表现精确性上的飞跃。不管是海岸线、岛屿形状，还是岛屿同大陆以及岛屿之间的相互位置，它在直观上与现代地图之间并无强烈的抵触感。它们是荷兰人区域地理知识超越葡萄牙人的毋庸置疑的证据。在荷兰人所作的地理知识改进中，以下的两个案例尤为显著：

1. 北部湾

一般来说，葡萄牙人海图上的北部湾形态呈喇叭状，以上溯至内陆的巨大的红河三角洲为主要特征，突出入海口附近的大量无名岛屿，海湾本身狭小逼仄，以文字标注的地理信息内容稀少。而在布劳的海图上，北部湾的海岸线接近弧线，描绘清晰、形态逼真，岛屿数量减少且都标注有岛名，在垂直于海岸线方向标注大量地理信息。

2. 西沙群岛

显而易见，荷兰人从葡萄牙人那里继承了对于帕拉塞尔（Ilhas de Pracel，亦即 Paracels）的描绘方式，也就是下图中巨大而密集的长条点状图。不过荷兰人在其右侧，或者说更加远离海岸的地方，绘制了一组小型岛礁，并命名为“普鲁伊斯浅滩”（De Pruijs Drooghten）。这是此前的葡萄牙人海图上所没有的，是荷兰人添加的新的地理元素。结合后世对“帕拉塞尔”（亦即中国西沙群岛）的测绘活动来看，可以确定这个名为“普鲁伊斯浅滩”的三角区域，正是此后英、法等国海图上的“Triangles”或“Croixs de St. anthoine”或“Lunettes”的原型。①

除这两处以外，布劳的海图上还有其他多处关于地理信息更新的线

① 丁雁南：《地图学史视角下的古地图错讹问题》，《安徽史学》2018 年第 3 期；丁雁南：《1808 年西沙测绘的中国元素暨对比尔·海顿的回应》，《复旦学报》（社会科学版）2019 年第 2 期。

索。首先，主要城市和地区的拼写，例如 Cantam（Guangzhou），Tonqvin（Tonkin），Cauchinchina（Cochinchina）等，都保留了葡萄牙语的痕迹。其次，北部湾海域有两个岛屿的名称以红色书写，分别是 I. Torrissima 和 I. Ookenissima。前者确定是 Torashima（虎岛）的变体或笔误，后者虽含义不明，但显然是来自日语。[①] 再次，在布劳海图的右下角处有“普鲁伊斯滩”（Pruijs Banck），它同其正上方的“普鲁伊斯浅滩”之间是怎样的关系？这些问题有待于进一步的研究。最后，在表 1 中的多幅地图上的海域里，标注有连续的水深数据。它只能是通过水文测绘而获得的。这显示荷兰东印度公司的船只——虽然很有可能是商船，而非专门的测绘船——曾经对东南亚和东亚的海域进行过水文测绘。这也与郑维中等人的研究发现相吻合。

遗憾的是，约翰·布劳的地图工作室在 1672 年毁于火灾。[②] 我们无法从绘图师的档案中追溯他所依据的航海日志、草图、通信等地理信息来源。荷兰东印度公司的档案或许保留了一些通向上述问题答案的线索，但目前仍不明朗。以上文提到的“普鲁伊斯”（Pruijs）为例，它既可能是荷兰的一处地名，也可能是 17 世纪的荷兰语中“普鲁士人”（Pruys 或 Pruis）的变体，并且还是一个至今都不算罕见的姓。[③] “普鲁伊斯”所指为何仍不清楚。在缺乏文献线索的情况下，地图本身既是研究对象，也是荷兰人曾在东亚和东南亚海域进行地理探索的物证。他们以高效的方式将崭新的地理知识纳入海图制作的流程中，留下了反映十七世纪中国海域地理知识的重要资料。

## 四 贸易拓展与地理探索

17 世纪荷兰东印度公司在亚洲积极进取，拓展贸易网络。针对欧洲劲

---

① 笔者感谢上海师范大学钟翀、复旦大学佐藤宪行两位教授的指导。

② Cornelis Koeman, Günter Schilder, Marco van Egmond, and Peter van der Krogt, “Commercial Cartography and Map Production in the Low Countries, 1500 – ca. 1672”, in David Woodward. *History of Cartography*（vol. 3, Cartography in the European Renaissance）, Chicago: University of Chicago Press, 2015, p. 1315.

③ 笔者感谢比利时鲁汶大学 Maarten Loopmans 和荷兰莱顿大学包乐史（Leonard Blussé）两位教授的指导。

敌葡萄牙人，荷兰人围困果阿、进攻澳门，夺取马六甲。在1622年尝试从葡萄牙人手中夺取澳门失败之后，荷兰人转向了澎湖和台湾，占领大员并兴建了后来的热兰遮城，还在台湾北部驱走西班牙人。自卫思韩（John Wills，Jr.）和包乐史以降，乃至杭行等青年学者，近代早期的亚洲海洋史一直得到学界的高度关注。不过，对于历史学者来说，关注到荷兰东印度公司在拓展贸易的同期所进行的地理探索、水文测绘，以及地理知识——而不只是贸易或战争——在形塑区域的政治格局和历史进程中的作用，则是相对晚近的事情。冉福立（Kees Zandvliet）指出，荷兰人通过对台湾海岸地带的侦察、对内陆的测绘，以及出于农业经济的需求制作了大量地图，这种殖民地管理方法甚至也为后来的郑成功所用。①

对于荷兰东印度公司来说，更为迫切的需求是保障人身财产和航行安全，既免于因太靠近海岸而遭到来自陆上的攻击，也防止因迷航而在海上发生船难悲剧。因此，甫一进入东亚海域，荷兰人即着手开展自己的测绘活动。郑维中的研究显示，“在1620年代起初开始调查的时候，葡萄牙人先前的成果、沿岸渔民与明水师的协助产生了关键性的影响。但在1630年前后，荷兰人逐步适应了两岸的水文环境，采用较小型、吃水较浅的船只与中式帆船配合，主动调查海峡两岸”。② 他更详细列出17世纪20—30年代荷兰东印度公司在台海两岸开展的水文调查活动。③

显然，荷兰东印度公司的地理探索不只限于台海两岸。1639年和1643年，在巴达维亚总督安东尼·范迪门（Anthony van Diemen）的命令下，马蒂亚斯·奎斯特（Matthijs Quast）和马赫腾·格里茨·弗利斯（Maarten Gerritsz Vries）分别探索了日本以东和以北的北太平洋海域。与此同时，阿贝尔·杨颂·塔斯曼（Abel Janszoon Tasman）于1642年探索了“新荷

① Kees Zandvliet, “The Contribution of Cartography to the Creation of a Dutch Colony and a Chinese State in Taiwan”, *Cartographica*, vol. 35, no. 3 – 4, (1998), pp. 123 – 135.

② 郑维中：《荷兰东印度公司人员在台海两岸间的水文探测活动（1622—1636）》，刘序枫主编《亚洲海域间的信息传递与互相认识》，“中央研究院”人文社会科学研究中心2018年版，第433页。

③ Weichung Cheng, “Sailing from the China Coast to the Pescadores and Taiwan: A Comparative Study on the Resemblances in Chinese and Dutch Sailing Patterns”, *Bulletin de l'Ecole française d'Extrême-Orient*, vol. 1, (2015), p. 291.

兰”（Nieuw Holland，今澳大利亚）的西北部海岸。[①] 此外，1643 年 12 月和 1644 年 1 月，*Nieu Delft* 和 *Castercom* 两船分别从暹罗湾顶点沿马来半岛北岸和印度支那半岛南岸航行，留下了绘有航迹和水深的海图（奥地利国家图书馆，389030 – F. K. ；AtlasBlaeuBd39_27）。

荷兰人在对北部湾的描绘上相对于葡萄牙人的巨大进步，与前者在东京（Tonkin，今越南北部）的贸易活动有关。荷兰东印度公司曾于 1637—1700 年在东京设立商馆，以弥补从中国进口的蚕丝的不足。[②] 包乐史认为，荷兰人开拓东京和广南（Quinam，今越南中部）的贸易据点，是利用了“朱印船”被禁之后留下的市场空缺。[③] 而另外，受到幕府锁国令影响的日本商人，在印度支那半岛转而寻求同荷兰人进行合作。尽管现有的研究中还有许多不明朗的地方，但可以确定的是荷兰人和日本人活跃在 17 世纪中期的北部湾地区。上文提到在荷兰东印度公司的海图上，北部湾的岛屿却有着日语的岛屿名称，这是荷、日合作的零星但确凿的证据。囿于对档案掌握的不足，笔者对荷兰东印度公司是否组织过其他的南海测绘，尚无法做出判断。

## 五 结论

本文介绍了一批 17 世纪中期荷兰东印度公司绘制的以中国海域为中心的手稿海图。这些海图的原件收藏在欧洲的数个图书馆和档案馆里。除来自奥地利国家图书馆所藏的《布劳 – 范德赫姆地图集》的几幅以外，其他的海图或是地图集相互之间的关系并不清楚。很有可能它们是作为相互独立的作品而制作的，并非原本就是一体。本文中将它们放在一起讨论，也

---

① Alfons van der Kraan, “Anthony van Diemen: patron of discovery and exploaration, 1636 – 45 (Part Ⅱ)”, *The Great Circle*, vol. 27, no. 1, (2005), pp. 3 – 33.

② Anh-Tuấn Hoàng, “*Silk for Silver*: *Dutch-Vietnamese Relations*, 1637 – 1700”, Leiden: Brill, 2007; Naoko Iioka, “The Rise and Fall of the Tonkin-Nagasaki Silk Trade during the Seventeenth Century”, in Yoko Nagazumi. *Large and Broad*: *the Dutch Impact on Early Modern Asia*, Tokyo: The Toyo Bunko, 2010.

③ Leonard Blussé, “No Boats to China. The Dutch East India Company and the Changing Pattern of the China Sea Trade, 1635 – 1690”, *Modern Asian Studies*, vol. 30, no. 1 (Feb., 1996), pp. 51 – 76.

不是基于明确的谱系研究，而是考虑到它们在绘制者、绘制年代、地理范围、地图风格等方面的显著的一致性。总体来说，它们比之前葡萄牙人的海图在精确性上有了质的飞跃。但另外，它们仍然沿用传统的“波图兰”海图的结构和技巧，从品质和风格上体现了时代特征。可谓是“旧瓶装新酒”。

以往的海洋史研究对地理探索和地图绘制着墨不多。但晚近以来，研究者已经展现了对荷兰东印度公司所绘地图的浓厚兴趣和高超分析技巧。本文中整理的这批海图，其独特价值或将得到更为充分的认识。东亚和东南亚的17世纪是一个局面错综复杂、内外势力互动密切的时期，把研究焦点从人物和事件转移到以海图为载体的地理知识上，古地图研究必将协助拓展海洋史研究的边疆。

从地图学史研究的视角来看，像荷兰东印度公司这样的近代贸易公司的性质和作用值得重新审视。它虽然是一个贸易公司，但从一开始就具有军事乃至殖民的性质。它的地理探索、水文测绘活动，从根本上都是为了拓展其贸易机会服务。它同18世纪“启蒙时代”的地理探索的区别不仅在于技术层面，也在于目的的不同。这并不是完全否定贸易公司的测绘活动具有增进地理知识的动机，但纯粹的地理探索——如果存在的话——不是像荷兰东印度公司这样的机构的优先任务。[①] 随着17世纪走向尾声，荷兰东印度公司不再组织成规模的探索活动。从后世来看，也把十八世纪波澜壮阔的南太平洋地理大发现留给了法、英两国。

在地图制作的实务层面，一方面，类似于葡萄牙和西班牙的海外贸易机构，荷兰东印度公司同样对内部海图的流通实行严格的管控，将地理信息视为秘密；另一方面，低地国家发达的地图产业和繁荣的消费市场，不仅让荷兰东印度公司在17世纪中期依赖“布劳—文绷斯”绘制的海图，继而导致地理信息甚至公司地图本身流向市场，也刺激了职业绘图师为了迎合市场需求而印制了大量精美的地图和地图集。正是这些同时存在的、为了不同目的制作的地图，造成了地图学史上的一些谜团。有学者指出，

① Femme S. Gaastra, “The Dutch East India Company, a reluctant discoverer”, *The Great Circle*, vol. 19, no. 2 (1997), pp. 109 – 123.

国家和贸易公司对于地理信息的控制导致官方和大众（official vs. public）地图的二元性（dualism）。“地图学里这种二元性的存在持续到了十八世纪末。荷兰东印度公司也严密地控制其官方地图，并随着新的发现而不断更新。与此同时，在十七和十八世纪曾经存在另一种地图——大众地图——它用时常过于夸张的幻想图景来掩盖其在实打实的地理知识上的欠缺。”①

一谈到典型的17世纪地图，让人首先想起的往往是荷兰人制作的那些繁复华丽的装饰性、消费型产品。本文的研究或可为这段时间的地图学史提供另一种存在于手稿和印刷品（manuscript vs. print）之间二元性思路。面向地图消费市场的地图固然以印制地图为主，但并非绝对。只有其中的手稿地图，特别是本属于荷兰东印度公司的，才最能反映当时最先进的地理知识。当今学者不能被荷兰人在商业上的成功所迷惑。他们在地图学史上的真实成就实则有待于深入研究。

① Eduard Cornelius Abendanon and Edward Heawood, “Missing Links in the Development of the Ancient Portuguese Cartography of the Netherlands East Indian Archipelago”, *The Geographical Journal*, vol. 54, no. 6 (Dec., 1919), pp. 347 –355.

# 清末民国中国历史地图编绘与民族国家建构

李　鹏*

晚清以降，在西方民族主义思潮与本土经验的结合下，民族国家建构逐渐成为近代中国社会的核心话语与集体诉求。① 然而，面对传统中国多元族群并存的现实环境，近代中国的国族建构一开始就与民族、领土问题相互纠缠。因此，有学者认为：近代中国民族国家建构的核心内容就是确定中国的“民族”疆界，对人而言是建设“中华民族”，对空间而言是确定“中国领土”。② 为构建全新的中华民族国家认同，在近代中国“旧邦新造”的学术转型话语中，在时间层面，透过浸染民族主义与启蒙思想的“现代史学”话语，从而建构一套新型的共享民族历史知识与记忆，以确定“中华民族”的同一性；③ 在空间层面，则通过大规模的近代地理志书编写与地图测绘，以确定近代中国的领土空间。这种详细划分的民族国家的知识建构，力求将中华民族在时空上整合为一体。换言之，在近代中国民族国家话语的建构中，往往通过历史记忆与地理陈述持续互动的方式，

* 李鹏，陕西师范大学西北历史环境与经济社会发展研究院助理研究员。

① 翁贺凯：《民族主义、民族建国与中国近代史研究》，收入郑大华、邹小站主编《中国近代史上的民族主义》，社会科学文献出版社 2007 年版，第 26—41 页。

② 王柯：《在“天下国家”与“民族国家”之间：中国近代国家建设进程的起源》，收入邓正来主编《转型正义：中国社会科学论丛》（秋季卷），复旦大学出版社 2011 年版，第 133—145 页。

③ 有关民族主义与现代中国史学书写之关系，参见（美）杜赞奇著，王宪明等译《从民族国家拯救历史：民族主义话语与中国现代史研究》，社会科学文献出版社 2003 年版，第 21—38 页。

共同论证传统中国经过漫长的“领土历史化和历史领土化的过程”,[①] 最终走向成熟的民族国家。

在新学术风气的影响下，历史地图编绘以其连接历史学与地理学的优势，逐渐成为近代中国民族国家学术话语中最重要的空间体验与知识符号。自清末开始，通过设计新的历史地图，借以证明中国现实疆域空间所具有的历时性的深度联系，这种视觉化的历史空间书写逐步成为近代中国培养民族感情与国家观念的关键之举。近年来，地图学史的研究越来越注重从“知识史”的路径阐释地图编绘背后的文化权力因素与知识建构方式，然而，目前我们对近代中国历史地图编绘史的研究过多聚焦于编绘技术的演变方式，特别是图绘内容的准确性与科学性，未能将历史地图这一独特的历史文本置放于近代中国民族国家建构的社会语境中。[②] 在本文中，笔者旨在考察清末民国中国历史地图编绘的知识建构过程，通过比对不同历史地图文本论述中的持续性与断裂性，找寻近代中国领土空间建构与历史空间书写之间的纠葛关系，进而反思历史疆域与现实领土、国族建构与学术话语之间的关系。

## 一　九州图式与近代困境：传统“王朝国家”语境下的历史地图编绘

在中国传统“王朝国家”时代，通过历史地图考证古代地理问题一直是一个传统。特别是通过考证《禹贡》经典文本，进而梳理王朝疆域版图内的政区沿革，以确定王朝国家时空秩序的法统性，这成为历代王朝对疆

---

① ［西］胡安·诺格著，徐鹤林、朱伦译：《民族主义与领土》，中央民族大学出版社 2009 年版，第 93—94 页。

② 近年来国内学者对中国本土历史地图编绘史的研究成果，参见陈连开《中国古代第一部历史地图集——裴秀〈禹贡地域图〉初探》，《中央民族大学学报》1978 年第 3 期；曹婉如：《论清人编绘的历史地图集》，收入曹婉如等编《中国古代地图集（清代）》，文物出版社 1997 年版，第 141—142 页；葛剑雄：《中国历史地图：从传统到数字化》，《历史地理》第 18 辑，上海人民出版社 2002 年版，第 1 页；程光裕：《七十年来之中国历史地图》，收入氏著《常溪集（2）》，台北中国文化大学出版部 1996 年版，第 771—852 页；辛德勇：《19 世纪后半期以来清朝学者编绘历史地图的主要成就》，《社会科学战线》2008 年第 9 期；蓝勇：《中国历史地图集编绘的历史轨迹和理论思考》，《史学史研究》2013 年第 2 期等。

域空间进行控制的主要手段之一。① 自汉晋以来，历代王朝知识阶层所编绘的各类历史地图层出不穷，或为解经之用，或为读史之助。这种基于“王朝地理学”话语体系的读史地图书写，往往带有论证传统政治空间秩序的意义，成为王朝意识形态的重要组成部分。② 特别是在晚清危殆的政治局势下，通过对古今政区沿革空间的刻绘，总结其中“治化兴替，利病之由，形势轻重，兵家胜负之迹”，③ 进而巩固王朝统治，这不仅是19世纪后半期中国历史地图编绘的主要目的，亦是中国传统沿革地理学兴盛的标志。④ 其中，杨守敬等人编绘的《历代舆地沿革险要图》与《历代舆地图》，在远绍道咸学风之基础上，“创为读史地图”。⑤ 该图比此前任何一套历史地图都更为详尽准确，堪称是中国传统“王朝国家”语境下最完整最权威的历史沿革地图集。⑥

细究以杨图为代表的中国传统历史地图文本，可知其书写方式有如下三个特点：一是首崇“九州”，即在开篇都要阐释《禹贡》九州的大致范围，并以山川为纲，“茫茫禹迹，画为九州”，作为华夏地域空间的法统性开端。二是以朝代为纲，以历代正史《地理志》所载王朝政区疆域作为图绘内容，以郡县为纲，通过对历代王朝疆域沿革的描绘，来确认王朝空间秩序由高到低的层次性。三是附以历代“四裔图”，通过对古今“华夷秩序”的描绘，来确定“中心—边缘”文明圈层的差序格局。换言之，中国传统历史地图编绘的空间书写，作为王朝疆域秩序与历史定位的空间档案，其上溯九州是为说明王朝疆域的法统背景；正面标示历代正史地理志所绘疆域则是象征王朝正统性的地理框架；对历代周边蛮夷分布的描绘则是王朝“大一统”背景下“天朝万邦”政治秩序的有力体现。这种基于王朝国家话语下的中国传统历史地图书写，通过对华夏空间“正统性”与

① 潘晟：《宋代地理学的观念、体系与知识兴趣》，商务印书馆2014年版，第375—391页。

② 唐晓峰：《从混沌到秩序：中国上古地理学思想述论》，中华书局2010年版，第260—285页。

③ 李鸿章：《李氏五种合刊》序，清光绪埽叶山房重刊本。

④ 刘禺生：《世载堂杂忆》，中华书局1960年版，第36页。

⑤ 辛德勇：《19世纪后半期以来清朝学者编绘历史地图的主要成就》，《社会科学战线》2008年第9期。

⑥ 北京图书馆善本特藏部舆图组编：《舆图要录》，北京图书馆出版社1997年版，第88页。

“华夷秩序”的强调，进而建构出以中原王朝为核心的“九州图式”，这成为帝制时代评价王朝“疆域空间”正统性的核心话语。①

应该看到，上述以杨图为代表的传统历史地图往往重点描绘长城以内中原王朝的疆域空间，而对周边民族地区的描绘甚少涉及，即使偶有论说，亦是一种陪衬与点缀，② 故“王朝国家”话语体系中传统沿革地图的编绘虽蔚成大观，隐含的却是中国传统士大夫阶层的“汉族空间”中心意识。③ 然而，在晚清业已开始的民族国家建构中，这种基于论证王朝国家秩序的历史地图书写，不可避免地走向近代困境。这种困境表现在时间层面，就是要突破传统王朝国家承续的历史循环结构，展示现代民族国家建构的必然性；表现在空间层面，就是要突破传统疆域叙述中有边无界的“疆域空间”，论证现代中国“领土空间”主权建构的合法性；表现在主体层面，就是要突破以汉族为中心的主体叙述模式，展示中国境内各族群经历了怎样的融合过程，最终成为统一的“中华民族”的主体过程。

最早注意到传统中国历史地图书写局限性的是日本学人。日本明治二十九年（1896），重野安绎与河田罴编辑出版《支那疆域沿革图》，各图内容虽以杨守敬《历代舆地沿革险要图》为基础，但多有增删。底图则采用现代精确测量图，编绘夏至清历代疆域图共计 16 幅，可以说是首部完全新型的中国历史地图集，前后修订达七版之多。④ 与中国传统沿革地图相比，这部《支那疆域沿革图》在历史空间书写上独具特色，特别注意对中国边疆民族地理空间的叙述与表达。诚如该书“凡例”所言：

> 《支那历代沿革图》有我安政中二官氏校刊《唐土历代州郡沿革图》，及彼土明末王光鲁撰《阅史约书》，清同治中马征麟撰《李氏历

① 黄东兰：《领土·疆域·国耻：清末民国地理教科书的空间表象》，收入黄东兰主编《身体·心性·权力（新社会史 2）》，浙江人民出版社 2005 年版，第 77—107 页。

② 谭其骧主编：《中国历史地图集》（第 1 册），中国地图出版社 1982 年版，“前言”第 2 页。

③ ［美］贝杜维著，董建中译：《汉族空间与民族处所》，收入刘凤云、董建中、刘文鹏编《清代政治与国家认同》（上），社会科学文献出版社 2012 年版，第 125—130 页。

④ 周振鹤：《长久保赤水和他的中国历史地图》，《历史地理》第 11 辑，上海人民出版社 1993 年版，第 293 页。

代地理沿革图》，光绪五年杨守敬、饶敦秩同撰《历代舆地沿革险要图》等，然详略不一，且止于长城以内，不能知塞外形势。杨撰末附四裔，亦概略而已。抑如汉唐其版图，远及四边，又塞外诸国为历代通患，竟至辽金元清，皆进取本部，尤不可不审其形势。故此图以清国版图为基，详载塞外诸国沿革。①

这种基于现代民族国家语境下的历史空间书写，首次将中国周边民族地区置放于与内地对等的空间格局之下，进一步打破了中国传统历史地图书写中的等级化特征。同时，在时间之维上，这部历史地图第一次将清末中国地图纳入历史地图的写作中，并将中国台湾画入日本版图，以凸显“日本进步——中国停滞”的二元时空结构。在此书中，作者以中国历代疆域兴衰为参照系，认为中国在汉唐元清时代之所以版图广大，是因为皆以武力立国，而周宋以及近世中国之所以割地日衰，就是因为兵势不振，徒兴文治。是故，作者在书中断言：“凡建国本于武则强，基于文则弱”，②以符合当时日本急于武力扩张的现实形势。

这部由日本人编绘的新式中国历史地图集，在清末民初中国知识界颇为流行，个中原因除去其体例之新、印刷之精外，当与其编绘内容符合当时中国社会现实有关。例如夏曾佑在编写《中国古代史（上）》册时，在叙述三国疆域与两晋疆域沿革时，就直接抄录了《支那疆域沿革图》及其略说。③ 光绪三十一年（1905），武昌中国舆地学会即将此书翻译为中文，题为《校译支那疆域沿革图》。④ 清末出版的《译书经眼录》一书也评价道：“（此书）铜版着色，精细可玩……俾读者左图右史，互相发明之用。”⑤ 直至1939年，何多源编著《中文参考书指南》，还对此书赞誉道：“（书中）所绘之图，不以中国本部为止，其塞外诸国形势亦收在内，而以

① ［日］重野安绎、河田罴编：《支那疆域沿革图》，东京富山房，明治三十五年（1902），“凡例”。

② ［日］重野安绎、河田罴编：《支那疆域沿革图》，东京富山房，明治三十五年（1902），“叙言”。

③ 周予同：《五十年来的中国新史学》，《学林》1941年第4辑。

④ 北京图书馆善本特藏部舆图组编：《舆图要录》，北京图书馆出版社1997年版，第89页。

⑤ 熊月之主编：《晚清新学书目提要》，上海书店出版社2007年版，第312—313页。

颜色分别之，读中国历史舆图，此为较善者。”①

然而，伴随近代日本对外武力扩张的过程，日本急需摆脱在东亚范围内以中国为中心的历史书写，以树立其在东亚的领导地位。《支那疆域沿革图》这种以“支那帝国”为范围的历史空间书写，尽管是以中国历代疆域变迁为参照系，以支持日本“以武立国”的国策，但隐含的是对历史上以中国为中心的东亚秩序的认可。因此，这种以中国为中心的历史疆域知识不足为甲午战后日本树立东亚“霸主”地位提供新的支持。同时，为对抗西方世界在东亚范围内的力量存在，日本学界进一步创造出包括中国、朝鲜、印度等东亚诸国在内的“东洋”概念，② 以抗衡“西洋”世界秩序。在这种历史条件下，日本的“支那史学”开始向“东洋史学”转变，③ 日本对中国历史地图的书写也逐渐摆脱“支那疆域沿革图”的范式，逐步向“东洋历史地图”或“东洋读史地图”转变。

联系日本“满蒙回藏鲜”之学兴起的背景，可以看出近代日本学者力求破除以中国为中心的历史空间叙述，特别注意中国周边民族地区历史地理形势的学术旨趣。这种在东洋史背景下的历史地图书写，将传统中国解释为不同的王朝，而现实中国只应是“汉族为主体，居住在长城以南、藏疆以东的一个国家，中国周边的诸多民族不仅不是一个共同体，满蒙回藏朝等都在中国之外”，④ 以符合日本帝国主义向东亚周边地区进行空间扩张的现实需求。通过论述东洋历史空间中各民族的消长关系，特别是通过强调异民族统治汉族的历史，从而暗示现代中国“不是一个连续的民族主体，而是被世界不同列强所瓜分的领土”，并以此来论证“中国民族主体的不完整性及其早丧”。⑤

① 何多源编著：《中文参考书指南》，商务印书馆，民国二十八年（1939），第826页。

② 孙江：《“东洋”的变迁——近代中国语境里的“东洋”概念》，收入孙江主编《新史学：概念·文本·方法》（第2卷），中华书局2008年版，第3—26页。

③ 黄东兰：《书写中国——明治时期日本“支那史”、东洋史教科书的中国叙述》，收入刘凤云、董建中、刘文鹏编《清代政治与国家认同》（下），社会科学文献出版社2012年版，第601—631页。

④ 葛兆光：《边关何处？——从十九、二十世纪之交日本“满蒙回藏鲜”之学的背景说起》，《复旦学报》2010年第3期。

⑤ ［美］杜赞奇著，王宪明等译：《从民族国家拯救历史：民族主义话语与中国现代史研究》，社会科学文献出版社2003年版，第26页。

因此，在近代中国民族国家建构的语境下，传统王朝地理学语境下的读史地图，显然无法满足“改造国家”历史作用；[①] 而近代中国自日本译介的诸多历史地图，尽管为晚清士人暂时提供了“回答现实中人种/民族竞争的历史文本”，[②] 却无法真正解决近代中国“疆域空间”向“领土空间”转型的合法性问题。在这种情况下，自清末开始，由本土知识分子编绘的新式历史地图从无到有，逐渐成为一项专门之学。这些新式历史地图无论是从编排结构、内容叙述等文本形式上讲，都与传统读史地图有较大的区别，不仅赋予了“民族主义”的政治诉求，还成为向“国民”灌输新式领土观念与主权意识，构建多民族国家认同的重要方式。

## 二　“疆域空间”与“领土空间”：清末民初国族建构下的中国历史地图编绘

清末民初，现代中国的“领土空间”与传统中国的“疆域空间”开始发生交错，而如何论证传统中国“疆域空间”向现代中国“领土空间”转型的合法性，如何重新界定这两者的关系，并以此重建多民族的现代中国国家认同，成为亟待解决的问题。特别是辛亥革命前后，由于满汉对立，族群界限与国族界限相互纠缠，这种困境不仅成为现代中国多民族国家建设的内在起点，同时也预示着中华民国的领土空间与族群关系直接继承于满清政权。[③] 因此，在民族主义作为原生动力的刺激下，依托于清末民初新式出版机构的普遍建立以及西方绘图技术的广泛传播，中国本土学者编绘的新式历史地图相继出现，日益呈现多元化的中国历史空间论述。

### （一）以“尚武”为归旨的历史军事地图编绘

20 世纪初，在救亡图存与富国强兵的思潮下，特别是伴随“国家”

① ［美］Joan Judge 著，孙慧敏译：《改造国家——晚清的教科书与国民读本》，收入《新史学》第 12 卷第 12 期（2001 年 6 月）。

② 黄东兰：《“吾国无史乎？”——从支那史、东洋史到中国史研究》，收入孙江、刘建辉主编《亚洲概念史研究》（1），生活·读书·新知三联书店 2000 年版，第 129—158 页。

③ 郑信哲：《辛亥革命对中国统一多民族现代国家建构的贡献》，收入方素梅、刘世哲、扎洛编《辛亥革命与近代民族国家建构》，民族出版社 2011 年版，第 87—95 页。

"国民"等政治概念在中国的传播，"军国民教育"与"尚武精神"相互结合，成为新式知识分子建构国家认同的主要话语之一。[①] 对此，梁启超就说："尚武者，国民之元气，国家所恃以成立，而文明所赖以维持也。"[②] 刘师培亦言："我们中国的百姓，不晓得尚武的道理，就一天不能立国了。"[③] 在这种情况下，为表彰中国历史上开疆拓土、平乱御敌之光辉业绩，建构一整套的战争英雄谱系，激发民族自豪感与爱国精神，以"尚武"为中心的历史军事地图首先成为近代中国历史地图编绘的主要内容。

据现有资料来看，最早编绘中国历史军事地图的是湖南浏阳人卢彤。清末宣统年间，卢氏就编绘了一套以"中国"为图名的《中国历史战争形势全图》，开创近代中国历史军事地图编绘之先河。全图采用现代西方绘图技术，彩色石印，另附图说一册，以"黄帝破蚩尤涿鹿"图始，至"左文襄公由陕甘定新疆"图结束，共有正图 44 幅，附图 132 幅。[④] 从图中对战争英雄的谱系叙述来看，绘者多奉黄帝、岳飞等汉族英雄为圭臬，故仍有较为狭隘的"种族民族主义"情绪。[⑤] 此套图集绘成后，先后呈报晚清学部与北洋政府，经审定后颇具好评。如 1913 年，北洋政府陆军部批示道："该著考据确凿，图说详明，诚为考古史学之阶梯，以之列于文武各学校，不独开治史之门径，兼可收尚武之精神。" 1915 年，教育部亦评价："（此书）采辑渊富，刻印精密，点缀行军之标记及小注战史之原委，提要钩元，了然在目，其于各学校生徒及地理历史教员习史志深程时，有关于历代用兵成迹者参互考证，获益良非浅显。"[⑥]

1912 年，卢彤又编绘《中华民国历史四裔战争形势全图》，全书有正

---

① 参见忻平、赵泉民《论辛亥革命时期新知识阶层的尚武意识》，《学术月刊》2001 年第 9 期；吕玉军、陈长河：《清末民初军国民教育思潮的兴起及其衰落》，《军事历史研究》2007 年第 3 期等。

② 梁启超：《论尚武》，收入氏著《饮冰室合集》（专集四），中华书局 1989 年版，第 108 页。

③ 刘师培：《军国民的教育》，《中国白话报》1904 年第 10 期。

④ 北京图书馆善本特藏部舆图组编：《舆图要录》，北京图书馆出版社 1997 年版，第 89 页。

⑤ 沈松侨：《我以我血荐轩辕——黄帝神话与晚清的国族构建》，《台湾社会研究季刊》第 28 期，1997 年。

⑥ 程光裕：《读〈中国历史战争形势全图〉》，收入氏著《常溪集（3）》，台北中国文化大学出版部，1996 年，第 1798—1804 页。

图48幅，附图136幅，另附图说1册，亦为彩色石印。同年由南京同伦学社出版发行。作者在自序中坦言：在近代中国“英法启衅，祸变旋生。琉球灭、安南亡、台湾割，藩篱尽失，门户洞开。东则老林窝集不足限戎马奔驰，西则喜马拉雅不足绝强邻之窥伺。美雨欧风，实逼处此”的边疆危机下，其“编次是图，启第便学子之推崇，抑亦当世外交之殷鉴”，实寓“对外御侮”之经世精神。① 不唯如此，面对近代西方地图学与军事学日新月异的情况，作者感慨道：

> 夫泰西图绘战绩，于两军驻地兵线进行，历历如指掌。披其图者，较诸亲历战线为更悉。……吾国军事学方始萌芽，自不逮泰西之翔实，此尤私心之隐恨耳。②

因此，在战例选择上，与前述《中国历史战争形势全图》注重王朝内部战争胜迹不同，《中华民国历史四裔战争形势全图》以国史上“边地之夷险、外情之变幻，与夫英主杰士筹防应敌之得失”为主，以求“对内必有褒贬之微词，对外尤有激厉之远旨”。③ 同时，与前者相比，此图所宣扬的战争英雄谱系，则超越单纯的汉族英雄叙述，转以“历史上开疆拓土、扬威异域，增进国家光荣、促进国民进步者为依归”。④ 从上述论述结构的转变来看，可以看出辛亥革命后，一般知识阶层已逐步认识到单纯汉族国家建国的局限性，开始认同于多民族国家的建国模式。⑤

承其余绪，1920年，欧阳缨编绘《中国历代疆域战争合图》，并于同

---

① 卢彤：《中华民国历史四裔战争形势全图》，南京：同伦学社，民国元年（1912），第14页。

② 卢彤：《中华民国历史四裔战争形势全图》，南京：同伦学社，民国元年（1912），第18页。

③ 卢彤：《中华民国历史四裔战争形势全图》，南京：同伦学社，民国元年（1912），第13页。

④ 沈松侨：《振大汉之天声——民族英雄系谱与晚清的国族想象》，《“中央研究院”近代史研究所集刊》2000年第33期。

⑤ 张永：《从“十八星旗”到“五色旗”——辛亥革命时期从汉族国家到五族共和国家的建国模式转变》，《北京大学学报》（哲学社会科学版）2002年第3期。

年由亚新地学社初版发行。[①] 是图“上起五代，下迄民国，殿以古今世界参照图，于我国五千年历史搜采靡遗，专饷中学以上之留心史地者”，[②] 图中先列疆域之广袤，次详战争之得失，故定名为《中国历代疆域战争合图》，共有正图46幅，是目前所见第一部纵贯古今的历史疆域与军事地图合集。尽管图中对中国历史“疆域空间”的描绘，大致以正史地理志所载王朝行政版图为准。然而，作者着力刻绘传统中国“四裔”空间的范围，对非汉族中国的王朝疆域版图亦予以重点强调。如对元清两朝均冠以“极大版图”或“大一统图”，以表彰其建构多民族国家“疆域空间”的合法性。

在此书中，作者开始摆脱狭义民族主义的束缚，如元代“拔都西征路线图”是第三版新增内容，以非汉族之战争英雄为图绘重点，其维护“大一统”中国建构的意图十分明显。同时，作者还将近代列强对华侵略战争绘制成图，以增强国民之“国耻”意识，激发读者“还我河山”的强国意志。最后，作者还对中华民国“领土空间”进行描述，对建构新的多民族国家之合法性进行论证。特别是其新增之“中华民国五族共和图”意义极为深远，图中还有若干文字记注，具体如下：

> 五族分布地域，特据大势略为区别。至语其详，满洲、内蒙、新疆、川边等处，汉族之移殖者既多，甘肃、陕西等处，回胞之移入者亦不少，而新疆、青海之北部又早为蒙族所蕃滋，且地域接近、交涉繁殷，经数千年之化合，势难强为区分。阅者心识其意可也。

欧阳缨的这番论述，从空间布局上阐释数千年来中华民族“我中有你、你中有我”的态势，这就对民初边疆独立倾向提出强有力的怀疑，也进一步论证了现实中国“领土空间”继承的合法性。同时，鉴于传统历史地图“皆详于域内，至于先民推测而得之大九州，足迹多经之三州五海，

① 邓衍林：《中国边疆图籍录》，商务印书馆1958年版，第10页。
② 欧阳缨：《中国历代疆域战争合图》，武昌亚新地学社民国九年（1920）版，“例言”。

兵力所及之欧北非东，未有入于图者”，[①] 故在疆域战争而外，作者特意加绘“工程如夏禹之平水土，秦皇之筑长城，隋炀之治运河；交涉如甘英之临四海，玄奘之使天竺，郑和之下西洋等。或存利济纪念，或开拓殖先声，必特别纪念以表先贤远略，而唤起国民雄伟之精神”。[②]

从历史记忆的角度看，在民族主义的推动下，近代中国的知识分子开始建构新的国族主义化的“新史学”，其一个核心内容就是对国史上开疆拓土、宣扬国威之“民族英雄”进行建构，使之转化为国族认同的文化符号。应该看到，此书亦是在此思路下对传统话语资源的再创造，尽管作者仍浸染传统王朝地理学的“华夷”观念，但在民初多民族国家建构之大背景下，作者一方面通过“表扬我国雄才大略、长驾远驭、包举宇宙之奇伟俊杰”之战绩（包括非汉族英雄），以寓“往哲保存国土之思”；另一方面通过对历代王朝“大一统”疆域之颂扬（包括少数民族王朝），来提醒国人现代中国“领土空间”维持之不易。[③] 换言之，此图编绘的根本出发点，就是为论证“五族共和”背景下，传统中国“疆域空间”向现实“领土空间”转变之合法性，故其积极意义自不待言。

正是适应民族国家建构的现实需求，故《中国历代疆域战争合图》在当时流传甚广。如《南开中学史地学科教学纲要说明（1929 年）》中，就明确规定“佐以武昌亚新印行欧阳缨所制之《中国历代疆域战争合图》及历史挂图”。[④] 上述以“尚武”为中心的历史军事地图书写，在对传统中国“疆域空间”向现代中国“领土空间”转型的叙述中，实际上已表明军事手段是维护现实中国领土主权的直接动力，其本质则是以历代王朝开疆拓土之战争得失为学术资源，推动清末民初中央政府建设强大武力，唤醒国民“尚武”精神，以此维护现代中国的“领土空间”。

### （二）以“疆域沿革”为主题的历史政区地图编绘

辛亥革命后，民国政府面临的最大问题之一，就是如何保全清王朝统

---

① 邹觉人：《〈中国历代疆域战争合图〉序》，载欧阳缨《历代疆域战争合图》，第 1 页。

② 欧阳缨：《中国历代疆域战争合图》“例言”。

③ 邹觉人：《〈中国历代疆域战争合图〉序》，载欧阳缨《历代疆域战争合图》，第 1 页。

④ 《南开中学史地学科教学纲要说明（1929）》，收入《南开校史研究丛书》（第 5 辑），天津教育出版社 2012 年版，第 117 页。

治下的全部领土，在民族国家建构的语境下，经梁启超等知识精英的积极倡导，“中华民族”观念日益深入人心。[①] 同时，伴随“新史学”的发展与新学制的建立，“制造国民”亦成为新式史地教科书编纂的政治诉求。[②] 为响应这一号召，民初以降，国民教育中有关历史疆域与沿革地理的内容无不以统合中华民族、振兴爱国精神为旨归。这一时期历史疆域地图的书写，亦开始摆脱“汉族空间”主义，注重边疆历史地理的书写，呈现出民族化与多元化的风格。

为提供符合中国实际的历史疆域沿革地图，民国三年（1914），童世亨专门编绘《历代疆域形势一览图》一册，成为民国肇兴以来第一部以历代疆域变迁为主题的中国历史地图集。全图采用现代西式绘图技法，彩色石印，由上海中外舆图局初版发行，后经多次再版。[③] 书中首列《禹迹图》与《华夷图》拓片，其后依次为禹贡至清各代疆域图，共计 18 幅，其末则附“历代州域形势通论”10 篇。在此基础上，民国五年（1916），作者又以前书为蓝本，另行编绘《中国历代疆域挂图》一套，由上海商务印书馆出版发行，以供中学、师范各校历史科讲授之用。全图依朝代先后顺序编制，分为 21 图，合成 12 幅，凡历史上重要地名变迁形势，皆选载无遗。就内容而言，上述两图详载“塞外民族之盛衰，江淮河济之变迁，长城运道之兴废”，以求“养成国民沿革地理之常识”。[④] 其特征有二：

一是对清以前中国传统“疆域空间”的空间书写，则是在传统中国“天下”观念的表皮下，隐藏现代中国民族国家建构的内核。具体言之，各图题名为“某代疆域及四裔图”，则以纯黄色表示“本部中国”，而对“周边中国”的四裔民族，则多以不同颜色线条区分，以符合现代中国对“中华民族”主体的界定。如其对唐代疆域的空间书写，一方面以纯黄色表示实行郡县制的“本部中国”，另一方面则以黄色线条对“四裔”空间加以内外区分，如吐蕃、突厥、回鹘等，则被画入当时中国的“内藩”版图，而朝鲜等则被认为是“外藩”。对明代疆域的空间书写亦是如此，除

① 黄兴涛：《现代“中华民族”观念形成的历史考察》，《浙江社会科学》2002 年第 1 期。

② 李孝迁：《制造国民：晚清历史教科书中的政治诉求》，《社会科学辑刊》2011 年第 2 期。

③ 北京图书馆善本特藏部舆图组编：《舆图要录》，第 89 页。

④ 童世亨：《历代疆域形势一览图》“自序”，上海：中外舆图局，民国三年（1914）。

去对传统汉族空间的标示外，亦将鞑靼、吐蕃、畏兀儿、女真诸部纳入“内藩”版图，而将朝鲜、缅甸等纳入“外藩”。

二是在对清代前期“疆域空间”与后期“领土空间”进行区分，并不再使用传统“四裔”话语。特别是在清末疆域图中，作者还附绘辽东半岛图、香港九龙图、澳门图、威海卫图、胶州湾图、广州湾图等殖民地租界图。对于这种区分，《历代疆域挂图》“凡例”中就明言：“有清二百年六十年，其初至开疆拓土，与其季之割地开埠，盛衰强弱，关系最为切近。故特分绘二幅，俾阅者比较而知国势之日非也。”① 从某种程度上讲，上述对清代疆域空间的两分绘法，不仅有助于激发青年学子的国耻意识，同时也适应了清末民初领土属性转型的现实需求。

迨至1922年，北京大学学生苏甲荣（字演存）亦编绘《中国地理沿革图》一套，于当年交中国舆地制图社初版发行。② 该书封面“洋装金字”，由梁启超题签，装帧考究。复经张相文、杨敏曾、朱希祖、白眉初、梁启超等名家作序，极显气派。同时采用现代西方绘图技术，所绘时段“上起禹贡下迄民国，为图大小凡百，附图二十，分绘二十九页”，彩色石印，“可供中等以上学校历史学科之参考及研究地理考古学之用”。③ 其内容随时局而新，古今对照，相得益彰。关于是书写作之缘起，早在1904年，京师大学堂《大学堂章程》就规定：中国史学门在主修课中应修“中国历代地理沿革略”一课，其要义就在于明了“历代统系疆域”。④ 北大史学系成立后，1917—1920年，随即延聘张相文主讲中国沿革地理史课程。受上述学术氛围的影响，苏甲荣“于舆地之学尤深嗜若渴，课余辄据讲习所闻，集近出诸图，悉心研究而手绘之，而久之成图”。⑤ 同时，当时北大沿革地理学的知识圈中，已经有人注意到传统沿革地图的弊端，如杨敏曾在此书序言中就称：

---

① 童世亨：《历代疆域形势挂图》“凡例”，上海：商务印书馆，民国五年（1916）。

② 北京图书馆善本特藏部舆图组编：《舆图要录》，第90页。

③ 苏甲荣：《中国地理沿革图》“例言”，北京：中国舆地制图社，民国十一年（1922）。

④ 《大学堂章程》，收入北京大学校史研究室编《北京大学史料（第一卷）》，北京大学出版社1993年版，第103—106页。

⑤ 张相文：《中国地理沿革图 · 序言》，收入苏甲荣《中国地理沿革图》，北京：中国舆地制图社，民国十一年（1922），第1页。

图古今沿革者近亦有人，而莫备于宜都杨氏。第杨氏长于考古，短于征今。书中于内地各行省确凿可据，而以边徼诸地尚嫌疏略，而又不谙绘图之术，分折多卷，不便省览，盖犹不能无待于后人之改订焉。①

受此影响，在《中国地理沿革图》的图目安排上，苏甲荣对中国历史上“四裔”空间与现实中国“领土空间”着墨良多。特别是在古代疆域图中，作者特意在两汉图组中加入匈奴图、西羌图、古代印度及西亚图、西南夷闽粤南粤图、古朝鲜并三韩图、匈奴鲜卑消长图等分图；在隋唐图组，加入高句丽百济新罗鼎立图、柔然图、突厥未兴以前西域图、突厥图等；明代图组则加入明代亚细亚形势图、明末满洲图等。从图名上看，这种将正统王朝空间与周边少数民族空间并立的绘图方式，实际上作者已经突破了传统王朝地理学的“四裔”话语，转从历史上各民族平等的角度展开论述，极具开创意义。

此外，在对中华民族起源问题的书写上，作者在《禹贡九州图》之后，还特意加入一幅《古代世界图》，此图重点描绘的是“黄种人”自巴比伦、中亚等地迁入中国之路线，即所谓的“中国人种西来说”。② 换言之，这种描述的背后实则是对中国人“久居其土”起源上的疑问，这就打破了传统中国历史地图书中对“九州”空间的法统神话。“中国人种西来说”在20世纪20年代得到广泛认同，此图详细绘出中国人种西来之迁徙路线，亦是当时学术思潮之反映，其背后就是通过厘清民族起源空间问题，来重构近代民族国家的身份认同。换言之，认可“西来说”，本身就是在民族危机下希望中国与西方同源，通过重构“民族一元论”，借西方文化资源来论证中华民族复兴之可能。

① 杨敏曾：《中国地理沿革图·序言》，收入苏甲荣《中国地理沿革图》，北京：中国舆地制图社，民国十一年（1922），第2页。

② 参见杨思信《拉克伯里“中国文化西来说”及其在近代中国的反响》，《中华文化论坛》2003年第2期等；孙江：《拉克伯里“中国文明西来说”在东亚的传播与文本之比较》，《历史研究》2010年第1期等。

### （三）以“春秋战国”为中心的断代历史地图编绘

在断代历史地图的书写方面，最主要的就是邹兴钜编绘的《春秋战国地图》，此图于1912年由武昌亚新地学社出版发行，朱墨釐然，图说相辅，图凡12幅，内有春秋图、战国图各6幅，末附《春秋战国地名释》一卷。由于春秋战国时期是国史上最为纷扰的时期，其时地域分合，名称歧异，均极难考索。故晚清以来，对于春秋战国的断代历史地图编绘一直是中国历史地图编绘中的学术兴奋点。[①] 此图经邹氏“研摩五载，为扩斯图，补阙订讹，殆无一字无来历”，当时就有学者评价道：“图说皆较杨氏为详，后作胜于前事，于此亦信。虽未能遍及秦汉以下，然寥寥一册，亦足以惠多士矣。”[②] 作者在自序中明言：

> 余少时读乙部书，上自三代下及有明，其间成败兴衰粲然可考。而疆域沿革、山川形势辄苦其舛纷轇轕，亟欲有以梳理之。于是为之图以核其旧位，为之说以释其今名……古之秦，今之俄也。英法德美与同种同文之日本，即春秋之齐晋秦楚吴越。而韩则地跨欧亚之土耳其也。上下三千载，纵横二万里，其形势相若焉，其攘夺相若焉，其强弱相维之故，亦匪弗相若焉。呜呼，抑可怪也已。今日之中国，其长处于列强势力平均之下，为春秋之宋卫曹郑。以沦于印度、波兰、埃及犹大之城耶，抑将奋发有为、励精图治以日，即于盛强而使人不可及耶。[③]

不难发现，“春秋战国”是中国历史上最具活力的时代，也是兼并战争最为频发的时代，这与近代世界体系有着惊人的相似性，即列国竞争就是基于各国之间力量的角逐。因此，在列强环伺的现实环境中，作者借助中国历史上的“春秋战国”话语，以此作为对现实世界体系进行阐释的依

① 北京图书馆善本特藏部舆图组编：《舆图要录》，第91页。

② 汪辟疆：《工具书之类别及其题解》，收入氏著、傅杰点校《目录学研究》，华东师范大学出版社2000年版，第234页。

③ 邹兴钜：《春秋战国地图》“序言”，武昌：亚新地学社，民国元年（1912）。

据与资源。因此，在作者对“春秋战国”的历史空间想象中，中华民族要图谋自全与发展，就必须“尚力”，而这也是日后“战国策”派的核心文化主张。①

## 三 民族主义与科学追求：20 世纪 30 年代国家危机下的中国历史地图编绘

南京国民政府成立后，以汉族同化为中心的“中华民族”理论成为官方意志，并在“党化教育”的支持下得到广泛传播。特别是“九一八”事变后，在边疆危机与时局变动的影响下，以发扬“中华民族”精神为宗旨的新史学逐步确立，特别是以顾颉刚为首的禹贡学人，渐次涌动起强烈的学术民族主义潮流。② 在现代性与民族性的紧张之中，学者关注亦从汉族中国扩展到周边中国，即通过“民族主义”的诠释策略和“科学主义”的研究方法，以求掌握对中国历史地图编绘的话语权力。同时，为构建统一的民族国家认同，国家力量开始强力介入各类历史地图的编绘过程。

### （一） 学术与国家：禹贡学会与新式历史地图编绘计划

自 1931 年日本学者矢野仁一抛出“满蒙非中国论”后，怎样论证中国“疆域空间”与“民族构成”与现代中国“领土空间”与“多民族国家”之关系再次成为中国学术界关心的焦点。受此影响，在继承“古史辨”学术传统的基础上，以顾颉刚为首的禹贡学人从沿革地理考辨入手，一方面，通过禹贡学会的体制化运作，“纠集同志从事于吾国地理之研究，藉此以激起海内外同胞爱国之热诚，使于吾国疆域之演变有所认识，而坚持其爱护国土之意向”；③ 另一方面，通过对中国疆域沿革的专门研究，来把“我们祖先努力开发的土地算一个总账，合法地继承这份我们国民所应

① 暨爱民：《民族国家的建构——20 世纪上半叶中国民族主义思潮研究》，社会科学文献出版社 2013 年版，第 192—197 页。

② 葛兆光：《〈新史学〉之后：1929 年的中国历史学界》，《历史研究》2003 年第 1 期。

③ 《本会此后三年中之工作计划》，《禹贡半月刊》第七卷第一、二、三合期。

当享有的遗产，永不忘记在邻邦暴力压迫或欺骗分化下所夺的是自己的家业”。[①] 换言之，禹贡学派希望采用“学术报国”的方式，通过梳理历代疆域沿革与边疆民族问题，来论证现代中国对古代中国疆域继承的合法性。[②] 特别是通过关注边疆史地与历史地图编绘，进而唤起国民觉悟，维护中国的统一与领土主权的完整。

禹贡学会成立后，即提出编著《中国地理沿革史》、编绘《中国地理沿革图》、编纂《中国历史地名辞典》、考订校补历代《正史地理志》以及辑录各类专题史料等五项研究计划。其中，第二件工作就是“要把我们研究的结果，用最新式的绘图法，绘成若干种详备的而又合用的地理沿革图”。[③] 换言之，由于历史地图可以直观反映历史中国的空间过程，因此，禹贡学会研究疆域沿革的最终计划，就是要用现代历史地图的手段将其表述出来。在这份由顾颉刚与谭其骧联合执笔的《发刊词》中，对清末以来中外历史地图编绘情况做出一番总检讨：

> 我们也还没有一种可用的地理沿革图。税安礼的《历代地理指掌图》早已成了古董，成了地图史中的材料了。近三十年来中国、日本两方面所出版《中国地理沿革图》虽然很多，不下二三十种子，可是要详备精确而合用的却一部也没有。日本人箭内亘所编的《东洋读史地图》很负盛名，销行甚广，除了印刷精良之外一无足取。中国亚新地学社所出版的《历代战争疆域合图》远比箭内氏图稍高一筹。至于上海商务印书馆等所出版的童世亨们的《中国地理沿革图》，固然最为通行，但其讹谬可怪却尤甚于《东洋读史地图》者。比较可以称述的，只有清末杨守敬编绘的《历代舆地图》。此图以绘录地名之多寡言，不为不详，以考证地名之方位言，虽未能完全无误，亦可以十得七八，可是它有一种最大的缺点，就是不合用。一代疆域分割成数十

---

① 《纪念辞》，《禹贡半月刊》第七卷第一、二、三合期。

② 孙喆、王江：《边疆、民族与国家：〈禹贡〉半月刊与20世纪30—40年代的中国边疆研究》，中国人民大学出版社2013年版，第82页。

③ 《发刊词》，《禹贡半月刊》第一卷第一期。

块，骤视之下，既不能见其大势，又有翻前翻后之苦。①

禹贡学人对于已有的各种中国历史地图皆有所批评，其原因大致分为三类：一是地图内容上，多数地名考证不准确；二是在绘图技术上，未能采用科学方法；三是在书籍装帧上，未能方便读者。换言之，其对传统中国历史地图的检讨，本质上仍是基于科学水平与地图技术的内在评判，即“以今日之眼光视之，其弊在不合科学方法”。② 基于上述认识，禹贡学会的新式中国历史地图编绘计划，就是要在科学性上超越前者。这种“科学主义”的学术追求，也反映出禹贡学人继承清儒“朴学考据”的新出路。同时，为提高新式历史地图的科学水平，禹贡学会自 1933 年春开始筹绘《地图底本》，作为编绘历史地图的草图底稿。这套地图底本分为甲、乙、丙三种，其中甲、乙两种均采用经纬线分幅，可分可合，同时加以最新式的绘图方法。③ 在此基础上，禹贡学会还制订了系统的历史地图编绘方案，拟以“杨氏之沿革图为底本，除重以科学方法绘制外，并就会中同人研究之所长，分别时代而考订之，凡杨氏所遗漏或错误者，均为修补改正”。④ 这种以学会运作、集体分工、专题绘制的工作流程，对于此前个人化的编绘方式、教科书式的编绘目的而言，显然在学术水平与运作模式上多有超越。

此外，在筹绘新式中国历史地图的过程中，本着“求真”的学术态度，禹贡学人多以问题讨论的形式发表自己的见解。如王育伊《历史地图制法的几点建议》、郑秉三《改革历史地图的计划》、蔡方舆《绘制〈清代历史地图〉报告》、王育伊《郑秉三先生〈改革历史地图的计划〉读后记》等文章均在《禹贡》上陆续发表，以收集思广益之效。从其讨论的问题焦点来看，多集中于历史地图编绘的技术性问题，或提出古今地图分立

① 《发刊词》，《禹贡半月刊》第一卷第一期。

② 《本会此后三年中之工作计划》，《禹贡半月刊》第七卷第一、二、三合期。

③ 有关禹贡学会“地图底本”之绘制情况，参见吴志顺《地图底本作图之经过》，《禹贡半月刊》第二卷第八期；《编纂甲种地图底本的起因及应用图料之报告》，《禹贡本月刊》第七卷第一、二、三合期。

④ 《本会此后三年中之工作计划》，《禹贡半月刊》第七卷第一、二、三合期。

的模式，或建议采用复页地图的方法，或讨论全图与局部图的拼合等。[①]然而，就在上述工作积极开展之时，限于经费和人力，特别是伴随抗战的全面爆发，使得新式历史地图的编绘工作难乎为继，最终胎死腹中，实为遗憾。但是，需要思考的是，除对科学标准的学术追求外，禹贡学会筹绘的新式中国历史地图，在 20 世纪 30 年代中国民族国家建构的新形势下，如何设定历史上的中国“疆域空间”？

作为禹贡学会的创建者与支持人，顾颉刚对于新式中国历史地图编绘的态度十分重要。作为“古史辨”派的领军人物，顾颉刚对于历史上中国“民族”与“疆域”的观念，亦可以置放于学术民族主义的脉络中加以追寻。在《禹贡半月刊》发刊词中，顾颉刚就说道：

> 民族与地理是不可分割的两件事，我们的地理学既不发达，民族史的研究又怎样可以取得根据呢？试看我们的东邻蓄意侵略我们，造了“本部”一名来称呼我们的十八省，暗示我们的边陲之地不是不是原有的，我们这群傻子居然承受了他们的麻醉，任何地理教科书上都这样地叫起来了。这不是我们的耻辱？《禹贡》列在书经，人所共读，但是没有幽州，东北只尽于碣石，那些读圣贤书的人就以为中国的东北境确是如此了。不搜集材料作实际的查勘，单读几篇极简单的经书，就注定了他的毕生的地理观念，这又不是我们的耻辱？[②]

从上述所言来看，顾颉刚已经明确认识到在现代中国“领土空间”建构的形式下，对历史中国“疆域”与“民族”的理解，必须将非汉族的“周边中国”纳入历史中国的疆域范畴。在抗战前夕，顾颉刚又连续发表《“中华民族”的团结》《“中国本部”之名应早日废除》《“中华民族”是一个》等文章，积极提倡废除“中国本部”与“五大民族”的词汇。[③] 同时，他还提出新的历史中国“疆域空间”划分标准，即以“西比利亚以南

① 彭明辉：《历史地理学与现代中国史学》，台北东大图书有限公司 1995 年版，第 251—259 页。

② 《发刊词》，《禹贡半月刊》第一卷第一期。

③ 参见（日）岛田美和《顾颉刚的“疆域”概念》，收入（日）田中仁、江沛、许育铭主编《现代中国变动与东亚新格局》（第一辑），社会科学文献出版社 2012 年版，第 541—551 页。

至阴山以北称为华北，阴山以南至淮河、秦岭、昆山一带称为华中，自此以南直到南海称为华南，从阿尔泰山至喜马拉雅山称为华西”。[①] 换言之，在中国历史疆域空间的设定上，顾颉刚将“汉族中国”与“周边中国”同等对待，通过抹杀其中的族性与空间差异，进而创造出一个融合性、统一性的“中华民族”概念。由此，我们可以推断出：在顾颉刚看来，新式中国历史地图中的“疆域”画定，必须是超越传统中国“九州”模式的“大中国”版图，同时，“在中国的版图里只有一个中华民族”，[②] 是“历史中国”走向“现代中国”一脉相承的民族联合体。

无独有偶，在禹贡学会“地图底本”的编绘中，特别是丙种第二号的《全中国及中亚细亚地图》，“历史中国”的范围东至朝鲜半岛和台湾，南到中南半岛南部、西南到现在的阿富汗、西到帕米尔高原西部、北到外蒙古北部国境。除中南半岛、朝鲜半岛和印度以外，还包括库页岛、中国台湾、中亚东部在内，与现行的谭其骧主编的《中国历史地图集》基本一致。[③] 对此，禹贡学人解释道：“因为我们打算研究民国以前各朝各代的疆域史，或其他关于地理的沿革考证，因于各朝各代所辖的疆域不同，设用现代中国来作底本，有许多朝代，就以疆域扩展较广，不敷应用了。设或再找比较中国疆域广阔一点的地图，只好就用亚洲图了。”[④] 由此可以肯定：禹贡学人对传统中国“疆域空间”的规划，不仅包括“周边中国”的“四裔”空间，甚至包括传统“朝贡”体制下的邻国。换言之，只要认可于传统中国的王朝空间秩序，均可纳入“历史中国”的范畴加以考察。

总体而言，禹贡学会对历史中国“疆域空间”的构想，实质上是试图构建“中华民族”相互融合的地理背景，这一空间版图往往以“大一统”的方式存在，特别是新兴民族建立的“征服王朝”，成为历史中国“疆域空间”扩张的主要方式。对此，童书业就说道：“总观中国历代之疆域范围……元清以新兴民族之势，利用中国天然富源，故能保持极盛大之疆域；次则唐汉，秉本族极盛之势，外征四夷，疆域亦广；而以分裂时代之

---

① 顾颉刚：《“中国本部”一名亟应废除》，《益世报》（昆明）1939 年 1 月 1 日。

② 顾颉刚：《“中华民族”的团结》，《申报》（上海）1937 年 1 月 10 日。

③ 彭明辉：《历史地理学与现代中国史学》，台北东大图书有限公司 1995 年版，第 257 页。

④ 《本会纪事》，《禹贡半月刊》第五卷第八、九合期。

五代疆域为最小。此实可证一国之宜统一，而不宜分裂也"。[①] 这种自觉批判所谓"本部十八省"的思维模式，加上科学化的地图绘制基础，为日后谭其骧主编《中国历史地图集》打下了良好的基础。从中亦可看出，禹贡学派正是将中国历史地图编绘作为其学术民族主义的象征，并以此作为宣传与唤起国族认同的工具。[②]

### （二）地图与政治：抗战初期"中国文化馆"历史地图查禁案

为适应战前边疆开发的形势，参谋本部陆地测量局于1934年正式成立历史地图编纂委员会，下设编纂组、制图组、事务组等，专门负责编绘边疆历史地图。[③] 不同于禹贡学会历史地图编绘资金的民间自筹性质，在国家财政资金的支持下，国民政府"将福建测量局呈缴之二十一年度余款，拨作边疆史地编纂委员会开办经费"，使其在经费来源上有较为充裕的保障。[④] 同时，鉴于"边疆各省历史文献，素感缺乏，非博采周咨，难臻完备"，边疆史地编纂委员会专门拟定了边疆历史地图史料搜集办法，内容涵盖"历代人口统计、民族种别及分布、语言系统、官制军制沿革、文化教育发达状况、历代名人事迹及作品、风俗习惯特征、宗教派别及由来"[⑤]等多项内容。在近代中国历史地图编绘史上，这是第一次由官方主持的历史地图编绘计划，其积极意义自不待言。然受时局动荡的影响，此次边疆历史地图编绘工作不幸胎死腹中。

与此同时，伴随20世纪30年代中国民族主义情绪的高涨，相关《国耻地图》的大量编绘成为此期历史地图事业的重点。如河北省工商厅绘《中华国耻地图》反映出近二百年来中国国土沦丧的经过。武昌亚新地学

---

① 童书业：《中国疆域沿革略》，上海开明书店1949年版第48—49页。

② ［美］施耐德著，梅寅生译：《顾颉刚与中国新史学》，台北华世出版社1984年版，第303页。

③ 《边疆历史地图编纂委员会组织章程》，中国第二历史档案馆藏，档案号：第767卷第512号。参见张晓虹、王均《中国近代测绘机构与地图管理》，《历史地理》第18辑。

④ 《本院行审计部训令·第四一五号：令转参谋本部陆地测量总局附设之边疆历史地图编纂委员会开办费及每月经费一案由》，《检察院公报》1933年第21期。

⑤ 《教育部训令·第一三五六号：令辽宁、热河、吉林省教育厅，为准参谋本部咨为奉谕编纂边疆之历史地图，请协助搜集材料等因，令将各该省历代人口等项调查制表送部以便转送由》，《教育公报》1931年第3卷第31期。

社绘《中华国耻地图》详细注记了近代中国失地的沿革与经过。[①] 商务印书馆《中国疆域变迁图》、建新舆地学社《中华疆界今昔图》以及各类国难挂图的内容亦大致相同。上述国耻地图的大量发行，多有激发同胞爱国情怀的相同动机，特别是为唤起中国民众对日抗战的坚强意志。1935 年，正是因为《国耻图》的政治指向性，引发了日本政府的外交抗议。然而，在当时"攘外必先安内"的绥靖政策下，南京方面屈从于日方压力，下令"取缔本京南洋、大东两书局贩卖五彩国难挂图"，甚至"通饬各警局密饬本京各书店，对于陈列容易刺激情感之此类图画，随时注意改善在卷"。[②]

抗战前后，为构建统一的国家版图意识，南京国民政府逐渐加强对地图编绘的政策控制，专门成立水陆地图审查委员会，并制定出《水陆地图审查条例》。在"领土主权"的话语塑造下，任何不符合官方标准的各式地图，均在查禁之列。此后，国民政府内政部发布训令："在此抗战期间，各书局出版之地图，多有未经送审，擅自发行者，此等地图一有错误，关系于国防、军事、外交、文化等，至为重大……对于该地业经发售，未曾依法送经审定之地图，务须严加查禁。"[③] 在国民政府强化历史地图编绘控制的情势下，1937 年 6 月 4 日就发生了一起"中国文化馆"历史地图查禁案，成为国家力量介入历史地图编绘的典型事例。

1935 年，中国文化馆出版魏建新编绘《中国历史疆域形势史图》《日本在华势力史图》《帝国主义在华侵略史图》等历史地图三种，"以资唤起民众走向自救救国的道途"。[④] 其中，《中国历代疆域形势史图》，上起"夏代疆域形势图"，下迄"第一次世界大战与第三次瓜分中国图"，以图解的形式简略表现了中国历代的疆域变迁情况。《帝国主义在华侵略史图》则关注近代列强在华势力的变迁过程。特别是《日本在华势力史图》一书

---

① 北京图书馆善本特藏部舆图组编：《舆图要录》，第 83 页。

② 《内政部应驻华日使要求停售〈国难挂图〉致行政院呈》（1935 年 7 月 8 日），载中国第二历史档案馆编《中华民国史档案资料汇编》（第五辑・第一编・文化），江苏古籍出版社 1994 年版，第 245—246 页。

③ 《关于查禁未送审之地图的训令》（1939. 10. 30），重庆市档案馆藏，档案号：00550002002190000016000。

④ 李大超：《〈日本在华势力史图〉序》，收入魏建新编《日本在华势力史图》，中国文化馆 1935 年版，第 1 页。

中，作者写道："（本书）的写出，其目的在使中国的大众们，知道日本在华势力的庞大不是偶然的，而是具有悠久底历史的性的……日本在华势力底树立，不是善意换来的，乃是高压迫来的。"① 由此可见，魏建新编绘上述历史地图，其目的就是要揭穿当时日本宣扬的"中日亲善"骗局。1937年，上述三种历史地图均于南京鼓楼街民众馆国耻展览会公开陈列，随即遭到南京宪兵司令部的查禁。首先被查禁的是《日本在华势力史图》，禁令如下：

> 查此次鼓楼街民众馆国耻展览会所制图表，内有魏建新所著之中国文化馆二十四年九月初版《日本在华势力史地图》，内容有欠妥实，如第四图《日本对华领土的侵略》，着黄色等列为中国本部，而将东北四省列为"强占地"，贯满红色横条纹，显分为另一版图，不啻承认伪满组织，日后难免不贻人口实……又第十二图"日本在华的领事馆"，竟以成都列有领事馆。窃以蓉市设领，我方绝对不允许，偏此图辗转流入敌人之手，宁不增我外交以困难？……似此作为史地图书，贻误读者。何异间接利敌，似此类地图……（当）严加查禁，以杜流传为妥。②

应该看到，历史地图作为国家疆域的象征符号，本身就具有政治宣传的复杂角色。特别是在1937年对日全面抗战的新形势下，南京国民政府的政治诉求必然反映在其对历史地图的查禁之中。从上述国民政府查禁理由来看，主要聚焦于两点：一是《日本在华势力史图》中对伪"满洲国"的标绘，难免贻人口实；二是图中成都领事馆的标绘，多与实际不符，由此可能酿成外交纠纷。如果联系1931—1937年中国民族国家建构危机中的"日本"问题，不难发现图中对东北"满洲国"问题与成都"领事馆"事

① 魏建新：《〈日本在华势力史图〉自序》，收入魏建新编《日本在华势力史图》，中国文化馆1935年版，第1页。

② 《关于查禁〈日本在华势力史图〉的令》（1937.7.12），重庆市档案馆藏，档案号：00550002000228000066000。

件的强烈抗议，正是基于国民政府开始对日抗战现实政治考量。[①] 这种民族主义话语下的地图政治运作，实际上与魏建新编绘此图的目的一体两面。此后，伴随对日抗战的全面爆发，国民政府对历史地图编绘的控制越发严密，中国文化馆刊印之历史地图遭到全部查禁：

> 《日本在华势力史地图》《帝国主义侵略中国史图》《中国历代疆域形势史图》，均为魏建新新著……同系中国文化馆民国二十四年九月新版。查其内容……将本国版图四分五裂，宛如只有外国势力之存在，而无本国政治之统治，影响民族尊敬祖国、复兴祖国之思想及本国在国际上之地位甚巨……足见该作者不顾对于民族国家影响之大，改头换面，任意撰著骗钱。总之，该项《帝国主义侵略中国史图》《中国历代疆域形势史图》与前令查禁之《日本在华势力史图》同一谬妄，直接影响国家地位，间接作利敌宣传……（故）予以查禁，以正视听。[②]

分析上述所言，可知后两种中国历史地图的查禁理由，与前述《日本在华势力史图》多有相似之处。抗战爆发后，中国的民族国家建设走向最为紧要的关头，受其影响，国民政府对于法理上中国现实版图的宣示，不仅关乎国民党领土主权的合法性，更关乎中国民族国家建构的现实需求。因此，在抗战初期民族主义情绪更加高涨的情况下，上述三种历史地图遭遇查禁也就不难理解。这种地图政治的广泛运作，就其性质来讲，则是南京国民政府以民族国家之名，通过对民间编绘历史地图事业的强力管控，进而表达中国政府对日抗战的决心与意志。换言之，查禁历史地图只是一个借口，其背后则是战时国民政府对“领土空间”合法性的政治考量。因此，作为民族国家的版图象征，抗战前夕的历史地图编绘浸染强烈的现实政治话语。而南京国民政府泛意识形态化的解读，亦使得历史地图成为国

---

① ［美］柯博文著、马俊亚译：《走向“最后关头”——中国民族国家建构中的“日本”因素》，社会科学文献出版社2004年版，第335—346页。

② 《关于禁售〈帝国主义侵略史图〉及〈中国历代疆域形势史图〉的令》（1937.10），重庆市档案馆藏，档案号：00810003006190000046000。

家实现政治诉求的重要工具。

## 结　语

近年来，近代中国的民族国家建构日渐成为学界研究的主要课题。基于上述问题意识，研究者开始关注国家仪式、象征体系、纪念景观对唤醒民众国族认同的建构作用。[①] 然而，作为近代中国领土空间具象化的地图生产，特别是其与清末民国民族国家建构的关系问题，尚未引起足够的重视。应该看到，清末民国作为中国民族国家建构的发轫期，在特定的历史社会条件下，作为领土识别标志的地图开始进入“一个可以无限再生产的系列之中，能够被转移到海报、官式图记、有头衔的信纸、杂志和教科书封面、桌巾还有旅店的墙壁上”。[②] 同时，上述地图生产以高度辨识性与随处可见性等特征，开始深深渗透到民众的国家想象之中，成为孕育近代中国民族国家认同的强有力的象征。正如抗战时期一位知识分子在杂志中所言：

> 地图是国家形状的缩影，我们不能把它当作一种平常的图表来看，我们要特别加以尊敬和爱护，我们要时时拿来看，愈熟悉愈好……我们打开地图一看，便觉得我们的国家，是无比的美丽，实在太可爱了。但是现在被万恶的倭寇来践踏，已经变了颜色，这是我们的奇耻大辱，我们看了地图，都要切齿痛恨，我们今后应该加倍爱护我们的地图，不让他破损，有了破损，立刻要修补，使它永远完整。[③]

在诸多地图类型中，历史地图对近代中国民族国家认同的形塑，其作

① 参见［日］小野寺史郎著、周俊宇译《国旗·国歌·国庆：近代中国的国族主义与国家象征》，中国社会科学文献出版社 2014 年版；陈蕴茜：《崇拜与记忆：孙中山符号的建构与传说》，南京大学出版社 2009 年版；李恭忠：《中山陵·一个现代政治符号的诞生》，中国社会科学文献出版社 2009 年版等。

② ［美］本尼迪克特·安德森著，吴睿人译：《想象的共同体：民族主义的起源与散布》，上海人民出版社 2005 年版，第 164 页。

③ 韩汉英：《国旗国歌地图与历史的意义》，《黄埔》1940 年第 4 卷第 1 期。

用往往是不可替代的。从清末开始，特定的、被紧密画出领土单元古老性的中国历史地图，通过这些地图的历时性的叙述框架，进而赋予传统中国“疆域空间”向现代中国“领土空间”转型的合法性。因此，根据这些历史地图，“中国”这一地理实体的版图记忆，有力论证了中华民族“多元一体”的线性发展路径。从上述历史地图对传统中国“疆域空间”的论述出发，可以看出民初以降一般知识阶层已经形成较为明确的国家领土意识，其对多民族国家建构条件下“领土空间”格局亦有突破性的理解，而不囿于传统王朝地理学的话语体系。特别是古今对照的地图编排方式，实际上更是建构了一套线性的历史空间进化图式，开始有意回避“禹贡九州”的空间法统地位，进而在民族起源上打破“黄金古代”的一元说法，以融合多元化的历史疆域空间书写模式。① 同时，这种历史空间书写明确表现出强烈的“国耻意识”，反映出当时知识分子对民族国家领土建构的焦虑感。当时有学者就发出这样的感慨：

> 迩者从事绘历史地图而不禁有慨焉。元代颜色偏于中国全部及伊儿、钦察、察合台、窝阔台四汗国，跨越欧亚两洲，疆域之大，亘古无比。降至前清，经元明两代之变更，治乱废兴之后，虽不免小有出入，然东三省入我版图，琉球、台湾归我管化，而库页岛则我之直辖颜色也。不丹、尼泊尔，我之领土颜色也。朝鲜国，我之属国颜色也。安南、缅甸，我之朝贡国颜色也。疆域之大，虽不能比隆元代，然既并吞八荒，掩有六合，自古以来舍元而外，莫之与京者。而今我中华民国何如者，舆图易色，非昔比矣。库页岛、黑龙江州，则日俄之颜色也。朝鲜、台湾，则日之颜色也。不丹、尼泊尔，则英之保护色也。安南、缅甸，则英之保护色也。安南、缅甸，则英法之色也。藩篱既破，语曰唇亡齿寒，觇国者有忧焉……呜呼，我中华民国其不国矣，言念及此，不禁投笔三叹矣。②

① 王汎森：《近代中国的线性历史观——以社会进化论为中心的讨论》，《新史学》第19卷第2期（2008年6月）。

② 宋弼：《随感录：志绘历史地图有感》，《弘毅日志汇刊》1920年第2期。

这种强烈的“国耻”意识，使得清末民国知识界对中国历史地图的编绘中，在对中国历史空间的书写中，多不自觉地将历史上的外藩地区也作为其中的一部分，特别是在对汉唐元清“大一统”版图的宣扬，给人以中国传统疆域无远弗届的自豪感。然而，这种对中国历史空间的对比性书写，一方面表明时人对现实中国“领土空间”直接继承传统中国“疆域空间”的普遍认同，另一方面也展示出其对现实中国领土空间与民族边疆问题的极度焦虑。特别是伴随南京国民政府的成立，特别是抗日救亡形势的发展，在新的社会环境影响下，现代中国的历史地图编绘不可避免地与现实政治发生纠葛。总之，清末民国的历史地图生产，通过论证中国“疆域空间”向“领土空间”转型的合法性，来建构出符合“中华民族”空间发展的线性图式，成为近代中国民族国家建构中独特的“制图叙述”典范。

# 古籍中所见“黄河全图”的谱系整理研究*

孔庆贤　成一农**

## 一　问题的提出

以往有关“黄河图”的研究，就研究对象而言，主要集中在绘本黄河图和少量的石刻地图（如刘天和的石刻《黄河图说》），缺少对古籍中刻本“黄河图”的关注；就研究的内容而言，多数偏向于对“黄河图”基本状况的介绍、成图年代的考证，以及“黄河图”与河政之间关系的研究，而对“黄河图”谱系的研究则相对较少。

事实上，在众多存世的古籍中收录有大量作为插图的地图，“仅就《景印文渊阁四库全书》《四库全书存目丛书》《续修四库全书》《四库未收书辑刊》和《四库禁毁书丛刊》的统计来看（除去上述丛书中重复收录的古籍），收录的地图就有5000多幅”。① 这些收录于古籍中以插图形式存在的地图，因其精美程度难以与绘本地图相比，也因其显然缺乏“准确性”和“科学性”而为以往的地图研究者们所忽视。但是，这些地图也有

---

* 本文系国家社会科学基金重大项目“中国国家图书馆所藏中文古地图的整理与研究”阶段性成果（16ZDA117）。

** 孔庆贤，云南大学历史与档案学院博士研究生。
成一农，云南大学历史与档案学院研究员、博士生导师。

① 成一农：《“十五国风”系列地图研究》，《安徽史学》2017年第5期，第18页。

其自身存在的价值，它们在很大程度上代表了当时社会上所能看到和使用的地图。

本文拟在前人既有的研究基础上，从《景印文渊阁四库全书》《四库全书存目丛书》《续修四库全书》《四库未收书辑刊》和《四库禁毁书丛刊》入手，选取其中具有明显谱系关系的22幅“黄河全图”作为研究对象，结合前人研究成果，对这22幅“黄河全图”的谱系关系做进一步的梳理和研究。在厘清它们各自之间的渊源关系基础上，尝试揭示一些中国古代地图绘制的规律，概括中国古代地图绘制的一般特点，展示古籍中作为插图存在的刻本地图在中国传统舆图研究领域中的发展空间和特殊价值，从而更好地为进一步的研究服务。

需要说明的是，本文中的“黄河全图”主要是指表现黄河从河源到入海口的黄河全程图。① 具体到本文的研究中，根据地图名称的不同，这些“黄河全图”又大致可分为两大类，即“黄河全图”与“漕河全图”（在中国古代，由于黄河的泛滥和治理与漕运密切相关，因此在一些“漕运图”中也绘有黄河，即黄河与运河并行绘于一幅图上，本文姑且称为“漕河全图”）。

## 二　古籍中收录“黄河全图”的基本情况及其谱系

以下是从《景印文渊阁四库全书》《四库全书存目丛书》《续修四库全书》《四库未收书辑刊》和《四库禁毁书丛刊》中收集到的“黄河全图”。

需要说明的是，就目前的研究来看，对古籍中作为插图存在的地图的成图年代的断定是非常困难的。此外，收录地图的古籍，其成书时间不能够作为断定地图成图年代的依据，而只能作为该地图绘制时间的下限。由于本文选取的这些“黄河全图”大都是明清时期绘制的，其成图年代较为接近，且图面内容也基本一致，为了研究的需要，本文大致将这些“黄河全图”按照收录地图的著作的成书时间来排列。而对于同一部书的多个版

① 李孝聪：《黄淮运的河工舆图及其科学价值》，《水利学报》2008年第8期，第948页。

本中的同名地图，本文则主要以最清晰版本中的地图作为梳理对象（由于刻版的原因，某些地图不甚清晰）。此外，由于众所周知的原因，本文收录的“黄河全图”必然不全。

古籍中出现的“黄河全图”共22幅，如表1所示。其中，《汇辑舆图备考》中的“黄河源图”和《图书编》《八编类纂》① 中的“河源总图”两幅图，它们虽然命名为“河源图”，但实际上都是“黄河全图”。刘隅的《治河通考》和吴山的《治河通考》中分别收录的“河源图”与“黄河图”，则恰好能够拼接成一幅完整的“黄河全图”。

如上所言，根据地图名称的不同，表1所示的22幅“黄河全图”可以分为两大类：“黄河全图”17幅和“漕河全图”5幅。经过比较研究，我们能够发现上述这两类地图在各自所属的地图之间在绘制内容上存在较大的相似性，同时在不同地图中又有一些细微的差别。因此，通过对上述两类地图各自的比较研究，我们大致可以确定它们之间的源流关系。

**表1　古籍中出现的22幅“黄河全图”的基本情况**

| 编号 | 地图名称 | 收录地图的著作 | 著作的版本 |
|---|---|---|---|
| 1 | 河源图 | 明刘隅撰，《治河通考》 | 续修四库全书史部第847册，上海图书馆藏嘉靖十二年顾氏刻本 |
| | 黄河图 | 明刘隅撰，《治河通考》 | |
| 2 | 河源图 | 明吴山撰，《治河通考》 | 《四库存目丛书》史部221册，北京大学图书馆藏明嘉靖刻本 |
| | 黄河图 | 明吴山撰，《治河通考》 | |
| 3 | 河源总图 | 明章潢撰，《图书编》 | 《文渊阁四库全书》子部968—972册 |
| 4 | 河源总图 | 明陈仁锡撰，《八编类纂》 | 《四库禁毁书丛刊》子部2册，北京大学图书馆藏明天启刻本 |
| 5 | 黄河图 | 明郑若曾撰，《郑开阳杂著》 | 《文渊阁四库全书》史部584册 |
| 6 | 黄河图一 | 明罗洪先撰，《广舆图》初刻本 | 《续修四库全书》史部第586册（著录为胡松刻本，但从内容来看［《舆地总图》中未画出长城］应当为国家图书馆藏明嘉靖初刻本） |
| | 黄河图二 | 明罗洪先撰，《广舆图》初刻本 | |
| | 黄河图三 | 明罗洪先撰，《广舆图》初刻本 | |

① 《八编类纂》中原图无图名，此处为笔者依据《图书编》所加，因《八编类纂》中“八编”其中一编即是章潢的《图书编》。

续表

| 编号 | 地图名称 | 收录地图的著作 | 著作的版本 |
|---|---|---|---|
| 7 | 黄河图 | 明张天复撰，《皇舆考》 | 《四库存目丛书》史部166册，北京大学图书馆藏明万历十六年（1588年）张天贤遐堂刻本 |
| 8 | 黄河图 | 明何镗撰，《修攘通考》 | 《四库存目丛书》史部225册，北京师范大学图书馆藏明万历六年刻本 |
| 9 | 黄河图 | 明焦竑选、陶望龄评、朱之蕃注《新鐫焦太史汇选中原文献》 | 《四库存目丛书》集部330册，清华大学图书馆藏明万历二十四年（1596年）汪元湛等刻本 |
| 10 | 黄河图 | 明王圻、王思义辑，《三才图会》 | 《四库存目丛书》子部190册，北京大学图书馆藏明万历三十七年刻本 |
| 11 | 黄河图 | 明程百二撰，《方舆胜略》 | 《四库禁毁书丛刊》史部21册，北京大学图书馆藏明万历三十八年刻本 |
| 12 | 黄河图 | 明王在晋撰，《通漕类编》 | 《四库存目丛书》史部275册，华东师范大学图书馆藏明万历刻本 |
| 13 | 黄河源图 | 清潘光祖、李云翔撰，《汇辑舆图备考》 | 《四库禁毁书丛刊》史部21册。北京师范大学图书馆藏清顺治刻本 |
| 14 | 黄河图 | 明吴学俨等撰，《地图综要》 | 《四库禁毁书丛刊》史部18册，北京师范大学图书馆藏明末朗润堂刻本 |
| 15 | 黄河图 | 明陈组绶撰，《存古类函》 | 《四库禁毁书丛刊》子部19册，北京大学图书馆藏明末刻本 |
| 16 | 黄河图 | 清朱约淳撰，《阅史津逮》 | 《四库存目丛书》史部173册，中国科学院图书馆藏清初彩绘钞本 |
| 17 | 黄河 | 清汪绂撰，《戊笈谈兵》 | 《四库未收书辑刊》10辑7册，清光绪二十年（1894年）刻本 |
| 18 | 全河图 | 明潘季驯撰，《河防一览》 | 《文渊阁四库全书》史部576册 |
| 19 | 全河漕图说 | 明王鸣鹤撰，《登坛必究》 | 《续修四库丛书》子部兵家类960、961册 |
| 20 | 全河漕图说 | 明茅元仪撰，《武备志》 | 《四库禁毁书丛刊》子部25至26册，北京大学图书馆藏明天启刻本 |
| 21 | 全河总图 | 明朱国盛撰、徐标续撰《南河志》 | 《四库存目丛书》史部223册，浙江图书馆藏明刻本 |
| 22 | 黄河总图 | 清崔维雅撰，《河防刍议》 | 《四库存目丛书》史部224册，中国科学院图书馆藏清钞本 |

### （一）黄河全图

在17幅“黄河全图”中，根据图中所绘黄河的形状和绘制内容，又可细分为2类：

第一类包括：刘隅《治河通考》“河源图”“黄河图”，吴山《治河通考》“河源图”和“黄河图”，《图书编》“河源总图”和《八编类纂》“河源总图”。

这4幅图的图面内容基本上是一致的，都描绘了黄河从河源到入海口的全部流程。具体来说，这一类地图的图面内容有几个值得注意的地方：其一，河源部分被画成了三个湖泊相连的形状，分别标注“星宿海”“一巨泽”“二巨泽”；其二，图中黄河的河道均大体呈平直的带状，忽略了“几”字形的河套段黄河，描绘的并非黄河的实际路径；其三，黄河河道在荥泽县孙家渡以下分为多派，下游河道则在徐州、邳州、泗州一带与运河合，并于淮安府安东县入海；其四，图中着重表现了从修武县到金乡县这一段黄河北岸河道上的大量堤坝等水利工程设施，并以黑色的粗实线表示。

通过对比，4幅“黄河全图”，在除一些具体的地理要素和绘制手法两个方面略有不同之外（如山、树木的表现形式、河流的粗细、堤坝的颜色以及河流波浪的纹饰等方面），主要的图面内容基本一致，由此推测四者应该存在很大的渊源关系。

考其成图年代，刘隅的《治河通考》刻版时间是在嘉靖十二年（1533），则其书中收录的“河源图”“黄河图”的绘制时间下限即为1533年。“又命前御史刘隅氏辑河书，开封顾守铎刻板。毕，登良策，可稽而法焉”,[①] 此为嘉靖癸巳（1533）春二月辛巳，崔铣为刘隅《治河通考》所作的序。吴山的《治河通考》也有这篇序言，且其篇末还附有吴山的自序（刘隅《治河通考》后也有这个序），其中有言：“近时所刻《治河总考》，疏遗混复，字半讹舛，其肇作之意固善，惜其未备晰也。乃命开封

① （明）刘隅撰：《治河通考》，上海图书馆藏嘉靖十二年顾氏刻本，收录于《续修四库全书》史部第847册，上海古籍出版社2013年版，第1页。

顾守符下谪许州判官刘隅重加辑校，从分序次……”① 从这段序言来看，《治河通考》当是刘隅在吴山的授意下完成的，且是在《治河总考》的基础上重新辑校而成的。其实，据程学军先生的考证，这两个版本的《治河通考》，本就是同一本书，当是“明吴山修，刘隅纂”。② 查阅资料，《治河总考》共4卷，由车玺撰，陈铭续撰，笔者所见目前存世最早的版本是上海图书馆收藏的正德十一年（1516）刻本，收录于《四库存目丛书》史部第221册。该版本目前仅存第3、第4两卷，其中并无“黄河图”与“河源图”，其他两卷是否有“黄河图”和“河源图”就不得而知了。由此，推测《治河通考》的成书时间应该在正德十一年（1516）至嘉靖十二年（1533）。

基于上述的分析，我们可以认为：1533年前后出版的刘隅和吴山的《治河通考》中的“黄河图”与“河源图”是这类“黄河全图”中最早的，其次是1613年章潢《图书编》中的“河源总图”，最后是1626年《八编类纂》中的“河源总图”。

《图书编》和《八编类纂》都是类书，是在辑录各种书籍中相似的一类材料的基础上汇编而成的。且《图书编》：“是编取左图右书之意，凡诸书有图可考者，皆从辑而为之说”，③ 再从《图书编》收录的“黄河总图”的形状和内容来看，推测该图可能是刘隅（或吴山）《治河通考》中“黄河图”与“河源图”的翻版。至于《八编类纂》中的“河源总图”，《八编类纂》的“八编”其中一编就是章潢的《图书编》，因此该图可能就是陈仁锡直接抄自《图书编》中的“河源总图”。

第二类包括：《郑开阳杂著》“黄河图”、《广舆图》初刻本“黄河图”、《皇舆考》“黄河图”、《修攘通考》“黄河图”、《新镌焦太史汇选中原文献》“黄河图”、《三才图会》“黄河图”、《方舆胜略》“黄河图”、《通漕类编》“黄河图”、《汇辑舆图备考》“黄河源图”、《地图综要》“黄

---

① （明）吴山撰：《治河通考》，北京大学图书馆藏明嘉靖刻本，收录于《四库全书存目丛书》史部221册，齐鲁书社1997年版，第612页。

② 程学军：《〈治河通考〉考》，《农业考古》2014年第6期，第156页。

③ （清）永瑢等撰：《四库全书总目》卷136“子部·类书·类二”，中华书局1965年版，第1155页。

河图”、《存古类函》“黄河图”、《阅史津逮》“黄河图”、《戊笈谈兵》“黄河”13幅图。

这类图描绘的亦是黄河从河源到入海口的黄河全程。从图面内容来看，13幅“黄河全图”所绘内容基本一致。具体到细部来说，这类图有以下几个值得注意的地方：其一，在图的左上角黄河河源上方有两条近似平行的河流“瓜黎河”与“黑河”，旁边标注有西域的地名，如“玉门关”等；其二，黄河河源总体呈三个湖泊相连的形状，分别标注：“星宿海”“阿脑儿”“二巨泽”；济河的河源则大体呈葫芦状；其三，黄河下游自孟津以下至淮阴段，河道分成了多派，其中有两条河道绘制较粗，并绘有波浪纹饰，当是黄河主干道；其他的河道则绘制较细，呈白色无纹饰，下方河道的旁边还有“金末黄河”“元末黄河”“正统间黄河”等注记；此外，在广武至葵丘部分的河段还有大量的堤坝等黄河水利河工设施，并以黑色实线突出表示，“淮阴”和“宝应”的下方还绘有“白马湖”“□射湖”和“射□湖”三个较大的湖泊；其四，黄河于安东县金城镇入东海，在东海中还绘有山、岛屿等地理要素。（此处介绍的这一类“黄河全图”的图面内容主要以《郑开阳杂著》“黄河图”为主）当然，除上述四点外，13幅“黄河全图”还有它们各自的特点，这些将在下文做具体的介绍。

在13幅“黄河全图”中，年代最早的应该是《郑开阳杂著》中的“黄河图”。考其成图年代，《郑开阳杂著》“黄河图”中出现的最晚的一个时间点是“嘉靖十四年”即1535年（《广舆图》及之后的系列“黄河全图”都出现了这一时间点），说明该图绘制的时间上限最早当是在1535年后（图中“嘉靖十四年新筑”标注在一处堤坝旁，只有堤坝已经筑成了，绘图时才会标注于图上）。虽然《郑开阳杂著》是在清康熙年间才编撰出来的，但从《四库全书总目提要》的记载来看，《郑开阳杂著》中的各卷都是在之前单独成书的。《郑开阳杂著》中的“黄河图”出自《黄河图议》，成一农的研究也认为：“《广舆图》中的‘黄河图’与《郑开阳杂著》中《黄河图议》中的地图极为近似”；[①] 此外，成一农还从罗洪先和

① 成一农：《〈广舆图〉史话》，国家图书馆出版社2017年版，第49页。

郑若曾两人的经历和学识角度进一步做了证明，得出“罗洪先绘制《广舆图》时参考了郑若曾绘制的地图和撰写的文字材料的可能性更大一些”[①]的结论。而罗洪先的《广舆图》初刻本最早是在1555年刻版的，因此推测《郑开阳杂著》中的“黄河图”其刻版时间应该在1535—1555年。

年代稍晚一点的是1555年前后罗洪先《广舆图》初刻本中的“黄河图”。《广舆图》“黄河图”之后附有《古今治河要略》，这与《黄河图说》碑上的《古今治河要略》是一致的。王逸明在《1609年中国古地图集——〈三才图会·地理卷〉导读》一书中也对《广舆图》“黄河图”进行了探讨，他认为：“《广舆图》初刻本抄自刘天和的石刻《黄河图说》”，[②]“同时又在《黄河图说》的基础上修改过，只是修改得不彻底，《广舆图》‘黄河图’还是受到了《黄河图说》的误导，如他把那些凌乱的堤坝也照抄了下来，沁河画得和刘图一样长”。[③]结合《郑开阳杂著》“黄河图”来看，《广舆图》“黄河图”很有可能是在参考刘天和《黄河图说》和《郑开阳杂著》“黄河图”的基础上改绘而成的。当然，郑图和罗图之间也存在很多差异，如《广舆图》“黄河图”在图面上多出了一段对河源进行解释的图说，即《黄河图叙》（这段文字首见附于《郑开阳杂著》“黄河图”之后，此处当是罗洪先将其摘录并标于图幅之上的，《广舆图》“黄河图”之后的很多同类地图上也有这段文字，或标于图上，或附于图幅之后）；图幅有所缩小（由《郑开阳杂著》“黄河图”的10幅缩减为《广舆图》“黄河图”的3幅）；此外罗图上还使用了方格网，也即应用了“计里画方”[④]的绘图方法等。

《广舆图》初刻本出版后影响很大，在之后的短短数年时间里，及至清末都刊行了许多不同的摹刻本。[⑤]很多古籍在引用地图时大都抄录《广舆图》初刻本或是其摹刻本。因此，在《广舆图》之后就形成了一系列以

① 成一农：《〈广舆图〉史话》，国家图书馆出版社2017年版，第49—50页。

② 王逸明编著：《1609年中国古地图集——〈三才图会·地理卷〉导读》，首都师范大学出版社2010年版，第107页。

③ 王逸明编著：《1609年中国古地图集——〈三才图会·地理卷〉导读》，第111页。

④ 关于罗图是否使用了“计里画方”的方法，具体参见成一农《“非科学”的中国传统舆图——中国传统舆图绘制研究》，中国社会科学出版社2016版。

⑤ 成一农：《〈广舆图〉史话》，国家图书馆出版社2017年版，第129页。

《广舆图》为代表，并与《广舆图》有很大承袭关系的地图序列。具体而言，1557 年《皇舆考》中的“黄河图”、1578 年《修攘通考》中的“黄河图”、1596 年《新镌焦太史汇选中原文献》中的“黄河图”、1609 年《三才图会》中的“黄河图”、1610 年《方舆胜略》中的“黄河图”、明万历年间《通漕类编》中的“黄河图”、明末《存古类函》中的“黄河图”、1633 年《汇辑舆图备考》“黄河源图”、1645 年《地图综要》中的“黄河图”、清初《阅史津逮》中的“黄河图”以及 1894 年《戊笈谈兵》中的“黄河”都是属于受到《广舆图》“黄河图”影响的地图。

这 11 幅《广舆图》“黄河图”系列的“黄河全图”中绘制的黄河形状及图中的主要地理要素基本都与《广舆图》初刻本“黄河图”一致，但在不同的图中又存在一些具体的差异：如《修攘通考》《通漕类编》和《阅史津逮》中的“黄河图”与《广舆图》“黄河图”一样，在图的左下角部分有对河源进行注释的文字，其他图则没有；《三才图会》《修攘通考》《阅史津逮》中的“黄河图”与《汇辑舆图备考》“黄河源图”、《戊笈谈兵》中的“黄河”，图上没有方格网；此外，在黄河下游河道的粗细、弯曲程度以及黄河河套地区注记的多少等方面，各幅图之间也不尽相同。当然，这些差异也有可能是受到了地图刻版印刷的影响。

《广舆图》之后，年代最早的应是《皇舆考》中的“黄河图”。该书最早于嘉靖三十六年（1557）出版（此处用的是万历十六年张天贤遐堂刻本，当是嘉靖三十六年本的一个翻刻本）。该书中的“黄河图”附在“卷十一·九边”之下，因此图中并无对“黄河图”的具体介绍和解说。而据《四库总目提要》记载：“其自序云：‘文襄桂公《舆地图志》、宫谕念庵罗公《广舆图》、司马许公《九边论》，词约而事该。故往往引三家之说冠于篇端。’”[①]《皇舆考》应该是参考了《广舆图》的。且该书初次刻版的时间与《广舆图》初刻本出版的时间仅相隔了 2 年，因此《皇舆考》在汇编过程中参考《广舆图》的可能性是很大的。

年代稍晚一点的是《修攘通考》中的“黄河图”。该书是“万历六年

---

① （清）永瑢等撰：《四库全书总目》卷 72“史部·地理类”，中华书局 1965 年版，第 636 页。

（1578）假借何镗（浙江丽水人，嘉靖二十六年1547年进士）之名刊刻的，其中收录了一部《广舆图》，这一版本的《广舆图》名为《广舆图纪》，各图图名也有所更改，而且删去了图后的文字表格，没有日本、琉球两国，也没有桂萼和许论的《九边图论》的文字”。[①] 由此观之，《修攘通考》中收录的《广舆图纪》当是《广舆图》的另外一个版本，是根据《广舆图》初刻本改绘而成的，只是在图名上有所删改而已，其他部分则大致与《广舆图》初刻本一致。基于此，我们就可以认为《修攘通考》中的“黄河图”也是在参考《广舆图》“黄河图”的基础之上改绘而成的。

然后是《新镌焦太史汇选中原文献》中的“黄河图”。该书的作者焦竑是明代著名的藏书家，其一生著录颇丰。《中原文献》就是其代表作之一，该书收录于《四库全书》集部中的总集类。总集一般是指多人著作的合集，因此《中原文献》很可能就是焦竑从前人的著作中将一些重要的内容摘录出来汇编而成的。且该书中的“黄河图”收录于《中原文献通考·卷一》之下，另外还有一幅《九边图》。全书仅此二图，推测当是摘录自之前的某一本书中，而根据地图的内容来看，其抄录的地图应当是《广舆图》的某一版本。

之后是1609年《三才图会》中的“黄河图”。《三才图会》中的“黄河图”与前面几幅“黄河图”在绘制内容上基本一致，只是在图上删去了大段的文字注记和方格网，并在空白处增加了一些山脉的形状符号。王逸明先生的研究认为：“《三才图会》中的‘黄河图’抄自《广舆图》中的‘黄河图’”。[②] 他的理由是：“《三才图会》中‘黄河图’的原图说‘古今治河要略’抄自《广舆图》的翻刻本，翻刻本抄自初刻本，而初刻本又是从《黄河图说》上抄录下来的”。[③] 此外，刘天和《黄河图说》碑上“古今治河要略”有一句为“无已，吾宁引沁之为愈尔，盖劳费正等，而限以

---

① 成一农：《〈广舆图〉史话》，国家图书馆出版社2017年版，第64页。

② 王逸明编著：《1609年中国古地图集——〈三才图会·地理卷〉导读》，首都师范大学出版社2010年版，第8页。

③ 王逸明编著：《1609年中国古地图集——〈三才图会·地理卷〉导读》，第107页。

斗门”,[①]《广舆图》初刻本错抄为“无已，吾宁引沁之为愈尔，盖劳费正艺，而限以斗门”。[②] 这处错误是从《广舆图》初刻本开始的，《三才图会》因袭了《广舆图》初刻本的错误。因此，从这一方面来说，二者之间是存在一定联系的。再者，《三才图会》是类书，其内容基本是对自它之前出版书籍的摘录，而且在《广舆图》初刻本出版之后到《三才图会》出版之前的这50多年时间里，仅《广舆图》的翻刻本就有6种之多，还有一些与《广舆图》有源流关系的书也已出版。因此，《三才图会》在编撰过程中都可能看到过这些书，并有可能在作者个人的主观意识下对其中某些地方进行了修改，从而形成了《三才图会》中的“黄河图”。

《三才图会》出版一年之后，也就是1610年，出现了《方舆胜略》。《方舆胜略》“黄河图”与《广舆图》“黄河图”在内容和形状上基本一致，只是少了图面上的图说，二者之间最明显的区别在于《方舆胜略》“黄河图”的河源被绘成了葫芦状。该书的开篇部分有徐来凤撰写的序言，其中说道：“适程进甫之兄幼舆者，挟《方舆胜略》从新安惠顾。余展读，卒业划。然啸曰：‘有是哉！留心兴务者乎？大都是编泛《广舆图》，所编摩《一统志》而损益之者也。’”[③] 由此观之，《方舆胜略》“黄河图”也当是在参考《广舆图》“黄河图”的基础上改绘而成的。

接下来是万历年间出版的《通漕类编》中的“黄河图”。该图的河源呈白色、长条状（也可能是刻版印刷的问题），并有大段对河源进行解释的文字注记。该书中“凡例”部分有一条名为“通漕类编引用的书籍”的条目，其中记载的《通漕类编》引用过的书籍就有40多种，《皇舆考》《广舆图》《河防一览》《登坛必究》[④] 等都位列其中。通过比较，能够发现《通漕类编》“黄河图”的形状和所绘内容与《皇舆考》“黄河图”基

---

① 王逸明编著：《1609年中国古地图集——〈三才图会·地理卷〉导读》，第106页。（注：此为王逸明先生根据《黄河图说》碑的拓片改正的）

② （明）罗洪先撰：《广舆图》初刻本，国家图书馆藏明嘉靖刻本，收录于《续修四库全书》，上海古籍出版社2013年版，第505页。

③ （明）程百二撰：《方舆胜略》，北京大学图书馆藏明万历三十八年刻本，收录于《四库禁毁书丛刊》，北京出版社1997年版，第111页。

④ （明）王在晋撰：《通漕类编》，华东师范大学图书馆藏明万历刻本，收录于《四库全书存目丛书》，齐鲁书社出版1996年版，第253—254页。

本相似。由此，我们可以确定《通漕类编》中的“黄河图”参考了《皇舆考》“黄河图”的可能性是最大的。

再然后是1633年《汇辑舆图备考》中的“黄河源图”。该图的绘制较为粗糙，黄河的基本形状走样很大，并且删去了方格网，图上也没有图说，也未绘制出黄河流入的大海。关于《广舆图》与《汇辑舆图备考》的关系，李孝聪有过探讨，他认为：“潘光祖的《汇辑舆图备考全书》是根据《广舆图》的材料有所增损而成的。”[①] 任金城先生也认为：“吴学俨等人的《地图综要》、潘光祖的《舆图备考》等都是以《广舆图》为蓝本，仅大量增加了文字说明部分而已。”[②] 不过最早提出这一观点的应当是王庸先生。[③] 且在该书的目录后，还附有《汇辑舆图备考》采录的书目，其中就有《方舆胜略》《正皇舆考》《广皇舆考》《广舆记》[④] 等一些与《广舆图》存在密切联系的书籍。综合上述几个观点，我们可以确定《汇辑舆图备考》中的“黄河源图”是以《广舆图》“黄河图”为基础改绘而成的。再者，《汇辑舆图备考》是一部类书，从这个角度来看我们就不难理解该书中“黄河图”与《广舆图》“黄河图”之间存在的联系了。

接着是1645年《地图综要》中的“黄河图”。该图的河源大致呈葫芦状，图上没有图说。李孝聪教授的研究认为：“明末吴学俨、朱绍本、朱国达、朱国幹等人编制的《地图综要》，从编次和图式分析来看，所有地图不仅都以《广舆图》为蓝本，甚至能够看出是以《广舆图》万历钱岱刻本为基础粗略绘制而成的”[⑤]；如前所述，任金城先生也持类似的观点。由此观之，《地图综要》中的“黄河图”就是根据《广舆图》万历钱岱刻本中的“黄河图”改绘而成的。

然后是明末《存古类函》中的“黄河图”。该书作者为崇祯年间的陈组绶，他还有另外的一部地图集——《皇明职方地图》，该图集是继《广

① 刘新光、李孝聪：《状元罗洪先与〈广舆图〉》，《文史百题》2002年第3期，第34页。

② 任金城：《〈广舆图〉的学术价值及其不同的版本》，《文献》1991年第1期，第130页。

③ 王庸编：《中国地理图籍丛考》，商务印书馆1940年版，第21页。

④ （清）潘光祖撰、李云翔续撰：《汇辑舆图备考》，北京师范大学图书馆藏清顺治刻本，《四库禁毁书丛刊》，北京出版社1997年版，第464页。

⑤ 李孝聪著：《欧洲收藏部分中文古地图叙录》：《地图综要》，北京国际文化出版公司1996年版，第156页。

舆图》之后一种较好的地图，但其“不过是在《广舆图》的基础上作了增补修订而已”。[①] 一般而言，就一位学者的研究来说，其前后的著作之间一般都存在很大的继承性，因此《存古类函》中的“黄河图”在绘制过程中很有可能就继承了《皇明职方图》的一些绘图数据和思想。而《皇明职方地图》又是在《广舆图》的基础上改绘的，因此《存古类函》也可能间接地受到了《广舆图》的影响。当然，《存古类函》还是一部类书，从这个角度来看，该书中的“黄河图”参考《广舆图》“黄河图”也就不足为奇了。

再次是清初《阅史津逮》中的“黄河图”。该幅“黄河图”绘制较为简略，图面注记较少，并且删去了方格网，但在图面下方又增加了图说。该书的提要部分有言：“是书以阅史不谙地理，无由识其形势，乃考订往牒，正其舛讹，各绘以图。”[②] 由此观之，该书的作者也应该是在参考大量之前图书的基础上改绘的“黄河图”。因此，《广舆图》及其上述所言的各书也当是该书作者参考和考证的“往牒”，《阅史津逮》“黄河图”与这些书籍中的“黄河图”有所关联也在情理之中。

最后是《戊笈谈兵》中的“黄河”。该书作者汪绂的生卒时间为1692—1759年，因此该书的成书时间也应当在这一范围内。但是，由于该书早年未能刊行，直到光绪二十年（1894）才刊印，因此将其放到了这一谱系的最后部分。《戊笈谈兵》是一本有关兵书精要图籍的汇辑和评论，收录于子部兵家类。因其为图籍的汇辑，收录之前流传的地图也就很自然了，而“黄河全图”无疑是之前流传地图中的一个重要专题；再加上黄河自古就是险要之地，是兵家必争之地，该书又是兵家类的书，因此收录“黄河全图”也很好理解。此外，该书中的“黄河”收录在卷四《宇内舆图第六笈》中，有序言云：“余家世好古，又承先太傅之后，凡夫天文、地舆皆旧有藏书……又以国朝因革或与明殊，爰于友人博，借今本又搜断

① 刘新光、李孝聪：《状元罗洪先与〈广舆图〉》，《文史百题》2002年第3期，第34页。

② （清）朱约淳撰：《阅史津逮》，中国科学院图书馆藏清初彩绘钞本，收录于《四库全书存目丛书》，齐鲁书社1997年版，第517页。

简印，以旧闻参互改订，以著是笈。”① 从这段序言以及该图与上述的“黄河全图”在图面内容上存在的相似性来看，“黄河”也应该是在参考之前书籍中“黄河全图”的基础上改绘而成的。再从“黄河”的总体形状来看，该书所参考的书籍或者说在绘制“黄河”时所参考的书籍当以《广舆图》系列为主。

### （二）漕河全图

根据图面所绘内容，我们大致也可以将古籍中出现的5幅“漕河全图”分为两类：

第一类包括：《河防一览》中的“全河图”、《登坛必究》中的“全河漕图说”、《武备志》中的“全河漕图说”以及《南河志》中的“全河总图”4幅图。

这类地图以《河防一览》中的“全河图”为代表，它们都有一个明显的特点：忽略了实际情况，而将黄河与运河平行的绘制在同一幅地图上。②但是，黄河与运河也并非始终排在一起：黄河始于河源星宿海，到了延安河附近才绘制运河；而当运河到达宝应县时，黄河已到入海口，因此宝应县以下又只绘出了运河，运河则到“浙省”钱塘江止。稍有不同的是，《南河志》“全河总图”中的运河到瓜洲扬子江就没有了，比起其他三幅图缺少了从扬子江到“浙省”钱塘江这一段的运河。

比较4幅图，我们能够发现它们所表现的黄河的基本情况是一致的。图面描绘的内容大致是：“黄河从星宿海河源经青海、甘肃、宁夏、内蒙古、陕西、山西、河南、江苏，在徐州与运河交汇，在淮安附近分流夺淮，经江苏云梯关入海；运河北起北京，自榆河、沙河、白河，穿黄河、淮河、长江，终至浙江钱塘江。”③ 图上着重强调了黄河、运河的河工水利，特别是黄河在徐州以下到入海口这一段河道内的河工水利，并且在每

① （清）汪绂撰：《戊笈谈兵》，清光绪二十年刻本，收录于《四库未收书辑刊》，北京出版社1997年版，第513页。

② 成一农：《“非科学”的中国传统舆图——中国传统舆图绘制研究》，中国社会科学出版社2016年版，第207页。

③ 中华舆图志编制及数字展示项目组编著：《中华舆图志》，中国地图出版社2011年版，第172页。

个水利河工设施旁都有大量的文字注记，绘制内容较为详细，当是一幅黄河、运河的水利河工图。4 幅地图之间的差别仅限于地理要素之间存在的些许差异，如黄河的表现形式、河道的粗细、波浪的纹式等，以及图面上文字注记的多少等方面。

《河防一览》“全河图”目前存世有多个版本，其中最重要的有三个：一是收藏于中国国家博物馆的绢本彩绘《黄河运河图》，是潘季驯于 1590 年治河告竣后所绘的工程草图；二是立石于山东济宁总河衙署内的《全河图》图碑（国家图书馆藏有全碑拓片一幅，著录为《河防一览图》），是潘季驯在万历十九年（1591）离任时刻绘的；三是潘季驯《河防一览》一书中根据前者所绘的刻本图。[①] 本文使用的“全河图”当是潘季驯的《河防一览》一书中根据这一石碑摹绘的刻本图。这幅图开创了明后期到清初这一段时间内，将黄河与运河绘制在同一幅图内的先例。

年代稍晚的是 1599 年成书的《登坛必究》中的“全河漕图说”，接着是 1621 年《武备志》中的“全河漕图说”，最后是 1625 年《南河志》中的“全河总图”。《登坛必究》与《武备志》都是兵家类的书，历代都将黄河视为天然的屏障、战略要地，黄河的河防、河政和水利建设也是历代王朝关注的重点，因此收录这类“漕河全图”并不奇怪；《南河志》则是地理类的书籍，自然也注重黄河河道的古今变迁、山川形变等，因此收录该图也是很自然的。从这个角度来看，我们就不难理解这三部书都收录这类图的原因了。

第二类为《河防刍议》中的“黄河总图”。

该幅“黄河总图”是单独描绘黄河从河源星宿海到云梯关入海口的“黄河全图”，与《河防一览》“全河图”中的“黄河”一致，但图上并无“运河”。该图在河源至潼关这一部分有众多的文字注记，潼关以下文字注记较少，但该图有一个明显的特点，即着重突出了黄河流经地区的城市和山脉，以及下游部分众多的河堤水利工程设施。

关于《河防刍议》“黄河总图”与《河防一览》“全河图”的关系，

① 中华舆图志编制及数字展示项目组编著：《中华舆图志》，中国地图出版社 2011 年版，第 173 页。

《河防刍议》的作者崔维雅认为：“潘季驯河防榷书有总图而无分图，言筑堤而不言引河。然顶冲激汛，堤不能塞，法有时而穷，非疏导不足以分其势，杀其怒”,[①] 于是“故长图不能尽，而分图以晰之”。[②] 由此观之，《河防刍议》中的“黄河总图”应该是崔维雅从《河防一览》“全河图”中将“黄河”单独摘录出来绘制而成的。另外，从时间上来看，《河防刍议》成书于康熙中期，书中“黄河总图”的绘制也有可能是受到了康熙中后期将黄河图与运河图分开来绘制的趋势所影响而造成的。基于此，我们大致可以认为《河防刍议》“黄河总图”有可能就是依据潘季驯的《河防一览》“全河图”改绘而成的。

## 三　余论

综上所述，古籍中收录的22幅“黄河全图”的传承关系如表2所示。

当然，以上对古籍中收录的22幅“黄河全图”谱系关系进行的梳理主要还是依据它们在图面内容上的相似性和一些其他因素展开的，这种方法具有较大的主观性。但限于古籍中地图本身的复杂性和当前的研究水平，本文亦只能据此做一些简要的探讨。而要想确定地图之间是否确实存在谱系关系，还有待于新材料的挖掘和基于这些材料基础之上的理性分析和严密的逻辑论证来实现。

从时间上来看，就上述古籍中收录的22幅“黄河全图”而言，大部分地图的刻版时间都集中在16世纪中叶前后，只有少部分是清代才刻版的。而在这之前，也就是16世纪以前，现存的古籍中基本上没有出现过（或者说基本没有留存下来，元代王喜的《治河图略》除外）专门的以黄河为主要绘制对象的专题性黄河图。相反，这些“黄河全图”却在明朝中后期及至清末得以长期延续和流传并不断发生变化。

---

① （清）崔维雅撰：《河防刍议》，南京图书馆藏清康熙刻本，收录于《四库全书存目丛书》，齐鲁书社1997年版，第102页。

② （清）崔维雅撰：《河防刍议》，南京图书馆藏清康熙刻本，收录于《四库全书存目丛书》，齐鲁书社1997年版，第102页。

表 2　　古籍中收录的 22 幅“黄河全图”谱系

| 黄河图 | | |
|---|---|---|
| 黄河全图 | | 漕河全图 |
| 《郑开阳杂著》“黄河图” | 吴山（刘隅）《治河通考》“河源图”“黄河图” | 《河防一览》“全河图” |
| 《广舆图》初刻本“黄河图” | 《图书编》“河源总图” | 《登坛必究》“全河漕图说” |
| 《皇舆考》“黄河图” | 《八编类纂》“河源总图” | 《武备志》“全河漕图说” |
| 《修攘通考》“黄河图” | | 《南河志》“全河总图” |
| 《新镌焦太史汇选中原文献》“黄河图” | | 《河防刍议》“黄河总图” |
| 《三才图会》“黄河图” | | |
| 《方舆胜略》“黄河图” | | |
| 《通漕类编》“黄河图” | | |
| 《汇辑舆图备考》“黄河源图” | | |
| 《存古类函》“黄河图” | | |
| 《地图综要》“黄河图” | | |
| 《阅史津逮》“黄河图” | | |
| 《戊笈谈兵》“黄河” | | |

结合明朝中后期到清代这一时期的历史来看，16 世纪中后期出现了大量以黄河为主要绘制对象的专题性黄河图，当是与这一时期频繁的黄河水患密不可分的。据杜省吾先生所著《黄河历史述实》一书中的考证，明朝中后期自 1535 年黄河于赵皮寨决口到 1601 年河决商丘萧家口的这 60 多年间，黄河决口就多达 15 次，平均每 4 年就有 1 次，这应该算是黄河历史上决口最为频繁的一段时期了。黄河频繁的决口不仅给明王朝造成了巨大的经济损失，而且由此引发的饥荒、流民等社会问题甚至一度威胁到了国家的安全。基于此，明、清两代都特别重视对黄河水患的治理，而对黄河河道的治理则成为其中最为重要的内容。明、清两代，国家都设置了专门的治河机构并委派大臣对黄河河道进行治理。当此之时，伴随着国家对黄河河道的治理，以黄河为主要表现对象的“黄河全图”也就应运而生了。

然而，在这些以黄河为主要对象的专题“黄河全图”出现后，由于中国古代绘制新的地图较为困难，尤其是在民间，因此，很多书在引用地图的时候基本上都是抄录之前书籍中的地图。稍有不同的是，有的书在抄录前图的基础上会略加修改，有的则直接不改。而在一幅新的地图绘制出来后，由于没有人有能力去完善它，再加上传播翻刻过程中越传越走样，就使得这些相似的地图之间也出现了很多不同之处。这也正是我们今天能够通过比较这些地图之间的差异，来梳理它们之间的源流谱系关系的原因所在。

# 中国国家图书馆藏《陕西舆图》绘制年代的再认识*

陈　松　成一农**

中国国家图书馆藏有一幅《陕西舆图》,《舆图要录》中对该图的基本情况作了如下著录:"绘本,未注比例,[明天启年间],1 幅分裱 5 条;绢底彩色;250 * 320. 5 厘米。本图系明代陕西普通区域地图……详实地反映了明代天启年间我国西北地区历史、地理、交通、军事等情况。"① 方位上南下北,左东右西。绘制范围为今天陕西全境、甘肃省大部、青海省东部及宁夏回族自治区大部地区,东起黄河、西至嘉峪关、南至汉中盆地南侧、北至长城。本文以该图为研究对象,先概述全图,对以往关于该图成图年代的研究进行分析,并根据舆图内容、地图的正方向以及地图对重点信息的强调对其绘制年代进一步推考。

## 一　《陕西舆图》内容概述

《陕西舆图》采用中国传统的青绿山水画法,绘制表现城池、长城、墩台、关隘、庙宇、部族、帐篷、山川、河流、湖泊、草滩、泉源等,以

* 本成果得到国家社会科学基金重大项目"中国国家图书馆所藏中文古地图的整理与研究"(项目编号:16ZDA117)资助。

** 陈松,云南大学历史与档案学院博士研究生,广西幼儿师范高等专科学校助理研究员。成一农,云南大学历史与档案学院研究员,博士生导师。

① 北京图书馆善本特藏部舆图组编:《舆图要录》,北京图书馆出版社 1997 年版,第222 页。

墨书标示方位东南西北于舆图的四缘。山脉一般用青绿色绘制，依山势或险峻或平缓，但陕西中部、北部，也就是黄土高原地区的一些山脉用黄色表示，也有个别山脉、山岭以赭色描绘山顶，以白色表示雪山，重要山脉用文字加以标注。用黄色水波纹表示黄河，其他河流用青色实线表示，湖泊、泉源及河流发源处用绿色水波纹展现。以绿色草形描绘草滩、草场。以红、棕、白色帐包符号描绘蒙古、西番部落居所。寺、庙等采用象形描绘。

行政城池一般用绿色双实线勾勒出实际形状以及关城或外郭和城门，铺底不同颜色区分，府级城市涂成红色，其他城池内涂粉红色，沿边的城堡用黄色双实线方框绘制，驿站大部分用黑色单实线长方形框标注，中间为白色。图内绘制府、州、县、卫、所、堡等各级城池 260 余处。其中图绘府城 8 处，即巩昌府、临洮府、汉中府、凤翔府、平凉府、庆阳府、西安府、延安府。

长城是该图的重要表现内容之一，采用立体画法，墙体以黄色横边表示，东起黄甫营、西至嘉峪关，且绘制有墩台，墩台顶部饰以红色旗杆，关门绘成拱门、有城楼。沿长城各堡、营、所等一一用文字标注。自靖边营至花马池（堡）之间长城外，还有一段用断壁残垣来表现已经坍塌了的城墙，标注“旧边墙”。

该图用红色双线详细描绘了这一地区城镇、城堡以及关隘之间的交通路线，即驿路，交织成网、遍布图面，并用文字标注了各个地点之间的道路距离。边墙一线，自东而西至嘉峪关，还设有沟通长城内外的“闇门”（暗门）9 处，并绘有自闇门通往边外的道路。

## 二　关于《陕西舆图》绘制年代的初步分析

### （一）现有的关于《陕西舆图》绘制年代的研究

截至目前，关于国家图书馆藏《陕西舆图》的研究，主要是对其进行简要的介绍，尚无专门论著和研究论文面世。根据前人对于《陕西舆图》的研究，关于其绘制年代，主要有明泰昌或天启年间、清初、清朝康熙中叶四种说法。

明泰昌年间说。陕西省地方志编纂委员会编《陕西省志》“测绘志”中讲述元代明代地图时，对陕西舆图作了一节介绍，称“陕西舆图是现存最早的陕西全省地图，现藏北京图书馆。图绘制于明泰昌元年（1620）”。[①]

明天启年间说。持这一说法的除了《舆图要录》，还有闫平、孙果清等编著《中华古地图珍品选集》中对该图的介绍称：陕西舆图绘制于明天启年间（1621—1627）。[②] 丁海斌著《中国古代科技文献史》也引入了同样的论断，介绍称“陕西舆图，明代大幅省区地图，从图中主要反映的是明万历年间的建制和事迹，知此图绘于天启年间”。[③]

清初说。《中华舆图志》辑录了《陕西舆图》，介绍其绘制于清顺治年间（1644—1661）。[④] 陈红彦主编的《古旧舆图善本掌故》中介绍《陕西舆图》，主要采用陈健的说法：《陕西舆图》系清初绘制而成，是一幅普通区域地图。[⑤] 而陈健早年相关研究曾认为陕西舆图系明代天启年间（1620）绘制完成的，其在《地图》1996 年第 4 期发表的《陕西舆图图说》一文中曾如此表述。

清朝康熙中叶说。李孝聪在《中国长城志 · 图志》中介绍《陕西舆图》，认为其绘制于“清朝康熙中叶”，推考“陕西舆图可能绘于康熙二十四年开馆纂修一统志书各省督抚画图呈进之际”。[⑥]

国图藏《陕西舆图》的绘制年代由于没有统一的说法，后人在相关研究中往往沿引前人认为是明天启年间所绘的说法。如徐艳磊在其硕士学位论文《宁夏舆图研究》中对《陕西舆图》的介绍如下：“明天启年间绘制，绢底彩绘本，现藏国家图书馆。舆图开幅 256 × 320.5 厘米，方位为上南下北。所绘范围包括今陕西省全境、甘肃省大部、青海省东部及宁夏回

---

① 陕西省地方志编纂委员会编：《陕西省志》卷 39 “测绘志”，西安地图出版社 1992 年版，第 303 页。

② 闫平、孙果清等：《中华古地图珍品选集》，西安地图出版社 1995 年版，第 147 页。

③ 丁海斌：《中国古代科技文献史》，上海交通大学出版社 2015 年版，第 382 页。

④ “中华舆图志编制及数字展示”项目组：《中华舆图志》，中国地图出版社 2011 年版，第 90 页。

⑤ 陈红彦：《古旧舆图善本掌故》，上海远东出版社 2017 年版，第 63 页。

⑥ 参见李孝聪：《中国长城志 · 图志》，江苏凤凰科学技术出版社 2016 年版，第 70—73 页。

族自治区大部分地区。舆图采用中国古代地图传统形象画法绘制，画工精细，色彩绚丽，翔实地反映了明代天启年间我国西北地区历史、地理、交通、军事等情况。”① 鉴于此，本文认为该图的绘制年代值得认真斟酌，以该图绘制内容和方位为基础，对该图绘制年代再次推估，形成更为准确的认识。

### （二）《陕西舆图》可能系改绘而成

国图藏《陕西舆图》与明代晚期边防图和政区图在绘制风格上比较近似，图中所绘行政建置、卫所以及沿边的堡寨看上去似乎符合明代的状况。如雒南县，由于泰昌元年（1620），为避光宗（朱常洛）讳，将原“洛”字改为“雒”字，洛南遂改为“雒南”。这应该是有研究者认定《陕西舆图》绘制于泰昌或天启年间的重要依据。图中所描绘的城池形状以及外郭城或关城也基本属于明代后期，如明代三原县有东西南三个关城，其中西关城修建于明初，不过规模很小；② 北关城修建于嘉靖二十六年（1547），规模很大，周四里四分；③ 东关城修建于崇祯八年（1635），规模也较大，为三里三分，且修筑后非常繁荣，④ 但图中只表现有北关城，因此可以推测图中表现的是嘉靖二十六年之后至崇祯八年之前三原县城的样貌。初步来看，《舆图要录》中对该图为天启年间的断代有一定的合理性。

但该图是否确如大部分学者认定绘制于明后期呢？可以先从图中的反映的政区建置和文字标识来分析。

#### 1. 从政区地名来看

图中部分县制是为明中后期所增设，如镇安县为明景泰三年（1452）所设；成化九年（1473）始置礼县、复置河州；成化十二年（1476），商县丰阳巡检司改设山阳县；成化十三年（1477）设商南县，析淳化县地置三水县；万历十一年（1583）割邠州一隅添置长武县。据此貌似可认为该

---

① 徐艳磊：《宁夏舆图研究》，硕士学位论文，宁夏大学，2013 年，第 32 页。

② 光绪《三原县新志》卷 2“建置志”，成文出版社有限公司 1976 年版，第 68 页。

③ 光绪《三原县新志》卷 2“建置志”，第 70 页。

④ 光绪《三原县新志》卷 2“建置志”，第 72 页。

图的表现年代是明后期。然而，清初该地区的行政建制基本是沿袭明代，并无多大变动。而且查阅该图可以发现一个明显的支持该地图不是明代绘制的证据，就是图中在兰州的东北、宁夏的东南方向，也就是今天靖远县的位置上绘制有“靖远卫”，在明代其应当是“靖虏卫”，清顺治元年为了避免使用“虏”这一带有侮辱性的词汇，才将其改为了“靖远卫”（见图1）。由此可以确凿地认为该图绘制于清代。

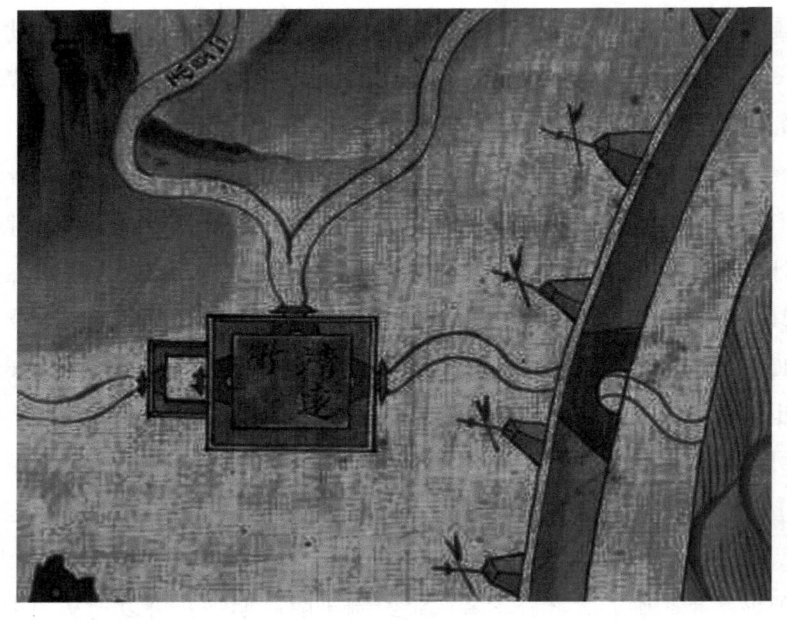

图 1　《陕西舆图》局部之“靖远卫”

那么，如何解释图中存在大量的卫所呢？查阅史料可以发现，陕西、甘肃地区卫所的大规模裁撤以及改为府、州、县发生于清朝雍正二年（1724）前后。[①] 如雍正八年（1730），靖远卫改为靖远县，岷州卫改称岷州。因此在雍正朝之前，这一地区的政区与明代后期相比并没有太大的差异。由此可见该图应当绘制于雍正二年之前。

① 具体可以参见《嘉庆重修大清一统志》，中华书局 1986 年版。牛平汉：《清代政区沿革综表》，中国地图出版社 1990 年版。

2. 从图中标识文字来看

该图“西宁镇”西南边有塔尔寺，塔尔寺上方不远处另有一寺庙图形，标注“新造班禅寺”，这个可以视为该图为清代所绘的佐证。因为班禅这个称号，始于1645年。这一年，蒙古固始汗赠给西藏格鲁派扎什伦布寺寺主罗桑曲结以“班禅博克多”的尊称。这也可以推断出该图的绘制至少是1645年以后。

在宁夏镇平罗营堡沿驿路出长城边墙闇门的一条道路上，标识有一段文字“三十五年出口进剿大路”（见图2）。查阅可知，明代大规模北征蒙古主要集中在洪武和永乐时期，洪武只有三十一年，而永乐时期大规模征伐蒙古在二十二年前后基本就结束了，因此这段文字不太可能指的是洪武和永乐时期对于蒙古的征讨。而且明代有三十五年的皇帝只有嘉靖和万历，这两代对于蒙古都处于被动挨打的局面，没有大规模的且是从宁夏出发深入蒙古的军事进攻。但是清代康熙三十五年（1696）进攻噶尔丹时兵分三路，即“六月癸巳，上还京。是役也，中路上自将，走噶尔丹，西路费扬古大败噶尔丹，唯东路萨布素以道远后期无功”①，其中“西路费扬古”是从归化城出发的，与其配合的孙思克则是从宁夏北上②，正符合图中所绘，由此看来此图所表现的时间应该是在康熙三十五年之后，绘制时间也当在这一时间之后。从图中“三十五年出口进剿大路”一句没有加上“康熙”这一限定语来看，《陕西舆图》很可能是在康熙三十五年之后至康熙末绘制的。③

但如何解释上文提及的某些地理要素表现的是明代的状况呢？为了解释这一矛盾，我们认为，《陕西舆图》很可能是以明末陕西地图为底图改绘的，这种改绘存在两种可能性，即可能直接根据明末地图改绘，也可能是在清初已有摹绘本基础上的再次改绘，但其底图来源于明末地图

---

① 《清史稿》卷7“圣祖本纪二”，中华书局1976年版，第244页。

② 《清史稿》卷255“孙思克传”，中华书局1976年版，第9785页：“三十五年，上亲征，大将军费扬古当西路，思克率师出宁夏，与会于翁金”。

③ 李孝聪先生2019年8月25日在“地图学史前沿论坛暨‘《地图学史》翻译工程’”国际研讨会上作《试论地图上的长城》报告发言时提及《陕西舆图》的绘制年代，亦以“三十五年出口进剿大路”文字标识断定该图绘制于康熙三十五年之后。

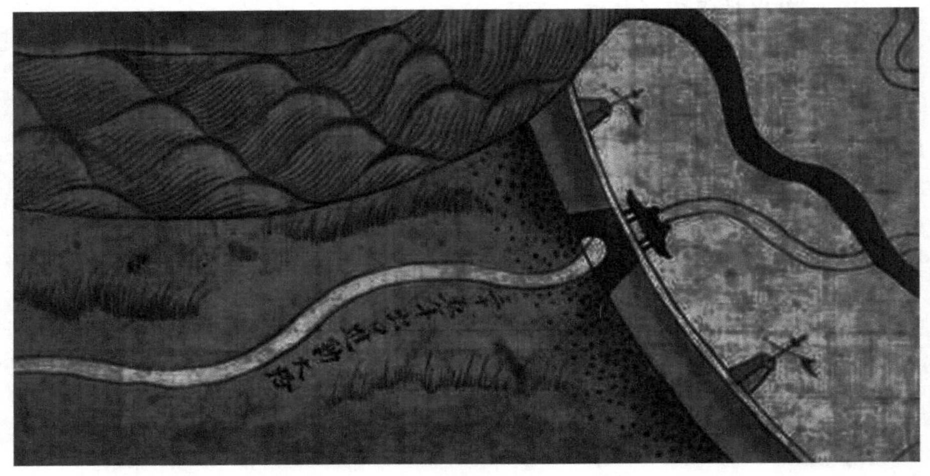

图 2　《陕西舆图》局部

是没有疑义的，只是在改绘时将带有侮辱性词汇的“靖虏卫”改为了“靖远卫”。

关于此图系改绘而成，还有一些旁证。如秦州，明清时期的秦州由多一座东关和多座西关构成，[①] 但图中东、西关城正好绘制相反了（见图 3）。这一时期的边防图和政区图大都以北为正上方，而《陕西舆图》则以南为正上方，可能由于这种方向上的倒置，使得改绘者也完全难以适应，因此改绘时将原来地图上的秦州城的形象完整地复制了过来，由此也就产生了这样的错误。存在方位颠倒的城池还有：临洮府城，明景泰年间重修时“辟东西北三门”，图中所绘却是南、北、西 3 门；[②] 安定县有东西北向 3 座城门，但图中城门处在东、南、北向。[③] 虽然新绘地图也有可能出现上述差误，但可能性并不大，毕竟绘制者是明确知道地图正方向的；而在改绘时，虽然改绘者也明确知道地图正方向的变化，但受到原图的影响，绘制时很可能会犯“迷糊”。

① 乾隆《直隶秦州新志》卷 3“建置”，成文出版社有限公司 1976 年版，第 212 页。

② 道光《兰州府志》卷 3“建置”，成文出版社有限公司 1976 年版，第 184 页。

③ 嘉庆《重修延安府志》卷 12“建置考”，成文出版社有限公司 1976 年版，第 308 页。

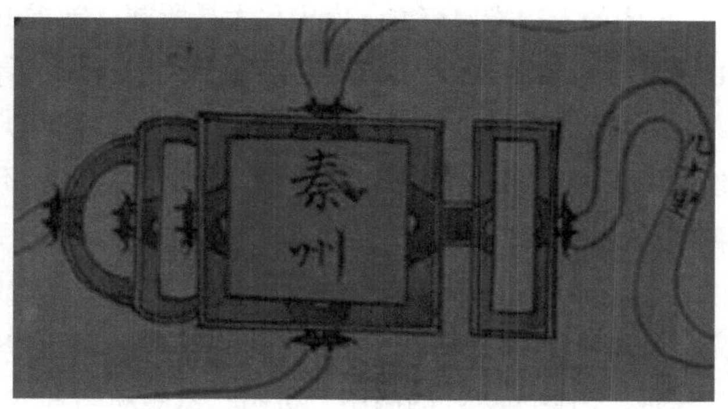


图3 《陕西舆图》局部之“秦州”城

## 三 基于地图功用来看《陕西舆图》上南下北的绘制方位

与大多数明清时期的政区图和边防图不同，《陕西舆图》以南为正上方。那么，这种以南为上、以北为下方位绘制的地图在中国古代地图中是否属于极少数的特例？明后期至清前期，以上南下北、左东右西的方位来绘制的政区图和边防图为数不多，目前已知的仅有北京大学图书馆藏《巩昌分属图说》,[①] 台北“故宫博物院”藏《行都司所属五路总图》[②] 等。

方位对于地图绘制来说，是非常重要的一个要素，是绘制者在地图绘制之初就要考虑和确定的。只有先明确了上下左右的方位，才能定位图上地貌、地物的位置，地图才能准确绘制。与今天的地图不同，我国地图绘制自古以来并无必须遵循的一成不变的正方位。姜道章列举了古代多幅不同方位定位的地图：“著名的《禹迹图》和《华夷图》都以地图的上方为北方；汉代的马王堆地图以及南宋程大昌撰《雍录》所附《唐都城内坊里古要迹图》和《汉唐都城要水图》则以地图的上方为南方；宋代《建康志》所附《皇朝建康府境之图》和元代张弦纂《至正金陵新志》所附

① 李新贵、白鸿叶：《〈巩昌分属图说〉再探》，《故宫博物院院刊》2016年第6期，第17—30页。

② 卢雪燕：《彩绘本〈行都司所属五路总图〉成图年代及价值考述》，《故宫博物院院刊》2009年第5期，第83—103页。

《茅山图》则以地图的上边指向东方；南宋程大昌所撰《禹贡山川地理图》中的《九州山川实证总要图》《今定禹河汉河对出图》和《历代大合误证图》等，又都以地图的上方指向西方。"[①] 关于中国古代地图的正方向，李孝聪先生从地图使用的角度出发，指出："……中国地图采用不同的方位，是中国制图工匠从使用目的出发的方位观。"[②] 姜道章也认为，地图方位的选择，其原因之一是出于"功能上的目的，许多传统的中国地图是依地图使用者位置定位的"。[③] 也就是说，地图是画给谁来看，地图的阅读者决定了地图的最后呈现。为便于更好的阅图、析图，依照观图者的场域位置来确定左右上下，切合阅图者由近及远、逐步推进的视觉观感和体验，可以更直观地观瞻地图所绘地区的地形地貌、行政建制、边防布局、人文景观等。如果从地图使用功能角度来解读《陕西舆图》上南下北、左东右西的绘制，那么得出的合理结论就是，阅图者很可能身处长城沿线或外侧来察看陕甘一带的地形地貌、布防等情况。

前文已经对《陕西舆图》的绘制年代进行了分析，认定其绘制于康熙三十五年之后至康熙末，而且改绘之初使用的底图是明末地图。《陕西舆图》绘制范围涵盖今陕西全境、甘肃省大部、青海省东部及宁夏回族自治区大部地区，尤其侧重对于长城沿线各关堡以及驿路、驿程的详细描画，这样一幅较为精美的绘本地图，很可能与康熙三十六年（1697）康熙帝亲征噶尔丹事件有关。是否可以揣测《陕西舆图》为康熙此次亲征所使用呢？现以康熙亲征路线来推考《陕西舆图》与该事件的契合度。

经过康熙二十九年（1690）的乌兰布通之战、康熙三十五年（1696）昭莫多之战，漠西蒙古（卫拉特）准噶尔部首领噶尔丹仍负隅顽抗，拒不投降，康熙皇帝遂于三十六年正月初三日谕理藩院"今观噶尔丹势甚穷蹙，天与不取，坐失事机"，[④] 再次下诏亲征："朕欲往宁夏亲视大兵、粮

① 姜道章：《论传统中国地图学的特征》，《自然科学史研究》1998 年第 3 期，第 267—268 页。

② 李孝聪：《中国古代地图的启示》，《读书》1997 年第 7 期，第 140 页。

③ 姜道章：《论传统中国地图学的特征》，第 268 页。

④ 《清实录》第五册《圣祖仁皇帝实录（二）》卷 179，第 919 页。

饷、地方情形”,① 并于二月初六“上行兵宁夏”。② 康熙帝此次前往宁夏，基本沿长城一线行进，其行程及驻跸地点见表1。

**表1　康熙三十六年（1697）春夏康熙帝亲征前往宁夏的主要驻跸地点**

| 时间 | 驻跸地点 | 所属地区 |
| --- | --- | --- |
| 二月初六 | 出德胜门、驻跸昌平州 | 直隶 |
| 二月初八 | 怀来县城西 | |
| 二月初九 | 沙城堡 | |
| 二月十一日 | 宣化府 | |
| 二月十五日 | 阳和卫城 | 山西 |
| 二月十七日 | 大同 | |
| 二月十九日 | 怀仁县 | |
| 二月二十二日 | 朔州 | |
| 二月二十八日 | 保德州 | |
| 二月二十九日 | 自保德州渡黄河 | 山西、陕西 |
| 二月二十九日 | 府谷县城南 | 陕西 |
| 三月初四 | 神木县 | |
| 三月初四 | 建安堡 | |
| 三月初十 | 榆林卫 | |
| 三月十一日 | 他喇布拉克③ | 边外蒙古 |
| 三月十二日 | 哈留图郭尔④ | |
| 三月十三日 | 库尔奇拉⑤ | |
| 三月十四日 | 扎罕布拉克 | |
| 三月十五日 | 通阿拉克⑥ | |
| 三月十七日 | 安边城东 | 陕西 |

① 《清实录》第五册《圣祖仁皇帝实录（二）》卷180，第928页。

② 《清实录》第五册《圣祖仁皇帝实录（二）》卷180，第925页。

③ 布拉克即蒙古语泉水之意，《蒙古游牧记》作“塔拉泉”，《亲征朔漠方略》作“他喇泉”。

④ 哈留图郭尔，河流名称，康熙《河套图》作“哈柳图河”，《亲征朔漠方略》作“海流图河”。这一河流和上面提到的他喇布拉克等流入边内榆林后叫无定河。

⑤ 高士奇《扈从纪程》作“库尔祁喇”。

⑥ 《扈从纪程》作“通河喇克”，《蒙古游牧记》作“佟哈拉克诺尔”。

续表

| 时间 | 驻跸地点 | 所属地区 |
|---|---|---|
| 三月二十日 | 花马池东 | 甘肃 |
| 三月二十一日 | 安定堡 | |
| 三月二十二日 | 兴武营城西 | |
| 三月二十三日 | 清水营 | |
| 三月二十四日 | 横城 | |
| 三月二十五日 | 自横城渡黄河 | |
| 三月二十六日 | 宁夏镇城 | |
| 三月二十九日 | （驻宁夏）出北门观宁夏绿旗马、步兵操演 | |
| 闰三月初二 | （驻宁夏）由南门登城往西阅，降至北门御行宫 | |
| 闰三月十五日 | 自宁夏起行 | |

资料来源：《清实录》第五册，圣祖仁皇帝实录（二），中华书局，1985 年，第 919—961 页；官修《清代起居注册（康熙朝）》，联经出版事业公司，2009 年，第 4931—5704 页；N. 哈斯巴根：《康熙北巡内蒙古西部道程考》，《满学论丛》第二辑，辽宁民族出版社，2012 年，第 233—235 页。

在进入陕西后，康熙帝前往宁夏的行程分为三段：第一程段，相继驻跸在府谷县城南、孤山堡西、卞家水口、神木县、柏林堡西南、高家堡南、建安堡东、王关涧、榆林；第二程段，驻跸他喇布拉克、哈留图郭尔、库尔奇拉、扎罕布拉克、通阿拉克，为边外蒙古地；第三程段，进入边内，驻跸安边城东、定边城、花马池、安定堡、兴武营西、清水营、横城，以至宁夏。①

对应到《陕西舆图》上，可以看到：舆图对边内各镇、卫、营、堡等以及与之相连的驿路、驿程描绘甚是详细，康熙帝驻跸过的边内地点在舆图中均有迹可循。反之，舆图对边外地理形貌的描绘较为简单粗陋，主要是草甸、泉源、河流以及帐包等，有记录的地名寥寥无几，获取到的边外信息非常之少。如果持此地图行走长城边外，对于人生地不熟的人来说，可谓“两眼一抹黑”困难重重。而史料中也详细记录了康熙一行行走边外所遭遇的信息窘境，譬如榆林至宁夏边外行进路线。由于对榆林至宁夏的边外路线情况不明，康熙曾多次派出人员打探：

① 《清实录》第五册《圣祖仁皇帝实录（二）》卷 180、181，第 932—939 页。

如驻跸孤山堡时，“先是命主事萨哈连出神木边往询，从边外至榆林及至宁夏之路，计几宿，水草如何，至是覆奏：自神木出边至榆林，共三百二十里，凡五宿，俱砂路。自边关外至宁夏之正路无人知之。但由神木过鄂尔多斯贝勒汪舒克所居阿都海之地，接摆站大道有一路，从此而往，则自神木至宁夏，计八百七十里，凡十四宿。但自神木边至察罕扎达海五十家驿，路中水草柴薪无误。行道砂多。自察罕扎达海至横城口，路平，水略少。奏入，报闻。著萨哈连亲出榆林边问蒙古，自榆林至宁夏之路并水草，亦照此开明，在榆林候驾”。①

驻跸榆林时，“主事萨哈连查明榆林至宁夏路程回奏：自榆林至横城，共七百三十余里，分为十宿，水甚少，路有大砂。又有沿边外至安边一路，共四百七十余里，凡七宿，路虽小有砂，而水草足用。及问安边以外至宁夏之路，无人知之。上即命萨哈连往视安边至宁夏之路”。②《亲征朔漠方略》记载了萨哈所探到的榆林至安边边外路线：“又有沿边外至安边一路，自榆林至他喇泉为一站，七十里，有泉水；至自他喇泉至海流图河为一站，八十里，有大河水；自海流图河至什喇泉为一站，八十里，有泉水；自什喇泉至札哈泉为一站，七十里，有泉水；自扎哈泉至哈达俄罗木为驿站，五十里，有河水；自哈达俄罗木至苏海阿鲁为一站，六十里，有河水；自苏海阿鲁至安边为一站，六十里。”③后来康熙一行基本沿此路线行进。

驻跸通阿拉克地方时，“主事萨哈连勘明边外之路，回奏云：自安边由口外至横城，共四百八十里，凡七宿。惟三处有水，其余当宿之地无水，草亦恶。边外不可行，故告之。乡导布笪笺保等前去，从边内编次宿站报闻。理藩院奏：前因驾出榆林，由边外幸宁夏，故自

---

① 《清实录》第五册《圣祖仁皇帝实录（二）》卷181，第933页。

② 《清实录》第五册《圣祖仁皇帝实录（二）》卷181，第935页。

③ （清）温达：《亲征朔漠方略》卷38，清文渊阁四库全书本，第457页。另《蒙古游牧记》亦有载：“又有沿边外至安边一路，自榆林七十里至他喇泉一站，有泉水；八十里至海流图河一站，有大河水；八十里至什喇泉一站，有泉水；七十里至札哈泉一站，有泉水；五十里至哈达俄罗木一站，有河水；六十里至苏海阿鲁一站，有河水；六十里至安边为一站。此路自榆林起七宿到安边，共四百七十余里，路虽小有沙，而水草足用。”见（清）张穆《蒙古游牧记》卷6，清同治祁氏刻本，第123页。

榆林起设驿至横城口内止。候驾临宁夏撤去。今驾出榆林，进安边，应不必设驿至横城口，但设至安边候驾，进安边撤去。其所设驿马各交安塘笔帖式等赶解。地方官护送至宁夏。得旨边外草佳，此马从外赶赴宁夏。"①

从这几则记载可知，在榆林至宁夏这一段边外路程，是康熙大军人马所不了解的，据此推测他们当时所携带的地图对边外的记载也不明晰，故需要多次派人探路，探一程走一程。而《陕西舆图》对于边外可以通行的路况、路程全无记载，这看起来与康熙此段行程之遭遇契合度较高。

但是不管是行走边内还是边外，康熙一行都是沿着长城行进，也是以长城沿线视角来观瞻边内外风物形貌。《陕西舆图》上南下北的绘制方位，从其功能表达来看，阅图者应该是身处陕甘北部长城沿线。这与康熙帝此次亲征的路线甚是吻合。

## 四　《陕西舆图》涉宁、涉蒙信息与康熙亲征的关联性考察

### （一）舆图中"宁夏镇"之显要

《陕西舆图》中，"宁夏镇"被画在图面下方的近中央位置，图中两大重要元素——黄河、长城在该处交汇（见图4）。"宁夏镇"为长方形，图中绘有城门5座，东、南、西向各1座城门，北边有2座城门。南、北各有关城一座。绘制有寺塔两座，巍然高耸，一座位于城内西南位置，10层；一座位于城西门外，11层，并绘以大红色砖形围墙，较为醒目，颇具地标观感。根据万历《朔方新志》所记："承天寺，夏谅祚所建，洪武初一塔独存，有记。庆靖王重修，增创殿宇。怀王增昆卢阁，有碑剥落。万历三十年今王永齐重修，内浮图，一十级，至今人过倒影古迹尚存，在新

① 《清实录》第五册《圣祖仁皇帝实录（二）》卷181，第936页。

图4 《陕西舆图》局部之“宁夏镇”

城光化门迤东，东向。土塔寺，正统年建，在镇远门外，东向。”[①] 乾隆《宁夏府志》亦有对宁夏八景之一的“土塔名刹”的记载：“在西门外，唐来渠下，台阁高敞，远眺贺兰，俯临流水，与黑宝相辉映焉。”[②] 通过方志中的记载来比对《陕西舆图》中宁夏镇城图，对照各城门以及塔楼的位置、层数，可以明确位于城内西南即光化门内东的是承天寺；位于城西门（即镇远门）外的高塔是土塔寺。承天寺、土塔寺都是当时宁夏镇有名的寺塔，可谓地标景观，如此也就能理解《陕西舆图》选择将这两座寺塔绘

① 何建明：《中国地方志佛道教文献汇纂：寺观卷》第405册，国家图书馆出版社2013年版，第33页。

② 乾隆《宁夏府志》卷3“名胜”，清嘉庆刊本，第40页。

入宁夏镇景观了。

宁夏镇作为控扼边内外交通的咽喉要地，驿路纵横成网。《陕西舆图》绘制了与宁夏镇连接的驿路有六条：

东边2条：一是出城门过黄河与横城堡相连，二是出城门与临河堡相连；

南边1条：自南关城门出，五十里至王鋐堡；

西边1条：自西城门出，九十里至玉泉营，五十里至枣园堡，再分为三条驿路，分别与石空寺堡、镇罗堡、大壩堡等相连；

北边2条：一是出北关城城门与李刚堡相连，四十里至平罗营，再分为二：一条出关门外，且该通往长城外侧道路上专门标识“三十五年出口进剿大路”；另一条自平罗营，十里至镇朔堡，再通往关外。二是出北城门，三十里至镇比堡，再分为二：五十里至平罗营；五十里至洪广营（平罗营与洪广营之间有驿路相连），再四十里至镇朔堡，通往关外。

正是因为“宁夏地方，去噶尔丹所在萨克萨特呼里克格、隔特哈朗古特甚近”，① 康熙帝决定督师宁夏，自二月初六启程，三月二十六日抵达，在宁夏驻跸十九天，开展了慰问军民、阅兵操演、巡城阅降等一系列活动：“庚辰，上出宁夏北门，阅绿旗马步兵操演毕，上率诸皇子及善射侍卫等射”，② “壬午，上登宁夏南门，巡城阅降”，③ 以及体察民情，“亲巡农野，视渠流灌溉，耕者馌者，往来不禁……每銮舆出，民间充巷，塞塗至千”。④ 康熙驻留宁夏，“朕欲扫荡寇氛，以安黎庶，特幸宁夏，经理军务，驻跸十有余日。曩者南巡，凡所巡幸之处，未有驻跸至三日者”，⑤ 时间之长远超其南巡时驻跸三日的行程。对于宁夏，康熙感慨良多，他在写给宫内太监的信中称“……西近贺兰山，东临黄河，城围都是稻田。自古

① 《清实录》第五册《圣祖仁皇帝实录（二）》卷180，第928页。
② 《清实录》第五册《圣祖仁皇帝实录（二）》卷181，第940页。
③ 《清实录》第五册《圣祖仁皇帝实录（二）》卷182，第944页。
④ 乾隆《宁夏府志》卷1“恩纶纪”，清嘉庆刊本，第3页。
⑤ （清）温达：《亲征朔漠方略》卷41，清文渊阁四库全书本，第505页。

为九边，朕已到七边。所过之边地，惟此宁夏可以说得。”① 宁夏镇在康熙此行中之重要性可见一斑。《陕西舆图》中将宁夏镇绘在图面下方的居中处，对该镇地标景观——承天寺、土塔寺及四通八达的驿路网络描绘细致入微，特别是通往长城外侧道路上“三十五年出口进剿大路”的文字标识，都彰显了此图中宁夏镇区别于其他边镇的不同意义。这是否暗示了这幅地图的使用者对于宁夏镇予以特别关注呢？可否推测阅图者以宁夏镇为据点观瞻各方形势？这是很有可能的。而康熙帝此次亲征目的地直指宁夏，以及在宁夏驻跸半月有余，很大程度上暗合了《陕西舆图》中对宁夏镇的绘制表现。

### （二）对边外蒙古部落的标注

如果说《陕西舆图》可能为康熙此次亲征用图，那么为剿灭噶尔丹蒙古势力而来、身处边关的康熙皇帝，环视周边，他首先关注的必然是边外蒙古部族的分布及与边内的交往等情况。

《陕西舆图》对蒙古部落的标注集中为两处（可以参考图4），一是沿靖边营至镇朔堡边墙外面，二是在宁夏镇西面贺兰山之后，这两处合围基本形成了以宁夏镇为中心的半包围圈。

#### 1. 靖边营至镇朔堡边墙外的两处蒙古部落

从舆图上看，靖边营至花马池（堡）之间的长城外绘制有一段断续土黄色残墙（标识为“旧边墙”），墙外边有一处文字“此系宋喇王驻牧处设喇布罗多地方”；在宁夏镇平罗营堡长城边标识“三十五年出口进剿大路”以外绘有帐包之处，标识有“寅春台吉驻牧处”。

关于“宋喇王”《亲征朔漠方略》《蒙古游牧记》等文献中记为“宋喇卜”，《清文献通考》记作“松阿喇布”，《国朝宫史》称“宋喇卜王”。清初，一些势力强大的蒙古部落王公被封为贝勒，因此《陕西舆图》称其“宋喇王”并无不妥。《亲征朔漠方略》记录萨哈连汇报边外从神木至宁夏的路线时就提道：“……自察罕扎达海驿至贝勒宋喇卜所居西拉布里都为一

① 转引自吴怀章《康熙督师平叛到宁夏》，《宁夏史志》2007年第6期，第35页。

宿，有七十里；自西拉布里都至博罗扎喇克井为一宿，有六十里……”[①] 文献中，贝勒宋喇卜的驻牧地是西拉布里都，图上标为“宋喇王驻牧地设喇布罗多”，虽然文字看似不一，但在读音上并无多大区别，主要是由于蒙古语用汉字来表述的差异。另《国朝宫史》中著录：康熙五十三年六月十七日，上谕大学士等：“……朕幸宁夏过鄂尔多斯地方，谓宋喇卜王云，‘尔等祖宗不过欺侮汉人，遂据河套耳，若朕则自横城坐船带粮从鄂尔多斯之后超出据守尔等，将若之何？’宋喇卜王瞿然奏云：‘今内外一家，皇上奈何出此可畏之言？’”[②] 乾隆《宁夏府志》载：“乙亥，驾次横城。鄂尔多斯贝勒宋喇卜请定边、花马池、平罗城三处，与横城一体贸易，与民杂耕，许之。”[③]《国朝宫史》及《宁夏府志》所载宋喇卜之言行及史事均印证了宋喇卜作为生活在宁夏镇边墙外鄂尔多斯地区的蒙古部落首领，及其与康熙亲征宁夏事件中的交集。而且，关于横城堡贸易设市一事在舆图上也有所体现：横城堡北边墙开一闇门，标注“进口”二字，用红线描绘了一条道路通往宋喇王驻牧地的蒙古帐包，沿途标注了一系列地名：野马泉、湃兔、噶寿、插哈阿布、赏寿儿、五喇素、木户芦不浪、额不得喇素密、八汗车当，这应该与马市贸易有关。《钦定大清一统志》记载了横城堡“在灵州东北七十里，城周二里……北至边墙闇门一里，出闇门三十里有汉夷市场。”[④] 而横城堡的开边设市是在康熙二十八年：《清朝文献通考》记载，康熙二十八年“又暂开宁夏等处互市，喀尔喀达尔汉亲王诺内等言，札萨克信顺额尔克戴青善巴、札萨克丹津额尔德尼台吉等，请于宁夏横城、平罗等处准其贸易”。康熙帝命暂令贸易，不为例。[⑤] 从文献中关于

---

① （清）温达：《亲征朔漠方略》卷38，清文渊阁四库全书本，第451页。《蒙古游牧记》记为：“……至贝勒宋喇卜所居西拉布里都为一宿，六十里……”，见（清）张穆撰，何秋涛补《蒙古游牧记》卷6，第114页。

② （清）官修《国朝宫史》卷2“训谕三”，清文渊阁四库全书本，第8页。

③ 乾隆《宁夏府志》卷1“嗯纶纪”，清嘉庆刻本。

④ 《钦定大清一统志》卷204，“宁夏府”。乾隆《甘肃通志》卷11也有载：“横城堡在州东北七十里，北至边墙闇门一里，城周二里，设官兵戍守，堡西三里即黄河渡处，堡在河东岸即红城子也，出闇门三十里有夷汉市场。”

⑤ 《清朝文献通考》卷33“市糴考”，第516页。

横城堡闇门和准许设市贸易的时间来看，也印证了《陕西舆图》不可能绘于康熙二十八年之前。舆图中对宋喇王以及横城堡的注记显示了该人物及地点的重要性，意在引起阅图者关注。

关于“寅春台吉”，在《蒙古游牧记》《清藩部要略》中记作“温春台吉”。《清藩部要略》载：“（康熙）二十一年……土谢图罗卜藏博第等各遣使至，奏荷㟴幪居边境属众妄行盗窃，深知悔罪，又游牧迩宁夏，乞赴市。理藩院仍追议前罪，谕曰：‘和啰理等以败窜来至边境，所部罔知法纪，迫于饥困盗窃牲畜等物，今既陈其苦情，谆谆奏请，著宽免前罪，嗣后钤束属众，勿得妄行滋事，其宁夏地向无厄鲁特喀尔喀市易例，所请不允。’温春台吉复遣使至。寻卒。”[①] 可以看出，温春台吉驻牧的地方即在宁夏边外，与《陕西舆图》上所标记的地理位置大体一致。虽然此次康熙西征时温春台吉已去世，但其部落的驻牧地并无变动，出现在舆图中也说得过去。

2. 贺兰山后的蒙古部落

《陕西舆图》在贺兰山后面一带标识的蒙古部落有阿喇占巴喇嘛、祝囊、合宜劳藏驻牧。《秦边纪略》有记：“况今日贺兰之夷已满数千，有虎噬之心，有方张之势……贺兰之夷祝囊、劳藏、巴绰气克气等部落三千余……西夹即祝囊几西夷自汉人外皆藐视之，故祝囊特附嘎尔旦……”[②] 可以确定，祝囊、劳藏是这一带势力强劲的蒙古部落，与舆图中的祝囊、合宜劳藏驻牧地对应。祝囊部落还依附于嘎尔旦（即噶尔丹），这应该是当时意欲剿灭噶尔丹的清帝康熙高度关注的蒙古势力。

宁夏镇外边的这几处蒙古部落，舆图中展现的信息与文献中的记载是比较吻合的。试想，康熙西征宁夏，势必要对这一带的蒙古部落有所知晓，《陕西舆图》如果作为此次亲征使用的地图，对宁夏一带所居的蒙古部落明确标识是势在必然的。且舆图中青海西宁一带仅简单标注“西番部

① （清）祁韵士：《清藩部要略》卷 9，清道光筠渌山房刻本，第 97 页。
② （清）梁份：《秦边纪略》“宁夏卫”，清乾隆钞本，第 83 页。

落”“彝帐”便是鲜明的对比，说明了宁夏镇及其周围的亲和或敌对的蒙古势力正是阅图者的关注重点。

《陕西舆图》凸显对宁夏镇的重视，对长城边外蒙古部落信息的准确描绘，比照康熙帝1697年亲征噶尔丹一事的史料记载，从而推断《陕西舆图》与康熙帝1697年亲征噶尔丹事件的相关性很大，我们可以推测《陕西舆图》可能绘制于康熙三十六年出征前。

## 五 结论

通过对《陕西舆图》所绘政区名称及宁夏镇附近长城口外通道“三十五年出口进剿大路”的文字标注，我们基本认定该图是在康熙三十五年之后至康熙末绘制的，其底图来源于明末陕西地区的地图。

《陕西舆图》上南下北的绘制方位表明了阅图者地处长城沿线的视角，从地图使用功能的角度，通过复原康熙三十六年（1697）康熙帝亲征噶尔丹的行进路线，并比对《陕西舆图》对于长城沿线堡所、边墙的详加描绘，而边外地理信息则著录简省等特点，推断《陕西舆图》与康熙帝此次亲征契合度较高。

《陕西舆图》中尤其强调宁夏镇，并对宁夏镇外边的蒙古部落有较为精准的描绘和标识，显示出对边外蒙古的高度关注，结合史料分析，推断该图很可能与康熙三十六年（1697）康熙帝亲征噶尔丹事件相关，也间接推考出《陕西舆图》可能绘制于康熙三十六年。

从1697年正月初三康熙帝决定赴宁夏，至二月初六启程，这个时间是比较紧促的。要在这么短的时间内绘制一幅地域广阔、精美详尽的陕甘地图并不容易，往往只能借助已有的地图进行改绘。在改绘时因为绘制方位的变更导致秦州等城郭方位绘制错误，以及图中绘有“庄浪驿”而没有庄浪县等错漏，也正是《陕西舆图》底图源于明末地图的证据。

# 三 研究评述

# 1987年以来对中世纪地方和区域地图的研究

保罗·哈维（Paul Harvey）*

## 概　述

1978年，布莱恩·哈利（Brian Harley）写信邀请笔者为《地图学史》（*The History of Cartography*）第一卷中的一章撰文。这是一部由纽伯里图书馆（Newberry Library）和芝加哥大学出版社（University of Chicago Press）联合赞助出版的图书，全书预计共四卷。最初，笔者将这章的标题定为中世纪欧洲的"地籍、城市和地形地图学"。但是，笔者奇迹般地赶在1982年编辑截稿日前交稿时，本章标题变成了"中世纪欧洲的小地区地图绘制"。五年后当这本书最终出版时，本章已经改名为"中世纪欧洲的地方和区域地图绘制"。从那时以来，笔者始终把每次变更都看作一种进步。

本章标题并不是这些年来唯一调整过的地方。第一卷涉及的内容的下限是1470年，但这一年并不是小地区地图的重要年份；然而，从16世纪初开始，随着越来越多的人开始了解和使用这些地图，使地图成为日常行政管理的一部分，并最终成为日常生活的一部分，情况发生了巨大的变化。因此，可以合理地将本章所述的时间范围扩大到1500年；另外，也是因为这是一个更自然的时间划分点，托尼·坎贝尔（Tony Campbell）对波

* 保罗·哈维（Paul Harvey），杜伦大学中世纪史荣誉退休教授。

特兰航海图（portolan charts）的权威论述同样将时间延长到了该世纪末。另一个问题是关于《岛屿书》（*isolarii*）的，该类型的文献涵盖地中海各个岛屿的地图以及相关文字叙述，有时还涉及其他平面图和画作。几乎所有这类文献的年代都为 16 世纪和 17 世纪，但我们通过大量副本了解到，最早的一部是克里斯托福罗·布翁代尔蒙蒂（Cristoforo Buondelmonti）的作品，大约诞生于 1420 年。将这些地图视为区域地图是合适的，因为在某种意义上它们是波特兰航海图的一个分支。英格兰谢菲尔德大学（University of Sheffield）的伊丽莎白·克拉顿（Elizabeth Clutton）博士同意为《地图学史》第二卷撰写一篇关于《岛屿书》的概述，计划涵盖近代早期的西方地图，但鉴于布翁代尔蒙蒂的作品出现较早，伊丽莎白·克拉顿博士在笔者撰写的章节中对该作品做了单独描述。①

自 1982 年交稿以来，中世纪地方和区域地图的研究工作发生了很大的变化，但这些变化是按照笔者为《地图学史》撰文时已经预料到的路径发展的，是在既有框架内形成并扩充的知识。虽然可以对重要的信息进行补充；但令人高兴的是，需要更正之处并不多。笔者不再像对在 1976 年和 1979 年交送出版的书稿所做的那样，觉得有必要纠正一些先前作者的观念，即认为中世纪欧洲制作了无数的小地区地图，它们要么未能传世，要么还尚待发现。② 越来越多的人承认，我们现在认为理所当然的地图绘制及其使用方式，并不是中世纪的欧洲人所采用的。自 1982 年以来，随着更多地图的发现，可以看出它们均符合这样一个共同的格局：早于 14 世纪中期的地图数量极其稀少；并且，这些地图集中在某些特定区域，欧洲大陆的许多地区根本没有出现过地图。

笔者对原作所做的更改仅基于对这些地图的个人理解。较之为《地图学史》撰文时，笔者现在可对区域地图和地方地图做更清晰的区分，在笔者看来，无论是就构思还是制作方式而言，它们越来越像是截然不同的产

① P. D. A. Harvey, "Local and regional cartography in medieval Europe", in *The history of cartography*, 1: *Cartography in prehistoric, ancient, and medieval Europe and the Mediterranean*, ed. J. B. Harley and D. Woodward (Chicago, 1987), pp. 482 – 4.

② *Local maps and plans from medieval England*, ed. R. A. Skelton and P. D. A. Harvey (Oxford, 1986), p. 4n; P. D. A. Harvey, The history of topographical maps (London, 1980), p. 12.

物。笔者认为地方地图完全是基于地图绘制者的知识绘制的，无论是只涉及几块土地和几栋建筑，如《地图学史》中尼德兰的欧文弗雷克（Overflakee）部分地区的草图，还是涉及整个城市区域，如托斯卡纳（Tuscany）塔拉莫内（Talamone）的建筑图。[①] 另外，笔者认为区域地图基本上是从世界地图或波特兰航海图等更大范围的地图中截选出来的地图，地图绘制者通常会在这些地图中添加更多的信息，因此有时原始地图只是为其他地图提供了一个框架。待添加的信息可能来自地图绘制者自己的知识，同样也可能来自书本或图集，甚至可能来自地方地图。笔者认为区分区域地图和地方地图是有用的，实际上也是重要的，但随即需要指出的是，我们无法轻易地将一些显示有限地区的地图归入这两种地图的任何一类，一些中世纪晚期的意大利北部部分地区的地图正是这种地图的显著示例，但这也只是突出了一个非常有趣的事实，即我们根本不知道这些地图是如何制作的，而我们正在研究的很可能是根据原始勘测资料绘制的早期详图。

对地方地图的定义又立即引出了另一个问题，即“什么是地图”？绘图者可能已经用各种不同的方式阐述了对该地区的认识。他可能用寥寥几笔便勾勒出了地块的形状，或根据田地、建筑物或村庄在地面上的相对位置，或大致或精确地在地图上的对应处标出了它们的名称；还可能以或粗略或详尽或写实或象征的手法绘出图画，以显示建筑物、村庄和城镇的位置和布局。在实践中，不可能排除任何特定类别的呈现方式。我们可以合理地说，正如旁观者看到的那样，一份简单的佃户名单或其拥有的财产清单或地形特征列表，并不具有任何地图学上的含义，即使它们以符合其在地面上的顺序呈现；或者，显示了所有地理特征的简单画作，无论写实与否，也无任何地图学含义。然而不管怎样，我们至少看到了地图学的开端，并将以现实中难以达到的视角（地图绘制者想象的从高处看到的视角）对某地区的任何呈现都算作地方地图。这意味着中世纪欧洲的地方地图不仅是后来大比例尺地图的前身，也是完全图画式的鸟瞰图的前身。在16 世纪的欧洲，地图的使用迅速普及，其结果是在这两种呈现地理景观的

① Harvey，“Local and regional cartography”，pp. 487、492.

方式之间做出了明确的区分。

在这场地图学革命中，地图快速传播，制图技术迅速发展，自 1987 年以来对小地区地图研究的进一步发展，让笔者可以了解比原先预估的年代稍早时期的地图学状况。比起 1500 年，笔者现在可以从 1490 年甚至更早几年起寻找变革的开端。除埃哈德·埃茨劳布（Erhard Etzlaub）和康拉德·托尔斯特（Konrad Türst）在德国南部和瑞士的工作成果外，我们还可以补充更多的法国地方地图，以及迄今为止记载的西班牙少量地方地图中的两幅；不足为奇的是，这种变革似乎是从不同时间在不同地区开始的。造成这种变革的原因有很多，虽然我们应该关注的不止一个，但最近有人指出，这样的变革与人们越来越倾向于自己从书本中了解地理知识，而不再依靠道听途说的方式相吻合；对个人读者来说，只有为文本添加地图（或平面图或图示）才会有所帮助。①

## 地方地图

自 1987 年以来关于欧洲中世纪地方地图的新的研究成果，主要是发现了比已知更多的地图，但无论其数量、分布还是年代都没有显著改变当时的整体情况。然而，笔者在为《地图学史》撰写的章节中完全忽略了关于地方地图学的一个小的方面，即出现在我们所熟知的两幅最大、最详细的中世纪世界地图上的小的地方细节。我们所知的两幅地图的版本都可以追溯到大约 1300 年。在赫里福德地图（Hereford map）（可能是在赫里福德依照从林肯带来的范本复制的）上，塞文河（*Sabrina fl'*）的名字被删除和重写，以便将赫里福德和瓦伊河（River Wye）添加到地图上；而沿山坡而上的建筑——大教堂或城堡作为标示林肯的符号，则反映了绘图者对当地的了解。更令人印象深刻也更有趣的就是，现在正由哈特穆特·库格勒（Hartmut Kugler）精心重绘的埃布斯托夫地图（Ebstorf map）上，埃布斯托夫本身及康斯坦茨湖（Lake Constance）的赖兴瑙岛（Reichenau）都展

① T. Sutton, "A note on medieval local maps and their readers", *Imago Mundi*, 71 (2019), pp. 196 – 200.

现有地方细节，前者为殉道者墓地，后者则标记了三间修道院静修间并为其命了名。①

除城镇平面图外，1987年时忽略的另一组地方地图则是描绘《圣经》中特定地点的地图；这些地图的绘制并非基于地图绘制者的亲身经历，而是基于传说或从文本中读到的信息。就其绘制年代而言，值得一提的是收录在圣经抄本——《阿米提奴抄本》（*Codex Amiatinus*）中的沙漠会幕平面图（《出埃及记》【Exodus】，第25—27章）。该圣经抄本于8世纪初在英格兰东北部完成并献给了教皇。② 其他的地图还包括从犹太教和基督教注释者那里找到的以西结描绘的他在异象中所见的圣殿平面图（《以西结书》【Ezekiel】，第40—48章）。③ 自1987年以来，随着更多风格化的耶路撒冷平面图的发现，让进一步探讨这些地图之间的关系成为可能。④

在1987年论述完地方和区域地图后，笔者还添加了一篇附录，列出了所有已知出自英格兰的35幅地图或密切相关的图组：其中5幅是自1976年R. A. 斯凯尔顿（R. A. Skelton）和P. D. A. 哈维（P. D. A. Harvey）编辑的《中世纪英格兰的地方地图和平面图》（*Local maps and plans from medieval England*）出版后发现的。该书原本旨在作为一部再现和讨论每幅现存地图的综合性著作，即便后来又新发现了更多地图，但其也应被视作成功而非失败的标志。当然，必须将此书视为一份综合性清单，以引起大家对特定类别的地图或任何其他地图的注意，由此关注之前被忽略的地图。自1987年以来，又发现了出自中世纪英格兰的6幅地方地图，因此本文所附的修

① P. D. A. Harvey, *The Hereford world map*: *introduction* (Hereford, 2010), pp. 18、20; Hartmut Kugler, *Die Ebstorfer Weltkarte* (2v., Berlin, 2007), i, pp. 118 – 19, 128 – 9; ii, pp. 251, 253, 279 – 80.

② James W. Halporn, "Pandectes, pandecta, and the Cassiodorian commentary on the Psalms", *Revue Bénédictine*, 90 (1980), pp. 299 – 300, 以及 Karen Corsano, "The first quire of the Codex Amiatinus and the Institutiones of Cassiodorus", *Scriptorium*, 41 (1987), pp. 9 – 11。

③ Catherine Delano Smith, "The exegetical Jerusalem: maps and plans for Ezekiel chapters 40 – 48", in *Imagining Jerusalem in the medieval West*, ed. Lucy Donkin and Hanna Vorholt, Proceedings of the British Academy 175, Oxford, 2012, pp. 41 – 75.

④ *Imagining Jerusalem*, ed. Donkin and Vorholt, *passim*, especially pp. 163 – 99; Hanna Vorholt, "Studying with maps: Jerusalem and the Holy Land in two thirteenth-century manuscripts".

订列表中现有 41 幅地图。毫无疑问还有更多地图尚待发现，但人们现已充分认识到它们的重要性和趣味性，并且现存地图似乎不太可能超过 50 幅。

无论从显示的内容还是创作日期来看，这 6 幅新增地图并未对这些地图的整体格局造成影响。一幅林肯郡平奇贝克沼地（Pinchbeck Fen in Lincolnshire）地图是英格兰东部该地区的地图略微集中的又一体现，且似乎是 15 世纪的两幅基础的建筑平面图和 1390 年前后出自温切斯特公学（Winchester College）的一幅平面图的结合。只有一幅地图早于 14 世纪中叶，这是 12 世纪末关于切斯特（Chester）及其周边地区的一段记载的边缘处的一个小小的图示性十字架。切斯特位于十字架中心，十字架的每个臂上都注有一座当地西多会修道院（Cistercian monastery）的名字，这使得这幅地图成为目前唯一一幅描绘范围进入威尔士的中世纪地方地图，因为图中的巴辛维克（Basingwerk）在切斯特以西约 20 公里处，但跨过了威尔士边界。至今还未曾在苏格兰发现地方地图，在爱尔兰也只找到一幅关于塔拉大会堂（Great Hall of Tara）拟定座位安排的古旧平面图，该图载于 12 世纪的《伦斯特志》（*Book of Leinster*）和中世纪晚期的《莱肯黄皮书》（*Yellow Book of Lecan*）。

本文的第二篇附录列出了 1500 年以前尼德兰的 15 幅地方地图（或密切相关的图组）。2008 年，彼得·范德克罗格（Peter van der Krogt）博士发表了一篇文章，对现有的 16 幅地图逐一进行了说明和论述：新发现的两幅地图中，其中一幅被记录为保存在多德雷赫特（Dordrecht），但现已无法找到。本文也随附了根据该文章修订的地图清单。这两幅新增地图并没有影响到 1987 年所述的地图格局：所有地图都显示了瓦尔赫伦岛（Walcheren）和艾瑟尔湖（Ijssel Meer）之间的海岸或其附近的地区。但如今看来，最早的那幅地图的年代要比以往鉴定的 1307 年还要早一点，可以追溯到 13 世纪末。

除了这些我们所知的英格兰和尼德兰地图的变化，北欧中世纪地方地图的总体情况仍然与 1987 年一样。除了显示波美拉尼亚（Pomerania）条顿骑士团（Teutonic Order）领土的两幅 1464 年的草图，斯堪的纳维亚和德国北部或波罗的海地区都没有发现中世纪地方地图。英格兰和荷兰北部和东部完全出于未知原因而绘制地方地图的可能性似乎越来越大，但这在中世纪欧洲各地都是不常见的事情。

对这一点起到强调作用的是，我们获得了越来越多关于上述地区以南各地绘制地方地图的新信息。笔者在 1987 年引用了弗朗索瓦·德丹维尔（François de Dainville）在 1970 年发表的一篇文章，这篇文章引起了人们对法国地图的关注，并描述了法国南部和东部所藏的大约 10 幅地图，弗朗索瓦·德丹维尔称其为“第一次大收获”。① 而帕特里克·戈蒂埃·达尔谢（Patrick Gautier Dalché）教授在 2016 年发表的一篇文章中对这次大收获进行了综合整理。他在这篇文章中列出了所有可以追溯到 16 世纪 30 年代的地图，不仅包括幸存的或最近遗失的地图，还包括那些遗失已久但已知存在过的地图，其中许多是从地图绘制者的收款记录中得知的。如果英格兰和尼德兰也有类似的遗失已久但已知存在过的地方地图的记录的话，那么将会很有趣；不过，它们不太可能制作出与在 1416 年为西吉斯蒙德皇帝（Emperor Sigismund）举办的宴会上，表现萨伏依公国（duchy of Savoy）的菜肴（大概是用糕点制作的）相媲美的地图，也不太可能制作出与 1452 年绘制的显示卢瓦尔河（Loire）河道的长达百米的地图相类似的地图。② 仅仅从幸存的或直到最近才遗失的地图来看，它们的制作年代与英格兰和尼德兰的地图没有什么不同：出自 12 世纪的有两幅，没有出自 13 世纪的，出自 14 世纪的有三幅，出自 15 世纪的有 39 幅，然后 1500 年到 1532 年突然增加了 19 幅。这些地图同样呈现了地图绘制在地理上集中的现象：两幅 12 世纪的地图和一幅大约 1450 年的地图来自阿尔萨斯的修道院长庄园（abbatial estates in Alsace），但是大部分地图都来自法国南部和西部。正如戈蒂埃·达尔谢（Gautier Dalché）教授所评论的那样，这样的情形可能只是记录和发现过程中的偶然现象，但肯定与这些地图在尼德兰东南部的集中分布及其在英格兰的零星分布相一致。几幅法国 15 世纪的地图在某种程度上达到了当时其他地方的地图无法比拟的复杂度；一个突出的例子是

① François de Dainville, "Cartes et contestations au XV$^{e}$ siècle", *Imago Mundi*, 24 (1970), pp. 99 - 121.

② Patrick Gautier Dalché, "Essai d'un inventaire des plans et cartes locales de la France médiévale (jusque vers 1550)", *Bibliothèque de l'École des Chartes*, 170 (2012; published 2016), pp. 438、443.

1477 年的一份地产平面图，其中表现了诺曼底奥恩河畔弗勒里（Fleury-sur-Orne）的大约 200 个地块。①

了解更多的来自德国南部和中欧其他地区的中世纪地方地图将很有意思；我们也许应该将这些地图与阿尔萨斯的地图分为一组。2010 年的一份初步清单只记录了另外 8 幅地图，均为 15 世纪的地图，最早的一幅是 1429 年至 1430 年的日内瓦草绘平面图，最晚的一幅是由艺术家老汉斯·洛伊（Hans Leu the Elder）在 15 世纪末绘制的苏黎世鸟瞰图。其他地图在位置和风格上不尽相同。来自蒂罗尔（Tirol）和巴伐利亚（Bavaria）的两小组地图只不过是墨水草图，克罗地亚的一座已消失村庄的边界平面图甚至更为原始，巴登—符腾堡州罗特韦尔市（Rottweil in Baden-Württemberg）的鸟瞰图可能是从 14 世纪晚期的原作复制而来的，而它和另一幅巴伐利亚州普福尔（Pfuhl）市的地图都是内容详尽的艺术品。② 笔者在 1987 年特别提到的两幅地图必须排除在现在的清单之外：关于约 1480 年乌尔姆（Ulm）平面图的报道只能指的是一幅较晚的地图，而据称可以追溯到 1500 年前后的两幅波辛威尔（Böhringsweiler）市（巴登—符腾堡）的地图现在已经将年代重新定为 17 世纪初。③ 但同样明显缺乏更早期的或来自分布更广的地方的地图，这一点与我们从法国、尼德兰和英格兰所了解到的一致。

我们发现，德国南部和中欧的地方地图最早明确的引入了比例尺，尽管正如笔者在 1987 年提出的，威尼斯平面图所基于的一致比例尺的概念可能起源于 12 世纪。④ 现在看来，维也纳和布拉迪斯拉发（Bratislava）15 世纪平面图上的比例尺比笔者当时推想的存在更多争议：该比例尺与这两个

① T. Jarry, "Autour d'un plan medieval normand-le plan parcellaire d'Allemagne (Fleury-sur-Orne) de 1477", *Histoire et Société Rurales*, 23 (2005), pp. 169 – 204.

② P. D. A. Harvey, "Medieval local maps from German-speaking lands and central Europe", in *Die Leidenschaft des Sammelns*, ed. Gerhard Holzer, Thomas Horst and Petra Svatek, Österreichische Akademie der Wissenschaften, Philosophisch-historische Klasse, Edition Woldan 3 (Vienna, 2010), pp. 117 – 19.

③ Harvey, "Local and regional cartography", p. 488; Harvey, "Medieval local maps from German-speaking lands and central Europe", p. 120.

④ Harvey, "Local and regional cartography", p. 478.

城市的平面图都不相符，可能只是后来作为地图装饰添加到地图上的，尽管有人认为它仅适用于地图上郊区教堂间的距离这一处细节。① 埃哈德·埃茨劳布（Erhard Etzlaub）在 1492 年绘制的纽伦堡（Nuremberg）周围 16 英里的地图（该图按比例尺绘制并解释了如何使用两脚规计算距离）是欧洲第一幅印刷的地方地图；另一幅作者不详的纽伦堡周边地区的地图也是按比例尺绘制的，大概也可以追溯到 1500 年以前。

1990 年至 1993 年，除了给西班牙和葡萄牙的收藏机构写信，笔者还曾写信给在那里档案馆工作的认识的中世纪历史学家，首先询问他们在工作过程中是否遇到过任何形式的地方地图，其次询问他们是否能告知可以提供相关咨询的其他历史学家的名字。最后笔者给 13 位历史学家写了信，他们均表示没见过此类地图，但有几人相信这类地图一定存在。他们的看法现在似乎越来越有可能成真，在西班牙和葡萄牙将有大量中世纪地方地图被公之于众。当埃尔南德斯（F. J. Hernández）教授回答笔者的问题时，他告诉笔者，据他所知没有这样的保存下来的地图，但有一幅于 1262 年奉卡斯蒂利亚国王阿方索十世（King Alfonso X of Castile）的命令制作的地图，列出了托莱多城（Toledo）和塔拉韦拉城（Talavera）之间存在争议的地点。② 从那以后，皮拉尔·恰斯·纳瓦罗（Pilar Chías Navarro）教授开始关注巴利亚多利德（Valladolid）皇家法院（Real Chancilleria）档案中插绘的 1487 年和 1493 年的图画式地方地图，并且赫然发表了两幅来自西班牙不同地区的 13 世纪的草绘平面图，其中一幅来自西班牙东北部的莱里达省（Lérida），绘制于 1268 年，另一幅来自东南部的穆尔西亚省（Murcia），绘制于 1280 年前后。③ 将目光从西班牙大陆移向马略卡岛（Majorca），一幅发表于 1984 年的 1344 年至 1345 年的杰出的图画式平面图，直到最近才被马略卡岛以外的人知晓。这幅地图展示了通往帕尔马（Palma）的引水

① Harvey, "Medieval local maps from German-speaking lands and central Europe", pp. 123 – 5.

② *Memorial Histórico Español*, 1 (1851), vol. 1, pp. 195 – 7.

③ Pilar Chías Navarro, "Two thirteenth-century Spanish local maps", *Imago Mundi*, 65 (2013), pp. 268 – 79.

渡槽，止于皇家城堡，并标出了沿途拥有取水权的人的名字。① 关于中世纪西班牙和葡萄牙的地方地图，似乎我们还有许多尚待了解；一个有趣的问题值得我们思考，即到15世纪末这两个国家的地方地图的发展在多大程度上影响了随后几年美洲地图的绘制。

但最重要的是，我们迫切需要更多关于意大利地方地图的信息；正如我们现在对法国所做的那样，开展全面普查可能会给我们很多启示，因为在这里绘制的地方地图似乎比中世纪欧洲任何其他地方绘制的都多。自1987年以来披露的地图包括：天文学家和钟表匠雅各博·唐迪·德洛罗吉奥（Jacopo Dondi dall' Orologio）于1356年绘制的一幅帕多瓦（Padua）附近蒙泰格罗托泰尔梅（Montegrotto）的地图，15世纪初的一幅阿雷佐（Arezzo）以西某地区的地图，以及一幅1448年至1449年的菲耶索莱（Fiesole）地图。② 从两个方面来讲，意大利的地图格局可能与欧洲其他地方相同。一方面是几乎没有关于14世纪中期以前地图的记载，另一方面是未发现来自意大利罗马以南的地图，这表示存在明显的区域差异。然而，正如我们可以在西班牙本土以外寻找西班牙地图，我们也可以在意大利半岛以外寻找意大利的地方地图：我们有四幅1396年制作的马里斯通（Mali Ston）（位于杜布罗夫尼克［Dubrovnik］西北约30千米的克罗地亚海岸上）地产平面图的副本，这些地图是1359—1361年为当地行政事务绘制的。③ 在风格和内容上，这些地图会让人想起1306年的托斯卡纳塔拉莫内平面图。④

在寻找中世纪欧洲的地方地图时，我们应该注意，它们可能会在各种各样的背景中出现。上文已经提到，已经在埃布斯托夫和赫里福德世界地

---

① Reis Fontanals Jaumà, *Un plànol de la sèquia de la Vila del segle XIV*（Palma, 1984）.（非常感谢 Chet van Duzer 教授告知笔者这张地图以及相关出版信息。）

② Francesco Aldo Barcara, *Tre grandi europei del trecento*（Padua, 1991）, p. 93；Leonardo Rombai, "La formazione del cartografo nella Toscana moderna e i linguaggi della carta", in *Imago et descriptio Tusciae. La Toscana nella geocartografia dal XV al XIX secolo*, ed. Leonardo Rombai（Venice, 1993）, pp. 38, 40, 48 – 9.（感谢 Gautier Dalché 教授善意提供这些参考资料。）

③ Nicola Aricò, "Urbanizzare la frontera. L'espansione dalmata di Ragusa e le fondazioni trecentesche di Ston e Mali Ston", *Storia della Città*, 52（1990）, pp. 27 – 36.

④ Harvey, "Local and regional cartography", p. 492.

图上找到了地方细节，此外还有一幅来自尼德兰的15世纪后期的地图，其是一幅景观画，但画上有从上空看到的多德雷赫特及附近地点的图景，完全符合我们对地方地图的定义。很可能其他艺术品，尤其是意大利艺术品中，也包括类似的地方地图，只是我们没有认出来。笔者在1987年提到，1328年皇帝路德维希四世（Emperor Ludwig Ⅳ）的金玺上有对罗马的呈现;[①] 从那以后，笔者意识到这一印章图案并非笔者所料想的独特案例，许多中世纪印章上都有展现建筑或城镇的图案，虽然它们不能都被视为地图，但确有极少数符合我们的定义。中世纪的城镇印章往往展示的是完全风格化的内有建筑的城墙视图，但偶尔这些建筑会像路德维希四世的金玺那样，是从立面看过去的实际存在的纪念性建筑，我们可以将这种图案看作地方地图。因此，出自13世纪德国博帕德（Boppard）（莱茵兰）和法国巴约讷（Bayonne）的印章分别显示并注有城镇教堂和大教堂的名字，而伦敦的印章则展现了整个城市从外被俯瞰的样子。[②] 另一个出自13世纪中期法国的案例可能是独一无二的，其是出现在茹安维尔（上马恩省）（Joinville [Haute Marne]）领主印章上的整个城镇的俯视图；这枚印章雕刻粗糙，但我们可以将上面隐约可见的建筑与已知存在的建筑联系起来。[③] 虽然人们可能觉得这些图案中的一些几乎不能被称为地图，但没有人会质疑另一枚14世纪的印章，即另一座法国城镇马尔芒德（洛特和加龙省）（Marmande [Lot et Garonne]）的印章；这枚印章呈现了城墙内的城镇平面图（为契合印章形状呈圆形，但实际上是矩形），直通四扇城门的街道上有鳞次栉比的房屋。[④]

笔者曾阐释过符合地方地图定义的印章图案，这不是因为它们特别重要，而是因为它们说明了地方地图会出现在意想不到的，以及到目前为止

---

① Harvey, "Local and regional cartography", p. 477.

② Toni Diederich, *Rheinische Städtesiegel* (Neuss, 1984), pp. 198 – 203, fig. 28, colour plate 2; Brigitte Bedos, *Archives nationales*: *Corpus des sceaux français au Moyen Âge*, 1: Les sceaux des villes (Paris, 1980), p. 93; Gale Pedrick, *Borough seals of the Gothic period* (London, 1904), pp. 84 – 5, plate XI.

③ Jean-Luc Chassel, *Sceaux et images de sceaux*: *Images de Champagne médiévale* (Paris, 2003), pp. 114 – 16.

④ Bedos, *Archives nationales*, Les sceaux des villes. p. 304.

还未探索过的语境中的可能性。这就是为什么发现中世纪欧洲的地方地图比表面看上去更难的原因之一。一旦发现地图，要对其进行全面分析也很困难，因为这不仅需要对该地图所展现地方的详细历史有深入了解，还需要对其出现的档案或其他背景以及中世纪地方地图的通史和发展有深入了解。很少有研究者能同时掌握这三个领域的专业知识。

## 区域地图

不同于地方地图，中世纪欧洲的区域地图借鉴了不同领域的知识。12世纪，圣奥梅尔（Saint-Omer）的兰伯特（Lambert）在其所著的《花之书》（*Liber floridus*）中收录了一幅欧洲地图，也许是为了帮助记忆，这幅地图被绘制成带有五指的手掌形状。中世纪晚期，托勒密（Ptolemy）的《地理学指南》（*Geographia*）的稿本提供了一整套区域地图，《地图学史》对这套地图进行了充分的探讨。其他中世纪欧洲的区域地图主要涉及三大地区：意大利、巴勒斯坦和英国。正如我们所看到的，波特兰航海图对一幅英国的区域地图——高夫地图有很大的贡献，但更明显的是，我们将波特兰航海图视为 14 世纪和 15 世纪覆盖意大利全域的地图的基础，正如 1987 年所讨论的那样。[①] 1987 年时忽略了一幅展示意大利全域的重要地图，那是一幅 1425 年至 1450 年的分幅地图，正方向朝南，该图现藏于大英图书馆（British Library）。进一步的研究表明，中世纪晚期关于意大利全域的地图拥有一种独特的风格。[②]

关于巴勒斯坦和英国的区域地图，在 1987 年论述的基础上还可补充更

---

① Harvey, "Local and regional cartography", pp. 480 – 2.

② Marica Milanesi, "Antico e moderno nella cartografia umanistica. Le grandi carte d'Italia nel Quattrocento", in La cartografia degli antichi e dei moderni, Atti del IV Seminario di Geographia Antiqua, Perugia 2006, *Geographia antiqua*, *16* (*2008*), pp. 153 – 75; Peter Barber and Tom Harper, *Magnificent maps: power, propaganda and art* (London, 2010), pp. 28 – 9; Kurt Guckelsberger, "Two great maps of Italy-a comparison", in *Walking through history. An interdisciplinary approach to Flavio Biondo's spaces in the 'Italia illustrata'*, ed. Martin Thiering and Tanja Michalsky (Rome, forthcoming). （感谢 Peter Barber 先生好意提供这些参考资料，感谢 Guckelsberger 博士允许笔者引用他即将发表的文章。）

多内容。1987 年时忽略了一幅巴勒斯坦地图，这幅地图是为 8 世纪在爱尔兰撰写的一篇圣经经注绘制的配图，人们所熟知的是其 9 世纪中期的一件副本。这幅地图显示了海岸及约旦河（River Jordan），并用直线画出了以色列十二支派（Twelve Tribes）之间的土地划分，标出了一些城市的位置和名称。[①] 同样被忽略的还有迦南（Canaan）及其附近土地的地图。这些地图是为配合犹太作家拉希（Rashi，1040—1105）的希伯来圣经经注而绘制的，并由基督教注释家在 12—14 世纪进行了复制。这些地图完全是图示性的，主要由矩形构成，显示了各地之间的关系。[②]

1987 年没有提到巴勒斯坦最早的非图示性地图，即 12 世纪晚期的阿什伯纳姆・利布里（Ashburnham Libri）地图。这是一幅令人印象深刻的地图，相当精准地首次绘制了地中海海岸、红海、约旦河及其两个湖泊、沿海和内陆城镇以及延绵的山脉。不幸的是，在 19 世纪中叶，这幅地图落入了声名狼藉的稿本商人古列尔莫・利布里（Guglielmo Libri）的手中，很可能是他从法国东北部的某个教堂图书馆偷来的。几乎可以肯定的是，他篡改了这幅地图，显然是为了将其当作出自修道院缮写室的情色幻象作品来提高它的价格。[③]

1987 年的文章在世界地图的语境下，而不是在关于地方和区域地图的章节中，提到了亚洲和巴勒斯坦的地图，并称为“杰罗姆”（Jerome）地图。[④] 人们曾经以为它们是圣杰罗姆（Saint Jerome，340 - 420）所绘地图的复制品，但将名字用引号括起来以表示一定的疑虑。我们现在可以断定，虽然这些地图出现在 12 世纪杰罗姆著作稿本末尾的一张羊皮纸上，但这与它们的来源无关；尽管它们明显借鉴了更早的资料，但没有理由将其与杰罗姆联系起来，也没有理由认为它们比这份书写于图尔奈圣马丁修道院（St Martin’s Abbey in Tournai）的稿本古老得多。然而，这些地图的历

① Bernhard Bischoff，“Wendepunkte in der Geschichte der lateinischen Exegese im Frühmittelalter”，*Sacris Erudiri*，6（1954），p. 226；Thomas O’Loughlin，“Map and text；a mid ninth-century map for the book of Joshua”，*Imago Mundi*，57（2005），pp. 1 - 22，plate 1.

② P. D. A. Harvey，*Medieval maps of the Holy Land*（London，2012），p. 22.

③ Harvey，*Medieval maps of the Holy Land*，pp. 31 - 9.

④ Harvey，“Local and regional cartography”，pp. 288 - 9，292，299，322，324 - 5，328 - 9.

史比预想的要更为复杂一点。书页正面上的亚洲地图是在一幅巴勒斯坦地图上绘制的，这幅巴勒斯坦地图虽已被擦除，但仍留有足够的痕迹可以辨认出原貌。书页背面的巴勒斯坦地图在某个时候经过了一次彻底修改，许多地方被擦除，因此实际上是一幅新地图；于是，最初被绘制成一条南北向直线的地中海海岸现在两端各有一个很深的海湾。我们拥有的图尔奈（Tournai）的巴勒斯坦地图不是一幅，而是连续的三幅。有趣的是，这三幅地图以及亚洲地图都是同一个地图绘制者的作品。[①]

关于马修·帕里斯（Matthew Paris）的巴勒斯坦地图（带有详细的阿科［Acre］平面图和附带的行程录），没有什么可以补充的，但经过我们对其另一幅巴勒斯坦地图的进一步研究，不仅证实了这幅地图只是草稿，并且应当是从他只能有限接触到的一幅地图上匆忙复制下来的：这幅地图的细节质量从左上角到右下角急剧下降。从同一张羊皮纸上的其他资料来看，很明显他复制这幅地图的年代不早于1246年，但这幅地图本身似乎是在1230年前后编绘的。地图上的缩写和注释暗含马修想制作一件尽善尽美的副本的强烈意愿，但如果他真这样做了，那么这件副本应当是没能幸存下来，而被复制的地图也很可能早已丢失。这实属遗憾，因为它显然是一张非常有趣的地图，但幸运的是我们至少可以保留关于它的记忆。[②]

对于与收藏在佛罗伦萨国家档案馆（Archivio di Stato in Florence）的大型巴勒斯坦有关的地图，我们现在的了解比1987年时多一些。这些地图在很大程度上要归功于锡安山的布尔夏德（Burchard of Mount Sion）在1274年至1285年所写的圣地实录，该实录以多个副本的形式幸存了下来[③]；虽然目前还不知道它们之间有什么直接联系，但可以合理地将这些地图称为布尔夏德地图。对于其数量我们可以稍作增加：从一幅已经佚失的大型地图的副本中得到的两块地图残片、9件带有网格的缩绘版副本，以及已开始制作却未能完成的第10件副本。我们不再将藏于牛津大学博德利图书馆（Bodleian Library）的大型地图的副本与威廉·韦伊

① Harvey, *Medieval maps of the Holy Land*, pp. 40 – 59.

② Evelyn Edson, "Matthew Paris' 'other' map of Palestine", *The Map Collector*, 66 (Spring 1994). pp. 18 – 22; Harvey, *Medieval maps of the Holy Land*, pp. 60 – 73.

③ *Burchard of Mount Sion, OP: Descriptio Terrae Sanctae*, ed. John R. Bartlett (Oxford, 2019).

（William Wey）在 1457—1458 年和 1462 年的游记联系起来，也不再假设他可能是这幅大型地图的作者，因为这幅地图是在他那个时代之前绘制的。缩绘版地图上的网格很可能源自大型地图，最初是为了便于复制，此处被采纳并富有想象力地用作指示地图上各个地方的索引方式。我们已经对在威尼斯制作的 7 件网格地图的副本与在那不勒斯制作的 3 件做了区分。现存最早的大型地图显然是从一件范本复制而来的，因而不能被视为原图。实际上，该原图一定是中世纪欧洲最令人印象深刻的地图学杰作之一。①

有趣的是，尽管 1300 年以前的所有巴勒斯坦区域地图都是在英格兰或法国东北部绘制的，但很有可能所有后来的地图都绘制于意大利。甚至包括有限地区的地图（我们已知可合理地将其看作地方地图），最早的意大利区域地图可以追溯到 1291 年②，我们可以将其理解为中世纪后期地图制作从欧洲西北部到意大利的一次大迁移；世界地图遵循着同样的模式。

关于赫特福德郡圣奥尔本斯（St Albans in Hertfordshire）的本笃会修士马修·帕里斯在 13 世纪 50 年代绘制的 4 幅英国地图，我们在 1987 年的基础上略微增加了一些认识。我们可以看到，这些地图利用现已佚失的世界地图上的英国海岸轮廓作为更多细节的框架，而不是像先前所提出的那样，其是围绕一幅简单的行程图来构建的，从而将从英格兰与苏格兰交界处的贝里克（Berwick）到东南部的多佛尔（Dover）绘成一条直线，忽略了其在伦敦向东的转折。很明显，11 世纪的《科顿世界地图》（*Cotton world map*）将多佛尔所在的肯特郡（Kent）置于南海岸，正如我们在马修地图上看到的那样，因此从贝里克出发的道路自然会呈一条没有向东转折的直线。马修的四幅地图的轮廓有可能提取自同一幅世界地图，但其中一幅地图（地图 D）与其他地图的差别极大，并且很有可能是四幅地图中最先绘制的，不管出于什么原因，他为另外三幅地图采用了另一个模型。③

对于马修放置在此海岸框架内的信息，还没有发现明显的模式。在地

① Harvey, *Medieval maps of the Holy Land*, pp. 94 – 140.

② Harvey, "Local and regional cartography", p. 498.

③ P. D. A. Harvey, "Matthew Paris's maps of Britain", in *Thirteenth century England IV*, ed. P. R. Coss and S. D. Lloyd (1992), pp. 109 – 117.

图 D 中，他似乎只是根据自己的知识或情报来决定在哪里绘制河流，而其他三幅地图上的河流则与世界地图上的河流相对应，并且可能与海岸轮廓一样，复制自同一幅地图。地图上的城镇和其他地点的布局也没有清晰的模式，但有几处例外——圣奥尔本斯修道院（St Albans Abbey）的五个独立静修间都出现在了地图上。主教教座大多都标注了名字，且令人惊讶的是，这些名称标注比本笃会修道院的更一致。沿地图 A（这几幅地图中最完整的，也可能是最晚的一幅）上的南海岸，马修在绘制沿海城镇时用尽了绘图空间，只能在现有空隙中另插入了两个名称；他清楚地知道将地名放在正确的区域比展示它们之间的关系更加重要。在地图 C 上，我们看到了另一个人的工作痕迹，他是马修的同事沃灵福德的约翰（John of Wallingford）。他完成了当时这幅地图剩下的工作，添加了许多地名，但在这些地名的选择方面依然没有明显的模式可循。①

马修·帕里斯绘制的英国地图和他的巴勒斯坦地图一样，都是令人赞叹的地图学成就，但它们还是无法与英国的高夫地图相提并论。关于高夫地图的重大研究一直都在进行。凯瑟琳·德拉诺·史密斯（Catherine Delano Smith）博士在第一份报告中总结了她与其他九位学者的工作，该报告于 2017 年作为一篇学术文章发表，阐述了许多新的重要成果。② 目前，史密斯博士是一个较大专家组的首席研究员，该小组致力于高夫地图许多特定方面的研究。这些研究成果很可能会导致本文内容做出一些修改，而且确实已经有了一些确凿的发现。

最重要的是，我们的这幅地图不是一次性制作完成的，而是分了三个阶段。第一阶段（从笔迹判断大约为 1390—1410）绘制了整个英国的基础地图。第二阶段（可能在第一个阶段之后不久）只涉及英格兰和威尔士；部分海岸线和城镇符号被重新加重描绘，还添加了一些山脉和其他可能的地物。制作这幅地图的第三阶段包括重写英格兰东南部的大部分地名，对几处地名的拼写做了改动；这些变更是在 15 世纪的最后 25 年做出的，也

① Harvey, “Matthew Paris's maps of Britain”, pp. 118 – 20.

② Catherine Delano Smith et al., “New light on the medieval Gough map of Britain”, *Imago Mundi*, 69 (2017), pp. 1 – 36.

许还更晚一些，变更的原因可能是字迹褪色或磨损了。[①] 现在这幅地图中呈现的苏格兰与最初绘制的版本一样，但英格兰和威尔士都经历了大幅修改。有趣的是，我们有一幅 15 世纪前 25 年的地图，可以看作最初绘制的高夫地图的微缩版（大幅度的删减版），或者是源自一幅密切相关的地图。[②]

当然，最初绘制的高夫地图源自一幅可能更早绘制的地图。羊皮纸上的针孔表明第一阶段的地图一定是从另一幅地图复制过来的，而另一幅地图本身也可能是最初绘制的地图的副本，当然也可能不是。[③] 大部分的海岸轮廓可以与马修·帕里斯的地图相对应，采用的传统形式可能可以追溯到罗马时期，但在英格兰南部和东南部，其海岸轮廓更像现代地图，且一定出自波特兰航海图，绘制年代可能不会早于 14 世纪的第二个 25 年。[④] 如果我们继续研究这张地图，肯定能了解更多关于其制作过程及其组成部分所借鉴的内容的信息。

## 结　论

自 1987 年以来，我们对中世纪欧洲的地方和区域地图有了更多了解，我们还明白了一件事情，那就是仍有许多值得探索。再过 30 年，情况又可能会与我们现在看到的大不一样。

**附录 1**

### 1500 年以前英格兰地方地图和平面图时序表

本附录更新了《地图学史》第一卷《史前、古代与中世纪欧洲及地中

---

① Catherine Delano Smith et al.，"New light on the medieval Gough map of Britain"，*Imago Mundi*，69（2017），pp. 6 – 12.

② Catherine Delano Smith et al.，"New light on the medieval Gough map of Britain"，*Imago Mundi*，69（2017），pp. 24 – 26.

③ Catherine Delano Smith et al.，"New light on the medieval Gough map of Britain"，*Imago Mundi*，69（2017），pp. 5 – 6.

④ Catherine Delano Smith et al.，"New light on the medieval Gough map of Britain"，*Imago Mundi*，69（2017），pp. 18 – 19.

海地区的地图学》（J. B. 哈利［J. B. Harley］、D. 伍德沃德［D. Woodward］主编，芝加哥大学出版社，1987 年，第 498—499 页）中的列表。自该卷出版以后发现的地图分别为 2 号、24 号、27 号、30 号、36 号和 37 号。感谢 A. S. 本多尔（A. S. Bendall）博士、玛格丽特·M. 康登（Margaret M. Condon）女士、伊丽莎白·丹伯里（Elizabeth Danbury）女士、莫琳·尤尔科夫斯基（Maureen Jurkowski）博士以及 M. M. N. 斯坦斯菲尔德（M. M. N. Stansfield）博士为这些新发现的地图提供的信息。这些地图全部保存在英国。

*Local maps and plans*: *Local maps and plans from medieval England*, ed. R. A. Skelton and P. D. A. Harvey (Oxford, Clarendon Press, 1986).

1. Circa 1153 × 1161: Canterbury (Kent). Cambridge, Trinity College, MS. R. 17. 1, ff. 284v – 285r, 286r. William Urry, in *Local maps and plans*, pp. 43 – 58, plates 1A, 1B.

2. Circa 1195: Cistercian monasteries (Cheshire, Flintshire). Oxford, Bodleian Library, MS. Bodley 672, f. 60v. *Liber Luciani de laude Cestrie*, ed. M. V. Taylor (Lancashire and Cheshire Record Society, vol. 64; 1912), frontispece, pp. 28 – 9, 59.

3. 1220 × 1230: Wormley (Hertfordshire). London, British Library, Harley MS. 391, f. 6r. P. D. A. Harvey, in *Local maps and plans*, pp. 59 – 70, plate 2.

4. 1224 × 1249: Wildmore Fen (Lincolnshire). London, British Library, Additional MS. 88905, f. 4v. H. E. Hallam, in *Local maps and plans*, pp. 71 – 81, plate 3; *Maps of the Witham Fens from the thirteenth to the nineteenth century*, ed. R. C. Wheeler (Lincoln Record Society, vol. 96; 2008), pp. 23, 68 – 9.

5. Mid – or late 14th century: Peterborough (Northamptonshire). Cambridge, Cambridge University Library, Peterborough Dean and Chapter MS. 1, f. 368r. Edmund King, in *Local maps and plans*, pp. 83 – 7.

6. Mid – or late 14th century: Fineshade (Northamptonshire). London, Lambeth Palace Library, Court of Arches, Ff. 291, f. 58v.

7. Late 14th century: Chute Forest (Hampshire and Wiltshire). Winches-

ter, Winchester College Muniments, 2206.

8. Late 14th century: Clare (Suffolk). London, British Library, Harley MS. 4835, ff. 66v – 67r.

9. Late 14th century: Isle of Ely (Cambridgeshire) and Holland (Lincolnshire). Kew, The National Archives, MPC 45. A. E. B. Owen, in *Local maps and plans*, pp. 89 – 98.

10. Late 14th century × 1408. Cliffe (Kent). Canterbury, Canterbury Cathedral Archives, DCc/ChAnt/C/295. F. Hull, in *Local maps and plans*, pp. 99 – 105.

11. Late 14th century × 1414: Canterbury (Kent). Cambridge, Trinity Hall, MS. 1, f. 77r. William Urry, in *Local maps and plans*, pp. 107 – 17, plate 7.

12. Late 14th century × 1414: Isle of Thanet (Kent). Cambridge, Trinity Hall, MS. 1, f. 42v. F. Hull, in *Local maps and plans*, pp. 119 – 26, plate 8.

13. Late 14th or early 15th century: Clenchwarton (Norfolk). London, British Library, Egerton MS. 3137, f. 1v. Dorothy M. Owen, in *Local maps and plans*, pp. 127 – 30.

14. Late 14th or early 15th century: Sherwood Forest (Nottinghamshire). Belvoir (Leicestershire), Archives of the Duke of Rutland, map 125. M. W. Barley, in *Local maps and plans*, pp. 131 – 9, plate 10.

15. Circa 1390: Winchester (Hampshire). Winchester, Winchester College Muniments, 22820, inside front and back covers. John H. Harvey, in *Local maps and plans*, pp. 141 – 6.

16. Circa 1407: Inclesmoor (Yorkshire). Kew, The National Archives, DL 42/12, ff. 29v – 30r, and MPC 56. M. W. Beresford, in *Local maps and plans*, pp. 147 – 61, plates 12 (i), 12 (ii).

17. Circa 1420: Exeter (Devon). Exeter, Devon Heritage Centre, Exeter City Archives, Book 53A, f. 34r. H. S. A. Fox, in *Local maps and plans*, pp. 163 – 9.

18. Circa 1420 × circa 1430: Exeter (Devon). Exeter, Devon Heritage

Centre, Exeter City Archives, Miscellaneous Roll 64, m. 1d. Ethel Lega-Weekes, *Some studies in the topography of the cathedral close Exeter* (Exeter, James G. Commin, 1915), p. 157.

19. Circa 1430 × circa 1442: Tursdale Beck (county Durham). Durham, Durham Cathedral Archives, Miscellaneous Charter 6417. M. G. Snape and B. K. Roberts, in *Local maps and plans*, pp. 171 – 87.

20. 1439 × circa 1442: Durham. Durham, Durham Cathedral Archives, Miscellaneous Charter 5828/12. M. G. Snape, in *Local maps and plans*, pp. 189 – 94.

21. 1440 × 1441: Shouldham (Norfolk). Norwich, Norfolk Record Office, Hare 2826, 200X1, ff, 16v, 34v. P. D. A. Harvey, in *Local maps and plans*, pp. 195 – 201.

22. 1440 × circa 1445: Durham. Durham, Durham Cathedral Archives, Miscellaneous Charter 7100. M. G. Snape, in *Local maps and plans*, pp. 203 – 9.

23. 1444 × 1446: Boarstall (Buckinghamshire). Aylesbury, Centre for Buckinghamshire Studies, AR 36/1962, f. 1r. P. D. A. Harvey, in *Local maps and plans*, pp. 211 – 19.

24. Circa 1449: Eton (Buckinghamshire). London, Society of Antiquaries, MS. 252 *. John Goodall, 'Is this the earliest English architectural drawing?' *Country Life*, 15 November 2001, pp. 70 – 1.

25. Mid – 15th century: Burnham Overy (Norfolk). Kew, The National Archives, E 163/28/4.

26. Mid – 15th century: Clerkenwell and Islington (Middlesex). London, The Charterhouse, MP/1/14a. M. D. Knowles, in *Local maps and plans*, pp. 221 – 8, plate 19.

27. Mid – 15th century: Pinchbeck Fen (Lincolnshire). Kew, The National Archives, MPCC 7. Rose Mitchell and David Crook 'The Pinchbeck Fen map: a fifteenth-century map of the Lincolnshire Fenland', *Imago Mundi*, 51 (1999), pp. 40 – 50, plates 3, 4.

28. Mid – 15th century: Witton Gilbert (county Durham). Durham, Dur-

ham Cathedral Archives, Cartulary IV, f. 301v. M. G. Snape, in *Local maps and plans*, pp. 229 – 35.

29. Mid – or late 15th century: Chertsey (Surrey) and Laleham (Middlesex). Kew, The National Archives, E 164/25, f. 222r. Susan Reynolds, in *Local maps and plans*, pp. 237 – 43, plate 21.

30. Mid – or late 15th century (?): outline plan of an unidentified church. Kew, The National Archives, E 101/509/19, f. 4r.

31. 1469 × circa1477: Staines (Middlesex). London, Westminster Abbey Muniments, 16805. Susan Reynolds, in *Local maps and plans*, pp. 245 – 50.

32. 1470 – 1478: Deptford (Kent and Surrey), Lambeth (Surrey) and London. London, London Metropolitan Archives, City of London, CLA/007/EM/04/003/A, ff. 8r – 11r. Philip E. Jones, in *Local maps and plans*, pp. 251 – 62.

33. Late 15th century: Barholm, Greatford and Stowe (Lincolnshire). Lincoln, Lincolnshire Archives, LD/32/2/5/1, f. 17v. Judith A. Cripps, in *Local maps and plans*, pp. 263 – 88, plate 24.

34. Late 15th century: Deeping Fen (Lincolnshire). London, British Library, Cotton MS. Otho B. xiii, f. 1r. A. E. B. Owen, in *Local maps and plans*, pp. 289 – 91.

35. Late 15th or early 16th century: Dartmoor (Devon). Exeter, Devon Heritage Centre, 3950Z/Z1. J. V. Somers Cocks, in *Local maps and plans*, pp. 293 – 302, plate 26.

36. Late 15th or early 16th century: Romney Marsh (Kent). Canterbury, Canterbury Cathedral Archives, DCc/DE/176. Sarah Bendall, 'Enquire "When the same platte was made and by whome and to what intent": sixteenth-century maps of Romney Marsh', *Imago Mundi*, 47 (1995), p. 43.

37. Late 15th or early 16th century: Stanlow (Cheshire). Kew, The National Archives, E 315/427, ff. 29v – 30r.

38. Circa 1478: Denham (Buckinghamshire) and Harefield (Middlesex). London, Westminster Abbey Muniments, 432. Barbara F. Harvey, in *Local*

*maps and plans*, pp. 303 –8.

39. Circa 1480: Bristol. Bristol Archives, CC/2/7, f. 5b. Elizabeth Ralph, in *Local maps and plans*, pp. 309 –16, plate 28.

40. 1497 × 1519: North-west Warwickshire and Tanworth in Arden (Warwickshire). Stratford upon Avon, Shakespeare Birthplace Trust, DR 37/2/74/19 –21. B. K. Roberts, in *Local maps and plans*, pp. 317 –28.

41. 1499: Exeter. Exeter, Devon Heritage Centre, Exeter City Archives, ED/M/933. H. S. A. Fox, in *Local maps and plans*, pp. 329 –36.

## 附录2

### 1500 年以前尼德兰地方地图和平面图时序表

经作者许可，本列表取自彼得 · 范德克罗格的"中世纪后期的尼德兰地方地图"["Lokale kaarten van Nederland uit de late Middeleeuwen", *Caert-Thresoor*, 27 (2008), pp. 29 –42]（引作 Van der Krogt, "Lokale kaarten"），每幅地图都有彩色插图、内容描述以及完整的参考文献。感谢范德克罗格博士为第 1 条提供了进一步的参考资料。

1. mid 13th century: Aardenburgse Moer. Lille, Archives départementales du Nord, B 1388/1282bis. Beatrijs Augustyn and Erik Thoen, "Van veen tot bos. Krachtlijnen van de landschapsevolutie van het Noordvlaamse Meetjesland van de 12e tot de 19e eeuw", *Historisch Geografisch Tijdschrift*, 3 (1987), pp. 100 – 1; Van der Krogt, 'Lokale kaarten', p. 30; Luc van Damme, 'Twee dertiende-eeuwse Middelnederlandse schepenbrieven en het oudste landmeterskaartje van ons taalgebied', *Taal en Tongval*, 60 (2008), pp. 75 –77.

2. 1357: boundary in Brabant and Holland between the English and Picard nations of Paris University. Paris, Bibliothèque de la Sorbonne, Archives de l'Université de Paris, Reg. 2, vol. 2, f. 35v. Van der Krogt, 'Lokale kaarten', pp. 30 –1.

3. 1358: polders in Ijzendijke and Oostburg. Ghent, Rijksarchief, Kaarten & Plans, nr. 606. Van der Krogt, 'Lokale kaarten', pp. 31 –2.

4. 1448: three maps from a lawsuit between Geertruidenberg and Stan-

hazen. The Hague, Nationaal Archief, Nassauschen Domeinraad, toegang 1. 08. 01, inv. nr. 714. 1068. Van der Krogt, "Lokale kaarten", pp. 32 – 3.

5. circa 1457: part of Spaarndammerdijk with adjacent land up to the Spieringmeer between Houtrijk and Polanen. Leiden, Hoogheemraadschap van Rijnland, OAR inv. nr. 4804. Van der Krogt, "Lokale kaarten", pp. 33 – 4.

6. 1468: Rivers Scheldt and Honte from Rupelmonde to the North Sea. Brussels, Algemeen Rijksarchief, Inventaire des cartes et plans, 1848, nr. 35. Van der Krogt, "Lokale kaarten", pp. 34 – 5.

7. 1472: boundary between Utrecht and Het Gooi. The Hague, Nationaal Archief, Grafelijkheid van Holland, Rekenkamer, toegang 3. 01. 27. 02, no. 755f. Van der Krogt, "Lokale kaarten", pp. 34 – 5.

8. 1472: two identical maps of land in or near Akersloot belonging to St Martin's Court in Haarlem. Haarlem, Noord-Hollands archief, Kennemer Atlas, nr. 51 – 001194 *1 and *2. Van der Krogt, "Lokale kaarten", pp. 35 – 6.

9. circa 1480: Braakman and adjacent polders. Ghent, Rijksarchief, Kaarten & Plans, nr. 2642. Van der Krogt, "Lokale kaarten", p. 36.

10. late 15th century: oil painting on two panels of the St Elizabeth's flood of 1421. Amsterdam, Rijksmuseum, A 3147a, b. Van der Krogt, "Lokale kaarten", pp. 36 – 7.

11. 1487: water channels between Dirksland, Melissant and Sommelsdijk. Brussels, Algemeen Rijksarchief, Grote Raad van Mechelen, Appels de Hollande 188, sub G. Van der Krogt, "Lokale kaarten", pp. 37 – 8.

12. 1498: management of the Rivers Lek, Waal, Hollandse Ijssel and Oude Rijn in the Gouda area. Gouda, Streekarchief Midden-Holland, Topografisch-Historische Atlas, 2224 C 1. Van der Krogt, "Lokale kaarten", p. 38.

13. late 15th or early 16th century: Rivers Lek, Waal, Hollandse Ijssel and Oude Rijn in the Gouda area. The Hague, Nationaal Archief, toegang 4. VTH, nr. 236. Van der Krogt, "Lokale kaarten", p. 39.

14. late 15th or early 16th century: Voorne and Putten manors. The Hague, Nationaal Archief, toegang 4. VTH, nr. 2028. Van der Krogt, "Lokale kaarten",

pp. 39 – 40.

15. late 15th or early 16th century: Piershil and other adjacent mud-flats. The Hague, Nationaal Archief, toegang 4. VTH, nr. 2081. Van der Krogt, "Lokale kaarten", pp. 39 – 41.

16. late 15th or early 16th century: Hoeksche Waard and Ijsselmonde. The Hague, Nationaal Archief, toegang 4. VTH, nr. 1889. Van der Krogt, "Lokale kaarten", p. 41.

# 地图绘制过程历史研究的新方向

马修·H. 埃德尼（Matthew H. Edney）*

大约自1980年起，地图研究者便已开始在地图和地图史的研究中采用"社会文化"关联的方法。此类方法认为，地图不仅是对世界的客观陈述，也是文化资料和社会工具。哈利与伍德沃德的《地图学史》第一卷对于证明从这一角度研究地图史的知识优势是至关重要的。社会文化方向的地图史研究取得了巨大成功，但也有其不尽如人意之处。

特别是，社会文化方向的地图史从不关心地图学如何随时间推移而变化。地图史传统研究产生的地图学史叙事，强调的是地图学如何不可避免地随时间推移而发展，地理信息数量和质量的不断提高便是这种发展的明显体现。对地图史的个别研究受推定的地图学发展的影响：不符合该发展路线的地图（诸如书籍杂志中的小幅草绘地图，或者20世纪的图画式地图）被认为与历史无关从而受到忽略。总之，这种发展式的叙事制约了地图学史。

不幸的是，社会文化方向的地图研究者专注于具体地图和勘测，因而针对地图学的变化未能用历史合理的、开放性的解释来取代发展式的叙事。因此，在不得不思考地图和制图实践如何随时间推移而演变时，他们倾向于采用旧有的发展式叙事作为默认的立场。社会文化学者至多假定一种单一的演变状态：前现代时期的地图以图形描绘个体对空间的理解，是一种可变的关系域，突然转变为描绘抽象空间的现代地图，由此人类对空

* 马修·H. 埃德尼（Matthew H. Edney），美国威斯康辛大学麦迪逊分校教授，《地图学史》项目负责人。

间的理解不得不为之调整。这种假定的演变状态是否具有历史合理性仍存疑，因为对该演变是何时发生的还未有定论：弗雷德里克·詹姆逊（Fredric Jameson）认为它发生于中世纪的海图，多位评论家认为它随着文艺复兴时期几何学的兴起而发生，另一些评论家认为它是在启蒙运动中的地图学"革新"时期发生的，而戴维·哈维（David Harvey）认为它发生于19世纪。以上提出的状态变化的时间点取决于不同时期不同类型的制图学的变化情况。或许，我们不应视地图学为单一进程，而应针对不同类型的制图问题展开研究？

作为一位地图史学家，笔者提出这一观点有自己特殊的考虑。随着时间的推移，工艺、技术、机构和功能会经历发展和衰落，地图绘制的历史也随之发生变化，我们如何来讲述其历史，而不落入进步和变革这类过分简单化的叙事的窠臼呢？笔者认为，我们需要基于两种有经验基础的认识（均否定地图学统一性的现代表象），建立针对制图领域的全新观念。

## 制图实践的多样性：模式

第一个认识是，在空间知识的概念化，操纵该知识的技术，以及寻求、使用并控制该知识的社会机构方面，不同的制图模式之间存在根本性的差异（Edney 1993，2011b，2017a）。这些差异可以在历史文献中找到有力证据，并且在现代依然存在。换言之，地图学从来不是一种单一的进程，甚至没有一种进程是以少量种类的风格或方言来表述的；相反，制图形式一直是多种多样的，只不过地图学对统一性和普适性的主张掩盖了制图形式之间的差异。因此，不同模式会产生多种地图，如地理图、海事图、地点地图、产权图等，应始终对它们予以适当说明。

这些模式可以通过反复分析和对比进行识别。通过审视地图的外观、其描绘的空间类型以及所采用的呈现策略，可以看出地图生产、流通和消费过程的连贯安排，这反过来又成为某一模式的特征。不同类型的地图揭示不同的过程安排，因而反映的模式也就不同。通过反复分析，可以发现多种差异较大的呈现策略，从而概括出不同模式的特征。

以两幅地图为例，1794年缅因州斯卡伯勒镇一处范围不大的盐沼地图，该盐沼两端间的距离不到四分之三英里（1.3千米）。该地图的制作属于一项法定程序，其目的是将一块共有地产划分成分散的地块，每块地的面积与公司成员所持股份成正比。该地图整体采用平面几何方式绘制，也就是将这一小块地面视为一个平面（这种小面积地块实际上就是一个平面）。要勘测该地块的边界以及流经沼泽的明渠，就需要对直线长度和对角度进行测量。测量人员先计算地块总面积，然后确定如何按要求对该地块进行划分，再将最终方案绘制成平面图。该平面图的副本只会在几位白人间流通，即这块共有土地的股份持有人及其律师。因此，只需要采用那个时期通用的产权地图的绘制方法，而无须采用其他制图法。该地图是用墨在纸（事实上是两片粘接在一起的纸）上手绘而成的。鉴于其法律和空间上的特定性（所有相关人员都知晓该地产的位置），因而无须在更大范围内标注该地产的位置。该地图只需制作少量副本，并与其他相关法律文件一起由测量员、产权人和律师存档。按照新英格兰地区私人档案的一般惯例，此类产权图一旦从私人手中流出，最后通常会收入当地的历史协会或档案馆。

相比之下，1793年出版的印刷地图。实际上，该图是首幅涵盖整个缅因州的印刷地图。该图多个印次均为铜版印刷，用作杰迪代亚·莫尔斯（Jedidiah Morse）一本畅销地理教材的插图（Morse 1793；参见 Brown 1941；Sitwell 1993，413）。该书在新英格兰各地市场上公开销售，是针对小康家庭的教育材料。当时印刷书籍在该地区仍然比较少见（Hall 2000）。这本著作及所附数幅地图的读者群包括青年男女。该地图覆盖的范围超过50000平方英里（130000平方千米），其面积远远大于一个人能够亲自观察和测量的范围。该图是在多幅现有地图和勘测数据的基础上编绘而成的。地图周围标注刻度的框架指示的是经度和纬度，不仅与地球的球度相适应，而且能将缅因州放在地球表面正确的位置上。起初，这幅地图以及所属书籍价格较为昂贵，主人对其十分珍视，存放在小型的家庭图书室内。随着时间的推移，主人试图通过转手他人的方式实现该书及所附地图的价值。实际上，人们认为这幅图本身要比装订在所属图书中更有价值，所以大多将其从书中截取出来单独存放或再次转卖。因为该地图的价值和收藏性，它顺理成章地与该地区其他已出版的地理图一起成为书目著录的备选文献（Smith 1902，33；Wheat and Brun 1978，No. 168；McCorkle 2001，No. Me793. 1；Thompson 2010，No. 1）。

可以推想的是，上述盐沼的股东中很可能也有人拥有莫尔斯的书。即便如此，这位假定的土地所有人也没有理由会同时查阅上述两幅地图，因为这两幅地图涉及两套完全不同的空间实践。其中一幅地图与法律和金融事务有关，存放在家庭档案里；另一幅地图与精神生活（也可能是政治生活）有关，用作书籍插图，很可能与其他藏书一起存放在某个客厅里的书架上。两幅地图可能确实是理想化和规范化意义上的，但它们是在不同社会背景下为不同目的生产和消费的地图。19 世纪、20 世纪建立的现代图书馆对这些地图进行了人为的整理收集，才让这些地图得以结集，实现了彼此间真正意义上的现代对话。

这些区别中重要的是，制图模式并不仅仅是由它们再现世界的方式所决定的，每种模式都包含着一种关于世界的特定知识，且都是为特定的原因及特定的机构所绘制的。实际上，每种模式都包含一个特殊的过程，地图的生产、流通和消费都依赖这一过程。随着时间推移，实际的过程会根据制图原因和机构发生变化，模式也因此改变。各种模式在概念和实践上互有交织，加之人员上的共享，新的模式就这样形成了。

随着数字技术在地图绘制中的应用，尤其是在 1960 年以后，制图技术日渐融合。目前，美国环境系统研究所公司（ESRI）的产品主导着地理信息系统的软件市场，所有机构基本上都在使用同样的绘图软件，但这并不意味着这些机构绘制的都是同一种类型的地图，就像微软文字处理软件的普遍使用并不意味着小说与学术专著的作者都采用同一种文学形式、使用同样的写作和表达风格、面对同样的读者、采取同样的宣传销售方法和同样的商业盈利模式等。现代官方制图政策的历史表明，实际问题与确立单一、普适的制图程序的期望之间存在对立关系。一方面，针对政府的特定的制图需求（如民事或军事需求，海事、陆地或航空需求，科学和分析需求或大众和展示需求等），不同机构应运而生为之绘制地图，这样的实际情况否定了地图学的普适性；另一方面，地图学作为一种单一进程的概念，寄望于出现一种高效可行、廉价单一的制图程序，以明显通用的技术为基础，满足所有不同的需求。地图学的概念可能促进了一定程度的制图技术的统一，但导致地图在流通和消费过程中出现根本区别的社会现状并没有得到克服。

模式是一种过程范式，是学者们需要去辨别的。就像“阶级”或“种族”等社会学概念以及“语言”这一语言学概念一样，模式应该被理解为对复杂性的简化，以用来描述某种现象的知识轮廓，使之易于理解。每种制图模式都永远只是一种启发式的概念，帮助我们理解人们为了不同目的而绘制其世界的各种方式，只要我们记住这一点，不过分纠缠于细枝末节，借助反复比较，区分大体上互不相关的制图实践群体。

通过这种方式，笔者先是识别了不到10种模式，并和同事据此编写了《地图学史》百科全书式的后三卷（Edney and Pedley 2019；Kain 2024；Monmonier 2015）。但后来笔者进行了更细致的分类，增加到了14种模式（表1）。这些模式都是适用于西方社会的：如果同样的过程应用于非西方社会的地图绘制的话，那么可能会形成一套不同的模式。

**表1　　14种制图模式**

| 对世界各离散部分（即地点）的更高分辨率的制图，每处地点都可能被个人观察到： | |
|---|---|
| 地点制图 | 特定场所的自然和文化景观，用以创造、维持和重置其作为地点的独特意义；从“描述地点”的角度讲也叫作“地形”，但为了清晰起见，这个术语保留给系统制图的一个子集（下文） |
| 城市制图 | 平面图或视图中的整个城市地区，认可赋予城市作为人造和自我调节的社区的文化意义 |
| 产权制图 | 将景观划分成分散的产权地块 |
| 工程制图 | 支持公路、建筑、防御工事等的规划和建造 |
| 方志制图 | 不涉及全球地理框架的每个区域（*choros*），但可能需要对资料做地理风格的汇编 |
| 对个人无法观察和描绘的空间所做的较低分辨率的制图： | |
| 宇宙志或世界制图 | 已知的世界（*mundus* 或 *oikumene*），描绘人类、自然和造物（宇宙）的其余部分以及神灵之间的相互关系；经常是占星学或形而上学的 |
| 地理制图 | 地球（*ge*）及其区域的水陆球仪，包括很多特殊目的的制图（例如道路图） |
| 海事制图 | 海岸线以及沿岸地区的地物，包括海洋图、海岸图和港口图等，一般是由海员制作也是为海员服务的 |
| 天体制图 | 天空和天体，包括星图、宇宙图示和对其他行星的详细制图等 |

续表

| 国家驱动的现代制图： | |
|---|---|
| 边界制图 | 沿国与国之间边界或边境的地理距离相对狭窄的地区 |
| 大地测量学制图 | 地球的大小和形状（对后者的测量大约在1700年后才开始） |
| 系统或领域制图 | 基于综合勘测，在更大范围内进行更高分辨率的制图，包括景观（地形）、海岸及海洋（水文）、地产（地籍）或者航空目的的制图（1900年后） |
| 解析制图 | 结合社会与自然科学和治理行为的社会或自然现象的分布，经常被称为“专题制图”，但不包括其他模式下为狭义的特定目的制作的“特殊用途地图”；一般分辨率较低，但也可以较高 |
| 俯视成像制图 | 对地球的高空俯视，通过模拟航空摄影或数码遥感技术实现，不仅对大多数其他模式做出了实质性贡献，而且还产生了独特的空间话语 |

注：这些模式是根据地图的流通、消费和生产过程定义的。例如，不能因为一幅地图展示了某城市的一部分就把它视为城市制图的产物；城市各部分的地图可能分属于地点制图、产权制图、工程制图或海事制图（见 Edney 2017c“Goldilocks model”）。这些模式之前在别处以略微不同的顺序和层次进行过介绍（Edney 2017b，74－75，table 5.1）。

一套稳定的分类体系（至少对西方制图学而言）并不意味着每个模式自身是稳定的。随着人员、地图、工具和方法在模式之间传播流转，这些模式会产生重大的改变，模式之间原本清晰的边界也会渐渐模糊。随着时间的推移，新的模式就产生了。现在看来，正确地鉴别地图的绘制模式是非常具有挑战性的，问题主要在于两幅看起来相似的地图可能属于不同的模式，所以不能以地图的形式为指导。

要界定某一特定时期某个特定社会的制图模式，需要了解地图的流通及消费模式，而不仅仅是生产方法。若将这一原则铭记于心，我们就能更加清晰地分辨界限灵活的制图类型，如分别对海事制图和地理制图、海事制图和地点制图加以分辨。

整个近代，海事制图和地理制图之间的边界一直很错综复杂。地理学家不仅从海事图上获取信息，还会在那些对地理问题感兴趣的非海事读者中传播绘本（Fernández-Armesto 2007）或印刷版的海事图。这些地图被界定为地理图而非海事图，是由它们的流转和消费情况决定的，而非由它们的主题和外观决定。与此同时，宇宙学家和地理学家也在尝试将宇宙志框架运用到远洋航海中。他们的目标是要将经度运用到航海中，以取代平面几何演绎推算与大西洋水手的纬度测定相结合的技术，这些技术历经考验，是当时绘制“平面海图”所惯用的（Chapuis 1999；Ash 2007；Sandman 2007，2008，2019；Gaspar 2013）。1569 年，格哈德·墨卡托（Gerhard Mercator）就是在这一背景下绘制了基于墨卡托投影的世界地图，他显然借助该投影对平面海图与球形地球做了调合（Gaspar 2016），可惜的是，直到 1800 年前后，当人们能够轻而易举地在海上确定经度时，墨卡托投影才真正派上用场，但它仍然是那些试图为他们的地理读者制作海图般图像的不谙航海者的专利（Cook 2006）。地图学者普遍认为那些根据墨卡托投影制作出的近代地图属于海图，但是就它们的流通、消费情况以及生产制作来看，它们几乎都属于地理制图的模式（Edney 2017a，75 –77）。

通过摒弃地图学的统一性、转而强调多种制图模式，学者已非常有能力研究制图实践随时间而变化的方式及原因。通过仔细研究这些模式的历史和交集，人们可以书写社会、文化与技术交织的变革叙事（例如，Edney 2007a，2011a）。例如，地图学变得越来越科学的所谓的统一过程——不管这里的“科学”指什么——实际上包含多条历史轨迹，每种模式都循着这些轨迹接受了仪器和数学技术（Edney 2017b）。

## 地图的开放性：话语

第二个认识是，地图并不仅仅是符号文本，这是现在地图学者所广泛认可的（例如：Wood and Fels 1986；MacEachren 1995）。它们同样具有动态开放性。笔者的意思是，当我们开始审视地图的符号学特征时，就无法辨别传统上被认定为“地图”的事物与其他事物之间任何严格的界限了。

人们对待地图与对待其他类型文本无异。地图就像艺术作品一样挂在墙上，地球仪就像雕塑那样放在底座或者台子上。人们看地图就像看书一样，使用地图就像使用其他工具一样。他们在地图中掺入政治意义，就像对待标语和旗帜一样；他们买卖地图或将地图当作礼物赠予他人，就像对待书籍、宣传册和其他有形商品一样；人们谈论地图，丢弃或保存地图，或将其仪式化、图腾化。在探索制图过程时，我们无法获知地图到哪里为止，其他文本又从哪里开始，因为围绕“地图”并没有清晰且长期持续的边界，而只有勾连于其中的大量符号学策略。

地图明显终止在纸张边缘：在纸张上的是地图，而纸张以外的是其他的一切。然而，随着地图研究者尝试社会文化学的方法，对地图自持的物质性的坚信就难以为继。地图上使用的词语与用来写书的、发表演讲的词语是一样的；地图上装饰性的旁注也是艺术和科学中的图形图案；坐标系与日行迹和其他的数学图像类似；地图使用的符号系统也被用于其他话语中，比如隐喻和讽刺。当单幅地图的自足性逐渐磨灭，规范地图的一般范畴也随之磨灭，与之同时消弭的还有地图学的单一概念。

例如，近代海事图是与书面航路指南（领航员手册）和海岬剖面系统成一体的；1800 年后，新的技术系统加入进来，这些技术系统的主要特征是安装了灯塔和浮标，这对于使用者来说实际上成了图形图像的物理延伸。比尔·蓝钦（Bill Rankin，2014；2016，205 – 51）论证过，20 世纪的无线电导航系统让领航员置身在了一个由有形和无形物构成的网络中。在产权制图过程中，针对实际设置于景观中的标志物和纪念物之间的边界，图形平面图总能对描述边界的语言的地产四至（metes-and-bounds）给予补充；这些纪念物是产权维护的真正重点，对其制图时也经过各种仪式和做法（比如“敲界［beating the bounds］”，译者注：由牧师率领男童们环绕教区边界并用树枝敲打界碑的古老仪式）。地点地图的绘制不仅与景观艺术和观看景观的实践有关，还与某些诗歌的形式存在联系。这类例子不胜枚举。

当我们研究使用者和读者消费地图的各种方式时，虽然地图图像一直被视为独特而具体的，但我们发现它们不断相互交织，并与其他内容融合，如图形、文字、数字这样的图注，或是手势以及行为。地图甚至不一定要是图形形式的。新英格兰殖民地有一个小传统，即作者会撰写描述沿海地理情况的语言地图，这些地图仅用语言来表示河流入海口之间的距离和方位，分辨以及命名一些其他的地理特征，描述英国人的居住地和一些当地的印第安人部落（例如 Edney and Cimburek 2004，334 – 36）。与此完全不同的是，米开朗琪罗从 1563 年开始在西斯廷大教堂的圆形穹顶上绘制的《最后的审判》，被极有说服力地解读成将罗马绘制成一处圣地（Burroughs 1995）。现代作者们将时空层面写入他们的小说和诗歌，使之成为一种文学地图（例如 Sorum 2009；generally，Bulson 2007）。

此外，针对原住民的制图实践进行的人类学研究得出这样的结论：即使有图注的存在，它们也并不是传达空间信息的主要手段，本土制图中最主要的表意元素基本都是依托行为的。如果使用了图注的话，那么它的含义是通过在交流或仪式中的使用来体现的。比如，18 世纪北美“波尼族印第安人（即斯基第人）星图（Pawnee［i. e.，Skiri］star chart）”就是这样，它只会在特定仪式中使用，并且在每种仪式中使用的方式都大不相同（在一种仪式中用作旗帜，在另一种仪式中则用作比赛的接力棒，用以表征斯基第人多维宇宙的不同层面［Gartner 2011］）。当西方探险者向当地人询问信息时，当地人可能会在沙地上或者是纸张上绘制一些线条，但是真正重要的空间解释是用语言以及手势来完成的。本土社会进行制图的原因一直与众不同，这也使区分多种制图学模式成为可能，例如区分产权制图学（Pearce 1998）和政治关系制图学（Waselkov 1998）。但是这通常依托口头和肢体的表达与空间意义的结合，而不是在某些媒介上对空间意义的书面叙述（Rundstrom 1991；对比 Bernstein 2007）。

空间信息交流中存在非图形、非书面叙述的综合性策略，这对“地图必须是图形制品，制图仅仅意味着直接从那些图形制品中恢复意义”这一固有认识提出了严峻挑战。在《地图学史》的第一卷中，创始编辑布赖恩·哈利和戴维·伍德沃德（1987，xvi）提出了一个新的地图的定义：“是便于人们对人类世界中的事物、概念、环境、过程或事件进行空间认知的图形呈现。”他们希望这个定义能够在文化上无所不包，并且这个定义确实已被广泛采纳，但在概括既非物质又非图形的本土制图学策略的特征时，这个定义却显得捉襟见肘（Woodward and Lewis 1998，3 –5）。

行为性的制图实践也遍及现代生活，它们是人类的一种功能，而不是原住民的专属。这种现代生活中的日常行为在地理学者中引发了一种“非呈现”理论的关注。这一概念强调呈现性，夸大了人文地理学的“语言学转向”和号召回归生活经验研究所造成的影响。那些研究空间呈现的地图学者用的是同样的方法，不过名字不那么戏剧性——“后呈现理论”。从这个角度看，我们最终就可以摒弃现代“地图必须是图形对象”的固有观念。在地图的消费中，它们的意义在很多时候是固化的，但消费地图并不是信息的被动吸收，而是地图与行为的结合。这些行为又进一步承载意义，并塑造赋予地图的意义。因此，地图本身有多种形式，而地图消费是一种行为，严格意义上的纯物质地图并不存在。

社会文化分析已经推翻了地图稳定性和自足性的假设。地图并不仅是图像或物品，而是多种多样的词汇、图形、数字、手势、多个物品装置甚至是无形制品的综合体。地图并不仅是简单、自足的“物品”，而是多成分的综合体（Rankin 2014，especially 626－27，662－64）。考虑到消费地图的无数种情况，这意味着地图阅读和其他任何一种阅读一样，都是互文性的实践活动，人们是根据他们之前的阅历来阅读和使用地图的。如果地图真的都是规范的，且仅根据它们与世界之间的关系来定义的话，那么它们就会像科学定律一样，对于所有人来说都是同样易懂的，无论每个人的语言文化背景有多大的差异。但是要读懂任何一幅地图，读者都需要对其文化背景有所了解，如果没有其他文本和文化形式作参考，任何一幅地图都不能被完全理解（Turnbull 1993，19－27）。从反面来看，不管是什么形式的地图，都不可能只有由它与世界的对应性所决定的单一的意义。每幅地图都存在于由文本编织成的网络中，被赋予了多种不同的意义。像其他所有的文化产品一样，一幅地图在它的使用者手中可以有多种不同的解读，这些解读随着使用情况而变化。最好将地图理解为正在进行中的作品（Kitchin and Dodge 2007；Dodge，Kitchin，and Perkins 2009；Kitchin，Gleeson，and Dodge 2013）。

然而，地图不是在符号的海洋里随意漂荡的文本，并非对读者的任何特殊解读开放。它们的解读受使用时的情况限制，这些情况又与地图生产和流通的情况交织在一起。每幅地图的形式、它们所采用的符号学策略，以及它们与其他文本结合的方式共同构成了一个受约束的交流网络，从最严格的意义上讲，这就是一种“话语”。米歇尔·福柯（Michel Foucault）提出了“话语”最狭义的定义：“具有一定数量的陈述，且是受到约束的实践。”笔者尽力将“话语”的使用限制在这一精确的启发性定义内，但无疑也偶尔采用了福柯的稍广义一些的定义，即“可个体化的一组陈述”（Foucault 1972，80）。

每个精准的空间话语都包含一个网络，这个网络是由生产、流通、消费成套的文本（包括地图）的人，有效地规范文本形式以及它们特定的符号学策略的人，以及那些规范该网络组分的人所组成的。这个狭义上的定义始终具有启发性，但它是受实证研究驱动的，即特定文本的传播如何决定了对制图感兴趣的特定人际网络的边界。

所以，“地图绘制”是空间话语的一种功能，“地图”是其产物，从最普遍的意义上来说，可以将它们进行如下的定义：

“地图绘制”是空间复杂性的呈现；

“地图”是呈现空间复杂性的文本。

这里“呈现”和“文本”的使用可能会引起争议，更清楚地来说，笔者这里是在构成主义意义上使用“呈现”这一概念的，这是一个构建和传播意义的过程。此外，这也是一个发展中的过程，就像使用者反复解读文本的过程一样。用“呈现”来指代最后的产物是不合适的，因此不应该把产物称为“一种呈现”。呈现的产物是最广义上的“文本”，即一系列复杂的符号经符号学的过程集合在一起；这些符号多种多样，包括口头和书面的话语、图形、物理装置和行为。这也就是说，与那些提倡采用非呈现理论或后呈现理论的学者不同，笔者对“呈现”的解读相对不受限制也没那么严格。

这些定义是不够明确的，它们不依赖于正式的或功能性的标准，因此不能被用来评判一件人工制品或者一个仪式是否是地图。所以，学者们需要在精准适当的话语中识别地图，从反面来看，就是要考察特定的话语怎样产生特定形式的地图的。这是一个递归的过程，通过追踪地图在生产者和使用者之间的传播过程，并且勾勒出制图的过程，就可以识别新的地图和过程。最终，地图绘制所必需的多种潜在的符号学策略和互文性实践就不是依赖于普遍的“地图学语言”，而是依赖于每个空间话语所独有的具体的符号构成。

空间话语随时间而变化。例如美国内战之前，缅因州波特兰市有一种城市地图绘制的公共话语，其公共之处在于这种地图只在城区富有人群中使用，并没有在美国社会中广泛传播。这个群体的自我建设将他们的城市视作一个有道德的、繁荣的商业政治中心，因此，这些地图就是这种自我建设的重要部分。在 19 世纪 20 年代，地图在当地绘制，这一话语很快就形成了一套特定的描绘城市的惯例。在这个城市发行的住宅、商业和服务名录中，这些地图绝大多数都是不可或缺的。在每幅地图上，半岛都是水平横跨页面，所以指北针指向右上角，标题框放在了半岛上方的后湾，福尔河完整地展示在图上，来强调整个海湾，也为指北针以及教堂和城市建筑索引表腾出足够大的空间。1850 年后，费城的土木工程师和平版印刷商共同接管了这座城市的地图生产，这些表现城市的当地惯例随之被弃用，这一话语也被重置。尽管新的地图依然是针对当地的消费者，并且新的生产商也尝试将当地风格融入其中，但话语的转换还是给地图注入了国家标准、预期和概念：每幅地图均北在上；所有著名建筑都根据其空间量来标记和展现；删除了参考索引等（Edney 2017c）。

如果有足够的证据，我们就可以勾画出非常准确的话语，每个话语在某种程度上都与空间变化和空间结构有关，维持着特定地图的生产和消费。例如，一批伦敦的政治家和律师们在审理有关殖民地边界的法律纠纷时，委托制作、传播和使用了 18 世纪新英格兰的印刷版省份地图。这一特殊话语发展出了自己的惯例。实际上，尽管这些地图没有出版且没有在市场上售卖，但每次处理殖民地间争端的整个法律过程中还是会印制这些地图。一些地图以绘本形式完成，以区分有争议的地理特征，并呼应枢密院先前附在关于殖民地边界命令后的绘本平面图。委托制作和使用这些地图的人际网络很小，我们甚至可以识别出处在这个网络中心的人，即事务律师费尔南多·约翰·帕里斯，他代表一些殖民地对有领土侵略性的马萨诸塞湾省进行了诉讼（Edney 2007b）。

只有在每个精准的话语和每个规范的传播网络中，文本才可能达到符号学上的稳定性。如果将地图放入一个新的话语，比如，一个探险者将原住民的行为翻译并记录到笔记上，或者不谙航海者使用海事图，又或者历史学家使用档案中的地图时，它们处在新的散漫的语境中，需要进行新的解读。这样的重置可能是微妙的，会涉及同一模式中一种精准话语向另一种话语的转换。从更普遍的角度来讲，地图可以由一种模式下的一种话语被重置到另一种完全不同的模式中，就像海图被运用到地理和宇宙话语中一样。当几个世纪以后地图作为历史文物被重新包装、重新散播后，它们的意义也经历了实质性的改变。因此，地图的开放性就必然会引发地图研究者们的自我批评和细致的历史分析。

## 过程方法（PROCESSUAL APPROACH）

制图实践具有多样性，且地图本身只有在特定的空间话语中才具有符号学上的稳定性，这样的认识表明，适合作为分析主体的并不是任何一种形式的地图，而是产生它们的绘制实践。毕竟，理解一种现象最有效的方式是识别和阐释产生该现象的过程。对基本过程及其运作的时间段的理解使人们能够解释这种现象，解释该现象怎样影响其他过程、引发更深远的现象，以及解释这些过程怎样随着时间的推移被重新配置，从而造成该现象的变化。

从哲学上来讲，采用过程方法能够给学者们提供一个概念框架，使他们能够制定自己的研究议程，不掉入地图学假定的普适性所设置的众多陷阱中。这种方法要求，当在对地图及制图的一般性或特定性研究中，学者设计模型或作出解释时，需对地图的生产、流通以及消费过程作出清晰且同等的考虑。这提供了一种新的制图学知识的本体，取代了旧的对“地图”本质的理解不充分的本体。

从方法论上来讲，过程方法要求学者辨别连贯的制图实践体系。有了这些的确立，学者们就可以运用多种主题或理论上的关注，比如图像学、女性主义、军事财政状况分析、文本分析、国家认同、图书史等，来解读地图或者研究制图实践中的变化。过程方法并不是方法论层面的，它并不会影响人们用其他的方法来解读地图或者将地图置于背景信息中来理解。它支持共时分析，也支持历时分析，要求学者不将任何现象当作理所当然的，而是去解释人们表现空间复杂性时所处的准确的社会、文化和技术环境。这可以确保只有在地图和制图实践的基本过程的确存在可比性和关联性时，才对它们进行关联和比较。

对制图过程的分析发生在三个层面，每个层面都有其优缺点。第一，宏观层面的探究承认，分散的制图学模式是一套套连贯的制图实践和过程，地图由此得以生产、流通和消费。对于思考人类试图理解、组织和交流其存在的特殊复杂性而借助的多种文化实践而言，模式本身实际是一种相当粗略的启发。将卡尔顿（Carleton）1793 年的缅因州图（见图 2）理解为一幅地理图，可以帮助我们避免将其误认为具有海事图或者边界图的特征和功能。作为一幅地理图，它不能为海员们讨论该地区的礁石海岸提供帮助，在今天也不能为解决州界争端发挥作用。因此，卡尔顿的地图不应该和其他类型的地图归为一类或混为一谈。但是，将这件作品鉴别为地理图，并不能帮助历史学家们找出谁曾经接触过这幅地图，他们可能会如何理解它，又会采取怎样的相应行动；这样的鉴别并不能说明这幅地图与当时的地理制图的惯例有什么相异或相符之处。

我们应该寻求精准的、微观层面上的分析，这能够支撑我们进行有意义的历史和文化解读与阐释。换句话说，我们需要描绘及研究支撑制图实践的每个特定的空间话语。但是从实际操作的角度，自下而上地描述具体的空间话语，是很困难的也是很耗时的。例如，笔者所做的美国南北战争前缅因州波特兰市的制图研究，就需要大量的档案调查以及仔细的数据搜集，而且这些工作不一定会有明显的知识回报。还有，最重要的是，需要研究的空间话语不计其数，我们不可能全部以这种精细的方式去分析。

幸运的是，在过度粗糙的模式和过度精确的话语之间，有一种有用的中观层面的启发式的方法。具体地来说，单独的话语倾向于交织在一起，形成我们所认为的散乱的线索；这些线索互相交织组成模式。历史学家已经发现了空间话语的线索，它们足够连贯，可以被解读和阐释。我们现在可以研究这些线索，以后再适当考虑将它们拆分成单独的特定空间话语。当然，如果在研究项目中能发现一个精确的话语的话，那么学者也不应该错过研究它的机会。

马丁·布吕克纳（Martin Brückner，2017）完整描绘了一些地理制图的生产和消费模式。在这一过程中，他分出了三条主要线索。为了阐释1860年前美国地理地图商品市场的历史，布吕克纳平衡了地图印制日益工业化的技术叙事与当时地理地图消费的三个主要场域（即三条线索）：第一，用作墙面装饰，在商业上或家庭中起到戏剧意象的作用，这一消费方式经常因为壁挂地图的高消亡率被历史学家所忽视，但它依然是早期公众消费地理地图的主要形式；第二，编入地图集及旅行指南中，后者同样因为指南的高消亡率在传统历史中不受重视；第三，作为教科书和教室中的必要元素。

布吕克纳的第三个类别提供了一种与传统不同的分析方法，用以分析这些线索是如何交织成地理制图网络的。不同的教学观念促进了使用地图来达到教育目的的不同方法，而我们可以相应地在相互联系的地理话语中识别出某条特定的线索，即在这条线索中不同的机构和思想都提倡地理地图的教育用途。有学者针对一些精确的话语进行了详细研究。比如说，朱迪斯·泰纳（Judith Tyner，2015）详细研究了美国18世纪、19世纪时女孩们绣制区域和世界地图甚至是地球仪时所处的话语；苏珊·舒尔腾（Susan Schulten，2017）追溯了美国早期让男孩和女孩绘制绘本地图的教育实践的起源；苏马蒂·拉马斯瓦米（Sumathi Ramaswamy，2017）考察了在英国和独立后的印度，地球仪在西方科学的接受和重置中起到的教育作用；乔丹娜·迪姆（Jordana Dym，2015）调查了20世纪晚期两位高中教师胡里奥（Julio）和奥拉利亚·皮埃尔德哈·桑塔（Oralia Piedra Santa）对危地马拉教育所做的贡献，他们成功地从为学生们绘制廉价小地图发展成为一个大型的教育出版公司。

通过分析教育材料的物质形式，我们可以进一步追踪话语线索。很多教育性的地图绘制都强调地理学研究中区域及世界地图的阅读、复制以及创造，所有相关的话语都是地理制图网络的重要部分。一些教育性话语依赖在市场上售卖的普通而独立的地图集，它们也是庞大的公共话语场域的组成部分。另一些教育性话语强调教室和村庄的详细测量，它们属于截然不同的地点制图学的网络。此外还有对测量员、工程师、航海家以及地理学家进行正规训练的话语，它们以各种不同的方式交织，并牵涉到更广泛的考虑因素。

对空间话语的仔细审查，至少是对话语线索的仔细审查，使地图研究与现已建立的其他领域的学术实践相一致，尤其是图书史、行动者网络理论、话语理论、科学技术研究、语言历史、物质文化研究、民族志、科学地理，以及有关知识创造的通史（见Skurnik 2017，15－23的综述）。就图书史而言，过程方法为其研究提供了一种前景，即麦肯齐（D. F. McKenzie，1999）所称为的“文本的社会学”和戴维·霍尔（David Hall，1996，1）的“文化的社会史”。这样的方法早已超越了图书史对近代手工印刷抄本的狭隘关注，将口头和行为相结合的实践囊括了进来，这类实践限制了书写的铭文实践并与之相融合。对制图的过程研究应该同样如此。

过程方法使得地图史符合保罗·卡特（Paul Carter，1987）提出的“空间历史”，即通过过去的行为和活动研究空间概念的产生，与“帝国史”将空间概念视作构建历史叙事的先验范畴正好相反。如同拉图尔（Latour，2005）就行动者网络理论所论述的那样，仅仅证明制图是一种“社会实践”并不足够；相反，地图的生产、流通和消费是社会关系的组成部分，需要对它们进行相应的研究。社会文化方向的地图研究展示出19世纪晚期以前富人和受教育程度高的社会阶层是怎样使用地图的，但是学者们不能简单地将其解释为地图的消费主要是一种中上阶层的功能，而是需要展现地图的消费如何以多种方式影响了阶级身份的形成。

此外，过程方法能够使人们对历史事件有更深的见解。社会文化研究十分关注知识的体制结构和认知结构。它们在社会和经济变化的长期作用下确立了制图的历史意义。但是这些事件的短期作用是什么呢？过程方法将制图实践呈现为复杂而广泛的网络的一部分，或者从广义上分析，是行动者和行动本身构成的网络。过程方法让人们能够更精确地确定人们能够接触到哪些特定地图和相关文本，人们怎样阅读和使用这些作品，能取得什么效果。例如，杰弗斯·伦诺克斯（Jeffers Lennox，2017）研究了口头或书面的地图和回忆录中的空间知识在美洲原住民（密克马克族和阿布纳基人联盟）、英国人（包括殖民地定居者和伦敦公民）以及法国人（包括新法兰西和巴黎当地的阿卡迪亚人）之间的传播，借此重新认识他们之间的交流和决策。这一研究是在密克马克、新斯科舍和阿卡迪亚等争议地区进行的，这里的“新斯科舍”与加拿大联邦内部界限明确的现代新斯科舍省概念不同。过程的历史使各种类型的地图都进入了社会、环境、文化和政治史的中心（Mapp 2011）。

过程方法认为制图必须是活跃和动态的，与之相比，传统上，地图一直被看作天生静态且稳定的。评论家们将地图比作照片，将它们形容为对世界的抓拍。它们提取了某一个时刻，而这个时刻在地图作品产生之前就已经过去了，那么地图似乎也就马上过时了。地图表面上的稳定性，是如拉图尔（Latour，1987，227）所认为的，它们是典型的“不变的流动体”

（immutable mobile），其间，知识被记录下来，然后原封不动地从现场传递到计算中心。但是人们却经常采取和地图相关的行动：绘制、传播、使用和忽视地图。只要地图持续不断地在它们各自的话语中传播或者跨话语传播，并且人们始终认为它们有意义，那么它们就是有效的、不过时的。地图的保存和销毁也是动态的过程，需要人们去做决定和采取行动。档案馆和图书馆不仅是保存地图的地方，更是进一步产生知识的地方（Skurnik 2017，especially 10－11）。

因此，制图在基础本质上是动态的和流动的，因为空间话语不断地形成、重置及消散。这些话语会催生出新的技巧和技术、新的惯例和功能。制图的过程是不断改变的。虽然地图学史被书写为长期稳定的黄金时代，中间经历了急速变化甚至革命的时期，但它实际上是一个不断变化持续流动的故事，存在众多小的改变和偶尔的总体重编。因此，过程方法和历史学角度是同义的。

进一步说，我们不能断言某一文化是以一种"地图学文化"为特征的。笔者曾假设，某文化整体可能会主张一种单一的"对地图作为空间知识的呈现的理解和态度"，因为笔者认为18世纪的地理学家提倡的对空间知识的理想化适用于所有制图模式（Edney 1994a，384；Edney 1997，36；以及 Edney 1994b）。但是，每条空间话语的线索对特定地图类型都有各自的特殊态度，而这些态度会视参与者的参与情况在他们中间发生变化。因此，我们有理由期待，那些在接触和消费地图方面普遍受限的人，比如女人（Richards 2004；Dando 2017）、少数民族（Hanna 2012）、殖民地和后殖民地民族（Ramaswamy 2004，2010，2017）以及较低阶层的人群，均发展出了不同于拥有社会特权的地图消费者的利用地图的方法，甚至这些被排挤的弱势群体的地图作品可能会形成独特的空间话语。

根本来说，过程方法同等的关注制图三元素（生产、流通及消费）。传统的地图学史重点关注地图的生产，认为地图的生产与生俱来就是一个技术过程，需要由产生信息的数量和质量予以评价。这种评价方式被用来评价早期地图，同样也被用来评价新的、更加有效的地图制作技术的发展。对于地图的社会文化批评则倾向于强调地图消费。而在这两者之间，地图的流通则很少被考虑到，尽管科学史学家对此进行了深层次研究，以期找出欧洲中心论叙事背后所隐藏的联系（例如，Cañizares-Esguerra 2017）。过程方法将这三个过程结合起来，不过分强调三者中的任何一个，由此损害了其他过程。当然，特定的研究会以其中的一个过程为焦点，但是制定和评价研究议程的总体知识框架必须认识到全部三个方面的重要性。从理论上讲，过程性方法是以如何解释被研究的问题为依据的，但是每项研究必须以经验为驱动。它的目标不是要延续“地图是不好的”这一政治批判，而是要探索和展示制图过程如何以多种方式为人类文化及社会做出了（并且能够做出）贡献。

## 参考文献

Ash, Eric H. 2007. “Navigation Techniques and Practice in the Renaissance.” In Woodward, ed. (2007b, 509 – 27).

Bernstein, David. 2007. “‘We are not now as we once were’: Iowa Indians’ Political and Economic Adaptations during U. S. Incorporation.” *Ethnohistory* 54, no. 4: 605 – 37.

Brown, Ralph H. 1941. “The American Geographies of Jedidiah Morse.” *Annals of the Association of American Geographers* 31, no. 3: 144 – 217.

Brückner, Martin. 2017. *The Social Life of Maps in America*, 1750 – 1860. Chapel Hill: University of North Carolina Press for the Omohundro Institute for Early American History and Culture.

Bulson, Eric. 2007. *Novels, Maps, Modernity: The Spatial Imagination*, 1850 – 2000. New York: Routledge.

Burroughs, Charles. 1995. “The ‘Last Judgment’ of Michelangelo: Pictorial Space, Sacred Topography, and the Social World.” *Artibus et Historiae* 16, no. 32: 55 – 89.

Cañizares – Esguerra, Jorge. 2017. “On Ignored Global ‘Scientific Revolutions.’” *Journal of Early Modern History* 21: 420 – 32.

Carter, Paul. 1987. *The Road to Botany Bay: An Essay in Spatial History*. London: Faber & Faber.

Chapuis, Olivier. 1999. *À la mer comme au ciel. Beautemps – Beaupré et la naissance de l'hydrographie moderne*, 1700 – 1850: *L'émergence de la précision en navigation et dans la cartographie marine*. Paris: Presses de l'Université de Paris – Sorbonne.

Cook, Andrew S. 2006. "Surveying the Seas: Establishing the Sea Route to the East Indies." In *Cartographies of Travel and Navigation*, edited by James R. Akerman, 69 – 96. Chicago: University of Chicago Press.

Dando, Christina Elizabeth. 2017. *Women and Cartography in the Progressive Era*. London: Routledge.

Dodge, Martin, Rob Kitchin, and Chris Perkins. 2009. "Mapping Modes, Methods and Moments: A Manifesto for Map Studies." In *Rethinking Maps: New Frontiers in Cartographic Theory*, ed. Dodge, Kitchin, and Perkins, 220 – 43. London: Routledge.

Dym, Jordana. 2015. "'Mapitas,' Geografías Visualizadas and the Editorial Piedra Santa: A Mission to Democratize Cartographic Literacy in Guatemala." *Journal of Latin American Geography* 14, no. 3: 245 – 72.

Edney, Matthew H. 1993. "Cartography without 'Progress': Reinterpreting the Nature and Historical Development of Mapmaking." *Cartographica* 30, nos. 2 – 3: 54 – 68.

______. 1994a. "Cartographic Culture and Nationalism in the Early United States: Benjamin Vaughan and the Choice for a Prime Meridian, 1811." *Journal of Historical Geography* 20, no. 4: 384 – 95.

______. 1994b. "Mathematical Cosmography and the Social Ideology of British Cartography, 1780 – 1820." *Imago Mundi* 46: 101 – 16.

______. 1997. *Mapping an Empire: The Geographical Construction of British India*, 1765 – 1843. Chicago: University of Chicago Press.

______. 2007a. "Mapping Parts of the World." In *Maps: Finding Our Place in the World*, edited by James R. Akerman and Robert W. Karrow, Jr., 117 – 57. Chicago: University of Chicago Press.

______. 2007b. "Printed But Not Published: Limited – Circulation Maps of Territorial Disputes in Eighteenth – Century New England." In *Mappæ Antiquæ: Liber Amicorum Günter Schilder. Vriendenboek ter gelegenheid van zijn 65ste verjaardag*, edited by Paula van Gestel – van het Schip et al., 147 – 58. 't Goy – Houten, Netherlands: HES & De Graaf Publishers.

______. 2011a. "Knowledge and Cartography in the Early Atlantic." In *The Oxford Handbook of the Atlantic World*, 1450 – 1850, edited by Nicholas Canny and Philip Morgan, 87 – 112. Oxford: Oxford University Press.

______. 2011b. "Progress and the Nature of 'Cartography.'" In *Classics in Cartography: Reflections on Influential Articles from Cartographica*, edited by Martin Dodge, 331 – 42. Hoboken, NJ: Wiley – Blackwell.

______. 2017a. "Map History: Discourse and Process." In *The Routledge Handbook of Mapping and Cartography*, edited by Alexander J. Kent and Peter Vujakovic, 68 – 79. London: Routledge.

______. 2017b. "Mapping, Survey, and Science." In *The Routledge Handbook of Mapping and Cartography*, edited by Alexander J. Kent and Peter Vujakovic, 145 – 58. London: Routledge.

______. 2017c. "References to the Fore! Local and National Mapping Traditions in the Printed Maps of Antebellum Portland, Maine." Osher Map Library and Smith Center for Cartographic Education, University of Southern Maine. 1 July. www. oshermaps. org/special – map – exhibition/references – to – the – fore.

Edney, Matthew H., and Susan Cimburek. 2004. "Telling the Traumatic Truth: William Hubbard's *Narrative* of King Philip's War and His 'Map of New – England.'" *William & Mary Quarterly*, 3rd ser., 61, no. 2: 317 – 48.

Edney, Matthew H., and Mary S. Pedley, eds. 2019. *Cartography in the European Enlightenment*. Vol. 4 of *The History of Cartography*. Chicago: University of Chicago Press. Forthcoming.

Fernández – Armesto, Felipe. 2007. "Maps and Exploration in the Sixteenth and Early Seventeenth Centuries." In Woodward, ed. (2007b, 738 – 70).

Foucault, Michel. 1972. *The Archaeology of Knowledge and the Discourse on Language*. Translated by A. M. Sheridan Smith. New York: Pantheon Books.

Gartner, William Gustav. 2011. "An Image to Carry the World within It: Performance Cartography and the Skidi Star Chart." In *Early American Cartographies*, edited by Martin Brückner, 169 – 247. Chapel Hill: University of North Carolina Press for the Omohundro Institute of Early American History and Culture.

Gaspar, Joaquim Alves. 2013. "From the Portolan Chart to the Latitude Chart: The Silent Cartographic Revolution." *Comité français de cartographie*, no. 216: 67 – 77.

______. 2016. "Revisiting the Mercator World Map of 1569: An Assessment of Navigational Accuracy." *Journal of Navigation* 69, no. 6: 1183 – 96.

Hall, David D. 1996. *Cultures of Print: Essays in the History of the Book*. Amherst: University of Massachusetts Press.

______. 2000. "Readers and Writers in Early New England." In *The Colonial Book in the Atlantic World*, edited by Hugh Amory and David D. Hall, 117 – 51. Vol. 1 of *A History of the Book in America*. Cambridge: Cambridge University Press for the American Antiquarian Society.

Hanna, Stephen P. 2012. "Cartographic Memories of Slavery and Freedom: Examining John Washington's Map and Mapping of Fredericksburg, Virginia." *Cartographica* 47, no. 1: 29 – 49.

Harley, J. B., and David Woodward, eds. 1987. *Cartography in Prehistoric, Ancient, and Medieval Europe and the Mediterranean*. Vol. 1 of *The History of Cartography*. Chicago: University of Chicago Press.

Kain, Roger J. P., ed. 2024. *Cartography in the Nineteenth Century*. Vol. 5 of *The History of Cartography*. Chicago: University of Chicago Press. Forthcoming.

Kitchin, Rob, and Martin Dodge. 2007. "Rethinking Maps." *Progress in Human Geography* 31, no. 3: 331 – 44.

Kitchin, Rob, Justin Gleeson, and Martin Dodge. 2013. "Unfolding Mapping Practices: A New Epistemology for Cartography." *Transactions of the Institute of British Geographers* 38, no. 3: 480 – 96.

Latour, Bruno. 1987. *Science in Action: How to Follow Scientists and Engineers through Society*. Cambridge, MA: Harvard University Press.

______. 2005. *Reassembling the Social: An Introduction to Actor – Network – Theory*. Oxford: Oxford University Press.

Lennox, Jeffers L. 2017. *Homelands and Empires: Indigenous Spaces, Imperial Fictions, and Competition for Territory in Northeastern North America*, 1690 – 1763. Toronto: University of Toronto Press.

MacEachren, Alan M. 1995. *How Maps Work: Representation, Visualization, and Design*. New York: Guilford Press.

Mapp, Paul W. 2011. *The Elusive West and the Contest for Empire*, 1713 – 1763. Chapel Hill: University of North Carolina Press.

McCorkle, Barbara B. 2001. *New England in Early Printed Maps*, 1513 *to* 1800: *An Illustrated Carto – Bibliography*. Providence, RI: John Carter Brown Library.

McKenzie, D. F. 1999. *Bibliography and the Sociology of Texts*. 2nd ed. Cambridge: Cambridge University Press.

Monmonier, Mark. 2015. *Cartography in the Twentieth Century*. Vol. 6 of *The History of Cartography*. Chicago: University of Chicago Press.

Morse, Jedidiah. 1793. *The American Universal Geography, or, A View of the Present State of All the Empires, Kingdoms, States, and Republics in the Known World, and of the United States of America in Particular*. 2 vols. Boston.

Pearce, Margaret Wickens. 1998. "Native Mapping in Southern New England Indian Deeds." In *Cartographic Encounters: Perspectives on Native American Mapmaking and Map Use*, edited by G. Malcolm Lewis, 157 – 86. Chicago: University of Chicago Press.

Ramaswamy, Sumathi. 2004. *The Lost Land of Lemuria: Fabulous Geographies, Catastrophic Histories*. Berkeley: University of California Press.

______. 2010. *The Goddess and the Nation: Mapping Mother India*. Durham, NC: Duke University Press.

______. 2017. *Terrestrial Lessons: The Conquest of the World as Globe*. Chicago: University of Chicago Press.

Rankin, William. 2014. "The Geography of Radionavigation and the Politics of Intangible Artifacts." *Technology and Culture* 55, no. 3: 622 – 74.

______. 2016. *After the Map: Cartography, Navigation, and the Transformation of Territory in the Twentieth Century*. Chicago: University of Chicago Press.

Richards, Penny L. 2004. " 'Could I but mark out my own map of life': Educated Women Embracing Cartography in the Nineteenth – Century Antebellum South." *Cartographica* 39, no. 3: 1 – 17.

Rundstrom, Robert A. 1991. "Mapping, Postmodernism, Indigenous People and the Changing Direction of North American Cartography." *Cartographica* 28, no. 2: 1 – 12.

Sandman, Alison. 2007. "Spanish Nautical Cartography in the Renaissance." In Woodward, ed. (2007b, 1095 – 142).

______. 2008. "Controlling Knowledge: Navigation, Cartography, and Secrecy in the Early Modern Spanish Atlantic." In *Science and Empire in the Atlantic World*, edited by James Delbourgo and Nicholas Dew, 31 – 51. New York: Routledge.

______. 2019. "Longitude and Latitude." In Edney and Pedley, eds. (2019, forthcoming).

Schulten, Susan. 2017. "Map Drawing, Graphic Literacy, and Pedagogy in the Early Republic." *History of Education Quarterly* 57, no. 2 (2017): 185 – 220.

Sitwell, O. F. G. 1993. *Four Centuries of Special Geography: An Annotated Guide to Books That Purport to Describe All the Countries in the World Published in English before* 1888, *with a Critical Introduction*. Vancouver: University of British Columbia Press.

Skurnik, Johanna. 2017. *Making Geographies: The Circulation of British Geographical Knowledge of Australia*, 1829 – 1863. Annales Universitatis Turkensis, ser. B, 444. Turku: University of Turku.

Smith, Edgar Crosby. 1902. "Bibliography of the Maps of Maine." In *Moses Greenleaf: Maine's First Map – Maker*, 139 – 65. Bangor, ME: For the De Burians.

Sorum, Eve. 2009. " 'The place on the map': Geography and Meter in

Hardy's Elegies." *Modernism/Modernity* 16, no. 3: 543 – 64.

Thompson, Edward V. 2010. *Printed Maps of the District and State of Maine, 1793 – 1860: An Illustrated and Comparative Study*. Bangor, ME: Nimue Books & Prints.

Turnbull, David. 1993. *Maps Are Territories: Science Is an Atlas: A Portfolio of Exhibits*. Chicago: University of Chicago Press.

Tyner, Judith A. 2015. *Stitching the World: Embroidered Maps and Women's Geographical Education*. London: Ashgate.

Waselkov, Gregory A. 1998. "Indian Maps of the Colonial Southeast: Archaeological Implications and Prospects." In *Cartographic Encounters: Perspectives on Native American Mapmaking and Map Use*, edited by G. Malcolm Lewis, 205 – 21. Chicago: University of Chicago Press.

Wheat, James Clements, and Christian F. Brun. 1978. *Maps and Charts Published in America before 1800: A Bibliography*. Rev. ed. London: Holland Press.

Wood, Denis, and John Fels. 1986. "Designs on Signs: Myth and Meaning in Maps." *Cartographica* 23, no. 3: 54 – 103. Reprinted as Wood with Fels (1992, 95 – 142).

Woodward, David, ed. 2007. *Cartography in the European Renaissance*. Vol. 3 of *The History of Cartography*. Chicago: University of Chicago Press.

Woodward, David, and G. Malcolm Lewis, eds. 1998. *Cartography in the Traditional African, American, Arctic, Australian, and Pacific Societies*. Vol. 2. 3 of *The History of Cartography*. Chicago: University of Chicago Press.

# 19 世纪的地图史主题

罗杰・J. P. 凯恩（Roger J. P. Kain）*

首先，笔者要感谢中国社会科学院历史研究所（现改名为古代史研究所）将《地图学史》前三卷翻译成中文，让那些重视人文科学研究的中国学者能够随时查阅这些国际卷册的内容。笔者非常希望《地图学史》后续几卷能够以同样的方式翻译成中文。同时也非常感谢云南大学在昆明组织召开了这场会议。很高兴能为此次会议贡献一分力量。

本文分为两部分：一是《地图学史》第五卷《十九世纪的地图学》——内容和进展；二是就笔者在《地图学史》第三卷《欧洲文艺复兴时期的地图学》中“地图与农村土地管理”一文的主题之一，对其在 19 世纪的发展进行介绍：笔者将简要回顾 19 世纪的产权（地籍）图及其绘制。

## 一　《地图学史》第五卷《十九世纪的地图学》内容和进展

第五卷中的“十九世纪”指的是“广义”的 19 世纪。一些内容可追溯至 18 世纪 80 年代，并一直延续到 20 世纪初和第一次世界大战。在这个世纪中，地图和制图的制度和实践日益国际化，制图实践也更加统一。欧洲工业化国家的政府和行政机构投入大量资源，成立永久性制图机构，如美国地质勘探局（United States Geological Survey）和英国地形测量局（British Ordnance Survey）。这有助于这些帝国维持其对国内外领土的控制。

* 罗杰・J. P. 凯恩（Roger J. P. Kain），伦敦大学高级研究院人文学教授。

为了收集社会环境资料并更好地予以管理，政府启动了新的项目，并由此发现地图及制图与科学调查之间的交集；这促进了专题制图的发展，将国家领土特点视觉化地呈现出来并加以理解。随着经济发展旅游出行增多、大众教育中相关教学课程的设置、印刷技术（尤其是平版印刷术）的引入降低了印刷成本，以及新的城市、城际基础设施建设达到前所未有的规模，种种因素使更多人具备了识图能力，地图图像的使用得到普及，促使国家和企业制图师的人数增加，地图的消费量也随之增加。受新型印刷术的影响，特别是最终彩色印刷术的引入，19 世纪的工业化精神延伸到了地图的设计美学上。

《十九世纪的地图学》以两大地图类型为代表。第一类是那些源自早期并延续到 19 世纪的地图类型。其中包括行政区划图、边界图、天体图、大地测量图、道路运河图、航海图、产权图、地形图（可能是 19 世纪最典型的地图类型）、军事地图和城市地图。第二类地图指的是实际产生于 19 世纪的地图类型，诸如火灾保险图、地质图、铁路线路图和专题地图。

出于研究和撰写 19 世纪全球地图和制图史的实际需要，需将世界划分为不同区域，以便按专业类别研究和撰写。其他时期的卷册同样存在此实际需要，但关于启蒙运动时期、19 世纪以及 20 世纪的各卷相应的区域架构却存在差异。《地图学史》的第四卷回顾了欧洲启蒙运动时期的地图学，按照民族国家的方式划分；第六卷《二十世纪的地图学》则可采用次大陆的方式划分，因为该世纪的制图学在世界范围内更加统一，因而所需的颗粒度便不那么高。

不同于关于欧洲启蒙运动时期的第四卷，关于 19 世纪的第五卷内容涉及整个世界，但其所需的区域颗粒度却要高于 20 世纪。

因此，对于《十九世纪的地图学》，我们从地理角度将世界细分为：欧洲（对不列颠群岛、法国、东西德、意大利、尼德兰、葡萄牙、中东欧地区以及俄罗斯均分别加以对待）；奥斯曼帝国/中东（包括阿拉伯半岛和波斯）；前殖民地时期和殖民地时期的非洲；南亚（阿富汗、缅甸、印度和锡兰）；东亚（中国、朝鲜半岛和日本）；东南亚（泰国、中南半岛、东印度群岛）；澳大利亚、新西兰和大洋洲；葡萄牙属美洲殖民地；西班牙属美洲殖民地；加拿大、美国。

## 二　19 世纪的产权（地籍）图及其绘制

19 世纪是工业化的时代、机械化运输（特别是铁路运输）的时代、人口增长的时代、城市化的时代、建立殖民据点的时代和税制改革的时代。地图和制图是上述诸多历史演变过程的固有组成部分。为了阐明这层关系，笔者会在第二部分谈及某种地图类型，也是 19 世纪地图史的一个主题，即产权（地籍）图及其在 19 世纪发挥的作用。如前所述，这是对《地图学史》第三卷笔者撰文的拓展。

19 世纪可被看作名副其实的“产权（地籍）图时代”。产权制图是对作为地产的土地的地图呈现，其历史跨越了人类制作和使用地图的整个时期。产权图的绘制技术就是直接观察和测量土地，并对地产边界进行划分。其社会背景涉及参与地产创建、保存、使用和组织的所有个人和机构，主要包括产权人以及政府的法律和财政机构。

后中世纪欧洲最早的一些产权制图与土地开垦计划有关，如 16 世纪末至 17 世纪尼德兰的圩田建设。负责圩田建设的官方机构委托制作地图，以便协助管理圩田计划，提高税收用来支付维修堤坝的费用。此类以及类似的制图可被视为是 18 世纪欧洲地籍制图“腾飞”之前的历史，因为与耕种土地的个体或居住在土地上的群落相比，政府税收与创造财富的土地更为紧密地联系在了一起。进入 19 世纪后，这种发展加快了步伐。

笔者为《地图学史》第三卷撰写的那篇文章中提及一位作者，下面引述了该作者对这段历史的概括：约翰·诺登（John Norden）在 1607 年出版的《测量员对话录》（*The Surveyor's Dialogue*）中写道：【译成现代语言】

> 用真实信息绘制的地图可有效描述某处地产的样貌，那么产权人足不出户就能对自己的财产一览无遗，立即了解地产的整体状况以及每一处细节。

整整 300 年后，也就是 1907 年，奥斯曼帝国属地埃及的地产详图才绘制完成；在回顾这一伟大的地籍制图工程时，埃及发展部表示：

> 1907 年的埃及地籍册是对埃及农业资源的一次综合盘点……除了主要的财政目的外，它在许多方面都与埃及高度人工化的经济发展密不可分。

在欧洲以及欧洲殖民下的新大陆，地籍图已成为巩固国家土地权力的关键工具，从民族国家的崛起和封建主义向资本主义的过渡时期（约翰·诺登那个时代的标志性事件）到 20 世纪初（埃及地籍册完成时），人们已认可地籍图在以下活动中所发挥的关键作用：土地开垦、土地再分配、殖民定居和土地税收改革。毋庸置疑，土地是前工业经济体大部分财富的来源，在欧洲文艺复兴到 19 世纪的 300 年间对社会和政治权力起到了巩固的作用。

大约在 1800 年后，人们在筹划、实施和记录与农业现代化相关的土地再分配计划时都会绘制一份关于地产的大比例尺地籍图。例如，19 世纪中叶前后几年，瑞典根据《土地改革》（*laga skiftet*）实施了激进的圈地运动，这在村级地图上也得到了体现。

自中世纪以来，个人和机构已开始利用地籍图获取土地所有权。17 世纪至 19 世纪，此类地图的作用得到充分发挥，因为政府在安置所谓的“闲置”土地时会通过地籍测量进行组织、管理和记录；而在 19 世纪的新大陆或英属印度等地，那里的土著居民对土地所有权和开发秉持完全不同的概念，这种方法通常会用来管理从土著居民手中夺来的（并非“闲置”的）土地。在新大陆，殖民政府通过分配主要资源——未安置的土地来实现定居的愿望，而地籍图则成为实现该愿望的工具。例如，19 世纪的南澳大利亚和新西兰定居点利用地籍图在海外重现英式地主资本家/雇佣劳动者社会。

相比之下，殖民地的测量员则主要负责在“新领土”上打造一种新的经济、空间秩序，清除资本主义以前的土著定居点或将其限制在特定区域。而最大的清除活动很可能发生在美国。自 1785 年起，随着领土扩张，位于华盛顿的美国土地局（United States Land Office）、各区分局、其下属实地测量员和绘图人员或地籍图起草人，将美国的公共土地划分为相同的矩形地块。纽约的土地拍卖所会张贴地图（即地籍图），并向潜在买家提供有关土地质量和资源的一系列信息。当 19 世纪美国早期公共土地划归私人所有并得到安置时，地图便成为这些土地边界和细分地块的永久性记录的固有部分，至今依然如此。

或许有人会认为在欧洲以及欧洲的影响范围内，对土地进行大比例尺的测绘，更多是为了制定并记录地税，而非任何其他目的。地图提供了一个公平合理的依据，用来评估和分配纳税义务，并对此项义务进行准确的记录。人们可以对每份地产进行实地测量，在农业生产力的各范畴内进行评估，以此核定公平的纳税义务。将确定后的边界绘制在大比例尺地图上，其中每个地块都会分配一个与地块书面登记册上条目相关的参考编号，按产权人姓名的字母顺序排列。面积和税收评估也会记录在册。

法国的发展情况是关键所在。1789 年法国大革命为法国大城市内的行动提供了催化剂，并且根据 1790 年 12 月 1 日的法律，废除一切旧有税项，取而代之的是单一的地产税，该税项依据生产力均分给所有地产。拿破仑·波拿巴皇帝个人支持的想法是，对法国所有 3 万个市镇进行逐市镇、逐田地的全面测量。

他在 1807 年曾说道：

> 一半的措施总是在浪费时间和金钱。唯一的出路是测量帝国所有市镇的所有土地，对每份地产、每块田地和每个地块进行逐一测量。平面图要足够准确完整，能够确认地产边界，避免产生诉讼纠纷。

这一拿破仑式“宣言”的构成要素同样存在于 19 世纪其他基于税收绘制的地籍册中：首先，对田地进行逐一测量的方式提供了一种公平的方法来确立和分配税收金额。其次，体现田地边界和所有权信息的大比例尺地图是永久性的记录，可以避免未来产生纠纷。

我们发现 19 世纪世界各地政府都有使用地籍图的实例。比如，出于税收目的，印度收入调查局（Indian Revenue Survey）对田地和村落边界、粮食生产能力以及税收承担能力进行了详细记录。到 19 世纪 20 年代，欧洲人开始定居萨摩亚群岛，他们向萨摩亚人索取土地，用于农业生产，特别是建立大型椰子种植园。地籍图上记录了地产收购过程和结果。在欧洲的巴伐利亚，人们在为地税确立统一公平的征收依据的过程中，绘制了大约 2.2 万张地图。19 世纪，中南半岛引入了法式地籍图和书面登记册。在柬埔寨，专有的土地所有权是一个外来概念；法国政府引入了个人土地所有权的概念并将其记录在《地籍与地形服务》（*Service du Cadastre et de la Topographie*）中的地图上。

194 名作者为《地图学史》第五卷撰写了 407 篇文章，地籍图便是所论及的众多地图类型之一。因此，笔者在本文结尾列出一张成书时间表，算是对《地图学史》项目终卷工作进度的总结。

**《地图学史》第五卷时间线**

2012 年　顾问委员会就条目和撰稿人进行磋商；准备出版简章

2013 年 5 月　芝加哥大学出版社董事会批准

2013 年 10 月　第一批条目交稿，开始编辑、图片筛选等

2019 年 8 月　407 个条目、194 名作者、35 个国家；继续进行事实查证和编辑

2022 年 8 月　交付出版社：约 100 万字、3500 条参考文献和 1000 张插图；

2024 年年中　出版

**扩展阅读**

《地图学史》项目简史参见：马修·埃得尼、罗杰·凯恩著，夏晗登译：《〈世界地图学史〉的编纂（1977—2022）》，《历史地理》第 34 辑，上海人民出版社 2017 年，第 263 – 266 页。

《地图学史》系列中的《十九世纪的地图学》（*Cartography in the Nineteenth Century*）先于第四卷《欧洲启蒙运动时期的地图学》出版，由 Matthew H Edney 和 Mary Sponberg Pedley 编辑，于 2019 年由芝加哥大学出版社出版；之后为第六卷《二十世纪的地图学》，由 Mark Monmonier 编辑，于 2015 年由芝加哥大学出版社出版。

本文第二部分回顾了产权图的作用，是对 Roger J. P. Kain. “Maps and rural land management in Renaissance Europe” in D. Woodward（ed.），*History of Cartography*：*Cartography in the European Renaissance*，vol. 3. Chicago：Chicago University Press. 2007，pp. 705 – 718 中确立的主题的发展。

对地籍图更为全面的论述，参见 Roger J. P. Kain and Elizabeth Baigent. *The Cadastral Map in the Service of the State*：*A History of Property Mapping*. xix + 423 pages. Chicago：University of Chicago Press. 1992。

同样，对西方地图史的主题更为全面的论述，参见：

Catherine Delano-Smith，Roger J. P. Kain and Katie Parker，“Maps and Map History”，in Crampton J.（ed），*International Encyclopaedia of Human Geography*，forthcoming 2019.

Matthew H. Edney，*Cartography*：*The Ideal and its History*，Chicago，University of Chicago Press，2019.

# 时代与历史书写——中国古代地图学史书写的形成以及今后的多元化

成一农*

## 一　问题的提出

任何在某一时代具有共识性的或者被普遍接受的历史书写都是这一时代思想和需求的反映，同时也受到了时代的局限。而且，随着时代的演变，思想和需求也与之变化，由此历史书写也必然会随之改变。如中国传统的历史书写注重帝王将相和王朝兴衰，因此无论是正史、断代史，还是纪事本末体，基本都以帝王功绩为描述对象，以王朝兴衰为主要脉络；近代以来，尤其是新中国成立以来，虽然王朝依然是历史书写的“年表”，但叙述的重点除了帝王功绩以及与王朝兴衰有关的内容，还注意到了文化、经济以及农民起义等方面；近年来，随着社会思想和史学理论的多元化，历史书写出现了不注重王朝、国家的趋势，开始注意基层社会的演变及其与国家之间的互动，历史书写有着脱离王朝脉络的可能。

中国古代地图的研究近几年来迅速发展，成果斐然，研究内容、视角不断多元化，但作为学科基础的中国古代地图学史的书写则依然延续了民国以来的脉络，日益显得过时。中国古代地图学史作为一种历史书写也必然受到时代思想和需求的影响，同时也受其局限，本文试图在梳理中国古

* 成一农，云南大学历史与档案学院研究员、博士研究生导师。

代地图学史的历史书写的形成过程的基础上，在中国社会经济、文化发生巨大变化以及史学日益多元化的今天，探讨如何构建中国地图学史新的书写方式，由此不仅希望推动中国古代地图学史的研究，而且也期待能促进中国古代地图研究的进一步转型。

在分析之前，首先需要对“中国古代地图学史”进行界定。按照目前所掌握的材料和研究成果，中国地图的近代化，也即开始普遍采用西方现代讲求投影、经纬度和绘制准确性的地图绘制方法是在19世纪末，虽然此时中国传统的绘制地图方法依然还被采用，甚至还占有很大的比例，但开始逐渐式微，并且此时人们也强烈的意识到了西方“科学”地图绘制在技术方面的优势，因此本文的“中国古代地图学史”的下限为19世纪末。由此，“中国古代地图学史”，即是叙述19世纪末之前，中国古代地图及其类型以及相关技术、知识、呈现内容等方面的演变过程。基于此，虽然后文分析的一些论著其研究的时间下限延续到19世纪末20世纪初甚至现代，但这些论著的这些部分不在本文讨论的范畴之类。

## 二　中国古代与地图学史相关的叙述

中国古代并无地图学史这样的研究，因此也无直接的相关叙述，只是存在一些间接的和零碎的提及。通常在提及古代地图时，只是述及“制图六体”而已，如《旧唐书·贾耽传》载贾耽进“陇右山南图”表云：“臣闻楚左史倚相能读《九丘》，晋司空裴秀创为六体，《九丘》乃成赋之古经，六体则为图之新意”[①] 等。[②]

当然也存在少量对中国古代地图学史的叙述，不过其目的通常并不是叙述地图学史，而是介绍作为其他研究主题的材料的相关地图。这方面比较典型的就是徐文靖在《禹贡会笺·原序》中对古代与《禹贡》有关的地图发展脉络的叙述：

---

① 《旧唐书》卷138《贾耽传》，中华书局1975年版，第3784页。

② 具体参见成一农《对“制图六体”影响力的重新评价——兼论错误构建的中国地图学史》，《炎黄文化研究》第17辑，大象出版社2015年版，第260页。

> 周公职录曰：黄帝受命风后授图，割地布九州。是九州本依图而立也。《水经注》曰：禹理水，观于河，见白面长人鱼身，授《禹河图》而还于渊。是禹之治水亦依图而治也。自是而后，夏少康使商侯冥治河，帝杼十三年，冥死于河，殷祖乙避河迁耿。二年，圮于耿，复迁于庇，求如禹贡之治水难矣。郑樵《通志》曰：桀焚黄图，夏图所繇尽亡也。《尔雅》九州说者皆以为商制图无闻焉。周图书大备，大司徒掌天下土地之图，周知九州之地域，司险掌九州之图，知山林川泽之阻。汉入关，收秦图书，得具知天下阸塞。武帝时，齐人延年上书，言河出昆仑，经中国注渤海，是其地势西北高而东南下，可按图书观地形，令水工准高下开大河，上领出之胡中。明帝永平中，议治汴渠，上引乐浪人王景问水形便，因赐景《山海经》《河渠书》《禹贡图》，禹贡之有图尚已。后世图事阙略，晋司空裴秀惜之，乃殚思，著《禹贡地域图》十有八篇。其制图之体有六：一曰分率、二曰准望、三曰道里、四曰高下、五曰方邪、六曰迂直，悉因地制形。王隐《晋书》曰：裴秀为司空，作《禹贡地域图》，事成，奏上藏于秘府，为时名，公诚有所慕而云也。唐大衍《山河两戒》，取禹贡三条四列之说，而不及图。程大昌撰《禹贡论》，绘图三十有一。郑东卿著《尚书图》，禹贡山泽图二十有五，然皆未有见。余家藏有《六经图》《禹贡图》一二而已，又所藏宋大观中《地理指掌图》，其中有帝喾及尧《九州图》《舜十二州图》《禹迹图》，然胪列当时郡县，于禹贡山泽六十余地，不能备载。少尝见艾千子《禹贡图》，简而能该，第从前讹误，尚未驳正。章氏本清《图书编》名山大泽皆有图，不专为禹贡设，故虽有图而不精。近见王太史蒻林刻乃祖《禹贡图》，胡氏朏明禹贡山泽间有图，而图之前后左右少有脉络可寻，此图禹贡者所以难也。①

就目前所存与《禹贡》有关的地图来看，这一书写远远未能涵盖全貌，而只是挑选了一些作者认为重要的地图。不过需要注意的是，其中提

① 徐文靖：《禹贡会笺》“原序”，四库全书本。

到的一些内容，也出现在后世中国古代地图学史的叙述中，如《周礼》中记载的掌管地图的职官，王景治河时对地图的参考，裴秀的《禹贡地域图》以及“制图六体”和《（历代）地理指掌图》。

总体来看，中国古人缺乏对古代地图学史的整体认知，不过在追溯以往时，基本都会提到裴秀的“制图六体”，因此可以认为在古人心目中“制图六体”在中国古代地图绘制中有着重要的影响力。不过需要强调的是，“制图六体”在古代文献中的流行及其在古代地图发展史叙述中的崇高地位，并不是因为古人真正了解其所包含的绘图技术，也不是因为其曾经被广泛运用，而是因为裴秀个人的地位及其出现于裴秀为与《禹贡》有关的《禹贡地域图》所写的序中，① 因此古人对其的推崇并不纯粹是因为其“技术”水平。

## 三　中国古代地图学史的塑造——科学主义

从大致 19 世纪初开始，随着中国的开埠以及社会整体的近代化，中国的地图绘制开始走向近代。这一时期，在一些文献中开始追溯中国古代地图的发展脉络，由此也就涉及了撰写者认为可以用来构成古代地图发展脉络的重要的绘图方法和地图。如（道光）《博兴县志》“条例·重修博兴志条例十则”记“古者献地必以图，其绘法不传。惟晋裴秀请定六法，曰轮广、准望、道里、高下、方邪、迂直，为得古人遗意。开方法始《周髀》，唐贾耽《九州华夷图》、明罗洪先《广舆地图》、本朝胡渭《禹贡锥指》、顾景范《方舆纪要》皆宗之。其制先为开方图，而后绘地形其上，广袤宽狭不待言而瞭然，诚地理家不易良法也”;② （道光）《重修胶州志》“重修胶州志凡例十则”记“七曰法古以辨体。今之方志，最失古义者，莫舆图与艺文若也。晋裴秀言地图之体有六，一分率、二准望、三道里、四高下、五方邪、六迂直。唐贾耽《九州华夷图》、明罗洪先《广舆地

---

① 参见成一农：《中国古代地图学史中“制图六体”经典地位的塑造——史学研究中分析“历史认知”形成过程的重要性》，《思想战线》2019 年第 3 期，第 125 页。

② 道光《博兴县志》卷 1“条例·重修博兴志条例十则”，台北：成文出版社有限公司 1976 年版，第 17 页。

图》、本朝胡朏明《禹贡锥指》、顾祖禹《方舆纪要》皆法此义，为开方图，诚不可易之规也”。①

与此同时，在西方地图绘制技术的冲击下，中国的一些人士在强调不忘“古法”的时候，也追溯了中国古代的地图测绘方法和重要的地图，这可以看成对中国古代地图发展史进行的简要勾勒，当然不可否认的就是其背后带有出于民族自尊心的无奈。这些叙述中具有代表性的如宣统元年《贵州全省舆地图说》中的《贵州通省总图经纬附说》：

> 经纬，天地之道，自古有之。考《大传礼》，东西为纬，南北为经，故古历皆以黄赤道之度为纬度，二道二极相距之度为经度。纬度之宗，赤道是也，经度之宗，玉衡中维是也（今名二极二至交圈）。至欧逻巴反用之，谓过极经圈为经度，距等圈为纬度，实则以南北线分经度之界，东西线分纬度之界也。而后之考测天地者，遂相安于东西为经，南北为纬，而不易矣。《尧典》分命义和、寅宾、寅饯测经度也，日短、日永测纬度也，鸟、火、虚、昴历验中星，璇玑玉衡，在齐七政，是明明谓列宿为经，日月五星为纬。俾人以北极测纬度，以交食测经度，以昼夜之永短定南北，以诸曜之出纳定东西也。故凡日月交食百日之前，太史绘图呈览，下令侯国弓矢奏鼓，临时救护，而又严申政典，以为先时者，杀无赦，不及时者，杀无赦。夫所谓时者，即初亏、食甚、生光、复圆之时也，先与不及均失之矣。其以为天变而使之救者，民可使由之义也。其得夫亏复生光之真时而藉以测地者，不可使知之义也，不然日月交食各有定期，古圣人岂不之知而顾惴惴焉？以为天变而畏之乎？徒以周迁秦火，畴人散佚，尚西学者辙至数典忘祖，遂谓测地绘图之法中国无传，岂知畎浍沟渎，尺寸不紊，井田之设，仍自节节，履勘步量而来也。读《管子》，周人以鸟飞准绳言南北，《淮南子》禹使大章步自东极至于西极，又使竖亥步自北极至于南极，可恍然矣。迨晋裴秀以二寸为千里，唐贾耽以寸为

① 道光《重修胶州志》“重修胶州志凡例十则”，台北：成文出版社有限公司1976年版，第38页。

百里，元朱思本成《舆地图》，悉用计里开方之法，是则大章步经、竖亥步纬以来，其测望推步之学，固必代有传人也……①

这段文字除追溯了中国古代传说中的大地测量以及“天人感应”外，在古代地图绘制方面提及的绘制者不外是裴秀、贾耽、朱思本、罗洪先、胡渭等，且强调他们所绘地图所使用的就是“制图六体”（即“计里画方”），一脉相承，由此希望表达中国古代的地图绘制并不弱于西方。

需要注意的是，上面这段文字虽然表达了对西方测绘技术的不满，但在描述中国古代测量技术和地图绘制技术时，侧重强调的依然是“技术”，由此可见在当时现代意义的“科学的”地图已经深入人心。

中国现代意义上的地图学史，形成于民国初期。笔者目前查到的较早的对中国地图学史的叙述当是陶懋立的《中国地图学发明之原始及改良进步之次序》，② 从论文的标题来看，其已经带有强烈的进步史观的意味，而从其用于表达“进步”的事例来看，则倾向于选择那些能表达现代地图绘制所重视的绘图方法和要素的地图或者绘图方法。该文将中国古代的地图学史分为三期，即“第一期，从上古至唐为中国自制地图之时代”；“第二期，从宋元至明为亚拉伯地理学传入之时代”；“第三期，从明末至现世为欧洲地理学传入之时代”。

作者又将第一期分为三个小时期，其中在第一个小时期，即“虞夏及汉世地图”中，作者强调的是传说中九鼎上所绘“山川奇异之物”；《山海经》《周礼》中记载的管理地图的职官以及对地图的使用；萧何入关收秦图籍；王景治黄河时使用的《禹贡图》，由于这些地图没有保存下来，因此作者的结论就是“吾国于两汉之世，内地户籍与边外山川皆有明白详图，已可瞭然，特其制法如何，残阙无考，惜矣”。第二个小时期则为“三国及南北朝地图”，在这一时期中，作者只强调了裴秀所绘地图以及他提出的“制图六体”，并认为“制图六体”大致相当于今天地图学的比例

① 宣统《贵州全省舆地图说》卷上《贵州通省总图经纬附说》，中国国家图书馆藏本。

② 陶懋立：《中国地图学发明之原始及改良进步之次序》，《地学杂志》1911 年第 2 卷第 11 号和第 12 号。

尺、经纬线，不过作者又提到“但古人未解以北极定纬度，或就国都与某适中之地起点，以为记里开方之数而已”，并评价“固知裴秀为吾国发明地图学之第一人也”；还认为道家的“五岳真形图”就是平面图，“颇类浑沦式地形图”，并评价“是图之可宝贵者，在乎平面……得此图，犹见古人技术之精，岂以出自道家而少之乎？”第三个小时期则是“隋唐之地图”，作者强调的是僧一行对子午线的测量以及贾耽和李德裕所绘地图，并评价“惜当时印刷术未发明，弗能广为流传，然亦可见唐人地图学之盛矣”。

在第二期中，作者强调了宋代地图学的退步，只提到了《禹迹图》《华夷图》和《历代地理指掌图》，并将其与欧洲中世纪的“黑暗时代”进行了对比。此后，作者强调了阿拉伯地图在元代的传入，即文献中记载的地球仪，此外还有朱思本绘制的《舆地图》，认为朱思本的《舆地图》“则其自作之图，必更精确”“即裴秀准望之意也。然则朱思本之原图为一大幅，并有经纬线，已瞭然矣”，同时还提到了藏于日本的建文时期高丽人仿制的《混一疆理历代国都之图》，并认为该图受到了阿拉伯地图的影响。而对于明代，作者认为“有明一代，地图学无甚精彩”，只提到了罗洪先，但从行文来看，作者并未见到《广舆图》的传本，描述时只是参照了基于《广舆图》编绘的《广舆记》。

在第三期中，作者重点介绍了明代万历之后传教士所绘以及基于传教士传入的技术绘制的有着“起吾人世界之观念”的地图，如陈伦炯的《海国闻见录》、魏源的《海国图志》、李兆洛的《历代沿革图》和胡林翼的《大清一统舆图》。

总体而言，作者对中国地图学史叙述的重点在于介绍中国古代地图绘制技术的进步，以及地图涵盖地理范围的扩大，并由此来选择用于构建叙事的事例。这一从“技术”角度入手的历史书写，也为此后中国地图学史的叙事所继承。

稍后有李贻燕的《中国地图学史》，其将中国古代地图学史分为三期，即“第一期由上古至宋代为我国固有制法（十三世纪止）以周秦两汉三国为初期西晋以至南北朝为中期唐宋为后期；第二期由元朝亚拉比亚地图学传来至明末西洋地图学传来时期（十三世纪至十六世纪后半期）；第三期由明末西洋地图学传来时代以至现今（十六世纪后半期以后）以明末清初耶稣教徒之地图制作为前期最近科学的探险旅行为后期”,[①] 不过在文中作者实际上只写到了明代中期。从作者用以作为分期的标志就已经可以看出作者划分中国古代地图学史的标准了，即使得地图绘制科学性和准确性提高的方法的传入，而且在正文中作者同样着力描述的地图和绘图方法，与陶懋立一文基本相近，即先秦时期的《周礼》《山海经》，西晋的裴秀所绘地图以及“制图六体”，道教的“五岳真形图”，唐代的僧一行、贾耽，宋代的《华夷图》《禹迹图》和《历代地理指掌图》，元代阿拉伯传入的地球仪、朱思本所绘地图、《混一疆理历代国都之图》。

又如褚绍唐的《中国地图史考》,[②] 将中国古代地图的演进分为三期：创始时期，其中自周延及至晋唐，已稍见进步。北宋沈括对于地图模型，尤见创见。自后历元至明，地图制作，鲜有可述者；完成时期，康熙四十七年之后，主要成就就是《皇舆全览图》的绘制以及受其影响的一系列地图，如《皇朝中外一统舆地图》；改造时期，自《皇舆全览图》之后迄今，地图绘制的进步表现在多个方面，而质的变化则是二十二年（1933）申报馆丁文江、翁文灏、曾世英编的《中国分省新图》的出版。从作者的论述来看，同样是以地图绘制准确性和科学性的发展作为勾勒中国地图学史书写的基础，在选择叙述的事例上也基本与之前两文相近，只是增加了对沈括和康熙时期大地测量的介绍。

王庸可以被称为中国地图学史的奠基者，因此其撰写的中国地图学史著作《中国地图史纲》影响非常巨大，但从叙事脉络来看，主要是对前人的继承，只是在细节上更为丰富，且增加了一些专题性的研究。如在“第一章中国的原始地图及其蜕变”中，除强调九鼎和《山海经》外，补充了《职贡图》。“第二章中国古代地图及其在军政上的功用”，主要论述的是两周时期的地图绘制和使用，但除了《周礼》，还增补了《管子》《战国策》等书籍中的材料。第三章“裴秀制图及其在中国地图史上之关系”，重点介绍的就是裴秀所绘地图以及“制图六体”。第四章“山水都邑与州郡图经之蜕变和结集”和第五章“地图的造送与十道图”则分别讨论了以图为

---

① 李贻燕：《中国地图学史》，《学艺》1920 年第 2 卷第 8 号和 9 号。

② 褚绍唐：《中国地图史考》，《地学季刊》第 1 卷第 4 期，上海大东书局，1934 年。

主的图经向以文为主的方志的转型，以及唐代地方向中央造送地图的制度和由此形成的十道图。第六章“方志图与贾耽制图”，除提及“分野”思想对方志图的影响外，重点谈及的就是贾耽所绘地图。第七章“十八路图与边境图”，主要涉及的是文献中记载的宋代绘制的全国总图以及边境图。第八章“朱思本舆地图和罗洪先广舆图的影响”，不言而喻，强调的是朱思本和罗洪先绘制的地图，但与之前的学者不同，在这里王庸肯定了罗洪先在朱思本基础上的创造及其所绘《广舆图》的影响力，此外还提及了许论和郑若曾编纂的附带有地图的著作。第九章“纬度测量和利玛窦世界地图”、第十章“第一次中国地图的测绘”，重点都在于介绍西方地图测绘技术的引入，及其对中国地图绘制的影响，只是基于当时的研究成果，对之前的地图学史的叙述在细节上进行了补充。① 但需要提到的是，王庸对于中国地图绘制“技术”的进步，是持保留意见的，而且在行文中我们可以看到他似乎也认识到除那些体现了“准确”“科学”的地图外，中国还存在大量“不准确”“非科学”的地图，而且这类地图还占据了主导，即“况且这些汉地图，内容既甚粗疏，大概图画甚略而记注甚多，所以后来各书，亦多引它们的文字；这是中国古来一般地图的传统情况”。② 因此，虽然整体上该书以地图绘制技术为历史书写的主脉，但其并未过于强调技术的进步，且除了测绘技术，还涉及了一些其他内容。

与王庸的含蓄相比，李约瑟主编的《中国科学技术史》的中国古代地图部分则直接将中国古代地图称为“科学的制图学；从未中断过的中国网格法制图传统”，不过就其所讨论绘图方法和地图而言，基本也集中于以往学者所关注的地图和方法。如在秦汉时期，关注于《周礼》中的相关记载、荆轲刺秦王、萧何入关后对地图的搜集等文献中的记录；汉晋时期，除了同样着重讨论裴秀以及“制图六体”，还提出张衡对于制图学的贡献；唐宋时期，同样强调了贾耽的工作、分野与方志图之间的关系以及“五岳真形图”，但还花费大量笔墨强调了用“计里画方”法绘制的《禹迹图》

① 如翁文灏《清初测绘地图考》，《地学杂志》1930 年第 18 卷第 3 期，第 1 页等；洪煨莲《考利玛窦的世界地图》，1936 年《禹贡》第 5 卷 3、4 期合刊。

② 王庸：《中国地图史纲》，生活·读书·新知三联书店 1958 年版，第 16 页。

的准确性，还提到了《平江图》；元明时期，李约瑟同样强调了穆斯林、波斯和阿拉伯的影响，同样细致分析了朱思本的《舆地图》，提及了《广舆图》在明末的影响力，并对《混一疆理历代国都之图》进行了细致的介绍，且提到了《大明混一图》；在航海图部分，介绍了郑和的航行以及收录在《武备志》中的《郑和航海图》；并在最后部分介绍了西方传教士传入的地图，尤其是利玛窦地图和康熙时期的大地测量。此外，李约瑟还在这一部分花费了一定篇幅介绍了中国古代的测量方法。

从上述叙述来看，显然，中国近代以来对古代地图学史的构建，其历史书写的视角就是绘图技术的进步。基于这种视角，这种历史书写大致将中国古代地图学史分为两个阶段：第一个阶段就是宋代之前，强调中国自古就有着发达的地图学，且在绘图方法方面非常先进，一些现代地图学的概念和方法在中国古代地图学中早已存在，或者有着雏形；第二个阶段是在宋元，尤其是明末清初，中国地图学受到西方的影响，走向了近代。当然，有些学者为了弥补两者间的断裂，即第一阶段本土制图学的发达以及第二个阶段需要靠传入的技术才走向近代，因此将宋代认为是地图绘制的“黑暗时代”，如前文提及的陶懋立。

在用于构建地图学史的材料方面，这些历史书写也是大致相似的，即秦汉及其之前，由于没有地图保存下来，因此只能通过文献记载来强调中国古代地图的绘制及其广泛应用，由此表达了中国古代地图绘制的成熟；裴秀绘制的地图和“制图六体”由于带有一些可以从现代地图学加以解释的方面，因此会被大书特书；唐代虽然没有地图保存下来，但由于可以与现代地图绘制技术相比照，因此僧一行进行的大地测量、被认为带有比例尺的贾耽的地图、有着现代地形图意味的“五岳真形图”被纳入了书写中；元明时期除了强调阿拉伯的影响，基于文字记载而被认为通过罗洪先的《广舆图》保存下来朱思本的《舆地图》，由于是使用“计里画方”绘制的，且罗洪先的《广舆图》看上去绘制的比较准确，因此通常都被着重强调；而明末清代，将近代西方地图绘制技术传入中国的传教士绘制的地图和康熙时期的大地测量，由于被认为使得中国古代地图近代化，走向了现代的科学地图，因此也是叙述的重中之重。

当然上述这些元素不是最初就都被加入这一叙述脉络中的，而是随着古地图的不断揭示以及具体地图研究的进展而被逐步纳入的。如最初的历史书写中并没有提及《禹迹图》，可能是李约瑟首次将其纳入叙事体系中；虽然陶懋立已经提到了罗洪先的《广舆图》，但他并没有看到《广舆图》的传本，后来的研究者也大都认为罗洪先只是改绘了朱思本的地图，而王庸首次对罗洪先的《广舆图》进行了详细介绍，并肯定了罗洪先《广舆图》与朱思本《舆地图》的差异以及《广舆图》的影响力。此外，其中相关内容的介绍也日渐详细，这应当与当时对这些地图本身的研究的深入有关。

还需要说明的是，虽然如前文所述，这些素材被加入中国古代地图历史书写中的时候，研究者关注的是它们的绘制技术或者技术上的先进性，但在大多数情况下，研究者并没有对它们的技术本身进行深入分析，如"计里画方",[①] 同时还认为这些"先进"技术在古代或被广泛应用的，或有着广泛影响力，如"制图六体",[②] 进而甚至认为某些地图的广泛传播是基于它们的绘制技术，如《广舆图》,[③] 但这些认知基本都是"一厢情愿"。不过这种"一厢情愿"，是历史书写内在的，是任何历史书写都不可避免的，只是在程度上会有所差异，毕竟看待历史的视角一方面决定了我们可以看到的"历史"和我们所愿意接受的"史实"，但另一方面也确保了我们看不到的"历史"以及我们思考方式会主动排斥的"内容"。

虽然从上述的概述中可以看到，王庸和李约瑟所构建的中国古代地图学史主要是基于前人的研究成果，有着明显的发展脉络可循，但由于王庸被公认为是中国古代地图研究的奠基者，而李约瑟的《中国科学技术史》在全世界都有着广泛的影响力，因此这两书出版之后，中国古代地图学史叙事脉络的构建基本完成，只是随着地图的揭示和研究的深入，用于填充这一历史书写的素材逐渐增多，以及随着对中国古代绘图方法和地图研究的深入，在细节上不断增补而已。

---

① 参见成一农《对"计里画方"在中国地图绘制史中地位的重新评价》，《明史研究论丛》第12辑，故宫出版社2014年版，第24—35页。

② 参见成一农《对"制图六体"影响力的重新评价——兼论错误构建的中国地图学史》。

③ 参见成一农《经典的塑造与历史的书写——以〈广舆图〉为例》，《苏州大学学报》（哲学社会科学版）2019年第4期。

## 四　地图学史历史书写的拓展——与测绘技术的密切结合

从1949年之后至改革开放前，中国古代地图学的研究几乎陷入停滞，除了少量考古发现的地图外，基本没有太多的研究论著。不过在20世纪70年代末开始，逐渐出现了一些地图学史著作，其中时间较早的当属陈正祥的《中国地图学史》。①

与之前的著作相比，陈正祥的《中国地图学史》无论是在历史书写的视角还是用于构建历史书写的素材方面几乎没有太大的变化，最大的变化主要在于：在开篇加入了1983年在马王堆汉墓出土的三幅地图，并进行了详细介绍；在宋代的部分介绍了沈括绘制的地图以及绘图方法，详细介绍了《华夷图》《禹迹图》《地理图》和《平江图》。

稍晚一些的则是卢良志的《中国地图学史》。② 与之前的作品相比，卢良志的著作除了地图本身，还强调了地图的应用，并花费了一定的篇幅叙述了测量方法。但就地图本身而言，该书挑选出来的著作和地图与之前著作相比，依然没有太大的变化，主要的差异在于：对文献中记载的地图进行了更多的介绍；同样加入了考古发现的马王堆汉墓出土的三幅地图，并进行了详细的介绍；介绍了宋代的《华夷图》和《地理图》；详细介绍了《广舆图》的版本，以及多种受到《广舆图》影响的著作；详细介绍了明代的九边图、海防图和江防图；概述了中国古代的立体地形模型图、城市图、水系图、航海图。总体而言，历史书写的视角保持未便，但在用于构建历史书写的素材方面进行了扩展，此外在强调“科学”的视角之外，还补充了一些“非科学”的地图，不过篇幅极为有限。

阎平、孙果清等编著的《中华古地图集珍》③ 虽然是一部图录，但在图录之前叙述了中国古代地图学史。其将中国古代地图学史分为四个阶

① 陈正祥：《中国地图学史》，商务印书馆1979年版。

② 卢良志：《中国地图学史》，测绘出版社1984年版。

③ 阎平、孙果清等编著：《中华古地图集珍》，西安地图出版社1995年版。

段，其特点就是：1. 在各个阶段都介绍了当时中国的测量学成就；2. 由于该书主题是图录，因此在这一部分配合后文的图录，对一些地图进行了介绍，正是如此，所以其涵盖的地图类型包括了航海图、边防图、海防图和河渠图，不过其中详细介绍的依然是之前被一再提及的地图和绘图方法，如马王堆地图、裴秀和制图六体、《广舆图》及其影响，只是补充了一些最新出土或者近年来有着较多研究的地图，如中山王墓出土的《兆域图》、1986 年放马滩出土的地图、《杨子器跋舆地图》。因此，可以认为其历史书写同样是对以往中国古代地图学史叙述方式的继承，且在历史书写中更加紧密的将中国古代地图学史与测绘技术联系了起来，当然在地图类型上丰富了一些。

喻沧和廖克的《中国地图学史》[①] 出版于 2010 年，可以说是当时中国传统地图学史叙事脉络集大成者。该书有着如下特点：一是将地图学与测绘紧密结合在一起，自隋唐开始，几乎每一章的标题都带有“测绘与地图学”，且很多小节的标题也是如此；二是将明代作为中国近代地图学的起点。这两点结合起来，说明作者依然遵循着自民国以来的中国古代地图学史历史书写的视角。此外，作者还在宋辽金元部分强调了地图与各类工程测绘、农田土地测绘之间关系，本质上同样是在强调地图绘制的“科学性”，此外在宋代部分还介绍了地图模型、天文图和江河湖海图，无疑扩大了地图学史中涉及的地图类型和数量。当然，就纳入叙述的地图而言，与之前相比并没有根本性的变化。

总体而言，新中国成立以来，主要是改革开放以来，中国古代地图学史的叙事方式可以说是对民国时期的继承和发展，主要的变化就是：1. 将中国古代测量技术的发展更为紧密地与地图绘制结合在一起，由此更为强化了中国古代地图的“科学性”以及由此而来的“现代性”；2. 纳入了更多的地图，主要包括新出土的早期地图，蕴含了某些现代地图元素的地图，典型的如有着现代地图符号意味的《杨子器跋舆地图》；3. 结合最新的研究，对传统叙事中强调的地图和绘图方法进行了更为详细的叙述，典型的如《广舆图》和“制图六体”；4. 除了传统叙事中强调的全国总图，

---

① 喻沧、廖克：《中国地图学史》，测绘出版社 2010 年版。

也将其他一些地图类型囊括在内，但所占篇幅有限，且对各类型地图的发展脉络缺乏总体性的介绍。

## 五　中国古代地图学历史书写的转型和反思

近年来，中国古代地图学史的历史书写出现了两个值得关注的新趋势：

第一，对以往基于科学的视角来构建中国地图学史的叙事方式开始进行反思，其中代表性的作品就是余定国的《中国地图学史》，[①] 虽然该书名为《中国地图学史》且作为专著出版，但其原是 J. B. 哈利（J. B. Harley）和大卫·伍德沃德（David Woodward）主编的，芝加哥大学出版社出版的《地图学史》（*The History of Cartography*）丛书第二卷第二册《传统东亚、东南亚地区地图学史》中的一部分，是标题为“中国的地图学”（Cartography in China）下的 7 章，因此实际上是多篇关于中国古代地图学方面论文的合集。在书中，余定国提出“中国地图学一般既没有排除地图的人文价值，也没有降低地图的人文价值。结果，中国地图学不但包括数学的技术，也包括现在被人们视为是人本主义的精神。地图同时涉及数学和文字，但这两者并不是对立的，它们两者都与价值和权力相互关联”；[②] “但这并不是说中国地图学是非数学的，而是说它具有比数学概念更广泛的其他含义”，[③] 也即是“‘好’地图不一定是要讨论两点之间的距离，它还可以表示权力、责任和感情”，[④] 也即仅仅用科学、定量来解释中国古代地图是远远不够的。由此，作者挑战了从“科学”“技术”的角度看待中国古代地图，并进行历史书写的传统的中国地图学史。[⑤]

此后，成一农的《“非科学”的中国传统舆图——中国传统舆图绘制

---

① 余定国著，姜道章译：《中国地图学史》，北京大学出版社 2006 年版。

② 余定国著，姜道章译：《中国地图学史》，第 90 页。

③ 余定国著，姜道章译：《中国地图学史》，第 45 页。

④ 余定国著，姜道章译：《中国地图学史》，第 45 页。

⑤ 书评，参见成一农《“非科学”的中国传统舆图——中国传统舆图绘制研究》附录二“评余定国《中国地图学史》”，中国社会科学出版社 2016 年版，第 335 页。

研究》[①] 不仅通过逻辑推导，提出地图本身就是对地理要素的“主观”再现，因此仅从试图对地理要素进行客观表达的“科学”的视角来看待地图以及进行历史书写本身就是存在问题的；而且还对以往认为代表了中国古代地图“科学性”的绘图方法，如“制图六体”“计里画方”，以及地图，如《广舆图》《禹迹图》进行了分析，认为以往的研究是对这些绘图方法和地图的误解，并最终认为，从现代的角度来看，中国古代地图的主流是非科学的、非定量的，因此以往从“科学”“定量”的角度进行的中国古代地图学史的书写在视角是极为片面的。

上述两书实际上都是论文集，且主要在于“破”，而不是在于“立”，因此只能说指出了以往历史书写中存在的问题，但还远远谈不上对地图学史的重新书写。

第二，地图学史叙事内容的扩展。随着近年来披露的中国古代地图数量的增加、研究的深入，在一些中国地图学史的总体性的研究和介绍著作中，除了全国总图，开始囊括更多的地图类型，这方面的代表作为李孝聪教授领导撰写的《中华舆图志》[②] 和席会东的《中国古代地图文化史》。[③] 虽然这方面的趋势在卢良志的《中国地图学史》以来的各书中已经出现，但如前文所示，在以往的这些著作中，就篇幅而言，全国总图依然是地图学史历史书写的重中之重。

《中华舆图志》，按照前言所记该书是“为了便于读者了解中华舆图发展的概况，我们在前人工作的基础上，进一步搜集新资料，选择幸存的珍贵而有代表意义的古地图百余幅，以反映舆图发展的脉络和不同表现手法”，而《中国古代地图文化史》将文化与地图联系起来，因此两者都不是关于地图学史的著作。不过，前者将中国传统舆图分为七类，后者将中国古代地图分为六类，以往中国古代地图学史的历史书写中强调的全国总图，只是其中一类，因此在类型上更为全面地展现了中国古代地图的面貌，也正符合《中华舆图志》的前言所记“以反映舆图发展的脉络和不同

① 成一农：《“非科学”的中国传统舆图——中国传统舆图绘制研究》，中国社会科学出版社 2016 年版。

② 《中华舆图志编制及数字展示》项目组：《中华舆图志》，中国地图出版社 2011 年版。

③ 席会东：《中国古代地图文化史》，中国地图出版社 2013 年版。

表现手法”。但两书在古代全国总图的叙事中依然受到以往中国古代地图学史叙事脉络的影响，如《中国古代地图文化史》清代部分的标题为“西学东渐与中国本位——清代的疆域测绘与中国地图的近代化”，也即对清代的地图学史的介绍依然着重叙述“近代化”以及康雍乾的大地测量。此外，更为重要的是，两书都缺乏对各类地图发展脉络的整体性的认知和介绍。

总体而言，上述近年来的两个新趋势归根结底都认为以往的历史书写的涵盖面不全面，但前者集中在研究视角上，后者集中在涵盖的地图类型上。

## 六　展望

关于中国古代地图学史叙事脉络在近代形成并延续至今的原因，本人在《“科学”还是“非科学”——被误读的中国传统舆图》[①] 中进行了分析。大致而言就是，民国时期，在学术研究和社会思潮中“科学主义”和“线性史观”具有广泛的影响力，一些近代时期形成的学科正是在上述两种观念的基础上构建了对其研究对象的历史书写，即以线性史观为前提，以科学性的不断提高作为研究对象发展的必由之路，并以此为基础，对一些能体现出技术进步和科学性提高的文献、材料、史实进行解读、阐释，从而构建出一部不断朝向“科学”前进（即线性）的发展史；而这种构建模式也极大的满足了近代以来，甚至当前的中国社会心理的需求，因为在“落后”、被动挨打的局面下，由此构建的科技史（包括历史）体现出中国自古以来的科学技术都是非常发达，甚至领先于世界，是符合历史潮流的，而且由于发展道路是正确的，因此当前的挫折只是暂时的，我们必然会再次追上世界发展的步伐。中国地图学史也正是在这种时代背景下形成的，且由于不仅“科学主义”和“线性史观”的影响力至今依然强大，而且虽然中国的国力极大的提升，但民族自信心并没有随之提高，因此在将

① 成一农：《“科学”还是“非科学”——被误读的中国传统舆图》，《厦门大学学报》（哲学社会科学版）2014 年第 2 期，第 20 页。

近百年之后，这一中国古代地图学史的历史书写依然被很多人所接受并占据主流。由此带来的问题笔者在《“非科学”的中国传统舆图——中国传统舆图绘制研究》① 中也已经进行了分析，即对于具体地图而言，研究的内容在以往数十年中过多地集中于对地图绘制技术的分析，而忽视了其他方面，虽然近年来，这一趋势有所减弱；对于地图学史的历史书写而言，同样是过多地强调了绘制技术，而忽视了中国古代地图的内涵以及其他方面。而且就地图类型而言，以往的研究更多地集中于全国总图，而忽视了大量其他类型地图的发展，以至于时至今日，我们对于如中国古代的航海图、海防图、城池图、政区图、水利图、园林图等依然缺乏整体性的认知；且对于中国古代全图总图的研究，也基本局限于少数被认为体现了“科学性”的地图上。②

当然这并不是指责以往研究的错误，毕竟学术是基于时代的，没有脱离于时代的学术，因此这种建立于“科学主义”和“线性史观”之上的地图学史在民国时期，甚至今天也有其合理性，也是一种对历史的认知，一种有其合理性的历史书写。

不过，在史学观念多元化的今天，在大量地图被披露出来的今天，很多研究者的注意力也从全国总图，开始逐渐转向专题图，由此中国古代地图学史的历史书写也应当多元化。不仅如此，如前文所述，历史书写决定了研究者所能看到的“历史”，也决定了研究者看不到的“历史”，因此如果一种历史书写长期居于主流，那么必然会阻碍对历史的认知。因此，中国地图学史的多元化，不仅是中国古代地图学史研究的需要，也是中国古代地图研究的需要，更是当前中国史学研究发展的必然。

大致而言，在弱化以往的“科学主义”的历史书写的基础上，中国古代地图学史历史书写的多元化有着两个层面：

第一，扩大涵盖面。以往地图学史的叙事主要集中于全国总图，对于其他类型的地图只是点到为止；即使是《中华舆图志》和《中国古代地图

① 成一农：《“非科学”的中国传统舆图——中国传统舆图绘制研究》，中国社会科学出版社 2016 年版。

② 笔者的《中国古代舆地图研究》（中国社会科学出版社 2018 年版），在尽量搜集地图的基础上，对清代之前的全国总图发展脉络及其谱系进行了梳理。

文化史》，虽然降低了全国总图的地位，但对于各类专题图依然缺乏整体性的认知，也即没有对专题图的全貌进行总括性的论述，且至今各专题图都缺乏相应地对其演变脉络进行总括性研究的著作。而且，即使以往研究的重点——全国总图，研究者关注的也只是极少数地图。因此，今后可以在搜集各专题图的基础上，对它们的演变脉络进行梳理，从而撰写一部涵盖面更广的，更能反映中国古代地图演变全貌的地图学史。

流传至今的中国古代地图，按照载体，大致由三个主要组成部分构成，即单幅的（绘本、刻本、石刻等）或单独流传的地图（集）、古籍中作为插图存在的地图，以及方志图。其中从目前各藏图机构已经披露的地图来看，单幅的或者单独流传的地图（集）的类别和大致样貌是大体清楚的，今后虽然可能还会有未曾见过的地图出现，但超出于脉络之外的概率不大。笔者已经对《续修四库全书》《四库全书存目丛书》《四库禁毁书丛刊》《四库未收书辑刊》以及《文渊阁四库全书》收录的古籍中作为插图存在的地图进行了整理，也可以得出大致相近的结论。方志地图数量众多，且与其他两类有着不同的脉络和体系，也有着一些研究论著，[①] 但数量不多。因此可以说，目前撰写一部涵盖面更广，能反映中国古代地图演变全面的地图学史的时机已经成熟。但这种历史书写，从视角而言，可能只是集中于地图的内容、绘制方法的演变以及地图之间的承袭关系。

第二，摆脱西方中心观，从中国自身的社会、文化入手，从更多的视角确立多元的中国古代地图学史的历史书写。虽然以往受到“科学主义”和“线性史观”影响而书写的中国古代地图学史是历史书写的方式之一，但其显然受到西方现代讲求投影、经纬度和绘制准确性的地图绘制方法的影响，是以西方现代地图为核心的一种历史书写。以往的这种历史书写，虽然一再强调中国古代地图的科学性，但越来越多的研究揭示，“科学”地图实在是中国古代地图中的“非主流”，而且更进一步的就是，按照这种视角将会对中国古代地图做出极低的评价，如丁超《唐代贾耽的地理（地图）著述及其地图学成绩再评价》论及“对中国古代地图学（乃至整

① 如邱新立：《民国以前方志地图的发展阶段及成就概说》，《中国地方志》2002 年第 4 期，第 71 页；阙维民：《中国古代志书地图绘制准则初探》，《自然科学史研究》1996 年 4 期，第 334 页。

个地学史）的评价，首先涉及评价标准问题。从整个中国地图学发展历程看，本土传统地图学观念与技巧在西方地图学引介中国之后就节节败退，如今打开任何一部中国地图（集），除汉字以外，在地图表现手法上几乎找不到中国本土因素。这一事实恰恰证明了西方地图学基本理念和技术手段的普适性。地图虽有中外之别，古今之分，但都是主要用图形而非文字表达地理要素。摒弃这些具有普适性的地图学基本原则不用，则无以呈现出中国古代地图学在世界地图学史上的地位和作用”，[①] 作者的评判地图优劣的标准非常明显，即那些“非科学”的，用图形加上大量文字的中国传统舆图，在“世界地图学史上的地位和作用”应是微不足道的，是非主流的。但这种研究视角，并不是“普世”的，而是“现代”“科学主义”的，是西方话语体系的，不是“历史的”，也不是基于中国传统文化的，也缺乏历史研究所需要的“同情”。

在中国经济迅猛发展，国际地位日益提高的今天，传统文化的复兴已经指日可待，但目前很多所谓传统文化的复兴，虽然挂着复兴的名号，而实际上还是以西方文化和话语体系为准则，也即挖掘和曲解中国传统文化以符合西方文化和话语体系的内容，由此凸显中国传统文化的“先进”。在中国古地图研究领域内，近年来也存在这方面的例证，如关于《蒙古山水地图》的研究。[②] 这种传统文化的复兴，实际上使用西方现代话语体系来理解中国传统文化，依然是非中国的。因此，要复兴传统文化、理解传统文化，那么必须基于理解中国社会、历史的基础之上，古地图的研究也是如此，由此一来中国古代地图学史的历史书写将会海阔天空。还需要提及的是，这里对西方话语体系的否定，并不是认为其没有价值，而是强调，要理解一种文化，那么要尽量以这种文化自身的话语体系来对其进行理解。当然，随着时代的演变，“以这种文化自身的话语体系来对其进行理解”是不可能完全做到的，而只能做到用当前话语理解这种文化自身的话语体系的情况下来对其进行理解。

---

① 丁超：《唐代贾耽的地理（地图）著述及其地图学成绩再评价》，《中国历史地理论丛》2012 年第 3 辑，第 153 页。

② 对于相关研究的批判，参见成一农《几幅古地图的辨析——兼谈文化自信的重点在于重视当下》，《思想战线》2018 年第 4 期，第 50 页。

如在中国传统文化中，地图和绘画都被称为“图”，两者无论在绘制者还是在绘制技法上都有着相通之处，在以往的研究中往往将两者割裂来看，而这种割裂显然是“现代”的，而今后完全可以从绘画的角度来书写中国古代地图学史，分析各种绘制技法在不同场景下的运用。此外，中国古人有着一套自己的空间观念，这也影响到了地图的绘制，如突出绘制者或者观看者所关注的地理要素和空间，而忽略或者简化其他要素。又如为了满足观看的需要，地图的方位在图面上可以不断变化等，从这一角度也可以书写一部中国古代地图学史来反映地图上空间观念的表达、运用及其演变过程。还有，中国古代虽然没有现代意味的地图符号，但地图在表达地理要素时似乎也有着一定之规，通过符号传达着一些信息，如《杨子器跋舆地图》对使用的符号进行了如下叙述：

> 一京师八其角，以控八方也。
>
> 一蕃司为圆，府差小焉，治统诸小，非一方拘也。
>
> 一州为方，县则差小，大小各一方也。
>
> 一附都司、卫所，加城形者，示有捍御，不附书，总具图空，不得已也。
>
> 一守御所特设者，斜其方，以武非治世之正御，与都司以次而大，因其势也。
>
> 一夷邦三其角，偏方也，不多及者，纪其所可知者耳。
>
> 一宣慰司以下无别者，王化所略也。
>
> 一山川、陵庙各随形以书其名，非特纪名胜，正以定疆域也。

那么，是否可以从地图上使用的符号的文化内涵入手来书写一部中国地图学史，从而揭示由此反映的社会文化以及思想的变迁？而以往从现代地图符号角度进行的解读实际上抹杀了这种文化内涵。

总体而言，今后中国地图学史的历史书写必然是多元的，这既是由时代所决定的，也是时代的需要。

# “最早的”古地图甲骨《田猎图》辨误

白鸿叶　赵爱学*

地图学史界追溯中国最早的古地图，很多论著会提到“刻于甲骨上的原始地图”“已发现的中国保存下来的最古老的地图”《田猎图》，并且权威地图学或地图学史著作①和《中国大百科全书》（第二版）② 亦持此说，让人不可不信。然而通过考辨文献我们发现，该片甲骨与地图没有关系，所谓“最古老的地图”甲骨《田猎图》实际上不符合事实。

## 一　“田猎图”甲骨记载了什么

所谓“田猎图”甲骨，根据相关论著所引，即 1991 年在河南安阳市殷墟花园庄东地出土的一版完整龟腹甲，现藏于中国社会科学院考古研究所。《殷墟花园庄东地甲骨》收录了此版龟腹甲彩照、拓片图、摹形图，③编号为 14，按照甲骨学界惯例，本文以《花东》14 指称此版甲骨。图 1 即彩照、图 2 为摹形图，摹形图中楷书释文为笔者在原摹形图上修改添加。

---

* 白鸿叶，国家图书馆研究馆员；赵爱学，国家图书馆副研究馆员。

① 廖克：《现代地图学》，科学出版社 2003 年版，第 46—47 页；喻沧、廖克编著：《中国地图学史》，测绘出版社 2010 年版，第 18—19 页。

② 《中国大百科全书》第二版第 8 册，中国大百科全书出版社 2009 年版，第 25 页。

③ 中国社会科学院考古研究所编著：《殷墟花园庄东地甲骨》，云南人民出版社 2003 年版。大幅彩图见第一分册书名页后图版（本文图 1 彩照即此），拓片图、摹本图见第一分册第 96、97 页，正文彩照见第四分册 1021 页。

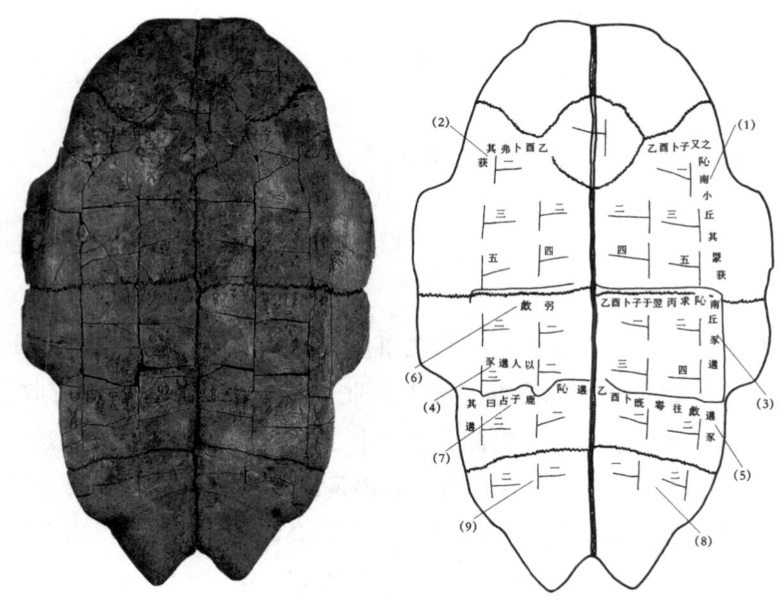


图 1 《花东》14 彩照　　图 2 《花东》14 摹形图

此版龟腹甲长 19.2 厘米，宽 12 厘米，上刻有刻辞 9 条。按照龟腹甲占卜一般惯例，中线两侧左右卜兆（即图中所见"⊣""⊢"，是据以占卜的兆纹）及卜辞皆左右对称。卜辞都是围绕相应的卜兆刻写，中线右侧卜辞行文方向朝右，左侧卜辞行文方向朝左。《殷墟花园庄东地甲骨》编者总结花园庄东地甲骨行款规律，认为"单列左行（或右行）而下"与"单列横行"，即"↲""↴"与"⟵""⟶"两种情况最多。① 此版甲骨第（1）条卜辞行款即围绕 5 次占卜形成的兆纹，先由左及右，再朝下作"↴"形，第（3）（5）条相同；第（2）（7）条相反，作"⟵"形；第（4）（6）条为"⟶"形。各条卜辞释文如下：

（1）乙酉卜：子又之阢南小丘，其槼，获。一 二 三 四 五

（2）乙酉卜：弗其获。一 二 三 四 五

（3）乙酉卜：子于翌丙求阢南丘豖，遘。一 二 三 四

① 《殷墟花园庄东地甲骨》第一分册"前言"，第 22—24 页。

(4) 以人，遘豕。一 二

(5) 乙酉卜：既𡧊往敝，遘豕。一 二

(6) 弜敝。一 二

(7) 遘𨸏鹿。子占曰："其遘。" 一 二

(8) 一 二

(9) 一 二

卜辞内容是占卜到𨸏（地名）打猎之事。第（1）（2）两条卜辞从正反两方面占卜，乙酉这天卜问贵族"子"到𨸏南边的小丘打猎，会有收获吗？又从反面问：不会有收获？对此分别占卜了5次，"一 二 三 四 五"就是记录占卜次数的数字。第（3）条卜辞仍是乙酉这天，卜问贵族"子"第二天即丙戌日到𨸏南边的小丘打野猪，会不会碰到。第（4）条卜辞是卜问贵族"子"率领人去打猎，是否会碰到野猪。第（5）（6）两条卜辞是乙酉这天从正反面卜问，吃过饭后去通过驱赶野兽打猎，会不会碰到野猪；不通过驱赶野兽打猎，会不会碰到野猪。第（7）条卜辞是卜问在𨸏会不会碰到鹿，贵族"子"根据卜兆判断说："会碰到。"第（8）（9）两条仅记占卜次数，未记占卜内容。

图1、图2所见各种线条，下部横贯左右的齿状纹路与上部菱形及左右相接弯曲齿纹，为龟甲本身所有；"ㅓ""ㅏ"上文已指出为卜兆，为占卜过程中甲骨背面受热而在正面自然产生的裂纹（此版甲骨卜兆裂纹又用刀补刻过）。除此之外另有三条线条，《殷墟花园庄东地甲骨》整理者对此已指出："在第3辞上下方及右侧，第6、7辞之上方，均有界划。"① 所谓"界划"，是甲骨上常见现象，即刻画线条来区分不同条卜辞。《甲骨学辞典》设有"卜辞界划"辞条，解释为："分隔卜辞之界线。占卜之龟甲牛骨，常一事多卜，所刻卜辞少则一二条，多至几十条。除以'兆序'示先后顺序外，另刻一细线作界划，分隔每条卜辞使之不相混。甲上多见曲线，牛骨上多见直线，或长或短，皆不相连。"② 此版甲骨右侧界划线即用

① 《殷墟花园庄东地甲骨》第六分册，第1564页。

② 孟世凯：《甲骨学辞典》，上海人民出版社2009年版，第33页。

来区隔第（1）（3）及（3）（5）三条卜辞；左侧上条界划线用来区隔第（2）（6）二辞，左侧下条用来区隔第（4）（7）二条。① 拿右侧界划线来说，若无界划线，第（1）条卜辞的"获"字便可与第（3）条卜辞的"南丘豕"连读，也能读通。甲骨上界划线比较常见，拿花园庄东地出土甲骨来说，就有不少有界划线，如《花东》3、《花东》103 等。著录民国时期出土甲骨的《殷虚文字乙编》，所收第 3214 号（图 3）② 即与《花东》14 类似，亦为龟腹甲（不完整）田猎刻辞，也有界划线。界划线上下两条卜辞内容分别为：

> 壬辰卜，王：我获鹿。允获八、豕一。一
>
> 丁未卜，王：其逐在蚰鹿，获。允获七。一月。一

卜辞大意是壬午这天商王卜问打猎是否能打到鹿，后来应验的结果是打到 8 头鹿，一头野猪；丁未这天商王卜问在"蚰"地打猎，是否能打到鹿，后来应验的结果是在一月打到了 7 头鹿。

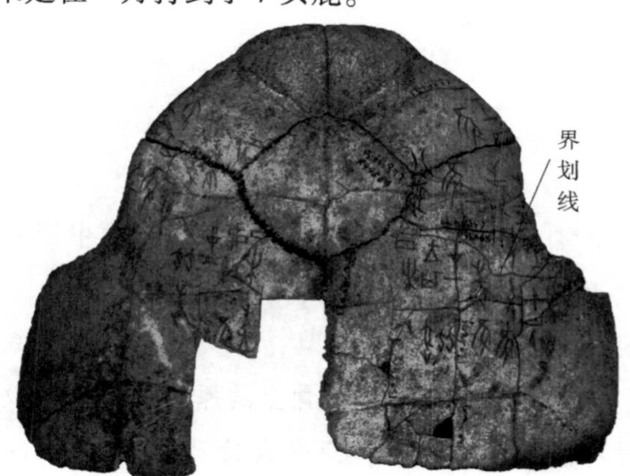


图 3 《殷虚文字乙编》3214 彩照（另一有界划线的田猎甲骨）

① 第（4）（6）条之间似亦有横向界划线，《殷墟花园庄东地甲骨》漏摹；另根据彩照，最上部有左右相对两个卜兆，亦漏摹。

② 图见台湾"中央研究院"历史语言研究所考古资料数位典藏资料库，网址：https：//nd-web. iis. sinica. edu. tw/archaeo2_public/Include/ShowImage. jsp? filename = UAUDPU5kvcIpJCk = &title = % B1a% A4R% C3% E3% C0t% B8% A1% A5% D2（2021. 2. 6 检索）。

## 二 误解的产生

根据上述对此版甲骨内容的介绍，《中国大百科全书》（第二版）等认为的“刻于甲骨上的原始地图”，实际上仅记载了卜问商代贵族到某地打猎之事，龟腹甲本有的齿纹、占卜形成的兆纹、卜辞之间用来区隔的界划线，皆与地理位置的描绘无关，所以此甲骨与地图毫无关系。那为什么会被命名为“田猎图”，并被定为“中国最古老的原始地图”？

据我们查阅文献所见，最早提及甲骨《田猎图》的文献为陈述彭先生2001年发表的《中国古代地图的辉煌》① 一文。该文明确提出“甲骨《田猎图》”说法，并认为是一种“原始地图”，是“我国现存最古老的地图”。文中有《花东》14彩照，其图片说明为：

> 甲骨《田猎图》，安阳花园村出土，现藏中国科学院②考古研究所，约公元前16世纪—前11世纪商代的卜卦用龟板，记述了一次打猎的路线、山川和沼泽。

正文里又说：

> 保留在甲骨、铜金、丝绸、纸帛、石刻上的中国古地图，最古老的约成图于3500年前。
>
> 由中国科学院考古研究所收藏、不久前展示在北京中华世纪坛的《田猎图》，是青铜器时代刻于甲骨上的原始地图，以及在云南沧浪县发现的《村圩图》巨幅崖画，距今大约已有3500年的历史，可以算是我国现存最古老的地图。
>
> 我国古代地图保存至今的信息介质有：甲骨、铜金、丝绸、纸

① 陈述彭：《中国古代地图的辉煌》，《中国国家地理》2001年第8期，第62—63页。

② “花园村”应为“花园庄”，准确位置是花园庄东100多米。自《世纪国宝》一书误作“花园村”后，学界多引用错误；现藏地“中国科学院”应为“中国社会科学院”，下引该文正文亦误为“中国科学院”。

帛、石刻，它们的内容有田猎、墓葬、城市和地理……

同年，作者还发表了《历史轨迹与知识创新》① 一文，也提及"距今约3500年前的青铜器时代的甲骨《田猎图》"，并指出甲骨为"古地图的信息介质"之一。

此二文都提及这个甲骨《田猎图》来自在中华世纪坛办的《世纪国宝》展。2001年1月，国家文物局和北京市人民政府在中华世纪坛联合举办"世纪国宝展——中华的文明"，这应该也是《花东》14第一次向公众揭示（《殷墟花园庄东地甲骨》一书2003年才出版，在此之前花园庄东地甲骨整理者曾于1993年、1999年两次在文章中公布此版甲骨照片和拓片，② 应该未引起甲骨学界之外注意）。展览图录《世纪国宝中华古代文明》于同年6月出版，书中共收录两片甲骨，一片为完整牛肩胛骨，书中命名为"刻铭'御牧'卜牛骨"（笔者按，即《小屯南地甲骨》附3，③ 1971年出土），内容与祭祀有关；另一片即《花东》14，书中命名为"刻铭'田猎'卜龟甲"，其说明文字除著录其时代、尺寸、出土地、现藏地外，仅指出"这版刻辞卜甲共56字，主要内容是子（高级贵族）外出打猎是否能捕获到野兽"。④ 并未说此甲骨与地图有关。

甲骨《田猎图》说法的真正来源应该是《中国古代地图集——城市地图》。⑤ 该书虽是2005年出版，但应该2001年已编成。该书主编郑锡煌先生2001年发表的《中国古代城市地图集》⑥ 一文就是该书前言，并且文中提到，1998年在国家自然科学基金资助下，开始调查收集地方志等图书中的地图，"历四个寒暑的艰辛，谨以此尝试之作献给读者"；陈述彭先生文

---

① 陈述彭：《历史轨迹与知识创新》，《地理学报》2001年第56卷增刊。该文参考文献2说《田猎图》甲骨藏"国家历史博物馆"，后出论著有从而误者。

② 刘一曼、郭鹏：《1991年安阳花园庄东地、南地发掘简报》，《考古》1993年第6期；刘一曼、曹定云：《殷墟花园庄东地甲骨卜辞选释与初步研究》，《考古学报》1999年第3期。

③ 拓片图见中国社会科学院考古研究所编：《小屯南地甲骨》上册第二分册，中华书局1980年版，第825页；文字说明及释文见下册第一分册，中华书局1983年版，第1161页。

④ 中华世纪坛《世界文明系列》编委会编：《世纪国宝中华古代文明》，北京出版社2001年版，第60—61页。

⑤ 郑锡煌主编：《中国古代地图集—城市地图》，西安地图出版社2005年版。

⑥ 郑锡煌：《中国古代城市地图集》，《地球信息科学》2001年第2期。

集中也收有一篇《中国古代城市地图集》,[①] 根据其注释，此为作者 2001 年为郑锡煌研究员新编《中国古代城市地图集》写的序言。陈、郑二位先生所撰之同名《中国古代城市地图集》文，与《中国古代地图集——城市地图》陈述彭序、前言内容基本一致。可见此书 2001 年已编成，当时书名是《中国古代城市地图集》。《中国古代地图集——城市地图》第一部分“序编 聚落（城市）雏形之图”收录《田猎图》（即《花东》14 彩照），同时收《田猎图摹绘图》《田猎图释文图》（见本文图 4、图 5）。陈述彭先生《中国古代地图的辉煌》文介绍的甲骨《田猎图》应该即源于此书。当然此甲骨图最初来源是《世纪国宝中华古代文明》一书，《中国古代地图集——城市地图》关于《田猎图》的图版说明也指出此甲骨“选自中华世纪坛《世界文明系列》编委会编纂的《世纪国宝》”。

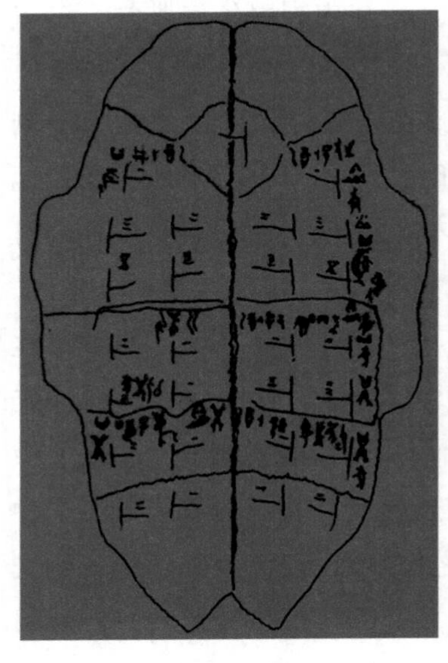

图 4　田猎图摹绘图

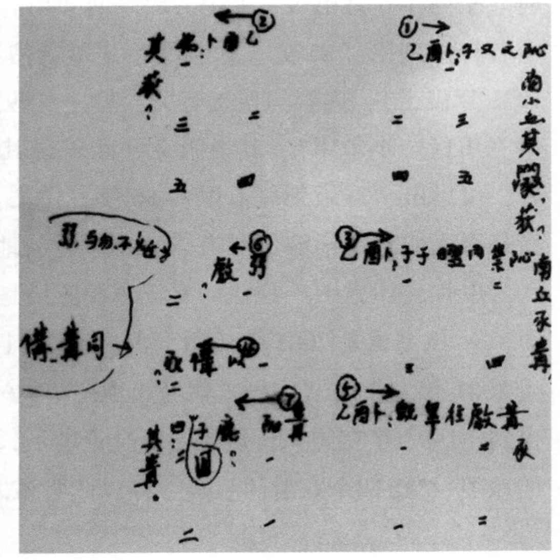

图 5　田猎图释文图

《中国古代地图集——城市地图》书中把《花东》14 明确命名为“田猎图”，英文名为“Hunting Map”，说明是把此甲骨作为地图，并且字面意

① 陈述彭：《石坚文存下陈述彭院士地学生涯：1999—2006》，人民教育出版社 2007 年版，第 524—526 页。

思也容易让人以为此版甲骨是刻画了一幅图。除此之外，虽然书中郑锡煌先生自序、凡例、图版说明都没有出现《中国古代地图的辉煌》中“刻于甲骨上的原始地图”“记述了一次打猎的路线、山川和沼泽”这样的论述，但“凡例”第二条提及：“这些地图，有的绘在岩壁上，有的刻在龟甲、砖、石上”，第十条提及：“对收入图集中的骨刻、砖刻、石刻地图，均拍摄了原物照片。”另外，陈述彭先生在“序”中提道：“郑锡煌教授在前言中指出，云南沧源境内新石器时代的岩画，可以视为早期聚落的雏形；中国社会科学院考古研究所藏的甲骨‘田猎图’，也是青铜时代的国宝。”根据这些情况，甲骨《田猎图》说法应该是来自郑锡煌先生的《中国古代地图集——城市地图》。该书“前言”以及前述郑先生单独发表的《中国古代城市地图集》文未提及甲骨《田猎图》，或许是“前言”在正式出版时作了修改。

根据《花东》14 甲骨图以及《中国古代地图集——城市地图》所收“摹绘图”和“释文图”，我们不理解为什么此甲骨为原始地图“田猎图”。“释文图”为类似手写笔记，内容是保持甲骨上相对位置关系的释文，标出了各条释文序号，并有箭头标示，但此箭头应该是为了指出各条卜辞行文方向（关于行文方向，上文我们已经分析指出）。这样一个释文笔记，似乎体现不出任何“地图”的特征，为何要与此版甲骨彩照、摹绘图并列收在书中？或许就是这样一个带箭头的手写笔记导致其他人误解此表达了田猎的路线。该书针对此《田猎图》的图版说明,① 前面内容是甲骨尺寸、时代、出土地以及释文，后有内容大意。为进一步分析方便，我们把“内容大意”引在下边：

> 子（商代高级贵族）外出打猎是否能捕获到野兽。此卜辞折射出这样的事实：（人数多少不明的）这支商代先民，在首领率领下，生产生活中过着定居（或游动）的群体生活。这种群体可能是一个部族，或一个聚落。后来发展成为村落、集镇。现藏中国社会科学院考

① 《中国古代地图集——城市地图》“后记”介绍了参与撰写图版说明的人员，其中郑锡煌先生撰写的条目最多，但未说明各条图版说明的具体撰写人。

> 古研究所。（释文的标点符号系撰稿人所加）[1]

可以看出内容大意第一句符合甲骨记载的事实。后面则为作者在此基础上的引申，其中“聚落”等说法明显为了与该书“城市地图”主题以及该部分“聚落（城市）雏形之图”相合。但这样的引申似乎有些牵强，并且也不能与“地图”联系起来。甲骨学家陈炜湛先生估计存世田猎相关甲骨数量为4500片。[2] 照此类推，若《花东》14是甲骨地图，那么甲骨中就会有4500幅地图。陈述彭先生所说“记述了一次打猎的路线、山川和沼泽”，如此解读的根据也不清楚。《花东》14几条卜辞间的3条线条，不知道是不是被误以为指示“路线”。前文已指出，这3条线条是用来区隔不同条卜辞的“界划线”。而《花东》14卜辞内容涉及的地点仅有“阠”这个地方南边的土丘，没有涉及“山川、沼泽”。此版甲骨上的“阠”字甲骨文写作“”，上为“心”旁，下为“阜”旁，为形声字；“阜”表示该字为地名或与地形有关，“心”为声旁，表示字音。所以“”虽象山岭之形，但这里是作为“阠”字的偏旁，不是表示地形的图画。另外“南小丘”和“南丘”的“丘”字甲骨文作“”，虽是土丘的象形，但甲骨文已经是能完整、准确记录语言的成熟文字，自然也不能理解为此处“画”了一个山丘。陈昱等编著的《走进地图世界——揭开地图的历史、文化、科学面纱》一书对《花东》14提供了一种解读：“甲骨文中的一、二、三、四、五，是预测打猎的方向和数量。”[3] 这或许反映了误认此版甲骨为地图的一种可能。但上文我们也已指出，这“一、二、三、四、五”并非表述“打猎的方向和数量”，而是甲骨学上常见的占卜次数的数字。

综上，我们认为把《花东》14作为“田猎图”，并作为原始地图和中国最古老的地图，是不符合事实的，应该是误解。

---

① 郑锡煌主编：《中国古代地图集——城市地图》，西安地图出版社2005年版，第170页。

② 陈炜湛：《甲骨文田猎刻辞研究》，中山大学出版社2018年版，第2页。

③ 陈昱、廖克、施曼丽编著：《走进地图世界揭开地图的历史、文化、科学面纱》，陕西人民出版社2018年，第36页。

## 三　误解的传播与流变

因为此误解传播的面很广，又攸关中国地图之最乃至世界地图之最的争论，下面我们不厌其烦，对此误解传播和流变进行具体分析。

### （一）误解传播的四个阶段

陈述彭先生《中国古代地图的辉煌》《历史轨迹与知识创新》二文2001年发表、《中国古代地图集——城市地图》2005年出版后，因为中国古地图可以追溯到3000多年前的商代，自然引起地图学界注意，诸多论著纷纷引用。据我们粗略统计，引用此说的论著至少有36种。为表述方便，我们对此大致分四个阶段来说明。

第一阶段，2002年至2003年，甲骨《田猎图》引起学界注意，被吸收到地图史相关论文和地图学专著和教材中，扩大了影响，成为后来广泛引用的源头。甲骨《田猎图》提出后第一年，米志强、王衍臻《论中国古代地图技术的发展》[①] 一文就采纳此说，把甲骨《田猎图》作为原始地图之一种，指出是我国现存最古老的地图。第二年即2003年首次有地图学和测绘学通论著作和教材采纳此说，即廖克所著《现代地图学》、[②] 林源编著《古建筑测绘学》。[③] 另，杨杞、郭玥发表了《中国古代地图制作史述略》[④] 一文，紫棘摘录《中国古代地图的辉煌》等内容编写了《中国的地图文化及其对世界地图学的贡献》[⑤] 一文。《现代地图学》作为研究生教材，其关于甲骨《田猎图》的说法，后来被广泛引用（有4种研究生论文、6种其他论著引用）。

第二阶段，2004年至2008年，学界广泛引用，多部教材类著作和多

① 米志强、王衍臻：《论中国古代地图技术的发展》，《城建档案》2002年第4期，第41页。

② 廖克：《现代地图学》，科学出版社2003年版，第46—47页。

③ 林源编著：《古建筑测绘学》，中国建筑工业出版社2003年版，第5页。

④ 杨杞、郭玥：《中国古代地图制作史述略》，《图书与情报》2003年第6期，第72页。

⑤ 紫棘：《中国的地图文化及其对世界地图学的贡献》，《师范教育》2003年第5期，第39页。

篇研究生论文引用，并被普及性和介绍性文章引用。教材类著作有师文、白杰主编《新编古建筑与仿古建筑营造、修缮、保护及整体搬迁、复建技术实用手册》、[①] 张荣群等主编《现代地图学基础》、[②] 毛赞猷等主编《新编地图学教程》、[③] 王琴主编《地图学与地图绘制》[④] 4 部，研究生论文有郑束蕾《基于逻辑学的多媒体电子地图集设计研究》、[⑤] 陈媛媛《多维动态地学信息图谱研究》、[⑥] 吴炳义《比较地图学理论、方法的研究与实践》[⑦] 3 种。此阶段首次有赵雪峰、于汐《古地图里的科技》、[⑧] 唐晋《古地图不可错过的故事》[⑨] 两篇普及和介绍性文章引用甲骨《田猎图》，后者还做了专题介绍。此外，另有韦峰、王鲁民《关于中国古代图经与古代地图的讨论——兼与〈中国古代图经概述及分类探讨〉一文商榷》、[⑩] 单来英《城市发展与城建档案》[⑪] 二文引用此说。

第三阶段，2009 年至 2010 年，甲骨《田猎图》之说为《中国大百科全书》第二版和喻沧、廖克所编《中国地图学史》等权威工具书、著作引用。《中国大百科全书》第二版“古地图”辞条这样表述：“安阳花园村出土的《田猎图》是青铜器时代刻于甲骨上的原始地图，图上刻有打猎线

---

① 师文、白杰主编：《新编古建筑与仿古建筑营造、修缮、保护及整体搬迁、复建技术实用手册》第 1 卷，中国科技文化出版社 2005 年版，第 85 页。

② 张荣群、袁勘省、王英杰主编：《现代地图学基础》，中国农业大学出版社 2005 年版，第 19 页。

③ 毛赞猷等编著：《新编地图学教程》，高等教育出版社 2008 年第 2 版，第 9 页。

④ 王琴主编：《地图学与地图绘制》，黄河水利出版社 2008 年版，第 14 页。

⑤ 郑束蕾：《基于逻辑学的多媒体电子地图集设计研究》，中国人民解放军信息工程大学 2005 年硕士学位论文，第 1 页。

⑥ 陈媛媛：《多维动态地学信息图谱研究》，中国人民解放军信息工程大学 2006 年硕士学位论文，第 1 页。

⑦ 吴炳义：《比较地图学理论、方法的研究与实践》，河北师范大学 2007 年硕士学位论文，第 48 页。

⑧ 赵雪峰、于汐：《古地图里的科技》，《中华遗产》2008 年第 4 期，第 60 页。

⑨ 唐晋：《古地图不可错过的故事》，《中华遗产》2008 年第 4 期，第 48 页。

⑩ 韦峰、王鲁民：《关于中国古代图经与古代地图的讨论——兼与〈中国古代图经概述及分类探讨〉一文商榷》，《华中建筑》2004 年第 4 期，第 125 页。

⑪ 单来英：《城市发展与城建档案》，山东省档案学会《创新与发展——山东省档案学会第六次会员代表大会暨山东省档案学会第六次档案学术讨论会论文集》，山东省档案学会、山东省科学技术协会，2006 年，第 348 页。

路、山川和沼泽。"[①] 明显是参考了《中国古代地图的辉煌》文。《中国地图学史》书中说法也是参考《中国古代地图的辉煌》文:"……在河南安阳殷墟遗址花园村出土的《田猎图》是青铜器时代刻于甲骨上的原始地图,图上刻有打猎的路线、山川和沼泽。这些可以算是已发现的中国保存下来的最古老的原始地图。"[②]《中国地图学史》"是当时中国传统地图学史历史书写的集大成者",[③] 与《中国大百科全书》一起,进一步增强了甲骨《田猎图》之说的可信度。此阶段另有研究生论文一种:吴宏波《基于WebGIS的地图服务系统在3G平台的实现》。[④]

第四阶段,2011年至今,学界更多引用甲骨《田猎图》之说,同时也为更多普及性读物包括面向中小学生的普及读物引用。其中有教材四部:王光霞、游雄,于建峰等编著《地图设计与编绘》、[⑤] 何宗宜、宋鹰,李连营编著《地图学》、[⑥] 吴涛、王雨晴主编《历史建筑测绘》、[⑦] 王结臣等编《地图设计与编绘导论》。[⑧] 普及性读物有3部:陈昱等编著《走进地图世界:揭开地图的历史、文化、科学面纱》、[⑨] 傅奕群编著《商从商朝来:中国人经商的历史》、[⑩] 罗米《博物馆里的中国历史:纸上看世界》[⑪](介绍《坤舆万国全图》时提及)。此阶段引用此说法的另有研究生论文一种:张艺嫣《中国古代城市舆图的美学思想及其现代启示》,[⑫] 文章8篇:赵彬

---

① 《中国大百科全书》第二版第8册,中国大百科全书出版社2009年版,第25页。

② 喻沧、廖克:《中国地图学史》,测绘出版社2010年版,第18—19页。

③ 成一农:《近70年来中国古地图与地图学史研究的主要进展》,《中国历史地理论丛》2019年第3辑,第29页。

④ 吴宏波:《基于WebGIS的地图服务系统在3G平台的实现》,重庆交通大学2010年硕士学位论文,第1页。

⑤ 王光霞等编著:《地图设计与编绘》,测绘出版社2011年版,第5页。

⑥ 何宗宜、宋鹰、李连营编著:《地图学》,武汉大学出版社2016年版,第30页。

⑦ 吴涛、王雨晴主编:《历史建筑测绘》,重庆大学出版社2017年版,第6页。

⑧ 王结臣、陈杰、钱天陆等编:《地图设计与编绘导论》,东南大学出版社2019年版,第1页。

⑨ 陈昱、廖克、施曼丽编著:《走进地图世界——揭开地图的历史、文化、科学面纱》,陕西人民出版社2018年版,第36页、268—269页。

⑩ 傅奕群编著:《商从商朝来:中国人经商的历史》,北京日报出版社2019年版,第4页。

⑪ 罗米:《博物馆里的中国历史:纸上看世界》,人民文学出版社、天天出版社2020年版,第137页。

⑫ 张艺嫣:《中国古代城市舆图的美学思想及其现代启示——以明代袁河流域地区舆图为例》,北京交通大学2018年硕士学位论文,第27页。

《中国古地图之最》、[①] 池玉玺《古地图背后的秘密》、[②] 王建富《16 至 19 世纪欧洲地图上的舟山群岛》、[③] 万彩红《也谈古典文献中的图籍》、[④] 闫浩文等《自媒体时代的地图：微地图》、[⑤]《中国古代地图的历史与近现代地图学的发展》、[⑥] 梁启章等《中国古地图遗产与文化价值》、[⑦] 梁启章等《中国古代地图文化特色与成就探讨》、[⑧] 张立峰《“亲密无间”的古地图与山水图》。[⑨]

### （二）误解在传播过程中进一步变形和引申

《中国古代地图的辉煌》一文相关论述，其后的论著在引用过程中发生了进一步变形。如“记述了一次打猎的路线、山川和沼泽”到《现代地图学基础》《地图学与地图绘制》《中国大百科全书》“古地图”辞条、《中国地图学史》中，变成了“图上刻有打猎的路线、山川和沼泽”，也就是明确说此版甲骨上绘制了路线、山川、沼泽等地理要素。根据本文前面对此版甲骨内容情况的分析，这种说法与实际情况差得比较远。“我国现存最古老的地图”之说，到《中国古代地图制作史述略》《古地图不可错过的故事》《古地图背后的秘密》《“亲密无间”的古地图与山水图》等文则增加了“也是全世界已知最早的地图”。拿这样一个不成立的“世界上最古老的甲骨《田猎图》”，去国际上进行学术对话，很明显是有问题的。

相关论著在引用过程中还作了进一步生发。如《论中国古代地图技术

---

① 赵彬：《中国古地图之最》，《地图》2011 年第 1 期，第 126 页。

② 池玉玺：《古地图背后的秘密》，《国学》2011 年第 8 期，第 52 页。

③ 王建富：《16 至 19 世纪欧洲地图上的舟山群岛》，《舟山群岛地名文化坐标》，海洋出版社 2013 年版，第 134 页。

④ 万彩红：《也谈古典文献中的图籍》，《南方论刊》2014 年第 8 期，第 91 页。

⑤ 闫浩文等：《自媒体时代的地图：微地图》，《测绘科学技术学报》2016 年第 33 卷第 5 期，第 520 页。

⑥ 廖克：《中国古代地图的历史与近现代地图学的发展》，中国科学院自然科学史研究所编《科学技术史研究六十年——中国科学院自然科学史研究所论文选第二卷地学史生物学史医学史农学史》，中国科学技术出版社 2018 年版，第 33 页。

⑦ 梁启章等：《中国古地图遗产与文化价值》，《地理学报》2016 年第 71 卷第 10 期，第 1833 页。

⑧ 梁启章等：《中国古代地图文化特色与成就探讨》，《测绘科学》第 44 卷第 11 期，第 90 页。

⑨ 张立峰：《“亲密无间”的古地图与山水图》，《科学 24 小时》2020 年第 1 期，第 40 页。

的发展》："此时地图大都绘在甲骨、黏土版、陶片和石壁上，有的则铸在鼎上，这就形成了原始地图"；《古地图里的科技》说甲骨《田猎图》"没有确定方向的概念"；《中国古代城市舆图的美学思想及其现代启示》有"《田猎图》这类珍稀古地图"的说法；《商从商朝来：中国人经商的历史》插图除《花东》14 照片外，另有一幅"《田猎图》局部细节"，不过无法看出这局部细节表达了什么信息；《古地图背后的秘密》文说"刻下一幅图"；《古地图不可错过的故事》文中说"我们的先人在甲骨上刻下了一幅图，记述了他们打猎时经过的路线，路上的山川和沼泽历历在目。这就是河南安阳花园村出土的商代刻于卜卦用的龟板上的《田猎图》""专家研究认为这些深浅不一的刻痕是一幅表达打猎路线和山川位置的古地图，制作的年代距今已达 3500 年，比世界上发现的古地图都要古老"。可见在原说基础上作了多大发挥；《走进地图世界——揭开地图的历史、文化、科学面纱》文中所说"甲骨文中的一、二、三、四、五，是预测打猎的方向和数量"上文已引，文中还发挥说："古人曾经用陶片、甲骨、岩石、铜、金、羊皮、丝绢和木板等作为地图的载体。……这些材料在当时来说都是比较贵重的，可以长期保存。当时采用较好的材料和工艺技术来创作地图，证明当代人对地图的重视。"上述在不可靠或者说误解的基础上作进一步的推论和生发，造成更大的误解，究其原因，与《中国古代地图集——城市地图》《中国古代地图的辉煌》等未明确说明《花东》14 为原始地图《田猎图》的依据有关。

《中国古代地图的辉煌》文专门指出了"我国古代地图保存至今的信息介质有：甲骨、铜金、丝绸、纸帛、石刻"，而其后相关论著也多关注地图介质问题，把甲骨作为地图介质一种，这也是在甲骨《田猎图》这个误解基础上的进一步引申。而这种引申造成的是第二层次的误解更有迷惑性。并且相关论著往往以世界眼光谈地图介质，误解造成的影响更大。如《基于逻辑学的多媒体电子地图集设计研究》中说道："从介质上看，古代比较有代表性的地图有：大约 4500 年前刻画在陶片上的巴比伦地图；埃及人画在苇草上的金矿图；中国夏禹时期刻在九鼎上的原始地图；刻于甲骨上的《田猎图》……"；《走进地图世界——揭开地图的历史、文化、科学面纱》则不但如上文所引，专门指出："古人曾经用陶片、甲骨、岩石、铜、金、羊皮、丝绢和木板等作为地图的载体”，还专门用表格列出古今中外14种材质地图，《田猎图》名列其中，其载体为“甲骨板”；《也谈古典文献中的图籍》提到“古代文献先后有甲骨、金石、简帛、纸等几种载体。图籍也经历了这样几种载体形式，早期契刻于龟甲兽骨之上，如河南安阳出土的刻于龟板上的《田猎图》”，这是利用甲骨《田猎图》之说，把有关地图载体的探讨扩大到图籍和文献载体的探讨。

### （三）《花东》14图片转引过程中产生错误

《中国古代地图的辉煌》文所附《花东》14彩照有误，应该是排版时误操作致使图片被水平翻转，即图版上的文字、兆纹等内容左右位置互换。由此导致引用此文的一系列论著的插图有误，如《现代地图学》《现代地图学基础》《古地图不可错过的故事》《地图设计与编绘》《商从商朝来：中国人经商的历史》。《历史轨迹与知识创新》文所附《花东》14彩照下部尖角误裁掉，引用此图的《新编地图学教程》亦误。另外，《地图学与地图绘制》所收“河南安阳花园村出土的《田猎图》”误配了汉画像石图。

## 四　结语

通过上文的梳理和分析，可以看到，记载田猎内容的《花东》14甲骨在2001年走向公众视野后，大概是因为甲骨上各种线条等特征，被误解为原始地图和中国最古老的地图。20年来，此说为众多地图学史相关论著、教材辗转引用，可以说已经在一定程度上成为学界共识。在转引过程中此说不断被加以引申，甚至甲骨《田猎图》还被称为世界上最早的古地图。所以对甲骨《田猎图》之说正本清源是必要的。对史料的误解，不仅影响地图学史的科学论断，而且这种认识溢出学科之外后，此误解还会影响文献学关于载体的认识（如《也谈古典文献中的图籍》文），更会因普及面的扩大而误导普通读者乃至中小学生（如《博物馆里的中国历史：纸上看世界》书）。

此误解的产生和流变提醒我们，利用跨学科资料和新资料应慎重。甲骨是3000多前的出土文物，历史久远，甲骨学是一门很专门的学问，需要甲骨专家去解读。此版甲骨2001年在《世纪国宝中华古代文明》一书公布后引起地理学界注意，而全面反映此版甲骨科学整理结果的《殷墟花园庄东地甲骨》2003年才正式出版公布，这样势必造成对此片甲骨内容误读。学界在辗转引用过程中，未进一步核实，未充分注意到甲骨学界的研究进展，仅从图像本身出发进行解读和生发，无疑有些草率。我们注意到，在2001年甲骨《田猎图》之说出现以后，仍有一些地图学史或探讨地图起源的相关论著，并未提到此甲骨《田猎图》，说明这些论著在处理这个问题上是谨慎的。

也提醒我们，对“中国之最”“世界之最”的追求和判定应尤为谨慎。之前地图学界一般认为中国最早的地图实物是公元前二三世纪甘肃天水放马滩地图和河北平山铜版《兆域图》。如果“田猎龟甲”被判定为地图，“最早地图”的时间则可以大大提前到商代，一下早了10个世纪左右。但地图起源和早期地图的探讨异常复杂，也涉及多种学科的专业知识。不管是甘肃放马滩秦墓出土的地图，还是藏于大英博物馆的《古巴比伦世界地图》，对于早期地图的判断都经历了众多假想和争论，才得出公允的结论。因此，针对早期地图或原始地图研究，应在充分考察并理解文献内容的情况下，做出严谨审慎的论述，不应片面追求“时代最早”。

# 反思与展望——多元视角下的古地图研究述评*

陈　旭**

中国古地图研究及地图学史的书写始于民国年间，迄今已有百余年的研究史，在取得令人瞩目成绩的同时，随着中国史学的发展，也面临着如何从“看图说话”向“以图入史”转型。本文通过结合前辈学者关于地图学史的评述，以研究视角为切入点进行回顾，以期进一步廓清当今研究局面，为今后研究作镜鉴。

## 一　“科学史观”主导下的考证性研究

地图作为一种研究对象，对构成地图的基本要素及相关信息的考释是所有后续研究的基础，但问题在于考释背后的目的或思路，这直接关切到最后研究成果的指向。经过成一农《“非科学”的中国传统舆图——中国传统舆图绘制研究》① 的解构，已经明晰了中国古代地图“非科学”的本质，以及21世纪以前中国地图学史研究中以“科学、发展”为内在价值取向的研究路径。本部分则在其研究的基础上，以各种“制图要素”为分

---

* 本文系国家社会科学基金重大项目“中国国家图书馆所藏中文古地图的整理与研究”阶段性成果（项目编号：16ZDA117）。

** 陈旭，云南大学历史与档案学院博士研究生。

① 成一农：《“非科学”的中国传统舆图——中国传统舆图绘制研究》，中国社会科学出版社2016年版。

析对象，从研究方法上作总结与述评。

### （一）关于地图绘制时间的考证

李孝聪教授提出四条判识方法：利用不同时代地方行政建置的变化；利用中国封建社会盛行的避讳制度；依靠历史地理学的知识进行推考；借助国外图书馆藏品的原始入藏登录日期推测成图的时间下限。四条方法综合运用，再辅之以绘制风格的考察，方能得出一个大致时间的判定。[①] 成一农对该法做补充研究，认为根据上述方法判读出的时间实际上是地图的“表示时间”，而不一定是地图的“绘制时间”，这两点在以往的考证中或被忽视，或混为一谈。[②] 此外，孙果清简要介绍了宋代至清代的地图绘制风格和鉴赏时需要注意的事项，并认为由此可以反推地图的大致绘制时间。[③]

### （二）关于地图绘制者的考证

此内容以《禹迹图》为例，争论较大。从各方文章来看，结论莫衷一是的原因在于逻辑推理不同。就研究方法而言，主要以图中文字信息追根溯源，结合建置兴废、历史地理信息等推断绘制时间的大致范围，最终通过考察该时间范围内的“候选人”的生平轨迹“确定”绘制者，其中尤以沈括说最能体现。[④] 但这种方法得出的结论，只是众多可能性中的一种，将可能性作为论断稍显草率。[⑤] 万邦则直指要害，指出“沈括说”的论证存在“中项不周延”的逻辑错误。[⑥]

### （三）关于比例尺的考释

以往的研究对于采用“计里画方”的地图来说，“往往选取地图上两

---

① 李孝聪：《欧洲收藏部分中文古地图叙录》，国际文化出版公司 1996 年版，第 41—43 页。

② 成一农：《浅谈中国传统舆图绘制年代的判定以及伪本的鉴别》，《文津学志》第 5 辑，国家图书馆出版社 2012 年版，第 105—113 页。

③ 孙果清：《中国古地图的鉴赏》，《地图》1999 年第 4 期。

④ 如曹婉如《论沈括在地图学方面的贡献》，自然科学史研究所编《科技史文集》三，上海科学技术出版社 1980 年版，第 81—84 页；《再论〈禹迹图〉的作者》，《文物》1987 年第 3 期。

⑤ 李裕民：《再论〈禹迹图〉的作者不是沈括》，《晋阳学刊》1988 年第 1 期。

⑥ 万邦：《论沈括与〈九域守令图〉——兼与曹婉如同志商榷》，《四川测绘》1991 年第 1 期。

点间距离与现代地形图量算距离之比的方法而求得”地图的比例尺。[①] 对未“画方”的地图，则是对图中不同部分进行分段考察，得出比例尺不一的结论，之后求取一平均数作为该图的平均比例尺。[②] 这类研究忽视了一个大前提，即古地图本身是否是按照比例尺绘制。由此，成一农提出两点疑问：一是“选取地图上两点间距离与现代地形图量算距离之比的方法而求得”并不能说明两点间的所有地理要素都是按照比例尺绘制的；二是全图不同部分存在不同的比例尺，似乎也说明地图并不是按照比例尺绘制的。另外，成一农还提出，即便是使用“计里画方”绘制的地图，由于其使用的绘图数据是道路距离而非直线距离，因而并不能将其视为现代意义的比例尺。因此，“现代意义上的比例尺概念可能是我们强加于古人和中国传统舆图之上的”。[③]

### （四）关于绘图方法的研究

从绘图方法来讲，古代地图可以分为传统形象画法地图、计里画方地图、实测经纬网地图以及实用网格地图四大类型。[④]

传统形象画法地图。此类地图按照风格又可分为绘本地图和印本地图。关于绘本地图，姚伯岳《论清代彩绘地图的特点和价值》指出，传统形象画法地图与西方地图最明显的区别在于鸟瞰式移点透视，即透视点在空中，观察者视点随画面展开而动。这与古代图画、地图的卷轴装帧形式有关，后世习惯性地沿用到册页式地图的绘制上。[⑤] 关于印本地图，阙维民《中国古代志书地图绘制准则初探》以印本中大量的方志地图为例，认为志书地图与山水画同源，因此在绘制准则上与传统山水画技法有相似之处，并提出“经营位置”是首要原则，又因其是“人为”经营，故而图上地理要素的位置是相对的而不是绝对的。[⑥]

---

① 阙维民：《中国古代志书地图绘制准则初探》，《自然科学史研究》1996 年第 4 期。

② 郑锡煌：《九域守令图研究》，载曹婉如等编《中国古代地图集（战国—元）》，文物出版社 1990 年版，第 35—40 页。

③ 成一农：《“非科学”的中国传统舆图——中国传统舆图绘制研究》，中国社会科学出版社 2016 年版，第 18 页。

④ 孙果清：《初探中国古代地图的类型及风格》，《地图》1998 年第 1 期。

⑤ 姚伯岳：《论清代彩绘地图的特点和价值》，《中国典籍与文化》2007 年第 4 期。

⑥ 阙维民：《中国古代志书地图绘制准则初探》，《自然科学史研究》1996 年第 4 期。

阙、姚二文是从传统形象画法地图中所反映出的传统绘画（尤其是山水画）的特点来探究这类地图的绘制方式。二者关系“在起初是从实用地图上的山水转向艺术上发展，后来艺术的山水画却回过头来为实用的地图服务了”。[①] 易言之，山水画是将写实地图中的山水成分抽离出来作为绘制主题，并且以更加艺术的方式呈现，逐渐成为中国传统绘画中的一支主流，最终形成独具特色的表达意境与绘画技法。自山水画产生以来，历史上多有对其技法与理论的记载，而相形见绌的是，极少有文献叙述地图是如何绘制的。因此，对于与山水画有着紧密联系的传统形象画法的古地图来说，基于历代绘画理论与技法的记载，从“艺术”的角度去重新审视古地图，应当是进一步拓展古地图研究领域的重要工作。

计里画方地图。“计里画方”在以往研究中被认为是中国古代绘制地图方法中准确性的代表，因而对这种方法赞誉有加。但一直以来对其起源与具体含义存在一些讨论，部分学者认为其起源于裴秀的制图六体，进而将其含义解释为“分率”或“准望”。卢良志《“计里画方”是起源于裴秀吗?》对该问题进行剖析,[②] 认为“画方”是“分率”的一种体现方式，未必有“分率”就必须有“画方”；从词源学角度出发，“准望”应理解为“方位”而不是“画方”。最后，从实物资料和史料记载两方面考虑，认为将“每方折地百里”的《禹迹图》作为计里画方的起始是更为科学的。需要注意的是，在以往“科学史观”的话语体系下，“计里画方”被视为准确的代名词，但这是一个一直以来缺乏论证的认知。对此，成一农在《对“计里画方”在中国地图绘制史中地位的重新评价》中指出，“计里画方”只是一种控制网络，便于绘图时布置各地理要素在图面上的相对位置，但地图的准确性，除了绘图方法，还依赖于绘图数据，因此中国古代在缺乏准确的实测数据的情况下，“计里画方”本身并不能将地图绘制的更为准确。[③]

“制图六体”作为地图学史和测绘史上的里程碑，众多学者给予了极

---

① 王庸：《中国地图史纲》，商务印书馆 1959 年版，第 26 页。

② 卢良志：《“计里画方”是起源于裴秀吗?》，《测绘通报》1981 年第 1 期。

③ 成一农：《对“计里画方”在中国地图绘制史中地位的重新评价》，中国社会科学院历史研究所明史研究室编：《明史研究论丛》第 12 辑，中国广播电视出版社 2014 年版，第 24—35 页。

大的关注。纵览学者们的论述，主要集中于六体之间的关系、释读、评价等。目前对于其含义基本已经达成一致意见。① 成一农基于以往的研究，提出“六体”的流传并不是因为其在古代被广泛地应用于地图绘制中，而是与裴秀的地位、收录“六体”文本的《禹贡地域图序》涉及儒家经典《禹贡》有关，其在近代被塑造为中国古代地图绘制史上的“经典”与当时的时代需要密切相关。②

实测经纬网地图。对此类地图的研究主要集中于康雍乾三朝采用西方测绘技术后带有经纬网的全国总图。作为中国最早的实测地图，学者关注较多，其研究视点有五：一是传统视角，即版本、命名、绘制人员、地名、影响等；二是制图技术层面，即实测技术、投影类型等；三是中外关系史，主要集中于传教士的作用；四是现代化的眼光，即以数字化、Arc-Gis 为视角；五是以该类地图作为史料去探讨历史问题，如清代疆域的认知和形成等。

实用网格地图。按照孙果清的定义，此类地图是经纬网与传统方格网相结合的地图。这类地图主要存在于清中后期直至民国初年，但以此类地图为主题的研究几乎还处于空白状态。

## 二　多元化视角下的阐释性研究

21 世纪以来，随着史学本身的发展、中西方史学交流、学科之间的互动，地图作为一种“新”史料，逐渐走入学者视野并被加以重视，古地图也不再是地图史、地理史、测绘史等视角下的独有材料。在当代多元化思潮影响下，各种研究视角的加入，以往科学史观下的地图学史不再是一家独大，从而呈现出一种构建多元化地图学史的趋势。

### （一）知识史

国内明确提出以知识史为视角进行古地图研究较早的是潘晟，其旨趣

① 辛德勇：《准望释义——兼谈裴秀制图诸体之间的关系以及所谓沈括制图六体问题》，唐晓峰编《九州》第 4 辑，商务印书馆 2007 年版，第 243—276 页。

② 成一农：《中国古代地图学史中“制图六体”经典地位的塑造——史学研究中分析“历史认知”形成过程的重要性》，《思想战线》2019 年第 3 期。

集中体现在《地图的作者及其阅读：以宋明为核心的知识史考察》。[①] 该书将古地图作为一种知识形态，进行生产过程的考察，着重探究地图作者及地图所体现的“声音”。作为首部明确以知识史为视角进行古地图研究的专著，其无疑具有开拓之功，但也存在一些疑问。一是关于“壕寨”的考察，虽然可以确定宋代在具体施工问题上是有相关实测的制度，但不等于其一定会被应用到绘图上。二是关于明代方志地图的作者，潘晟以天一阁明代方志为基础资料进行研究，认为方志地图的作者是儒士、画工、刻工，但由于其研究样本有限，由此得出的结论的可信度存在一定问题。

目前史学界对知识史的概念尚未有明确定义，知识史呈现出一种“模糊性”。前引就潘晟所言，知识史作为一种研究思路，因层次不同而思路不同，可借鉴的模式有福柯的知识考古学、默顿的科学社会学、库恩的科学革命等，只是侧重点不同，因此很难也没必要对知识史下一个准确的含义。由此可见，知识史更多地体现在它是一种启发性的研究思路，而不是一种固定的、模式化的套路。

结合古地图研究，笔者以为，知识史研究的视角应注意以下三个方面：第一，以往知识史的研究，主要集中在知识的内容上，但知识除了其内容，还应当包括内容的表达形式和载体，而后两者对于知识的流行和传播都具有重要的影响，因此以地图为对象的知识史的研究，需要将知识的内容及其表达形式和载体作为整体进行考虑。第二，知识在被生产出来后，已经脱离了作者的控制，对于知识的理解和应用，一定程度由受众者决定，在其后的演变当中，作者的原意与后世的理解、应用有多少差异？是如何由一变多、被塑造成形态各异的认知？这些也是值得考虑的问题。第三，古地图作为一种视觉性的知识，其所涵盖的历史和空间信息是如何被社会接纳并进一步传递，又如何在社会当中使用；它与文字载体所反映的同一主题性的知识有何差异和共性；在社会变迁过程中发挥怎样的作用？等等，这些正是知识史视角下古地图研究可以展开的工作。这种思路下的研究，其目的不仅在于在探究地图学史本身的问题，也在于以地图学史为切入点去考察社会变迁，扩展自身研究视野的同时，进而也参与到历

① 潘晟：《地图的作者及其阅读：以宋明为核心的知识史考察》，江苏人民出版社 2013 年版。

史学主流问题的探讨中。

### （二）思想史

国内外以思想史为角度进行古地图研究的较少。较早将古地图纳入思想史研究范畴的是葛兆光，但应注意葛兆光提出这种认知的背景，其并不是以古地图研究为目的，而是针对思想史在近代以来构建自身学科体系时产生的不足而提出。简言之，传统思想史就是通过解读经典作家、经典著作、经典思想而来，这样的思想史是“思想家的思想史或经典的思想史”，[①] 这种模式忽略了真实生活与社会中支配人们认识世界、理解世界的大众知识和思想。为此，葛兆光提出应研究“一般知识、思想、信仰”。而研究思路的转变也带来史料范围的拓展，出土文物、碑刻、书画、日记、公文、图像等被纳入思想史的研究范畴。一言以蔽之，即将广布于古代社会生活当中的所谓形而下的一般性的知识载体当作思想史研究的资料库，重建思想与知识的联系，透过知识看思想。

在这种思路下，地图作为图像的一种，更作为一种知识和思想的载体，如何让无声的古地图发声，如何在图中提炼出知识、观念、思想就成为思想史视野下古地图研究的核心所在。为此，葛兆光通过其文章论证出图像能够成为思想史研究素材的可能性与可行性。首先，需要承认地图作为人的产物，其反映的各种空间认知的背后是人的观念与想象，并非毫无生气的真实再现；[②] 其次，绘制者的思想观念在地图上构建了空间以及空间秩序，这种构建与真实世界或偏离，或吻合，在相当长时间内，或变异，或传承，这一系列的偏离与吻合、变异与传承就正是思想史的切入点；[③] 最后，以解释思想观念为目标的古地图研究一定要结合相关历史文献或地图图说方能进行阐释，要限制范围，小心求是，谨防过度解释。[④]

---

① 葛兆光：《思想史的写法——中国思想史导论》，复旦大学出版社 2004 年版，第 14 页。

② 葛兆光：《古地图与思想史》，《中国测绘》2002 年第 5 期。

③ 葛兆光：《思想史研究视野中的图像》，《中国社会科学》2002 年第 4 期；《古舆图别解——读明代方志地图的感想三则》，《中国典籍与文化》2004 年第 3 期。

④ 葛兆光：《成为文献：从图像看传统中国之“外”与“内”》，《文汇报》2015 年 11 月 13 日第 W11 版。

### （三）艺术史

关于古地图与绘画之间的关系，最早是由王庸先生提出的。但遗憾的是，这一视角并未在历史学界很好地传递发展下去。成一农指出这一问题的根源可能是在追求地图“数理性”的道路上，忽略了传统地图中作为“想象”的艺术成分。[①] 值得一提的是，余定国的《中国地图学史》不仅借用了西方的展示理论，从理论和实践两个方面论述地图与艺术的关系，更对以往基于“科学”“技术”角度来研究中国古代地图的路径提出怀疑，指出原有研究路径是以现代地图学的概念去套用在古地图上，定量解释不足以明晰中国文化中地图的含义，从而提倡将古地图置身于当时的历史环境中去研究，探讨地图与政治背景、社会文化、文字注记、艺术的关系。[②] 正是这一思路打开了国内对古地图多元化研究的局面，一定程度而言，该书开国内古地图研究与人文关系研究之先河。

同样需要注意的是，古地图中的艺术成分并非无人问津。目前，已有美术方向的学者将目光聚焦到此处。从近年来发表的一些论文可以看出，其聚焦点正是王庸先生当年所提出的两个方向，即古地图与山水画的源流关系和传统山水画法影响下的古地图。具体研究中，艺术史在对视觉形式及风格演进的分析基础上，更加注重将艺术作品与其本身所处的社会、文化背景相结合，以加深艺术史研究的力度。将地图这一饱含历史与空间信息，同时兼具艺术特色的作品视为研究对象，正是在这种趋势下应运而生的。作为这一趋势的身体力行者之一，方闻立足于中国绘画自有的传统，提出了“视像结构分析法”，“改变了以往单纯依靠经验和直觉评鉴中国画的方式，使中国书画鉴定逐步纳入科学化程序”。[③] 这一方法本身就是针对传统绘画因复制、模仿、赝品掺杂其中所导致的真伪难辨，或时间无法断定的问题而提出，这对于我们判读同样具有绘画成分以及同时又具有以上问题的古地图具有极大的启发意义。

---

① 成一农：《中国古地图研究中的几个关键性问题》，《文汇报》2018 年 1 月 26 日第 W10 版。

② 余定国著、姜道章译：《中国地图学史》，北京大学出版社 2006 年版。

③ 黄厚明：《什么是艺术史？为什么是艺术史——方闻先生中国艺术史研究札记》，清华大学学报（哲学社会科学版）2008 年第 3 期。

## 三 多元化视角的核心——地图史料价值的挖掘

虽然地图的史料价值很早就为学界所重视，但受时代所限，考证性研究对其史料价值的挖掘多停留于地图表面所蕴含的内容，即看图说话。而随着古地图研究视角的多元化，作为“新史料”的古地图给众多领域提供了新的研究对象，对其史料价值的认识和挖掘也成为如何进一步深化地图学史和古地图研究力度的核心问题。

李孝聪《古代中国地图的启示》在注意到古地图史料价值的同时，认为“不应忽视编图者、绘图人当时对地理空间的认知，以及编图人和使用者的目的”，对于古地图的评判应该从过去传统社会的需求和日常生活当中去认识和理解。① 这种观点总结起来即是以地图作为史料，从使用目的和历史背景两个方面解析地图，由此探索地图背后的内容。这一观点被孙靖国称为“功能取径”，② 但在20世纪“科学主义”占主导的地图学史研究观念下并未得到广泛关注，不过随着学术研究的日益深化，这一观点正逐渐成为学界共识。此外，李孝聪进一步将古地图研究划分为两个层面，一是以古地图为研究对象，分属地图史的研究；二是以古地图作为史料来研究历史问题，分属历史研究层面。目前以地图为史料进行研究明显薄弱，需要在古地图自身研究的基础上，与文献、典籍、档案结合起来互相参照。③

彼得·伯克《图像证史》基于新文化史的视角，通过解析众多案例，展示了如何将图像作为历史证据来使用，在鼓励使用图像资料的同时，也将潜在的陷阱一一告知。④ 该书并未将自身定位于一本图像解码的“技巧手册”，反而试图说明图像含义的不确定性和模糊性，由此鼓励从不同角度不同方法去解析图像。但细究之下，书中所探讨案例时也会有固定的思

① 李孝聪：《古代中国地图的启示》，《读书》1997年第7期。

② 孙靖国：《20世纪以来的中国地图史研究进展和几点思考》，《中国史研究动态》2018年第4期。

③ 李孝聪：《文以载道图以明志——古地图研究随笔》，《中国史研究动态》2018年第4期。

④ ［英］彼得·伯克著，杨豫译：《图像证史》，北京大学出版社2008年版。

考路径，王汉称之为“三省法”，即重点考察图像的功能、套式与制图者的观念。[①] 这与李孝聪所提倡的“功能取径”在一定程度上不谋而合，但李孝聪更强调在对地图本身透彻研究的基础上，结合其他文献史料做进一步考察，而不是简单地通过一些主义、方法等主观臆断的解读。

蓝勇《中国古代图像史料运用的实践与理论建构》主张建立以地图、照片等多种图像形式载体为史料进行研究的“图像史学”，[②] 即利用图像来研究历史和传播历史的学科；其还认为古代图像史料在精准度和“时空维度”上具有缺陷性，因此研究中应更注重图像史料的“社会维度”，即“要像研究传世文字文献一样，分析图像具体产生的目的、动机、研究图像背后的社会背景，找出图像失真的部分，分析影像失真的原因”。需要强调的是，“真”与“不真”可能更多的是我们后人的评断标准，在古人所生活的社会背景下，我们现在所认为的“不真”很可能是古人眼中的“真”。所以，探索图像背后的社会维度，应当回到当时的历史文化背景下，对“真”与“不真”一视同仁地进行研究。

成一农在对待“以地图为史料”的问题上有两点突破，其一，在国内明确提出应将地图视为一种表达主观认知的载体，如此方能将各种解读文字史料的方法融入古地图研究中。[③] 否则，按传统模式下的古地图研究，其解读模式会被限制于对图面内容的“看图说话”，无法真正深入地图背后所蕴含的各种社会背景。这一观点是建立在对传统中国古地图研究模式的深刻反思和解构的基础上，实质上是进一步开启了古地图研究的多元化。由此而来，地图的史料价值被进一步分为三个方面，一是地图所直观展现的内容，二是一系列同一主题地图所反映的时代特征及变迁，三是地图背后所蕴含的内容。其二，拓展了“古地图”的涵盖范围。以往古地图的研究对象主要是绘本地图和少数刻本地图集，而古籍中作为插图存在的地图多因印制粗略，与“精美”“准确”相距甚远，长期被忽视。实际上，绘本地图多因时因事而画，针对性较强，保存不易且流传不广，无法代表

① 王汉：《〈图像证史〉中的“三省”法》，《读书》2019 年第 10 期。

② 蓝勇：《中国古代图像史料运用的实践与理论建构》，《人文杂志》2014 年第 7 期。

③ 成一农：《近 70 年来中国古地图与地图学史研究的主要进展》，《中国历史地理论丛》2019 年第 3 辑。

当时普通人所能见到的地图。反观古籍中作为插图的地图，不仅数量众多，更为古代士人和普通百姓所常见，其史料价值不仅可用于梳理各类专题地图的发展脉络和源流关系，而且还可以借此了解古人的空间观念等认知。①

此外，成一农《图像如何入史——以中国古地图为例》提出，包括地图在内的“图像入史”的关键不在于图像，而在于作为研究主体的我们。史料不会自己说话，图像史料也是如此，我们看待它们的视角越多，它们能告诉我们的也越多。反言之，如果我们看待它们的视角是传统的、单一的、固化的话，那么它们告诉我们的大概也只是那些我们已经知道的东西。当然，我们也要学会提出“正确”的问题，是“问题”决定了需要运用的“史料”以及对“史料”的运用方式，而不是相反。提不出“正确”的问题，再多的史料也是无用。②

## 四　结语

清末民初，中国人文社会学科体系的架构是按照西方学科分类体系对中国传统知识体系的重组，而近代西方学科体制是建立在自然科学知识爆发性增长的基础上，其潜在而来的是以发展、进步、科学等观念为指导，对自然和人文领域下的各学科进行构建。受时代性制约，中国近代在移植西方学科体系时，也形成了以“科学”“发展”为内在指导的思想。20 世纪 50 年代至 70 年代末，受政治环境的影响，对西方人文社会科学持全面否定态度，不仅失去对当时西方学界发展动向的了解，也使得自身传统文化的传承出现断裂。因此，在传统研究路径下，地图的史料价值就更多地体现在对图面内容的考证以及“科学性”的提取。进入 21 世纪以来，史学界越来越发现以往研究模式的不足，从而主张建立基于自身传统的研究“范式”；而且这种“范式”的构建也已经取得了一定的突破和成果。与此

① 成一农：《尚待挖掘的常见“新史料”——古籍中作为插图存在的地图》，《中国史研究动态》2018 年第 4 期。

② 成一农：《图像如何入史——以中国古地图为例》，《安徽史学》2020 年第 1 期。

同时，研究者也日益认识到，对于地图的史料价值的挖掘有赖于研究者自身学术素养的提高。

在经历了以往单一科学史观指导下的中国地图学史的构建之后，未来中国地图学史的书写必然是多元的。而且随着研究视角的多元，中国古代地图的研究也必然是多元的，或坚持传统的对地图本身的解读，或将古代地图作为对象进行知识史的解读，或以古代地图作为史料切入包括思想史、艺术史在内的史学领域。总之，未来中国地图学史的研究必然是丰富多彩的。

本文撰写过程中得到成一农研究员的指导和审阅，在此谨致谢意！